Konrad Sandhoff, Wolfgang Donner u.a. (Hrsg.)

Vom Urknall zum Bewusstsein – Selbstorganisation der Materie

Verhandlungen der Gesellschaft Deutscher Naturforscher und Ärzte

124. Versammlung
16. bis 19. September 2006
in Bremen

Danksagung

Für finanzielle Förderung und Unterstützung, die der Gesellschaft Deutscher Naturforscher und Ärzte bei der Vorbereitung und Durchführung der 124. Versammlung zuteil wurde, sei auch an dieser Stelle nochmals ausdrücklich gedankt.

Vor allem zu danken ist Herrn Dipl. Kfm. Bernd Hockemeyer, Gebrüder Thiele GmbH & Co, KG, dessen Engagement als örtlicher Geschäftsführer Wirtschaft herausragend war. Er hat mit großem Geschick ein ansehnliches regionales Spendenaufkommen initiiert. Beigetragen haben hierzu:

Bernd und Eva Hockemeyer Stiftung
Bremer Landesbank Kreditanstalt Oldenburg
Sparkasse Bremen AG
EWE Aktiengesellschaft, Oldenburg
OHB System GmbH, Bremen
Siemens AG, Niederlassung Bremen

All diesen Unternehmen gebührt der aufrichtige Dank unserer Gesellschaft.

Ebenfalls ist für großzügige Zuwendungen und Unterstützung folgenden Institutionen zu danken:

Deutsche Forschungsgemeinschaft
Wilhelm und Else Heraeus-Stiftung
Robert Bosch - Stiftung
Bremen Marketing GmbH
Handelskammer Bremen

Unser Dank gebührt auch folgenden Unternehmen, die häufig schon über Jahre unsere Gesellschaft großzügig und zuverlässig mit Spenden unterstützen:

BASF AG, Ludwigshafen
Bayer AG, Leverkusen
Boehringer-Ingelheim Pharma, Ingelheim
Degussa AG, Düsseldorf
Merck KGaA, Darmstadt
Pfizer Deutschland GmbH, Karlsruhe
Sanofi-Aventis Deutschland GmbH, Frankfurt/M.
Schering Aktiengesellschaft, Berlin (jetzt Bayer Schering Pharma AG)

Danken möchten wir ebenfalls den zahlreichen Spendern aus dem Kreis unserer Mitglieder.

Vom Urknall zum Bewusstsein – Selbstorganisation der Materie

Verhandlungen der Gesellschaft Deutscher Naturforscher und Ärzte

124. Versammlung
16. bis 19. September 2006
in Bremen

Herausgegeben von
Konrad Sandhoff, Andreas Engel, Gerhard Ertl,
Karl Eduard Linsenmair, Christiane Nüsslein-Volhard,
Erich Sackmann, Martin E. Schwab,
Wolfgang Donner, Jörg Stetter

Redaktionelle Bearbeitung:
Julia Fiedler, Volker Hirschel

Mit Beiträgen von:

Markus Affolter, Jan Barkmann, Gunnar Berg, Anita Buchli, Christian Büchel, Arnold a Campo, Holk Cruse, Dietrich von Engelhardt, Gerhard Ertl, Hans-Joachim Freund, Hermann Haken, Gotthilf Hempel, Hans Jürgen Herrmann, Bernd Hockemeyer, Henning Hopf, Elisabeth K. V. Kalko, Rainer Kokemohr, Walter Krämer, Oliver Kreft, Katharina Krischer, Wilfried Kurz, Jürgen Langlet, Karl Eduard Linsenmair, Andrei Lupas, Rainer Marggraf, Nico K. Michiels, Helmuth Möhwald, Christiane Nüsslein-Volhard, Klaus Rehfeld, Gerhard Roth, Erich Sackmann, Konrad Sandhoff, Gerhard Schäfer, Ralph Schumacher, Martin E. Schwab, Kai Simons, Gerhard Vollmer, Simon D. M. White, Anton Zeilinger

Bibliografische Informationen der Deutschen Bibliothek
Die Deutsche Bibliothek verzeichnet diese Publikation in der Deutschen Nationalbibliografie; detaillierte bibliografische Daten sind im Internet unter http://dnb.ddb.de abrufbar.

ISBN 3-13-148191-9
ISSN 0012-0472

Jede Verwertung des Werkes außerhalb der Grenzen des Urheberrechtsgesetzes ist unzulässig und strafbar. Dies gilt insbesondere für Übersetzung, Nachdruck, Mikroverfilmung oder vergleichbare Verfahren sowie für die Speicherung in Datenverarbeitungsanlagen.

©2007 Georg Thieme Verlag KG, Rüdigerstraße 14, 70469 Stuttgart
Printed in Germany
Layout: Andrea Hartmann, Roland Graf
Druck: Grafisches Centrum Cuno, Calbe
Umschlaggestaltung: Andrea Hartmann, Roland Graf
Titelbildvorlage: Vasco Kintzel

Inhalt

9   *Bernd Hockemeyer*
Geleitwort

15   *Konrad Sandhoff*
Selbstorganisation in der Entwicklungsgeschichte der Natur

33   *Anton Zeilinger*
Von Einstein zum Quantencomputer
Wirklichkeit und Information in der Quantenwelt

37   *Erich Sackmann*
Zwei Wege zur Selbstorganisation der Materie

41   *Simon D. M. White*
Alles aus Nichts
Wie sich unser Universum organisiert hat

47   *Hermann Haken*
Schönheit aus einem Haufen Erde
Wie in der belebten und unbelebten Natur spontan Strukturen entstehen

57   *Wilfried Kurz*
Von der Klaviersaite zum smarten Elektronikbauteil
Selbstorganisation technischer Materialien

73   *Kai Simons*
Leben in Kompartimenten

81   *Nico K. Michiels*
Die Einsamkeit der Zweisamkeit
Weshalb Zwitter kein Erfolgsmodell sind

95   *Erich Sackmann*
Von der unendlichen Vielfalt der Lebensformen

101   *Hans Jürgen Herrmann*
Vom Winde verweht
Wie Fluiddynamik hilft, Entstehung und Bewegung von Sanddünen zu verstehen

109   *Henning Hopf*
Eröffnung der Festsitzung der Gesellschaft Deutscher Chemiker

115   *Gerhard Ertl*
Eigenschaften der Moleküle
Einführung in die Sitzung Chemie

117   *Helmuth Möhwald und Oliver Kreft*
Auf die Verpackung kommt es an

133   *Katharina Krischer*
Von Glühwürmchen und Elektroden
Wie Strukturen aus ungeordneter Materie entstehen

151   *Karl Eduard Linsenmair*
Brauchen wir biologische Vielfalt?

Inhalt

157		*Andrei Lupas* **Am Ursprung des Lebens** Wie Proteine das Falten entdeckten
165		*Elisabeth K. V. Kalko* **Lebensqualität für den Menschen** Die Bedeutung der Artenvielfalt für die Funktion von Ökosystemen
175		*Jan Barkmann und Rainer Marggraf* **Weil wir Geld nicht essen können** Zur ökologischen Katastrophenvorsorge durch biologische Vielfalt
193		*Markus Affolter* **Klempnerarbeit im Embryo**
207		*Christiane Nüsslein-Volhard* **Warum Tiere so verschieden aussehen** Von Fliegen, Fischen und der Entstehung von Wirbeltieren
225		*Holk Cruse* **Die Physik des freien Willens** Physikalische Systeme mit kognitiven Eigenschaften
237		*Christian Büchel* **Bilder eines Netzwerkes** Die Aufklärung komplexer Prozesse im Gehirn durch Bildgebung
251		*Hans-Joachim Freund* **Eingriffe in den Tiefen des Gehirns**
257		*Anita Buchli und Martin E. Schwab* **Querschnittlähmung** Problemstellung und wissenschaftliche Ansätze für eine Therapie

Mittagssymposium:
Einstellungen und Haltungen
Die dritte Komponente der naturwissenschaftlichen Bildung

271		*Gunnar Berg* **Einführung**
275		*Jürgen Langlet* **Einstellungen zu den Naturwissenschaften** Ergebnisse einer deutsch-japanischen Studie
281		*Gerhard Schaefer* **Die „naturwissenschaftliche Grundhaltung" bei Jugendlichen** Eine vergleichende deutsch-japanische Studie
289		*Dietrich von Engelhardt* **Kommentar aus wissenschaftshistorischer Sicht**
293		*Rainer Kokemohr* **Kurzkommentar zur Diskussionsveranstaltung**
297		*Arnold a Campo* **Folgerungen für Schule und Lehrerbildung**

**Mittagssymposium:
Geist und Gehirn**

301 *Gerhard Roth*
Die Physik des Geistes

315 *Ralph Schumacher*
Gehirn und Bewusstsein aus philosophischer Sicht

**Mittagssymposium:
Bremen – ein Zentrum der Meeresforschung**

329 *Gotthilf Hempel*
Einführung

333 *Gotthilf Hempel*
Nachhaltiges Management tropischer Küsten – Beispiel Kiunga

**Mittagssymposium:
Irrtum in der Wissenschaft – Fluch oder Segen?**

341 *Klaus Rehfeld*
Einführung

347 *Walter Krämer*
Irren ist menschlich

357 *Gerhard Vollmer*
Wir irren uns empor

**Berichte und Mitteilungen der
Gesellschaft Deutscher Naturforscher und Ärzte**

367 *Jörg Stetter*
Allgemeiner Bericht über die 124. Versammlung

383 **Niederschrift der Mitgliederversammlung**

392 **Zusammensetzung des Vorstands und Vorstandsrats sowie der Kassenprüfer**

397 **Statistiken**

401 **Hinweise**

403 **Register**

Geleitwort
Bernd Hockemeyer

Die GDNÄ in Bremen

Als örtlicher Geschäftsführer Wirtschaft der 124. Jahresversammlung der Gesellschaft Deutscher Naturforscher und Ärzte ist es für mich eine besondere Freude, Sie als Gäste in unserem schönen Bremen herzlich zu begrüßen und Sie willkommen heißen zu dürfen. Unser Dank für Ihr Kommen ist groß und die Freude gleichermaßen, Sie alle hier versammelt zu sehen, Sie als Mitglieder der Gesellschaft Deutscher Naturforscher und Ärzte und Sie als Freunde und dem Wirken dieser ältesten deutschen wissenschaftlichen Vereinigung Verbundene, und hier möchte ich mit dankerfüllten Empfindungen die treuen Sponsoren der Gesellschaft Deutscher Naturforscher und Ärzte nennen.

Wir freuen uns, dass Sie mit Ihrer 124. Versammlung wieder zu uns gekommen sind, nachdem bereits vor 162 Jahren die 22. Versammlung im Jahre 1844 und vor 116 Jahren die 63. Versammlung im Jahre 1890 hier stattfanden, letztere immerhin mit 1 356 Teilnehmern. Sicherlich hat Bremen auch heute im Jahre 2006 einiges aufzuweisen, was die gute Wahl des Versammlungsortes wird bestätigen können.

Zu jeder Zeit hat sich die Wissenschaft nicht nur mit sich selbst beschäftigt, sondern auch mit der Frage, wie ihre Ergebnisse zu vermitteln sind, einmal in der Welt der Wissenschaft selbst und dann dem Bürger, der Gesellschaft und den politisch Verantwortung Tragenden. Letzteres muss heute ein mit höchster Priorität ausgestattetes Anliegen sein, geht es doch um die Zukunftsfähigkeit unserer Gesellschaft und damit um die Zukunft Deutschlands.

Abb. 1 Allgemeine Sitzung der 22. Versammlung Deutscher Naturforscher und Ärzte auf dem oberen Rathaussaal in Bremen (1844).

Abb. 2 Festmahl der Naturforscher im Concertsaal der Union.

Und dazu konkret: Wie vermittelt sich die Wissenschaft dem Bürger und wie weit ist dieser in der Lage und bereit, der Wissenschaft positiv zu begegnen – auch frei von Vorbehalten gegenüber Wissenschaftseliten?

Das Verhältnis der Bürger zur Wissenschaft artikuliert sich in der Positionierung der Gesellschaft insgesamt gegenüber der Wissenschaft und deren Stellenwert in unserem vielschichtigen Gemeinwesen. Da wir nicht davon ausgehen können, dass die Gesellschaft a priori den Nutzen der Wissenschaft für sich erkennt, muss diese in besonderer Weise bemüht sein, sich zu vermitteln.

Das Ergebnis eines solchen Dialogs fließt ein in die Wahrnehmung der Politik, die aus der ihr übertragenen Verantwortung für das Ganze Wissenschaft und Forschung mit der Bedeutung positionieren kann, die ihnen in Deutschland gebührt: ein eindeutiges Bekenntnis zu Wissenschaft und Forschung, angemessene Rahmenbedingungen, ein Klima, das Vertrauen schafft und die adäquate finanzielle Begleitung sind unabdingbar, wenn wir unsere gedeihliche Zukunft nicht verbauen wollen. Diesen Prozess positiv zu begleiten, ist das Ziel der Gesellschaft Deutscher Naturforscher und Ärzte und zwar, ich zitiere: „…über den interdisziplinären Dialog hinaus Forschung und Wissenschaft mit der Gesellschaft zusammenzuführen" … und weiter „unser Land soll wieder ein Wissenschaftsstandort werden, in dem die Wissenschaft von der Öffentlichkeit als Notwendigkeit und Chance wahrgenommen wird".

Standortbestimmung

Die positive Haltung von Gesellschaft und Staat zur Wissenschaft sowie deren Positionierung aus normativer und gelebter Verantwortung gegenüber dem Einzelnen und der Gesamtheit der Bürger sind Grundlage für eine souveräne Umsetzung genannter Zielsetzung der Gesellschaft Deutscher Naturforscher und Ärzte.

Das berührt uns alle, geht es doch vorrangig darum, den Standort Deutschland stärken zu helfen mit positiven Auswirkungen auf die zukünftigen Lebensverhältnisse der Bürger.

Bei dieser Betrachtung über unsere Zukunft dürfen wir nicht unberücksichtigt lassen, wie sich andere, mit uns im Wettbewerb stehende Länder entwickeln werden. Das sind Industrienationen und das sind insbesondere die mit bemerkenswerter Potenz ausgestatteten neuen Zentren der Welt, deren Zukunft – für uns sehr wohl sichtbar und spürbar – bereits begonnen hat.

Unser Blick richtet sich dabei besonders auf Ostasien und dort speziell auf China, wo sich in den vergangenen 30 Jahren eine beeindruckende wirtschaftliche Entwicklung vom Billiglohnland mit niedrigem Produktionsstandard hin zu einem qualifizierten Produktionsstandort mit hohem Technologiestandard vollzogen hat. Diesen rasanten Wandel habe ich aufgrund eigener wirtschaftlicher Aktivitäten in Fernost seit den frühen 70er Jahren hautnah miterlebt; das jedoch auch mit gemischten Gefühlen im Hinblick auf seine Auswirkungen auf Europa. Zweifellos wird uns diese massive Herausforderung in den kommenden Jahrzehnten noch ausreichend beschäftigen.

Natürlich, Deutschland hat ökonomisch seit langem eine starke Position, die uns in Sicherheit wiegen könnte, ohne Not auf dem Erreichten zu verharren. Technologisch vorzüglich ausgestattet und dazu mit hoher Arbeitsproduktivität steht Deutschland im Vergleich mit anderen Ländern, die mit uns im Wettbewerb stehen, gut da. Die Tatsache, dass Deutschland seit vielen Jahren Exportweltmeister ist, wird von der Öffentlichkeit gern als gesicherte Grundlage auch für die kommenden Jahre gesehen. Aber wird das wirklich ausreichen, unsere Position in Zukunft zu sichern? Betrachten wir die im internationalen Vergleich in den vergangenen Jahren verhaltene wirtschaftliche Entwicklung in Deutschland und beziehen die ungünstigen demographischen Perspektiven sowie den fehlenden Zugang zu wichtigen Rohstoffreserven mit ein, dann wird Handlungsbedarf im Hinblick auf unsere Zukunftsfähigkeit deutlich.

Hier könnte die nachhaltige Stärkung von Wissenschaft und Forschung als herausragende traditionelle Ressource Deutschlands ein wesentlicher Standortvorteil im internationalen Leistungsvergleich sein bzw. wieder werden. Diese Chance sollten wir nutzen – der Staat und wir alle.

Matthias Kleiner als designierter Präsident der Deutschen Forschungsgemeinschaft ab 2007 sieht das so: „Wissen wird mehr und mehr zur weltweit handelbaren Ware" und zwar durch Patente und Forschungs- und Entwicklungskooperationen. Umso wichtiger sei es, dass sich die deutsche Wissensproduktion an den Strukturen der globalisierten Forschungsindustrie orientiere und die Chancen dieses Know-how-Marktes nutzen lerne.

Bremen und die Wissenschaft

Ein gutes Beispiel für eine deutlich auf Wissenschaft und Forschung ausgerichtete Politik und deren positive Auswirkungen ist Bremen, der Versammlungsort der diesjährigen Jahresversammlung der Gesellschaft Deutscher Naturforscher und Ärzte.

Seit dem 11. Jahrhundert waren Handel und Seefahrt die prägenden und Wohlstand schaffenden Aktivitäten dieser alten Stadtrepublik. Mit der Industrialisierung kamen im ausgehenden 19. Jahrhundert Industrieunternehmen dazu, die sich in günstiger Verkehrslage entlang dem Weserstrom ansiedelten. So nimmt es nicht Wunder, dass die Wissenschaft bis in die Zeit nach dem 2. Weltkrieg hier praktisch ohne Bedeutung war. Bis Ende der 60er Jahre konzentrierte sich die Stadt im Wesentlichen auf die prosperierende Wirtschaft, wobei Schiffswerften, Häfen und Handel durch die rasante Entwicklung des Welthandels begünstigt wurden.

Die Gründung der Universität auf Initiative und mit Förderung der Landesregierung im Jahre 1971 leitete eine neue Phase in der Entwicklung Bremens ein. Mit ihrer zunächst starken Ausrichtung auf Sozial- und Geisteswissenschaften wurde diese „Reform-Universität" in der Anfangsphase nicht selten als rote Kaderschmiede tituliert, wobei sich deren Reputation zunächst in Grenzen hielt.

Nachdem die Findungsphase für die Universität abgeschlossen war, wurden - wiederum mit starker Begleitung durch die Landesregierung – weitere Studienbereiche in den natur- und ingenieurwissenschaftlichen Disziplinen entwickelt; diese bestätigten sehr bald den Anspruch auf Anerkennung ihres wissenschaftlichen Outputs. So hat sich in verhältnismäßig wenigen Jahren eine außergewöhnliche Entwicklung vollzogen, die die Bremer Universität mit etlichen Fachbereichen in der deutschen Universitätslandschaft inzwischen weit oben angesiedelt hat. Im Rahmen der Exzellenzinitiative der Bundesregierung mit der Zielsetzung, universitäre Spitzenforschung in Deutschland zu fördern, konnte sich die Universität Bremen, von vielen sicherlich nicht erwartet, vorzüglich platzieren und gehört, nachdem die Entscheidungen in der ersten Stufe des Antragsverfahrens getroffen waren, zu den 10 ausgewählten Hochschulen für die Förderlinie Zukunftskonzepte.

Im Jahre 2000 wurde sodann u. a. auf Initiative und wiederum mit starker Begleitung der Landesregierung die Internationale Universität Bremen (IUB) gegründet. Privat konstituiert wird in dieser Campus-Universität ein zukunftsweisendes Konzept umgesetzt, das u. a. geprägt ist durch: Exzellenz in der Auswahl von Studierenden und Professoren und den damit verbundenen Leistungsanforderungen für Lernende und Lehrende, Internationalität der Studentenschaft und des Lehrkörpers mit international anerkannten Studienleistungen und Abschlüssen und Englisch als Unterrichtssprache.

Neben der Universität und der Internationalen Universität Bremen ist ein weiterer beachtlicher Hochschulbesatz in Bremen und Bremerhaven festzustellen sowie eine Reihe von renommierten Forschungsinstituten, darunter:
- das Alfred-Wegener-Institut für Polar- und Meeresforschung,
- das Fraunhofer-Institut für Fertigungstechnik und Angewandte Materialforschung (IFAM) und
- das Max-Planck-Institut für marine Mikrobiologie.

Im Jahre 2005 wurde Bremen „Stadt der Wissenschaft", und zwar mit der Begründung seitens der Jury, dass die Bewerbung der Städte Bremen und Bremerhaven mit den Ansätzen zum Strukturwandel in dem vorgelegten Konzept besonders überzeugend dargelegt wurden. Diese Auszeichnung durch den Stifterverband macht auch nach außen sichtbar, dass es Bremen in einer verhältnismäßig kurzen Zeitspanne gelungen ist, die Wissenschaft als festen Bestandteil der neuen Identität unseres Bundeslandes verbunden mit starken Entwicklungspotenzialen für unser Gemeinwesen zu integrieren.

Wissenschaft und Zukunft

Und wie können wir heute die Perspektiven für Wissenschaft und Forschung in Deutschland einschätzen? Deren Förderung und Stärkung auch aus der Erkenntnis, dass eine solche dringend geboten ist, hat zur Exzellenzinitiative des Bundes und der Länder geführt. Diese ist ein deutlich positives Zeichen für die gedeihliche Entwicklung der Beziehung von Staat zu Wissenschaft und Forschung. Das ist zu begrüßen, auch wenn sicherlich noch eine gute Wegstrecke zurückgelegt werden muss, bis alle Beteiligten unseres föderativen Systems gemeinsam mit den begünstigten und den zunächst nicht berücksichtigten Hochschulen für die Zukunft der Wissenschaft am Standort Deutschland optieren und sich für deren Förderung verstärkt einsetzen. Das schließt ein, dass unser Standort auch für die Wissenschaftler selbst attraktiv bleiben bzw. wieder werden muss, den akademischen Nachwuchs ausdrücklich eingeschlossen. Das, was zweifellos das Gebot der Stunde ist, formuliert der designierte DFG-Präsident Matthias Kleiner so, ich zitiere: „Der gegenwärtige Sparkurs an den Hochschulen setzt unsere Zukunft als Hightechnation aufs Spiel". Kleiner sieht das vor dem Hintergrund, dass vor allem in den Forschungslaboren Nordamerikas, aber auch in Großbritannien oder der Schweiz die Wissenschaftselite um einiges besser bezahlt wird und so Innovatoren aus Deutschland fortgelockt werden.

Eine starke Wissenschaftslandschaft am Standort Deutschland muss weit mehr sein als eine gern gehörte Zielsetzung, deren Umsetzung irgendwann einmal erfolgt: Es geht ganz klar um eine heute vorrangige Aufgabe, die keinen Aufschub verträgt, und damit wiederhole ich das bereits zitierte Ziel der Gesellschaft Deutscher Naturforscher und Ärzte, nämlich „ihren positiven Beitrag zu leisten, dass Deutschland wieder ein Wissenschaftsstandort wird, in dem die Wissenschaft von der Öffentlichkeit als Notwendigkeit und Chance wahrgenommen wird".

Auf dem Weg dahin kann die 124. Versammlung in Bremen ein deutliches Zeichen setzen. Dass das gelingt, wünsche ich Ihnen – und dazu, dass Sie sich in unserer gastfreundlichen Stadt wohl fühlen und eine erfüllte Zeit verbringen, an die Sie sich gern erinnern werden.

Selbstorganisation in der Entwicklungsgeschichte der Natur

Konrad Sandhoff

Herr Bürgermeister Böhrnsen, Ihnen und Ihrem verehrten Vorgänger, Herrn Scherf, möchte ich sehr herzlich für Ihre freundliche Einladung danken, unsere 124. Versammlung in der schönen Hansestadt Bremen abzuhalten. Wir sind Ihrer Einladung gerne gefolgt, zumal es lange her ist, dass wir uns hier getroffen haben. Erst zweimal zuvor waren wir in Bremen, 1844 und 1890. In der Zwischenzeit hat Bremen viel für die Wissenschaft getan und wurde 2005 zur Stadt der Wissenschaft gewählt. Die Jury stellte fest: „Bremen und Bremerhaven setzen ihr wissenschaftliches Potential in vorbildlicher Weise für den Strukturwandel ein".

Bedeutung der Grundlagenforschung

Forschung fördert Bildung und Wissen, die wesentlichen Quellen, aus denen Technik und Innovation schöpfen.

Dabei kommt der Grundlagenforschung eine zentrale Bedeutung zu. „Dem Anwenden muss das Erkennen vorausgehen", sagte Max Planck.

Leider lassen sich aber Forschungsergebnisse nicht planen. Zufälle, gepaart mit aufmerksamer experimenteller Beobachtung und Scharfsinn, haben oft zu neuen Erkenntnissen geführt. Schon im 18. Jahrhundert spöttelte der Göttinger Gelehrte Georg Christoph Lichtenberg: „Jede Erfindung gehöre dem Zufall an, die eine näher, die andere weiter vom Ende, sonst könnten sich vernünftige Leute hinsetzen und Entdeckungen machen, so wie man Briefe schreibt." Grundlagenforschung steht am Anfang der Wertschöpfungskette und ist ein wichtiger Motor des Technologietransfers. Ihr Wert lässt sich zum Leidwesen mancher Politiker und Behörden oft nur retrospektiv und nicht von vorne herein abschätzen. Forschung wird nämlich in erster Linie von Neugier getrieben. Forschung aus Neugier ist am produktivsten. Nach Einstein erfordert sie Ausdauer und Sturheit und ein tiefes Verlangen nach Wahrheit.

Ausgaben für Bildung und Forschung sind Zukunftsinvestitionen. Sie dienen dem Wohlstand und der Wirtschaftskraft unseres Landes. „Wer Schulen gründet und die Wissenschaften pflegt, macht sich um sein Volk und die ganze Nachwelt besser verdient, als wenn er neue Silber- und Goldadern fände", hat Philipp Melanchton bereits im 16. Jahrhundert gesagt. Es kann nicht genug betont werden, dass die Forschung an unseren unterfinanzierten Universitäten wieder gestärkt werden muss. Qualifizierte wissenschaftliche Ausbildung beruht auf aktueller Forschung. Unsere Universitäten müssen beim internationalen Wettbewerb um die besten Köpfe wieder wettbewerbsfähig gemacht werden. Es müssen mehr attraktive Stellen für den Nachwuchs geschaffen werden. Die wenigen konkurrenzfähigen Nachwuchsstellen der Max-Planck-Gesellschaft und der Deutschen Forschungsgemeinschaft im Rahmen ihres Emmy-Nöther-Programms können nicht genug qualifizierte Wissenschaftler in Deutschland halten oder aus den angelsächsischen Ländern zurückholen. Mit der Einführung der W2/W3-Besoldung wurde darüber hinaus die Regelvergütung der neuberufenen Professoren abgesenkt und das Interesse an diesen Stellen international gemindert. Sie muss wieder erhöht werden, damit herausragende Forscher und Lehrer auch in Zukunft ihren Weg nach und in Deutschland finden.

Die GDNÄ appelliert ganz besonders an die Politik, die Situation des wissenschaftlichen Nachwuchses in Deutschland zu verbessern und attraktive Stellen zu schaffen. Handlungsbedarf besteht vor allem hinsichtlich der starren 12-Jahres-Regelung, die 12 Jahre nach Studienabschluss keine befristete Beschäftigung von Wissenschaftlern im öffentlichen Dienst mehr erlaubt.

In Anbetracht der geringen Zahl von unbefristeten Stellen, die für Nachwuchswissenschaftler zur Verfügung stehen, wird diese Regelung für viele, auch hoch qualifizierte Wissenschaftler zum großen Hindernis.

Die große berufliche Unsicherheit, die sich daraus für die Nachwuchswissenschaftler ergibt, führt zu einer vermehrten Abwanderung von jungen Wissenschaftlern ins Ausland oder in die Industrie. Tenure track Regelungen wären sehr viel sinnvoller. Eine Hochschullaufbahn in Deutschland muss auch für qualifizierte junge Leute wieder erstrebenswert werden.

Die GDNÄ möchte die gemeinsamen Interessen der Naturwissenschaftler und Mediziner an den Universitäten und außeruniversitären Einrichtungen fördern. So bemüht sie sich zusammen mit naturwissenschaftlichen Fachgesellschaften, der Deutschen Physikalischen Gesellschaft (DPG), der Gesellschaft Deutscher Chemiker (GDCh) und dem Verbund biowissenschaftlicher und biomedizinischer Fachgesellschaften (vbbm), eine Verbesserung des naturwissenschaftlichen Unterrichts an Schulen und eine Förderung von Forschung und Lehre an den Universitäten herbeizuführen.

Verehrte Gäste und Teilnehmer der diesjährigen Tagung. Sie sind aus Neugier gekommen. Sie erhoffen sich Einblicke in aktuelle wissenschaftliche Forschung, möchten den inneren Zusammenhängen und Strukturen unserer Welt näher kommen. Auch wenn Professor Zeilinger meint, wir seien nicht in der Lage zu erkennen, „wie die Wirklichkeit wirklich ist", so werden Sie sich nicht davon abhalten lassen, seinem Abendvortrag am Sonntag zu lauschen, in dem er das Wesen des Lichts und der Quantenmechanik genauer erläutern wird.

Selbstorganisation der Materie

Das Thema unserer Tagung lautet „Vom Urknall bis zum Bewusstsein – Selbstorganisation der Materie". Und da stehen wir sogleich in der Spannung zwischen unserer vorwärtsdrängenden Neugier und der ernüchternden Erkenntnis, dass wir weder das Woher und Warum des so genannten Urknalls noch die Entstehung des Lebens oder gar das Wesen des Bewusstseins verstehen. Die Frage nach dem Ursprung des Universums bleibt offen. Mit Max Planck müssen wir auch heute bekennen: „Die Naturwissenschaft kann das tiefste Mysterium der Natur nicht entschlüsseln." Dennoch verfolgen wir mit Spannung, was sich uns enthüllt. Ich möchte Ihnen einige Beispiele zur Selbstorganisation in der Entwicklungsgeschichte der Natur geben. Seit dem Urknall bilden sich immer komplexer werdende Formen der Materie aus. Den Naturgesetzen folgend organisiert sich die Materie im expandierenden Raum und bei abnehmenden Temperaturen im Kosmos zu neuen, oft differenzierteren Strukturen und Überstrukturen.

K. Sandhoff_ Selbstorganisation in der Entwicklungsgeschichte | 17

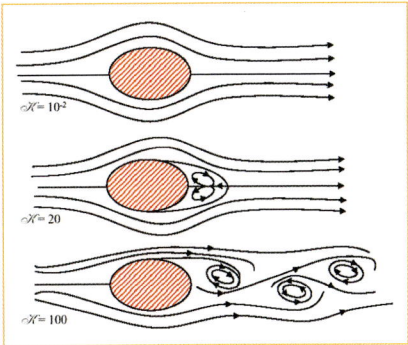

Abb.1 Flüssigkeitsdynamik. In offenen Systemen, fernab vom thermodynamischen Gleichgewicht, bilden sich komplexe, dynamische Strömungsmuster aus. Steigende Strömungsgeschwindigkeit (Kontrollparameter K) führt zu *komplexeren Ordnungsmustern* (Attraktoren) (modifiziert nach K. Mainzer [1]).

Der Begriff „Selbstorganisation" wurde ursprünglich im späten 19. Jahrhundert auf das kollektive menschliche Verhalten angewandt und bezieht sich heute allgemein auf kooperative Phänomene. Selbstorganisation hat einen dynamischen Charakter und meint die Ausbildung geordneter raumzeitlicher Strukturen von kosmischen bis herunter zu atomaren Dimensionen. Sie beschreibt die Muster- und Strukturbildung in offenen Systemen, die sich weit weg vom thermodynamischen Gleichgewicht bewegen*.

In **Abb. 1** sehen Sie ein Strömungsbild. Hier fließt Wasser an einem Widerstand vorbei. Bei Erhöhung der Fließgeschwindigkeit bilden sich Turbulenzen als neue dynamische Strukturen. Nach Iliya Prigogine strebt die Entropie in solchen selbstorganisierten Wirbeln einem Minimum zu. Das Muster dieser Wirbel ändert sich schon bei kleinen Veränderungen, z. B. bei einer Änderung der Fließgeschwindigkeit. Wie aber die Wirbel-Muster durch dynamische Wechselwirkungen ihrer mikroskopischen Bausteine – hier der Wassermoleküle – entstehen, ist wenig verstanden. Wir erhoffen uns nähere Aufschlüsse durch den Vortrag von Professor Haken.

Selbstorganisation spielt als universelles Prinzip in der unbelebten Welt eine entscheidende Rolle: Bei der Entstehung von Galaxien, Sternen und Planeten, bei der Bildung der chemischen Elemente in den glühenden Sternen, aber auch bei der Entstehung von chemischen Molekülen und Festkörpern in den kühlen Weiten des Alls und auf den Planeten.

Selbstorganisationsprozesse sind auch bei der Evolution des Lebens, beim Aufbau zellulärer und organismischer Ordnungen von zentraler Bedeutung. Schon Kant hat postuliert, dass das Leben selbstorganisiert sei, da es von inneren Kräften gestaltet werde. Der Kosmos, so wie wir ihn kennen, durchläuft also eine Entwicklungsgeschichte, die wesentlich von Selbstorganisationsprozessen geprägt ist, und wir sind ein Produkt dieser Entwicklung.

Die Naturkonstanten sind lebensfreundlich

Astrophysiker und Kosmologen beschreiben uns in Grundzügen, wie sich der Kosmos aus einer dichten, heißen Frühphase heraus in etwa 14 Milliarden Jahren entwickelt hat (**Abb.2**).

Dabei spielen die Ausdehnung des Raumes, das Absinken der Temperaturen, die Gravitation und der thermische Druck in den Sternen ganz zentrale Rollen: Sie haben den Zustand unseres Universums laufend verändert und immer neue Ordnungszustände generiert.

---

*Im Gegensatz dazu bezieht sich die Selbstassemblierung auf geschlossene Systeme und strebt einem thermodynamischen Gleichgewicht zu. Sie beschreibt z.B. die Enstehung eines Virus aus seinen Komponenten in einem Medium, das die entsprechenden RNS- und Proteinbausteine enthält.

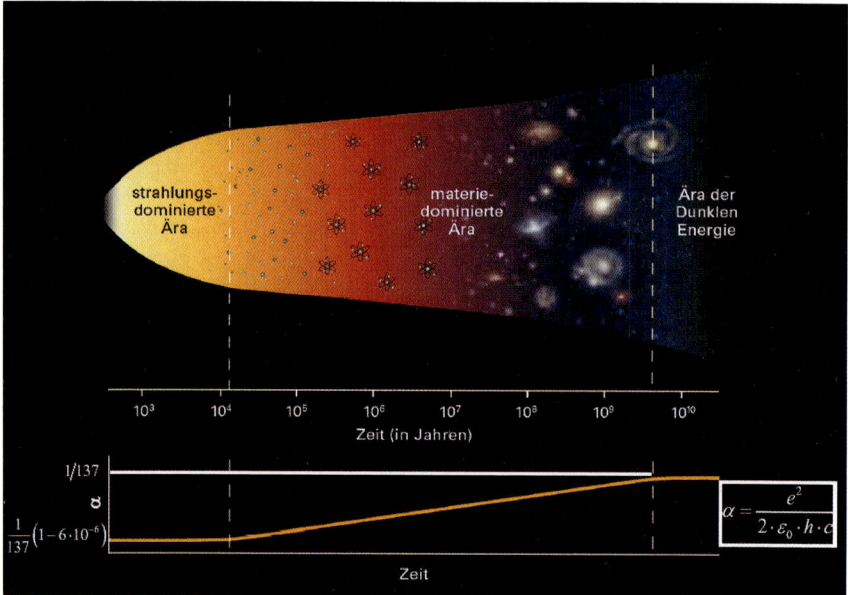

Abb. 2 Die Entwicklung des Kosmos ist mit einer Ausdehnung des Raumes und einem Absinken der durchschnittlichen Temperatur verbunden. Nach Barrow hat sich die Feinstrukturkonstante α in etwa 10^{10} Jahren nur unwesentlich erhöht (modifiziert nach Barrow und Webb [2]).

Während der ersten 300 000 Jahre nach dem sogenannten Urknall war die Strahlung die vorherrschende Energieform im Universum. Die Temperatur lag oberhalb von 3 Milliarden Kelvin und war damit für die Existenz von schweren Atomen und Molekülen zu hoch. Astrophysiker beschreiben uns das frühe Universum als ein Plasma aus Elektronen, Photonen, Wasserstoff- und Helium-Kernen.

Man nennt diesen Zeitabschnitt die „Strahlungsära" des Universums [2]. Nach etwa 300 000 Jahren kam es dann zu einer gewaltigen Umstellung. Mehr und mehr hatte die Materie die Strahlung als Hauptenergieform überrundet. Sie hat sich in den folgenden 13 Milliarden Jahren zu Galaxien und Sternen verdichtet, in deren Innern sich die Kerne der chemischen Elemente bildeten. Immer kompliziertere Strukturen entstanden, Planeten und Monde zogen ihre Bahnen, und schließlich begann auch Leben, zumindest auf der Erde. Diesen Zeitabschnitt der Geschichte des Universums nennt man die „Materie-Ära" oder „Staub-Ära".

Die Bildung von Galaxien und chemischen Elementen in den Sternen folgt Gesetzen, in denen Naturkonstanten enthalten sind. Sie bestimmen das Grundmuster unseres Universums. Ihre Werte scheinen dem Universum immanent zu sein, man könnte auch sagen, sie seien vorgegeben. Physiker können sie weder ableiten noch erklären. Ihre Werte sind offensichtlich lebensfreundlich. Schon kleine Änderungen der Naturkonstanten würden irdisches Leben ausschließen [3].

Berühmt ist die Feinstrukturkonstante α von Arnold Sommerfeld (1916).

Abb.3 Simulation der Milchstraße. Das Sternensystem, in dem sich neben unserem Sonnensystem rund hundert Milliarden Sterne befinden, ist offenbar kein „einfacher" Spiralnebel, sondern eine Balkenspirale. Die Scheibe hat einen Durchmesser von rund 100 000 Lichtjahren [5].

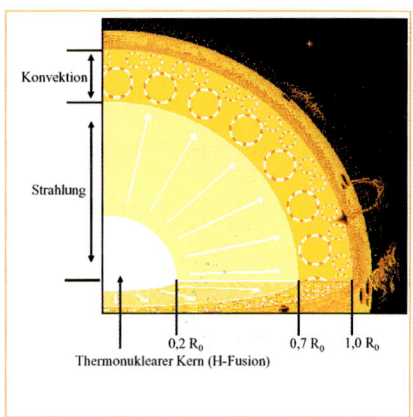

Abb.4 Aufbau der Sonne. Regionen des Strahlungstransfers und der Konvektion in der Sonne. Radius, Temperatur und Luminosität steigen seit Geburt der Sonne stetig an (modifiziert nach M. Cassé [6]).

Sie ist dimensionslos und verbindet einige der wichtigsten Naturkonstanten:

$$\alpha = \frac{e^2}{2\,\varepsilon_0 \cdot h \cdot c}$$

- die Elementarladung e,
- die Dielektrizitätskonstante des Vakuums ε_0,
- das Planck'sche Wirkungsquantum h und
- die Lichtgeschwindigkeit im Vakuum c.

Die Feinstrukturkonstante beschreibt die Wechselwirkung zwischen elektromagnetischer Strahlung und Materie, z.B. wie Photonen von Atomen absorbiert werden. Sie lässt sich daher anhand der Strahlungsspektren sowohl von fernen und damit alten Quasaren und kosmischen Nebeln als auch von nahen und jungen vergleichend vermessen.

Nach Analysen von Barrow und Webb [2] ist ihr Wert in den letzten 10 Milliarden Jahren ziemlich konstant geblieben und maximal um etwa ein 6 Millionstel angestiegen. (**Abb. 2**). Das ist ein wichtiger Befund, da deutliche Schwankungen von α unsere Welt dramatisch verändern würden. Ihr Absinken würde z. B. die chemischen Bindungen in den Molekülen schwächen und ihr Anstieg kleine Atomkerne labilisieren, da die elektrische Abstoßung zwischen ihren Protonen die anziehenden starken Kräfte in den Kernen übersteigen würde.

Eine Veränderung des Wertes von α um nur 4% würde die Bildung von Kohlenstoffkernen in den Sternen ausschließen. Damit wäre dem Leben, wie wir es kennen, die Grundlage entzogen. Die Entstehung des Lebens ist offensichtlich an ganz spezielle Bedingungen in der selbstorganisatorischen Entwicklungsgeschichte des Universums geknüpft. Auch das Verhältnis von zwei anderen Konstanten, der Massen von Protonen zu Elektronen, hat sich in den letzten 12 Milliarden Jahren kaum verändert und hat höchstens um 0,002% abgenommen [4].

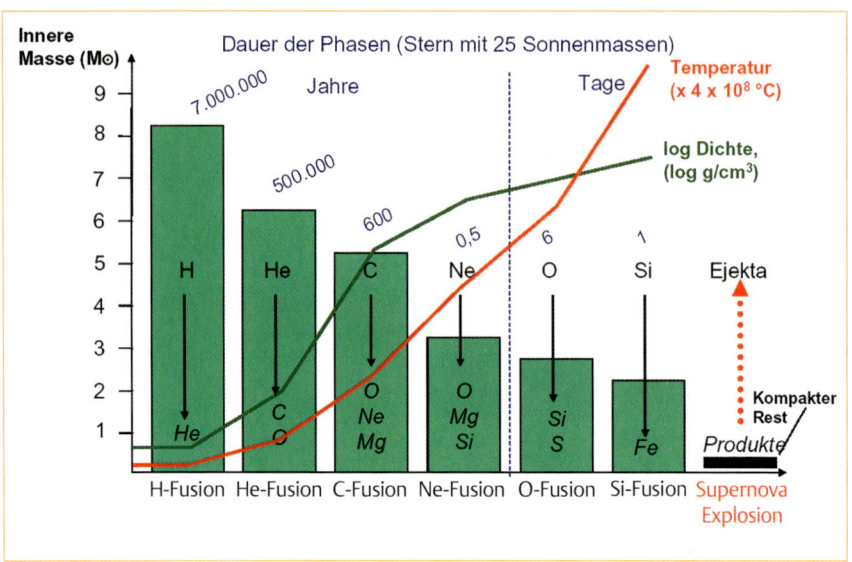

Abb.5 „Kosmische Alchemie": Entstehung der Elemente im Sterneninnern. Irdische Lebewesen sind aus chemischen Elementen aufgebaut, die in Sternen und Supernovaexplosionen in der Milchstraße entstanden sind, bevor sich aus deren Ejekta unser Sonnensystem gebildet hat ($M_\odot$ = Sonnenmasse) (modifiziert nach M. Cassè [6]).

Die Bildung der chemischen Elemente in den Sternen

Unsere Sonne ist ein vergleichsweise kleiner und langlebiger Stern in einem äußeren Spiralarm unserer Milchstraße (**Abb. 3**).

Im Innern der Sonne erzeugt die Kernfusion einen expansiven Strahlungs- und thermischen Druck, dem die Schwerkraft die Waage hält [6]. Das dynamische Gleichgewicht dieser Kräfte stabilisiert die Sonne über etliche Milliarden Jahre hinweg (**Abb. 4**). Dabei nimmt der Vorrat an Wasserstoff als Brennstoff langsam ab, und die Kernfusion kommt zum Erliegen. Das Sterneninnere kollabiert unter seiner Schwerkraft und heizt sich dabei adiabatisch wieder auf. Eine neue Kernfusion, die He-Verbrennung, zündet. Der ansteigende Strahlungsdruck sprengt die Sternenhülle ab, und die Sonne wird in gut 2 Milliarden Jahren zum Roten Riesen.

Das Schicksal einzelner Sterne hängt entscheidend von ihrer Größe ab. Kleine Sterne wie unsere Sonne leben länger, große Sterne, die die chemischen Elemente des Lebens produzieren, „verbrennen" schneller. Sterne von etwa 25 Sonnenmassen erzeugen in ihrem Innern sehr hohe Drücke und Temperaturen, die in aufeinander folgenden – grün dargestellten – Phasen zur Bildung schwerer Atomkerne führen (**Abb. 5**)[6].

In einer ersten Phase entsteht im Innern des Sterns – wie in der Sonne – Helium aus Wasserstoff. Nach Verbrauch des Wasserstoffs kollabiert das Sterneninnere unter seiner Schwerkraft. Dabei heizt es sich adiabatisch auf, und die nächste Verbrennungsphase zündet. In der zweiten Phase verschmelzen die He-Kerne unter Bildung von Kohlenstoff und Sauerstoff. Das setzt eine enorme Energiemenge frei und führt zur Absprengung der äußeren Hülle. Bereits gebildete chemische Elemente werden in die Weiten des Raumes geschleudert. So entstehen in aufeinander folgenden Verbrennungsphasen immer schwerere Atomkerne. Die späteren Verbrennungsphasen laufen bei steigenden Temperaturen und Drücken immer schneller ab. Schließlich führt die Fusion von Si-Kernen bei etwa 4×10^9 K zur Eisenbildung. Sie ist bereits nach wenigen Tagen mit der Explosion des Sternes beendet [6]. Die Sternenhülle wird mit den gebildeten Atomkernen ins All geschleudert. Zurück bleibt ein Neutronenstern oder ein schwarzes Loch. Eisenkerne sind besonders stabil und daher im Kosmos häufig vertreten. Noch schwerere Elemente sind eher selten.

Atomkerne entstehen also im Innern der leuchtenden Sterne. Ein stellarer Brennofen von 25 Sonnenmassen liefert schwere Elemente in einer Menge von mehr als 4 Sonnenmassen, darunter vor allem Kohlenstoff und Sauerstoff [7].

Unser Sonnensystem ist vor etwa 4,6 Milliarden Jahren offensichtlich in Regionen des Raumes entstanden, wo Supernovaexplosionen zuvor all die lebensnotwendigen Elemente wie C, N, O, P, S, Fe, Co, Mg, Mn u.v. a. generiert haben.

Die schrittweise Bildung der chemischen Elemente, die für die Entwicklung komplexer biochemischer Stoffe nötig sind, braucht viel Zeit. Astrophysiker nehmen an, dass das sichtbare Universum daher fast 10 Milliarden Jahre alt werden musste, bis all die chemischen Elemente entstanden waren, die eine neue Organisationsform auf der Erde ermöglichten, nämlich Leben. Wir sind aus Sternenstaub entstanden. In einem Universum, das wesentlich jünger wäre als das unsere, hätten wir uns nicht entwickeln können.

Die Radioastronomie, der wir viel Wissen verdanken, hat in den Weiten des interstellaren Raums eine komplexe und vielfältige Chemie nachgewiesen, die so ganz anders ist als die Chemie, die wir auf der Erde kennen: Dort sorgt eine extreme Strahlung bei geringen Temperaturen und Dichten für ungewöhnliche chemische Reaktionen. Es werden dabei auch Moleküle gebildet, die wir als einfachste Bausteine des Lebens kennen.

Wasser und Sauerstoff sind wichtige Moleküle des Lebens

Zellen sind die kleinsten Einheiten des Lebens. Sie sind nachweislich vor mehr als 3,5 Milliarden Jahren entstanden [8]. Wie sie sich aus einfachen und komplexen Stoffen heraus gebildet haben, ist unbekannt. Für ihre Entstehung aus hypothetischen Stoffwechselorganismen – wie Wächtershäuser sie fordert [9] – ist die Evolution sich selbst replizierender Kettenmoleküle, wie z.B. die der Ribonukleinsäuren, und die Ausbildung von umgrenzenden Membranen von entscheidender Bedeutung.

Die Entwicklung der Zellen und die Funktion ihrer Bausteine sind alle an die Gegenwart des Wassers gebunden. Wasser ist ein zentrales Molekül des irdischen Lebens, das für die Funktion von Membranen, biologischer Makromoleküle und den Ablauf des zellulären Stoffwechsels notwendig ist. Dass es der Erde erhalten blieb, ist nicht selbstverständlich, sondern war möglicherweise an die Evolution des Lebens gebunden.

Die explosive Vermehrung des zellulären Lebens vor 2-4 Milliarden Jahren hat das Klima und die Geologie auf der Erde stark verändert. So hat die aufkommende Photosynthese der Cyanobakterien Sauerstoff aus dem Wasser freigesetzt und die

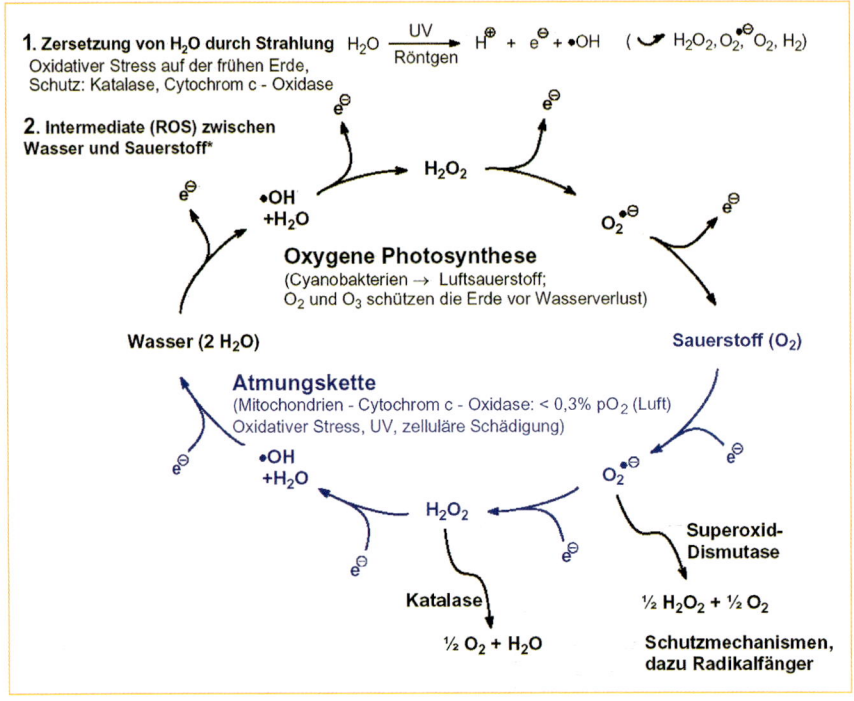

Abb.6 Bildung radikaler Sauerstoffspezies (ROS). *Ladungskompensierende Protonen wurden weggelassen (modifiziert nach N. Lane [10]).

Bildung der Sauerstoff-Atmosphäre erst ermöglicht. Die schrittweise Änderung einer ursprünglich reduzierenden Erdatmosphäre in eine oxidierende führte geologisch gesehen zur Oxidation von Schwefelverbindungen und zur Ablagerung von oxidischen Eisenerzen. Sie prägte auch die Umweltbedingungen für die weitere Entwicklung des Lebens.

Luftsauerstoff und die damit verbundene Ausbildung der Ozonschicht gaben Schutz vor der UV-Strahlung der Sonne. Die UV- und Röntgenstrahlung hätten bei ungehinderter Einstrahlung das Wasser auf der Erde in seine Bestandteile zerlegt (**Abb. 6**). Das leichte Wasserstoffgas wäre langsam in das Weltall entwichen und Sauerstoff und die Sauerstoffradikale hätten anorganische Oxide und Peroxide gebildet. Dieser Prozess hätte leicht zur Austrocknung der Erdoberfläche führen können, ein Vorgang, der möglicherweise auf dem Mars abgelaufen ist [10]. Die Ausbildung der Sauerstoffatmosphäre durch das Leben hat somit auch die Randbedingungen für seine weitere Entwicklung stark verändert. Cyanobakterien lieferten also wichtige Voraussetzungen für die Evolution von Pflanzen und Tieren, zumal letztere von der Sauerstoffatmung leben.

Sauerstoff ist als Biradikal aber auch reaktiv und toxisch, für viele anaerobe Bakterien, die vor 2 Milliarden Jahren die Erde belebten, sogar tödlich. Das Leben musste Schutzmechanismen entwickeln, um dem „oxidativen Stress" zu begegnen, der vom Sauerstoff und vor allem von den reaktiven Sauerstoffspezies ausgeht. Diese reaktiven Sauerstoffspezies

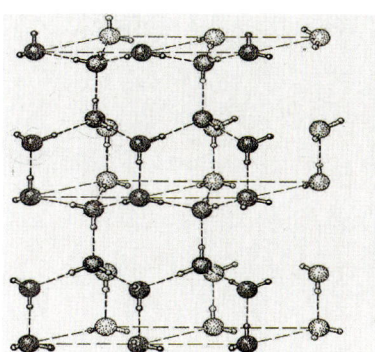 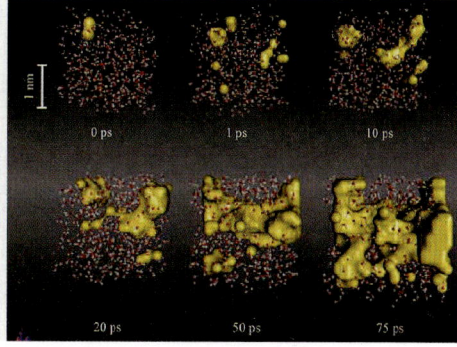

Abb.7 Der hydrophobe Effekt im Wasser.
Links) Struktur des gewöhnlichen Eises. Eis wird durch regelmäßig angebrachte Wasserstoffbrückenbindungen stabilisiert. Große Kugeln repräsentieren Sauerstoff-, kleine Wasserstoff-Atome. Linus Pauling [11].
Rechts) Hohlräume im siedenden Wasser. Wasser wird durch dynamische Netzwerke von Wasserstoffbrückenbindungen in der flüssigen Phase gehalten. Kommt Wasser zum Sieden, so bilden sich auf molekularer Ebene Hohlräume (gelb) [12,13]. Hydrophile Moleküle bilden zum Wasser Bindungen, u.a. Wasserstoffbrückenbindungen, aus. Sie werden hydratisiert und gelöst. Hydrophobe, lipidartige Moleküle bilden keine relevanten Bindungen zum umgebenden Wasser aus und finden in Hohlräumen Platz. Lipidteilchen größer als 1 nm werden durch den hydrophoben Effekt im Wasser aus der wässrigen Phase herausgedrückt.

werden bei der Photosynthese auch in den Chloroplasten und bei der Atmung in den Mitochondrien gebildet: reaktive Hydroxylradikale, Wasserstoffperoxid und das Superoxidradikalanion. Sie werden von Radikalfängern der Zelle, wie den Polyenen (z.B. Carotinoide und α-Tocopherole bei der Photosynthese) und Enzymen (z.B. Superoxiddismutase, Katalase, Peroxidasen), abgefangen.

Besonders empfindlich sind die wenig geschützten Gene der Mitochondrien in unseren Zellen. Trotz einiger Schutzmechanismen schädigen Sauerstoffradikale langsam die Funktionsfähigkeit dieser energieliefernden Organellen. Dies wird vor allem für die Energieversorgung der sich nicht mehr teilenden und langlebigen Nervenzellen mit zunehmendem Alter der Menschen zur Gefahr.

Der hydrophobe Effekt im Wasser und der Aufbau biologischer Membranen

Ohne die einzigartigen Eigenschaften des Wassers ist irdisches Leben nicht denkbar. Zu den wichtigsten gehört die Ausbildung der vergleichsweise schwachen H-Brückenbindungen (**Abb. 7**). Im kristallinen Eis bauen sie ein stabiles voluminöses Netzwerk auf [11]. Im flüssigen Wasser, bei Raumtemperatur, beträgt die mittlere Lebenszeit einzelner Wasserstoffbrückenbindungen aber nur noch 500 Femtosekunden (500 × 10^{-15} sec) [14]. Im flüssigen Wasser liegen daher lokal begrenzte, dynamische Wassercluster vor, zwischen denen sich bei steigenden Temperaturen immer größer werdende Kavitäten ausbilden, die hier in **Abb. 7** gelb dargestellt sind.

Wasserlösliche, also hydrophile Substanzen, wechselwirken mit Wasser auf ähnliche Weise wie die Wassermoleküle untereinander. Sie werden, wie auch polare

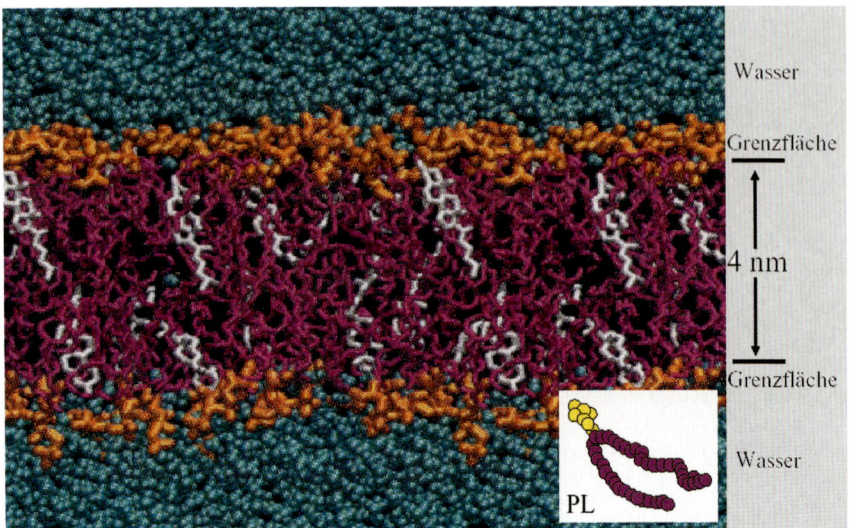

Abb.8 Amphiphile Phospholipide bilden Doppelschichten in Wasser. Computersimulation einer Doppelschicht aus amphiphilen Phospholipiden (PL) (hydratisierte Kopfgruppen, orange, gelb und hydrophober Molekülschwanz, violett), die 25 mol% Cholesterol (weiß) enthält. Die dynamische Lipiddoppelschicht ist selbstheilend und bildet die Grundstruktur biologischer Membranen (modifiziert nach W. G. Whiteford [15]).

Verbindungen, gleichsam in das Netzwerk der Wasserstoffbrücken eingebaut und damit gelöst. Anders ist das bei Lipiden und unpolaren, fettähnlichen Substanzen. Sie enthalten Bereiche, die keine Wasserstoffbrücken zur umgebenden Wasserphase ausbilden können. Lipide werden mit zunehmender Größe (etwa oberhalb von 1nm) aus der wässrigen Phase in Hohlräume herausgedrängt . Sie werden in Hohlräume gedrückt, die in etwa den gelben Kavitäten entsprechen, die beim Erhitzen des Wassers entstehen (**Abb. 7**) [12]. Lipide werden also durch den hydrophoben Effekt im Wasser aus der Wasserphase herausgedrückt. Triebkraft ist ein Entropiegewinn, der durch eine höhere Beweglichkeit der Wassermoleküle entsteht, die von apolaren Flächen befreit sind.

Biologisch bedeutsam ist der hydrophobe Effekt von apolaren Verbindungen im Wasser vor allem für den Aufbau biologischer Membranen. Membranbildende Phospholipide haben sowohl wasserbindende, also hydrophile Kopfgruppen, als auch wasserabstoßende, also hydrophobe Schwanzbereiche (**Abb. 8**). Diese werden aus der Wasserphase herausgedrückt und bilden aufgrund ihrer Geometrie eine lamellare Phase. Der hydrophobe Effekt apolarer Verbindungen im Wasser sorgt so für den Aufbau von Phospholipid-Doppelschichten und damit für den Aufbau der Grundstruktur biologischer Membranen.

Der hydrophobe Effekt im Wasser ist auch für die korrekte Faltung und damit den räumlichen Aufbau von funktionstüchtigen Kettenmolekülen, den Proteinen und Nukleinsäuren, verantwortlich.

Biologische Membranen sind nun viel komplexer aufgebaut als einfache Lipiddoppelschichten (**Abb. 9**). Neben einer Vielzahl von Lipiden und Glykolipiden

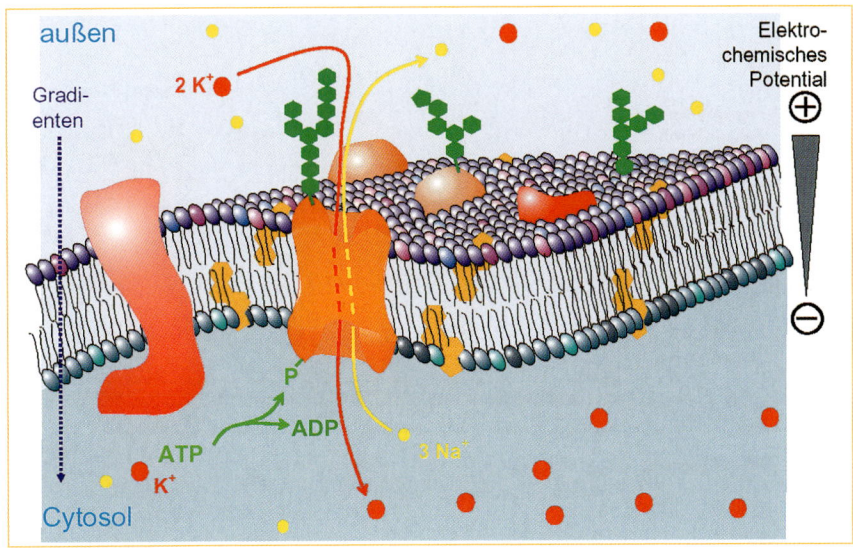

Abb. 9 Die zelluläre Plasmamembran. Plasmamembranen sind aus Lipiden und integralen Membranproteinen vektoriell aufgebaut. Energieverbrauchende Prozesse wie die Tätigkeit der Na+- und K+-abhängigen ATPase erzeugen Ionen-, Molekül- und elektrochemische Gradienten, die für das Überleben von Zellen und ihre Funktionen essentiell sind. Sie sind u.a. Voraussetzung für die Erzeugung von Aktionspotentialen an Nervenzellmembranen (Quelle: ProSciencia).

enthalten sie Proteine, die als Rezeptoren, Enzyme, Molekülpumpen und Kanäle dienen. Lipide und Proteine bestimmen ganz wesentlich die Funktionen der einzelnen zellulären Membranen. Membranen trennen das Zellinnere von der Außenwelt und umhüllen Organellen im Inneren der Zelle. An ihnen laufen wichtige Reaktionen des Energiestoffwechsels, des Stoffaustausches und der Informationsverarbeitung ab. Im Gegensatz zu künstlichen Lipiddoppelschichten sind sie asymmetrisch aufgebaut, d.h. ihre beiden Lipidblätter sind unterschiedlich zusammengesetzt und ihre Proteine vektoriell eingebaut. So pumpt z.B. die Na+, K+ - ATPase unter Energieverbrauch pro Arbeitszyklus 3 Na+-Ionen aus der Zelle nach außen und 2 K+-Ionen von außen nach innen. Damit erzeugt sie an der zellulären Plasmamembran Ionengradienten und eine elektrische Spannung von etwa minus 50-70 mV. Das entspricht einer Feldstärke von etwa 10^7 V/m. Das Membranpotential ist für die neuronale Erregungsleitung essentiell. Es wird – wie auch der asymmetrische Aufbau der Membran – unter ständigem Energieverbrauch aufrechterhalten. Biologische Membranen sind also Teil eines selbstorganisierten zellulären Systems, das durch ständige Energie- und Materialflüsse erhalten wird.

Unterbrechungen der Energiezufuhr leiten den Zusammenbruch der geordneten Membranstrukturen ein. Ionen- und Molekülgradienten verschwinden, das elektrische Potential und die Phospholipidasymmetrie brechen zusammen. Die lebensnotwendigen, an die Plasmamembran gebundenen signalverarbeitenden Mechanismen des Nervensystems, die u.a. für die Auslösung und Weiterleitung von Aktionspotentialen nötig sind, können nicht mehr aufrechterhalten werden.

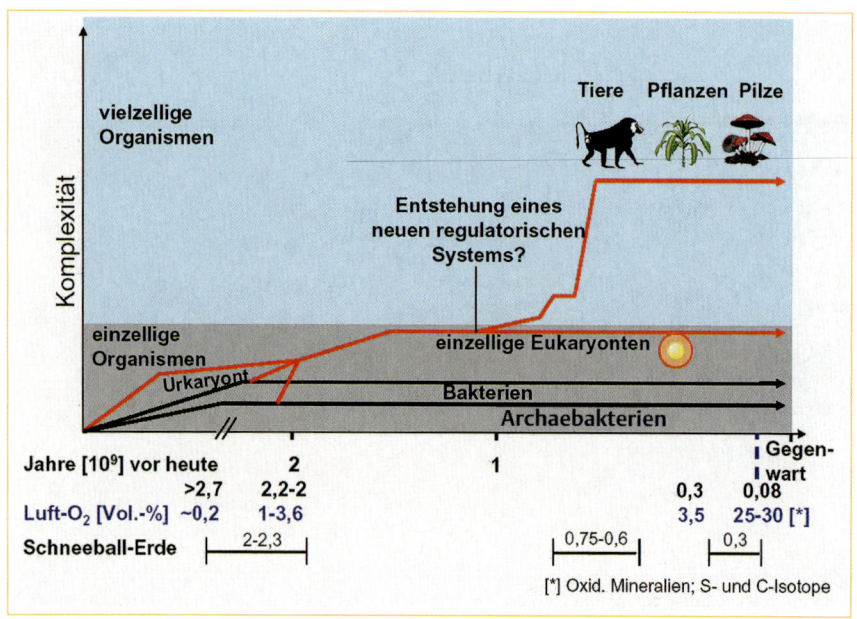

Abb. 10 Entwicklung der Komplexität des Lebens. Wechselnde Umweltbedingungen korrelieren mit zellulären und organismischen Neubildungen (modifiziert nach J. S. Mattick [16] und N. Lane [10]).

– Prof. Simons wird die Funktionen biologischer Membranen näher erläutern.

Ursprung und Evolution der Eukaryontenzelle

Bakterien und Archaebakterien sind die ältesten Zellen, die wir kennen. Hinzu kommt noch ein postulierter Urkaryont, aus dem die Eukaryonten entstanden sind. Die Eukaryontenzelle ist besonders reich an Membranen. Sie enthält nicht nur eine umschließende Plasmamembran, sondern auch innere Membranen, die Zellorganellen einschließen, wie z. B. den Zellkern. Aus ihr sind die multizellulären Organismen entstanden. Nach Hartman [17, 18] war ihre Entwicklung eng mit globalen Katastrophen in der Biosphäre verbunden (**Abb. 10**). Die Eukaryontenzelle ist vor etwa 2 Milliarden Jahren entstanden, vermutlich durch Endosymbiose von drei Vorläuferzellen: der Urkaryonten mit Bakterien und Archaebakterien. Ihre Entstehung fällt zusammen mit einem Sauerstoffanstieg auf etwa 1 – 3,6% in der Luft und einer Vereisung der Erde.

Der schrittweise Sauerstoff-Anstieg in der Luft ging während der Erdgeschichte öfters mit einer Abkühlung einher. Sie fand ihren Höhepunkt in wiederholten Vereisungen der Meere. Leben musste sich auf dieser Schneeball-Erde (snowball earth) weitgehend in warme Nischen, etwa in heiße Becken an Vulkanen, zurückziehen.

Nach Analysen von Sedimentgesteinen stieg der Sauerstoffgehalt vor 2 Milliarden Jahren auf etwa ein Sechstel des heutigen Wertes an [19]. Er löste dramatische geologische und biologische Anpassungsprozesse aus.

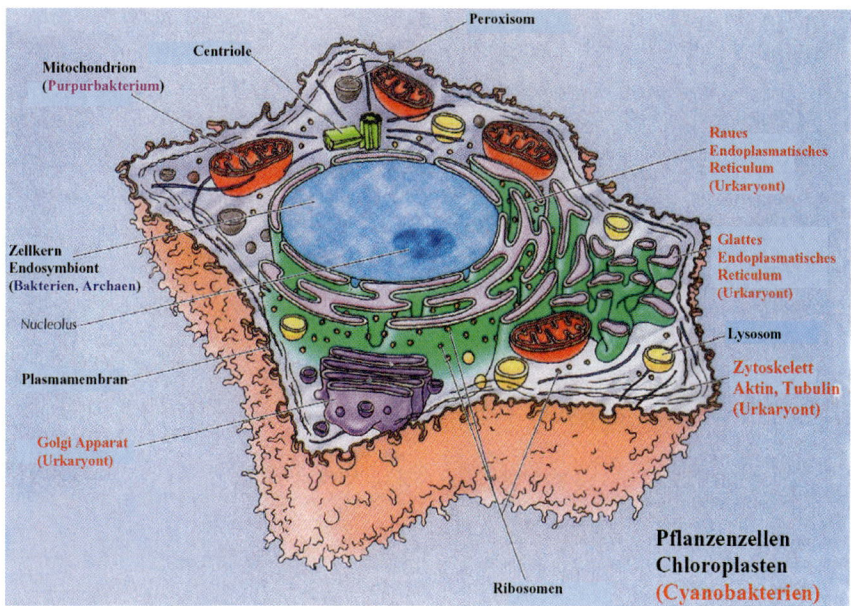

Abb. 11 Struktur einer Tierzelle. Modifiziert nach G. M. Cooper [20]. Die Eukaryontenzelle – gekennzeichnet durch innere Membranen – ist ursprünglich durch Endosymbiose aus Vorläuferzellen entstanden. Die vermutliche Herkunft einzelner zellulärer Strukturen ist angegeben.

Vergleichende Sequenzanalysen von Genen und Proteinen der heute existierenden Bakterien, Archaebakterien und Eukaryonten lassen vermuten, dass der membranumschlossene eukaryontische Zellkern als Endosymbiont aus aufgenommenen DNA-basierten Bakterien und Archaebakterien gebildet wurde [17, 18].

Aus einem Urkaryonten, einer RNA-basierten Gastzelle, dem Chronozyten, und den DNA-basierten Bakterien und Archaebakterien ist ein Mischwesen entstanden [17, 18], das erstmals einen membranumschlossenen Zellkern enthielt (**Abb. 11**). Hartman und Fedorov [17] haben über 340 Proteine gefunden, die in allen untersuchten Eukaryonten vorkommen (also in Tieren, Pflanzen, Pilzen und Protozoen), aber in Bakterien und Archaebakterien fehlen. Sie ordnen diese Proteine den Urkaryonten zu. Hierzu zählen Proteine des Zytoskeletts wie Aktin und Tubulin und Proteine der Endozytose wie Clathrin und Dynamin, mit deren Hilfe die Urkaryonten sich andere Zellen durch Endozytose und Phagozytose einverleiben konnten. Hierzu zählen auch

a) Proteine der inneren Membranen, des endoplasmatischen Retikulums (ER) und des Golgi-Apparats, an denen Membranproteine und Membranlipide synthetisiert werden,

b) ein komplexes intrazelluläres Signal- und Kontrollsystem, das u.a. Calmodulin, Ubiquitin, Inositolphosphate und deren Bindungsproteine enthält, und

c) Ribonukleinsäure-modifizierende Proteine.

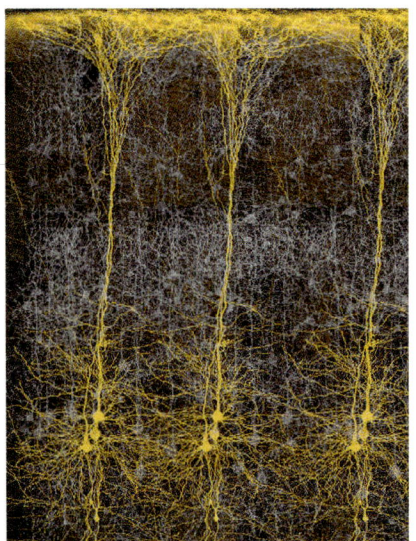

Abb.12 Computermodell einer Säule von Nervenzellen mit dendritischen Strukturen im Cortex der Ratte [21].

Eukaryonten haben auch Purpurbakterien mit ihrer energieliefernden Atmungskette aufgenommen, die sich zu Mitochondrien entwickelten.

Spätere Klimaänderungen – ein weiterer Anstieg von O_2 in der Luft, Kälteperioden und Asteroid-Einschläge – haben unzählige weitere Anpassungen des Lebens ausgelöst. So sind die Chloroplasten der Pflanzen aus eingewanderten Cyanobakterien hervorgegangen, die ihnen die Photosynthese mitgebracht haben.

Die Entstehung der Eukaryonten, das kann man mit Fug und Recht behaupten, war wohl das wichtigste Ereignis in der langen Geschichte des Lebens auf der Erde. Sie ermöglichte die Entwicklung vielzelliger Organismen, der Pflanzen, Pilze und Tiere. Einzigartige Eigenschaften der heutigen Vielzeller, wie membranumschlossener Zellkern, sexuelle Fortpflanzung und Meiose, d. h. die Bildung von Keimzellen mit nur einem Chromosomensatz, sind Errungenschaften, die sich bei den Nachkommen der ersten Eukaryonten entwickelt haben.

Entwicklung spezialisierter und arbeitsteiliger Zellen in den Organen von Vielzellern

Evolution baut auf bestehenden Systemen auf. Wir sind keine Klone und können nur aus einer dynamischen und evolutionären Perspektive heraus verstanden werden. Der Mensch ist das Produkt der gesamten Erdgeschichte und der biologischen Evolution, die nach Darwin durch Vervielfältigung, Mutation und Selektion der Lebewesen gekennzeichnet ist. Nur ein Blick in die Herkunft lässt die gewordene Gegenwart verstehen.

Die Evolution von Vielzellern war durch die Ausbildung von differenzierten Zellen möglich, die arbeitsteilig wichtige Aufgaben übernommen haben, z.B. Leberzellen bei der Entgiftung toxischer Substanzen, Immunzellen bei der Abwehr von Pathogenen und Nervenzellen bei der Informationsverarbeitung.

Die zugrunde liegenden Organisationsprinzipien, die zur Ausbildung des räumlich und zeitlich gesteuerten Auftretens der vielen spezialisierten Zellen während der Embryogenese und Morphogenese eines vielzelligen Organismus führen, sind noch weitgehend unbekannt. Eine spannende Übersicht zu diesem Thema wird uns Frau Prof. Nüsslein-Volhard geben.

Abb. 12 zeigt einen Nervenzellverband. Sie sehen Pyramidenzellen in einem Modul aus der Großhirnrinde, dem Neocortex der Ratte, gelb angefärbt. Die eigentlichen Körper der Nervenzellen sind klein im Vergleich zu den ungeheuer großen, aus weit verzweigten Membransystemen

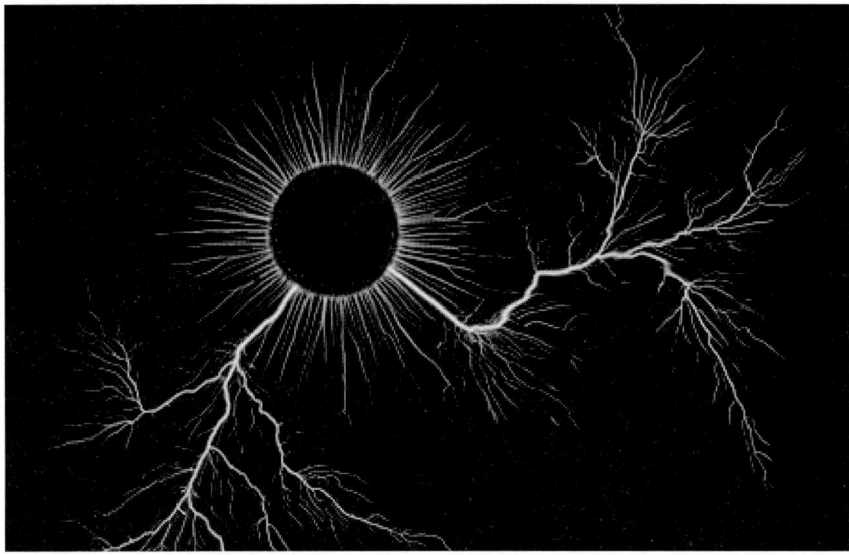

Abb.13 Georg Christoph Lichtenberg macht statische elektrische Entladungen als selbstorganisierte, baumartige Strukturen sichtbar [22].

aufgebauten Dendritenbäumen. Dies sind ausgedehnte Empfangsantennen, die die Pyramidenzellen über synaptische Kontakte mit jeweils tausenden anderen Nervenzellen funktionell verbinden. Sie sind im Untergrund erkennbar. Die Informationsverarbeitung findet weitgehend durch elektrische und biochemische Prozesse an den Nervenzellmembranen statt.

In einem Gewebszylinder von 2 mm Höhe und einem halben Millimeter Durchmesser stecken über 10 000 vielfach miteinander durch Fasern und Synapsen funktionell verbundene Neurone, von denen jedes Neuron mit über 10 000 anderen kommuniziert [21]. Die faserigen Verbindungen in diesem Zylinder erreichen eine Gesamtlänge von etwa 5 km. Sie bilden neuronale Netzwerke aus, die unüberschaubare Aktivitätsmuster, räumlich und zeitlich strukturierte Erregungsmuster, generieren. Wir wissen wenig darüber, wie sich diese komplexen und geordneten Netzwerke während der Morphogenese des Gehirns organisieren und ihre Funktionen ausüben. Es bleibt eine große Herausforderung zukünftiger Forschung, Struktur und Funktionsweise der neuronalen Module zumindest konzeptionell zu klären.

Dendritische Zellstrukturen bilden auch die grundlegenden Bau- und Schaltelemente im menschlichen Neokortex mit einer gesamten, von Membranen eingehüllten Faserlänge von etwa 5 Millionen Kilometern [21], das ist etwa die 13-fache Entfernung Erde – Mond. Ihre in Netzwerken räumlich und zeitlich strukturierten Aktivitätsmuster erkennen und steuern auf einer neuen Organisationsebene alle Hirnleistungen, wie motorische Bewegung, Sehen, Hören, Fühlen, Denken und Planen. Über sie organisiert sich auch unser Bewusstsein.

Abb. 14 Robert Gernhardt zu Georg Christoph Lichtenberg: Ich kann es wohl begreifen, aber nicht anfassen und umgekehrt [23].

Komplexe dendritische Strukturen

Baumartige Strukturen werden aber nicht nur bei Nervenzellen sichtbar. Auch andere informationstragende Zellen, wie die dendritischen Zellen des Immunsystems, haben baumartige en. Sie sind ebenfalls am Austausch von Molekülen – also Materie – und elektrischen Signalen – also Information – beteiligt. Dendritische Strukturen sind in der belebten und unbelebten Natur weit verbreitet. Denken Sie nur an Bäume, Farne, Korallen, Flusssysteme und Blitze.

Statische elektrische Entladungen wurden schon 1777 von dem Göttinger Physiker Georg Christoph Lichtenberg als dendritische Staubfiguren mit dem Elektrophor sichtbar gemacht (**Abb. 13**). Arthur von Hippel hat diese Lichtenberg-Figuren als Baumstrukturen aus einer verzweigten Reihe von Entladungen in den dreißiger Jahren des vorigen Jahrhunderts direkt auf fotografischen Platten festgehalten [22].

Die Sichtbarmachung komplexer Zusammenhänge wie die der elektrischen Entladungen lässt sie uns begreifbar erscheinen. Aber Lichtenberg war sich der ungeheuren Komplexität der zugrunde liegenden Natur bewusst. Scharfsinnig und spöttisch humorvoll bemerkte er: „Die edle Einfalt in den Werken der Natur hat nur gar zu oft ihren Grund in der edlen Kurzsichtigkeit dessen, der sie beobachtet" [24].

Unser naturwissenschaftliches Weltbild wurde im Laufe der Jahrhunderte durch experimentelle Beobachtungen und mathematische Modelle stetig verändert und verbessert.

Dabei hat die Lösung einzelner Probleme oft eine Vielzahl neuer Fragen aufgeworfen. So bleibt das Meer des Unwissens überwältigend, und es ist fraglich, ob wir jemals die wirkliche Wirklichkeit erkennen oder vielmehr nur Teilbereiche der Natur in Modellen berechnen können, ohne ihr wahres Wesen zu verstehen.

Wie Sie dem Programm zu dieser Tagung entnehmen können, werden die Vortragenden vielfältige Teilbereiche der Natur beleuchten. Ich wünsche mir, dass Sie auf die kommenden Vorträge neugierig geworden sind, und erhoffe mir lebhafte Diskussionen. Ich darf mit einer Zeichnung aus den Sudelblättern von Robert Gernhardt, der leider kürzlich verstorben ist, zu einem Spruch aus den Sudelsprüchen von Lichtenberg schließen (**Abb. 14**). Herzlichen Dank für Ihre Aufmerksamkeit.

Literaturzitate

1. Mainzer K. Aus dem Vortrag "Geist und Gehirn als komplexe Einheit", Zweites Wissenschaftliches Symposium der Deutsch-Japanischen Gesellschaft für integrative Wissenschaft am 31.10.2005 (Bonn).
2. Barrow JD, Webb JK. Inconstant Constants, Scientific American 2005;6: 33 - 39
3. Barrow JD. Das 1 x 1 des Universums, Campus Verlag, 2004
4. Reinhold E, Buning R, Hollenstein U et al. Indication of a Cosmological Variation of the Proton-Electron Mass Ratio Based on Laboratory Measurement and Reanalysis of H2 Spectra, Phys Rev Lett 2006; 96: 151101
5. Benjamin RA, Churchwell E et al. First glimpse results on the stellar structure of the galaxy; The Astrophysical Journal 2005;630: L149-L152
6. Cassé M. Stellar Alchemy. The Celestial Origin of Atoms. Cambridge University Press, New York 2003
7. Pagel B. Nucleosynthesis and chemical evolution of galaxies, Cambridge University Press, New York 1997
8. Ueno Y, Yamada K, Yoshida N. Maruyama S, Isozaki Y. Evidence from fluid inclusions for microbial methanogenesis in the early Archaean era, Nature 440, 516-519 (2006)
9. Wächtershäuser G. Die Entstehung des Lebens, in: Unter jedem Stein liegt ein Diamant - Struktur-Dynamik-Evolution (Verhandlungen der Gesellschaft Deutscher Naturforscher und Ärzte; 121. Versammlung), Hrsg. E.-L. Winnacker, S. Hirzel Verlag, Stuttgart 2001
10. Lane, N. Oxygen, Oxford University Press, Oxford 2002
11. Pauling L. The nature of the chemical bond. Third Edition, Cornell University Press, Ithaca, N.J., 1939 und 1940
12. Zahn D. How does Water boil? Phys Rev Lett 2004; 93:227801
13. Zahn D. Ketten und Löcher im Wasser, Nachrichten aus der Chemie 2005; 53: 751-756
14. Fecko CJ, Eaves JD, Loparo JJ, Tokmakoff A. Geissler PL. Ultrafast hydrogen-bond dynamics in the infrared spectroscopy of water, Science 2003; 301: 1698-1702
15. Whiteford WG. Lipids in bioprocess fluids, BioPress International 2005; 3: 46-55
16. Mattick JS. Das verkannte Genom-Programm. Spektrum der Wissenschaft 2005; 62-69
17. Hartman H, Fedorov A. The origin of the eukaryotic cell: A genomic investigation. Proc Natl Acad Sci USA 2002; 99: 1420-1425
18. Hartman H. Macroevolution, catastrophe and horizontal transfer. In: Horizontal Gene Transfer, 2nd edition, eds .M. Syvanen and C.I. Kado, Academic Press, London, 2002, 411-415
19. Des Marais DJ, Strauss H, Summons RE, Hayes JM. Carbon isotope evidence for the stepwise oxidation of the proterozoic environment. Nature 1992; 359: 605-609
20. Cooper GM. The Cell: A Molecular Approach, 2d ed., Amer Soc Microbiol, Washington and Sinauer Assoc., Sunderland MA. 2000
21. Giles J. Blue brain boots up to mixed response, Nature 2005; 435: 720-721
22. Kemp M. Science in culture: Trees of knowledge, Nature 2005;435: 888
23. Gernhardt R. Zwölf Sudelblätter von Robert Gernhardt zu zwölf Sudelsprüchen von Georg Christoph Lichtenberg. Sudelbücher, Heft C277, Haffmans Verlag, Zürich, 1999
24. Fieguth G. (Hrsg.) Deutsche Aphorismen, Reclam, Stuttgart 1978

Prof. Dr. Konrad Sandhoff, geb. 1939 in Berlin, Studium der Chemie an der Universität München, Diplom 1964, Promotion 1965, Habilitation für Biochemie 1972 (LMU).

Forschungsaufenthalte am Max-Planck-Institut für Psychiatrie (München), an der Johns Hopkins University (Baltimore, USA) und am Weizmann-Institut (Rehovot, Israel). Seit 1979 Professor (C4) für Biochemie an der Universität Bonn.

Forschungsschwerpunkte:
Analyse neurodegenerativer und dermaler Erbkrankheiten, Stoffwechsel und Zellbiologie komplexer Glykosphingolipide zellulärer Membranen, Enzymologie an Phasengrenzflächen, Lipidtransfer- und Sphingolipidaktivator-Proteine, Wasserpermeabilitätsbarriere der Haut.

Prof. Dr. Konrad Sandhoff
Kekulé-Institut f. Organische Chemie und Biochemie
Rheinische Friedrich-Wilhelms-Universität Bonn
Gerhard-Domagk-Str. 1
D-53121 Bonn

Von Einstein zum Quantencomputer
Wirklichkeit und Information in der Quantenwelt

Anton Zeilinger

Von den Arbeiten Albert Einsteins aus 1905 sind wohl die beiden zur speziellen Relativitätstheorie die bekanntesten. In einer stellt er die Theorie selbst vor, in der anderen die wohl berühmteste Gleichung der Physik, $E = mc^2$. Die erste Arbeit aus diesem „annus mirabilis" mit dem Titel „Über einen die Erzeugung und Verwandlung des Lichtes betreffenden heuristischen Gesichtspunkt" ist die einzige, die Einstein selbst in einem Brief an seinen Freund Habicht als „revolutionär" bezeichnet. In dieser Arbeit schlägt Einstein vor, daß Licht aus Teilchen besteht. Dafür erhielt er 1922 den Nobelpreis. Heute werden diese Lichtquanten Photonen genannt. Trotz dieses wichtigen frühen Beitrags zur Quantenphysik begann Einstein, die neue Theorie bald zu kritisieren, und er blieb ein Kritiker sein Leben lang.

Bereits auf der Jahrestagung der Gesellschaft Deutscher Naturforscher und Ärzte 1909 in Salzburg drückte Einstein sein „Unbehagen" über die neue Rolle des Zufalls in der Quantenphysik aus. Es ist äußerst bemerkenswert, dass er bereits damals, lange vor der Formulierung der Quantentheorie Mitte der Zwanziger Jahre, erkannte, dass der Zufall in der Quantenphysik von einer vollkommen neuen Natur ist. Das einzelne Messereignis ist in einer Weise rein zufällig, die weit über die Rolle des Zufalls in der klassischen Physik hinausgeht. Dort nehmen wir ja immer an, es sei möglich, für jedes einzelne Ereignis eine Kausalkette zu konstruieren, auch wenn uns diese nicht immer bekannt oder überprüfbar sein mag. Für das einzelne Quantenereignis, wie etwa der Zerfall eines bestimmten radioaktiven Atoms, ist dies nicht möglich.

Nach Entwicklung der neuen Quantentheorie durch Heisenberg, Schrödinger und Dirac kritisierte Einstein insbesondere das Realitätskonzept, wie es in dem von Niels Bohr formulierten Begriff der Komplementarität zum Ausdruck kommt. Wenn wir etwa die Messung von Ort und Impuls eines Teilchens betrachten, so sagt uns die Heisenbergsche Unschärfebeziehung, dass nicht beide gleichzeitig beliebig genau sein können. Dies mag nun lediglich als Störung des Messobjekts durch unsere notwendigerweise sehr groben Meßinstrumente verstanden werden. Jedoch ist die Botschaft eine viel tiefere. Nach Niels Bohr macht es keinen Sinn, über Eigenschaften eines Systems zu sprechen, wenn wir nicht tatsächlich eine Messung durchführen, die es uns gestattet, diese Eigenschaften zu bestimmen. Wenn wir also den Ort eines Teilchens messen, ist sein Impuls nicht nur unbekannt, sondern das Teilchen *besitzt* keinen wohldefinierten Impuls. Ort und Impuls sind zueinander komplementär, wir können durch Auswahl des Meßinstruments entscheiden, welche der beiden Größen Wirklichkeit wird. Dass die andere, nicht existente, Wirklichkeitscharakter besitzt, ist dann nicht einmal in Gedanken zugelassen.

Einsteins Kritik kulminierte nach seinen Diskussionen mit Niels Bohr in der berühmten Einstein-Podolsky-Rosen-Arbeit 1935, wo er die Physik zweier verschränkter Teilchen diskutiert. Bei verschränkten Systemen besitzen die Größen, die verschränkt sind – in der EPR-Arbeit waren dies Ort und Impuls der beiden Teilchen – für keines der beiden vor einer Messung einen wohldefinierten Wert. Wird am ersten z. B. der Impuls gemessen, so nimmt dieser zufällig einen Wert an. Das zweite, egal, wie weit es entfernt ist, erhält dann einen Zustand (wird in einen Zustand projiziert), der ebenfalls einem wohldefinierten Impuls entspricht. Die Kritik Einsteins ist am klarsten in seinen „Autobiographischen Notizen" wiedergegeben, wo er kritisiert, dass der quantenphysikalische Zustand, den wir dem zweiten System zuordnen, offenbar davon abhängt, welche Messung wir am ersten System durchführen. Er fordert jedoch, dass der „wirkliche, faktische Zustand" des zweiten Systems unabhängig davon sein muss, welche Messung am ersten durchgeführt wird. Es kann daher die Quantenphysik nicht eine vollständige Beschreibung der Natur sein.

Albert Einsteins Kritik führte insbesondere nach der Arbeit von John Bell im Jahr 1964, in der er zeigte, dass die von Einstein bezogene, philosophische Position in einem experimentell beobachteten Widerspruch zur Quantenphysik steht, zu zahlreichen Experimenten, die Einstein eindeutig widerlegen. Es wäre jedoch falsch, Einsteins Beitrag hier gering zu schätzen. Zur großen Überraschung aller an den frühen Experimenten Beteiligten haben gerade diese Experimente an einzelnen Quantensystemen zu neuen Ideen der Informationsverarbeitung und Informationsübertragung geführt, die das Tor zu einer neuen Technologie geöffnet haben. In diesen neuen Ideen spielen gerade die von Einstein kritisierten Punkte Zufall, Verschränkung und Komplementarität zentrale Rollen.

Am weitesten fortgeschritten ist die Anwendung in der Quantenkryptographie. In einem dieser Verfahren erzeugen die beiden Mitspieler, Alice und Bob, die Information geheim austauschen wollen, eine Serie an verschränkten Paaren an Photonen. Durch Messungen an beiden Photonen können sie sich einen – im Prinzip beliebig langen – Schlüssel erzeugen, der aus Zufallszahlen besteht und wegen der Verschränkung auf beiden Seiten identisch ist. Alice kann nun ihre Nachricht mit Hilfe dieser Zufallszahlenfolge verschlüsseln, und Bob, der die gleiche Folge besitzt, kann sie leicht entschlüsseln. Ein Abhörer wird dadurch ausgeschlossen, dass Alice und Bob unabhängig voneinander zwischen zwei einander komplementären Messungen hin- und herschalten. Dadurch kann ein Abhörer leicht identifiziert werden. Der Stand der Quantenkryptographie ist der, dass heute Systeme existieren, mit denen ein Schlüsselaustausch über bis zu 100 Kilometer möglich ist. Systeme, die eine unmittelbare technische Anwendung gestatten, befinden sich in Entwicklung und werden in wenigen Jahren einsatzbereit sein. Kürzlich gelang es, zwischen den beiden Kanarischen Inseln Teneriffa und La Palma einen quantenkryptographischen Schlüssel durch Übertragung der Photonen im freien Raum über eine Entfernung von 144 Kilometer herzustellen. Solche Experimente zeigen, dass es im Prinzip möglich ist, auch die Entfernungen bis zu Erdsatelliten zu überwinden. In diesem Experiment wurde ein Teleskop der ESA verwendet, das der optischen Kommunikation dient. In wenigen Jahren sind daher die ersten Experimente zu erwarten, in denen die Quantenkommunikation mit Satelliten getestet wird.

Eine besonders interessante Anwendung der Quantenkommunikation ist die Teleportation. Hier wird der Zustand eines Photons mit Hilfe von Verschränkung auf ein anderes, beliebig weit entferntes übertragen. Die Teleportation, so sehr sie auch Anhängern von Science Fiction am Herzen liegen möge, wird wohl nie zur Übertragung von Objekten geeignet sein. Ihre Anwendung wird vielleicht in der Kommunikation zwischen Computern liegen. Einen

Quantencomputer stellt ein Physiker als ein System dar, bei dem die Information in Quantenzuständen kodiert ist. Hier spielt wieder Verschränkung eine zentrale Rolle.

Die Entwicklung des neuen Gebiets der Quanteninformatik ist ein schönes Schulbeispiel dafür, wie ursprünglich philosophische Fragestellungen zu einer neuen Technologie führen können. Albert Einstein kritisierte die Quantenphysik nicht, weil sie falsch gewesen wäre, sondern wegen ihrer philosophischen Implikationen. Als Folge wurden Experimente durchgeführt, in denen die Quantenphysik glänzend bestätigt wurde. Das Interessante ist, dass gerade diese Experimente das Tor zu einer neuen Technologie eröffnet haben, von der weder Einstein noch irgendeiner der frühen Experimentatoren auch nur geträumt hätten. Dies zeigt auch die Grenzen einer kurzsichtigen, nur auf Anwendung und Umsetzung bedachten Forschungspolitik, wie sie leider immer wieder gefordert wird.

Weitere Informationen

www.quantum.at

Professor Dr. Anton Zeilinger, geboren am 20. 5. 1945 in Ried/Innkreis in Österreich, studierte Physik und Mathematik an der Universität Wien, wo er 1971 promoviert wurde. Nach Aufenthalten in den USA, Frankreich, Australien und Deutschland wurde er 1990 ordentlicher Universitätsprofessor an der Universität Innsbruck. Seit 1999 ist er an der Universität Wien. Seit 2004 ist er Wissenschaftlicher Direktor am neu gegründeten Institut für Quantenoptik und Quanteninformation (IQOQI) der Österreichischen Akademie der Wissenschaften.

Sein Forschungsinteresse gilt den Grundlagen und Anwendungen der Quantenphysik (Quantenteleportation, Quanteninformation und Quantenkryptographie).

Er ist Mitglied des Ordens Pour le Mérite und namhafter Akademien. Die Humboldt Universität Berlin und die Universität Danzig verliehen ihm ein Ehrendoktorat. Mit zahlreichen weiteren Auszeichnungen wurden seine Arbeiten gewürdigt, u.a. auch der Lorenz Oken Medaille der GDNÄ (2006).

Professor Dr. Anton Zeilinger
IQOQI – Institut für Quantenoptik und Quanteninformation der Österreichischen Akademie der Wissenschaften
Boltzmanngasse 3
1090 Wien
Österreich
Tel. 0043 1/4277 51201
Fax:0043 1/4277 9512
E-Mail: anton.zeilinger@univie.ac.at

Zwei Wege zur Selbstorganisation der Materie

Erich Sackmann

In der physikalischen Sektion wenden wir uns der Frage zu, wie Mutter Natur es bewerkstelligt, eine so unendliche Vielfalt von Strukturen wie den Kosmos, die Verteilung der Kontinente der Erde oder Zellen aus dem Nichts oder aus Chaos zu schaffen. Viele höchst interessante und tiefgehende Fragen werden aufgeworfen. Wie entstanden die Kontinente unserer Erde und wie beeinflußte die Verschiebung der Kontinente die Entwicklung der Vielzahl von Lebensformen, insbesondere des Menschen? Warum möchten Forscher, die über die Entstehung des Kosmos arbeiten, mit Leuten zusammenarbeiten, die sich für die Morphogenese der Knochen interessieren? Weshalb sollten sich Metallurgen oder Elektronik-Ingenieure für Biologie interessieren?

Egal ob Sie an die Schöpfung der Welt durch Gott oder spontane Strukturbildung nach dem Urknall glauben, die Ähnlichkeit der Bilder des Kosmos und der Knochens in **Abb. 1** suggerieren uns, dass bei der Bildung dieser Strukturen ähnliche physikalische Prinzipien am Werke gewesen sein müssen. Das Faszinierende daran ist, dass sich diese Ähnlichkeit über gut 30 Größenordnungen der Längenskala erstreckt und dass diese Strukturen auf gänzlich verschiedene Weise entstanden sind. Ein universelles Prinzip, das allen diesen Prozessen der Strukturbildung zugrunde liegt, ist die Selbstorganisation.

Es gibt zwei verschiedene Wege zur Selbstorganisation komplexer Strukturen. Der eine geht über strukturellen Phasenumwandlungen der Materialien, wobei die Evolution der Strukturen durch spontane Keimbildungsprozesse, die Dynamik des Wachstum und der bevorzugten Reifung begünstigter Muster bestimmt wird.

Wir werden unten beispielsweise sehen, wie die Bildung biologischer Strukturen durch Zusammenspiel der genetisch bestimmten Topologie der molekularen Bausteine und der Formabhängigkeit der zwischenmolekularen Kräfte kontrolliert wird. Man kann diese Strategie der Selbstorganisation oft als Folge von Übergängen zwischen thermodynamischen Gleichgewichtszuständen beschreiben, wobei thermodynamische Fluktuationen oder äußere Antriebe (chemische Potentiale) als treibende Kräfte fungieren.

Diese Strategie wird seit Menschengedenken unbewußt zur Herstellung von Metallen genutzt und hat das ganze Zeitalter unserer Geschichte, wie die Bronze- und Eisenzeit, bestimmt. Aber erst die Einblicke in die physikalisch-chemischen Grundlagen der Selbstorganisation durch Phasenumwandlungen der Metall-Legierungen sowie in die Zusammenhänge zwischen Nanostruktur und makroskopischen Eigenschaften der Legierungen ermöglichen uns smarte Materialien mit außergewöhnlichen Eigenschaften durch Nachdenken herzustellen. Dies zeigt Herr Kurz am Beispiel der Herstellung von Klaviersaiten.

Abb. 3 zeigt uns ein Beispiel aus der Biologie: die Bildung der äußeren Schale der Meeresschnecke aus kristallinen Plättchen des Ca-Carbonats ($CaCO_3$)

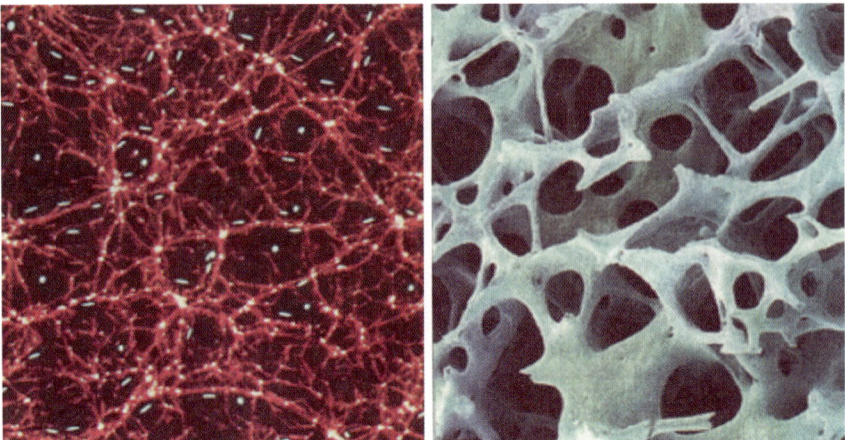

Abb.1 Gemeinsame strukturelle Merkmale zwischen der Struktur des Weltalls und der Knochen. **Links:** Berechnetes Bild des Weltalls, bestehend aus hell erscheinenden Galaxien und dunkel markierter Dunkler Materie. **Rechts:** Struktur eines Knochens.(SPL/Agentur Focus).

durch Biomineralisierung. Da $CaCO_3$ in übersättigter wässeriger Lösung nadelförmige Kristalle bildet, nutzt die Natur den Trick des epitaktischen Wachstums aus, um plättchenförmige Modifikationen der Kristalle (auch als Aragonit bekannt) zu bilden. Dabei dienen Filme aus dem Polysacharid Chitin und negativ geladenen Proteinen als zweidimensionale Matrix. An dessen Oberfläche bildet sich ein Gitter aus negativen Aminosäuren aus, das $CaCO_3$ zwingt plattenförmige Kristalle zu bilden. Es entsteht so ein schichtartig aufgebautes Keramik-Verbundmaterial mit außergewöhnlichen elastischen Eigenschaften. Obwohl es nur 1% an bio-organischem Material enthält, ist es einige 1000 mal resistenter gegen Bruch als technische Keramiken. Die Ausbreitung von mikroskopisch kleinen Rissen wird durch den organischen Bestandteil verhindert. Es gibt derzeit viele Bemühungen, die Prozesse der Biomineralisierung technisch nachzuahmen. Die Strategie des epitaktischen Wachstums von Kristallen an Oberflächen mit musterartigen Anordnungen von Kristall-Versetzungen setzt man neuerdings auch zur Herstellung regelmäßiger Anordnungen von punkt-

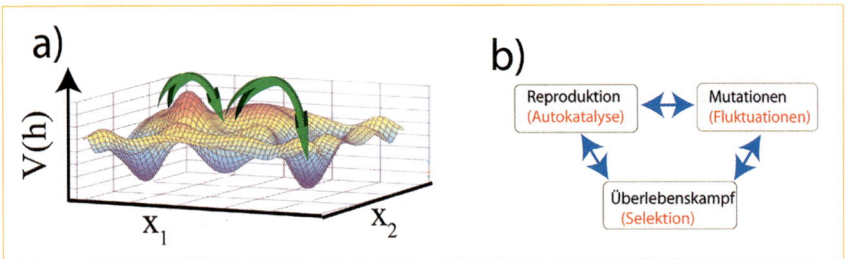

Abb.2 Illustration der zwei Wege der Selbstorganisation. **a)** Strukturbildung durch sukzessive Übergänge zwischen verschiedenen Zuständen einer Energielandschaft. **b)** Selbstorganisation nach dem Darwin'schen Prinzip.

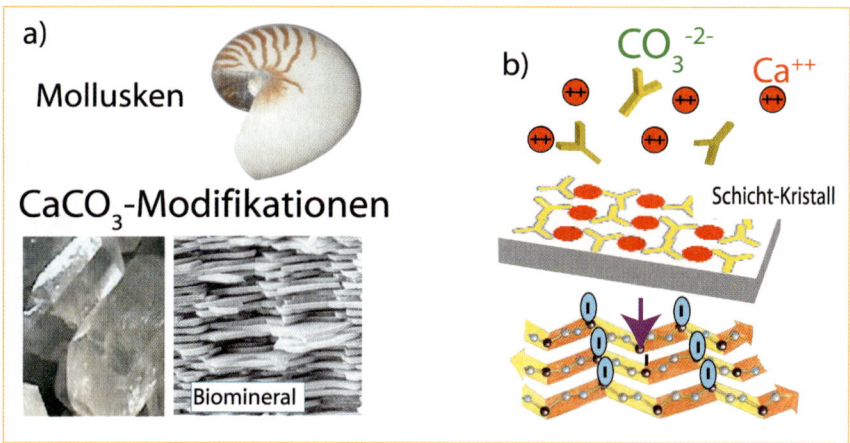

Abb. 3 Biomineralisierung. Bildung von Schalen der Weichtiere (Mollusken) aus schichtartigen Anordnungen von Plättchen aus Ca-Carbonat $CaCO_3$ (Aragonit). Während $CaCO_3$ aus wässeriger Lösung zu langen Nadeln kristallisiert ((**a**) links unten; aus Fritz et al. Nature 1994; 371, p49), nutzt die Natur den Trick des „epitaktischen Kristallwachstums" auf Filmen aus Proteinen mit negativen Seitengruppen.

förmigen Transistoren (sog. Quantendots) ein, was einen vielversprechenden Weg zur Herstellung von Quantencomputer darstellt.

Der zweite, spontane Weg zur Bildung komplexer Strukturen erfolgt weit außerhalb des thermodynamischen Gleichgewichts. Die Strukturbildung erfolgt dabei durch Zusammenspiel dreier Prozesse: der Reproduktion spontan entstandener Zustände (oder Spezies) durch Autokatalyse (oder Zellteilung), der Modifikation einer spontan entstandenen Struktur durch Fluktuationen (thermisches Rauschen, Fehler bei der Reproduktion oder spontane Mutationen) oder äußere Kräfte und der Konkurrenz (Lebenskampf) zwischen unterschiedlichen Spezies einer Familie von Strukturen. In einem begrenzten Lebensraum führt dies zur Unterdrückung benachteiligter Spezies, so dass der gesamten Energie- und Entropiefluss auf die Reproduktion weniger Spezies gelenkt wird. Dies ist der zentraler Weg der biologischen Evolution, und wir wollen ihn daher Darwin'schen Bildungsprozeß nennen. Mit der Übertragung des Darwin'schen Prinzips auf die molekulare Ebene läßt sich die Evolution des genetischen Codes oder die Emission spezifischer Wellenlängen (Moden genannt) erklären Der Beitrag von Herrn Haken führt in dieses Gebiet ein.

Prof. Dr. Erich Sackmann, geboren 26.11.1934. Studium der Physik in Stuttgart und München. Promotion an der TU Stuttgart (1964) und Habilitation an der Universität Göttingen (1973).

Wissenschaftlicher Mitarbeiter an den Bell Telephone Laboratories und am MPI für Biophysikalische Chemie in Göttingen (1967–1974). Ordentlicher Professor der Physik an der Universität Ulm (1974–1980) und an der TU München (1980 bis zu seiner Emeritierung 2003). Gastprofessuren am Institute Curie, Paris, und an der University of California (UCLA).

Autor zahlreicher Publikationen und Fachbücher auf dem Gebiet der Physik von Flüssigkristallen, Zell-Membranen und Biopolymer-Netzwerken sowie der mikromechanischen Eigenschaften von Zellen.

Auszeichnungen: Fellow of the American Physical Society. Oswald Medaille der Deutschen Kolloidgesellschaft (2000). Stern-Gerlach Preisträger 2006 der Deutschen Physikalischen Gesellschaft.

Organisatorische Tätigkeiten: Präsident der Deutschen Gesellschaft für Biophysik (1974–1980), Begründer und Vorsitzender des Arbeitskreises für Biologische Physik in der Deutschen Physikalischen Gesellschaft (2003-2005). Mitherausgeber des Europ. Biophys. Journals. Dekan am Physik Department der TU München (1989–1991), Sprecher des Münchner Sonderforschungsbereichs 266 (von 1986–2000).

Prof. Dr. rer nat. Erich Sackmann
Physik-Department (E 22)
James-Franck-Str. 1
D-85748 Garching,
E-mail sackmann@ph.tum.de

Alles aus Nichts –
Wie sich unser Universum organisiert hat
Simon D.M. White

Teleskope sind Zeitmaschinen. Aufnahmen mit unseren großen Forschungsfernrohren zeigen uns entfernte Galaxien nicht wie sie heute sind, sondern wie sie waren, als das vom Teleskop empfangene Licht von ihnen wegflog. Für viele unter den lichtschwachen Galaxien, die bei den tiefsten bis heute aufgenommenen Bildern auftauchen (siehe **Abb. 1**), beträgt die Lichtreisezeit mehr als 90 Prozent des Gesamtalters unseres Universums. Unsere Milchstraße und vergleichbar nahe Galaxien haben die ganzen 13 Milliarden Jahre kosmischer Geschichte gebraucht, ihren heutigen Inhalt und ihre Struktur zu entwickeln. Am Anfang war die Entwicklung ziemlich rasch, aber jetzt – das Universum befindet sich nun in seinem späten Mittelalter – nehmen die Erneuerungskräfte solcher Galaxien langsam ab. Diese tiefen Aufnahmen zeigen uns die Galaxienbevölkerung zu allen Stadien dieses Alterungsprozesses. Die entferntesten Galaxien haben sich maximal seit einer Milliarde Jahre entwickeln können. Auf diese Weise enthüllt das Hubble-Weltraumteleskop die Kindheit der Galaxien.

Abb. 1 Einige Details aus dem Hubble Ultra-deep Field, die tiefste je aufgenommene optische Aufnahme des Himmels. Eine Million Sekunden Aufnahmezeit hat die Kamera des Hubble Weltraumteleskops gebraucht, diese schönen Bilder entfernter Galaxien zu schaffen. Das Licht der nächsten Galaxien (z.B. die schöne große Spirale **oben rechts**) ist ungefähr eine Milliarde Jahre gereist, um zu uns zu kommen. Für die entferntesten Galaxien (z.B. die kleinen roten Galaxien **oben links** und **unten rechts**) beträgt die Lichtreisezeit mehr als 90% des Gesamtalters des Universums. Wir sehen dann diese Galaxien ganz am Anfang ihres Lebens (Space Telescope Science Institute).

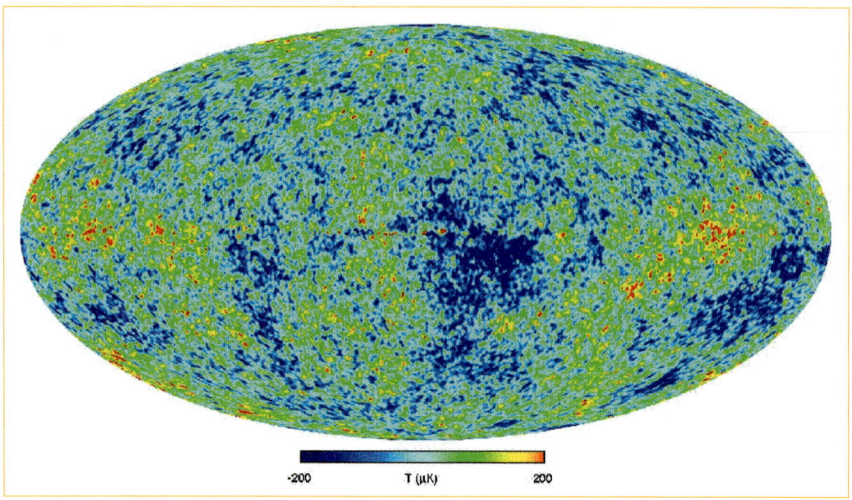

Abb. 2 Karte der Struktur der kosmischen Mikrowellenhintergrundstrahlung (CMB): Die kosmische Hintergrundstrahlung, die man im Mikrowellenbereich messen kann, ist in jeder Richtung fast gleich. Um ihre Struktur zu sehen, muss man den Kontrast der Karte sehr stark erhöhen. Dieses Bild des ganzen Himmels wurde aus Beobachtungen des NASA-Satelliten WMAP rekonstruiert. Der Temperaturunterschied zwischen dem heißesten und dem kältesten Punkt beträgt nur ungefähr 10−3 Grad bei einem Mittelwert von 2,73 Grad. Die in dieser Karte sichtbaren Strukturen sind schwache Schallwellen in einer kosmischen „Nebelschicht", die nur 380 000 Jahre nach dem Urknall liegt, in einer Zeit lang bevor es Galaxien oder Sterne gab (WMAP Team).

Mit optischen Teleskopen wie Hubble ist es uns bis jetzt gelungen, Objekte bis zu einem Zeitpunkt bei ungefähr 800 Millionen Jahren nach dem Urknall zu finden. Mit Radioteleskopen kann man aber viel weiter in die Vergangenheit zurückblicken. Die 1964 entdeckte kosmische Hintergrundstrahlung (CMB für „Cosmic Microwave Background") ist der Überrest der Hitze des Urknalls selbst im heutigen Universum. Die Strahlung, die wir jetzt im Millimeterbereich messen, hat sich seit einem Zeitpunkt von nur 380 000 Jahren nach dem Urknall fast unberührt durch den Kosmos bewegt. Die CMB ist fast isotrop. Das heißt, dass ihre Intensität in alle Richtungen fast gleich ist. Darüber hinaus ist ihr Spektrum mit hoher Genauigkeit das eines Planckschen Schwarzkörpers, eines Objektes im perfekten thermodynamischen Gleichgewicht mit seiner Umgebung. Mit sehr präzisen Beobachtungen ist es jetzt doch möglich geworden, sehr schwache Strukturen in diesem fast uniformen Strahlungsfeld zu messen und zu kartografieren (**Abb. 2**). Wie bei einem Blick nach oben an einem grauen Tag liegen diese Strukturen in weit entfernten Wolken. Die kosmischen Wolken stehen aber nicht einige Hundert Meter über unseren Köpfen, sondern in der Frühzeit des Universums, als es 1000mal kleiner, 1000mal heißer und 35 000mal jünger war als heute!

In einem Alter von 380 000 Jahren war das Universum fast uniform. Es gab keine Galaxien, keine Sterne, keine Planeten, keine Objekte größer als der Kern eines Heliumatoms. Die „normale" Materie bestand aus Wasserstoff (75%) und Helium (25%) und war in Form eines Plasmas mit einer Temperatur von ungefähr der Hälfte der der Sonnenoberfläche. Diese normale Materie war (und ist immer) aber in der Minderheit. Ihre Gesamtmasse beträgt nur ein Fünftel der Gesamtmasse der sogenannten dunklen Materie, die nur gravitativ mit Licht und

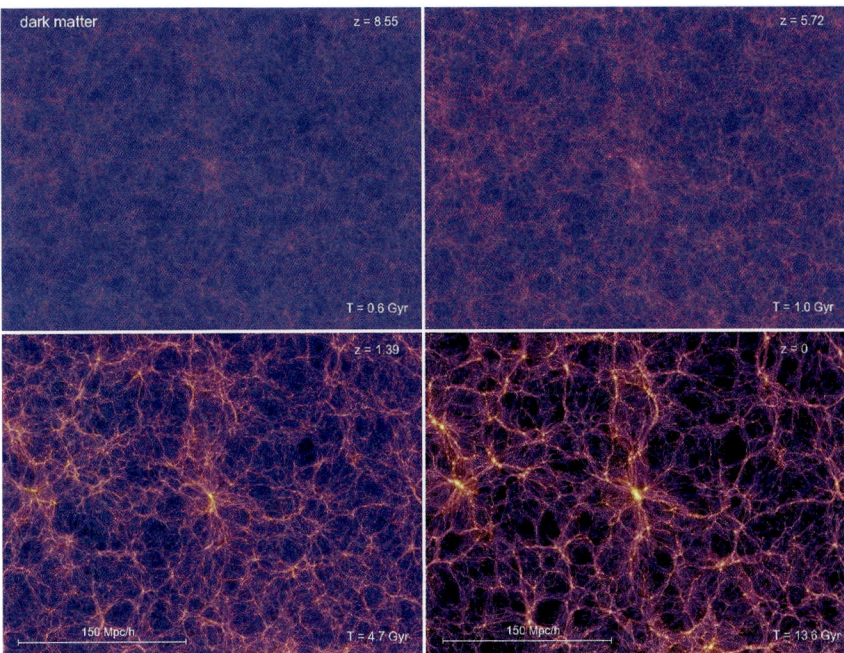

Abb. 3 Großrechnersimulation von kosmischer Strukturentwicklung: Die Verteilung der Dunklen Materie in einer eine Milliarde Lichtjahre breiten, 600 Millionen Lichtjahre hohen und 50 Millionen Lichtjahre dicken Schicht des Universums wird in vier verschiedene Zeitpunkte ihrer Entwicklung abgebildet. Man sieht, wie der Kontrast der Strukturen mit der Zeit wächst. Im heutigen Universum (**unten rechts**) ist der große Galaxienhaufen im Zentrum des Bildes von einem Netzwerk filamentartiger Strukturen umgeben. Diese Simulation, die größte bis jetzt durchgeführte ihrer Art, hat einen Monat Rechenzeit auf 512 Prozessoren des Großrechners der Max-Planck-Gesellschaft in Garching benötigt (MPI für Astrophysik).

normaler Materie wechselwirkt und die scheinbar aus einem neuen, noch nie auf der Erde direkt gemessenen Elementarteilchen besteht. Die in Mikrowellenkarten abgebildeten Strukturen sind schwache Schallwellen, die sich durch diese fast uniforme Mischung von normaler und dunkler Materie verbreiten. Zwei dringende Fragen stellen sich, sollte dieses Bild des jugendlichen Universums richtig sein. Wie ist die heutige Komplexität – schwere Atome von Kohlenstoff bis Uran, Lebensformen, Planeten, Sterne, Galaxien, und noch größere Strukturen – aus diesen einfachen Anfangsbedingungen entstanden? Und worin liegt der Ursprung dieser schwachen aber direkt beobachteten Schallwellen, die die Vorläufer aller späteren Strukturen sind?

Die Entwicklung kosmischer Strukturen kann man nicht direkt beobachten. Die Zeitskalen sind einfach viel zu lang und die aus Aufnahmen entfernter Galaxien gewonnenen Informationen viel zu gering. Mit einem detaillierten Modell für den Inhalt und die Struktur des frühen Universums und einer genügenden Kenntnis der zuständigen physikalischen Gesetze kann man aber versuchen, die Entwicklung kosmischer Strukturen zu einer Zeit, als das Universum nur 380 000 Jahre alt war, bis heute direkt auszurechnen. Die Korrektheit der Hypothesen kann man dann durch Vergleich mit den Beobachtungen überprüfen. In den letzten Jahren haben diese Programme große Fortschritte gemacht. Das kommt zum einen Teil daher, dass die Anfangsbedingungen jetzt

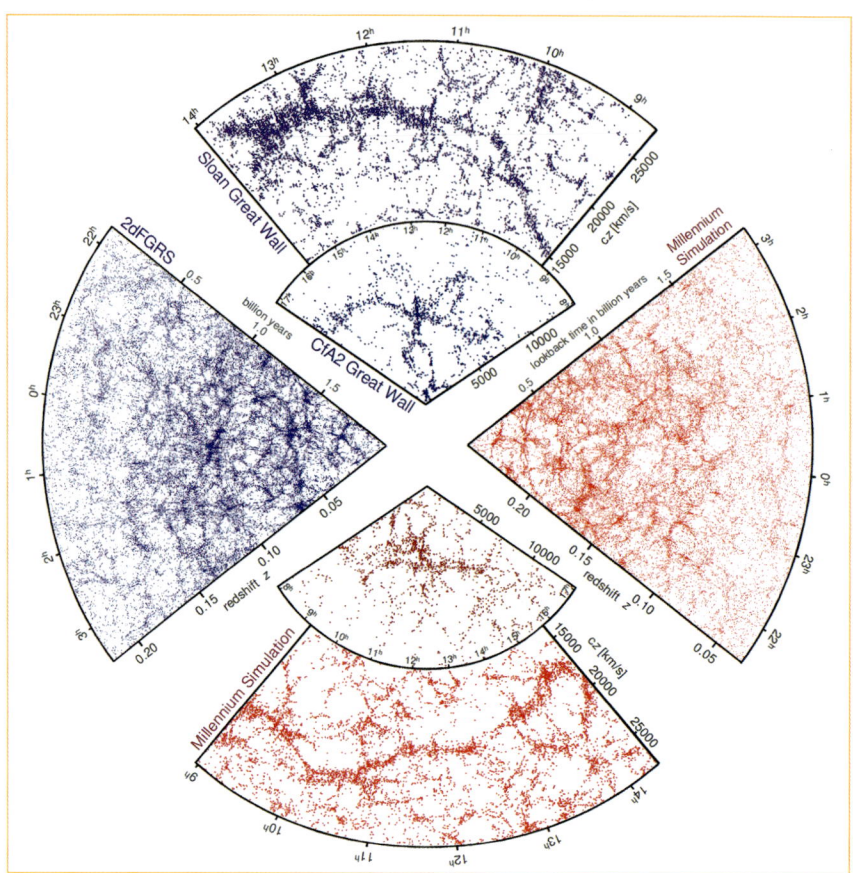

Abb. 4 Vergleich von Simulationsergebnissen mit Beobachtungen echter kosmischer Strukturen: Die Keile oben und links zeigen die Strukturen innerhalb drei großer observationeller Durchmusterungen der Galaxienverteilung. Unsere Galaxis ist an der zentralen Ecke jedes Keils, und jeder einzelne Punkt repräsentiert eine andere Galaxie. Der Maßstab des linken Keils ist dreimal kleiner als der der oberen Keile. Man sieht, dass die Galaxien nicht uniform, sondern in Haufen und in größeren filamentartigen Strukturen verteilt sind. Die Keile rechts und unten stellen die Vorhersagen einer Kombination der Großrechnersimulation der Abb. 3 mit einem Modell für die Entstehung der Galaxien dar. Die Geometrie der Keile und die Eigenschaften der simulierten Galaxien ist so gewählt, dass ein direkter Vergleich mit den Beobachtungen möglich ist. Statistisch sind die Strukturen in der Simulation und im echten Universum sehr ähnlich (MPI für Astrophysik).

durch bessere CMB Beobachtungen sehr genau charakterisiert sind, zum anderen Teil daher, dass neue Rechnungsmethoden und stärkere Großrechner eine genauere Ausrechnung der Entwicklung erlauben. Strukturwachstum in der Dunklen dunklen Materie (die nur von gravitativen Effekten beeinflusst ist) kann man jetzt ziemlich genau verfolgen (**Abb. 3**). Beim Versuch, auch die Entstehung von Galaxien und Sternen zu simulieren, ist die Ungewissheit auf Grund der Vielfalt wichtiger physikalischer Prozesse viel größer. Mit plausiblen Annahmen kann man nicht nur großräumige Strukturen in der heutigen Galaxienverteilung quantitativ erklären (**Abb. 4**), sondern auch den beobachteten Eigenschaften der entferntesten und damit jüngsten Galaxien nahe kommen.

Durch quantitative Vergleiche hofft man, die Entstehungs- und Entwicklungprozesse der Galaxien besser zu verstehen.

Der Ursprung der schwachen, im CMB entdeckten Schallwellen ist im Moment nicht experimentell zu studieren, da kein derzeit existierendes Teleskop einen Zeitpunkt früher als vor 380 000 Jahren direkt beobachten kann. (In der Zukunft wird dies vielleicht durch Nutzung von Neutrino- oder Gravitationswellenteleskopen möglich werden.) Die statistischen Eigenschaften der Schallwellen stimmen aber überraschend genau mit der Hypothese überein, dass sie sehr früh (vielleicht 10-30 sek. nach dem Urknall!) während einer Periode sogenannter Inflation entstanden sind. Während dieser Periode ist die Ausdehnung des Universums durch gravitative Effekte beschleunigt statt gebremst worden. Diese seltsame, sich fast selbst widersprechende Möglichkeit entsteht, weil das Vakuum laut der Quantentheorie aktiv ist und eine Nullpunktenergie hat. Laut der Einsteinschen Gravitationsgesetze hat diese Nullpunktenergie einen Einfluss auf die kosmische Ausdehnung, die entweder gebremst oder beschleunigt werden kann. Quantenfluktuationen der Nullpunktenergie sind im späteren Universum durch die inflationäre Expansion auf großen Skalen geprägt und dann als schwache Schallwellen in den CMB Wolken beobachtbar, die sich noch später zu Galaxien entwickeln. Alle Struktur ist dann anscheinend eine Konsequenz der Natur des Vakuums selbst.

Alles ist wirklich aus dem Nichts entstanden.

Weiterführende Literatur

1 Eine Übersicht von Großrechnersimulationen der Entstehung kosmischer Strukturen findet man in: Springel V. Die Entstehung der Galaxien. Physik Journal 2 2003; 6: 31

2 Dieser Artikel und andere Artikel, die das kosmologische Standardmodell eroberten, sind auf der Homepage des MPI für Astrophysik zu finden: http://www.mpa-garching.mpg.de/mpa/pub_resources/pop_science/pop_science-en.html

3 Eine Reihe von Übersichtsartikeln auf englisch sind in einem neuen Insight Review von Nature zu finden: Early Universe. Nature 2006; 440: 1126-1156

Prof. Dr. Simon White wurde 1951 in Ashford, Kent (Großbritannien) geboren. Nach dem Studium der Mathematik an Jesus College in Cambridge und der Astronomie an der Universität Toronto / Kanada wurde er 1977 an der Universität Cambridge in Astronomie promoviert. Er arbeitete an der University of California in Berkeley und am Steward Observatory der University of Arizona. 1994 wurde er zum Wissenschaftlichen Mitglied und zum Direktor am Max-Planck-Institut für Astrophysik in Garching berufen. Seine Arbeiten lieferten einen wesentlichen Beitrag zur Entwicklung des gegenwärtigen Standardmodells des Universums. Unter seiner Leitung wurde dieses Modell in numerischen Simulationen getestet und weiterentwickelt. Durch den Vergleich von Simulationsergebnissen mit tatsächlichen Beobachtungen wurden die Modelle auf eine überprüfbare Basis gestellt. Damit gelang es, fundierte Aussagen über die Galaxienbildung im Weltraum zu gewinnen. White ist in zahlreiche wissenschaftliche Gesellschaften berufen worden und wurde 2006 mit der Goldmedaille der Royal Astronomical Society ausgezeichnet.

Prof. Dr. Simon D. M. White
Direktor am Max-Plack-Institut
für Astrophysik
Karl-Schwarzschild-Str. 1
85748 Garching

Schönheit aus einem Haufen Erde –
Wie in der belebten und unbelebten Natur spontan Strukturen entstehen

Hermann Haken

Diese Tagung befasst sich mit Wundern, von denen wir die meisten aber gar nicht als Wunder empfinden, weil sie eben so alltäglich sind.

Betrachten wir als Beispiel eine Blume, die uns oft durch ihre Schönheit fasziniert. Wir erkennen die Brillanz ihrer Farben oder die Symmetrie ihrer Blütenblätter. Um sie zu schaffen, bedurfte es keines menschlichen Geistes, keiner menschlichen Hand. Angefangen hat alles mit einem winzigen Samenkorn mit seinen Genen. Diesen gelang es, die völlig ungeordnete, strukturlose Erde, in die es eingebettet war, in ihren Bann zu ziehen und gemeinsam mit Luft, Wasser und Licht, eventuell auch bei geeigneter Temperatur, durch ein hoch-koordiniertes Wachstum schließlich diese Pracht zu entfalten. Wir sehen hier ein typisches Beispiel für die spontane Entstehung von Strukturen durch Selbstorganisation. Es sind aber nicht nur statische Strukturen, die uns faszinieren, sondern auch dynamische, etwa der anmutige Trab oder schon der fast Furcht einflößende Galopp eines Pferdes. Auch hier laufen die Vorgänge ohne jede Steuerung von außen ab.

Natürlich haben sich Wissenschaftler und, in früherer Zeit, insbesondere Philosophen, mit dem Problem der Selbstorganisation auseinandergesetzt und, wie man etwa in dem Buch von Paslack „Urgeschichte der Selbstorganisation" nachlesen kann, gehen die Wurzeln tief ins Altertum zurück. In der neueren Zeit befasste sich Kant mit dieser Frage, indem er eine konkrete Vorstellung zur Entstehung unseres Planetensystems aus einem Urstaub entwickelte, und auch der Philosoph Schelling befasste sich, wenn vielleicht auch in diffuserer Weise, mit diesem Problem.

Die Phänomene der spontanen Strukturbildung, d.h., der Selbstorganisation, finden wir sowohl in der unbelebten als auch in der belebten Natur. Es ist klar, dass für die Erklärung der Vorgänge in der unbelebten Natur die Physik und die daraus, wenigstens im Prinzip, ableitbare Chemie, zuständig sind. Aber auch in der Biologie gilt das Prinzip, dass alle in der Natur ablaufenden Prozesse mit den Gesetzen der Physik kompatibel sein müssen, ja, wenigstens in gewissem Sinne, aus ihnen herleitbar sein sollen. Der Vitalismus, der eine spezielle Lebenskraft forderte, hat in der modernen Biologie keinen Platz.

Nun kommt natürlich die erste entscheidende Frage: Kann denn die Physik überhaupt Selbstorganisationsvorgänge erklären, d.h., eben die spontane Entstehung von Strukturen? Hier befand sich erstaunlicherweise bis in die Mitte des letzten Jahrhunderts die Physik in einem Dilemma, das von der Thermodynamik herrührte. Alle Experimente schienen darauf hinzudeuten, dass vorhandene Strukturen verschwinden, insbesondere durch Ausgleichsvorgänge: Bringen wir einen heißen mit einem kalten Körper zusammen, so gleicht sich die Temperatur aus. Der umgekehrte Vorgang, dass ein Körper sich spontan an einer Stelle

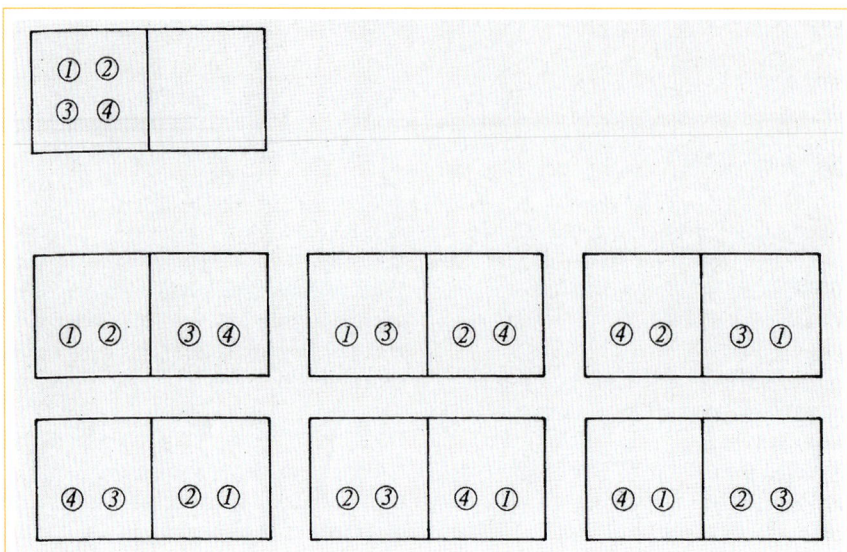

Abb.1 Veranschaulichung der Abzählvorschrift von W in der Entropieformel. Sollen vier Kugeln auf zwei Kästen verteilt werden, so gibt es nur eine Möglichkeit, diese in einem Kasten unterzubringen, W=1. Werden die Kugeln hingegen gleichmäßig auf beide Kästen verteilt, so gibt es sechs verschiedene Möglichkeiten, W=6.

erhitzt und dafür an einer anderen Stelle abkühlt, wird nie beobachtet. Oder bringen wir zwei Behälter, der eine gefüllt mit Gasatomen, der andere praktisch leer, zusammen, so gleichen sich die Dichten der Gasatome aus. Der umgekehrte Vorgang, dass sich diese in dem einen Behälter spontan wieder versammeln, wird nie beobachtet. Dies führte zu dem Konzept der Entropie und zur Formulierung des zweiten Hauptsatzes der Thermodynamik, nach dem in einem abgeschlossenen System die Entropie nur anwachsen kann.

Dem österreichischen Physiker Boltzmann gelang es, das Konzept der Entropie auf eine mikroskopische atomistische Basis mit seiner berühmten Formel Entropie $S = k \log W$ zu stellen. Darin ist W die Zahl der realisierbaren Mikrozustände (vgl. **Abb. 1**). Im 19. Jahrhundert herrschte daher die Idee vor, dass das Universum schließlich den Wärmetod sterben müsste.

Wie können aber dennoch Strukturen, und schon in der unbelebten Natur, entstehen? Ich selbst hatte das Glück, einen, wie ich glaube, grundsätzlichen Beitrag zur Lösung dieses Dilemmas zu liefern. Anfang der 60er Jahre begann ich, mich mit den Eigenschaften der damals ganz neuartigen Lichtquelle Laser eingehender zu befassen. Ein einfaches Beispiel für den Laser ist eine mit Gas gefüllte Glasröhre. An den Enden der Röhre sind zwei Spiegel angebracht, von denen der eine halb durchlässig ist, so dass das Licht aus ihm austreten kann. Bekanntlich besteht ein Gas aus Molekülen oder Atomen, von denen ich jetzt der Einfachheit halber Atome betrachten will. Modellmäßig ist ein Atom wie ein kleines Planetensystem: in der Mitte der Atomkern, um den herum, im einfachsten Falle, ein Elektron kreist. Die Atome werden beim Laser von außen durch Lichteinstrahlung energetisch angeregt, wobei das betreffende Elektron von einer niedrigeren Bahn auf eine energetisch höhere Bahn gehoben wird. Von da aus kann es, nach den Gesetzen der Quantentheorie, spontan wieder auf die energetisch niedrigere Bahn herabfallen und dabei eine Lichtwelle, die übrigens quantisiert als Photon auftritt, aussenden. Werden nun von außen her immer wieder Atome angeregt, so senden sie, wie bei einer üblichen Lampe, völlig unabhängig ihre Lichtwellen aus. Es entsteht ein mikroskopisches Chaos. Ein Radioingenieur würde hier von Rauschen sprechen. Wird aber nun die von außen eingestrahlte so genannte Pumpleistung erhöht, so dass immer mehr Elektronen angeregt werden, tritt schlagartig ein völlig neuer Effekt auf. Das Licht ordnet sich zu einer sehr intensiven einzigen Lichtwelle, eben der Laser-Lichtwelle, die dann durch den halbdurchlässigen Spiegel austritt. Um das Merkwürdige an diesem Vorgang deutlich zu machen, benutze ich ein anthropomorphes Bild. Hier stehen Männchen an einem Kanal. Die Männchen, die die einzelnen Atome modellieren sollen, können Stöcke ins Wasser stoßen und damit das Wasser im Kanal zu Wellen anregen. In Analogie zu einer Lampe stoßen diese Männchen, unabhängig voneinander, ihre Stöcke ins Wasser und erzeugen so eine völlig ungeordnete Wasseroberfläche. Beim Laser entgegen entsteht eine völlig geordnete Wasserwelle, was nur dadurch möglich ist, dass die Männchen ihre Stöcke völlig geordnet ins Wasser stoßen. Im menschlichen Bereich wissen wir, wie das geht. Hinter den Männchen steht ein Vorarbeiter, der immer ruft: „jetzt, jetzt, jetzt". Beim Laser fehlt aber ein solcher Vorarbeiter. Damit stehen wir vor dem Phänomen wie auch vor dem Rätsel der Selbstorganisation.

Um den Mechanismus, und damit auch die zugrunde liegenden Prinzipien des Selbstorganisationsvorganges zu verstehen, müssen wir uns ein klein wenig mehr mit dem Vorgang im Laser befassen. Nehmen wir an, dass zunächst eine Reihe von Atomen angeregt ist, ihre Elektronen also auf einer energetisch angeregten Bahn umlaufen. Dann fällt ein Elektron auf die niedrigere Bahn, sendet ein Photon aus und zwingt dann ein anderes, ebenfalls angeregtes Elektron, auf dessen niedrigere Bahn zu fallen, wobei die ankommende Lichtwelle verstärkt wird. Dies ist das von Einstein entdeckte Prinzip der stimulierten Emission. Bei Fortsetzung dieses Vorgangs entsteht lawinenartig eine sehr starke Lichtwelle. Allerdings, und jetzt kommen wir zu den Feinheiten des Lasers, ist Lichtwelle nicht gleich Lichtwelle. Es gibt solche, die schneller schwingen, wie auch solche, die langsamer schwingen. Hierbei gibt es eine ausgezeichnete Welle mit einer Schwingungsfrequenz, die besonders effektiv die vorhandene Energie der angeregten Atome, d.h. Elektronen auf einer höheren Umlaufbahn, abrufen kann und sich somit immer mehr verstärkt. Wie meine Theorie zeigte, gelingt ihr dies nach einem Konkurrenzprinzip auf Kosten aller anderen Wellen, so dass nur eine einzige, diese spezielle Welle also, überlebt. Diese Welle bezeichnen wir in der Synergetik als **Ordner** (englisch: order parameter). Um die Wirkung dieser Welle auf die einzelnen Elektronen darzustellen, benutze ich wieder ein anthropomorphes Bild, nämlich Boote auf einem See. Läuft eine Welle über den See, so schwingen die Boote im Takte dieser Welle auf und ab. Genau das Entsprechende passiert im Laser. Die Laser-Lichtwelle, der Ordner also, zwingt die Elektronen, im Takt hin und her zu schwingen. Im Fachjargon der Synergetik versklavt der Ordner die einzelnen Teile. Hier tritt nun das interessante Phänomen der zirkulären Kausalität auf: Zum einen versklavt der Ordner das Verhalten der einzelnen Teile, zum anderen kommt der Ordner erst durch das Zusammenwirken der Teile, nämlich durch die selbstorganisierte Ausstrahlung, zu seiner Existenz.

An dem Laser-Beispiel lassen sich nun einige grundsätzliche Eigenschaften selbstorganisierender Systeme ablesen, die sich dann in einem sehr umfassenden Rahmen allgemein mathematisch formulieren lassen, wozu mir hier natürlich der Platz fehlt. Die grundsätzlichen Erkenntnisse sind folgende:

1 Wir haben es mit Systemen zu tun, die aus einzelnen Teilen, die meist sehr zahlreich sind, bestehen. Z.B. beim Laser sind dies die Laser-Atome mit ihren Elektronen, sowie die erzeugten Lichtwellen.
2 Das System ist offen, d.h., ihm wird ständig Energie, eventuell auch Materie, von außen zugeführt, und dann wieder in degradierter Form abgeführt (beim Laser passiert dies insbesondere durch Wärmeentwicklung).
3 Das System ist einem oder mehreren Kontrollparametern unterworfen. Beim Laser ist dies die zugeführte Pumpleistung.
4 Bei einem kritischen, ganz spezifischen Wert des Kontrollparameters wird das System instabil, d.h., der alte Zustand wird durch einen neuen abgelöst. Beim Laser wird der Zustand der Lampe, d.h., ungeordnetes Licht, durch den hochgeordneten Laserzustand ersetzt.
5 In der Nähe dieser Instabilität tritt ein oder es treten mehrere Ordner in Erscheinung, die makroskopische Größe annehmen können.
6 Der Ordner versklavt die einzelnen Teile.
7 Dabei gilt das Prinzip der zirkulären Kausalität.

Der Unordnungs-/Ordnungsübergang beim Laser kann auch mit Hilfe des folgenden Bildes schön veranschaulicht werden (**Abb. 2**): Wir betrachten eine Gebirgslandschaft mit

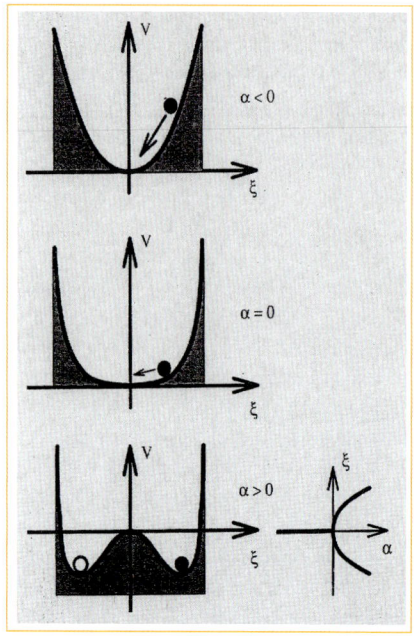

Abb. 2 Das Verhalten des Ordners bei einem (Nichtgleichgewichts-) Phasenübergang mit Hilfe der Bewegung einer Kugel in einem so genannten Potentialgebirge. **Oberer Teil:** Unterhalb des Übergangs bei noch kleinem Kontrollparameterwert gibt es nur ein Tal. Die Kugel ist im Ruhezustand in der Talsohle. **Mittlerer Teil:** Am kritischen Wert des Kontrollparameters wird das Tal sehr flach, kleine zufällige Stöße (Schwankungen) treiben die Kugel sehr weit. Diese kann in den Gleichgewichtszustand nur langsam zurückrollen. **Unterer Teil:** Ist der Kontrollparameter oberhalb seines kritischen Wertes, so entstehen z.B. zwei Täler, von denen die Kugel eines auswählen muss (Symmetriebruch).

zunächst einem Tal. In ihr soll sich ein Ball bewegen können, der allerdings durch das Gras gebremst wird. Der Ball kommt dann natürlich, wenn er den Abhang hinunterrutscht, in der Talsohle zur Ruhe. Die Auslenkung des Balls identifizieren wir mit der Größe des Ordners. Im Gleichgewichtszustand ist hier die Größe des Ordners gleich Null. Dies entspricht dem Fall von keiner Laser-Tätigkeit. Erhöhen wir nun die Energiezufuhr, so zeigt die mathematische Behandlung, dass dieses hier gedachte Tal sich

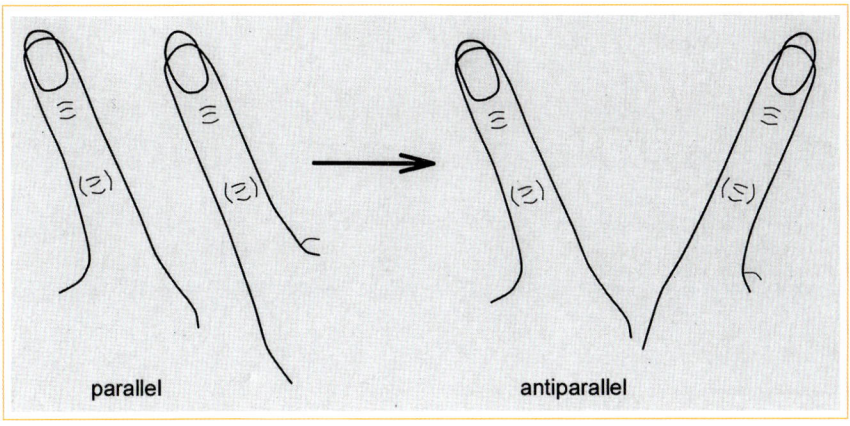

Abb. 3 Schema der Fingerbewegung beim Kelso-Experiment (nach H. Haken, J.A.S. Kelso, H. Bunz. A theoretical model of phase transitions in human hand movement, Biol. Cybern. 1985; 51; 347–356).

stark verbreitert. Gleichzeitig müssen wir berücksichtigen, dass der Ball ständig kleinen Stößen ausgesetzt ist, die völlig unregelmäßig auf ihn wirken, so wie wir das oft bei einem Fußballspiel beobachten, wenn die Spieler völlig ungeordnet auf den Ball eintreten. Ist das Tal sehr flach, so gibt es praktisch keine rücktreibende Kraft, d.h., die Stöße können den Ball sehr weit von der Ruhelage wegtreiben. Wir finden hier die so genannten kritischen Fluktuationen. Außerdem kann der Ball nur sehr langsam in seine Ruhelage zurückrollen. Es handelt sich um das kritische Langsamerwerden. Erhöhen wir schließlich die zugeführte Leistung, d.h., ändern wir den Kontrollparameter weiter, so wird das Tal deformiert, und es finden sich nun zwei Täler, eine zunächst völlig symmetrische Situation, die aber der Ball dadurch asymmetrisch macht, indem er spontan in eines der beiden Täler rollt. Das ist das Phänomen des so genannten Symmetriebruchs.

Die hier beschriebenen Phänomene sind wohlbekannt von Systemen im thermischen Gleichgewicht als Phasenübergänge, etwa das Gefrieren von Wasser zu Eis oder das Einsetzen des Ferromagnetismus. Allerdings war der Laser das erste Beispiel für einen solchen dramatischen Phasenübergang in einem System fern vom thermischen Gleichgewicht, d.h. in einem offenen System.

Ende der 60er Jahre gelangte ich zu der Überzeugung, dass die beim Laser aufgefundenen Phänomene keineswegs auf den Laser beschränkt sein können, sondern in vielen anderen Systemen der Natur ebenfalls zu finden sind. Dies führte mich zu der Idee, dass man diese Phänomene systematisch in einer neuen Disziplin behandeln sollte, die ich **Synergetik** nannte, wobei immer wieder die gleichen Prinzipien gelten sollten. Wie die Entwicklung zeigte, fanden sich anschließend in vielen Gebieten, nicht nur der Physik, solche phasenübergangsähnlichen Phänomene. Um zu illustrieren, wie weit diese Konzepte reichen, möchte ich hier nur zwei Fälle behandeln, einen aus der Bewegungswissenschaft und einen aus der Psychophysik:

Mitte der 80er Jahre besuchte mich Scott Kelso von der Florida Atlantic University und erzählte mir von folgendem Experiment (**Abb. 3**): Er hatte Testpersonen aufgefordert, die Zeigefinger parallel zu bewegen. Bei höherer Geschwindigkeit der Be-

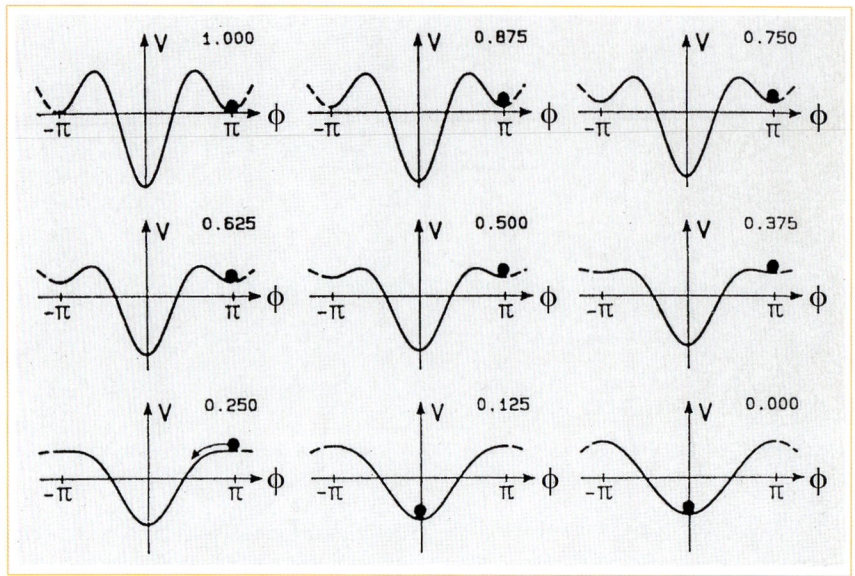

Abb. 4 Die Folge der Potentiallandschaften zur Erklärung des Kelsoschen Fingerexperiments (nach Haken-Kelso-Buntz). Mit wachsender Fingergeschwindigkeit, die als Kontrollparameter dient, wird das obere Minimum immer flacher und verschwindet dann schließlich (nach H. Haken, J.A.S. Kelso, H. Bunz. A theoretical model of phase transitions in human hand movement, Biol. Cybern. 1985; 51; 347–356).

wegung trat jedoch, völlig unfreiwillig, ein spontaner Übergang zu einem symmetrischen Verhalten auf. Er fragte mich damals, ob ich mit der Synergetik diesen Übergang modellieren könnte. Dies führte mich zu folgendem Bild: Der Kontrollparameter ist die vorgegebene Geschwindigkeit der Fingerbewegung. Der Ordner muss die relative Lage, oder, mathematisch ausgedrückt, die relative Phase der Finger beschreiben. Wie wir von vielen Beispielen der Synergetik her wissen, hat die Bewegungsgleichung für einen einzigen Ordner eine sehr einfache Gestalt. Das Verhalten des Ordners kann, wie schon beim Laser, durch die Bewegung einer Kugel in einer Gebirgslandschaft beschrieben werden. In **Abb. 4** zeige ich, wie die Gebirgslandschaft aussieht und wie sie sich bei Erhöhung des Kontrollparameters, d.h., Erhöhung der Fingergeschwindigkeit, verändert. Daraus ergeben sich bereits qualitativ und, wie wir dann zeigten, quantitativ bestimmte Voraussagen, nämlich kritische Fluktuationen, kritisches Langsamwerden und die so genannte Hysterese, auf die ich später in anderem Kontext noch eingehen werde. Diese Voraussagen konnten von Kelso und seinen Mitarbeitern im Detail bestätigt werden, woraus sich höchst interessante Schlussfolgerungen ergeben: Die Bewegungswissenschaftler gingen immer davon aus, dass das Gehirn wie ein Computer die Bewegungen steuert. Damit lassen sich aber gerade die hier vorausgesagten und dann aufgefundenen Phänomene nicht erklären. Die Bewegungssteuerung erfolgt vielmehr nicht durch ein Motorprogramm, sondern eben durch Selbstorganisationsvorgänge im Gehirn. Diese Vorgänge konnten von Kelso und Mitarbeitern in eindrucksvoller Weise durch bildgebende Verfahren am Gehirn detailliert untersucht werden und wurden auch von uns in Stuttgart und in Boca Raton detailliert modelliert, worauf ich aber hier nicht eingehen

Abb. 5 Gesicht oder Obst und Gemüse? Die Bistabilität der menschlichen Wahrnehmung, nach einem Gemälde von Arcimboldo (Bild eines mittelalterlichen Malers).

kann. Vielmehr möchte ich hier noch ein anderes, recht eindrucksvolles, Beispiel ansprechen.

Machen wir dazu einen großen Sprung. Das komplexeste System, das wir in der Welt kennen, ist sicherlich das menschliche Gehirn, und es ist zweifellos immer noch ein höchst mysteriöses Organ. Schon vor meiner Kenntnis der Kelsoschen Fingerexperimente hatte ich vorgeschlagen, es als ein System zu betrachten, das den Gesetzmäßigkeiten der Synergetik genügt. Eine erste Verifizierung fand sich in den bereits besprochenen gemeinsamen Arbeiten von Kelso und mir. Sie können sich aber auch mit Ihrer eigenen Wahrnehmung von diesen Gesetzmäßigkeiten überzeugen. Wie wir gesehen haben, lassen sich komplexe Systeme auf zwei Ebenen betrachten, einerseits auf der der Ordner und andererseits auf der der versklavten Teile. Hierbei gilt die allgemeine Gesetzmäßigkeit, auf die ich noch nicht näher zu sprechen gekommen bin, nämlich dass Ordner sich auf Zeitskalen verändern, die langsam gegenüber denen der versklavten Teile sind. Mit anderen Worten: Die Ordner reagieren langsam auf Störungen, die zu versklavenden Teile hingegen schnell. Wie wir aus der Psychologie wissen, laufen Wahrnehmungsvorgänge auf Zeitskalen ab, die zwischen 1/10 und ca. 1Sek. liegen. Dagegen wissen wir aus neurophysiologischen Untersuchungen, dass Neuronen auf Zeitskalen von Millisekunden agieren. Die von der Synergetik geforderte Zeitskalentrennung ist hier also vorhanden.

Betrachten wir daher, im Sinne der Synergetik, die Perzepte als Ordner, die Neuronen hingegen als die versklavten Teile. Erinnern wir uns nun an einige Erkenntnisse der Synergetik. Ist nur ein Ordner am Werke, so kann dieser bistabil sein, wie schon früher in **Abb. 2** zu sehen war. Ich behaupte nun, dass auch Ihre Wahrnehmung bistabil sein kann, d.h., dass bei einem gezeigten Bild Ihre Wahrnehmung zwei ganz verschiedene Interpretationen liefern kann. Dazu zeige ich Ihnen ein Bild des mittelalterlichen Malers Arcimboldo (**Abb. 5**). Beim ersten Hinsehen erblicken Sie hier ein fürstlich anmutendes Gesicht. Schauen Sie aber genauer hin, dann erkennen Sie, dass die Nase nichts als eine Birne ist, die Wangen aus Äpfeln bestehen, etc. Sie haben dann vor sich nichts als Obst und Gemüse. Ihre Wahrnehmung ist also in der Tat bistabil. Ein weiteres Beispiel ist das der Hysterese, das bereits bei einem Ordner gefunden werden kann, das den Physikern aus anderen Bereichen, etwa dem Ferromagnetismus, gut bekannt ist. Dazu betrachten wir **Abb. 6** und beginnen oben links, wobei die Kugel, die in einer Gebirgslandschaft läuft, das Verhalten des Ordners

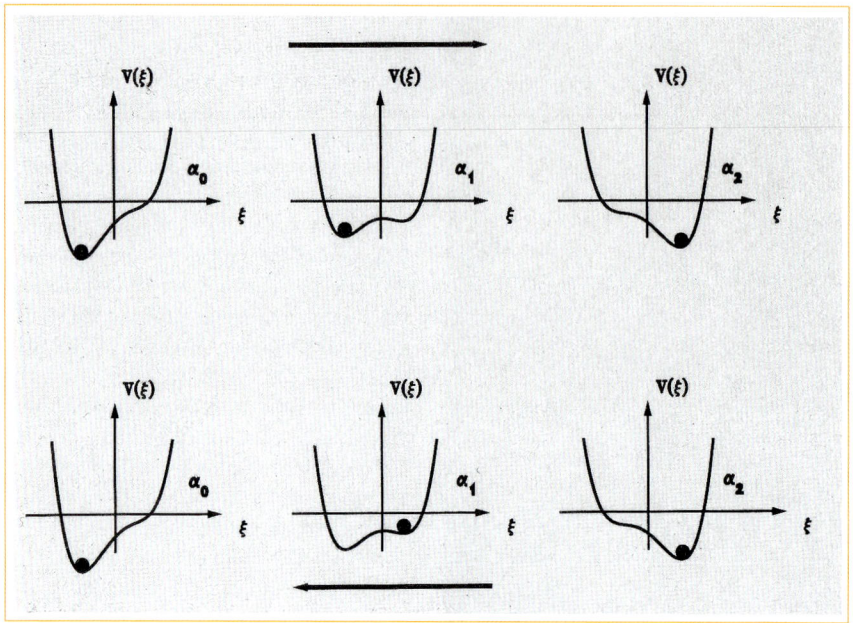

Abb. 6 Veranschaulichung der Hysterese mit einer Potentiallandschaft.

symbolisiert. Wird ein Kontrollparameter geändert, so kann die Gebirgslandschaft deformiert werden, etwa in die des mittleren oberen Bildes. Die Kugel bleibt hier im vorherigen Tal liegen. Bei weiterer Änderung des Kontrollparameters rollt die Kugel dann in das neue Tal, der Ordner nimmt einen neuen Wert an, der Zustand des Systems hat sich hier entsprechend, eventuell sogar völlig, geändert. Gehen wir nun in der umgekehrten Reihenfolge vor, beginnen wir also rechts unten und ändern nun die Gebirgslandschaft zum mittleren Bild hin, so bleibt die Kugel im rechten Tal liegen, das gewissermaßen bei der Umwandlung des rechten in das mittlere Bild wie eine Hand wirkt, die die Kugel hochhebt. Erst bei der Landschaft ganz links unten rollt die Kugel dann in das alte Tal zurück. Obwohl im mittleren Teil der gesamten Abbildung die Gebirgslandschaft die gleiche ist, hat die Kugel dennoch eine verschiedene Lage eingenommen, die ersichtlich von der Vergangenheit abhängt.

Genau das Gleiche passiert bei der Betrachtung der **Abb. 7**, die aus der Psychophysik gut bekannt ist. Beginnen wir links oben, so erkennen wir das Gesicht eines Mannes, das erst in der zweiten unteren Hälfte in eine kniende Frauengestalt bei unserer Wahrnehmung umschlägt. Gehen wir rückwärts, so erkennen wir längs der gesamten unteren Abbildung immer noch die kniende Frauengestalt, die dann erst im Laufe der oberen Abbildung wieder in die Männergestalt zurückgeht. Hysterese also bei der Wahrnehmung.

Ein letztes Beispiel erhalten wir, wenn wir zwei Ordner betrachten, die nach Grundprinzipien der Synergetik entweder zwei stabile Zustände einnehmen können, oder aber auch, und das ist in unserem Kontext wichtig, immer hin und her oszillieren können, d.h. erst gewinnt der eine, dann der andere Ordner, usw. Genau das Gleiche passiert bei dem Fall etwa von der Wahrnehmung einer jungen, bzw. alten Frau

Abb. 7 Hysterese bei der menschlichen Wahrnehmung (vgl. Text).

(**Abb. 8**). Zuerst erkennen, zumeist Männer, die junge Frau, dann aber verschwindet ihr Bild und es tritt die alte Frau an ihre Stelle. Dann verschwindet wieder die Wahrnehmung der alten Frau, die junge Frau erscheint, etc. Hierbei ergeben sich interessante Beziehungen zwischen der Wahrscheinlichkeit, dass zuerst die eine oder andere Wahrnehmung erscheint und fortdauert, während das eine Perzept vorhanden ist und dann durch das andere abgelöst wird. Auch viele Details lassen sich hier, wie ich in einer gemeinsamen Arbeit mit Ditzinger zeigte, modellieren.

Die Konzepte der Synergetik gestatten es so, hier Selbstorganisationsvorgänge im Gehirn auf der Ebene der Ordner zu modellieren. Inzwischen habe ich auch detaillierte Modelle auf der mikroskopischen Ebene, d.h., der Ebene der einzelnen Neuronen, entwickeln können, wobei sich eben der Zusammenhang zwischen Ordnern einerseits und den versklavten Teilen anderer-

Abb. 8 Oszillationen bei der menschlichen Wahrnehmung. Die Perzepte junge Frau – alte Frau oszillieren ständig hin und her.

seits als äußerst nützlich erweist und zu neuartigen Einsichten verhilft.

In meinem Beitrag habe ich versucht, ausgehend von einem einfachen Beispiel aus der statistischen Nichtgleichgewichtsphysik, nämlich dem konkreten Fall des Lasers, allgemeine Prinzipien für Selbstorganisationsvorgänge zu erarbeiten und dann diese auf höchst komplexe Systeme, wie das menschliche Gehirn, anzuwenden. Natürlich musste ich hier auf die Darlegung der detaillierten mathematischen Theorie völlig verzichten.

Aber wir haben eine grundsätzliche Einsicht gewonnen, wie sich der scheinbare Widerspruch zwischen der Aussage des zweiten Hauptsatzes und der spontanen Entstehung von Strukturen löst: Im letzteren Falle haben wir es mit offenen Systemen zu tun, die von Stoff- und/oder Energiezufuhr und geeigneter Abfuhr gewissermaßen „leben". Unsere gesamte Erde ist ein solches System. Sie empfängt ständig Energie von der Sonne und gibt Energie nachts an das sehr kalte Weltall ab.

Stirbt aber das gesamte Weltall den Wärmetod? Hier ergeben sich in der modernen Kosmologie ganz neuartige Perspektiven, die mir noch nicht ausgelotet erscheinen. Sind die neu postulierten dunkle Energie und dunkle Materie Teil des Universums oder wirken diese wie ein Wärmebad, das die erzeugte Entropie aufnimmt? Dann können immer neue Strukturen - auch kosmischen Ausmaßes - entstehen und das Universum entrinnt dem Wärmetod.

Zwei abschließende Bemerkungen erscheinen mir angebracht:
1 Die Abbildungen der Potentiallandschaften dürfen nicht darüber hinwegtäuschen, dass die Entstehung raumzeitlicher Strukturen immer so einfach veranschaulicht werden kann. Dennoch behält die allgemeine Einsicht, dass sich das Verhalten selbst komplexer Systeme mit Hilfe weniger Ordner erfassen lässt, ihre Gültigkeit, sofern wir die Systeme in der Nähe ihrer Instabilitätspunkte untersuchen.
2 Ein interessantes Forschungsgebiet dürfte auch die theoretische Untersuchung von Vorgängen sein, bei denen durch dynamische Prozesse der Selbstorganisation schließlich geordnete, feste Strukturen entstehen. Ein Beispiel aus der Biologie wären die Kieselalgen.

Literatur

1 H. Haken: Erfolgsgeheimnisse der Natur. Synergetik - die Lehre vom Zusammenwirken. DVA Stuttgart, 1981, Rororo, Reinbek, 1995
2 H. Haken, Maria Krell: Gehirn und Verhalten. DVA Stuttgart, 1997
3 H. Haken: Synergetics. Introduction and Advanced Topics. Springer, Berlin, 2004

Hermann Haken (1927) ist Professor Emeritus für theoretische Physik an der Universität Stuttgart, wo er seit 1960 tätig ist.

Er ist einer der Väter der Lasertheorie und Begründer des interdisziplinären Gebiets Synergetik. Über 20 wissenschaftliche und populärwissenschaftliche Bücher zur Laserphysik, Quantenoptik, Festkörperphysik, Synergetik, Gehirntheorie mit Übersetzungen in viele Sprachen. Umfangreiche Auslandsaufenthalte in England, Frankreich, USA, Russland, China, Japan. Zahlreiche Auszeichnungen, wie Mitgliedschaft im Orden Pour le Mérite, Max-Planck-Medaille der Deutschen Physikalischen Gesellschaft, Honda-Preis, Japan. Mehrere Ehrendoktorgrade und Mitgliedschaften in Akademien.

Prof. Dr. Dr. Hermann Haken
1. Institut für Theoretische Physik
Universität Stuttgart
Pfaffenwaldring 57/IV
70550 Stuttgart

Von der Klaviersaite zum smarten Elektronikbauteil –
Selbstorganisation technischer Materialien

Wilfried Kurz, EPFL, Lausanne

Selbstorganisation der Materie wird in der Technik häufig angewandt, um ein bestimmtes Werkstoffverhalten einzustellen. Dieses Verhalten hängt von spezifischen Mikro-und Nanostrukturen ab, die z.B. für die Lebensdauer und Ökonomie eines Flugmotors oder für den Klang eines Konzertflügels von Bedeutung sind.

Selbstorganisation von technischen Werkstoffen bezieht sich auf ihre mikro- oder nanoskopische Strukturierung, die z. B. durch Phasenumwandlung – gerichtete Kristallisation oder kontrollierte Wärmebehandlung – erzeugt wird. Morphologien und Dimensionen der Strukturen und die beteiligten Phasen bestimmen weitgehend die Eigenschaften der Werkstoffe.

Folgende Anwendungsbeispiele werden in diesem Beitrag behandelt und die jeweiligen Prozesse der Selbstorganisation vorgestellt:
- **(i)** Die Klaviersaite: Die hohen Festigkeiten der Saiten oder von Gondelbahnseilen erzielt man mit Nanokompositstählen.
- **(ii)** Die Gasturbinenschaufel: Jedes Triebwerk eines Flugzeuges besitzt ca. 150 Hochtemperaturschaufeln, die aus gerichtet erstarrten Superlegierungen hergestellt werden, damit sie den enormen Fliehkräften in der Weißglut der Turbine gewachsen sind.
- **(iii)** Die Feldplatte: Berührungslose magnetische Schalter der Elektronik kann man aus smarten eutektischen In-situ-Kompositen fertigen.

Die Klaviersaite

Das Klavier ist ein hochkomplexes Tasteninstrument, das Anfang des 18. Jahrhunderts in Florenz entstand und sich erst gegen 1770 durchzusetzen begann. Mozart war wohl einer der ersten, der das Potential dieses Instrumentes entdeckte und es für viele seiner Kompositionen, die er auch häufig selbst virtuos vortrug, einsetzte. Vor allem durch seine unvergleichlichen Klavierkonzerte hat Mozart wesentlich zur Entwicklung dieser Musikgattung beigetragen und sie auf eine bis dahin nicht gekannte Höhe geführt. Heute, 250 Jahre nach Mozarts Geburt, ist das Klavier weiter verbreitet denn je, wird es doch jährlich in etwa 500 000 Exemplaren gebaut.

Der Ton dieses Tasteninstrumentes entsteht durch die Schwingung der Saiten. Ein moderner Konzertflügel hat etwa 230 Saiten, die von 88 über Tasten bediente Hämmer angeschlagen werden. Die kurzen Saiten des Diskants sind 3-fach bestückt, der mittlere Bereich 2-fach und die tiefen Frequenzen einfach (**Abb. 1**). Um die Intensität der Töne zu erhöhen, wird die Schwingung über den Steg auf den Resonanzboden übertragen.

Abb.1 Die Saiten eines modernen Konzertflügels.

Der Klang entsteht durch Überlagerung von Schwingungen verschiedener Art (transversal, longitudinal, ...) und Frequenz (Grundfrequenz, Obertöne). Davon ist die wichtigste Schwingung die transversale mit der Wellenlänge λ/2 und der Grundfrequenz, f_o (**Abb. 2**). Bei einer idealen Saite mit vernachlässigbarem Durchmesser ergibt sich nach Taylor, 1713 [1]:

$$f_o = \frac{1}{2l}\sqrt{\frac{4F}{\rho d^2 \pi}} \qquad (1)$$

Die durch die Frequenz (f_o) gegebene Tonhöhe einer Saite wird höher, wenn man deren Länge (l) kürzt, die auf sie einwirkende Zugkraft (F) erhöht oder den Saitendurchmesser (d) verringert. Der Zug auf den Querschnitt bezogen ergibt die Spannung $\sigma = 4F/d^2\pi$. Die Dichte des Materials (ρ) spielt ebenfalls eine Rolle, sie ist aber,

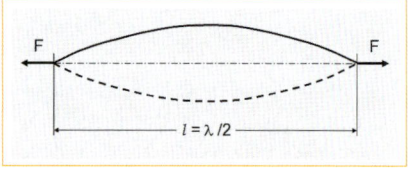

Abb.2 Die Transversalschwingung einer an beiden Enden eingespannten Saite der Länge l und der Spannkraft F. Hier handelt es sich um die Grundschwingung, bei der die Saitenlänge gleich der halben Wellenlänge ist.

nachdem heute alle Saiten aus Stahl gefertigt werden, mit 7,85 Gramm pro Kubikzentimeter (= t/m³) konstant. (Da Saiten keine idealen eindimensionalen Linien darstellen, muss Gleichung (1) korrigiert werden. Dies kann jedoch in diesem Zusammenhang vernachlässigt werden.) Damit die Saiten der tiefen Töne nicht zu lang oder dick (und dadurch zu steif) werden, nimmt man relativ dünne Stahldrähte und umspinnt sie mit einem Kupferdraht. So

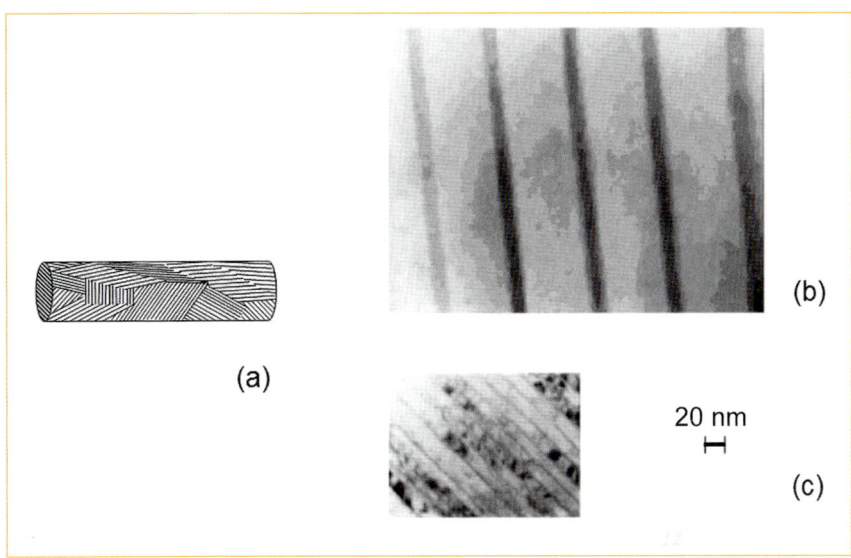

Abb. 3 Die Mikrostruktur einer Stahlsaite: **(a)** Schema des Drahtes und seiner Mikrostruktur, **(b)** Kompositstruktur eines Kohlenstoffstahls nach Wärmebehandlung (Karbidlamellen in Eisenmatrix), **(c)** feinste Kompositstruktur (Nanostruktur von Eisen mit Karbid) nach mehrmaligem Ziehen des Drahtes durch eine Düse (nach Tarui et al. [4]).

erhält man eine für transversale Schwingungen weiche Saite mit großer Masse und, trotz relativ kleiner Länge, tiefer Eigenfrequenz.

Tab. 1 Charakteristische Daten zum Mozartklavier und zu einem modernen Flügel.

	Mozarts Hammerklavier 1780 [2]	Konzertflügel 2000
Oktaven	5	7,3
Saitenzahl	143	230
Frequenz	42,7–1365,2 Hz	27,5–4186 Hz
Saitenlänge	1771–124 cm	2100–70
Saitendurchmesser	0,83–0,32 mm	1,6–0,7
Material	Messing/Eisen	Kohlenstoff-Stahl
Festigkeit	ca 120 kg/mm²	200–240 kg/mm²
Spannung	20–90 kg/mm²	90–150 kg/mm²
Zug auf Rahmen	1,2 t	20 t
Flügellänge	224 cm	280 cm
Flügelbreit	99 cm	160 cm

Vorerst noch einige technische Daten eines modernen Klaviers (**Tab. 1**): Sein Frequenzbereich liegt zwischen 27,5 und 4186 Hz. Der Durchmesser der Saiten verringert sich mit zunehmender Tonhöhe von etwa 1,6 auf 0,8 mm. Eine Zugbelastung der dicksten / dünnsten Saite von 1750 / 750 Newton ergibt pro Saitenquerschnitt eine Spannung von 880 / 1500 N/mm² (Die Kraft von 10 Newton, N, entspricht ungefähr 1 kg). Es werden Stähle mit einer Bruchfestigkeit von 2000 – 2400 N/mm² verwendet. Die wesentlich höhere Bruchfestigkeit ist notwendig, um die Saiten nur im elastischen Bereich zu beanspruchen und eine Verstimmung des Instrumentes zu verhindern. Der Rahmen trägt etwa 20 t Saitenzug und ist aus hochwertigem Gusseisen gefertigt.

Demgegenüber waren Mozarts Klaviere mit Eisensaiten bestückt, die etwa die halbe Zugfestigkeit heutiger Stahlsaiten besaßen (**Tab. 1** [2]). Die hölzernen Rah-

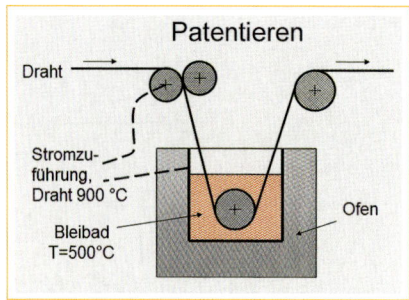

Abb. 4 Im Patentierverfahren wird der Draht im Bleibad erhitzt und anschließend rasch abgekühlt. Dadurch erhält man die Nanostruktur von Abb. 3b (nach Verhoeven [3]).

men konnten nur etwa 1/20 des Saitenzugs moderner Metallrahmen aufnehmen, und der Tonumfang war auf 5 Oktaven begrenzt. Wegen ihrer geringen Festigkeit mussten die Saiten nach Gl. (1) kürzer sein als heute mit entsprechender Wirkung auf Ton und Lautstärke. Wie man heute weiß, hatten die Klaviere vom Wiener Klavierbauer Anton Walter zu Mozarts Zeiten einen klaren Ton und erlaubten, die melodische Linie ohne die vielen Obertöne des modernen Klaviers wiederzugeben. Das war unter anderem das Resultat der leichten Hämmer, der kurzen Saiten und der geringen Saitenspannung. Moderne Flügel besitzen einen stabilen Metallrahmen, eine Filz- anstelle einer Lederbeschichtung der Hämmer und einen stark vergrößerten Tonumfang auf heute 7 1/3 Oktaven. Sie klingen über alle Register ausgeglichener.

Hätte Mozart Freude gehabt, wenn er einen modernen Flügel anstelle eines Hammerklaviers besessen hätte? Diese Frage lässt sich nicht eindeutig beantworten. Man kann aber sagen, dass Mozarts potentielle Freude oder vielleicht sogar Enttäuschung über einen modernen Flügel wesentlich mit Werkstoffen zusammenhängt. Was sagt der große Mozartinterpret Alfred Brendel zu dieser Frage? „Ich könnte mir jedenfalls vorstellen, dass sich Mozart nach ein paar Wochen auf einem guten modernen Flügel recht wohl gefühlt hätte. Schon allein der Gewinn an Gesanglichkeit wäre diesem kantablen Komponisten entgegengekommen".

Wie sieht der Draht der Saite eines modernen Konzertflügels unter dem Mikroskop aus? Um eine metallische Legierung zu härten, muss man ihre innere (Mikro-) Struktur bis auf nanoskopische Dimensionen verfeinern. Die innere Struktur eines Werkstoffes ist definiert durch mikroskopische „Bausteine", die in der Größe von wenigen Atomen und Molekülen, d.h. von Nanometern liegen[1]. Ein Metall, das aus unzähligen kleinen Kristallen aufgebaut ist, enthält immer Kristallbaufehler (Versetzungen genannt), die ab einer gewissen Beanspruchung zu permanenter Verformung führen. Will man den Werkstoff fester machen, muss diese Verformung erschwert werden. Das erreicht man durch eine Verringerung der Mobilität der Versetzungen, indem man z. B. **(i)** viele harte Teilchen in den Kristall als Hindernisse einbaut, d.h. deren Durchmesser und Abstände verringert und **(ii)** man die Zahl der Versetzungen vergrößert, damit sie sich gegenseitig in ihrer Bewegung behindern.

Im Zusammenhang mit Selbstorganisation interessiert die Mikrostruktur des Stahles, d.h. die Anordnung, Form, Dimension und Art der Bausteine oder genauer gesagt der Strukturelemente des Saitenstahls bestehend aus Eisen und Eisenkarbid. Die chemische Zusammensetzung eines solchen höchstfesten Stahls ist 98 Gew% Eisen, 0.9 % Kohlenstoff und Spuren einiger anderer chemischer Elemente. Es handelt sich um eutektoide Stähle, das heißt, dass eine einzige feste Phase wäh-

---

[1] 1 Nanometer (nm) = 1 Millionstel eines Millimeters. Ein Atomdurchmesser entspricht ca. 1/3 nm.

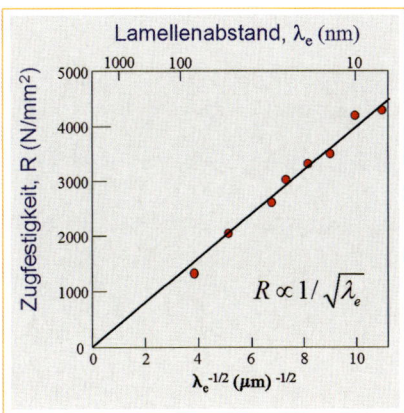

Abb. 5 Zugfestigkeit eines Saitenstahls in Abhängigkeit vom Karbidlamellenabstand λ_e (oberer Massstab). Das Diagramm wurde in Funktion der reziproken Wurzel von λ_e (unterer Maßstab) gezeichnet, um eine Gerade zu erhalten.

rend der Abkühlung in zwei neue feste Phasen übergeht. Lamellare Gefüge sind typisch für die eutektoide Phasenumwandlung der Kohlenstoffstähle; es entsteht ein Komposit aus einer Eisenmatrix verstärkt durch Karbidlamellen (**Abb. 3**). Bei Abschrecken von 900°C und Halten im 500 °C warmen Bleibad während ca. 30 s (patentieren genannt, **Abb. 4** [3]) wandelt sich der Stahl zum Nanokomposit um und erhält eine hohe Härte und Festigkeit bei gleichzeitig guter Verformbarkeit.

Durch anschließendes Kaltziehen des wärmebehandelten Vorproduktes zu dünnen Drähten wird die schon hohe Festigkeit nochmals wesentlich gesteigert. **Abb. 3** zeigt elektronenmikroskopische Aufnahmen des patentierten (Abb. 3b) und des gezogenen Drahtes (**Abb. 3c**) [4]. Durch die plastische Verformung werden die Karbidlamellen dünner / zahlreicher und zur Drahtachse hin ausgerichtet. Man erkennt, dass die für die Härtung verantwortlichen Abstände zwischen den dunklen Karbidlamellen mit 55 nm (nach der Umwandlung) bzw. 10-20 nm (nach der Verformung) nanoskopische Dimensionen aufweisen. Erst die extrem feinen Gefüge nach Patentieren und Ziehen ergeben die hohen Festigkeiten moderner Kohlenstoffstähle. **Abb. 5** zeigt die Zunahme der Zugfestigkeit dieser Stähle in Abhängigkeit vom Lamellenabstand. Die Festigkeit des Stahls nimmt umgekehrt proportional zur Quadratwurzel des Phasenabstandes zu.

Die besten Drähte, die man zur Verstärkung von Autoreifen verwendet, erreichen heute sogar Festigkeiten von 4500 N/mm^2 – ein außergewöhnlich hoher Wert, mehr als 1/3 der theoretischen Festigkeit des Eisens im Idealzustand. Somit wird klar, dass die durch Selbstorganisation erzeugten extrem feinen Gefüge der Stähle zum herrlichen Klang eines modernen Konzertflügels beitragen, und dies auch schon, bevor man von Nanowerkstoffen sprach.

Die Strukturierung des Werkstoffes erfolgt durch kontrollierte eutektoide Phasenumwandlung, von der weiter unten berichtet wird.

Die Gasturbinenschaufel

Die Gasturbine eignet sich besonders zum Antrieb von Flugzeugen und zur Energieumwandlung in Kraftwerken. Sie besteht im Wesentlichen aus einer Aneinanderreihung von Kompressor, Brennkammer und Turbine in einer Maschine. In Flugzeugen treibt die Turbine den Kompressor und den „Fan". Der Antrieb für das Flugzeug entsteht durch den Luftstrom des Fans und durch das mit hoher Geschwindigkeit ausströmende Gas der Turbine (Rückstoß). Bei der stationären Turbine eines Kraftwerkes wird die Leistung über ein Getriebe auf einen Generator übertragen, und das noch heiße Abgas liefert Wärme für eine nachgeschal-

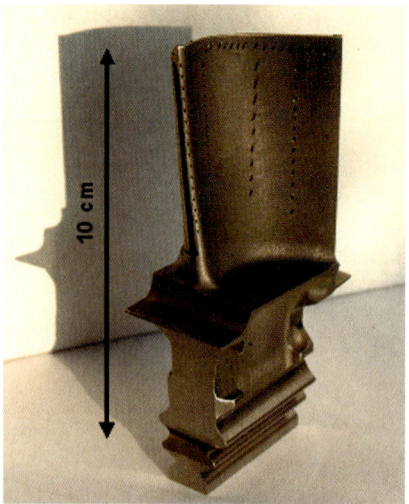

Abb. 6 Einkristall-Gasturbinenschaufel eines modernen Flugzeugtriebwerks. Eine Gasturbine enthält mehrere Turbinenräder mit jeweils 70 - 80 Schaufeln. Die Schaufel ist hohl und wird innen luftgekühlt. Die Oberfläche ist zur thermischen Isolation mit Keramik beschichtet (MTU, München).

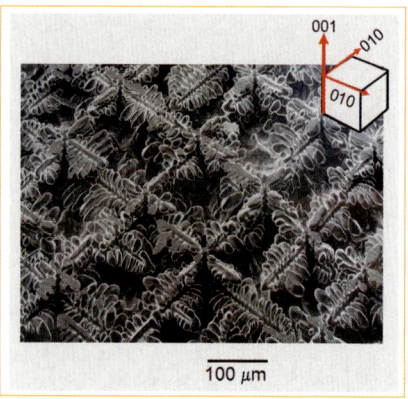

Abb. 7 Querschnitt durch einen Einkristall mit dendritischer Struktur. Man erkennt die Ausrichtung der Dendritenarme entlang der Kanten des kubischen Kristalls.

tete Dampfturbine, die ebenfalls auf den Generator wirkt. Durch diese Kombination erzielt man heute einen sehr hohen Wirkungsgrad von nahezu 60%.

Die Gasturbine ist eine thermische Maschine, die umso besser und ökonomischer funktioniert, je höher ihre Arbeitstemperatur ist. Bei modernen Triebwerken liegt die Turbineneintrittstemperatur bei etwa 1500 °C, d.h. die Temperatur des Gases liegt über der Schmelztemperatur der Schaufeln. Durch Luftkühlung der hohlen Schaufel und durch eine isolierende Keramikbeschichtung wird die Werkstofftemperatur auf maximal 1100 °C begrenzt. Das entspricht 80% der absoluten Schmelztemperatur.

Zusätzlich zur hohen Temperatur wirkt auf die rotierende Schaufel die Zentrifugalkraft, die zu einer Zugspannung von ca. 150 N/mm^2 führt. Weitere wichtige Beanspruchungen der Schaufel sind Temperaturzyklen und Hochtemperaturkorrosion. All diesen Belastungen widerstehen nur wenige Werkstoffe; es sind dies spezielle Superlegierungen auf Nickelbasis, die als Einkristalle gegossen werden. Die Einkristallschaufel wurde vor 40 Jahren erfunden und ist heute in den meisten Triebwerken und zunehmend in stationären Gasturbinen zu finden. Eine Einkristallschaufel für ein modernes Flugzeug kostet ca. 5000 € (**Abb. 6**). Eine Turbine benötigt davon ungefähr 150 Stück, d.h. allein die Schaufeln eines einzigen Triebwerks, die nach ca. 10 000 – 15 000 h, d.h. alle 2 Jahre ausgewechselt werden müssen, kosten 750 000 €.

Seit der kommerziellen Einführung der einkristallinen Schaufel vor 25 Jahren konnte die Arbeitstemperatur des Werkstoffes durch intensive Forschungsarbeiten um ca. 100 °C erhöht werden [5]. Dies wurde ermöglicht durch neue Superlegierungen, die einerseits keine schmelztemperatursenkenden Legierungselemente (Zirkon, Bor, Kohlenstoff) und an-

In **Abb. 7** ist die Mikrostruktur eines solchen Einkristalls dargestellt. Sie besteht aus vielen gleichgerichteten Dendriten, die die normale Kristallisationsform von Metallen darstellen. Ein Dendrit ist, wie sein Name (δενδρον= Baum) sagt, ein Gebilde mit Stamm, Ästen und weiteren Verzweigungen, ganz in der Art eines Nadelbaumes. In der Ausrichtung der Äste spiegelt der Dendrit die Symmetrie des Kristalls wieder. In **Abb. 7** sind es kubische Kristalle mit ihren orthogonal angeordneten Stämmen und Ästen, die kristallografisch mit den Vektoren der Würfelkanten [100], [010] und [001] bezeichnet werden.

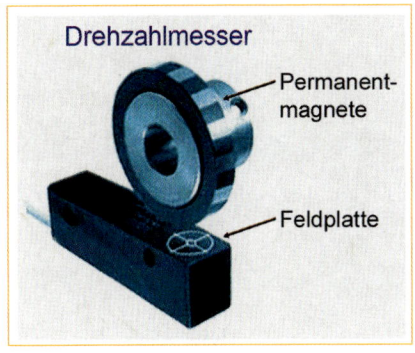

Abb. 8 Drehzahlmesser bestehend aus einer im unteren Teil untergebrachten Feldplatte und einem mit 24 Permanentmagneten bestückten Rad.

dererseits das schmelztemperaturerhöhende Element Rhenium enthalten.

Dieses Beispiel zeigt, dass extrem teure Bauteile interessant sein können, wenn sie entsprechende Einsparungen bei den Treibstoffkosten und bei der Lebensdauer eines Triebwerks bringen.

Das kontrollierte Dendritenwachstum ist ausschlaggebend für die vorteilhaften Eigenschaften der Einkristallschaufel. Wir werden uns weiter unten noch eingehender mit dieser Art der Selbstorganisation metallischer Legierungen befassen.

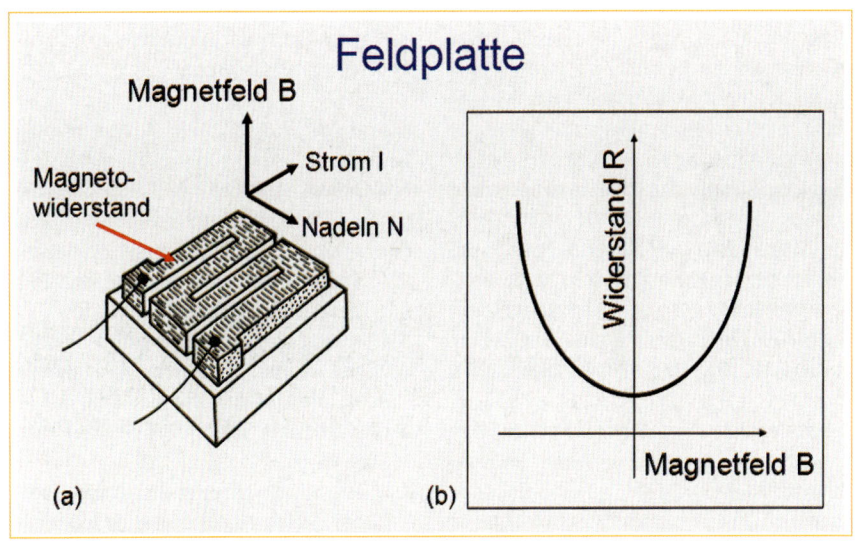

Abb. 9 Das System Feldplatte besteht aus einer Halbleitermatrix, in die leitende Nadeln eingebaut sind. Damit die Feldplatte funktioniert, müssen drei Richtungen senkrecht aufeinander stehen: der Stromfluss I, das Magnetfeld B und die Richtung der leitenden Nadeln N **(a)**. Mit dieser Anordnung erhält man eine maximale Widerstandsänderung im Magnetfeld **(b)**.

Die Feldplatte

Die Feldplatte ist ein elektronisches Bauelement, das seinen Widerstand in Funktion eines angelegten Magnetfeldes ändert. Man nennt diese Eigenschaft Magnetowiderstand. Feldplatten eignen sich zur Herstellung von berührungslosen Schaltern, Weggebern, Drehzahlmessern (**Abb. 8**), Potentiometern, bürstenlosen Gleichstrommotoren, u.a. [6].

Die Feldplatte ist ein Komposit bestehend aus einer Halbleitermatrix und darin eingelagerten zahlreichen leitenden Fasern. Bei angelegtem Magnetfeld wird der Stromfluss im Halbleiter entsprechend dem Hallwinkel [7] abgelenkt und von den leitenden Fasern wieder umgelenkt, so dass der gesamte Weg, den die Ladungen zurücklegen müssen, länger wird. Bei entsprechender geometrischer Anordnung der Kompositfasern der Richtung N und des Magnetfeldes B relativ zum Stromfluss I kann der Widerstand R um das Zehnfache verändert werden (**Abb. 9**). Das Prinzip eines kontaktlosen Positionsgebers besteht darin, die Feldplatte in einem Magnetspalt zu bewegen, um den elektrischen Widerstand und somit die Spannung zu variieren und hierdurch eine Transistorstufe anzusteuern.

Als Werkstoff für die Feldplatte hat sich die eutektische Legierung zweier Verbindungen, Indiumantimonid - Nickelantimonid (InSb-NiSb) bewährt. InSb, die Halbleitermatrix und NiSb, die metallisch leitenden Fasern mit 1,8 % Volumenanteil kristallisieren nebeneinander aus der Schmelze. Man spricht von Eutektikum, wenn bei Mischung zweier Stoffe eine homogene Schmelze mit minimalem Schmelzpunkt entsteht (siehe unten). Durch gerichtete eutektische Erstarrung erhält man einen Komposit mit sehr hoher Faserdichte, typisch 10 Mio. Fasern /cm^2 [6, 8]. Die hohe

Abb.10 Durch gerichtete Erstarrung eines Eutektikums kann man Komposite herstellen; hier die Komposit-Mikrostruktur aus Tantalkarbidfasern und Nickelmatrix. Der mittlere Abstand der Fasern beträgt 5 Mikrometer [8].

Faserdichte und die Möglichkeit einen fertigen Kompositwerkstoff in einem Arbeitsgang herzustellen ist charakteristisch für die gerichtete eutektische Erstarrung (**Abb. 10**). Wiederum handelt es sich hier um Selbstorganisation eines Werkstoffes durch Phasenumwandlung.

Selbstorganisation durch Phasenumwandlung

Selbstorganisation eines Werkstoffes kann durch einen Phasenübergang (z.B. Erstarrung) fern vom thermodynamischen Gleichgewicht hervorgerufen werden. Die elementaren physikalischen Phänomene, die allen Phasenumwandlungen zugrunde liegen, sind [9, 10]:
1. Thermodynamisches Phasengleichgewicht, das den Referenzzustand aller Reaktionen definiert, auch wenn die Umwandlung fern vom Gleichgewicht abläuft.
2. Diffusion, die Ursache dissipativer Vorgänge, die zur Strukturierung führen.
3. Bildung von Grenzflächen, die die Energie des Systems erhöhen und verhindern, dass die Strukturen zu fein werden.

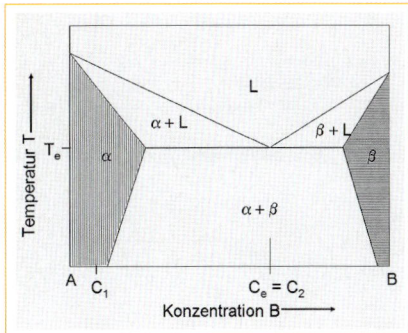

Abb. 11 Eutektisches Phasengleichgewichtsdiagramm. Am eutektischen Punkt (C_e, T_e) ist die Schmelze L mit zwei festen Phasen α und β im thermodynamischen Gleichgewicht. Die Konzentration C_1 führt zu dendritischer Erstarrung.

Metallische Systeme bilden vor allem zwei Strukturtypen, die das Resultat der Umwandlung einer flüssigen (oder festen) Phase in eine oder mehrere andere feste Phasen darstellen: **(i)** die einphasige dendritische Umwandlung und **(ii)** die mehrphasige eutektische Erstarrung (oder im Fall, dass die Reaktion ausschließlich im Festkörper stattfindet, die eutektoide Festkörperumwandlung).

Abb. 11 zeigt ein binäres Phasen(gleichgewichts)diagramm mit einem eutektischen Punkt bei der Temperatur T_e und Konzentration C_e. In diesem T-C Phasendiagramm gibt es 3 Phasen: Schmelze (L), Kristall (reich an Element A) und Kristall (reich an Element B). Wir untersuchen nun die Vorgänge beim Abkühlen der Schmelze für zwei verschiedene Konzentrationen des Legierungselementes B im Lösungsmittel A: **(i)** C_1 und **(ii)** C_2 (= C_e).

Die Zusammensetzung C_1 liegt im Bereich der einphasigen dendritischen Erstarrung (**Abb. 7**). Bei dieser Konzentration wandelt sich die Schmelze in eine einzige feste Phase (α) um. Unter normalen Umwandlungsbedingungen folgt die Phasengrenze lokal dem Gleichgewicht, d.h. an der Grenze zur flüssigen Phase gilt die Liquidustemperatur und an der Grenze zum Kristall die Solidustemperatur. (Liquidus und Solidus begrenzen das Zweiphasengebiet α+L im T-C Diagramm.) Bei konstanter Temperatur ist der Festkörper im Fall des dargestellten Phasendiagramms ärmer an B als die Schmelze. Daher fließen bei der α-Kristallisation B-Atome vom Kristall in die Schmelze (und A-Atome von der Schmelze in den Kristall). Durch diese Stoffdiffusion bildet sich an der Phasengrenze ein Konzentrationsfeld aus, das bei kleinen Temperaturgradienten die ebene Grenze morphologisch instabil macht und zu Dendritenwachstum führt.

Bei der Konzentration C_2 ist das Resultat der Umwandlung der Schmelze ein zweiphasiger eutektischer Festkörper (L → α+β) mit fasriger (**Abb. 10**) oder lamellarer Morphologie. Bei dieser Umwandlung findet aufgrund der Löslichkeitsunterschiede der beteiligten Phasen ebenfalls Diffusion statt, die ein gemeinsames Wachstum der beiden Phasen α und β nebeneinander ermöglicht. Ersetzt man die Schmelze L durch eine feste Phase, dann erhält man eine eutektoide Umwandlung, man könnte dies auch eine „eutektische" Festkörperumwandlung nennen. Im Fall eines Kohlenstoffstahls führt diese Umwandlung zu einer lamellaren Struktur (**Abb. 3**). Eutektika und Eutektoide folgen ähnlichen Gesetzen, weshalb hier beide Phänomene qualitativ mit der gleichen Theorie beschrieben werden.

In Metallen sind diese Umwandlungsprozesse relativ einfach zu beschreiben, da daran Atome beteiligt sind und nicht komplexe Moleküle. Dennoch ist eine mathematische Beschreibung der Phänomene anspruchsvoll [9, 10, 11, 12]. In

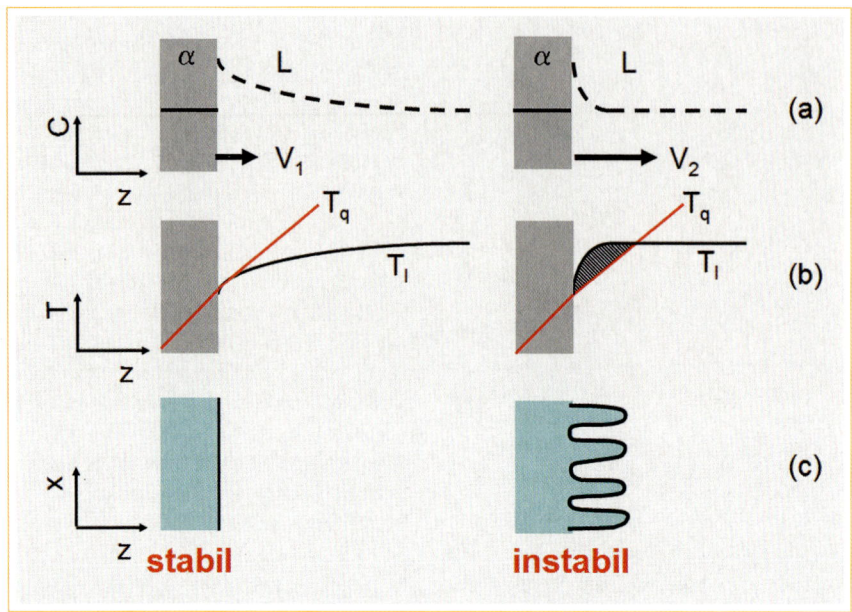

Abb.12 Mechanismus, der zu morphologisch stabiler oder instabiler Phasengrenze führt: Je nach Konzentrationsfeld C-z **(a)** und Temperaturfeld Tq-z **(b)** vor der Erstarrungsfront ist die Schmelze überhitzt (links) oder lokal unterkühlt (schraffierter Bereich, rechts). Im ersten Fall ist die Phasengrenze stabil, d.h. sie bleibt eben, im zweiten Fall ist sie instabil und entwickelt Ausbuchtungen, die schließlich zu Dendriten führen **(c)**.

neuerer Zeit werden vermehrt numerische Methoden eingesetzt, mit dem Ziel eines besseren Verständnisses und naturgetreueren Simulation der Phänomene [13, 14]. Im vorliegenden Text sollen nur die wesentlichen physikalischen Grundlagen vorgestellt werden.

Gerichtetes dendritisches Wachstum

Metalldendriten stellen eine verzweigte Struktur der Natur dar. Im Unterschied zu biologischen Strukturen, wie dendritische Gehirnzellen, sind bei Metalldendriten sowohl die zugrundeliegende Physik des Phänomens als auch die bestimmenden Gleichungen bekannt. Im Prinzip genügt die Kooperation von diffusionslimitierten Vorgängen im Makroskopischen mit der Anisotropie der Grenzflächenenergie im Nanoskopischen, um eine Reihe verzweigter Strukturen zu erzeugen. Der Formenreichtum kann damit begründet werden, dass kleine Störungen auf der Ebene der Atome eine große Wirkung auf die Selektion makroskopischer Strukturen haben.

Gerichtete Erstarrung liegt vor, wenn Wärme von der Schmelze in den Kristall fließt. In diesem Fall entsteht ein positiver Temperaturgradient vor der Phasengrenze zwischen flüssig und fest, d.h. die Temperatur der Schmelze nimmt mit zunehmendem Abstand von der Phasengrenze zu. Dendritenwachstum hängt, wie schon erwähnt, mit der morphologischen Instabilität der Phasengrenze zusammen. Die Ursache dieses Phänomens ist die konstitutionelle Unterkühlung. Wie **Abb. 12** zeigt, ist die Schmelze vor der Phasengrenze dann konstitutionell unterkühlt, wenn der wärmeflussbeding-

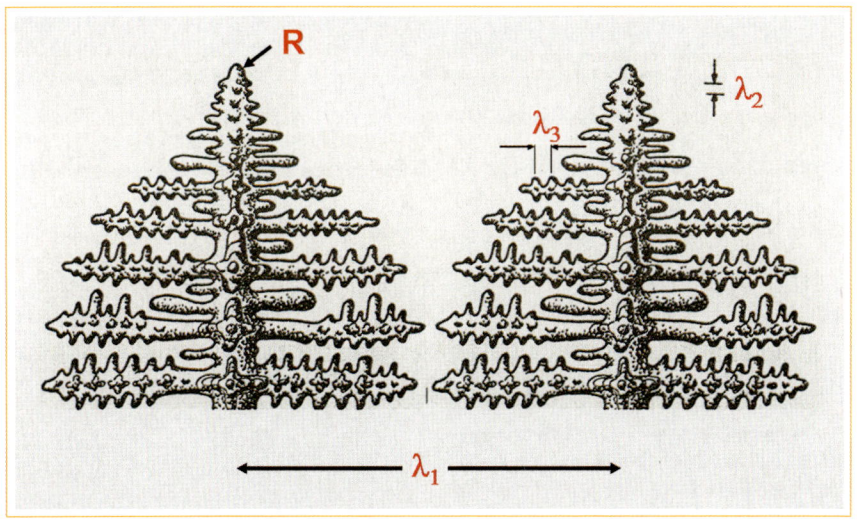

Abb. 13 Gerichtet erstarrte Dendriten mit ihren charakteristischen Grössen: Spitzenradius R, Primär(stamm)abstand λ_1 und Sekundär(arm)abstand λ_2. Die feine, stark verzweigte Struktur des Spitzenbereiches **(a)** vergröbert sich im Laufe des Erstarrungsprozesses und führt schließlich zu einem wesentlich gröberen Gefüge **(b)**. Bereiche **(a)** und **(b)** sind meist durch eine Distanz von 104 Spitzenradien voneinander getrennt [10].

te Temperaturgradient (dT_q /dz) kleiner als der Liquidustemperaturgradient (dT_l / dz) ist (rechts in **Abb. 12**). Der Liquidustemperaturgradient entsteht durch das Konzentrationsfeld vor der Phasengrenze, dessen Gradient proportional zum Konzentrationssprung an der Phasengrenze ΔC und zur Phasengrenzengeschwindigkeit V ist. In der unterkühlten Flüssigkeit werden durch thermische Fluktuationen gebildete Ausbuchtungen der Phasengrenze verstärkt und bilden auf diese Weise Dendriten (siehe z.B. [10]). Das Dendritenwachstum breitet sich in der unterkühlten Schmelze aus und eliminiert die Unterkühlung. Je stärker die konstitutionelle Unterkühlung ist, desto feiner und verästelter ist der Dendrit. Die Feinheit (Krümmung) der Dendriten ist limitiert durch die Grenzflächenenergie zwischen Kristall und Schmelze. Die Entwicklung einer stabilen Dendritenspitze ist nur dann möglich, wenn die Grenzflächenenergie mit der Richtung im Kristall variiert, d.h. anisotrop ist. Auch die Atomanlagerungskinetik ist anisotrop und beeinflusst das Spitzenwachstum. Ohne Kristallanisotropie gibt es keinen Dendriten sondern nur ungerichtetes seegrasartiges Wachstum [9].

Ein quantitatives Verständnis der Spitzenselektion konnte erst durch eine selbstkonsistente mathematische Lösung der Wachstumsgleichung (Solvabilitätstheorie) entwickelt werden [9, 11]. Die Lösung der Dendritenspitzenform kann durch ein Rotationsparaboloid angenähert werden. An der Oberfläche dieses Körpers bilden sich durch thermische oder solutale Fluktuationen Störungen aus, die über ähnliche Mechanismen wie bei der primären Spitze zu sekundären Dendritenarmen führen.

Die wichtigen charakteristischen Größen eines Dendriten sind sein Spitzenradius R, der Sekundär-Armabstand λ_2 und der primäre Stammabstand λ_1 (**Abb. 13**). Das Verhältnis von R zur Diffusionslänge l_d

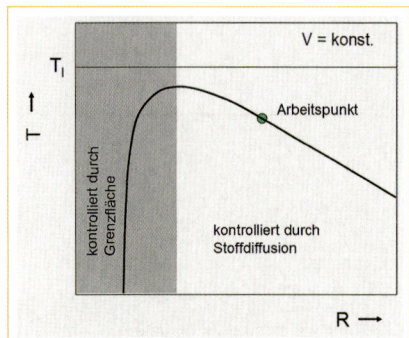

Abb. 14 Wachstumstemperatur der Dendritenspitze in Funktion des Spitzenradius R (bei konstanter Wachstumsgeschwindigkeit V). Dendriten mit großen Radien sind durch Stoffdiffusion kontrolliert und kleine Radien durch Kapillarwirkung. Am Anfang ihres Wachstums pendelt sich die Dendritenspitze auf einen Arbeitspunkt ein, der durch die Solvabilitätstheorie berechnet werden kann. Dieser Punkt liegt rechts vom Maximum der T-R-Kurve.

(=2D/V, das Verhältnis des Diffusionskoeffizienten zur Phasengrenzengeschwindigkeit) ergibt die dimensionslose Pécletzahl, P=RV/2D. Nach Ivantsov [15] ist die Differenz vom Gleichgewicht, d.h. die Übersättigung oder die Unterkühlung eines Rotationsparaboloids, proportional zur Ivantsov-Funktion von P, I(P) [10]. Nach Berücksichtigung des Solvabilitätskriteriums [11] erhält man folgende Gleichung:

$$R = \sqrt{\frac{l_d l_c}{\sigma^*}} \quad (2)$$

mit l_d = Diffusionslänge und l_c = Kapillarlänge Γ/Θ (Γ = Gibbs-Thomson Parameter, Θ = Einheitsunterkühlung, σ^* = Stabilitätsparameter, der den Arbeitspunkt bestimmt (**Abb. 14**) [9, 12, 14]). Dieses Ergebnis zeigt, dass der Dendritenradius proportional zum geometrischen Mittel aus den zwei charakteristischen Größen, Diffusionslänge und Kapillarlänge, ist. Die Diffusionslänge liegt in der Größenordnung von 10^{-4} m und die Kapillarlänge in der Größenordnung von 10^{-8} m, daher ist der Dendritenspitzenradius typisch 10^{-6} m oder 1 Mikrometer (μm). Man erkennt die beiden entgegengesetzt wirkenden Phänomene, die Stoffdiffusion und die Kapillarwirkung (**Abb. 14**). Erstere wirkt destabilisierend auf die Morphologie und tendiert zu feineren Strukturen, da die Diffusion über kleine Distanzen wirksamer ist. Letztere verhindert, dass sich zu feine (zu stark gekrümmte) Strukturen bilden und wirkt stabilisierend. Beide Phänomene brauchen Triebkraft, die von der Unterkühlung der Schmelze, d.h. von der Abweichung vom thermodynamischen Gleichgewicht, kommt.

Aus Gl. 2 ergibt sich:

$$R^2V = \text{konst.} \quad (3)$$

d.h. bei normalen Umwandlungsgeschwindigkeiten ist die Kristallvolumenrate an der Dendritenspitze konstant. Die beiden anderen Strukturparameter, der primäre Dendritenabstand λ_1 und der sekundäre Armabstand λ_2, die die mechanischen Eigenschaften von Werkstoffen stark beeinflussen, können auf ähnliche Art wie der Dendritenradius berechnet werden [16].

Das Dendritenwachstum ist anisotrop, d.h. es findet entlang bevorzugter Kristallrichtungen statt. In kubischen Metallen und Legierungen entstehen in der Regel [001]-orientierte Dendriten, und der Kristall wächst in Richtung der Kubuskanten (**Abb. 7**). Diese Orientierung ist für die Einkristallschaufel von großer Bedeutung, da man erst durch [001]-Dendritenwachstum parallel zur Schaufelachse eine maximale Lebensdauer erzielt (minimale Kriechgeschwindigkeit und großer Widerstand gegen thermische Er-

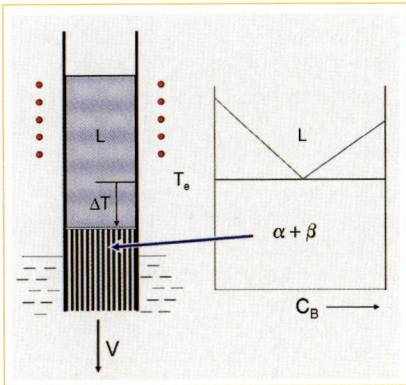

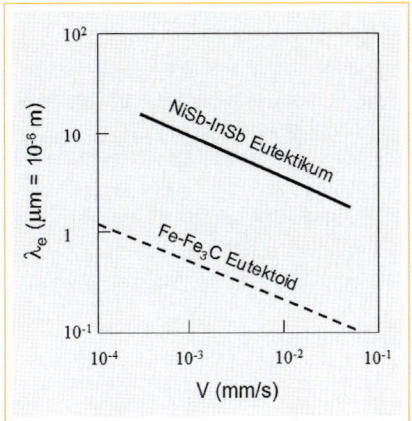

Abb.15 Gerichtete Erstarrung einer eutektischen Legierung in schematischer Darstellung. Links erkennt man einen röhrenförmigen Tiegel, der durch einen Ofen (oben) und eine Kühlzone (unten) geführt wird (Bridgmann Verfahren). Rechts ist ein eutektisches Phasendiagramm gezeigt, so, dass die Temperatur des Phasendiagramms der Temperatur des Tiegels entspricht. Man erkennt, dass die Phasengrenze des wachsenden Eutektikums unter der eutektischen Gleichgewichtstemperatur liegt. Diese Differenz ΔT ergibt die Triebkraft für die Kristallisation der beiden Phasen.

Abb.16 Phasenabstand λ_e eutektischer (Nickelantimonid-Indiumantimonid) und eutektoider (Eisen-Eisenkarbid) Legierungen in Funktion der Erstarrungsgeschwindigkeit V.

müdung). Somit ist die natürliche Selektion des Dendritenstamms entlang [001] im Einkristall ausschlaggebend für den hohen Wirkungsgrad und die Ökonomie moderner Gasturbinen.

Eutektisches und eutektoides Wachstum

Auch beim eutektischen Wachstum spielen die beiden Phänomene, Stoffdiffusion und Kapillarität, die zentrale Rolle. Beim gleichzeitigen (gekoppelten) eutektischen Wachstum der beiden Phasen, α und β (**Abb. 15**) werden Atome entlang der Grenzfläche transportiert. Dies führt zu einem periodischen Konzentrationsfeld und zu einem möglichst kleinen eutektischen Phasenabstand, λ_e. Die Feinheit der Struktur, d.h. die Nähe der beiden Phasen, wird auch hier durch die Kapillarkräfte, die an den Grenzflächen des Eutektikums entstehen, begrenzt. Es ist daher verständlich, dass die grundlegende Physik des eutektischen und dendritischen Wachstums qualitativ die gleiche ist und zu ähnlichen Relationen führt (siehe Gl.3) [10]. Im Fall des eutektischen Phasenabstandes ergibt sich:

$$\lambda_e^2 V = \text{konst.} \qquad (4)$$

Man erkennt, das auch hier die Volumenrate der Umwandlung konstant ist. In **Abb. 16** ist diese Funktion für das Eutektikum der Feldplatte (NiSb-InSb) und für das Eutektoid der Klaviersaite (Fe-Fe$_3$C) [17] gezeigt. Man erkennt, dass die Phasenabstände mit zunehmender Erstarrungsgeschwindigkeit etwa entsprechend $\lambda_e^2 \sim 1/V$ kleiner werden. Weiter sieht man, dass λ_e im Eutektoid deutlich kleiner ist als im Eutektikum. Die feinen Strukturen eines Eutektoids sind vor allem auf die viel langsamere Diffusion im Festkörper zurückzuführen.

Der sehr feine Phasenabstand ist der Grund, warum Klaviersaitendrähte aus eutektoiden Stählen hergestellt werden. Es ist die bei weiten kostengünstigste Art einen höchstfesten Werkstoff mit der Nanostruktur von **Abb. 3c** zu produzieren. Es braucht dazu nur eine Umwandlungsgeschwindigkeit von der Größenordnung 1 mm/s, die durch das Abschrecken im Bleibad (**Abb. 4**) erzielt wird.

Zusammenfassung

Man sieht, dass Atomdiffusion und Grenzflächenphänomene die Mikro- und Nanostrukturen vieler Werkstoffe bestimmen. Durch kontrollierte thermische und mechanische Umwandlung ein- und mehrphasiger Legierungen fern vom thermodynamischen Gleichgewicht können maßgeschneiderte Werkstoffe erzeugt werden, die durch Selbstorganisation die gewünschten mechanischen und physikalischen Eigenschaften hervorbringen. Die technischen Prozesse, die zur jeweiligen Struktur führen, sind oft komplex, jedoch häufig der einzige Weg, um ein Produkt wirtschaftlich mit dem notwendigen Eigenschaftsprofil zu versehen. Der Wissensstand und offene Fragen zur Selbstorganisation durch Erstarrung wurden im Jahr 2000 von Boettinger et al. zusammengefasst [18].

Literatur

1 Taylor B. Phil Trans 1713; 28: 11
2 Internationale Stiftung Mozarteum, Mitteilungen 48/2000 Heft 1-4, darin verschiedene Abhandlungen über den Mozart-Flügel
3 Verhoeven JD. Fundamentals of Physical Metallurgy. J. Wiley, New York, 1975
4 Tarui T et al. Microstructure Control and Strengthening of High Carbon Steel Wires. Nippon Steel Technical Report No 91, 2005
5 Harada H. High Temperature Materials for Gas-turbines: The Present and Future, in „Gas Turbine Congress", Tokyo 2003
6 Kurz W, Sahm PR. „Gerichtet erstarrte eutektische Werkstoffe". Springer Verlag, Berlin, 1975
7 Schulze GER. „Metallphysik". Springer Verlag, Wien, 1974
8 Henry MF. General Electric Corp. R&D Center, Schenectady, 1975
9 Müller-Krumbhaar H, Kurz W, Brener E. „Solidification", in „Phase Transformations in Materials", chap. 2, (G. Kostorz ed.), Wiley-VCH, Weinheim, 2001, 81
10 Karma A. „Lectures on Dendritic Growth", in „Branching in Nature", Les Houches, Vol. 13, edited by V. Fleury, J. F. Gouyet and M. Lonetti, EDP Sciences/Springer-Verlag, Berlin, 2001, Kapitel XI, 365
11 Trivedi R, Kurz W. Dendritic growth. Int Mater Rev 1994; 39: 49
12 Karma A, Rappel WJ. Quantitative phase-field modeling of dendritic growth in two and three dimensions. Phys Rev 1998; E 57: 4323-4349
13 Boettinger W.J., Warren J.A., Beckermann C., Karma A. Annual Review of Materials Research 2002; 32: 163
14 Kurz, W., Fisher, D.J.: Fundamentals of Solidification. 4th ed., Trans Tech Publ, Switzerland, 1998
15 Ivantsov GP. Doklady Akadmeii Nauk SSSR 58, 567, 1947
16 Trivedi R, Kurz W. Solidification Microstructures: A conceptual approach, Overview No. 110, Acta metall mater 1994; 42: 15
17 Whiting MJ. A reappraisal of kinetic data for the growth of pearlite in high purity Fe-C eutectoid alloys. Scripta Materialia 2000; 43: 969
18 Boettinger WJ, Coriell SR, Greer AL et al. Solidification Microstructures: Recent Developments, Future Directions. Acta Materialia 2000; 48: 43

Prof. Dr. Wilfried Kurz, geb. 1938 in Leoben, Österreich. Studium an der Montanuniversität Leoben, Diplomingenieur 1963, Doktorat 1968. 1971, nach 8 Jahren Forschertätigkeit am Battelle Institut Genf, Berufung an die Eidgenössische Technische Hochschule Lausanne (Ecole Polytechnique Fédérale de Lausanne, EPFL). Bis zur Emeritierung im Jahr 2003 Leiter des Labors für Physikalische Metallurgie und des Laserzentrums. Mitbegründer des Fachbereiches Werkstoffwissenschaft an der EPFL. 2004/05 Präsident der FEMS (Federation of European Materials Societies). Autor von 4 Büchern und 250 Veröffentlichungen und Patenten. Auszeichnungen in USA, Frankreich, Deutschland, Österreich, China, Japan und Europa.

Forschungsschwerpunkte:
Grundlagen der Phasenumwandlung von Werkstoffen; Phasengleichgewichte, Mechanismen der Bildung von Erstarrungsstrukturen, Einkristallwachstum, Laser-Oberflächenbehandlung, Festkörperumwandlung, Legierungsentwicklung.

Wilfried Kurz
Werkstoffwissenschaft
EPFL, st.12
1015 Lausanne
Schweiz
wilfried.kurz@epfl.ch

Leben in Kompartimenten
Kai Simons

Der Grundbaustein des Lebens in komplexer Vielfalt

Die erstaunlichste Erkenntnis der modernen Biologie war die Entdeckung einer gemeinsamen Grundstruktur allen Lebens auf unserem Planeten. Tiere, Pflanzen, Pilze und Bakterien sind verwandte Organismen: Wale und Pilze sind Vettern. Die frühesten Hinweise gab uns das Mikroskop, die Entdeckung, dass sogar große Tiere und Pflanzen aus Verbänden von kleinen, halbautonomen, lebenden Zellen aufgebaut sind. Als erste postulierten der deutsche Botaniker Mathias Schleiden und sein Freund, der Physiologe Theodor Schwann, 1838/39 eine einheitliche Zelltheorie. Am Ende des 19. Jahrhunderts war die Vorstellung, dass der Grundaufbau aller lebenden Zellen gleich sei, sogar bis in klassische Lehrbücher vorgedrungen. Aber erst die Entdeckungen auf den Gebieten der Biochemie und der Molekularbiologie erbrachten den Beweis, dass es einheitliche molekulare Grundlagen des Lebens gibt – der krönende Erfolg war die Entschlüsselung des universellen genetischen Codes in den fünfziger und sechziger Jahren des 20. Jahrhunderts. Danach folgten die Erkenntnisse nach der Sequenzierung verschiedener Genome, einschließlich dem des Menschen, dass viele Gene in allen Organismen von Bakterien bis zum Menschen – sich sehr ähneln. Leben auf Genomebene spiegelt die Zelltheorie wider.

Die Molekulargenetik war so erfolgreich, dass sie den übrigen Organismus nahezu aus dem Blickfeld verlor. Richard Dawkins hat diese Sichtweise in seinem Buch Das *egoistische Gen* am extremsten vertreten.

Unsere Gene, jene „Replikatoren", die bei der Vermehrung immer wieder kopiert werden, haben im Konkurrenzkampf der Evolution überlebt und sich in manchen Fällen seit Millionen von Jahren sogar unverändert erhalten. Die Organismen, die sich entsprechend dem genetischen Programm aus einer befruchteten Eizelle entwickeln, werden bei diesem Ansatz zu reinen „Überlebensmaschinen" degradiert, deren einzige Aufgabe darin besteht, die Replikatoren funktionsfähig zu erhalten. In Anspielung auf den Aphorismus von Henne und Ei könnte man das überspitzt so formulieren, dass die Henne nur für die Reproduktion des Eies da ist.

Diese Geisteshaltung spiegelt sich auch in einem übermäßigen Vertrauen wider, das die Molekularbiologen der Gründergeneration in ihre Wissenschaft setzten. Manche von ihnen glaubten, dass die grundlegenden Prinzipien entdeckt seien und es nur noch darum gehe, die Einzelheiten zu klären. Aber reichte es wirklich aus zu wissen, dass die Gene einen eindimensionalen Proteinkatalog verkörpern, der nach einem eingebauten Programm abgelesen werden kann? Könnte die Molekularbiologie wirklich so langweilig sein, dass sie all ihre Pläne schon beim ersten reduktionistischen Ansturm einer einzigen Generation scharfsinniger Praktiker preisgibt?

Heute ist es kaum noch zu verstehen, wie sich eine solche Sicht überhaupt durchsetzen konnte. Ein erwachsener Mensch besteht aus 10 000 Billionen (10^{13}) Zellen, die sich als unterschiedliche Zellpopulationen – sprich als Gewebe – differenziert haben. In den Zellen eines bestimm-

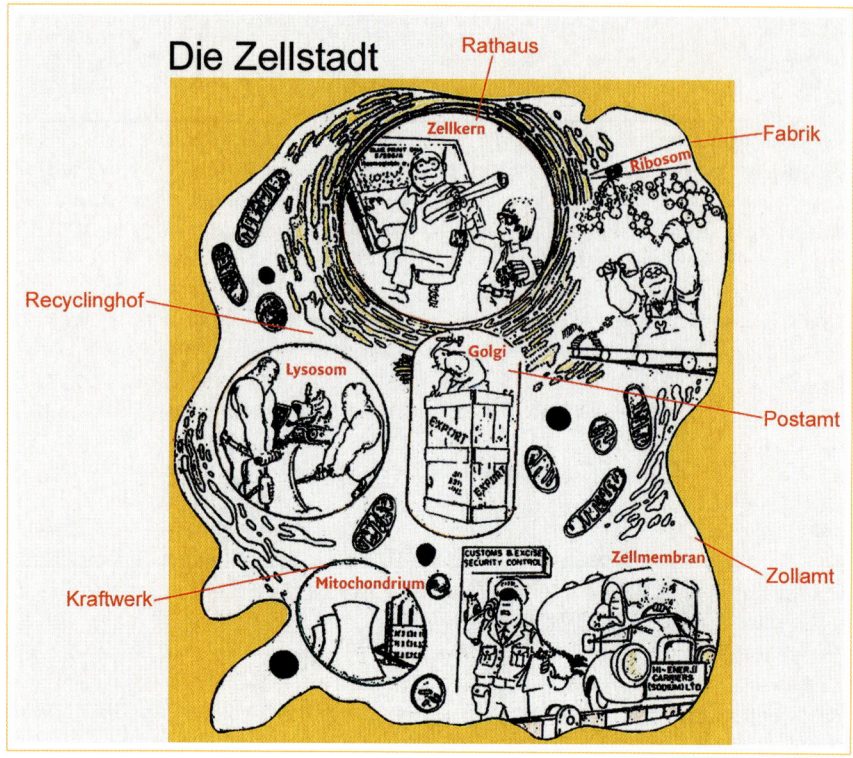

Abb. 1 Die Zellstadt (übernommen von: Trends in Biochemistry).

ten Gewebes wird nur ein Teil des gesamten genetischen Programms umgesetzt. Wir wissen sehr wenig über die Mechanismen, die dafür sorgen, dass jede Zelle genau das Entwicklungsprogramm durchläuft, das jeweils die ihrer Funktion angemessene Organisation vorgibt. Die Zellen der verschiedenen Gewebe sehen im Mikroskop völlig verschieden aus. Sie haben jeweils eine charakteristische Größe, Form und Architektur. Wie bei Lego-Bausteinen gibt es also nicht einen immer gleichen Grundbaustein, sondern eine unglaubliche Vielfalt an verschiedensten Varianten - und gerade deshalb kann man daraus unterschiedlichste Konstruktionen zusammensetzen. Um aber die raffinierten Wechselbeziehungen, die zur Gewebebildung beitragen, zu durchschauen, müssen wir bei diesen Problemen alle drei Raumdimensionen berücksichtigen und, um Veränderungen zu erfassen, zusätzlich die Zeit als vierte Dimension heranziehen.

Die Bestandteile und Funktionseinheiten der Zellen

Eine tierische Zelle (**Abb. 1**) ist eine eigene Welt unter Wasser, vergleichbar mit einer fiktiven Stadt, die - eingeschlossen in eine flexible Schale - im Meer schwebt.

Wasser macht bei Wirbeltieren den größten Teil der Körpermasse aus; ohne Wasser wäre das Leben in seiner jetzigen Form unvorstellbar. Jeder Organismus,

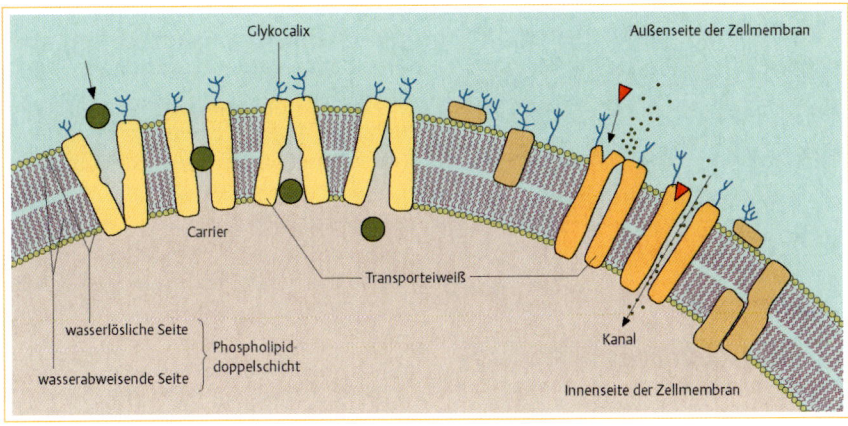

Abb. 2 Die Plasmamembran (aus: JS Schwegler: Der Mensch. Anatomie und Physiologie. Georg Thieme Verlag, Stuttgart 2002, p.4).

der auf diesem Planeten lebt, geht stammesgeschichtlich möglicherweise auf eine einzige Zelle zurück, die sich vor ungefähr 4 Milliarden Jahren in der Ursuppe auf der jungen, sich noch stark abkühlenden Erde geteilt hat. Eine Zelle wird durch ihre äußere Hülle (**Abb. 2**) vor ihrer Umwelt geschützt. Diese Hülle, Plasmamembran genannt, reguliert aber auch den Stoffaustausch zwischen der Zelle und ihrer Umgebung – wie eine Stadtmauer ist sie also Begrenzung sowie gleichzeitig Schleuse für den Austausch von Informationen und Stoffen nach innen und nach außen.

Eine Zelle enthält anstelle von Wasser im Inneren eine gallertartige Masse, das Zellplasma oder Cytosol. Im Cytosol sind verschiedene Funktionseinheiten, die Kompartimente, eingebettet. Wegen seiner Größe ist der Kern oder Nucleus am auffälligsten. Er ist gleichsam das Rathaus der Zellstadt und beherbergt die genetische Bibliothek der Zelle, wobei die Information in einem Code aus vier Buchstaben verschlüsselt ist. Diese Buchstaben ergeben sich aus den Bausteinen der Nukleinsäuren, die in Chromosomen organisiert sind. Im Kern entscheidet sich, welche Geninformationen gelesen und in spezifische Proteine umgesetzt werden. Dieser Prozess, die Genexpression, wird durch chemische Signale gesteuert, die von außen einwirken und den Kern über die Plasmamembran erreichen. Diese Membran ist in ständigem Kontakt mit ihrer Umgebung. Hormone und Wachstumsfaktoren in den Körperflüssigkeiten (Blut oder Lymphe) binden sich an der Außenseite der Plasmamembran an spezifische Rezeptorproteine, und daraufhin werden innerhalb der Zelle chemische Botenstoffe freigesetzt, die durch das Cytosol hindurch Signale an den Kern übermitteln.

Bohnenförmige Organellen mit Namen Mitochondrien sind die Kraftwerke der Zelle. Hier werden Nährstoffe – unter Sauerstoffverbrauch – verbrannt, und dabei wird chemische Energie gewonnen. Mitochondrien nehmen insofern eine Sonderstellung ein, als sie möglicherweise von primitiven Bakterien abstammen, die in die Vorläufer tierischer Zellen eindrangen, dort blieben und sich als Kraftwerke spezialisierten. Sie behielten

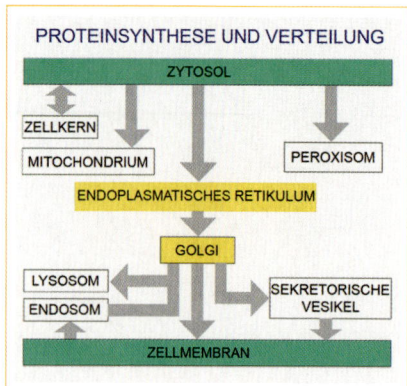

Abb. 3 Proteinsynthese und Verteilung (übernommen von: Molecular Biology of the Cell, Alberts et al., Fourth Edition, Garland Science).

manche ihrer Gene und auch die Mechanismen der Genexpression und Proteinsynthese bei, so dass die Proteine der Mitochondrien nicht nur von Genen des Kerns, sondern auch von Genen der Mitochondrien selbst kodiert werden.

Mit Ausnahme einiger Proteine der Mitochondrien werden alle Proteine tierischer Zellen im Cytosol synthetisiert. In den Hohlräumen des endoplasmatischen Reticulums, dem Umschlagplatz für Stoffwechsel- und Transportprozesse, findet man viele Proteine, die für eine andere Region der Zelle oder zum Export aus der Zelle heraus bestimmt sein können. Über den Golgi-Apparat, das Postamt der Zellstadt, werden verschiedene Proteine an ihre jeweiligen Zielorte verteilt. Ein mögliches Ziel wären die Lysosomen, die man sich als Müllcontainer mit einer eingebauten Wiederaufbereitungsanlage vorstellen kann.

All diese Zellbestandteile haben jeweils eine spezifische Größe, Gestalt und Lage innerhalb der Zelle, die im Einzelnen vom Zelltyp abhängen. Sie werden von Membranen umschlossen, die in ihrer Struktur der Plasmamembran ähneln. Diese Membranen bestehen aus zwei dicht aneinander liegenden Schichten aus fettlöslichen Molekülen – Lipiden – und sind dadurch einerseits flexibel wie Seifenblasen, andererseits in ihrer Struktur jedoch stabil. Darüber hinaus tragen die Membranen Proteine, die die jeweiligen Funktionen der verschiedenen Kompartimente und Organellen in der Zelle erfüllen (**Abb. 2**).

Das Cytosol ist von einem dichten Netzwerk aus feinsten Fasern durchzogen. Dieses Netzwerk bildet das so genannte Cytoskelett, an dem die Kompartimente der Zelle befestigt sind; einige Fasern stellen direkte Verbindungen zwischen Kompartimenten her. Das Cytoskelett bestimmt ganz offensichtlich die Gestalt und die innere Organisation der Zelle.

Zellen erneuern ständig ihre Bestandteile. Wie bei der Wartung eines Flugzeugs werden einzelne Teile zu bestimmten Zeitpunkten kontrolliert und erneuert. Das gilt insbesondere auch für die Proteine der Zelle. Die Proteine, die im Cytosol neu gebildet werden, müssen natürlich dorthin gelangen, wo sie gebraucht werden – sei es im Cytosol oder in einem Kompartiment. In einer Zelle müssen Tausende verschiedener Proteine an ihre Bestimmungsorte geleitet werden – ein ungemein kompliziertes biochemisches Puzzle (**Abb. 3**).

Das Transportsystem der Zelle

Die Frage nach den Mechanismen, die die Proteine an das richtige Ziel leiten, betrifft die grundlegende Organisation der Zelle. Proteine, die außerhalb des Cytosols lokalisiert sind, werden gleichsam mit Postleitzahlen versehen.

Proteine, die stationär sind, besitzen einen kleinen zusätzlichen Abschnitt im Molekül, der als Adresse für den einen Zielort fungiert und als Signalsequenz bezeichnet wird. Die so adressierten Proteine werden dann vom Cytosol an die jeweiligen Ziele zugestellt. Auch Proteine, die ihre Funktion nicht im endoplasmatischen Reticulum erfüllen, sondern für den Golgi-Apparat, die Lysosomen, die Plasmamembran oder den Export aus der Zelle heraus bestimmt sind, benutzen dieselbe Signalsequenz. Zwei weitere Sequenzen sind als Postleitzahlen für die Mitochondrien, eine andere für den Kern als Proteinempfänger gedacht. Durch dieses System wird also garantiert, dass jedes Protein an genau den Zielort gelangt, an den es gehört.

Proteintransport in Bläschen

Bei Proteinen, die über das endoplasmatische Reticulum zum Golgi-Apparat, den Lysosomen oder zur Plasmamembran geleitet werden, ist das Sortiersystem bedeutend komplizierter. Zuerst werden diese Proteine in Membranbläschen verpackt. Das geschieht, indem ein Kompartiment ein Bläschen abschnürt, das sich dann als Vesikel ablöst; das Cytosol ist voller Membranvesikel, die innerhalb der Zelle unterwegs sind. Am Zielort angekommen, kann ein Vesikel mit der Membran des jeweiligen Kompartiments verschmelzen und dabei seinen Inhalt ins Innere abgeben.

Ein ständiger Strom von Membranvesikeln führt von der Plasmamembran in die Endosomen. Dieser Strom ist so stark, dass die gesamte Plasmamembran, je nach Zelltyp, durch das ständige Abschnüren von Membranvesikeln in ein bis zwei Stunden aufgebraucht wäre, gäbe es nicht einen ausgleichenden Gegenstrom von Vesikeln, die die Plasmamembran immer wieder ersetzen. Man kann sich diese Vesikelströme anhand zweier Aufzüge in gegenläufigen Richtungen vorstellen: Die abwärts, das heißt in die Zelle hineinfahrenden Proteine, lassen sich von den Endosomen meist mit einem anderen Fahrstuhl weiterbefördern. Einige werden zu den Lysosomen gebracht und dort als Abfall beseitigt.

Die verschiedenen Funktionen einer Zelle (Synthese von Bestandteilen, Verteilung und Transport zu Standorten, Import und Export, Energieproduktion, Müllabfuhr und Reinigung, Zellteilung und Regulation) finden in verschiedenen Standorten statt – wie in einer Stadt. Diese Standorte – Zellkompartimente - sind wie erwähnt von Membranen - dünne Doppelschichten von Lipiden - umhüllt. Ungefähr 30% aller Proteine in den Zellen sind in den Membranen eingebettet und schwimmen in den flüssigen Doppelschichten herum. Viele andere Proteine im Zellinneren oder -äußeren binden an Membranen und üben ihre Funktionen dort teilweise aus. Man hatte lange vermutet, dass die Doppelschicht ein homogenes Lösungsmittel für die Membranproteine darstellt – wie die wässrige Lösung im Zellinneren und -äußeren. Aber die Zelle synthetisiert hunderte von verschiedenen Membranlipiden, die in drei Hauptklassen unterteilt sind: Cholesterin, Phospholipide und Sphingolipide. Und dieser Aufwand hat natürlich einen Grund: Kürzlich hat man herausgefunden, dass in dieser Flüssigkeit nicht nur Proteine herumschwimmen, sondern auch dynamische Strukturen, Nanoflöße, die aus Sphingolipiden und Cholesterin zusammengesetzt sind. Und diese Flöße, auch *Rafts* genannt, sind nicht fest wie Holzflöße auf einem Fluss, sondern sind ebenfalls flüssig, dabei aber in zwei Lipidschichten dichter gepackt als in der umherliegenden Doppelschicht.

Diese Flöße sind nur für kurze Zeit stabil und extrem klein – zwischen 20 und 100 Nanometern scheint sich ihre Größe zu bewegen. Das schafft den Forschern allerdings ein Problem: Rafts sind im „Ruhezustand" für sie quasi unsichtbar, somit ist es beinahe unmöglich, sie direkt zu beobachten. Deshalb wird ihre Existenz auch noch immer von manchen Wissenschaftlern angezweifelt. Doch inzwischen gibt es eine große Menge an Anhaltspunkten, die von Forschern in aller Welt zusammengetragen wurden und die darauf hinweisen: Rafts existieren, und sie spielen eine wichtige Rolle. Genau das wiederum wird von manchen Biologen stark in Frage gestellt: Wie könnte eine so dynamische, quasi instabile Struktur wirkliche Relevanz für biologische Vorgänge haben? Andere gehen weiter und argumentieren, dass das bisher Beobachtete, etwa die Anreicherung bestimmter Lipidtypen, auch einzig von Unebenheiten des Zellskeletts hervorgerufen sein könnte. So dynamisch die Rafts selbst sind, so dynamisch ist also auch noch die Diskussion vor allem um ihre Größe, Lebensdauer und Funktion - schon lange aber nicht mehr um deren Existenz. Alle Experimente zu Rafts mit unterschiedlichsten Fragestellungen und Ansätzen haben in die gleiche Richtung gewiesen: Die Rafts-These bekommt mit diesem nicht von der Hand zu weisenden Datenmaterial eine sichere Basis. Es hat sich auch herausgestellt, dass die winzigen Nanoflöße zu größeren und dann im Mikroskop sichtbaren „Raftclustern" verbunden werden können. Diese „Raftcluster" bilden Plattformen, die verschiedene Prozesse in der Zelle unterstützen. Die „Raftcluster" sind die aktiven Formen von Rafts.

Rafts als Basis für Kommunikation und Proteinsortierung

Rafts scheinen auch für Vorgänge – wie etwa die Kommunikation zwischen Zellen oder die Sortierung von Lipiden – unabdingbar zu sein. Beispielsweise hat man Proteine beobachtet, die sich vorzugsweise innerhalb von Rafts ansammeln und als Rezeptorprotein für die Weitergabe eines Signals in das Innere einer Zelle verantwortlich sind. Dabei, so die These mancher Forscher, bilden sie kleine dynamische Cluster – dies erleichtert den Proteinen das Zusammenspiel. Versuche haben diese Annahme untermauert: Werden einer Membran Sphingolipide und Cholesterin, die für das Funktionieren von Rafts in besonders hoher Konzentration auftreten müssen, entnommen, sind plötzlich auch ganze Signalwege der Zelle unterbrochen. Zudem – so weitere Beobachtungen – verändern die Rafts die Struktur der angesammelten Proteine. So können diese dann unterschiedliche Funktionen wahrnehmen.

Rafts als Schlüssel zu neuen Medikamenten und Therapien

Bei der ganzen Diskussion um Rafts geht es aber nicht um pure Rechthaberei eitler Wissenschaftler, sondern um eine ganz handfeste Frage: Inwiefern spielen Rafts eine Rolle bei Erkrankungen, und wie können wir ihr Funktionieren besser verstehen, um so etwa neue Therapiemöglichkeiten zu entwickeln? Dass die Zellmembran ein wichtiges Studienobjekt gerade für die Virologie ist, liegt auf der Hand; inzwischen gibt es auch klare Hinweise darauf, dass viele Viren die Rafts für das Eindringen in Zellen – oder das Austreten aus ihnen hinaus - nutzen. Genau diese Ein- und Austrittspforten wären für die Behandlung von Viruskrank-

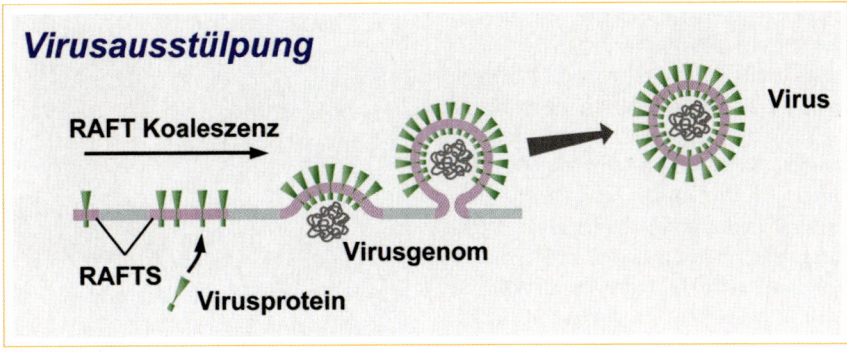

Abb. 4 Ein Virus verlässt mithilfe von Rafts die Zelle.

heiten ein vielversprechender Ansatzpunkt. Beim Infektionsvorgang durch Influenza-, Ebola-, Masern- und auch durch HI-Viren gibt es erste Ansätze der Erkenntnis: Vergleicht man die Lipidstruktur der Viren mit der ihrer Wirtszellen, legt die Beobachtung von sehr ungewöhnlichen Sphingolipiden in der Wirtsmembran nahe, dass Viren in der Tat Rafts nutzen, um aus der Zelle auszutreten (**Abb. 4**). Auf diese Weise ließe sich sogar der genaue Austrittsort identifizieren – und hier liegt die Grundidee für Medikamente der Zukunft. An solchen Rafts könnte man idealerweise ansetzen und verhindern, das Viren mit ihrer Hilfe in andere Zellen übersetzen.

Neue Therapiemöglichkeiten erhofft man sich auch für die Alzheimersche Krankheit. Charakteristisch für diese Demenzerkrankung sind Amyloid-Ablagerungen im Gehirn. Sie entstehen aus einem Membranprotein, dem sogenannten APP (Amyloid-Precursor-Protein). Dieses in der Membran der Nervenzellen (und auch in anderen Zellen) verankerte Eiweiß kann von verschiedenen Enzymen gespalten werden; eines davon, die erst kürzlich identifizierte beta-Sekretase, zerschneidet das Protein so, dass sich Amyloid-Ablagerungen bilden können. Es scheint, dass dieses Enzym seine verheerende Wirkung vor allem in Rafts entfaltet und diese damit ein weiterer Ansatzpunkt sein könnten, um den Ausbruch der Krankheit zu verzögern.

Wird es bald möglich sein, mit bestimmten Substanzen die Bildung von Rafts zu unterdrücken und so Viren an ihrer Vermehrung zu hindern oder Alzheimer besser therapieren zu können? Viele Forscher sehen die Arbeit an diesen biologischen Schlüsselprozessen als den richtigen Weg.

Selbstorganisation

Die Rafts sind ein gutes Beispiel für Selbstorganisationsprinzipien in der Zelle. Sphingolipide und Cholesterin assoziieren und dissoziieren in der Zellmembran so schnell, dass man Rafts in diesem Zustand mit heutigen Methoden nicht erfassen kann. Aber sie haben die Fähigkeit, zu größeren Plattformen mit Raft-assoziierten Proteinen zu verschmelzen. Diese Raftcluster bilden dynamische Subkompartimente in den Zellmembranen, um verschiedene Vorgänge in der Zelle zu ermöglichen (siehe oben). Die Evolution hat dazu geführt, dass geeignete Lipid-Komponenten (Sphingolipide und Cholesterin) in der Zelle synthetisiert werden, um die Raft-Kompartimentierung zu erlauben. Auch die Proteine, die an Raftvorgängen teilnehmen, haben bestimmte Löslichkeitseigenschaften, die geeignet sind, um Raftfunktionen zu unterstützen. Rafts sind nur eines von hunderten Beispielen für Mechanismen, die die Zelle nutzt, um ihre Organisation zu generieren und zu unterhalten. Ein einzigartiges Zusammenspiel von Chemie, Physik und Biologie hat zu der heutigen Komplexität geführt. Aber diese Komplexität bezieht sich auf Lego-Bausteine, die auf unterschiedliche Weise, in sich selbst organisierenden Konstruktionen, zusammengebaut werden können. Diese grundlegende Einheit in der Natur macht die heutige Forschung in den Lebenswissenschaften so ungeheuer komplex - und so ungeheuer spannend.

Prof. Dr. Kai Simons, geb. am 14. 5. 1938 in Helsinki. Nach dem Medizinstudium an der Universität in Helsinki (Finnland) wurde er Professor für Biochemie an der gleichen Universität. Ab 1975 Leiter des Zell Biologie Programm am European Molecular Biology Laboratory (EMBL) in Heidelberg. 1998 Direktor am Max-Planck-Institut für Molekulare Zellbiologie und Genetik in Dresden.

Er ist Präsident der Gesellschaft „European Life Scientist Organisation" (ELSO) und Mitglied der „National Academy of Science", USA, der American Society of Art and Sciences, EMBO und Leopoldina sowie der Academia Europea.

Seine Forschung befasst sich mit der Organisation von Zellen. Mit zahlreichen Preisen und Ehrungen, wie z.B. die Schleiden Medaille der Akademie Leopoldina, den Runeberg Prize, den Äyräpää Prize (Finnland), die Laurens van Deenen Medaille (Utrecht) und den Anders Jahre Prize for Medical Research, sowie der Ehrendoktorwürde der Universitäten Oulu (Finnland) und Leuven (Belgien) und der Ehrenmitgliedschaft der Deutschen Gesellschaft für Zellbiologie wurden seine Arbeiten anerkannt.

Kai Simons
Professor
MPI-CBG
Pfotenhauerstr. 108
01307 Dresden
Germany
simons@mpi-cbg.de

Die Einsamkeit der Zweisamkeit –
Weshalb Zwitter kein Erfolgsmodell sind
Nico K. Michiels

Themen zur Sexualität werden in unserer Gesellschaft gerne diskutiert, aber oft inkonsequent angegangen. Einerseits sollen die Geschlechter „gleich" sein – es wird von einem Geschlecht erwartet, was man auch von dem anderen erwartet. Andererseits werden sie aber als „anders" angesehen, sonst gäbe es nicht die übliche Präferenz für Partner des „anderen" Geschlechts. Die Geschlechter sollen gleich sein, obwohl man sehr wohl weiß, dass es nicht so ist? Kulturelle Effekte spielen hier natürlich eine überlagernde Rolle. Es lohnt sich deshalb, die Tierwelt anzuschauen und sich zu fragen, ob man zur Geschlechtsausprägung grundlegende Muster erkennen kann. Warum soll man entweder weiblich oder männlich sein und nicht beides gleichzeitig? Wie funktionieren Sexualität und die mit ihr assoziierten Konflikte in einer zwittrigen Art, in der die absolute sexuelle Gleichheit gegeben ist? Warum sind wir nicht zwittrig? Mit solchen Fragen habe ich mich in den letzten 15 Jahren beschäftigt. Denn: Das Zwittertum ist weit verbreitet und scheint auf den ersten Blick nur Vorteile zu bieten.

Zwitter sind Opportunisten

Zwitter oder Hermaphroditen prägen beide Geschlechter in einem einzigen Individuum aus (**Abb. 1**). Manche tun dies gleichzeitig und sind Simultanzwitter wie der Regenwurm. Andere sind erst Weibchen und später Männchen oder umgekehrt und werden Sukzessivzwitter genannt, wie etwa der Anemonenfisch.

Zwitter sind effizient: Mit zwei Optionen im Gepäck sind alle Artgenossen plötzlich Paarungspartner in beiden Geschlechterrollen. Für getrennt geschlechtliche Formen wie auch den Menschen ist das anders: Nur eine Hälfte der Artgenossen kommt hier als Paarungspartner in Frage. Zur anderen Hälfte gehören die potentiellen Rivalen, mit denen man sich um den Zugriff zum anderen Geschlecht auseinander setzen muss.

Zwittertum erscheint also auf den ersten Blick eine Ideallösung zu sein: die ultimative sexuelle Gleichheit, alles für alle, jeder mit jedem. Insbesondere kann ein Zwitter zu jeder Situation genau die Rolle wählen, die ihm aktuell den höchsten Erfolg bietet. Experimente an Strudelwürmern, Schnecken, Saugwürmern und Egeln bestätigen, dass Zwitter tatsächlich recht opportunistisch ihre verfügbaren Ressourcen in die beiden Geschlechtsfunktionen investieren [8]. Wenn es wenige Partner gibt (bei geringer Dichte) fließen die Nährstoffe bevorzugt in die weibliche Funktion: Es werden viele Eier gelegt und nur wenige Spermien produziert. Bei hoher Dichte jedoch verschiebt sich das Verhältnis auf Kosten der Eier in Richtung Spermien. Diese Möglichkeit macht das Prinzip „Zwitter" in seiner einfachen Grundform so extrem effizient, dass getrennt geschlechtliche Formen kaum mithalten können. Zumindest nicht bei niedriger Dichte.

Abb. 2 zeigt die theoretisch erwartete Investition in männliche und weibliche Funktion in Abhängigkeit von der Anzahl Paarungspartner, die ein Zwitter im Laufe

Abb. 1 Beispiele aktuell erforschter Zwittersysteme. **A)** Strudelwurm Macrostomum (mit L. Schärer, Basel). **B)** Marine, polyclade Plattwürmer Pseudoceros beim „Penis fechten". **C)** Süßwasserplanarien Dugesia gonocephala in Kopula (mit C. Vreys, Hasselt). **D)** Meeresschnecke Chelidonura sandrana. **E)** Regenwürmer Lumbricus terrestris in Kopula. **F)** Lippfisch Halichoeres melanurus. **G)** Vielborster Ophryotrocha diadema Pärchen mit 2 Gelegen (mit G. Sella, Turin). **H)** Süßwasserplanarie Schmidtea polychroa. **I)** Meeresschnecke Siphopteron quadrispinosum. **J)** Meeresschnecke Chelidonura hirundinina in Kopula.

seines Lebens erwarten kann (rechte Grafik, Kurve A). Wie man sehen kann, investiert er besonders bei geringen Verpaarungsraten viel in Eier und nur wenig in Spermien. Weil ein Spermium klein ist und daher im Vergleich zu einem Ei kostengünstig produziert werden kann, reicht auch eine sehr geringe Investition in Spermien aus, um alle Eier, die je zur Verfügung stehen, zu befruchten. Bei hohen Paarungsraten verschwindet dieser Effekt. Einerseits müssen jetzt genügend Spermien produziert werden, damit man alle Partner besamen kann. Außerdem muss ein Spermiendonor jetzt damit rechnen, dass seine Spermien im Genitaltrakt des Partners mit den Spermien von anderen Spermiendonoren in Konkurrenz treten werden. Dadurch entsteht Spermienkonkurrenz um die Befruchtung der Eier, was Spermiendonoren dazu veranlasst, mehr Spermien zu produzieren. Bis zu 50% seiner für die Fortpflanzung verfügbaren Ressourcen soll ein einfacher Zwitter (ohne Genitalapparat, Fall A) bei hoher Verpaarungsrate für Spermien ausgeben. Er erreicht damit eine „sexuelle Allokation" männlicher zu weiblicher Fortpflanzung von 1:1. Bei getrennt geschlechtlichen Arten liegt das Verhältnis männlich zu weiblich – hier ausgedrückt als das Verhältnis Söhne zu Töchtern – in der Regel immer bei 1:1, unabhängig von der Verpaarungsrate. Auch strikt monogame Arten haben im Schnitt genau so viele Söhne wie Töchter. Dies führt dazu, dass – zumindest unter diesen einfachen Grundvoraussetzungen – Zwitter gerade bei geringer oder stark fluktuierender Populationsdichte (und Verpaarungsrate) einen größeren Vorteil haben. Kurz gesagt: Ein Zwitter kann sich

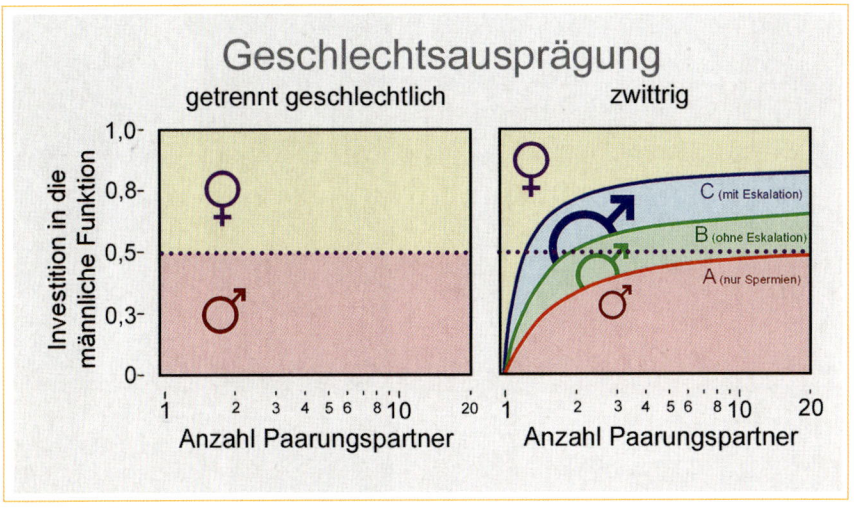

Abb. 2 Theoretisch erwartete Investition von Ressourcen in Männlichkeit relativ zur Gesamtmenge, die für Fortpflanzung zur Verfügung steht. **Links:** Der Anteil Söhne bei getrennt geschlechtlichen Arten ist immer 50%. **Rechts:** Die relative Größe der männlichen Funktion bei Zwittern nimmt mit der Anzahl Paarungspartner zu und bleibt nur bei sehr geringen Paarungsraten unter 50%. **(A)** Einfache "Urzwitter" ohne männliche Kopulationsstrukturen, die nur in Spermien investieren, bleiben unter 50%. Zwitter mit einem Kopulationsorgan, das lineare **(B)** oder exponentielle **(C)** Befruchtungsvorteile mit zunehmender Größe bietet, überschreiten die 50%-Grenze sehr deutlich und dies schon bei sehr geringen Verpaarungsraten. Unter solchen Bedingungen können sie leicht von getrennt geschlechtlichen Formen ersetzt werden.

den momentanen Bedingungen bezüglich der Verpaarungschancen viel effizienter anpassen als Tiere mit getrennten Geschlechtern.

Hinzu kommt die Möglichkeit, bei Abwesenheit eines Partners sich selbst zu befruchten. Obwohl dies zu Inzuchtproblemen führen kann, ist es eine sinnvolle Notlösung für Individuen, die gerade keinen Partner finden. Bandwürmer und Landschnecken benutzen diese Möglichkeit ohne zu zögern, wechseln aber immer zurück zur Kreuzbefruchtung, sobald ein Paarungspartner angetroffen wird. Ein einsames Männchen oder Weibchen wird dagegen keine Nachkommen hinterlassen und stattdessen alle seiner Ressourcen darauf verbrauchen, einen Paarungspartner zu finden. Zudem ermöglicht im Schnitt auch nur jede zweite Begegnung mit einem Artgenossen gemeinsame Fortpflanzung, denn vielfach wird es sich um ein Tier des gleichen Geschlechts handeln.

Zwitter gab es schon immer und überall

Wie ihr Opportunismus schon vermuten lässt, sind Hermaphroditen tatsächlich weit verbreitet im Tierreich. Viele Schwämme, Korallen, Moostierchen, Seescheiden, Plattwürmer, Bandwürmer, Saugwürmer, Hinterkiemenschnecken, Lungenschnecken, Pfeilwürmer und sogar eine ganze Reihe von Fischen sind erfolgreiche Zwitter. Gerade sessile, aquatische Organismen, die ihre Spermien frei ins Wasser abgeben, sind oft zwittrig.

Vieles spricht dafür, dass das Zwittertum sogar die Urform der Geschlechtsausprägung darstellt und zwar aus mehreren

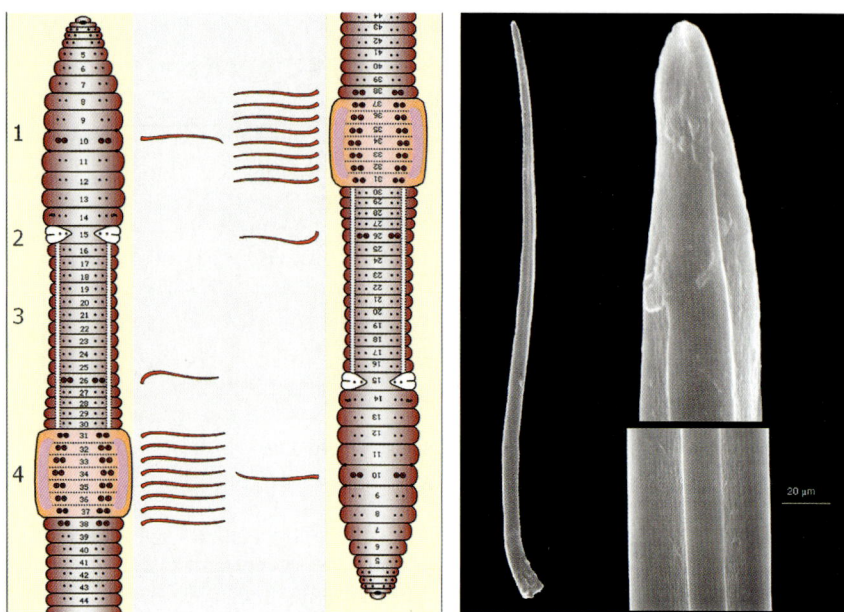

Abb. 3 Links: Schematische Darstellung der relativen Position zweier Regenwürmer Lumbricus terrestris während der Verpaarung. Eier und Spermien werden in Zone (1) produziert. Spermien werden von der männlichen Geschlechtsöffnung (2) abgegeben und fließen zunächst über eine externe Samenrinne (3) bis zum Clitellum (4), um schließlich von dort in die Spermatheken des Partners übertragen zu werden (nicht abgebildet). Während dieses Prozesses werden bis zu 40 Kopulationsborsten (4 pro Segment: rote Punkte) in die gegenüber liegenden Segmente des Partners gestochen (wie schematisch angegeben). **Rechts:** Detailaufnahme einer Kopulationsborste mit scharfer Spitze und vier Rinnen auf der Außenseite [3].

Gründen. Einerseits sind Zwitter besonders häufig unter den „einfachen", basalen Tieren, mit einfachen Fortpflanzungsmechanismen anzutreffen. Andererseits ist die Genetik der Geschlechtsausprägung bei einem Zwitter viel einfacher, da alle Individuen die gleichen Gewebearten differenzieren. Bei getrennt geschlechtlichen Formen sollen nämlich männliche und weibliche Individuen geschlechtspezifische Zelltypen und Gewebearten ausbilden, ohne jedoch intermediäre Nachkommen zu produzieren, was nicht selbstverständlich ist. Außerdem scheint es einfacher zu sein, von zwittrig zu getrennt geschlechtlich zu evoluieren: Eine Geschlechtsfunktion auszuschalten könnte leichter sein als eine neue, ebenso funktionsfähige dazu zu erwerben. Dennoch sind Beispiele für Übergänge in beide Richtungen im Tierreich bekannt. Außerdem findet man sogar schon bei Einzellern getrennt geschlechtliche Formen. Von daher ist die These, dass Zwittertum als die „ursprüngliche" Geschlechtsausprägung zu betrachten ist, keineswegs als endgültig zu betrachten und bleibt durchaus umstritten.

In diesem Zusammenhang soll hier noch auf das Bestehen von zwei Typen von Zwittern hingewiesen werden. Einerseits gibt es die „primären" Zwitter. Dies sind Arten, die in der Lage sind, Spermien sowohl zu geben als auch für die Befruchtung der eigenen Eier zu empfangen. Sie umfassen die typisch zwittrigen Artengruppen wie die Regenwürmer oder Plattwürmer. Sekundäre Zwitter sind Einzelfälle, die vereinzelt in größeren Gruppen von getrennt geschlechtlichen Arten auftauchen. Meistens sind es Weibchen, die neben Eiern auch eine kleine Menge Spermien produzieren. Letztere werden aber ausschließlich für die Selbstbefruchtung der eigenen Eier eingesetzt und nie einem Partner verabreicht. Solche „Zwitter", wie zum Beispiel der Fadenwurm Caenorhabditis elegans, sind also eher als Weibchen mit einer „Erste-Hilfe-Tasche" zu betrachten. Es sind Ausnahmen, die unter bestimmten ökologischen Bedingungen auch bei Insekten auftreten und die ich hier außer Betracht lassen werde.

Trotz der Tatsache, dass das Zwittertum so alt wie die Mehrzelligkeit und so weit verbreitet im Tierreich anzutreffen ist, bilden Zwitter kaum artenreiche Gruppen. Die richtig erfolgreichen Zweige des Tierreiches umfassen fast nur getrennt geschlechtliche Arten. Dies betrifft z.B. die Fadenwürmer, Insekten, Spinnentiere, Krebstiere, Vorderkiemenschnecken, Tintenfische und Wirbeltiere, wobei auffallend viele dieser Gruppen durch eine innere Befruchtung (mit Kopulation) gekennzeichnet sind. Gemessen an der Artenzahl sind diese Tiergruppen derart erfolgreich, dass der Anteil zwittriger Tierarten unter den Mehrzellern auf bescheidene 15% schrumpft. Weshalb soll sich das Zwittertum, das ursprünglich und effizient ist, kaum über die Organisationsform eines Wurmes hinaus entwickeln können? Welche versteckten Nachteile hat eine zwittrige Population, dass sie sich anscheinend nicht erfolgreich gegen getrennt geschlechtliche Varianten durchsetzen kann? Und was hat dies mit innerer oder äußerer Befruchtung zu tun?

Paarungskonflikte und das Problem des Zwitterdaseins

Studien über die Fortpflanzung bei Zwittern werden weltweit leider nur von einigen wenigen Forschern durchgeführt. Sie zeigen eine bislang kaum explorierte, erstaunliche Vielfalt an Fortpflanzungstaktiken. Es wird offensichtlich, dass das Zwitterdasein keineswegs einfach ist. Insbesondere was die Verpaarung angeht, hat ein Zwitter ein Identitätsproblem: Nur in bestimmten Kombinationen sind seine Interessen nämlich mit denen seines Gegenübers kompatibel. Wenn beide nur Männchen oder nur Weibchen sein möchten, ergibt sich ein Konflikt [2]. Nur wenn beide Partner jeweils beide Rollen akzeptieren oder das eine Individuum die weibliche, das andere die männliche Rolle übernimmt, gibt es eine Chance, dass die Begegnung konfliktfrei abläuft. Wenn getrennt geschlechtliche Tiere sich einmal für eine Verpaarung entschieden haben, gibt es dieses Problem der Rollenverteilung nicht. Insbesonders die vergleichsweise hoch entwickelten Zwitter, nämlich jene mit interner Befruchtung (z.B. Plattwürmer, Meeresschnecken, Lungenschnecken, Egel oder Regenwürmer) zeigen eine Diversität und Komplexität an Verpaarungsmechanismen, die man im Vergleich zu den sonstigen Eigenschaften dieser Tiere nicht erwarten würde. Es folgen dazu einige Beispiele:

Unerwünschte Belästigungen

Lungenschnecken wie die Weinbergschnecke durchlöchern den Partner während des Vorspiels mit einem so genannten „Liebespfeil" [4]. In Wirklichkeit dient er der Injektion von Geschlechtshormonen, welche den Partner entgegen seinem Interesse „verweiblichen". Von den Spermien eines erfolgreichen Schützen landen anteilig mehr im Langzeit-Spermienspeicher und weniger im Spermienverdauungsorgan. Die Paarungspartner zahlen hohe Kosten für diese unwillkommene Behandlung. Mancher stirbt sogar, wenn der Pfeil ein lebenswichtiges Organ trifft.

Ein ähnliches Prinzip verfolgen Regenwürmer (**Abb. 3**). Dabei kommen bis zu 40 spezialisierte Kopulationsborsten zum Einsatz, die während der 3 bis 4 Stunden in Kopula ein Drüsensekret in den Partner übertragen [3]. Es richtet im Zielgewebe enorme Schäden an. Was damit erreicht werden soll ist noch nicht ganz klar. Eigene Untersuchungen mit Tieren, bei denen die Borsten entfernt wurden oder die mit Drüsensekret injiziert wurden, zeigen, dass injizierte Tiere mehr Spermien vom Partner aufnehmen und die nächste Verpaarung länger hinauszögern. Beide Effekte sind im Interesse des Spermiendonors, weil er damit seine Befruchtungschancen erhöht.

Bei der nur 5 mm großen, bunt gelb-rot gefärbten Meeresschnecke Siphopteron quadrispinosum ist im Laufe der Evolution eine weitere Variante dieses Themas entstanden. Diese Tierchen besitzen einen Penis, der zusätzlich zu dem mit Widerhaken besetzten „Hauptast" einen Nebenast zeigt, der am Ende eine feine Injektions-Nadel trägt. Gleich am Anfang einer Sexualinteraktion versuchen die zwei Paarungspartner, dieses Stilett in den Bauch des anderen zu stechen. Wer es schafft, pumpt auch gleich eine klare Prostataflüssigkeit hinein, die als ein Beruhigungsmittel zu wirken scheint. Der Partner gibt seinen Widerstand auf, und der erfolgreiche „Angreifer" kann jetzt unbeirrt seinen Penis im weiblichen Genitaltrakt verankern und selbst entscheiden, wie viele Spermien er übertragen möchte. Diese einseitige Übertragung findet in etwa der Hälfte der Kopulationen statt. In den anderen Fällen haben beide Partner etwa zeitgleich den anderen mit dem Stilett getroffen. Die Kopulation erfolgt daraufhin beidseitig.

Illegale Abkürzungen

In den vorherigen Beispielen findet die Spermienübertragung immerhin „normal" in der weiblichen Geschlechtsöffnung statt. Trotz chemischer Manipulation kommen die empfangenen Spermien aber meistens nicht gleich zum Einsatz. Oft werden sie über mehrere Monate gespeichert bevor es zur Befruchtung kommt. Weil der manipulative Einfluss des Spermiendonors nach wenigen Tagen erloschen ist, bleiben dem Empfänger damit noch recht umfassende Möglichkeiten, die Kontrolle über den Befruchtungsvorgang wieder selbst zu übernehmen.

Das ist nicht so bei der hypodermalen Spermieninjektion. Hier umgeht der Spermiendonor sämtliche Hürden, die der weibliche Genitaltrakt aufgestellt hat und versucht, durch direkte Injektion irgendwo in den Körper des Partners seine Spermien möglichst nahe der unbefruchteten Eier zu bringen [6]. In solchen Systemen sind die Spermien oft spiralförmig und schrauben sich aktiv und zielgerichtet durch das Gewebe in Richtung ihres Ziels. Bei getrennt geschlechtlichen Arten findet man diese gewalttätige Art der Spermienübertragung nur bei Bettwanzen. Hier hat der Mechanismus aber eher rituelle Eigenschaften: Nur an einer bestimmten, speziell dazu modifizierten Stelle am Rücken des Weibchens werden die Spermien injiziert. Bei Zwittern sieht das anders aus.

Polycladen sind meeresbewohnende, frei lebende Plattwürmer, bei denen fast alle Arten hypodermale Spermieninjektion

holt in Richtung ihres „Opponenten" stoßen, um ihm Spermien unter die Haut zu spritzen. Gleichzeitig versuchen sie, nicht gestochen zu werden und reagieren sofort abweisend auf jede Berührung des anderen. Trotz des Versuchs, nur einseitig Spermien zu geben und keine zu bekommen, enden die meisten Interaktionen mit beidseitigem Spermientransfer. Es einseitig zu versuchen, lohnt sich aber trotzdem: Man vermeidet die schweren Verletzungen, die mit Spermienempfang einhergehen, denn der spitze Penis reißt bei der Spermienübertragung zum Teil größere Löcher in das Gewebe des Empfängers. Außerdem braucht die weibliche Funktion keinen Spermienempfang bei jeder Begegnung: Sie speichert die Spermien ausreichend effizient, um auch ohne Besamung über mehrere Wochen alle der tausenden Eier befruchten zu können [6].

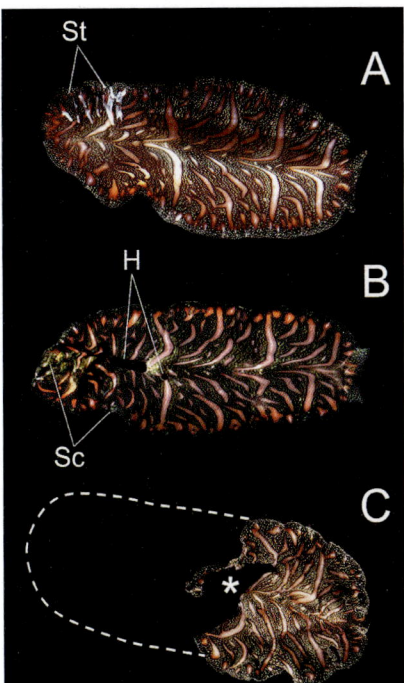

Abb. 4 Der meeresbewohnende, polyclade Plattwurm Pseudobiceros bedfordi überträgt seine Spermien (St) während eines heftigen Kampfes auf die Rückseite des Partners **(A)**. Das Ejakulat löst innerhalb von 15 min das Gewebe des Empfängers auf **(B)**. Die entstandenen Verletzungen und Löcher (H) sind auch nach der Heilung noch als Narben (Sc) zu sehen. **(C)** Manchmal kann ein Loch in der Mitte des Tieres (*) zum Abreißen des hinteren Körperteils führen. Das Tier stirbt in solchen Fällen nicht. Die Regeneration erfolgt jedoch nur unvollständig.

Die Art Pseudobiceros bedfordi ist ein Extrembeispiel in diesem Kontext (**Abb. 4**). Hier besitzen die Tiere zwei Penisse, die dazu benutzt werden, um in wenigen Sekunden möglichst viel Ejakulat auf der Haut des Partners zu „schmieren". Das Ejakulat besitzt Gewebe-auflösende Eigenschaften, „frisst" sich in die Haut des Partners und hinterlässt dort zum Teil riesige Löcher. Die Tiere sind zwar sehr regenerationsfähig, aber solche Verletzungen heilen zu müssen, ist immerhin kostspielig. Kein Wunder, dass bei dieser Art die Individuen besonders irritiert auf Berührungen reagieren und entweder gleich schwimmend die Flucht ergreifen oder sich ohne Zögern selbst wie eine aufgerollte Zeitung aufrichten, um dem anderen einen Schritt voraus zu bleiben. Auf der dabei nach vorne zeigenden Bauchseite rutschen die Penisse des Partners übrigens ab. Nur auf der Rückseite ist die Spermienübertragung effektiv. Nicht alle Pseudobiceros-Arten sind der-

betreiben. Bei der riffbewohnenden Untergruppe der Pseudocerotidae ist dies geradezu spektakulär. Diese Tiere sind groß und bunt sowie sehr agil und reaktionsfähig. Wenn sich zwei sexuell motivierte Individuen begegnen, richten sie sich von der Oberfläche auf – sehr ungewöhnlich für einen Plattwurm - und versuchen sich höher zu strecken als ihr Gegenüber. Beide stülpen dabei einen scharfen Penis aus, mit dem sie wieder-

art sexuell aggressiv. Andere Arten erscheinen eher friedlich und übertragen ihre Spermien immer wechselseitig, ohne Verletzungen zu hinterlassen.

Hypodermale Injektionsmechanismen findet man auch weit verbreitet bei Meeresschnecken, bei Sediment-bewohnenden Strudelwürmern und bei Egeln. Letztere haben sogar den Mechanismus noch weiter perfektioniert. Hier wird ein Spermienpaket, eine so genannte Spermatophore auf die Haut des Partners geklebt. Der Empfänger versucht den störenden Fremdkörper entweder wegzufressen oder abzustreifen, was schon auf einen gewissen Konflikt hindeutet. Wenn er am Körper bleibt, löst ein Proteinase-Gemisch in der Spermatophore zunächst die Haut des Empfängers auf. Daraufhin werden die Spermien „vollautomatisch" durch das entstandene Loch eingespritzt. Bei primitiven Egeln ist dieser Prozess am besten als „Kampf" zwischen den Paarungspartnern zu beschreiben, mit oft schweren Verletzungen, willkürlicher Positionierung der Spermatophore und versuchten einseitigen Übertragungen. Bei „höher" entwickelten Egeln wird die Spermatophore beidseitig in ein speziell dafür evolviertes Gewebe gepflanzt. Hier werden die Spermien von einem Spermienspeicherorgan abgefangen. Dem Empfänger bietet es mehr Kontrolle und geringere Kosten. Es kann gemutmaßt werden, dass die Injektion an anderen Körperstellen hier nicht mehr effektiv ist, da im Laufe der Evolution bessere Verteidigungsmechanismen entstanden sind.

Zyklen der Gewalt und des Friedens

Überall, wo man aggressive Besamungstaktiken findet, sind oft in der gleichen Gattung auch stark ritualisierte, auf dem ersten Blick recht friedliche Kopulationsmechanismen ausgeprägt. Dies ist ein Hinweis auf fortwährende Ko-Evolution zwischen Merkmalen, die es einerseits einem Spermiendonor erlauben, seinen Spermien maximale Erfolgschancen zu bieten und andererseits dem Spermienempfänger erlauben, den offensiven Taktiken des Partners vorzubeugen. Wo die Verteidigung die „hit-and-run"-Mechanismen des Gegenübers neutralisieren kann, entstehen kontrollierte gegenseitige Mechanismen. Jedes neue Merkmal eines Spermiendonors, das diese Kontrollen durch einen „hau-zu, hau-ab"-Mechanismus umgeht, wird sich aber sehr schnell evolutiv durchsetzen [5].

Handel mit Sex

Eine ritualisierte beidseitige Besamung bedeutet nicht, dass es keine Konflikte gibt. Reziprozität zeigt lediglich, dass sich manchmal akzeptable Kompromisse für die variablen Interessen eines Zwitters durchsetzen. Sie stellen nicht notwendigerweise die beste Strategie der betroffenen Individuen dar, sondern sind lediglich ein ausgehandelter Vertrag, mit dem der Zwitter zunächst leben kann [2].

Bei manchen extern befruchtenden Zwittern kennt man schon seit Anfang der 1980er Jahre den „Eihandel" oder egg trading von einem karibischen Fisch und einem kalifornischen Wurm (ein Vielborster oder Polychaet). Hier versucht jedes Individuum, den „billigen" männlichen Part zu übernehmen und zögert sehr, seine teuren Eier zu verschenken. Um aus dieser Pattsituation heraus zu gelangen, bietet jedes Tier seinem Partner abwechselnd eine kleine Menge unbefruchteter Eier zur Befruchtung an und wartet, bis der Partner das Geschenk erwidert. Was folgt, ist eine reziproke Sequenz von Abgabe und Besamung, bei der am Ende beide Tiere für ihre teuren Eier vergleichsweise billige und daher mehr ergiebige Vaterschaft „gekauft" haben. Mancher Zwitter mit innerer Befruchtung hat eine ähnliche Lösung entwickelt, indem er Spermienhandel betreibt. Erste Hinweise dafür bekam man aus Beobachtungen an der bis zu 8 cm großen Meeresschnecke Navanax inermis. Hier wechseln Paarungspartner 5- bis 10-mal die Geschlechtsrolle, eine komplette Verpaarung dauert bis zu 12 Stunden [7]. Reziproke Besamung wird als der Regelfall bei vielen Zwittern gesehen, was anfänglich als Indiz für Spermienhandel als Grundsatzphänomen interpretiert wurde. Eigene Arbeiten haben bei Süßwasserplattwürmern sowohl Beispiele für den einmaligen, wechselseitigen Tausch (Schmidtea polychroa) als auch für einen Volumen-kontrollierten Tausch (Dugesia gonocephala) gefunden. Der ultimative Beweis für Spermienhandel, nämlich ob Tiere auch einen nicht-kooperativen Partner ablehnen, stand aber bis vor kurzem noch aus.

Diesen Beleg konnten wir bei der Meeresschnecke Chelidonura hirundinina experimentell gewinnen [1]. Wie alle Vertreter der Kopfschildschnecken (Cephalaspidea) pumpt diese Art ihre Spermien von der Geschlechtsöffnung (hinten rechts) durch eine Rinne auf der Haut zum Kopulationsorgan vorne rechts am Kopf. Indem die Samenrinne mit einer glühenden Nadel durchtrennt wurde, konnten Tiere generiert werden, die nach wie vor in der Lage waren, normal zu kopulieren, jedoch ohne Spermienübertragung. Der Partner eines solchen „Betrügers" unterbrach den üblichen, wechselseitigen Spermienaustausch viel früher und häufiger als in einer gleichzeitig beobachteten Kontrollgruppe. Damit wurde zum ersten Mal belegt, dass manche Zwitter tatsächlich Handel treiben. Eine nahverwandte Schneckenart mit ebenfalls reziproker Besamung zeigte dagegen überhaupt keine Reaktion darauf, ob sie vom Partner Spermien erhalten hatte. Dies zeigt, dass Reziprozität an sich noch nicht bedeutet, dass auch konditional gehandelt wird. Offensichtlich reicht der beidseitige Trieb zur Besamung oft aus, um auch ohne Handelsvereinbarungen zur reziproken Besamung zu kommen.

Reziproke Kopulationen sind zwar oft eher „friedlich", sie können aber schnell aufwendig werden. Manche Schnecken und Plattwürmer kopulieren in der Nacht 6 bis 12 Stunden. Die meiste Zeit warten sie ab, überlassen quasi dem anderen die Initiative – eine absurde Pattsituation, die nur bei baugleichen Paarungspartnern mit identischen Interessen auftreten kann.

Bei Nacktschnecken der Gattung Limax ist die Situation in einer weiteren Dimension eskaliert. Hier hängen die umeinander gedrehten Paarungspartner an einem Schleimseil von einem Ast und strecken dabei einen Penis aus, der bis zu 90 cm tief herunterbaumelt. Die Schnecken selbst sind nicht länger als 10 cm. Nach stundenlangem Positionieren und Ausharren findet der Spermienaustausch an der Spitze der ausgestreckten Phalli statt. Welche Funktion diese absurde Penisverlängerung im Laufe der Evolution haben könnte, ist bislang ungeklärt.

Schöner Scheint trügt

Ob diese scheinbar sanftmütigen Kompromisse mit Geschlechterhandel auch wirklich friedlich sind, ist keineswegs gesichert. Fast alle (kopulierende) Zwitterarten verfügen über große Prostatadrüsen und übertragen reichliche Mengen ihrer Sekrete mit dem Ejakulat. Es ist sehr wahrscheinlich, dass hier ein biochemischer Krieg ausgetragen wird. Eine aktuelle Arbeitshypothese besagt, dass ein Spermiendonor unter starkem Selektionsdruck steht, seinen Partner physiologisch zu „verweiblichen". Letzterer sollte möglichst früher und mehr Eier produzieren als geplant und dabei die Spermien des aktuellen Partners zur Befruchtung heranziehen. Der oben bereits genannte Liebespfeil der Weinbergschnecke ist solch ein Beispiel. Manche andere Schnecken greifen aber zu noch drastischeren Methoden. Bei der kalifornischen Bananenschnecke Ariolimax wird der Penis des Partners so sehr vom weiblichen Genitaltrakt eingeklemmt, dass den Tieren oft keine andere Wahl bleibt, als ihre Penisse abzubeißen – entweder den eigenen oder den des Partners. Was zurück bleibt sind zwei besamte „Weibchen", die nie wieder in der Lage sind, als Männchen zu kopulieren. Unter der Annahme, dass dies auch den Paarungsdrang zügelt, ist es die ideale Strategie, den Befruchtungserfolg der eigenen Spermien zu sichern.

Diese Beispiele zeigen, dass auch eine Zwitterart, die von unserer Perspektive eher friedlich erscheinen mag, in Wahrheit eine feindliche Übernahme anstrebt.

Hermes und Aphrodite: Die Zwänge einer Fusion

Das hier skizzierte Mosaik aus Paarungsmechanismen bei Zwittern wirft mehr Fragen als Antworten auf. Weshalb fördert die sexuelle Selektion Mechanismen, die den so wichtigen Paarungspartner so erheblich schädigen? Gibt es einen Grund, weshalb dies gerade bei Zwittern so ausgeprägt ist? Ticken getrennt geschlechtliche Arten irgendwie „anders"? Erklärt dies auch den geringen Erfolg des Hermaphroditismus im Tierreich im Vergleich zu den Blütenpflanzen? Eigene mathematische Modelle und Rechnersimulationen haben zwei interessante Probleme bei Zwittern aufgedeckt: Einerseits funktioniert ein Zwitter – wenn es um das Kopulieren geht – wie ein Männchen. Weil die meisten Zwitter die empfangenen Spermien sehr gut und langfristig speichern können, gibt es für die weibliche Funktion keine Notwendigkeit, häufig zu kopulieren. Eier befruchten und ablegen kann man auch alleine, selbst Wochen oder gar Monate nach dem letzten Spermienempfang. Für die männliche Funktion jedoch sind Kopulationen die einzige (oft seltene) Möglichkeit, Vaterschaft zu erwerben. Deshalb kann man vorhersagen, dass einfache „Urzwitter" sich wie sex-besessene Männchen aufeinander stürzen sollten. Es wird dabei aber sofort die Evolution von Mechanismen gefördert, die den eigenen Erfolg als Spermiendonor auf Kosten des Partners erhöhen. Weil beide Partner immer das gleiche beim anderen versuchen, ist die Eskalation vorprogrammiert. Hier liegt der Keim des Zwitterkonflikts: Partner versuchen sich zu übertreffen statt zusammen zu arbeiten. Dabei wird nichts verschenkt: Eine freiwillige Ressourcenabgabe, wie sie von Männchen für Weibchen bei einigen getrennt geschlechtlichen Arten geleistet wird, ist bei den Zwittern kaum denkbar, weil die Investition in die eigene weibliche Funktion in der Regel effizienter ist. Simulationen bestätigen, dass Zwitter stattdessen sehr leicht in Genitalapparate investieren, die zum Ziel die Erhöhung der Befruchtungschancen der eigenen Spermien haben, auch wenn dies auf Kosten des Partners geht. Wenn ein solches Merkmal neu entsteht, kann es sich in der Population schnell durchsetzen, weil das Individuum mit solch einem Merkmal zunächst nicht für die negativen Folgen zahlt. Es begegnet in der Anfangsphase nur Artgenossen, die es noch nicht besitzen! In einigen Generationen werden aber auch die Träger des Merkmals mit ihrer eigenen schädlichen Erfindung konfrontiert. So ein Prozess der Eskalation ist unaufhaltsam und führt in kürzester Zeit zu einem Investitionsmuster, in dem so viele Ressourcen in die männliche Funktion und die Kompensierung der Manipulationen vom Partner gesteckt werden, dass alle Opportunismus-Vorteile des Zwittertums verloren gehen (**Abb. 2**). Ein solcher „hoch" entwickelter Zwitter zahlt dann so viel für jede Kopulation, dass er sich kaum mehr als nur einige wenige Kopulationen im Laufe seines Lebens leisten kann. Solche Zwitter haben nur seltene, aber sehr kostspielige Kopulationen und bewegen sich am Limit dessen, was im weiteren Verlauf der Evolution noch überlebensfähig ist. Viele Landschnecken und Regenwürmer könnten diesen Punkt am Ende der Sackgasse bereits erreicht haben.

Mars und Venus: Liaisons nach Wahl

Ähnliche Tendenzen kann man bei getrennt geschlechtlichen Männchen nur sehr bedingt erwarten, und nie in diesem Ausmaß. Weshalb? Weibchen können ihren Fortpflanzungserfolg in der Regel durch weitere Kopulationen nicht erheblich erhöhen. Sie können es sich deswegen erlauben, wählerisch zu sein. Dadurch stehen Männchen unter starkem Selektionsdruck, die Weibchen von ihren Qualitäten zu überzeugen, indem sie versuchen, positiv aufzufallen. Sie tanzen, singen, betören mit buntem Gefieder, bieten einen sicheren Nistplatz, verteidigen das Revier, offerieren Ressourcen, füttern die Jungen, halten lästige Anbeter fern, und zeigen damit ihre eigene (genetische) Qualität – was der zukünftigen Mutter in ihrer Entscheidung zur Vaterschaft helfen soll. Es führt zu einem evolutionären Feuerwerk. Männchen entwickeln laufend neue Tricks, um sich von der Konkurrenz abzuheben und ihre eigenen Fähigkeiten besonders stark hervorzuheben. Parallel dazu müssen Weibchen die sensorischen und neuronalen Mechanismen entwickeln, Qualität von Kitsch unterscheiden zu können und sorgfältig abzuwiegen, wer denn wirklich der bessere Partner sei. Diese Ko-Evolution zwischen den Geschlechtern wird ebenfalls durch Konflikte vorangetrieben: Männchen möchten häufiger kopulieren als es die Weibchen erlauben, während die Weibchen gerne von den Männchen Ressourcen entgegen nehmen, ohne jedoch ihre Entscheidung über die Vaterschaft offen dar zu legen. Auch diese Interessenskonflikte führen zu einer Vielzahl von Taktiken, mit deren Hilfe die Männchen beispielsweise Paarungen erzwingen, ihren Partner zur schnellen Eiablage veranlassen oder die mütterliche Investition in die Nachkommen erhöhen wollen. Im Vergleich zu den Zwittern jedoch, bei denen männlich mit männlich noch während der Kopulation mit einander konkurriert, bestreiten Männchen und Weibchen eher ein Spiel. Sie brauchen sich gegenseitig und müssen kooperieren. Jeder versucht dabei aber, die Regeln selbst zu bestimmen. Sobald ein Partner zu weit geht, wird die Partie (meistens durch das Weibchen) mit einem „nein" abgebrochen. Es werden also verführerische Gentlemen gefördert, keine Draufgänger wie bei den Zwittern. Aggressive Kämpfe finden natürlich auch unter Männchen statt - aber hier sitzen die Weibchen auf der sicheren Bühne, anstatt auf dem Platz mitzumischen.

Nicht gleich, sondern gleichwertig

Ist das Zwittertum für Arten mit innerer Befruchtung also eine Sackgasse? Vieles weist darauf hin. Der Übergang zu getrennten Geschlechtern ersetzt kostspielige Eskalationen unter Baugleichen mit einem spannenden Tanz zwischen Weiblein und Männlein. Nicht konfliktfrei, aber mit vielfältigeren Möglichkeiten, Eskalationen auf Kosten des weiblichen Geschlechtes zu unterbinden und durch „konstruktive" Merkmale wie männliche Unterstützung und Brutfürsorge zu ersetzen. Dies funktioniert gerade deshalb, weil beide Geschlechter unterschiedlich sind. Ihre Gleichwertigkeit bleibt unabhängig davon gesichert: Der weibliche und männliche Beitrag zur nächsten Generation ist immer gleich groß, weil jeder Nachkomme exakt einen Vater und eine Mutter hat. Es ist eine der wichtigsten Grundeigenschaften sexueller Systeme.

Für unsere Gesellschaft ergibt sich daraus eine wichtige Konsequenz: Man soll weder die gleichen Fähigkeiten noch die gleichen Präferenzen von Frauen und Männern erwarten, trotz offensichtlicher Ähnlichkeiten und breiter Überlappungen. Jedes Geschlecht hat eigene Stärken und Schwächen. Männer konkurrieren mit Männern und ringen um die Gunst der (wählerischen) Frauen. Frauen konkurrieren mit Frauen und werden von Männern nach anderen Kriterien ausgewählt. Männer und Frauen sind also keineswegs „gleich", sondern gleichwertig. Dieser Verwechslung begegnet man jedoch oft, sie zeugt aber von einer Missachtung der Realität. Sexuelle Gleichheit zu fordern, zwingt Leute, sich den gesellschaftlichen Erwartungen anzugleichen und macht unfrei. Das Prinzip der Gleichwertigkeit stattdessen schreibt nichts vor und ist offen für „typisch männlich – typisch weiblich". Es sichert Toleranz und Vielfalt und erlaubt Individuen, ihren eigenen Lebensweg zu wählen.

Kurzfassung

Ein sehr wichtiger Schritt in der Evolution umfasst die Trennung der zwei grundlegenden sexuellen Zuständigkeiten „weiblich" oder „männlich" in separaten Individuen. Es zwingt die ungleichen, aber gleichwertigen Geschlechter zu Kooperation, Kompromissen und Konfliktbesänftigung. Aggressive Konflikte werden weitgehend nur von Männchen ausgetragen, mit nur beschränkten Kollateralschäden für Weibchen. Vervielfältigung der baugleichen Alleskönner, wie es bei Zwittern der Fall ist, ist eine primitive Lösung, die zwar für einfache Tiere eine gute Option darstellen mag, gleichwohl durch ungezügelte Eskalationen in der männlichen Funktion deren evolutionären Fortschritt zum Stillstand zu bringen scheint.

Quellenangabe

Die Ideen und Beispiele in diesem Artikel stammen keineswegs nur vom Autor. Ich habe mich inspirieren lassen durch Diskussionen mit und Arbeiten von Nils Anthes, Jaco Greeff, Eric Charnov, Ronald Chase, Eric Fischer, Joris Koene, Lukas Schärer, Gabriella Sella und vielen anderen. Für die spekulativen Aussagen zum Menschen trägt der Autor die alleinige Verantwortung.

Ausgewählte Veröffentlichungen aus der eigenen Arbeitsgruppe

1. Anthes N, Putz A, Michiels NK. Gender trading in a hermaphrodite. Current Biology 2005; 15: R792-R793.
2. Anthes N, Putz A, Michiels NK. Gender conflicts, sex role preferences and sperm trading in hermaphrodites: a new framework. Animal Behaviour 2006; 72: 1-12.
3. Koene JM, Pförtner T, Michiels NK. Piercing the partner's skin influences sperm storage in earthworms. Behav. Ecol. Sociobiol 2005; 59:243-249.
4. Koene JM, Schulenburg H. Shooting darts: co-evolution and counter-adaptation in hermaphroditic snails. BMC-Evol Biol 2005; 5:25.
5. Michiels NK, Koene JM. Sexual selection favours harmful mating in hermaphrodites more than in gonochorists. Integrative and Comparative Biology 2006:doi:10.1093/icb/icj043
6. Michiels NK, Newman LJ. Sex and violence in hermaphrodites. Nature 1998; 391: 647.
7. Michiels NK, Raven-Yoo-Heufes A, Brockmann KK. Sperm trading and sex roles in the hermaphroditic opisthobranch sea slug Navanax inermis: eager females or opportunistic males? Biol. J Linn Soc 2003; 78: 105-116
8. Schärer L, Sandner P, Michiels NK. Is there a trade-off between male and female allocation in the simultaneously hermaphroditic flatworm Macrostomum sp.? J Evol Biol 2005; 18:396-404.

Prof. Nico Michiels wurde am 28. Mai 1961 in Turnhout, Belgien, geboren. Nach dem Biologiestudium in Gent und Antwerpen promovierte er unter der Anleitung von Prof. André Dhondt an der Universität Antwerpen mit dem Thema „Fortpflanzungsökologie einer Libellenart". Als Postdoc war er in Hasselt (Belgien), Brown University (USA) und Sheffield (UK) tätig. 1992 nahm er einen Ruf als unabhängiger Nachwuchsgruppenleiter (C3) an das damalige MPI für Verhaltensphysiologie an. Hier legte er die Grundsteine für neue Forschungsarbeiten über die Evolution der Geschlechtsausprägung und Sexualität. Zwitter wie zum Beispiel Planarien, tropische Meeresplattwürmer, Regenwürmer und Meeresschnecken standen dabei im Mittelpunkt. 1999 wurde er auf den Lehrstuhl für Evolutionsbiologie der Tiere an die Universität Münster berufen. 2005 folgte die Berufung auf den Lehrstuhl für Evolutionsökologie der Tiere an die Universität Tübingen, wo er seine Forschung zur gleichen Thematik weiter ausbaut.

Prof. N.K. Michiels
LS Evolutionsökologie der Tiere
Zoologisches Institut
Auf der Morgenstelle 28
72076 Tübingen.
Tel. 07071 74649
nico.michiels@uni-tuebingen.de
http://www.uni-tuebungen.de/evoeco

Von der unendlichen Vielfalt der Lebensformen

Erich Sackmann

Die Natur schafft eine fast unendliche Vielfalt von Lebensformen mit erstaunlich wenigen molekularen Bausteinen oder deren Kombinationen: Proteine, DNS, Lipide und Polyzucker. Hinzu kommen Biomineralien auf der Basis von Silikaten oder Kalzium-Carbonaten. Dieses Wunder gelingt ihr durch hierarchischen Aufbau aus universellen Bauelementen und deren Selbstorganisation durch Zusammenspiel der genetisch festgelegten chemischen Struktur der molekularen Bausteine und formabhängige zwischenmolekularen Kräfte. Es gilt bei der Evolution lebender Materie jedoch zu beachten, dass die physikalischen Gesetze und die physikalischen Eigenschaften der Materialien von der Dimension der Objekte abhängen, um den enormen Größenunterschied vom Bakterium mit 100 nm Durchmesser zum Walfisch (mit einigen 10 m) oder gar Mammutbaum von 150 m Höhe zu überbrücken. Schon Galilei erkannte: durch Beachtung der Skalengesetze der Physik. Eine entscheidende Rolle spielen diese Gesetze bei der Entwicklung neuer Materialien oder der Erfindung neuer Konstruktionsprinzipien, die durch Evolutionssprünge aufgrund von Katastrophen oder der Eroberung neuer Lebensräume erforderlich wurden. Wir werden dies am Beispiel des Paradigmenwechsels bei der Evolution der Bewegungsapparate schwimmender Lebewesen illustrieren.

Selbstorganisation durch genetisch bestimmte Primärstruktur der Moleküle und formabhängige zwischenmolekulare Kräfte

Das wichtigste Beispiel einer formabhängigen zwischenmolekularen Kraft ist die Wasserstoffbrücke (**Abb. 1**). Die Bindungsstärke ist maximal, wenn das Proton und die beiden Bindungspartner (O im Fall der Abb. 1) auf einer Linie liegen. Diese Richtungsabhängigkeit der Bindungsstärke sorgt für die hohe Stabilität der α-Helix und der β-Faltblattstruktur der Proteine. Sie spielt auch eine zentrale Rolle für die Basenpaarung der DNA und die spezifische Bindung von Substraten in Bindungstaschen der Proteine (**Abb. 1b**).

Ein faszinierendes und wichtiges Beispiel der Selbstorganisation biologischer Materie ist die Bildung von Zellmembranen aus Lipiden durch den hydrophoben Effekt. Die Phospholipide und Cholesterol sind ambivalente Moleküle, da sie aus einer wasserliebenden (hydrophilen) Kopfgruppe und einem wassermeidenden (hydrophoben) Stamm bestehen. Ursache des hydrophoben Effekts ist die einmalige Eigenschaft des Wassers, spontan entstehende und zerfallende Mikrodomänen (auch Cluster genannt) mit eisartiger Struktur zu bilden, die durch H-Brücken zusammengehalten werden. Polare Moleküle, die ebenfalls Wasserstoffbrücken ausbilden können (und daher die Strukturbildung des Wassers kaum stören), lösen sich leicht in Wasser, während apolare Spezies, wie die Kohlenwasserstoffketten, sich mit stabileren Schalen aus

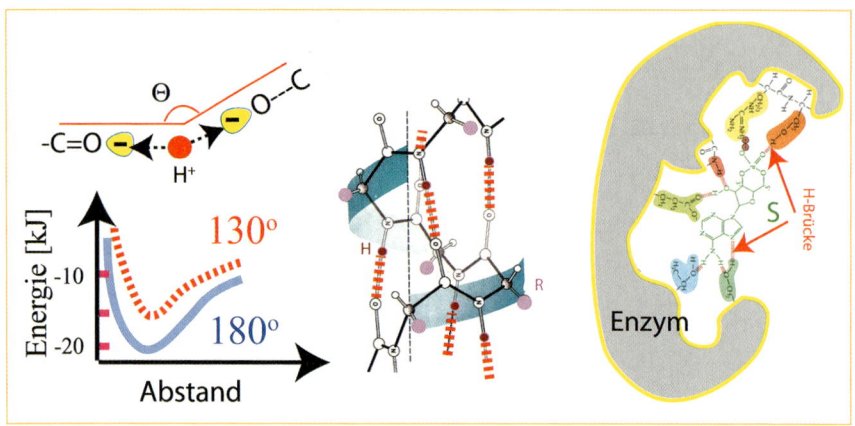

Abb.1 Wasserstoffbrücke: Prototyp einer formabhängigen zwischenmolekularen Kraft. **Links:** Das Minimum des Wechselwirkungspotentials ist weitaus am tiefsten für $\Theta \approx 180°$. **Mitte:** Stabilisierung der α–Helix durch Optimierung der H-Brücken. **Rechts:** Beispiel der Passung eines Substrats (c-AMP) in der Bindungstasche eines Enzyms durch Wasserstoff- und Salz-Brücken.

Wasser mit Eisstruktur umgeben (**Abb 2**). Da diese Strukturbildung mit einer erheblichen Erniedrigung der Entropie verknüpft ist, muss Arbeit verrichtet werden, um hydrophobe Moleküle zu lösen. Daher organisieren sich die amphiphilen Moleküle derart, dass die hydrophoben Ketten vor dem Kontakt mit Wasser geschützt werden. Moleküle mit einer Kette, wie Fettsäuren, bilden vorwiegend Mizellen, während die zweikettigen Phospholipide geschlossene Schalen aus Doppelschichten bilden. Der Energiegewinn durch diese Zusammenlagerung ist enorm. Man benötigt eine Kraft von 10-11 Newton, um Lipide aus der Membran zu ziehen. Damit könnte man die 10 000 mal größeren Zellen an einem einzelnen Lipidmolekül verankern und gegen die Schwerkraft festhalten. Die Löslichkeit einzelner Moleküle in Wasser ist daher so klein, dass man im Volumen einer Zelle (z.B. Erythrozyten) im Mittel höchstens ein gelöstes Molekül findet. Ohne diese enorme Stabilität der Membranen würden wir uns schnell in Wasser auflösen. Diese starke Tendenz zur Aggregation kann aber auch fatale Folgen haben, wenn Enzyme fehlen, die gewisse Lipide (wie Ganglioside) abbauen. Dann reichern sich diese in den Zellen in Form zwiebelartiger Gebilde (sog. Liposomen) an, was zum schnellen Tod neugeborener Kinder führt, denen dieses Enzym fehlt (Sandhoff).

Um nun Proteine, wie Ionenkanäle oder Enzyme, in die Membran einzubauen, benutzt die Natur folgenden einfachen Trick. Sie baut in die Peptikette eine (oder mehre durch hydrophile Stücke getrennte) Sequenzen mit hydrophoben Aminosäuren ein, die im hydrophoben Bereich der Membranen α-Helices bilden. Deren Länge wird so eingestellt, dass sie gerade die hydrophobe Schicht durchdringen. Der beim Einbau erzielte Energiegewinn ist um ein Vielfaches größer als im Fall der Lipide. Falls die Längen der hydrophoben Domänen der Lipide und Proteine differieren, müsste elastische Energie aufgewendet werden, um die Membran in der Umgebung der Proteine so zu strecken oder zu stauchen, dass die hydrophoben Dicken übereinstimmen (**Abb. 2c**). Um dieses Problem zu umgehen,

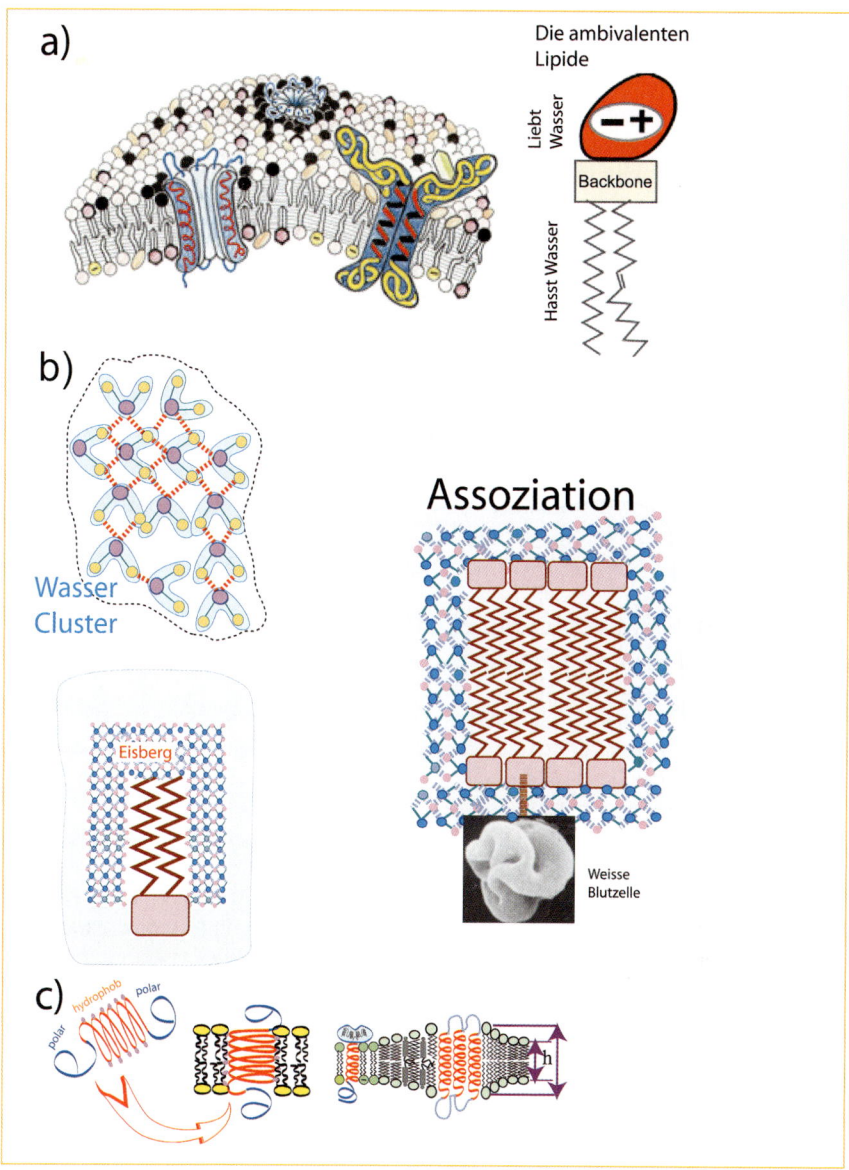

Abb. 2 a) Rechts: Membranen als Lipid-Protein-Multikomponen-Legierungen. **Links:** Amphiphatische Struktur der Lipidmoleküle. **b)** Selbstorganisation der Membranen durch den hydrophoben Effekt. **Links oben**: Aufbau des Wassers aus spontan entstehenden und zerfallenden Domänen mit eisartiger Struktur. **Links unten**: Umgebung eines Phopholipids mit einer Schale aus Wassermolekülen, die durch H-Brücken verknüpft sind. Der Energieaufwand, der mit der Bildung der regelmäßigen Anordnung der H_2O-Moleküle verbunden ist, wird durch die Bildung geschlossener Membranen vermieden, wie **rechts** gezeigt wird. **c)** Hydrophober Effekt als treibende Kraft zum Einbau der integralen Proteine (z.B. Ionenkanäle) in Lipiddoppelschicht. Dazu werden diese aus alternierenden Sequenzen aus hydrophoben und hydrophilen Aminosäuren aufgebaut. Die Länge der hydrophoben Domänen ist so eingestellt, dass sie gerade die Membran durchspannen. Bei Fehlpassung müssen die Membranen elastisch deformiert werden.

sind die Zellmembranen aus Lipiden mit unterschiedlicher Kettenlänge aufgebaut. Die Proteine und Lipide sortieren sich daher spontan derart, dass die hydrophoben Dicken lokal angepasst sind. Mit diesem Trick können in Membranen supramolekulare Domänen mit spezifischen Funktionen wie Hormon-Signalverstärkung entstehen, oder die Lipide und Proteine zwischen den verschiedenen Kompartimenten der Zelle sortiert werden (s. dazu den Vortrag von Herrn Simon). Bei nur 0,5 nm Unterschied der Dicken beträgt der Energieaufwand schon einige 100 $k_B T$.

Selbstorganisation und Skalengesetze oder: die Natur als Konstrukteur

Galilei zeigte uns erstmals die Bedeutung der Skalengesetze am Beispiel der Grenzen des Größenwachstums. Unter Skalengesetzen versteht man den Zusammenhang zwischen den physikalischen Eigenschaften und der Dimension der betrachteten Systeme. Bei einer Vergrößerung der Dimension L eines Wirbeltieres, um den Faktor λ nimmt das Gewicht mit der dritten Potenz, der Durchmesser der Knochen aber mit dem Quadrat des Faktors zu. Bei gleicher Zusammensetzung des Knochenmaterials müsste der Knochen-Durchmesser mit $\lambda^{3/2}$ steigen, um die mechanische Stabilität des Lebewesens zu gewährleisten. Falls die Natur neues Knochenmaterial entwickeln würde, müsste dies so geschehen, dass die dimensionslose Größe $G=\rho g L/E$ (wir könnten es Galilei-Zahl nennen) konstant bleibt.

Ein noch eindrucksvolleres Beispiel für die Natur als smarten Konstrukteur ist der Wechsel der Antriebsmotoren schwimmender Lebewesen beim Übergang vom Bakterium zum Fisch. Während Bakterien sich durch schlagende bzw. rotierende Flagellen durchs Wasser bewegen, erzeugen Fische oder Menschen eine meist turbulente Strömung, die sich weit in die umgebende Flüssigkeit erstreckt. Nach dem Newtonschen Gesetz der Reibungskraft erzeugt die Strömung auf den Körper des Fisches eine Reibungskraft (pro Oberfläche) der Größenordnung $F \sim \eta L \Delta v/\Delta z$. Nach dem dritten Newtonschen Gesetz erzeugt diese Reibungskraft eine gleich große Kraft (Antriebskraft) in Vorwärtsrichtung.

Warum funktioniert das bei sehr kleinen Tieren nicht? Wie jeder Ingenieur und Physiker lernt, spielt bei einer Änderung der Größe des Objekts die nicht von der Größe abhängige Reynolds-Zahl

$$Re = \frac{Beschleunigungskraft}{Reibungskraft} = \frac{\rho L v}{\eta}$$

eine zentrale Rolle (wobei ρ die Dichte und η die Zähigkeit des Mediums ist). Falls die Reynolds-Zahlen zweier Systeme (z.B. eines Schiffes und dessen Modells im Windkanal) gleich sind, stimmen die Strömungsmuster und die Antriebskräfte überein. Wegen des enormen Größenunterschieds wäre die Reynolds-Zahl eines Bakteriums (das etwa 1µm lang ist) bei gleicher Geschwindigkeit v um rund 6 Größenordnungen kleiner, d.h. das Bakterium müsste sich eine Million mal so schnell bewegen wie der Fisch, um wie dieser zu schwimmen. Mit anderen Worten, das schwimmende Bakterium fühlt sich wie ein Fisch, der in Honig schwimmen möchte, wie der große Hydrodynamiker G. Taylor erstmals erkannte (s. [2]). Taylor zeigte auch in recht komplizierten Rechnungen, dass die Rotations- und Wellenbewegung der Flagellen unter diesen Umständen der ideale Antrieb ist. Im wesentlichen geht seine Argumentation wie

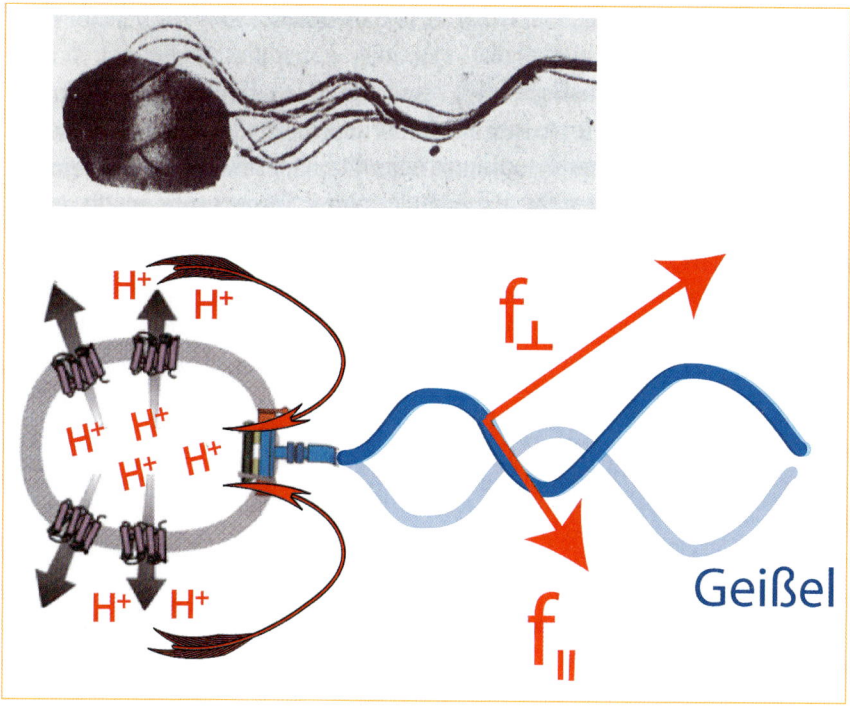

Abb. 3 Die Natur als Konstrukteur. Wechsel des Antriebs schwimmender Lebewesen beim Übergang vom mikroskopischen zu makroskopischen Dimensionen. Der Fisch schwimmt durch Erzeugung einer Strömung (der Geschwindigkeit v) mittels Flossenbewegung. Bakterien schwimmen durch Rotation oder Wellenbewegung ihrer Geißeln. Sie bewegen sich durch Wasser wie Schrauben durch die Wand.

folgt: Bei der Auf- und Abbewegung der Flagellen unterliegen diese einer extrem anisotropen Reibungskraft. Da diese in Richtung der Längsachse viel kleiner ist als senkrecht dazu (**s. Abb. 3**), entsteht eine in Richtung der Längsachse wirkende Reibungskraft, welche das Tier vorantreibt (allerdings mit maximaler Geschwindigkeit von $v \approx 1\mu m/sec.$). Es ist übrigens derselbe Mechanismus, der auch eine Schraube beim Drehen in die Wand treibt. In anderen Worten: Bakterien bewegen sich durch Wasser wie Schrauben in die Wand. Dieser Mechanismus würde bei hohen Reynolds-Zahlen nicht funktionieren, d.h. Flagellen sind keine Schiffsschrauben.

Epilog

Wir sind oft fasziniert, wenn wir sehen, dass die belebte Natur Materialien herstellt oder physikalisch-chemische Konzepte zu deren Herstellung benutzt, die wir in der Technik oft parallel entwickelt haben. Andererseits hatte die Natur zirka 3 Milliarden Jahre Zeit zum Spielen und Optimieren, während der Mensch dies in ein paar tausend Jahren schaffte, und dies geschah wirklich durch intelligentes Entwerfen. So gesehen sind wir wirklich die Krone der Schöpfung.

Zu allen Zeiten stand die Wissenschaft im Dienste der Menschheit. Und so können wir uns fragen, ob die Erforschung der Selbstorganisation auch nützlich ist. Die Antwort ist ja. Sie kann uns helfen, Strategien zur Entwicklung neuer Materialien zu entwickeln. Beispiele sind die Entwicklung selbstheilender Materialien oder selbstreinigender Oberflächen. Es besteht auch die Hoffnung, dass das Studium der Evolution lebender Materie neue Einsichten in die Organisation komplexer Maschinerien liefert. Dazu zählt auch die menschliche Gesellschaft. Vielleicht lehren uns die Einsichten in die Kontrolle zellulärer Prozesse oder der Materialeigenschaften durch Zusammenspiel der biochemischen und genetischen Signalsysteme neue Wege zur Konfliktlösung der menschlichen Gesellschaft. In die Ökonomie haben die Ideen der Musterbildung durch nicht-lineare Dynamik ja schon seit Poincaré, d.h. vor über 100 Jahren Eingang gefunden; in der Ökologie schon seit 150 Jahren durch die Theorien des begrenzten Wachstums von Malhoust oder der Räuber-Beute-Beziehung durch Lotka-Volterra (s. Pleitgen und Richter).

Literaturzitate:

1 Deutsche Physikalische Gesellschaft. Denkschrift zum Jahr der Physik, 2000
2 Purcell E. Life at low Reynolds numbers. Amer J Physics 1977; 45: 3-11
3 Pleitgen H, Richter P. The Beauty of Fractals, Springer Verlag (1988)

Prof. Dr. Erich Sackmann, geboren 26. 11. 1934. Studium der Physik in Stuttgart und München. Promotion an der TU Stuttgart (1964) und Habilitation an der Universität Göttingen (1973). Wissenschaftlicher Mitarbeiter an den Bell Telephone Laboratories und am MPI für Biophysikalische Chemie in Göttingen (1967–1974). Ordentlicher Professor der Physik an der Universität Ulm (1974–1980) und an der TU München (1980 bis zu seiner Emeritierung 2003). Gastprofessuren am Institute Curie, Paris, und an der University of California (UCLA). Autor zahlreicher Publikationen und Fachbücher auf dem Gebiet der Physik von Flüssigkristallen, Zell-Membranen und Biopolymer-Netzwerken, sowie der mikromechanischen Eigenschaften von Zellen.

Auszeichnungen: Fellow of the American Physical Society. Oswald Medaille der Deutschen Kolloidgesellschaft (2000). Stern-Gerlach Preisträger 2006 der Deutschen Physikalischen Gesellschaft.

Organisatorische Tätigkeiten: Präsident der Deutschen Gesellschaft für Biophysik (1974–1980), Begründer und Vorsitzender des Arbeitskreises für Biologische Physik in der Deutschen Physikalischen Gesellschaft (2003–2005). Mitherausgeber des Europ. Biophys. Journals. Dekan am Physik Department der TU München (1989–1991), Sprecher des Münchner Sonderforschungsbereichs 266 (von 1988–2000).

Prof. Dr. rer nat. Erich Sackmann
Physik-Department (E 22)
James-Franck-Str. 1
D85748 Garching,
E-mail sackmann@ph.tum.de

Vom Winde verweht –
Wie Fluiddynamik hilft, Entstehung und Bewegung von Sanddünen zu verstehen

Hans Jürgen Herrmann

Neue Einsichten in die Physik der Schüttgüter haben es ermöglicht, Bewegungsgleichungen für windgetriebene Sandoberflächen aufzustellen. Die Lösung dieser Gleichungen ermöglicht ein besseres Verständnis der Entstehung, Bewegung und Morphologie verschiedener Dünentypen.

Jedem sind entweder aus eigener Urlaubserfahrung oder von Fernsehberichten die herrlichen Landschaftsbilder geläufig, welche Dünen erzeugen. Elegant geschwungene Flächen werden von scharfen Kanten durchzogen wie ein erstarrtes Meer, welches gleichwohl in langsamer Bewegung ist. Seit Urzeiten werden Dünen von den Menschen besungen. Geographen und Geomorphologen klassifizieren sie seit über hundert Jahren nach ihrem Aussehen und geben ihnen klangvolle Namen, meist türkischen oder arabischen Ursprungs. Doch interessanterweise ist es erst kürzlich gelungen, zu verstehen, wie sie entstehen und warum.

Auf der Erde gibt es Dünen im Wesentlichen entweder an Küsten oder in Wüsten. Sie treten oft in gigantischen Feldern auf, deren Ausmaß sich bloß in Flugzeug oder Satellitenaufnahmen wie in **Abb. 1** würdigen lässt. Sie werden ständig vom Wind verändert und bewegen sich typischerweise mit Geschwindigkeiten, die umgekehrt proportional zu ihrer Höhe sind. Vegetation, chemische Verwitterung oder klimatische Änderungen können Dünen zum Stillstand bringen und sie eventuell fossilisieren. Solche Fossildünen geben Geologen Aufschlüsse über die neuere Geschichte der Erdkruste. Besonders interessant für Planetologen sind in diesem Zusammenhang Marsdünen (**Abb. 2**). Sie treten in großer Vielfalt an verschiedensten Stellen dieses Himmelskörpers auf und sind zur Zeit Anstoß umstrittener Spekulationen.

Die meist studierten Dünenformen sind die so genannten Wander- oder Sicheldünen (Fachausdruck Barchane), welche halbmondförmig (**Abb. 2**) mit den Hörnern in Windrichtung dann entstehen, wenn der Wind immer aus der gleichen Richtung kommt und relativ wenig beweglicher Sand sich auf einer flachen Ebene befindet. Falls mehr Sand vorhanden ist, entstehen sogenannte Transversaldünen in regelmäßigen Abständen senkrecht zur Windrichtung, ähnlich wie in **Abb. 1**. Ändert sich die Windrichtung regelmäßig um ca. 40°, so entstehen bei genügendem Sand Longitudinaldünen, dreht sich der Wind, findet man Sterndünen. Insgesamt werden über 100 Dünentypen unterschieden.

Nicht nur die Luft produziert Dünen, sondern auch andere Fluide, wie Wasser (oder die Atmosphäre vom Mars). Auf dem Ozeanboden werden zum Teil kilometergroße Dünen beobachtet. Entscheidend ist die Kopplung der Geschwindigkeitsfelder dieser Fluide mit den Körnern und der Veränderbarkeit der Oberfläche. Die Düne ist eine hydrodynamische Instabilität, d.h. nur aus dem Wechselspiel von Fluid und Granulat erklärbar. Entscheidend zum Verständnis sind die

Abb.1 Satellitenaufnahme der Lençois-Maranhenses im Nordosten Brasiliens. Der Sand wird vom Meer landeinwärts getrieben, und zwischen den einzelnen Dünenzügen entstehen in der Regenzeit Seen, welche als dunkle Flecken erkennbar sind.

Transportvorgänge der Körner auf der Oberfläche.

Aeolischer Transport

Während des 2. Weltkrieges kämpfte ein englischer Brigadier namens Ralph A. Bagnold in der lyibschen Wüste gegen die Truppen Rommels. Dieser ausgebildete Ingenieur verbrachte die vielen müßigen Stunden in der Wüste mit Untersuchungen windgetriebener Sandbewegung und wurde somit zum Pionier der Dünenforschung. Sein klassisches Buch „The physics of blown sand" [1] beschreibt die grundlegenden Konzepte der physikalischen Vorgänge.

Im Wesentlichen unterschied er drei Arten von Sandtransport: Körner, die kleiner sind als 80 µm, geraten in Suspension und können somit über viele Kilometer in der Luft verweilen. Besonders feines Material wird sogar über die Ozeane auf andere Kontinente geweht, so dass selbst in unseren Landen gelegentlich Saharastaub vom Regen auf die trocknende Wäsche gerät. Körner mit Durchmessern, die 300 – 400 µm überschreiten, können vom Wind normalerweise nicht hochgewirbelt werden

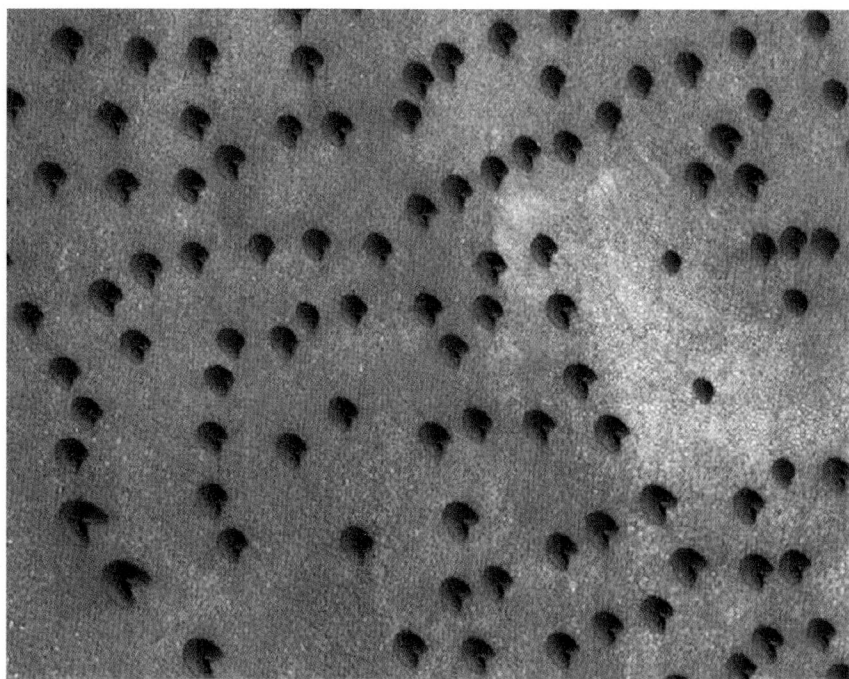

Abb. 2 Barchanfeld am Nordpol vom Mars im Sommer am 23. Mai 2004. Bild von NASA/JPL/MSSS.

und bleiben somit auf dem Boden liegen. Ihre Zitterbewegung führt zu einem diffusiven Oberflächentransport, auch „Reptation" genannt. Körner, deren Größe zwischen diesen beiden Bereichen liegt, d.h. typischerweise zwischen 100 μ und 300 μm, kommen für den für Dünenbewegungen relevantesten Prozess, genannt „Saltation", in Frage.

Saltation funktioniert folgendermaßen: Ein Korn, welches aufgrund eines kleinen lokalen Wirbels des Windes von dem Boden hochgezogen wird, gerät in Zonen höherer Geschwindigkeit und wird somit beschleunigt. Prallt es anschließend wieder auf die Oberfläche mit nun erhöhter Energie, schlägt es beim Aufprall gleich mehrere neue Körner nach oben. Dieser sogenannte „splash" produziert also denselben Vorgang in mehrfacher Ausfertigung. Bei jeder Iteration wird kaskadenartig die Anzahl der fliegenden Körner vermehrt. Jedes Korn entzieht aufgrund des zweiten Hauptsatzes der Mechanik: *actio = reactio*, dem Windfeld Impuls. Zunehmend wird bei ansteigender Teilchenzahl der Wind in der Nähe des Bodens geschwächt, so dass schließlich die Anzahl der transportierbaren Teilchen zu einem Grenzwert, dem saturierten Sandfluss q_s strebt. Dieser Fluss q_s hängt von der Windstärke ab und wurde schon von Bagnold gemessen, welcher empirisch feststellte, dass q_s für große Geschwindigkeiten wie die dritte Potenz der Windgeschwindigkeit anwächst. Seitdem wurden vielerorts in Windkanälen sehr detaillierte Experimente durchgeführt und mannigfaltige, mit mehreren Anpassungsparametern behaftete empirische Ausdrücke postuliert, um den Zusammenhang zwischen saturiertem Fluss und Windstärke zu beschreiben.

Der Saltationsprozess ist natürlich in Wirklichkeit komplizierter. Beim Aufprall fliegen die Körner aufgrund der zufällig ungeordneten Packung des Sandbettes in verschiedene Richtungen und mit unterschiedlichen Energien. Auch der Wind fluktuiert stark. Ein genaueres Verständnis der Grenzschicht, in der der Transport stattfindet, ist zur Zeit Gegenstand sowohl intensiver, experimenteller als auch numerischer Forschung. Die Splashfunktion, d.h. die Verteilungsfunktion der Ejektionswinkel und Geschwindigkeiten, ist mittlerweile gut bekannt. Dagegen ist die Wechselwirkung mit dem Fluid, insbesondere die Änderung des Geschwindigkeits- und Druckprofils der Luft als Funktion der Höhe in der Nähe des Bodens heutzutage noch so gut wie unbekannt. Interessanterweise stellt sich eine charakteristische Höhe ein, welche typischerweise bei 5 bis 20 cm über dem Boden liegt, bei der die Aufenthaltswahrscheinlichkeit der Teilchen und somit auch der Impulsverlust der Luft am größten ist. Wer schon einmal in der Wüste oder am Strand bei starkem Wind den Boden betrachtet hat, mag eine flimmernde Decke beobachtet haben, welche in dieser Höhe anscheinend über dem Boden schwebt.

Das vereinfachte Bild des kaskadenförmigen Anwachsens und der anschließenden Sättigung der Saltation erlaubt eine mathematische Modellierung, welche in ihrer heutigen Form in der Doktorarbeit von Gerd Sauermann entwickelt wurde. Durch sie lässt sich die Zeitentwicklung des Sandflusses durch die logistische Gleichung beschreiben, welche auch in der Populationsdynamik eine große Rolle spielt. Demzufolge wächst der Fluss exponentiell bis zu einer charakteristischen Saturationslänge an, um schließlich den Wert q_s anzunehmen. Die Saturationslänge selbst ist eine nichtlineare Funktion der Windgeschwindigkeit.

Bewegungsgleichungen für die Sandoberfläche

Die Beschreibung des Sandflusses als Funktion der Scherkraft des Windes in Form der oben beschriebenen logistischen Gleichung hat es ermöglicht, ein geschlossenes System von Differentialgleichungen für die Bewegung der granularen Oberfläche zu formulieren. Man betrachtet drei kontinuierliche Felder, welche auf der zweidimensionalen (x,y)-Ebene definiert sind: Die Scherspannung des Windes $\tau(x,y)$, der Sandfluss an der Oberfläche $q(x,y)$ und die Topographie $h(x,h)$, d.h. die lokale Höhe des Terrains. Die lokale Scherspannung $\tau(x,y)$ aus dem dreidimensionalen turbulenten Geschwindigkeitsfeld des Windes zu gewinnen, ist eine tour de force, welche schon Ende der siebziger Jahre von einer Gruppe englischer Mathematiker in Cambridge durchgeführt wurde. Dabei wird benutzt, dass nach Prandtl (1924) die Geschwindigkeit über einer Ebene als Funktion der Höhe logarithmisch anwächst. Unter Einbeziehung der Inkompressibilitätsbedingungen der Luft und der Näherung geringer lokaler Steigung des Bodens (hügelige Landschaft) erbrachten Jackson und Hunt [2] nach fast zehnjähriger Arbeit einen Integralausdruck, welcher die Scherspannung am Boden als Funktion der lokalen Steigung ∇h und der charakteristischen Windgeschwindigkeit u^* beschreibt, wobei u^* der Vorfaktor des erwähnten logarithmischen Profils ist. Benutzt man diesen wohlerprobten Ausdruck in der logistischen Gleichung des Sandflusses und beschreibt man die Änderung der Topographie $h(x,y)$ mit Hilfe der Massenerhaltung durch die räumliche Änderung des Oberflächenstroms $q(x)$, so ergibt sich ein geschlossenes Gleichungssystem, das Minimalmodell [3].

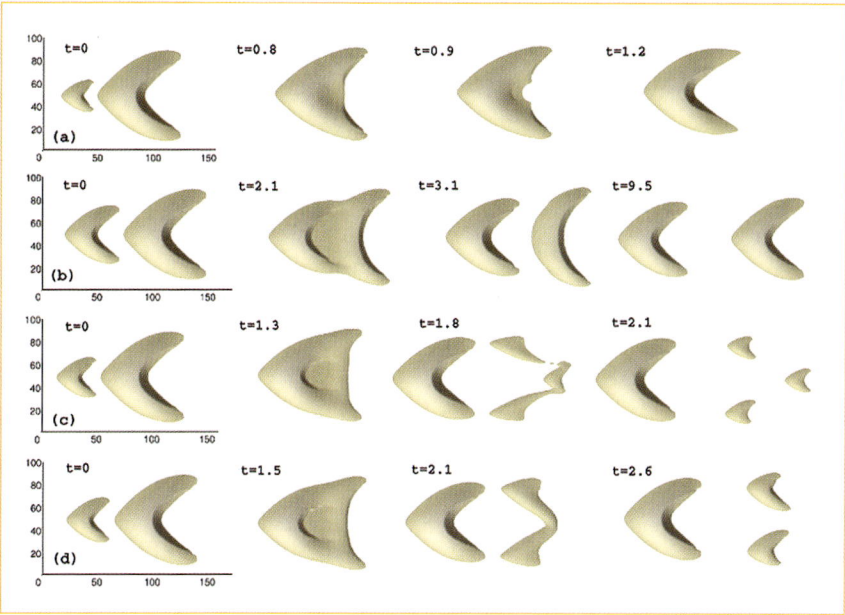

Abb. 3 Vier Momentaufnahmen der Kollision zweier Wanderdünen, berechnet von O. Duran aus den Bewegungsgleichungen. Die Fälle **(a)** bis **(d)** entsprechen verschiedenen anfänglichen Größenverhältnissen der beiden Dünen.

Allerdings ist es mit dem Gleichungssystem für windgetriebenen Sand nicht getan. Granulare Medien haben eine weitere typische Eigenschaft, nämlich die Existenz eines Böschungswinkels. Jeder steilere Abhang ist unstabil und wird sogleich durch eine Rutschung so verändert, dass danach die lokale Steigung genau den Böschungswinkel annimmt. Treibende Kraft dieser Bewegung ist die Schwerkraft. Teile der granularen Landschaft, welche durch Rutschungen auf die Steigung des Böschungswinkels eingestellt wurden, nennt man Gleitflächen.

Dort, wo die Gleitflächen ansetzen, entstehen scharfe Kanten, welche, wie schon anfangs erwähnt, jedermann als ein charakteristisches Merkmal von Dünenlandschaften erkennt. Pfeift der Wind über eine solche Kante, so wird an ihr der Luftstrom aufgetrennt in eine obere Zone, in welcher der Wind relativ ungestört weitergeht, und eine untere mit einem rückströmenden Wirbel. In dieser unteren Zone, der so genannten Trennblase, kann der Sand aufgrund des schwachen Windfeldes nicht mehr transportiert werden. Mit anderen Worten: Gerät ein Sandkorn erst einmal in die Trennblase, so befindet es sich im Windschatten der Düne und ist somit gefangen. Die Dünen stellen somit aus Sand gebaute Fallen für Sand dar. Dies ist der wesentliche Mechanismus, welcher Dünen stabilisiert.

Die Entstehung der Gleitzonen als Gebiete mit einem anderen Transportmechanismus stellt für die numerische Lösung der Bewegungsgleichungen natürlich eine besondere Komplexität dar. Die Größe und Form der Trennblasen muss zur Lösung eingesetzt werden. Hierzu stehen zur Zeit nur empirische Ausdrücke, welche aus Windtunnelmessungen oder numerischen Rechnungen stammen, zur Verfügung. Die vollständige Evolution der windgetriebenen Sandoberfläche erfolgt iterativ: Ausgehend von einer Anfangslandschaftsform mit gegebenen Gleitebenen und den dazugehörigen Trennblasen wird das Scherspannungsfeld des Windes am Boden und daraus der Sandfluss berechnet. Die Kontinuitätsgleichung ergibt eine erste vorläufige Topographie. Dort, wo dessen Steigung den Böschungswinkel überschreitet, werden die Gleitflächen bestimmt, an die man wieder Trennblasen ansetzt. Erst auf dieser neuen, mit den Trennblasen behafteten Landschaftsform wird dann erneut die Scherspannung des Windes bestimmt.

Trotz seiner Komplexität ist dieses beschriebene Lösungsverfahren zur Zeit die einfachste Methode, die Dünenevolution zu berechnen. An Wanderdünen wurde dieses Verfahren ausgiebig geprüft und sehr erfolgreich quantitativ an Feldmessungen bestätigt. Ausgehend von gaussförmigen Hügeln erhält man bei vorgegebenem Wind stabile, d.h. in der Zeit invariante Dünenformen, wenn das Anfangsvolumen des Hügels oberhalb eines Maximalwertes liegt. Kleinere Dünen entwickeln keine Gleitflächen und stellen somit auch keine Sandfalle dar. Dies erklärt, weshalb Dünen unterhalb einer bestimmten Größe in der Praxis nicht stabil sind. Mit den numerischen Untersuchungen konnte auch gezeigt werden, dass die Endform unabhängig von der Anfangsform des Hügels ist, solange das Volumen gleich ist. Aufgrund der klimatischen Schwankungen und der langen Dauer solcher Entwicklungen (typischerweise 100 – 1000 Tage), sind solche Untersuchungen in Feldmessungen in der Praxis nicht möglich. Laborexperimente mit Dünen sind ebenfalls aufgrund ihrer Ausmaße ausgeschlossen: Die kleinsten stabilen Wanderdünen sind ca. 50 m breit und 70 m lang.

Der bedeutendste Vorteil der Modellierung der Dünenentwicklung ist die enorme Reduktion in der Zeitskala. Evolutionen, die 100 Jahre dauern, lassen sich in wenigen Tagen auf der Workstation nachvollziehen. Besonders eindrucksvoll hat dieses Zeitraffen die Kollisionseffekte von Wanderdünen erklärt. Da kleine Dünen schneller sind als große, wird eine kleine, welche hinter einer großen ist, zwangsläufig mit ihr zusammenstoßen. Falls die hintere Düne sehr klein ist, wird sie von der davorliegenden einfach verschluckt (siehe **Abb. 3a**). Sind die beiden aber fast gleich groß, so nähern sie sich derart langsam, dass sie nie richtig zusammenstoßen, sondern sich vorher gegenseitig abbremsen. Dabei verliert die Vordere Sand nach hinten, so dass nach einer gewissen Zeit die Hintere größer wird als die Vordere. Nach dieser Inversion gelingt es schließlich der Vorderen, da sie jetzt kleiner und somit schneller ist, wieder zu entkommen. Dieses Szenario ist in Abb. 3b dargestellt. Effektiv sieht es fast so aus, als ob die Kleinere die Größere durchdringt und dabei beide ihre Formen asymptotisch beibehalten. Dieses Verhalten ist typisch für Solitonen. Vor acht Jahren beschrieb in den Physikalischen Blättern die Kölner Geographin Helga Besler die Möglichkeit, dass Dünen sich wie Solitone durchdringen können [4]. Sie stützte ihre Aussage auf der Beobachtung von Momentaufnahmen. Kaum jemand wollte ihr Glauben schenken. Die hier beschriebenen Rechnungen zeigen, in welchem Sinne Frau Besler recht hatte.

Die Kollision von zwei Wanderdünen kann allerdings auch noch andere Situationen hervorrufen, je nach Größenverhältnis der Dünen. So können z.B. zwei (siehe **Abb. 3c**) oder, wie seit kurzem entdeckt, sogar drei (siehe **Abb. 3d**) Ableger entstehen. Diese Babies verschwinden in einigen Fällen auch wieder, wenn sie unter den angegebenen Randbedingungen nicht stabil sind.

Küsten- und Wüstendünen unterscheiden sich im Rahmen der Modellierung im wesentlichen durch die Transportbedingungen am Boden. In der Wüste ist es trocken, so dass zwischen den Dünen ein Geröllboden liegt, über den der Sand durch den Wind transportiert werden kann. Somit gibt es einen Sandaustausch zwischen den Dünen. An den Küsten ist es meistens feucht und Vegetation sprießt aus dem Boden. Deshalb befindet sich dort zwischen den Dünen meist Gras oder Gebüsch, welches den Sandtransport verhindert. In diesem Fall sind Dünen voneinander isoliert. Aus diesem Grund ist auch die Form von Küsten- und Wüstendünen verschieden. Durch Änderung der Randbedingungen und der Parameter lassen sich die beiden Fälle numerisch sehr gut unterscheiden.

Dünenfelder in der Wüste oder auf dem Mars, wie in **Abb. 2** dargestellt, laufen meist entlang von Korridoren, welche wie von magischer Hand zusammengebündelt werden. Dieser Effekt lässt sich durch die Kopplung der Dünen aufgrund ihres Sandaustausches verstehen. Innerhalb solcher Felder können die Dünen nämlich auch seitwärts wandern, und zwar mit einer starken Tendenz in Richtung des Zentrums des Feldes, da dort der globale Sandstrom am stärksten ist. Des weiteren werden auch interessante Muster beobachtet, welche ebenfalls auf die räumliche Verteilung des intradünären Sandflusses zurückzuführen sind.

Erst kürzlich ist es gelungen, auch den Effekt der Vegetation einzubeziehen. Diese lässt sich durch ein skalares Vektorfeld beschreiben, welches im Allgemeinen anwächst, jedoch bei starken Fluktuationen der lokalen Höhe wieder abnimmt, da Pflanzen, die mit Sand überhäuft oder deren Wurzeln freigelegt werden, absterben. Baut man in die Sandtransportgleichungen nun den bodenfestigenden Effekt und den Widerstand gegen den Sandtransport durch die Vegetation mit ein, so erhält man ein gekoppeltes System von Gleichungen, in der das Wechselspiel von Dünenbewegungen und gleichzeitigem Pflanzenwachstum berücksichtigt wird. Dieser Ansatz hat dazu geführt, dass der Übergang von Sicheldünen zu „Paraboldünen" verstanden werden konnte. Die beiden nach vorn gerichteten Hörner der Wanderdünen werden nämlich von der Vegetation als erstes festgehalten und bleiben somit zurück, so dass sich nach einer gewissen Zeit die Hörner der Wanderdünen nach hinten zeigen und die Düne immer länger wird. Solche Paraboldünen werden sehr oft auch in fossiler Form an Küsten beobachtet.

Die Welt der Dünen ist noch voller Rätsel. Ein besonders markantes Phänomen, welches sich bis zum heutigen Tage gänzlich unserem Verständnis entzieht, ist der berühmte Gesang der Dünen. Es gibt etwa 15 Dünen auf unserem Planeten, welche singen können. Jede von ihnen mit einer anderen Frequenz und Kadenz. Sie liegen in verschiedenen Kontinenten, verschiedenen Klimazonen und sind entweder Küsten- oder Wüstendünen. Auch die Form der Körner oder die Stärke des Windes ist nicht einheitlich. Dieser Gesang, welcher letztens in der Zeitschrift des CNRS auf einer CD an sämtliche Mitglieder dieser französischen Organisation verschickt wurde, kann über 110 Dezibel erreichen und ist somit über mehrere Kilometer deutlich zu hören. Seit 50 Jahren werden verschiedene theoretische Erklärungen versucht, die sich jedoch bislang leicht haben widerlegen lassen. Das Fehlen eines einheitlichen Merkmals und die anscheinend geringe Anzahl von Bewegungsmöglichkeiten der Dünen erschwert ungemein die Aufstellung eines allgemein zusammenhängenden Prinzips.

Es gibt also noch viel Forschungsbedarf zu diesem eigentlich ganz alltäglichen, makroskopischen und klassischen Phänomen der Dünen.

Literatur
1. Bagnold RA. The physics of blown sand and desert dunes, Methuen, London, 1941
2. Jackson PS, Hunt JCR. Q.J.R. Meteorol. 1975;101: 929
3. Kroy K, Sauermann G, Herrmann HJ. A minimal model for sand dunes. Phys. Rev. Lett 2002; 88: 054301
4. Besler H. Physikalische Blätter 1997; 10: 983

Prof. Dr. Hans Jürgen Herrmann, geboren am 1.1.1954 in La Habana, Kuba, studierte Physik in Göttingen und Köln, wo er 1981 promovierte. Nach Aufenthalten in Georgia und Boston ging er 1983 nach Saclay und beschäftigte sich dort besonders mit Wachstums- und Aggregationsphänomenen sowie zellularen Automaten. 1990 nahm er eine Leitungsfunktion am HLRZ in Jülich wahr und forschte auf dem Gebiet ungeordneter Materialien. Von 1994 bis 2000 war er in Paris als Direktor am Laboratoire de Physique et Mécanique des Milieux Hétérogènes (PMMH) an der École Supérieure de Physique et de Chimie Industrielles de la Ville de Paris (ESPCI) tätig. 1996-2006 übernahm er die Leitung des Instituts für Computerphysik an der Universität Stuttgart. Seit 2005 ist er Professor an der Universidade Federal do Ceará in Fortaleza, Brasilien, zudem ist er seit 2006 Professor an der Eidgenössischen Technischen Hochschule Zürich. Sein jüngeres Forschungsinteresse gilt ingenieurwissenschaftlichen Fragestellungen, z.B. zur Bodenmechanik und zu Verbundstoffen, aus der Perspektive der Theoretischen Physik und Computerphysik.

Prof. Dr. Hans-Jürgen Herrmann
Rechnergestützte Physik der Werkstoffe
IfB, ETH Zürich, HIF E12
Schafmattstraße 6
8093 Zürich
Schweiz

Eröffnung der Festsitzung der Gesellschaft Deutscher Chemiker

Henning Hopf

Die Eröffnung der Festsitzung der Gesellschaft Deutscher Chemiker anlässlich der Versammlung der Gesellschaft Deutscher Naturforscher und Ärzte konnte der Präsident der GDCh, Prof. Jahn, wegen Terminüberschneidungen zu seinem großen Bedauern nicht selbst vornehmen.

Das Thema der diesjährigen 124. Versammlung, **Vom Urknall zum Bewusstsein – Selbstorganisation der Materie**, hat die GDNÄ sehr gut gewählt, denn schon auf den ersten Blick kann man darunter alle Schlüsseldisziplinen der Naturwissenschaften und auch die Medizin subsumieren. Die Chemie hätte zu diesem Thema weitaus mehr beitragen können, als sie das in „ihren" Vorträgen auf dieser Versammlung exemplarisch tun kann. Zwei dieser Vorträge werden Sie in dieser Festsitzung erleben können. Ich freue mich, dass Herr Kollege Ertl aus Berlin Sie gleich auf das wissenschaftliche Programm einstimmen wird. Wie es gute Tradition ist, zeichnet die GDCh auch auf dieser Festsitzung Wissenschaftler für herausragende Leistungen aus. Ich darf die Preisträger ganz herzlich begrüßen. Wir werden vor und nach der Pause ihre Leistungen in diesem festlichen Rahmen würdigen.

Meine obige Aussage, dass sich die Chemie sehr gut unter dem Thema der diesjährigen GDNÄ-Versammlung „wiederfinden" kann, mag Sie vielleicht überraschen. Wo gibt es denn in der Chemie Selbstorganisation, ein Begriff, der doch eher aus der Biologie zu stammen scheint? Dem ist keinesfalls so.

Die Chemie kann man nach unterschiedlichen Kriterien einteilen, die klassische Einteilung in Organische und Anorganische Chemie kennen Sie alle. Man kann aber auch andere Kriterien heranziehen. Eines davon ist die Bindungsstärke, die Kraft, mit der Atome in Molekülen zusammengehalten werden, sowie die Kräfte, mit denen Moleküle miteinander wechselwirken.

Die klassische Organische Chemie war eine Chemie der kovalenten Bindungen: Atome, in der Organischen Chemie im wesentlichen Kohlenstoff, Wasserstoff, Stick- und Sauerstoff und einige andere Heteroatome werden von Bindungskräften zusammengehalten, die für die Einfachbindung zwischen 60 und 100 kcal/mol liegen. Um diese Bindungen zu lösen und neue zu knüpfen, nichts anders geschieht in der Organischen Chemie, benötigte man häufig höhere Temperaturen, besonders in der chemischen Industrie. Gelegentlich braucht man sogar sehr hohe Temperaturen, wie bei der Benzinherstellung durch das Cracken von Erdöl, wo Temperaturen bis zu 400°C erforderlich sind; übliche Arbeitstemperaturen liegen häufig zwischen 100 und 200°. Man kann sagen, dass die Organische Chemie bis weit in die Mitte des letzten Jahrhunderts hinein eine thermische Chemie war. Es überrascht deshalb auch nicht, dass – neben der Waage – das Thermometer eines der wichtigen physikalischen Messgeräte in der frühen Phase der Chemie war. Tatsächlich ist es erstaunlich, welche Leistungen besonders der Strukturbestimmung mit diesen beiden einfachen Hilfsmitteln möglich waren.

Damit auch die schwächeren Bindungskräfte, die rund eine Größenordnung kleiner sind, also im Bereich von 1 bis 10 kcal mol liegen, dem exakten Studium zugänglich werden, mussten erst die spektroskopischen Verfahren entdeckt, entwickelt und verstanden werden. Die Chemie, die sich schwächere Bindungskräfte zu Nutze macht, nämlich Wasserstoffbrücken, Dipol-Dipolwechselwirkungen, Wechselwirkungen zwischen aromatischen Systemen und andere nichtkovalente Kräfte, nennt man Supramolekulare Chemie. Mit diesem Begriff ist man der Selbstorganisation schon einen großen Schritt näher gerückt. Kennt man diese Bindungskräfte, kann auch die Chemie sich Fragen zuwenden wie dem Aufbau größerer Aggregate aus kleineren Molekülen, Aggregaten, die im Einzelfall auch neuartige Funktionen erfüllen können. Die Supramolekulare Chemie ist seit der Verleihung des Nobelpreises an Cram, Pedersen und Lehn im Jahre 1987 zu einem der Kerngebiete der Organischen und Anorganischen Chemie geworden. Supramolekulare Chemie bedeutet Verstehen, Konstruieren und Synthetisieren von aus kleineren Molekülen abgeleiteten Überstrukturen aller Art. Was deren dreidimensionalen Aufbau anbelangt, so kann man ohne Übertreibung sagen, dass die Grenzen nur durch die Phantasie der jeweiligen Forscher und Forscherinnen gesetzt werden. So ist es gelungen, alle Arten von helikalen Objekten zu konstruieren, nicht nur Doppelhelices, Moleküle, die über Hohlräume verfügen, in die sie andere Moleküle oder Atome aufnehmen können, die also als molekulare Transportsysteme fungieren können, molekulare Systeme mit besonderen Schichtstrukturen, Moleküle, die als Nanomotoren fungieren, Moleküle, die wie molekulare Werkbänke funktionieren etc. Der Abstand zu den biologischen Systemen, d.h. den Molekülen, die im Laboratorium Erde im Laufe der Evolution synthetisiert wurden, nimmt ab.

Ich selber mag den Ausdruck Selbstorganisation nicht gern, weil er für mich suggeriert, Moleküle hätten eine Art Willen, ein Selbstbewusstsein. Ich finde, Organisation reicht meistens völlig aus – eine Organisation, die zwangsläufig einsetzen muss, wenn sich z.B. zwei Moleküle über Zentren unterschiedlicher Elektronendichte erkennen oder sich ergänzen wie Schlüssel und Schloss und Säure und Base. Wie gesagt, diese Art von Chemie wird heute von Chemikern in großem Maße betrieben, wobei das Ziel häufig nicht mehr die Herstellung von bestimmten Stoffen mit bestimmten chemischen Eigenschaften ist, sondern die Synthese von Molekülen mit besonderen Funktionen – Moleküle, die etwas können jenseits ihrer Existenz: ein anderes Molekül umhüllen, ein System beweglich machen, Moleküle, die als molekulare Schalter fungieren können und als solche ebenso zum An- und Ausschalten z.B. von Licht verwendet werden können wie zur Speicherung von Information.

Betrachtet man die Entwicklung der Chemie in den letzten zweihundert Jahren, also etwa seit den grundlegenden Arbeiten Lavoisiers über die Verbrennung, so kann man – wählt man den Abstand groß genug – einen konsequenten Weg zu höherer Komplexität erkennen. Zuerst kam es darauf an, die Bausteine der Welt zu erkennen, die chemischen Elemente, ihre Art und Zahl. Das war bis Ende des 19. Jahrhunderts weitgehend gelungen. Dann ging es darum, aus diesen Elementen komplexere Moleküle aufzubauen – Moleküle, die durch starke Bindungen zusammengehalten werden. Und heute werden aus diesen Molekülen Übermoleküle hergestellt – zusammengehalten durch schwächere Bindungskräfte, die aber gleichwohl räumlich und zeitlich stabile Strukturen ermöglichen, weil es von diesen schwachen Bindungspartnern in den Startmolekülen sehr viele gibt. Wir beobachten also das, was man heute einen *bottom-up-approach* nennt. Das Aufregende ist nun, dass just zu dieser Zeit, in dem der Aufstieg gelingt - nicht zuletzt wegen einer hochentwickelten Synthesekunst – in der Biologie ein *top-down*-Denken um sich greift, in dem man von großen zu immer kleineren Strukturen geht. Und heute sind wir an dem Punkt angelangt, an dem sich diese beiden Denk- und Arbeitswege treffen. Damit werden so große Fragen – vielleicht noch nicht lösbar – aber bearbeitbar, ob es denn möglich sei, lebende Systeme zu synthetisieren, oder wenigstens sich selbst reproduzierende. Ob es möglich sei, z.B. so wichtige Moleküle wie etwa die DNA als Baustein für die Supramolekulare Chemie zu verwenden. Die DNA wird damit zu einem Ausgangsmaterial, ich will nicht sagen, wie jedes andere, denn dazu ist sie zu kompliziert, aber für Synthesechemiker bedeuten Strukturen wie die der DNA keine Begrenzung mehr im Denken oder Handeln. Spätestens an dieser Stelle sind wir bei der Selbstorganisation angelangt, wie sie auch im Titel der diesjährigen Jahrestagung intendiert ist.

Selbstorganisation spielt aber auch noch eine entscheidende Rolle in zwei anderen Bereichen der Chemie, in denen es sehr wohl auf Bewusstein und Selbstbewusstsein ankommt, ja diese essentiell sind.

Nämlich zum einen in der praktischen Chemie, in der chemischen Industrie, und zum anderen in einem Bereich, in dem wir uns gleichfalls permanent selbst organisieren und neu organisieren müssen, nämlich dem der Forschung und Bildung.

Lassen sie mich zu beiden Themenkreisen etwas sagen.

Die Chemie unterscheidet sich in sofern von anderen Naturwissenschaften, als sie über eine eigene Industrie verfügt. So etwas gibt es in der Biologie nicht, exakter müsste man sagen: noch nicht, und in der Physik auch nur begrenzt. Jedenfalls sind *biologische* und *physikalische Industrie* noch keine stehenden Begriffe.

Die chemische Industrie erlebt in letzter Zeit, nach Jahren der Neuorientierung, eine Renaissance. Das wird sowohl deutlich im Produktionswachstum der deutschen Chemieunternehmen, das im vergangenen Jahr mit sieben Prozent gegenüber dem Vorjahr das höchste seit 15 Jahren war. Und der Gesamtumsatz der chemischen Industrie hat im ersten Halbjahr 2006 mit einem Wert von 80,4 Milliarden Euro das vergleichbare Vorjahresniveau sogar noch um fünf Prozent übertroffen. Die volkswirtschaftliche Bedeutung der Chemie mögen Sie auch daraus erkennen, dass derzeit etwa 440 000 Menschen in der chemischen Industrie beschäftigt sind – und weitere 600 000 in anderen Branchen, die direkt oder indirekt von der Chemie abhängen.

Der Umsatz der deutschen chemischen Industrie lag 2005 bei 153 Milliarden Euro. Damit belegt diese Branche nach der Auto-, der Elektroindustrie und dem Maschinenbau Platz vier in Deutschland.

Diese Entwicklungen, die von großer Bedeutung für unsere Volkswirtschaft, für unseren Wohlstand sind, vollziehen sich vor dem Hintergrund einer sich mit hohem Tempo ändernden, globalen und globalisierten Industrielandschaft. Praktisch keine der deutschen Chemiefirmen existiert noch in der Form, in der sie vor einem Jahrzehnt bestand. Viele, selbst sehr große, sind verschwunden, andere haben sich total neupositioniert. Vielleicht kann das bei einer Wissenschaft, die sich selbst als eine der Veränderung, der steten Metamorphose begreift, auch gar nicht anders sein. Diese Formen von sozialer Selbstorganisation wissenschaftlich zu verstehen und zu beschreiben, ist mindestens ebenso schwer wie die das Verständnis der Selbstorganisation auf molekulare Ebene, von der ich weiter oben sprach.

Was die Forschung und Lehre anbelangt: auch hier ein Bild dramatischen Wandels

In unserem Universitätssystem erleben wir zur Zeit die größten Veränderungen seit 30 Jahren. Waren die Jahre zwischen 1970 und 2000 im wesentlichen Jahre der Expansion des tertiären Bildungsbereichs – Stichwort: Chancengleichheit – so geht es jetzt um eine Stratifizierung der Bildungslandschaft. Hierzu dient vor allen Dingen das Bachelor-Master-System, mit dem man hofft, Breite und Tiefe, Quantität und Qualität, unserer Hochschulen in Einklang zu bringen. Es ist klar, dass das Universitätssystem der Zukunft nicht mehr eines zur Ausbildung eines kleines Anteils der jeweiligen Altersjahrgänge sein kann, sondern die große Zahl an Studierenden berücksichtigen muss, die entsteht, wenn ein Drittel oder gar die Hälfte eines Jahrgangs studieren. Als ich 1960 mein Studium begann, gab es in Deutschland – der alten Bundesrepublik – 250 000 Studenten, heute sind es 10mal so viel. Das Bachelor-Master-System schafft – die angelsächsischen Länder haben es vorgeführt – die Möglichkeit gestufter akademischer Abgänge. Die Gesellschaft Deutscher Chemiker hat sich voll hinter diese Entwicklungen gestellt, ist allerdings der Meinung, dass die eigentliche Organisation dieser immensen Aufgabe von den Hochschulen selbst organisiert werden soll. Ich selber glaube übrigens nicht, dass der Umstellungsprozess bis 2010, wie es der Bologna-Prozess vorsieht, abgeschlossen ist, sondern auch hierfür eher eine ganze Generation erforderlich sein wird. Wobei im übrigen auch die Frage zu stellen wäre, ob die klassische Universität der beste Ort für die Ausbildung der Bachelorstudenten ist. Dass wir diese große Zahl junger Menschen im tertiären Bereich brauchen, ist ja gerade in diesen Tagen durch die neueste OECD-Studie noch einmal belegt bzw. gefordert worden. Viele der Arbeitsplätze, die diese jungen Menschen beanspruchen werden, gibt es übrigens noch nicht.

Da universitäre Bildung in Deutschland nach wie vor im Humboldtschen Sinne, nämlich ganz wesentlich durch Forschung betrieben wird, lassen sie mich zum Schluss noch ein wenig über die Organisation von Forschung sagen. Das ist ein komplexes Thema und ich beschränke mich auch im wesentlichen auf die Chemie, da ich hier die Verhältnisse am besten kenne.

Was den großen Rahmen anbelangt, so setzt der vor zwei Wochen vorgestellte Haushaltsentwurf 2007 mit einer Steigerung um fast 500 Millionen Euro auf 8,5 Milliarden Euro für das BMBF ein deutliches Zeichen für die Priorität von Bildung, Wissenschaft und Forschung in Deutschland. Das ist sehr erfreulich, wenngleich wir alle wissen, dass Deutschland noch immer deutlich weniger für die Forschung ausgibt als die USA und Japan und noch weit von dem seit langem anvisierten Drei-Prozent-Ziel, dem Anteil der Gesamtausgaben für Forschung und Entwicklung am Bruttoinlandsprodukt, entfernt ist. Die GDCh hat in den letzten Jahren mehrfach von Staat und Wirtschaft gefordert, massiv in Bildung und Forschung zu investieren. Nur so kann die Zukunftsfähigkeit Deutschlands gewährleistet sein. Diese Forderung erhalten wir uneingeschränkt aufrecht.

Glaubt man den Medien, so könnte man allerdings zu dem Schluss kommen, dass diese großen Summen zum Fenster hinausgeworfen sind und die Forschung in diesem Land nur zweitrangig sei. Ich möchte dieser Meinung für die Chemie vehement widersprechen. Und ich weiß, dass es in anderen Wissenschaften ähnlich ist. In der Chemieforschung gibt es zahlreiche Gebiete, in denen Deutschland eindeutig zur Weltspitze zählt, ich nenne moderne Gebiete wie die Katalyseforschung, die makromolekulare Chemie und Materialforschung, die Biochemie und Molekularbiologie und die Nanowissenschaften. Aber auch auf den ganz alten klassischen Gebieten der Chemie wird hervorragendes geleistet, wie man nicht zuletzt daran sieht, dass chemische Institute in diesem Land von ausländischen Wissenschaftlern nach wie vor sehr gern besucht werden und eine schier endlose Zahl von Kooperationen besteht.

Was die Mechanismen der Forschungsförderung anbelangt, so wird diese zur Zeit von Konzepten wie Exzellenzinitiativen, Clusterbildung, Leuchtturmprojekten, Profilgebung, Innovationsoffensiven, Graduiertenschulen etc. dominiert. Diese Konzepte stammen überwiegend nicht von den Forschern und Forscherinnen, sondern werden an die Hochschulen von außen herangetragen, ja ihnen von Politikern, Unternehmensberatern und anderen Experten aufgezwungen. Ich selber bin ein großer Anhänger kleinteiliger Forschungsorganisation, der Förderung des individuellen Forschers, der individuellen Forscherin, der oder die, getrieben durch ihre wissenschaftliche Neugier, ihren Lebensthemen nachgehen. Ich spreche hier nicht als Vertreter einer großen wissenschaftlichen Gesellschaft, sondern als Individuum: In diesem Bereich wünsche ich mir mehr Selbstorganisation, mehr Selbstbestimmung, d.h. die Möglichkeit, eigenen Wegen nachzugehen und nicht den Pfaden folgen zu müssen, auf denen man vielleicht die größeren Summen „einwerben" kann. Anders ausgedruckt: Verständnis seitens der Geldgeber, bei uns meistens des Staates, dass Forschung einer verlässlichen Grundausstattung bedarf und ansonsten frei zu sein hat. Die Beteiligung an den derzeit laufenden zahlreichen Programmen, mit denen die Konkurrenz geschürt werden soll, erfordert sehr viel Zeit und es besteht am Ende durchaus die Gefahr, dass das benötigte Geld nicht vorhanden ist – da es aus dem regulären Etat gestrichen wurde – und wenn der Antrag nicht erfolgreich war, die ebenso wichtige Zeit auch vergeudet worden ist.

Meine Damen und Herren, ich habe mich im letzten Teil meiner Ausführungen sehr weit von den Atomen und Molekülen und den sich selbstorganisiert bildenden supramolekularen Strukturen der Chemie entfernt – aber Forschung vollzieht sich in einem sozialen und politischen Kontext und der Begriff Selbstorganisation reicht natürlich auch in diesen Bereich.

Insgesamt wollte ich Ihnen zeigen, dass zur Zeit in der Forschung, in der Industrie, in der Ausbildung – Entwicklungen im Gange sind, die sich durch eine hochgradige Dynamik, ein sehr großes Veränderungspotential auszeichnen. Auch die 124. Versammlung der Gesellschaft Deutscher Naturforscher und Ärzte spiegelt diese Prozesse wider.

Wie schön, dass die Wissbegierde der Menschen groß und ungebrochen ist. Und auch wenn sich unsere Gesellschaft (ich meine hier nicht die GDNÄ oder die GDCh) – leider – immer noch viel zu wenig für unsere Wissenschaften zu interessieren scheint, so sollten wir doch in unserer wissenschaftlichen Arbeit, unseren Engagement und unserer Kreativität zum Nutzen der Gesellschaft nicht nachlassen.

Prof. Henning Hopf, PhD, geb. 1940 in Wildeshausen (Niedersachsen). Studium der Chemie an den Universitäten Göttingen u. Wisconsin (U.S.A.); Doctor of Philosophy, Univ. of Wisconsin, Madison; Habilitation Univ. Karlsruhe (1972). Postdoktorand an Univ. Reading, England (1972). Assistent, Univ. Marburg (1967–1969) und Univ. Karlsruhe (1969–1972); Privatdozent und Oberassistent, Univ. Karlsruhe (1972–1975); C3-Professur, Univ. Würzburg (1975–1978); C4-Professur TU Braunschweig seit 1978.

Auszeichnungen: Preis der Akademie der Wissenschaften zu Göttingen (1975), Preis aus dem van't Hoff-Fonds der Kgl. Niederländischen Chemischen Gesellschaft (1977), Award der Dreyfus-Foundation, New York (1982), Award of the Japanese Society for the Promotion of Science (1987), Max-Planck-Preis der Max-Planck-Gesellschaft/Alexander von Humboldt-Stiftung (1994), Adolf-von-Baeyer-Denkmünze der Gesellschaft Deutscher Chemiker (1996), Gay-Lussac/Alexander von Humboldt-Preis des frz. Forschungsministeriums (1999), Literaturpreis des Fonds der Chemischen Industrie (2001). Mitglied der GDNÄ und zahlreicher chemischer Gesellschaften und mehrerer wissenschaftlicher Akademien. Seit 2004 Präsident der Gesellschaft Deutscher Chemiker.

Forschungsschwerpunkte: Chemie ungesättigter Verbindungen (Alkene, Aromaten, Alkine, Cumulene, Retinoide etc.), thermische und photochemische Reaktionen, Konformationsanalyse und Untersuchungen zur Sicherheit chemischer Laborversuche und der ökologischen Chemie. Mehr als 500 Publikationen, Übersichtsartikel und Bücher.

Prof. Henning Hopf, PhD
Institut für Organische Chemie
Technische Universität Braunschweig
Hagenring 30
38106 Braunschweig
eMail: h.hopf@tu-bs.de

Die Eigenschaften der Moleküle
Einführung in die Sitzung Chemie
Gerhard Ertl

Die GDNÄ in Bremen

Gegenstand der Chemie sind die stofflichen Veränderungen der Materie, und von daher könnte man versucht sein, den Untertitel dieser Konferenz „Selbstorganisation der Materie" einer Chemiker-Tagung zuzuordnen. Aber der erste Teil des Themas, „Vom Urknall zum Bewusstsein", impliziert, dass hier versucht werden soll, eine Brücke zwischen ganz verschiedenen Wissenschaftsgebieten zu schlagen, wobei der Begriff „Selbstorganisation" die verbindende Klammer bilden soll.

Hier zunächst nochmals kurz zum Begriff „Selbstorganisation", der, wie Erich Sackmann gestern ausführte, bei dieser Tagung in zwei verschiedenen Bedeutungen benutzt wird:
- a) Einmal handelt es sich dabei um geschlossene Systeme, die sich ins Gleichgewicht begeben wollen, aufgrund kinetischer Hemmungen dazu in endlicher Zeit nicht in der Lage sind und daher in einem metastabilen Zustand räumliche Strukturen ausbilden können. Dieser Kategorie ist der Vortrag Möhwald zuzuordnen.
- b) Die eigentliche Selbstorganisation („Darwin'sche S.O." bei Sackmann, „Synergetik" bei Haken) bezieht sich auf offene Systeme fernab vom thermodynamischen Gleichgewicht, die keinen kinetischen Einschränkungen unterliegen und gleichwohl räumliche und zeitliche Strukturbildung aufweisen können, wie eindrucksvoll im Vortrag Krischer und später im Beitrag von Hauser und Müller anhand eines biologisch-chemischen Systems gezeigt werden wird.

Chemie beschäftigt sich mit den Eigenschaften von Molekülen und deren Veränderungen, die die Bausteine der uns umgebenden Materie darstellen. Diese Eigenschaften werden durch die Wechselwirkungen zwischen Atomen bestimmt, die durch die physikalischen Gesetze der Quantenmechanik beschrieben werden. Da in der Realität nicht nur einzelne Moleküle zu betrachten sind, sondern stets Ansammlungen von sehr vielen Teilchen, werden deren makroskopische Eigenschaften im Gleichgewicht durch Gesetze der Statistik erfasst. Die theoretische Begründung der Phänomene, die bei offenen Systemen fernab vom Gleichgewicht auftreten, wurde erst sehr viel später aufgefunden und bildet den Gegenstand eines sehr aktuellen Forschungsgebiets, welches häufig als „Nichtlineare Dynamik" bezeichnet wird. Insgesamt ist aber festzustellen, dass die theoretischen Grundlagen der Chemie insgesamt auf fundierten Gesetzmäßigkeiten der Physik beruhen.

Wie steht es nun damit, wenn wir von der unbelebten zur belebten Materie übergehen? Wie Konrad Sandhoff in seinem Einführungsvortrag ausführte, wissen wir in der Tat noch nicht, wie Leben entsteht. Der berühmte Physiker Niels Bohr bezweifelte noch 1932, dass die Erscheinungen des Lebens auf Physik und Chemie rückführbar sein würden. Kurz danach zeigten aber Physiker wie Max Delbrück, dass Leben auf der Aktion von Genen beruht, die ihrerseits Makromoleküle sind und daher eigentlich der Chemie zuzuordnen sind. Diese Erkenntnisse wurden wesentlich durch einen anderen berühmten Physiker, Erwin Schrödinger, verbreitet, der 1944 eine Reihe von Vorträgen hielt, die danach als Buch mit dem Titel „Was ist Leben?" publiziert wurden, welches zu Recht als Meilenstein für die Begründung der Molekularbiologie gilt. Gegen Ende dieses Buches gesteht Schrödinger die Gründe, die ihn zur Beschäftigung mit dieser Materie bewegt haben: „Wie lassen sich die Vorgänge, die innerhalb eines lebenden Organismus vor sich gehen, durch die Physik und Chemie erklären?" Er kommt zu dem Schluss: „Lebende Materie weicht zwar den bis jetzt bekannten physikalischen Gesetzen nicht aus, folgt aber wahrscheinlich doch bisher unbekannten „anderen" physikalischen Gesetzen". Was ihn insbesondere beunruhigte, war die Tatsache, dass sich lebende Materie offenbar dem Abfall in den Gleichgewichtszustand entzieht; sie ernährt sich von „negativer Entropie" und erzeugt somit „Ordnung aus Ordnung". Heute wissen wir, dass dieses gerade das Grundprinzip der Selbstorganisation für offene Systeme fernab vom Gleichgewicht ist, zu dessen Verständnis keineswegs neue physikalische Gesetze erforderlich sind. Chemische Systeme sind dabei ausgezeichnet dafür geeignet, die ungeheure Vielfalt dieses Phänomens zu demonstrieren.

Prof. Dr. Dr. h.c. mult. Gerhard Ertl,
geb. 1936 in Stuttgart, studierte Physik in Stuttgart, Paris und München. Promotion 1965 und Habilitation 1967 in Physikalischer Chemie an der TU München. 1968 – 1973 Lehrstuhl für Physikalische Chemie an der Universität Hannover und 1973 – 1986 an der LMU München. 1986 - 2004 Direktor am Fritz-Haber-Institut der Max-Planck-Gesellschaft in Berlin. Gastprofessor u.a. am California Institute of Technology und der University of California, Berkeley. Mitglied mehrerer Akademien, u.a. U.S. National Academy of Sciences, American Academy of Arts and Sciences, Leopoldina, Berlin-Brandenburg, Bayerische, Nordrhein-Westfäl., Österreichische Akademie der Wissenschaften, Royal Society of Edinburgh, zahlreiche Auszeichnungen.

Forschungsschwerpunkte: Physik und Chemie von Oberflächen, nichtlineare Dynamik, heterogene Katalyse.

Prof. Dr. Gerhard Ertl
Fritz-Haber-Institut
der Max-Planck-Gesellschaft
Abteilung Physikalische Chemie
Faradayweg 4-6
14195 Berlin

Tel.: 030/84 13 5100/04
Fax: 030/84 13 5106
e-Mail: ertl@fhi-berlin.mpg.de

Auf die Verpackung kommt es an

Helmuth Möhwald und Oliver Kreft

Bedeutung von Mikro- und Nanoverkapselung

Wahrscheinlich assoziieren die meisten von Ihnen mit der Überschrift dieses Artikels, dass eine Ware oder ein Vortrag nur äußerlich gut erscheinen muss, um akzeptiert zu werden. Aber oft muss Verpackung nicht nur gut aussehen, sondern sie soll schützen, z.B. vor Beschädigung bei Transport, vor Befall durch Bakterien oder Schimmel oder gegen Oxidantien, die Nahrungsmittel ungenießbar machen. Durch richtige Kennzeichnung erreichen wir zudem, dass ein Päckchen an das gewünschte Ziel gelangt. Unsere Anforderungen an Verpackungen nehmen auch permanent zu: Sie sollten stabil gegen Umwelteinflüsse aber gleichzeitig (bio-) abbaubar, daher umweltfreundlich sein. Sie sollen billig sein, nicht zu schwer und bei Bedarf schnell entfernt werden können.

Die gleichen Anforderungen stellen sich auch für Verkapselungen im Mikro- und Nanometerbereich, wo es bereits viele Anwendungen gibt, aber noch unzählige komplexere Anwendungen erwartet werden: Pharmaka könnten bei geeigneter „Formulierung" über viele Barrieren im Körper zum Wirkort (krankes Organ) gelangen, Kontrastmittel das abzubildende Organ besser färben oder Kosmetika Düfte erst bei Änderung von Temperatur, Feuchtigkeit oder Bestrahlung freisetzen. Es könnten selbstheilende Beschichtungen von Kotflügeln oder Tragflächen entwickelt werden, die beginnenden Rost durch Freisetzung eines Antikorrosionsmittels beseitigen, oder schnell trocknende Tinten, falls die Komponenten in zwei verschiedenen Kapseln erst beim Aufprall des Tintenstrahls auf eine Oberfläche freigesetzt werden und reagieren.

Zum Aufbau der Systeme eignen sich Selbstorganisationsprozesse besonders gut, da sie häufig ohne großen apparativen Aufwand sind und schnell ablaufen. Die Kapseln, mit denen wir uns befassen, beruhen auf dem Zusammenspiel vieler schwacher Wechselwirkungen. Jede einzelne kann durch leichte Variation der Umgebung verändert werden, und damit können sie auf äußere Einflüsse antworten oder sich auf diese einstellen. Die Stabilität der Systeme kann in weitem Bereich verändert werden über die Zahl und die Art der wechselwirkenden Gruppen seiner Bausteine (Moleküle, Nanopartikel oder Proteine).

Abb.1 zeigt verschiedene molekulare Systeme, die in den letzten Jahrzehnten als Mikro- oder Nanocontainer untersucht wurden. Bei den einfachsten Systemen wie Mizellen oder Vesikel werden Moleküle als Bausteine verwendet, die einen hydrophilen und einen hydrophoben Teil besitzen und in Wasser so assoziieren, dass die hydrophilen Teile mit dem Wasser in Kontakt treten und die hydrophoben Teile gegen Wasser „abschirmen". Sind die hydrophoben Molekülanteile klein, bilden sich Mizellen, sind sie groß, entstehen Doppelschichten. Dieses seit Jahrzehnten bekannte Prinzip für niedermolekulare Systeme kann auch auf Polymere mit hydrophilen und hydrophoben Anteilen übertragen werden, wobei im letzteren Fall die Dimensionen von wenigen Nanometern auf bis zu 100 Nanometer erhöht werden können und auch die Stabilität vergrößert wird. Im Inneren von Mizellen können z.B. Fette beim Waschen gelöst wer-

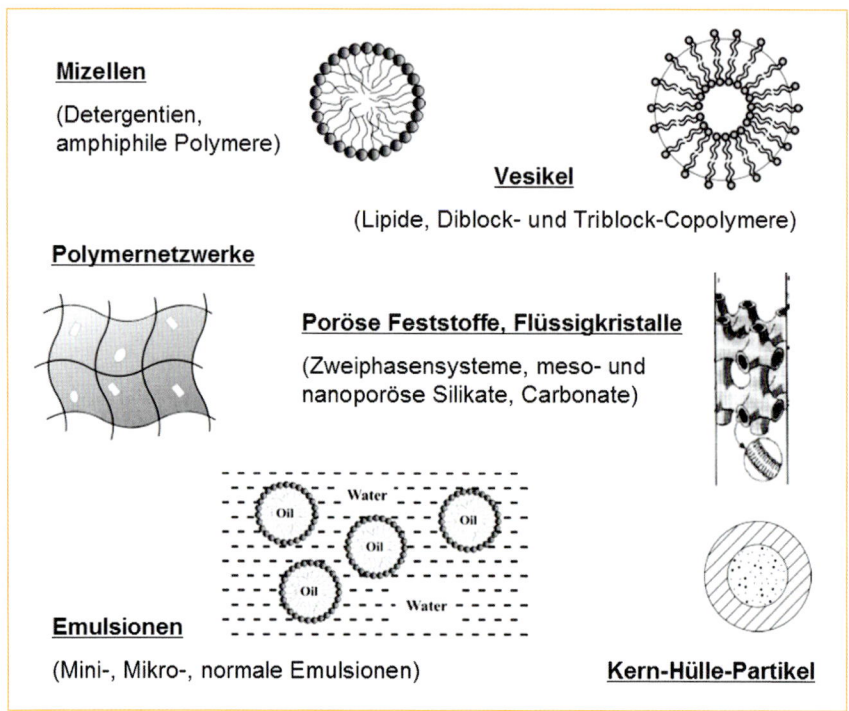

Abb.1 Übersicht verschiedener Verkapselungssysteme.

den. Doppelschichtvesikel sind, analog zur Membran biologischer Zellen, prinzipiell undurchlässig für hydrophile Stoffe und besitzen auch ein sehr geringes Wand/Volumenverhältnis. Allerdings sind sie mechanisch instabil und werden ohne weitere Schutzmaßnahmen im Körper schnell abgebaut. Chemikern sind molekulare Gast-Wirt-Systeme basierend auf Dendrimeren oder Cyclodextrinen geläufig, bei denen allerdings die Verpackung meist größer als der Inhalt ist. Dies ist dann nur bei sehr kostbarem Inhalt zu rechtfertigen. Ebenfalls seit langem bekannt sind Hydro- oder Organogele oder poröse Materialien, die auch als Mikro- oder Nanopartikel hergestellt werden können. Sie bestehen aus vernetzten Polymeren und einem überwiegenden Anteil von Lösungsmittel, so dass Gastmoleküle eingebracht werden können. Ihre Aufnahmefähigkeit kann über das Polymernetzwerk oder über Präzipitationsbedingungen gesteuert werden.

Ein modulares selbstorganisiertes System

Das System, das wir hier vorstellen werden, zeichnet sich gegenüber vielen bisher existierenden dadurch aus, dass es durch eine Sequenz von Selbstorganisationsprozessen, vorwiegend Adsorption der Komponenten aus Flüssigkeit aufgebaut wird. Damit können in ihm modular viele Funktionen vereinigt werden. Die Wandstärke der Kapseln kann im Nanometer-Bereich variiert werden, und das Verhältnis von Wand/Innenvolumen ist sehr gering. Damit sind Materialaufwand und Abfall niedrig. Die das System bestimmenden Kräfte sind vorwiegend elektrostatischer Natur.

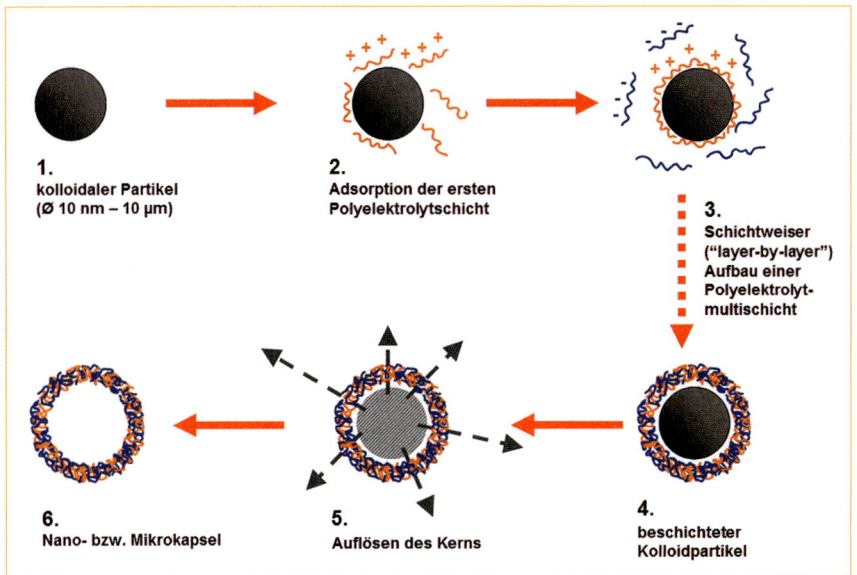

Abb. 2 Schematische Darstellung der Herstellung von Polyelektrolythohlkapseln. Auf kolloidale Nano- oder Mikrotemplate (**1**) wird schichtweise ein Film aus entgegengesetzt geladenen Polyelektrolyten aufgebaut (**2-4**). Nach Erreichen der gewünschten Schichtzahl werden die Template entfernt (**5**). Resultierende Polyelektrolythüllen weisen die ursprüngliche Form der Template auf (**6**).

Damit ist das Aufbauprinzip verallgemeinerbar auf alle mehrfach geladenen Spezies wie geladene Moleküle und Polymere, mehrwertige Ionen, anorganische Nanopartikel, Proteine oder Viren.

Bei der Herstellung von Mikro- und Nanokapseln nutzen wir das ursprünglich zur Herstellung planarer Filme entwickelte Layer-by-Layer (LbL)-Verfahren der konsekutiven Adsorption gegensätzlicher geladener Polyelektrolyte [1a, 1b]. Dabei wird eine geladene Grenzfläche durch Adsorption eines gegensätzlich geladenen Polymers mit einer ca. 1 Nanometer dicken Schicht überzogen und umgeladen, so dass nun eine Schicht mit einem anders geladenen Polymer adsorbieren kann. Zyklisches Wiederholen der Adsorptionsprozesse liefert so Multischichten mit definierter Dicke, Zusammensetzung und Oberfläche. Dieser Prozess konnte von uns übertragen werden zur Beschichtung kolloidaler Partikel mit Radien zwischen 10 Nanometern und 10 Mikrometern [2] (**Abb. 2**). Ist das Partikel ein zerkleinerter Wirkstoff, wird er durch die geladene Beschichtung wasserlöslich, und die Partikelaggregation wird verhindert, da sich die gleichnamigen Oberflächenladungen abstoßen. Über Dicke und Zusammensetzung der Beschichtung kann die Freisetzung des Wirkstoffs verzögert werden. In vielen Fällen nutzen wir als Kolloidpartikel solche aus Polymeren oder anorganischen Stoffen, die durch geeignete Lösungsmittel oder Änderung des pH-Wertes aufgelöst werden, so dass Hohlkapseln entstehen. Diese können wieder mit Wirkstoffen befüllt oder als Reaktionscontainer genutzt werden.

Während für die Herstellung von Mikropartikeln nur die üblichen Laborgeräte wie Zentrifugen oder Filter zur Abtrennung nicht adsorbierter Polymere oder Partikel benötigt werden, ist deren Charakterisie-

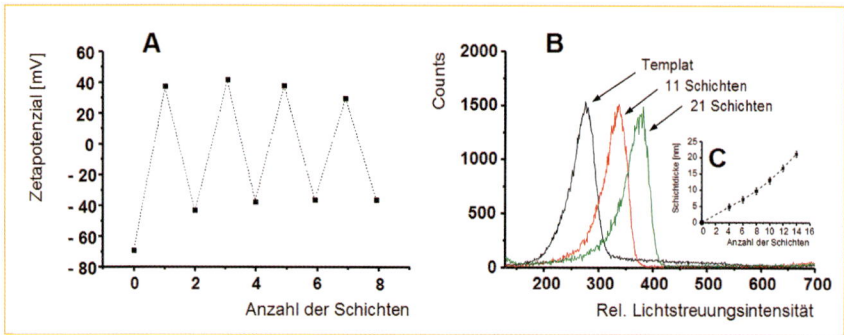

Abb. 3 Charakterisierung von Polyelektrolytkapseln: **A)** Alternierende Zetapotentiale beim schichtweisen Aufbringen von 4 positiv und 4 negativ geladenen Polyelektrolyten auf Templatpartikel mit ursprünglich negativem Potential. **B)** Schichtdickenbestimmung mittels Einzelteilchenlichtstreuung. Die Wandstärke der entstehenden Polyelektrolytmultischicht wächst linear mit der Anzahl der aufgebrachten Einzelschichten **C)**. Pro Schicht nimmt die Wandstärke um etwa 1,4 nm zu.

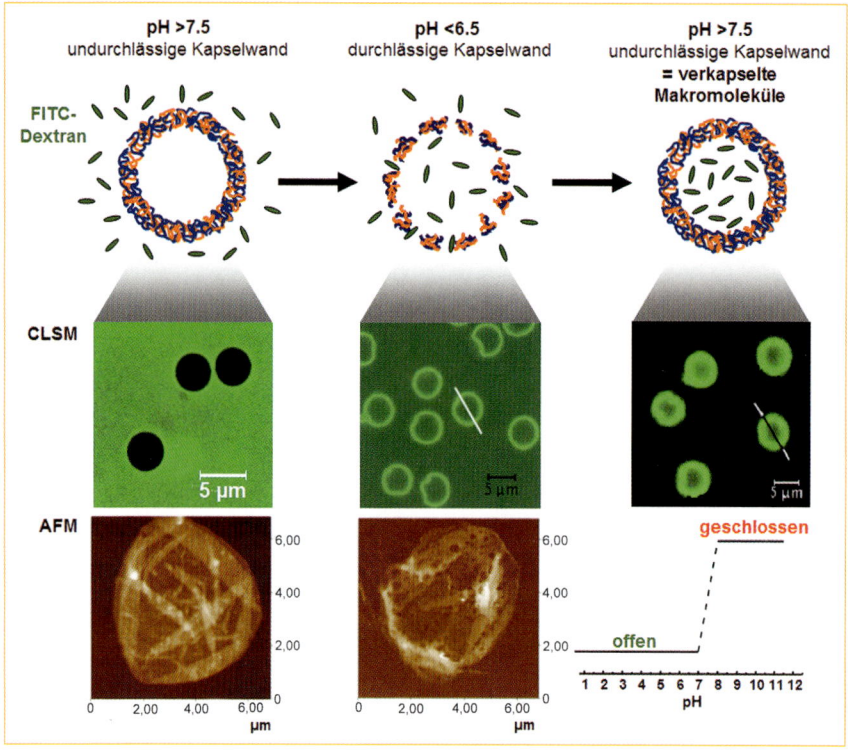

Abb. 4 Kontrollierter Einschluss von Makromolekülen in leere Polyelektrolytkapseln mittels pH-induzierter Permeabilitätsänderung der Kapselwand.

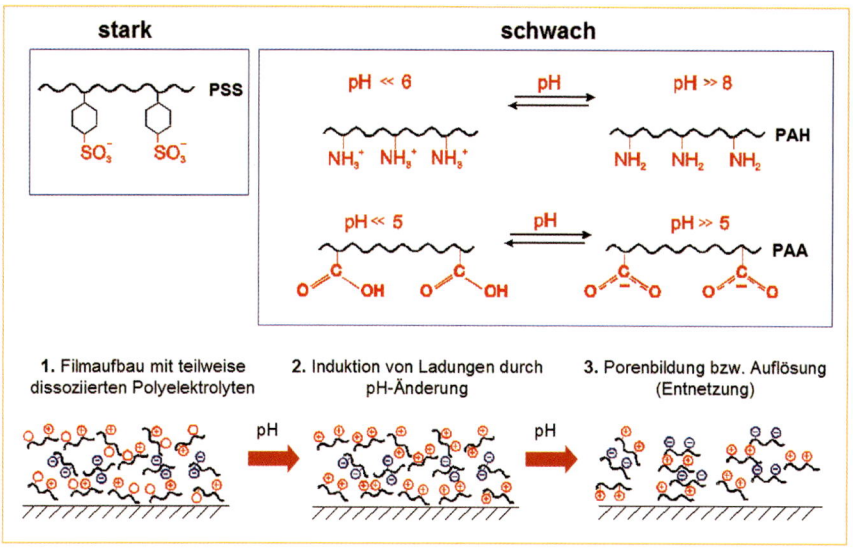

Abb. 5 Mechanismus der pH-induzierten Permeabilitätsänderungen von Polyelektrolytschichten. Starke Polyelektrolyte (z. B. Polystyrolsulfonat; PSS) zeigen einen vom pH-Wert weitgehend unbeeinflussten, hohen Dissoziationsgrad, während schwache Polyelektrolyte wie Polyallylamin-Hydrochlorid (PAH) und Polyacrylsäure (PAA) im pH-neutralen Bereich nur unvollständig dissoziiert sind. Bei pH-Wert-Änderungen ändert sich der Dissoziationsgrad. Es entstehen Ladungsüberschüsse innerhalb der Polyelektrolytschicht, die sich gegenseitig abstoßen und zu Porenbildung führen.

rung erheblich aufwendiger. Aus der Beweglichkeit der Teilchen in einem elektrischen Feld kann man das sog. Zeta-Potential errechnen. Dazu zeigt **Abb. 3** (**links**), dass tatsächlich, wie nach **Abb. 2** erwartet, die Oberfläche nach jedem Adsorptionsschritt etwa gleichmäßig umgeladen wird. Besonders genaue quantitative Aussagen über die Dicke der Beschichtung erhalten wir durch Messung der Lichtstreuung einzelner Teilchen. Dabei liefert das Histogramm der gemessenen Streuintensitäten nach Kalibrierung eine Verteilung von Partikelradien. Da es uns gelang, bei Radien von 500 Nanometern deren Änderung von einem Nanometer noch zu messen, konnten wir so den Beschichtungsprozess quantifizieren [3]. So zeigt **Abb. 3** (**rechts**), dass der Dickenwachs, wie aus Messungen an planaren Schichten für dieses System erwartet, etwa 1,4 Nanometer pro Polymerschicht beträgt und dass sich die Verteilung bei Beschichtung nicht ändert. Es adsorbiert also jedes kolloidale Templat im Mittel die gleiche Menge.

Permeabilität und Mechanik von Hohlkapseln

Wichtigste Eigenschaft von Mikrokapseln ist sicher ihre Permeabilität, die man sehr gut durch konfokale Fluoreszenzmikroskopie studieren kann. **Abb. 4** zeigt dazu einen Schnitt der Fluoreszenzverteilung durch eine Kapsel, nachdem außen ein fluoreszenzmarkiertes Makromolekül zugegeben wurde [4]. Das Innere der Kapsel bleibt auch nach Stunden noch dunkel, das Molekül dringt also nicht ins Innenvolumen (linkes Bild). Ändert man dagegen die Protonenkonzentration der Lösung (pH 8 → 6), so wird die Wand durchlässig und man beobachtet Fluoreszenz aus dem Inneren (mittleres Bild). Geht man mit dem pH-

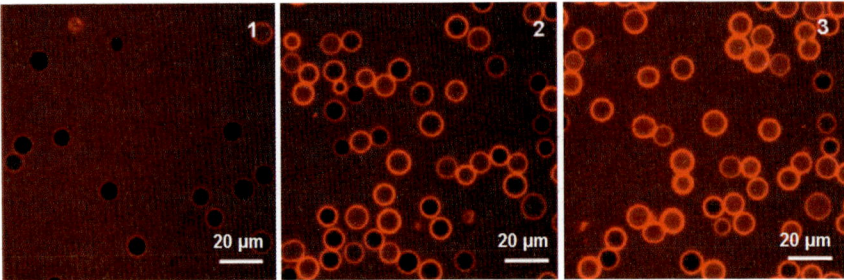

Abb. 6 Redox-gesteuerte Durchlässigkeit der Kapselwand durch Integration von Organometallverbindungen. Für makromolekulares Dextran ursprünglich impermeable Polyelektrolytkapseln (**1**) zeigen bei Oxidation in Gegenwart von FeCl3 zunächst teilweise Permeabilität (10 min, **2**) und schließlich nach einer Stunde nahezu vollständige Permeabilität (**3**) [5].

Wert zurück auf den Ausgangswert und trennt man die Makromoleküle im Außenraum durch Zentrifugation ab, so werden die eingedrungenen Moleküle im Inneren gehalten, d. h. die Wand wurde wieder impermeabel (rechtes Bild). Ähnlich wie durch milde Änderung des pH-Wertes kann die Permeabilität auch über die Salzkonzentration und über Lösungsmittelzugabe (Ethanol) reversibel gesteuert werden. Der Prozess ist bisher nicht quantitativ verstanden, eine qualitative Beschreibung liefert **Abb. 5**.

Die Multischicht der Wand besteht aus einem sog. starken Polyelektrolyten, bei dem alle dissoziierbaren Seitengruppen geladen sind und aus einem schwachen Polyelektrolyten, bei dem einige dissoziierbare Gruppen geladen, andere ungeladen sind. Beim Aufbau stellt sich das System so ein, dass gleich viele positive wie negative Ladungen vorliegen, es also elektrisch neutral ist (**linkes Bild**). Ändert man nun den pH-Wert, so werden weitere Gruppen geladen und es entstehen im Schichtinneren Überschussladungen eines Vorzeichens. Diese stoßen sich ab, destabilisieren den Film und es entstehen Poren (**rechtes Bild**). Offensichtlich ist dieser Prozess reversibel, d.h. bei Beseitigung der elektrostatischen Abstoßung schließen sich die Poren wieder.

Eine andere sehr effiziente Möglichkeit, einen Ladungsüberschuss innerhalb der Kapselwand aufzubauen, besteht darin, Polymere aus redoxaktiven Komponenten zu verwenden. Damit kann bei Änderung des elektrochemischen Potentials die Wand destabilisiert und damit porös werden. Die Fluoreszenzmikroskopieaufnahmen in **Abb. 6** beweisen, dass auch auf diese Art die Permeation gesteuert werden kann [5].

Die mechanischen Eigenschaften sind von Bedeutung, wenn zum Beispiel Kapseln durch dünne Gefäße oder Filter im Körper fließen sollen oder durch Druck geöffnet werden sollen. Aus Sicht der Grundlagenforschung liefern sie wichtige Informationen zum Verständnis der Struktur. Allgemein physikalisch stellt sich die Frage, inwieweit die für makroskopische Hohlkörper wie Tischtennisbälle gültige Mechanik auch anwendbar ist, wenn die Wandstärke weniger als 10 Moleküldurchmesser beträgt. Dazu bieten diese Kapseln die einzigartige Möglichkeit der Variation der Wanddicke ohne Veränderung der Oberfläche und der Zusammensetzung. Dabei zeigt es sich tatsächlich, dass auch in Nanometer-Dimensionen die „makroskopische Physik" noch gilt.

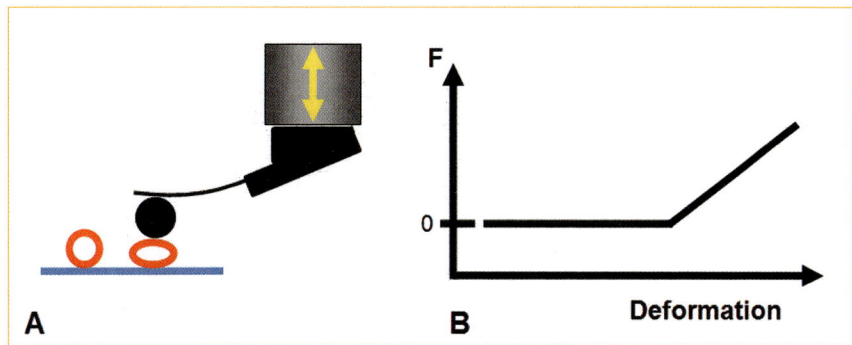

Abb. 7 Deformationsmessungen an Polyelektrolythohlkapseln durch Atomare Kraftmikroskopie (AFM). Die mechanischen Eigenschaften von Kapseln wurden mit der „colloidal probe" Technik untersucht **(A)**. Kraftdeformationskurven für kleine Deformationen haben linearen Verlauf **(B)**.

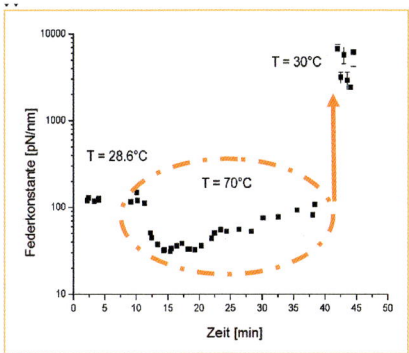

Abb. 8 Die „Federkonstante" von Polyelektrolythohlkapseln ist temperaturabhängig. Eine Temperaturerhöhung auf 70°C führt zu deutlich reduzierter Steifigkeit bei gleichzeitiger Erhöhung der Kapselwandstärke. Erneutes Abkühlen führt zu einer Erhöhung der Federkonstante um etwa zwei Größenordnungen. Dieser Vorgang ist reversibel und hat alle Charakteristika eines Glasübergangs (Tg ~ 40°C).

Um auch Informationen über Unterschiede einzelner Kapseln zu erhalten, wurden Experimente an einzelnen Kapseln durchgeführt. Dazu wird in einem Kraftmikroskop mit dessen Feder auf eine Kapsel gedrückt (**Abb. 7**) und die Kraft in Abhängigkeit von der Deformation gemessen. Für kleine Deformationen erwartet man einen linearen Zusammenhang, aus dem man den E-Modul der Kapselwand bestimmen kann, nachdem das zugrunde liegende Modell durch Variation von Radius und Wanddicke verifiziert wurde [6]. **Abb. 8** zeigt, dass dieser lineare Zusammenhang gilt und dass die Kapsel mit Temperaturerhöhung weich wird. Der aus den Daten berechnete E-Modul sinkt mit Temperaturerhöhung und steigt drastisch bei anschließender Abkühlung auf Raumtemperatur. Die letzte Änderung ist reversibel und hat alle Charakteristika eines Glasübergangs. Dass der E-Modul nach Abkühlung unterhalb des Wertes bei Beginn des Temperaturzyklus ist, beweist, dass beim Herstellungsprozess entstehende Defekte durch die Erwärmung ausgeheilt werden [7].

Drastische temperaturabhängige Veränderungen der Morphologie der Kapseln können im Fluoreszenzmikroskop beobachtet und mittlerweile auch qualitativ verstanden werden [8] (**Abb. 9**). Beim Übergang zur Schmelze wird die Beweglichkeit der Polymerschicht erhöht, so dass sie sich einem Gleichgewichtszustand annähern kann. Dabei möchte sich die Oberfläche reduzieren, um die anziehende (van der Waals-)Wechselwirkung zwischen den Molekülen zu vergrößern. Dem steht die Abstoßung der gleichnamigen Überschussladungen der Oberfläche entgegen, so dass

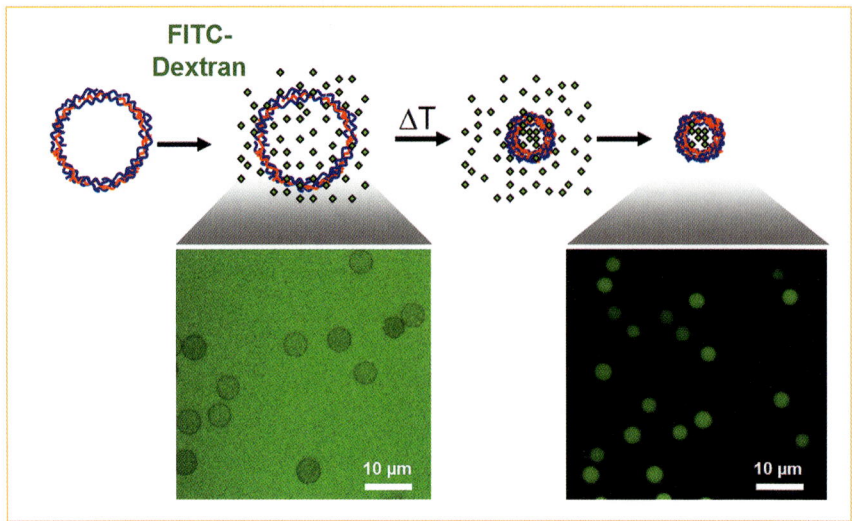

Abb. 9 Verkapselung makromolekularer Substanzen durch „Backen" von Polyelektrolytkapseln. Fluoreszenzmarkiertes Dextran kann durch die permeable Kapselwand in das Kapselinnere eindiffundieren (**linkes Bild**). Durch Erwärmen auf 50-55°C wird die Kapselwand kompakter und für Makromoleküle undurchlässig. Der Kapseldurchmesser verringert sich dabei um etwa die Hälfte. Nach einem Waschschritt erhält man mit Dextran gefüllte Polyelektrolytkapseln (**rechtes Bild**).

aus dem Wechselspiel dieser beiden Kräfte ein Gleichgewichtszustand entsteht, bei dem sich der Radius der Kapsel gegenüber dem Ausgangszustand vergrößert oder verringert [9]. Dieses wird auch experimentell gefunden [8]. In diesem Zustand wird auch ein Großteil des in der Wand eingeschlossenen Wassers irreversibel entfernt [10]. Dadurch wird die Wand kompakter und weniger durchlässig. Auch dies wird durch Fluoreszenzmikroskopie bei Zugabe von Farbstoffen bestätigt [11]. Damit eröffnet sich eine weitere Möglichkeit, durch (schonende) Erwärmung auf 40 – 50°C die Permeabilität zu variieren, bei hoher Temperatur also Wirkstoffe eindiffundieren zu lassen, die bei Raumtemperatur eingekapselt bleiben.

Multifunktionelle Kapseln

Entsprechend dem modularen Aufbau ist es konzeptionell sehr einfach, mehrere Funktionen in einer Kapsel zu vereinen, um sie für eine spezielle Anwendung gleichsam „maßzuschneidern" (**Abb. 10**). So konnten Enzyme wie Chymotrypsin im Inneren eingeschlossen werden. Da niedermolekulares Substrat und Produkt durch die Wand ein- und ausdiffundieren können, betrug der Aktivitätsverlust durch die Diffusionslimitierung lediglich 40%. Die Aktivität wurde jedoch bei Zugabe eines höhermolekularen Inhibitors nicht reduziert, da dieser nicht durch die Wand drang [12]. Zudem konnte durch Polyelektrolyte im Inneren der pH-Wert derart gepuffert werden, dass die Ausbeute entsprechend optimiert werden konnte. Farbstoffe konnten ins Innere eingebracht werden, die als Sonden für lokalen pH, [13] Temperatur [14] oder auch als Repräsentanten von Wirkstoffen dienten. Funktionale Moleküle konnten in die Wand integriert werden, um photoinduzierte Ladungstrennung in Analogie zur Photosynthese [15] oder elektrochemisch induzierte Permeation zu bewirken [5]. Nanopartikel in der Wand dien-

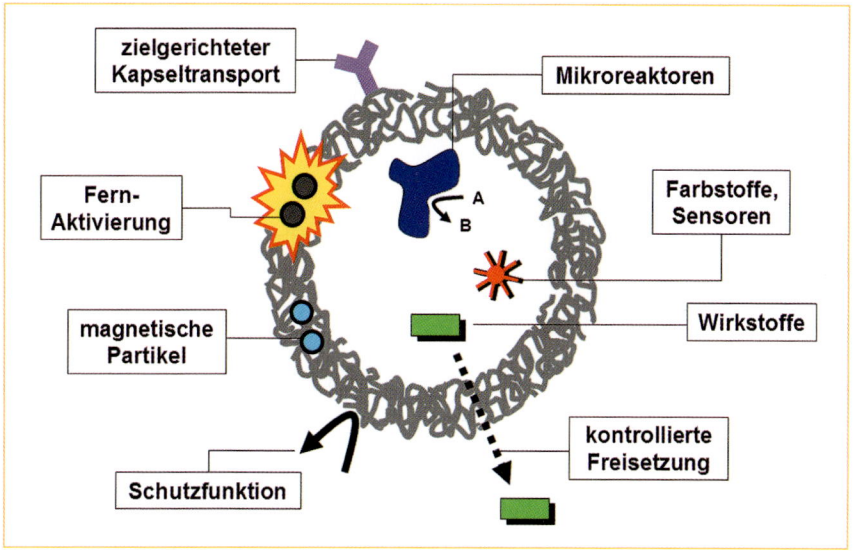

Abb. 10 Multifunktionale Mikrokapsel.

ten zur magnetischen Führung [16] und Metallnanopartikel als Infrarotabsorber, um durch kurzzeitige Erwärmung einzelne Partikel gezielt zu zerstören [17]. Über die Oberflächenladung können die Kapseln auch an definierte Flächen mit gegensätzlicher Ladung gebunden werden [18], und es können auch spezifische Liganden mit der Oberfläche verknüpft werden, so dass sie an das Komplement gekoppelt werden [19]. Es dürfte jedoch noch ein weiter Weg sein, um schließlich die verkapselten Wirkstoffe an ein krankes Organ anzudocken, wo sie dann freigesetzt würden.

Ausgewählte Beispiele aus Biotechnologie, Medizin und Materialwissenschaften

An drei ausgewählten Beispielen sollen nachfolgend die Möglichkeiten etwas detaillierter beschrieben werden, die bisher beschriebenen Hohlkapseln für verschiedene Anwendungen zu nutzen. Für die Biotechnologie dürfte es interessant sein, mehrere interagierende Komponenten in einem Mikro- oder Nanoreaktor einzusperren und dabei ihre lokale Umgebung entsprechend der gewünschten Verwendung optimal einzustellen. Nach der Reaktion werden die Reaktionscontainer, z.B. magnetisch, abgetrennt und somit für weitere Einsätze recycelt. Die interagierenden Komponenten (Enzym und Substrat, mehrere kooperierende Enzyme bis hin zu ganzen Ketten aus enzymatischen Reaktionsschritten) sollen möglicherweise zunächst separiert sein und erst nach einem externen Stimulus zur Reaktion gebracht werden. Ein Weg dazu bestünde in der Kapsel in der Kapsel, wie in **Abb. 11** beschrieben. In diesem Beispiel wird ein kolloidaler, poröser Kern mit eingeschlossenem (hier roten) Farbstoff durch Kopräzipitation von $CaCO_3$ und Farbstoff hergestellt, der dann wie beschrieben durch die Polyelektrolyt-Multischicht umhüllt wird [20]. Dann wird erneut $CaCO_3$ mit einem (hier grünen) Farbstoff kopräzipitiert, wobei die bisherigen Partikel als Nukleationskeime dienen, und wiederum durch Polyelektrolyte umhüllt. Mittels Raster-Elektronenmikrosko-

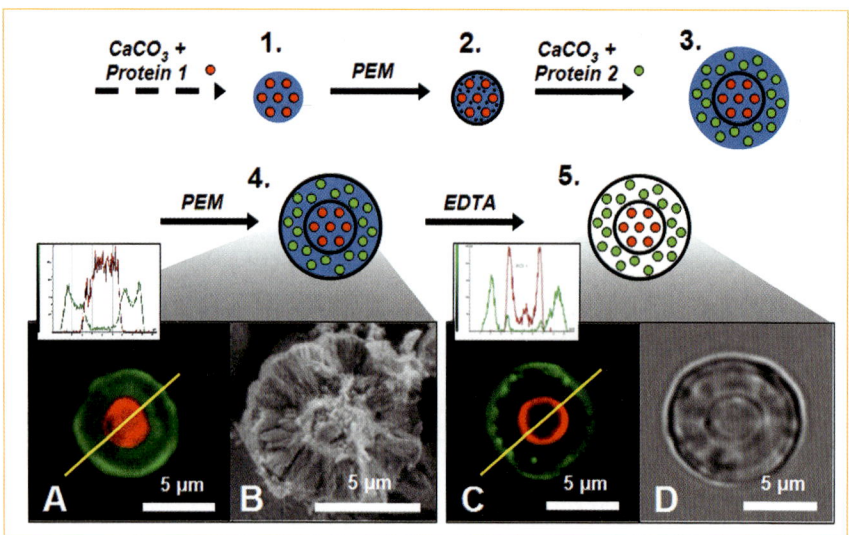

Abb. 11 Schematische Darstellung der Synthese von mikrokristallinen Kompositpartikeln und „Kapsel-in-Kapsel"-Strukturen: Kolloidale $CaCO_3$-Template (1) werden mit einem roten Fluoreszenzfarbstoff beladen und mit einer Polyelektrolyt-Multischicht (PEM) umhüllt (2). Nach Aufbringen einer zweiten $CaCO_3$-Schicht mit einem grünen Fluoreszenzfarbstoff (3) wird der Kompositpartikel abermals mit Polyelektrolytschicht versehen (4). Anschließend werden die $CaCO_3$-Bestandteile mit EDTA herausgelöst. Man erhält eine Kapsel-in-Kapsel-Struktur (5). Abbildungen **A** und **B** zeigen konfokale Fluoreszenz- bzw. Rasterelektronenmikroskopaufnahmen der Kompositkerne. Abbildungen **C** und **D** zeigen Fluoreszenz- und Transmissionsmikroskopbilder der Kapsel-in-Kapsel-Strukturen. In dem nebenstehenden Diagramm sind die Signalintensitäten der roten und grünen Markierung entlang eines Vektors (gelbe Linie) dargestellt.

pie (**Abb. 11 a**) und konfokaler Laserfluoreszenzmikroskopie (**Abb. 11 b**) konnte gezeigt werden, dass tatsächlich eine Calciumcarbonatschicht konzentrisch um einen inneren Calciumcarbonatkern aufgebaut werden kann und dass die beiden Farbstoffe als Stellvertreter für Reaktanden separiert werden können. Nach Auslösung des $CaCO_3$ mit Hilfe des Komplexbildners Ethylendiamintetraessigsäure (EDTA) entsteht eine stabile „Kapsel-in-Kapsel"-Struktur (**Abb. 11 c** und **d**). Die räumliche Separation der beiden Farbstoffe bleibt dabei erhalten [20].

Mögliche Anwendungen solcher Kapsel-in-Kapsel-Systeme sind in vielen Bereichen vorstellbar. Um eine biochemische Reaktion zu initiieren, müssten, wie bereits erwähnt, die beiden Farbstoffe durch Enzym und Substrat ersetzt werden. Dies ist relativ einfach, und auch die Enzymstabilität ist kaum gefährdet, da alle Prozesse bei Zimmertemperatur und bei geringen Änderungen des pH-Werts ablaufen. Denkbar sind ebenfalls komplexe Sensorsysteme zur multiparallelen Detektion krankheitsrelevanter Metaboliten in der Diagnostik. Wünschenswert wäre es auch, nur die innere Kapselwand durchlässig zu machen, um ursprünglich separierte Komponenten kontrolliert miteinander zu mischen. Dies ist möglich, da beide Wände aus unterschiedlichen Komponenten aufgebaut werden können, und ein Weg dazu wird im zweiten Beispiel aufgezeigt.

Im zweiten Beispiel besteht das Ziel darin, eine wirkstoffgefüllte Kapsel ins Innere einer Zelle zu bringen und sie dort durch ei-

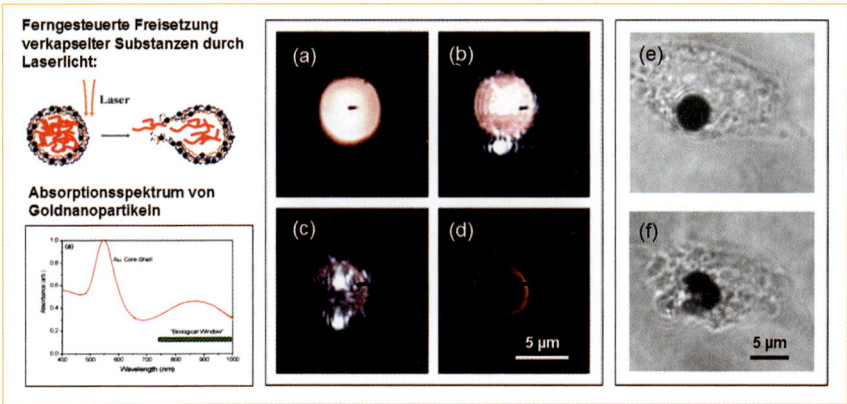

Abb. 12 Laserlicht-induzierte Kapselöffnung (**a – d**): Die Fluoreszenzmikroskopbilder zeigen eine zunächst intakte, mit einem Fluoreszenzfarbstoff gefüllte Kapsel (**a**). Die Bestrahlung mit Laserlicht führt zur Öffnung der Kapselwand und zur Freisetzung des Farbstoffs (**b + c**). Die leere Kapselhülle bleibt zurück (d). Kapselöffnung in biologischer Umgebung (**e + f**) : Die Abbildungen zeigen eine Brustkrebszelle aus Gewebekultur mit aufgenommener Polyelektrolytkapsel vor (**e**) und nach (**f**) Öffnung mittels Laserlicht. Klar erkennbar sind die nach der Kapselöffnung zurückbleibenden Bruchstücke.

nen Lichtblitz gezielt zu öffnen (**Abb. 12, links**). Dazu werden wirkstoffgefüllte Kapseln hergestellt, deren Wand mit Au- oder Ag-Nanopartikeln dotiert ist. Diese Partikel absorbieren IR-Licht mit Wellenlängen um 860 nm, und dieses Licht wird relativ wenig von Gewebe absorbiert, so dass es in dieses etwa 1 cm tief eindringen kann. Damit wird die Wand sensibilisiert und durch einen kurzzeitigen IR-Puls lokal aufgewärmt und zerstört. Die Fluoreszenzmikroskopieaufnahmen in **Abb. 12, Mitte**, zeigen, dass dadurch der Inhalt freigesetzt wird [21]. Inkubiert man nun diese Kapseln mit Gewebe, in diesem Fall von Brustkrebszellen, so werden sie, vermutlich durch Endozytose, aufgenommen. Die Kapsel kann dann durch den IR-Puls am Wirkort geöffnet werden (**Abb. 12, rechts**). Durch die Sensibilisierung wird erreicht, dass die Kapseln geöffnet werden und zwar bei nur etwa 10% der Leistung, die für Zellen letal wäre. In Modellrechnungen konnten wir darüber hinaus zeigen, dass Pulse von einigen 10 Nanosekunden nötig sind, um die lokale Erwärmung auf einige μm und einige K zu begrenzen [14] und dennoch effektiv zu sein, d.h. auch kein benachbartes Gewebe zu zerstören. Sicher ist auf diesem Weg noch viel zu tun, z.B. Verkleinerung der Kapseldimensionen, Anbringung von Zielstrukturen und Verbesserung der Sensibilisierung. Die Konzepte dafür sind erarbeitet und können jetzt schon durch die angewandte Forschung übernommen werden.

Nach diesem spekulativen und vielleicht spektakulären Beispiel aus den Biowissenschaften wollen wir abschließend mit einem Beispiel aus den Materialwissenschaften die breiten Anwendungsmöglichkeiten von modernen Kapselsystemen demonstrieren. Hier geht es um neue Anforderungen an eigentlich etablierte Verfahren, im speziellen Fall um Antikorrosionsbeschichtung. Dazu wird z.B. im Flugzeugbau auf eine Al-Legierung als Grundstruktur nach einem etablierten Verfahren ein ZrO_2/SiO_2-Film aufgebracht. In diesen Sol/Gel-Film wurde bisher Cr^{3+} als Antikorrosionsmittel eingebracht. Cr^{3+} wurde jedoch in diesem

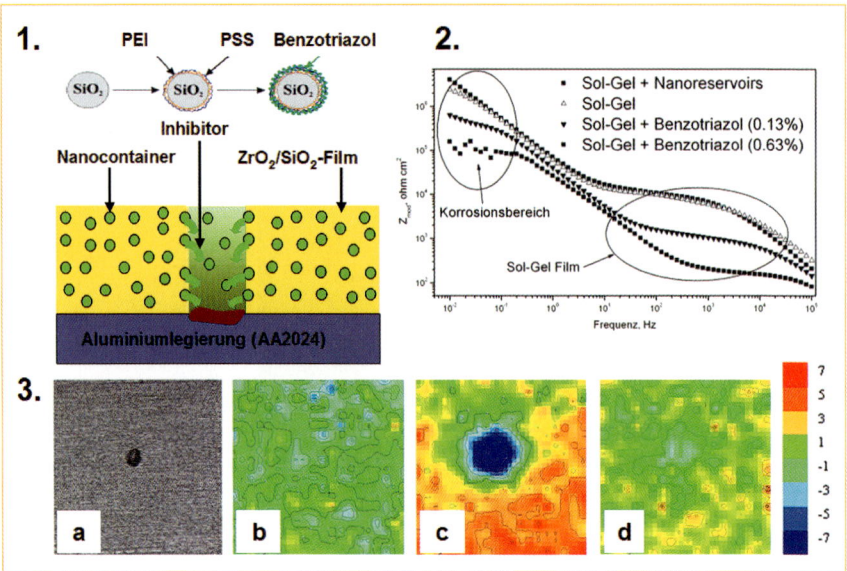

Abb. 13 (**1**) Schematische Darstellung der Herstellung von ZrO_2/SiO_2 Kompositfilmen mit Antikorrosions-Nanoreservoirs. (**2**) Bode Plots der Legierung mit verschiedenen Sol-Gel-Filmen (Sol-Gel mit Nanoreservoirs, ohne Nanoreservoirs und freiem Benzotriazol) nach Behandlung mit NaCl-Lösung (0,005 M; 48 h). (**3**) Elektrochemische Impedanzspektroskopiebilder der Legierung mit Nanoreservoirs (5 h, 24 h und 26 h nach Defektformation).

Jahr aufgrund seiner Kanzerogenität durch EU-Recht verboten, weshalb derzeit fieberhaft nach Ersatz gesucht wird. Ein mögliches Ersatzmittel ist das niedermolekulare Benzotriazol, das allerdings den Sol/Gel-Prozess stört. Die neue Strategie besteht deshalb darin, dieses Molekül in verkapselter Form während der Beschichtung einzubringen. Durch gezielte Freisetzung von Benzotriazol kann dann ein entstandener Korrosionsfleck auf elektrochemischem Wege regeneriert werden. Korrosion geht immer mit einem geänderten lokalen elektrochemischen Potential einher, weshalb im Idealfall die Potentialänderung die Permeabilität der Kapselwand erhöhen und die Freisetzung des Wirkstoffs einleiten sollte. Damit hätten wir eine selbstheilende Beschichtung durch Freisetzung bei Bedarf (**Abb. 13**).

Im konkreten Beispiel wurden nicht Hohlkapseln mit Wirkstoff befüllt, sondern nur das Wandmaterial von beschichteten SiO_2-Kernen. Diese sind mechanisch kompatibler mit der Matrix [22]. Um das komplexe Schichtsystem zu verstehen, muss man natürlich die Frequenzabhängigkeit der komplexen Impedanz messen, modellieren und interpretieren. Wir begnügen uns hier mit der Analyse des Korrosionsstromes, den man aus dem niederfrequenten Anteil des Realteils des Widerstandes erhält (**s. Abb. 13**). Man erkennt, dass dieser Widerstand durch geringe Beimengungen von Benzotriazol aufgrund der erwähnten Störung des Prozesses erniedrigt wird. Bei der Beschichtung mit den Nanocontainern (mit Durchmessern um 100 Nanometer) wird der Korrosionsstrom dagegen nicht verändert. Die lokale Wirkung kann man durch elektrische Potentialmikroskopie beobachten. **Abb. 13, unten**, zeigt eine homogene Potentialverteilung der Oberfläche, die sich nach einer lokalen Beschädigung drastisch ändert. Diese Beschädigung wird wieder regeneriert, sofern die Beschichtung Nanocontainer enthält (s. Bildfolge) und vergrößert sich erwartungsgemäß in Abwesenheit des Korrosionsschutzes (nicht gezeigt).

In diesem Fall wurde das Prinzip der selbstheilenden Beschichtung an Materialien und Prozessen demonstriert, die dem momentanen Stand der Technik entsprechen. Es ist aber andererseits offensichtlich, dass das Prinzip auf viele andere Prozesse übertragbar ist. Dies ist Thema einer Vielzahl von interdisziplinären Forschungsprojekten.

Zukünftige Herausforderungen und Chancen

Wir möchten Ihnen weitere Beispiele etwa aus der Sensorik oder Mikrotechnik ersparen und vielmehr Einiges zur Entwicklung dieses Gebietes anführen. Wenn auch die meisten beschriebenen Phänomene qualitativ verständlich sind, so sind wir noch weit entfernt vom quantitativen Verständnis, und letzteres ist auch für die Anwendung unabdingbar. Beispielsweise ist selbst der Prozess der Multischichtbildung nicht verstanden ebenso wie die Änderung der inneren Struktur der Schicht in Abhängigkeit von pH, Salzkonzentration und Temperatur. Ein Großteil der Probleme resultiert daraus, dass die Systeme im Nichtgleichgewicht hergestellt werden und glasartig sind. Die Relaxation in die Nähe des Gleichgewichts ist system- und parameterabhängig. Hier ähnelt die Situation der bei anorganischen und polymeren Gläsern, allerdings mit weiteren Parametern oder Freiheitsgraden wie Ionenmilieu, Schichtdicke und Oberfläche. Dies ist zugleich Komplikation und Chance. Aus Sicht der Grundlagenforschung besteht eine große Herausforderung darin, durch geschickte Oberflächenfunktionalisierung in Analogie zu Ligand/Rezeptorsystemen spezifische Bindungen zu steuern und dies zu quantifizieren. Ähnlich dem Beispiel der biologischen Zelle sollte es auch möglich sein, verschiedene Kapseln oder verschiedene Kompartimente in einer Kapsel gezielt anzuordnen und deren physikalische und chemische Wechselwirkungen zu steuern. Wie in diesem Beitrag leicht zu erkennen war, entstammen die Bausteine für diese Systeme aus vielen chemischen und biologischen Disziplinen, und auch die Anwendungen erstrecken sich auf viele Gebiete. Weniger deutlich wurde vielleicht, dass die Systemherstellung sehr einfach ist, ihre Charakterisierung aber ein Arsenal von Methoden erforderte, die teilweise auch erst zu entwickeln waren. Dasselbe gilt für Datenanalyse und Modellierung. Diese Interdisziplinarität ist besonders gefragt, da es gilt, Denkweisen aus Physik, Chemie und Biologie zu integrieren. Dies ist nicht immer einfach, aber der Weg dahin hat Spaß gemacht und meistens auch zum Ziel geführt. Dieser Erfolg könnte vielleicht in mehr als 10 000 Zitaten gemessen werden, in ca. 10 Patenten, einer erfolgreichen Ausgründung (Capsulution NanoScience AG, Berlin), am besten aber wohl in den bisher 5 Berufungen von Mitarbeitern in diesem Gebiet auf Lebenszeitprofessuren im In- und Ausland. Deren Fächer, Medizinische Biophysik, Chemieingenieurwesen, Polymerchemie, Physikalische Chemie und Materialwissenschaften entsprechen wiederum der Interdisziplinarität dieses Feldes.

Danksagung

Unsere Arbeit profitierte von dem großen Engagement zahlreicher (ca. 40) Doktoranden, Postdoktoranden und Gruppenleiter, deren Beiträge als Autoren sichtbar sind. Sie stützte sich auch sehr auf unsere hervorragenden technischen Mitarbeiter A. Heilig, H. Zastrow, A. Praast, I. Bartsch und O. Niemeyer.

Wir genossen auch die erfolgreiche und fruchtbare Kooperation mit den Gruppen von H. J. Bäumler, Charité Berlin; M. Giersig, Caesar; Y. Lvov, Ruston; T. Zemb, CEA Saclay; J. Vancso, Uni. Twente; W. Parak, LMU München, A. Gliozzi und S. Krol, Uni. Genua; C. Gao Hangzhou.

Sie wurde finanziell unterstützt von der Deutschen Forschungsgemeinschaft, dem Bundesministerium für Forschung und Technologie, der VW-Stiftung, der Alexander von Humboldt- Stiftung, dem DAAD, der EU und dem Fonds der Chemischen Industrie.

Literatur

1a Decher G, Hong GD. Buildup of ultrathin multilayer films by self-assembly process. 1. Consecutive adsorption of anionic and cationic bipolar amphiphiles on charged surfaces. Macromol Chem Macromol Symp 1991; 46: 321-327
1b Decher G.: Fuzzy Nanoassemblies: Toward layered polymeric multicomposites. Science 1997; 277: 1232-1237
2 Donath E, Sukhorukov GB, Caruso F, Davis S, Möhwald H. Novel hollow polymer shells by colloid-templated assembly of polyelectrolytes. AngewChem 1998; 37: 2201-2205
3 Lichtenfeld H, Stechemesser H, Möhwald H. Single particle light-scattering photometry - Some field of application. Jour Colloid Interface Sci 2004; 276: 97-105
4 Sukhorukov GB, Antipov AA, Voigt A, Donath E, Möhwald H. pH-Controlled macromolecule encapsulation in and release from polyelectrolyte multilayer nanocapsules. Macromol Rapid Commun 2001; 22: 44-46
5 Ma Y, Dong WF, Hempenius MA, Möhwald H, Vansco GJ. Redox-controlled molecular permeability of conposite-wall microcapsules, Nat Mater (im Druck)
6 Fery A, Dubreuil F, Möhwald H. Mechanics of artificial microcapsules, New Journal of Physics 2004; 6: 18
7 Müller R, Köhler K, Weinkamer R, Sukhorukov GB, Fery A. Melting of PDADMAC/PSS capsules investigated with AFM force spectroscopy. Macromolecules 2005; 38: 9766-9771
8 Köhler K, Shchukin D, Möhwald H, Sukhorukov GB. Thermal Behaviour of Polyelectrolyte Multilayer Microcapsules. 1. The Effect of Odd and Even Layer Number, J Phys Chem B 2005; 109: 18250-18259
9 Köhler K, Biesheuvel M, Weinkamer R, Möhwald H, Sukhorukov GB. Salt-induced swelling and shrinking-transition in polyelectrolyte multilayer capsules. Phys Rev Letters, 2006; 97: 188301-188304
10 Déjugnat C, Köhler K, Dubois M, Sukhorukov GB, Möhwald H, Zemb T, Guttmann P. Soft X-Ray microscopy: The optimal tool for direct quantitative observation of wet nano-structured materials. Adv Mater, 2007; 19: 1331-1336
11 Köhler K, Shchukin DG, Sukhorukov GB, Möhwald H. Drastic morphological modification of polyelectrolyte microcapsules induced by high temperature. Macromolecules 2004; 37: 9546-9550
12 Tiourina OP, Antipov AA, Sukhorukov GB, Larionova NI, Lvov Y, Möhwald H. Entrapment of -Chymotrypsin into hollow polyelectrolyte microcapsules. Macromol Biosci 2001; 1: 209-214
13 Kreft O, Muñoz Javier A, Sukhorukov GB, Parak WJ. Polymer microcapsules as mobile lolcal ptl-sensors, 7. Materials Chemistry, 2007, D01: 10.1039/b705419j
14 Skirtach AG, Dejugnat C. Braun D, Susha AS, Rogach AL, Parak WJ, Möhwald H, Sukhorukov GB. The role of metal nanoparticles in remote release of encapsulated materials. Nano Letters 2005; 5: 1371-1377
15 Li L, Möhwald, H. Photoinduced vectorial charge transfer across walls of hollow microcapsules. Angew Chem 2005; 43: 360-363
16 Caruso F, Susha AS, Giersig M, Möhwald H. Magnetic core-shell particles: Preparation of magnetite multilayers on polymer latex microspheres. Adv Mater 1999; 11: 950-953
17 Skirtach AG, Antipov AA, Shchukin DG, Sukhorukov GB. Remote activation of capsules containing Ag nanoparticles and IR dye by laser light. Langmuir 2004; 20: 6988-6992
18 Nolte M, Fery A. Coupling of individual polyelectrolyte capsules onto patterned substrates. Langmuir 2004; 20:2995-2998
19 Faraasen S, Vörös J, Csucs G, Textor M, Merkle HP, Walter E. Ligand-specific targeting of microspheres to phagocytes by surface modification with poly(L-lysine)-grafted poly(ethylene glycol) conjugate. Pharm Res 2003; 20: 237-246
20 Kreft O, Prevot M, Möhwald H, Sukhorukov GB. Shell-in-shell microcapsules - A novel tool for integrated, spatially confined enzymatic reactions, Angew.Chem. Int.Ed., 2007, 46, 5605-5608
21 Skirtach AG, Munoz Javier A, Kreft O, Köhler K, Piera Alberola A, Möhwald H, Parak WJ, Sukhorukov GB. Laser-induced release of encapsulated materials inside living cells, Angew Chem 2006; 118: 1-7
22 Shchukin DG, Zheludkevich M, Yasakau K, Lamaka S, Ferreira MGS, Möhwald H. Layer by layer assembled nanocontainers for self-healing corrosion protection, Adv Mater 2006; 18: 1672

Prof. Dr. Helmuth Möhwald geb. 1946 in Goldenöls. 1971: Diplom in Physik (Universität Göttingen), 1974: Doktorarbeit in Physik am Max-Planck-Institut für Biophysikalische Chemie, Göttingen  (Karl-Friedrich-Bonhoeffer Institut), 1974-1975: Postdoktorand (IBM San Jose), 1978: Habilitation in Physik, (Universität Ulm), 1978-1981: Wissenschaftlicher Mitarbeiter (Dornier-System, Friedrichshafen), 1981-1987: Außerordentlicher Professor für Experimentelle Physik (TU München), 1987-1993: Lehrstuhl für Physikalische Chemie (Universität Mainz), Seit 1993: Direktor am Max-Planck-Institut für Kolloid- und Grenzflächenforschung, Golm/Potsdam, Seit 1995: Honorar-Professor an der Universität Potsdam.
Gast-Professuren: 1983: University Pennsylvania, 1991-1992: Weizmann Institut, Rehovot, seit 2001: Zheijang University, Hangzhou, seit 2004: Fudan University, Shanghai.
Zahreiche Anerkennungen und Preise u.a.: 1979: Physikpreis der Deutschen Physikalischen Gesellschaft, 1998: Raphael-Eduard-Liesegang-Preis der Deutschen Kolloidgesellschaft, 2000: Chaire de Paris, 2004: korrespondierendes Mitglied der Österreichischen Akademie der Wissenschaften.
Ämter: Seit 2004 Vorsitzender der Deutschen Kolloidgesellschaft, und wissenschaftlicher Beirat und Jury der Austrian Nano Initiative; seit 2005 Vorsitzender des wissenschaftlichen Beirats des Hahn-Meitner Instituts, Berlin.
Forschungsschwerpunkte: Biomimetische Systeme, Chemie und Physik in Hohlräumen, Dynamik an Grenzflächen, Supramolekulare Wechselwirkungen

Prof. Dr. Helmuth Möhwald
Max-Planck-Institut für Kolloid- und Grenzflächenforschung
Wissenschaftspark Golm
D-14424 Potsdam

Dr. Oliver Kreft, geb. 1968 in Aurich, Niedersachsen. Studium der Chemie an der Freien Universität Berlin, 1999: Diplom, 1999-2003: Doktorarbeit am Max-Planck-Institut für Molekulare Pflanzen-  physiologie in Potsdam-Golm in der Abteilung von Prof. Dr. Lothar Willmitzer. Promotion im Fach Biochemie an der Universität Potsdam. 2003: Postdoktorand an der Universität Potsdam, ab 2004: Postdoktorand am Max-Planck-Institut für Kolloid- und Grenzflächenforschung in Potsdam-Golm bei Prof. Dr. Gleb Sukhorukov.

Forschungsschwerpunkte: Entwicklung multifunktionaler Mikrokapseln für Biologische und pharmakologische Anwendungen: Enzymatische Katalyse in Mikrokapseln, zielgerichteter Transport und kontrollierte Freisetzung verkapselter Wirkstoffe.

Dr. Oliver Kreft
Max-Planck-Institut für Kolloid- und Grenzflächenforschung
Wissenschaftspark Golm
D-14424 Potsdam

Von Glühwürmchen und Elektroden
Wie Strukturen aus ungeordneter Materie entstehen
Katharina Krischer

Der erste Teil des Titels dieses Beitrags wird manchen Leser sicherlich zunächst verwundern. Was haben Glühwürmchen mit Elektroden gemeinsam? Der zweite Teil deutet diese Gemeinsamkeit an: Eine Schar von Glühwürmchen kann genauso wie eine Elektrode, an der eine elektrochemische Reaktion mit gewissen Eigenschaften abläuft, die spontane Entstehung von kohärentem Verhalten, also geordneten Strukturen, zeigen. Die Gemeinsamkeit ist jedoch viel tiefgehender als das bloße Auftreten von geordneten, möglicherweise ähnlich aussehenden Strukturen. In beiden Systemen unterliegt die Strukturbildung den gleichen Gesetzmäßigkeiten, die ebenfalls in einer Vielzahl weiterer, ganz unterschiedlicher Systeme aus allen naturwissenschaftlichen Disziplinen auftreten. Einige dieser universellen Gesetzmäßigkeiten werde ich im ersten Teil dieses Beitrags erläutern, bevor ich dann auf Strukturbildung bei Elektrodenreaktionen zu sprechen komme und schließlich aufzeige, in welche Richtung Anstrengungen gehen, technische Prozesse durch die Steuerung von Musterbildung zu beeinflussen.

Die Art der Strukturbildung, von der hier die Rede sein wird, wird als Selbstorganisation im engeren Sinne bezeichnet. Diese sollte klar von der dem Laien weitaus geläufigeren Art der Strukturbildung, nämlich der Kristallisation, abgegrenzt werden, und auch von der der Kristallisation in gewissen Punkten ähnlichen Selbstassemblierung. Diese drei Strukturbildungsprozesse sind in **Abb. 1** gegenübergestellt. Ausgangspunkt für unser Gedankenexperiment ist eine Flüssigkeit, die für unser Auge vollkommen homogen aussieht (**Abb. 1 oben**). Nun stellen wir uns vor, dass wir ein hypothetisches Gerät besitzen, mit dem wir die Flüssigkeit auf immer kleinerem Maßstab anschauen können, bis wir schließlich die Atome, Moleküle oder Ionen sehen, aus denen unsere Substanz aufgebaut ist. Wir werden dann feststellen, dass diese atomaren Bausteine unregelmäßig angeordnet sind. In **Abb. 1** etwa besteht die Flüssigkeit aus roten und blauen „Kugeln", die z.B. Ionen repräsentieren können. In die unregelmäßige Anordnung von roten und blauen Kugeln kann durch langsames Abkühlen Ordnung gebracht werden. Dies führt nämlich dazu, dass die Flüssigkeit kristallisiert und die atomaren oder molekularen Bausteine sich auf wohl definierten Plätzen anordnen. Auf atomarem Maßstab hat sich also von selbst eine Struktur gebildet. Wenn wir uns aber einen ganz regelmäßig aufgebauten Kristall mit dem Auge anschauen, dann sind die einzigen Strukturen, die wir erkennen können, die Begrenzungen. Auf makroskopischem Maßstab ist ein perfekter Kristall strukturlos. Ferner wird er sich, solange die äußeren Bedingungen konstant gehalten werden, zeitlich nicht verändern. Die Triebkraft für die Ausbildung der kristallinen Struktur ist das Bestreben des Systems, eine Größe, die mit der Energie des Systems verknüpft ist, zu minimieren. Dies kann man sich leicht anhand einer mechanischen Analogie klarmachen (**Abb. 2a**). Wenn eine Kugel auf eine gekrümmte Fläche gelegt wird, so wird sie

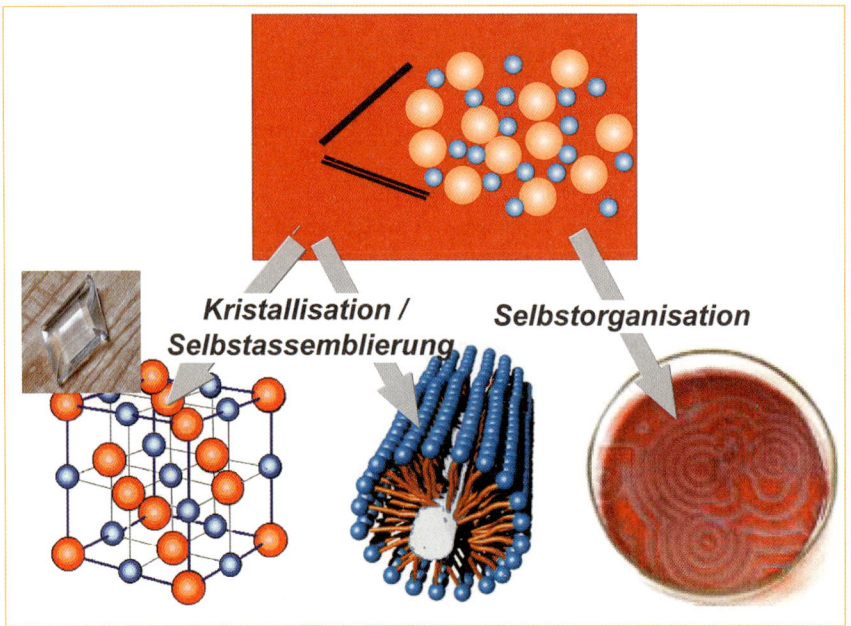

Abb. 1 Aus mikroskopisch ungeordneter und makroskopisch strukturloser Materie kann Ordnung durch Kristallisation und Selbstassemblierung auf der einen Seite und Selbstorganisation im engeren Sinne auf der anderen Seite entstehen.

immer zur tiefsten Stelle rollen und ohne äußere Krafteinwirkung dort verharren. Das Minimum entspricht dem thermodynamischen Gleichgewichtszustand.

Analoge Vorgänge können auch zu weitaus komplexer wirkenden Strukturen führen. Ein Beispiel ist in **Abb. 1** in der Mitte gezeigt. Dort symbolisieren die orange-blauen Objekte Lipidmoleküle; diese bestehen aus als orange Fäden angedeuteten wasserabweisenden Schwänzen und den als blaue Kugeln gezeigten hydrophilen „Köpfen". Wenn die Lipidkonzentration in einer Flüssigkeit einen Grenzwert überschreitet, ordnen sich die Moleküle spontan zu der in Abb. 1 gezeigten Struktur an, d.h. in einer Ebene aggregieren die Lipidmoleküle in der Form von Scheiben, in der Richtung senkrecht hierzu bilden die Scheiben einen wohlgeordneten Stapel. Der resultie-

rende „Lipidfaden" unterscheidet sich phänomenologisch von den klassischen Kristallstrukturen. Zudem entsprechen die Strukturen oft nicht dem absoluten Minimum der oben erwähnten thermodynamischen Größe, sind also keine Gleichgewichtsstrukturen, sondern einem lokalen Minimum. Dieses stellt einen metastabilen Zustand dar. Im Bild des mechanischen Analogon besitzt die Fläche nun mehrere Minima, und die Kugel rollt in das nächste Minimum, besitzt aber nicht genügend Energie, um das Maximum, das sie überqueren muss, um das absolute Minimum zu erreichen, zu überwinden (**Abb. 2b**). Daher bleibt sie in der metastabilen Lage liegen. Die Ausbildung derartiger komplexerer Strukturen, seien es nun Gleichgewichts- oder metastabile Strukturen, wird häufig als „Selbstassemblierung" (im Englischen self assembly) bezeichnet; in einer weni-

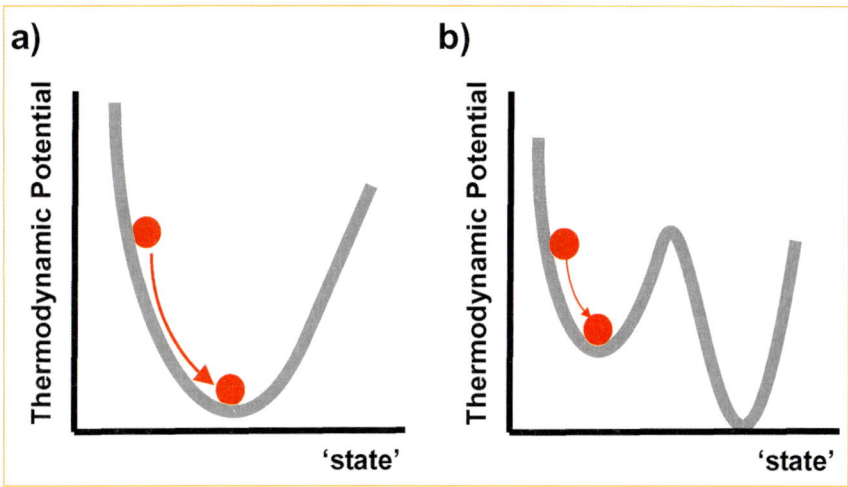

Abb. 2 Visualisierung der Triebkraft der Kristallisation und der Selbstassemblierung: **(a)** Das System ist bestrebt, ein so genanntes thermodynamisches Potential, das mit der Energie des Systems verknüpft ist, zu minimieren, ähnlich wie eine Kugel, die in einer Landschaft immer in das Minimum rollen wird. Der thermodynamische Gleichgewichtszustand entspricht dem absoluten Minimum. **(b)** Die Potentialfunktion kann auch mehrere Minima besitzen. Welchen Zustand das System einnimmt, hängt von den Anfangsbedingungen ab. Selbstassemblierte Strukturen entsprechen häufig lokalen Minima.

ger strengen Definition, als wir sie hier verwenden wollen, auch als Selbstorganisation. Wesentlich ist, dass auch derartige Strukturen durch das Bestreben des Systems, eine Potentialfunktion zu minimieren, entstehen, auch wenn es dabei nicht das absolute Minimum der Funktion, also den thermodynamischen Gleichgewichtszustand, erreicht. Hat das System einen der Minimumszustände eingenommen, so sind alle makroskopischen Größen zeitlich konstant oder zeigen nur kleine Fluktuationen um diesen Zustand.

Ein typisches Beispiel für Selbstorganisation im engeren Sinne ist in **Abb.1 rechts** gezeigt. Hier sind in einer Petrischale blaue Kreise in einer roten Flüssigkeit zu sehen. Dieses Muster können wir mit dem bloßen Auge erkennen. Wir haben es also mit makroskopischer Strukturbildung zu tun. Die Kreise wandern mit der Zeit nach außen, während ihre Zentren in regelmäßigen Abständen neue Wellen aussenden. Die Strukturen zeigen also auch ein „Muster in der Zeit": An einem Ort oszilliert die Konzentration der roten und blauen Spezies periodisch, das System generiert von alleine einen Taktgeber [1]. Diese regelmäßige Dynamik so wie die Ausbildung der selbstorganisierten chemischen Wellen von einem homogenen Ausgangszustand ist in **Abb. 3** zu sehen.

Die Triebkraft für die Ausbildung selbstorganisierter Muster unterscheidet sich fundamental von derjenigen, die zu Kristall- oder selbstassemblierten Strukturen führt. Wir werden sie im Folgenden eingehender besprechen. Vorher sollen jedoch die wesentlichen Unterscheidungsmerkmale zwischen Kristall- bzw. selbstassemblierten Strukturen und selbstorganisierten Mustern noch einmal zusammengefasst werden: Kristalle und selbstassemblierte Strukturen besitzen immer Ordnung in der Größenordnung der Grundbausteine, also

Abb. 3 Spontane Ausbildung von selbstorganisierten Strukturen aus einem homogenen Zustand am Beispiel der Belousov-Zhabotinsky-Reaktion. (Mit freundlicher Genehmigung von I. Epstein, Brandeis, USA.).

in der Regel auf atomarem oder molekularem Maßstab [2]. [1]) Ihre Struktur wird von den molekularen Eigenschaften bestimmt, und sie verändern sich nicht mit der Zeit. Durch Selbstorganisation dagegen entstehen Strukturen, deren charakteristische Wellenlänge deutlich größer ist als die Grundbausteine, aus denen das System aufgebaut ist. Ihre Struktur wird nicht von den molekularen Eigenschaften bestimmt. Ferner können sie, müssen aber nicht, dynamisch sein.

[1])Sind die Grundbausteine des System größer, beispielsweise kleine Magnete, so können selbstassemblierte Strukturen auch Ordnung auf größerer Skala aufweisen. Wesentlich ist, dass die Größenskala, auf der ein regelmäßiges Muster entsteht, immer in der Größenordnung der Grundbausteine liegt. Für Beispiele von größeren selbstassemblierten Strukturen siehe [2]. Man beachte aber, dass Selbstorganisation in der hier verwendeten Definition in [2] als dynamische Selbstassemblierung bezeichnet wird.

Eine notwendige Voraussetzung für das Auftreten von Selbstorganisation ist, dass geeignete Wechselwirkungen zwischen physikalischen oder chemischen Größen, die das System charakterisieren, existieren. Dies können z.B. die Konzentrationen von chemischen Spezies, die Temperatur oder auch die Größe einer Population von Individuen sein. Ein Beispiel, wie geeignete Wechselwirkungen aussehen können, ist in **Abbildung 4a** gezeigt. Hier wird angenommen, dass das Verhalten des Systems durch zwei Variablen charakterisiert wird, die mit X und Y bezeichnet sind. Die Pfeile zusammen mit den Vorzeichen „+" und „−" symbolisieren Wechselwirkungen zwischen den Variablen. So bedeutet der Pfeil, der von X auf X zeigt und mit einem positiven Vorzeichen versehen ist, dass X seine eigene Bildung verstärkt. Dies ist eine positive Rückkopplungsschleife. Die zweite Rückkopplungsschleife, in der X und Y involviert sind, besagt, dass X zur Bildung von Y führt, Y aber zum Abbau von X. Bezogen auf X ist dies also eine negative Rückkopplungsschleife: Über die Bildung von Y führt X zu seinem eigenen Abbau. Schließlich deutet der nach rechts zeigende Pfeil an, dass Y mit einer bestimmten Rate zerfällt. Das simultane Auftreten von beiden Rückkopplungsschleifen kann oszillatorisches Verhalten hervorrufen: Gehen wir von einer kleinen Konzentration von X aus, so wird die positive Rückkopplungsschleife dafür sorgen, dass mehr X gebildet wird; ein höherer Wert von X bewirkt aber auch eine verstärkte Produktion von Y. Ist die Konzentration von Y genügend stark angestiegen, so kommt der Abbau von X durch Y zum Tragen, die schließlich zur Abnahme der Konzentration von X führt. Dies hat nun aber zur Folge, dass auch weniger Y gebildet wird, so dass auch die Konzentration von Y abnimmt. Ist sie unter einen Schwellenwert gefallen, kann

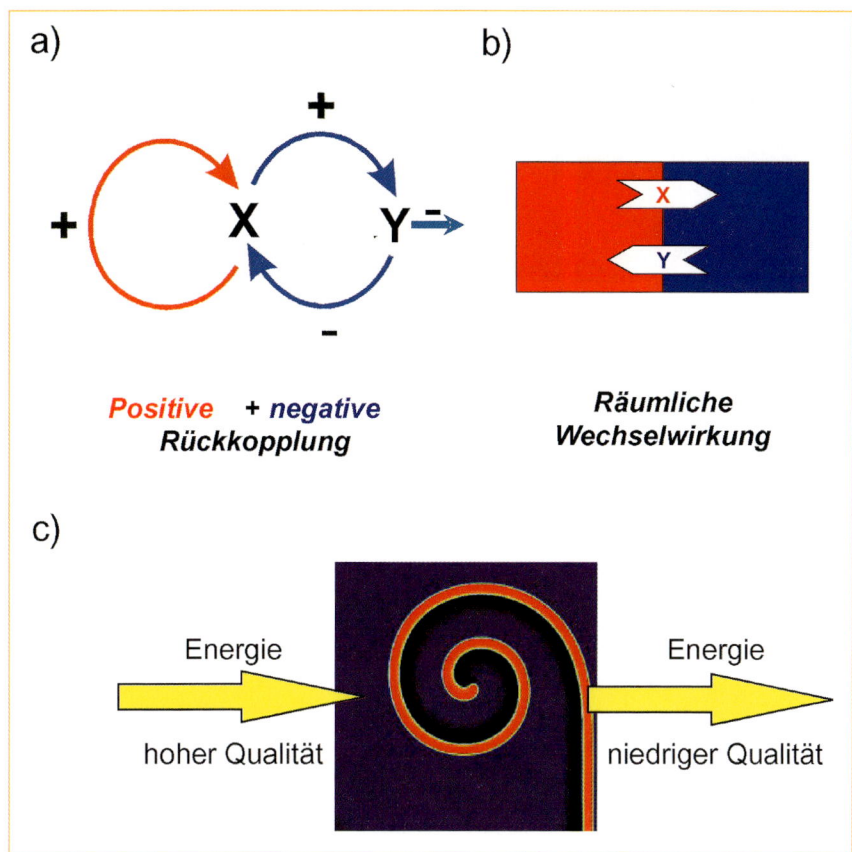

Abb. 4 Entstehung von selbstorganisierten Mustern durch das Zusammenspiel von lokalen Rückkopplungsschleifen, räumlicher Kopplung und Dissipation von Energie. **(a)** Prototypisches Beispiel für lokale Rückkopplungsschleifen, die zur Selbstorganisation führen. **(b)** Gradienten in den Systemvariablen führen zur räumlichen Kopplung. **(c)** Stationäre Muster erfordern einen kontinuierlichen Energiefluss durch das System.

die positive Rückkopplungsschleife wieder greifen, und der Zyklus mit dem Aufbau von X erneut beginnen.

Um neben zeitlichen Mustern auch räumliche Strukturen zu erhalten, müssen unterschiedliche Orte miteinander in irgendeiner Form gekoppelt sein. Dies geschieht meistens durch den Transport einer physikalischen Größe aufgrund von lokalen Unterschieden in dieser Größe (**Abb. 4b**). So sagt uns unsere Alltagserfahrung, dass sich Konzentrationsunterschiede mit der Zeit ausgleichen. Der physikalische Prozess dahinter ist die Diffusion, die bei einer ungleichmäßigen Verteilung von Spezies zu einem Teilchenfluss führt. Ein solcher Teilchenfluss stellt sich auch ein, wenn sich in der in **Abb. 3 links** oben gezeigten Petrischale aufgrund von zunächst ganz kleinen Fluktuationen minimale lokale Konzentrationsgradienten einstellen. In diesem Fall führt jedoch das Zusammenwirken von Diffusion mit den oben beschriebenen Rückkopplungschleifen der lokalen Dynamik zur Ausbildung der Muster. Neben der Diffusion können auch andere

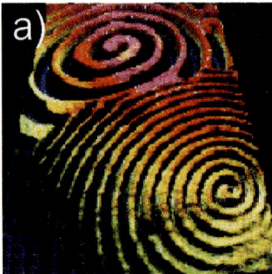 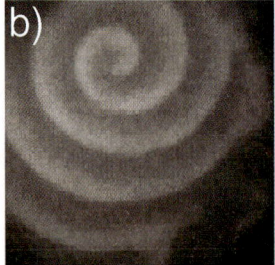 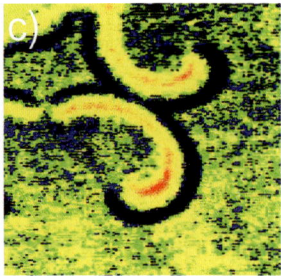

Abb. 5 Beispiele für Spiralmuster in ganz unterschiedlichen Systemen. **(a)** Oxidation von Kohlenmonoxid auf einem Pt-Einkristall bei niedrigen Drucken. (Mit freundlicher Genehmigung von H.H. Rotermund und G. Ertl, Berlin, Deutschland.) **(b)** Ca^{2+}-Wellen im Zellinneren. (Mit freundlicher Genehmigung von Lechleiter, San Antonio, USA.) **(c)** Bei der glykolytischen Zersetzung von Zucker in einem Hefeextrakt. (Mit freundlicher Genehmigung von T. Mair und St. Müller, Magdeburg, Deutschland).

physikalische Prozesse eine räumliche Kopplung bewirken, z.B. die Wärmeleitung, die sich bei einem Temperaturgradienten einstellt. Wesentlich für alle derartigen Selbstorganisationsprozesse ist also das Wechselspiel zwischen nichtlinearen Rückkopplungsschleifen und räumlichen Transportprozessen. Dabei bestimmen die Art der Wechselwirkungen zwischen den Variablen sowie die äußeren Bedingungen, d.h. die Parameter des Systems, die Art der Muster, und nicht, wie bei den oben besprochenen selbstassemblierten Strukturen, die Eigenschaften der Moleküle. *Selbstorganisierte Muster sind immer das Resultat von kooperativem Verhalten von vielen Grundbausteinen.*

Gehen wir noch einmal kurz zurück zu dem Beispiel der chemischen Reaktionswellen in der Petrischale (**Abb. 3**). Während sich die Muster ausbilden, laufen in der Petrischale chemische Reaktionen ab. In dem gezeigten Beispiel handelt es sich um den bekanntesten chemischen Oszillator, die so genannte Belousov-Zhabotinskii Reaktion [3], bei der Malonsäure, eine organische Substanz, über viele Zwischenprodukte zu Kohlendioxid oxidiert wird. Das Muster kann also nur solange existieren, solange noch nicht zuviel Malonsäure verbraucht ist. Das System wird also nach einer gewissen Zeit wieder einen homogenen Zustand einnehmen. Die Muster treten also nur transient auf. Dauerhafte, d.h. über lange Zeiten gleichbleibende Musterbildung, erfordert dagegen, dass einem System kontinuierlich Energie hoher Qualität zugefügt wird, während es kontinuierlich Energie niedriger Qualität abgibt (**Abb. 4c**). Man sagt auch, dass das System Energie dissipiert oder verbraucht, um die Muster aufrechtzuerhalten. Daher prägte Prigogine, der für die Untersuchung von Selbstorganisationserscheinungen 1977 den Nobelpreis für Chemie erhielt, für diese Art Muster auch den Namen „dissipative Strukturen" [4]. Bei der Belousov-Zhabotinsky-Reaktion bilden sich stationäre Muster, wenn dem System ständig Malonsäure zugegeben wird, während es selber kontinuierlich CO_2 abgibt. Wenn wir versuchen die Dissipation von Energie mit Begriffen aus dem Alltag zu vergleichen, so kommt ihr der Stoffwechsel am nächsten. Analog zu unseren Mustern benötigt ein System, das einen Stoffwechsel besitzt, hochwertige Energie, um lebenswichtige Funktionen aufrechtzuerhalten, während es die Stoffwechselprodukte, die immer energetisch minderwertig sind, abgibt.

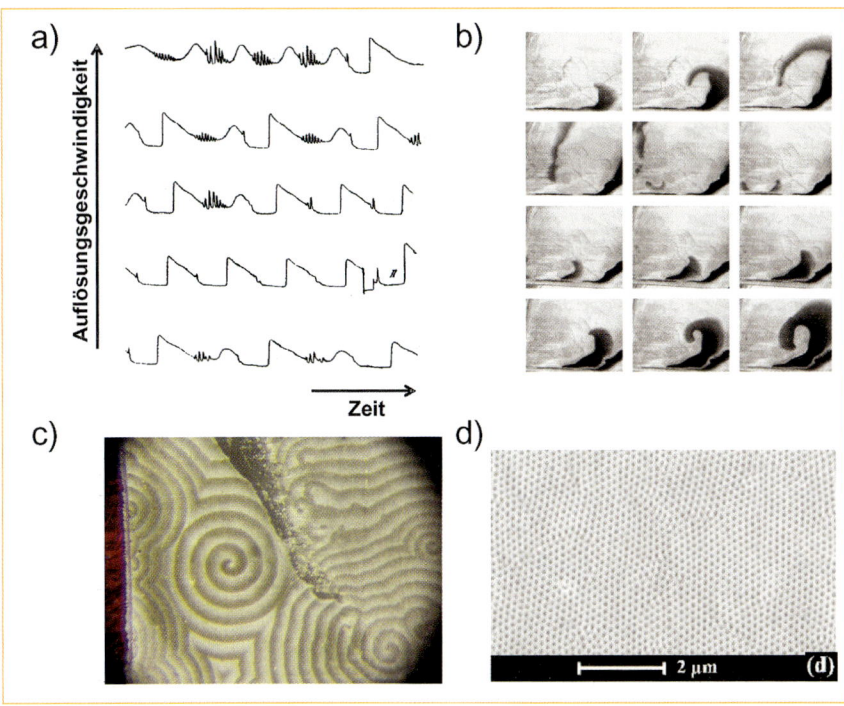

Abb. 6 Beispiele für Selbstorganisation in elektrochemischen Systemen. **(a)** Ratenoszillationen bei der Auflösung von Chrom in Salzsäure, nach [9]. **(b)** Spiralwellen bei der Korrosion von Edelstahl in konzentrierter Salpetersäure, nach [10]. (Mit freundlicher Genehmigung von O. Steinbock, Tallahassee, USA.) **(c)** Spiralwellen bei der galvanischen Abscheidung einer Ag/In-Legierung. (Mit freundlicher Genehmigung von I. Krastev, Sofia, Bulgarien.) **(d)** Hexagonales Porenmuster in InP. (Mit freundlicher Genehmigung von H. Föll, Kiel, Deutschland.)

Abb. 5 zeigt Beispiele für Selbstorganisation in drei ganz unterschiedlichen Systemen, nämlich einem heterogen katalysierten, chemischen, einem biologischen und einem biochemischen System. In **Abb. 5a** ist ein Muster in der Kohlenmonoxid- und Sauerstoffbedeckung auf einer Platineinkristalloberfläche unter Ultrahochvakuumbedingungen, das sich während der Oxidation von Kohlenmonoxid ausbildet, zu sehen [5]. **Abb. 5b** zeigt eine intrazelluläre Ca^{2+}-Ionen-Verteilung [6] und **Abb. 5c** die Konzentration von NADH (der reduzierten Form des Coenzyms NAD^+, Nicotinamid-Adenin-Dinukleotid) bei der glykolytischen Zersetzung von Zucker in einem Hefeextrakt [7]. In allen drei Systemen haben sich Spiralwellen gebildet. Dies demonstriert in eindrucksvoller Weise, was oben eher abstrakt über selbstorganisierte Muster gesagt wurde, nämlich dass diese auf universelle Gesetzmäßigkeiten zurückzuführen sind. In diesen drei Fällen resultieren die Muster aus dem oben diskutierten Wechselspiels von (weitgehend gleichen) lokalen Rückkopplungsschleifen und der Diffusion von Spezies im System. Die molekularen Eigenschaften sind dagegen für die Spiralbildung vollkommen unbedeutend.

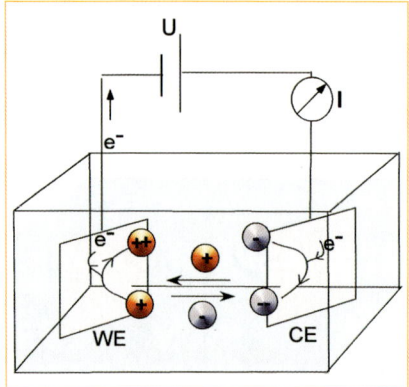

Abb. 7 Einfache elektrochemische Zelle. WE: Arbeitselektrode; CE: Gegenelektrode.

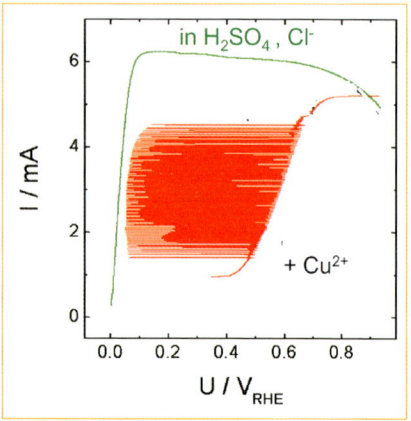

Abb. 8 Strom-Spannungscharakteristiken von Platin in gesättigter Schwefelsäure in Gegenwart von Katalysatorgiften. **(a)** In Gegenwart von Chloridionen: Der Oxidationsstrom nimmt bei hohen Spannungen mit zunehmender Spannung ab. **(b)** In Gegenwart von Chlorid- und Kupferionen: Bei konstant gehaltener Stromdichte oszilliert die Spannung. Nach [13].

Im Folgenden soll die Musterbildung bei Elektrodenreaktionen näher betrachtet werden. Selbstorganisationsphänomene bei elektrochemischen Reaktionen sind auf der einen Seite die ältesten Beispiele für Musterbildung in chemischen Systemen, auf der anderen Seite treten sie bei technisch sehr wichtigen Prozessen auf. Hierzu gehören Metallauflösungsreaktionen, wobei die Korrosion von Eisen und Stahl wirtschaftlich von außerordentlicher Bedeutung ist. Die bei fast allen Metallen recht komplexen chemischen Vorgänge bei der Metallauflösung, die oft mit der Bildung von passiven (also sich schlecht auflösenden) Oxidschichten einhergehen, liefern die für Selbstorganisationsprozesse notwendigen Rückkopplungsschleifen. Oszillationen bei Metallauflösungsreaktionen wurden schon in der ersten Hälfte des 19. Jahrhunderts beobachtet [8], ein Beispiel aus dem Jahr 1900 [9] ist in **Abb. 6a** gezeigt. Hier ist die Auflösungsrate von Chrom in verdünnter Salzsäure als Funktion der Zeit dargestellt. Bei diesem Beispiel ist gut zu erkennen, dass die Oszillationsformen sehr komplex sein können; in der obersten Reihe beispielsweise sieht man, dass der abfallende Ast einer langsamen Oszillation von vielen schnellen Oszillationen überlagert ist. Ein Beispiel aus der gegenwärtigen Forschung ist in **Abb. 6b** reproduziert. Hier ist die Entstehung einer Spirale auf einem Edelstahlblech, das durch die Einwirkung von Salpetersäure korrodiert, zu sehen [10]. Auch beim Abscheiden von metallischen Legierungen können sich Muster ausbilden, wobei in weiten Parameterbereichen Spiralen wiederum das dominante Muster darstellen (**Abb. 6c**). Die unterschiedlichen Grauwerte repräsentieren unterschiedliche Zusammensetzung des abgeschiedenen Ag/In-Films [11], und der Abstand zwischen den Spiralarmen beträgt nur Bruchteile von Millimetern. Er ist damit wesentlich geringer als in **Abb. 6b**, wo der gezeigte Bildausschnitt eine Größe von ca. $6 \times 4{,}5$ cm^2 hat. Noch wesentlich kleinere Strukturen entstehen beim Elektropolieren von Al, Si oder InP [12] (**Abb. 6d**), einem technisch ebenfalls sehr bedeutendem Prozess.

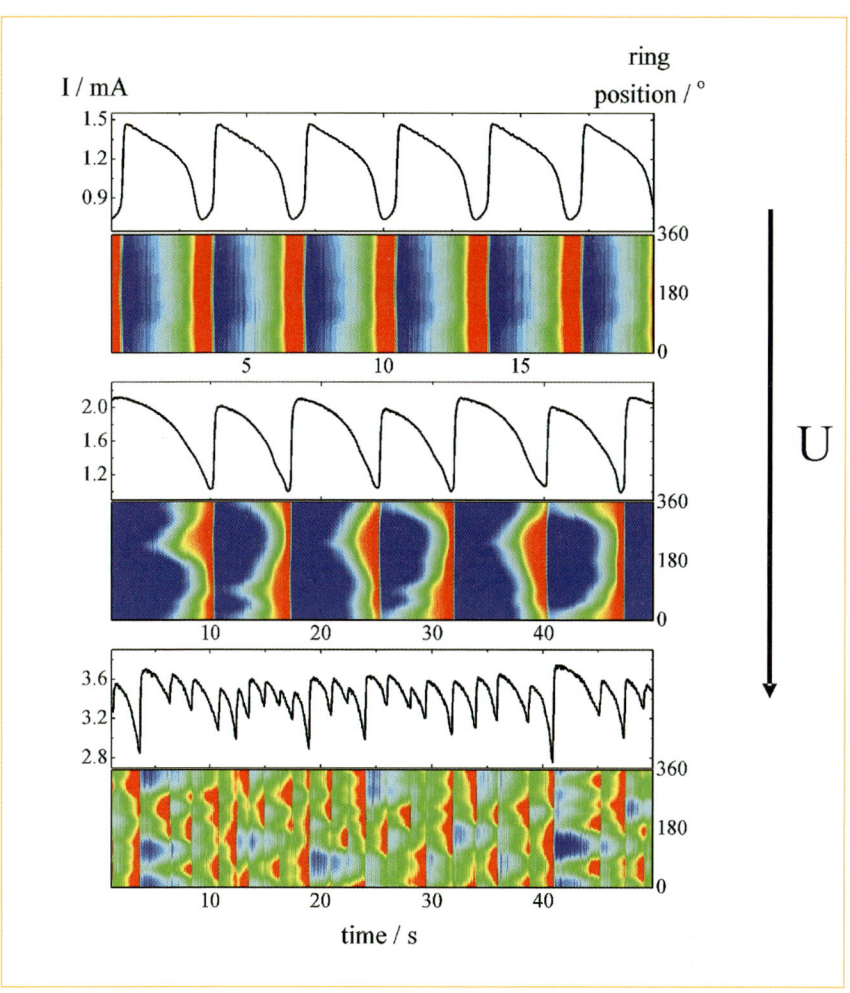

Abb. 9 Zeitserien des Stroms **(oben)** und raumzeitliche Änderungen des Doppelschichtpotentials **(unten)** bei der Oxidation von H_2 an einer Pt-Ringelektrode in chlorid- und kupferionenhaltiger Schwefelsäure bei drei unterschiedlichen Werten der externen (konstanten) Spannung. **(a)** Bei niedrigen Spannungswerten oszilliert die Elektrode homogen. **(b)** Bei mittleren Spannungswerten entstehen räumliche Modulationen. **(c)** Bei hohen Spannungswerten geht das System in einen raumzeitlich chaotischen Zustand über. Das Doppelschichtpotential ist in Falschfarben dargestellt; rot: hohe Werte, blau: niedrige Werte; nach [14].

Wir wollen uns im Folgenden der Selbstorganisation bei einer weiteren Klasse von elektrochemischen Systemen zuwenden, nämlich elektrokatalytischen. Der prinzipielle Aufbau eines elektrochemischen Experiments ist in **Abb. 7** gezeigt. Herzstück des Aufbaus sind zwei Elektroden, die Arbeitselektrode (WE) und die Gegenelektrode (CE), zwischen denen sich der Elektrolyt befindet. Zwischen beiden Elektroden wird eine Spannung angelegt, die zur Folge hat, dass an den Elektroden elektrochemische Reaktionen ablaufen. Diese beinhalten immer entweder den Übergang von Elektronen von im Elektrolyten gelösten Reaktan-

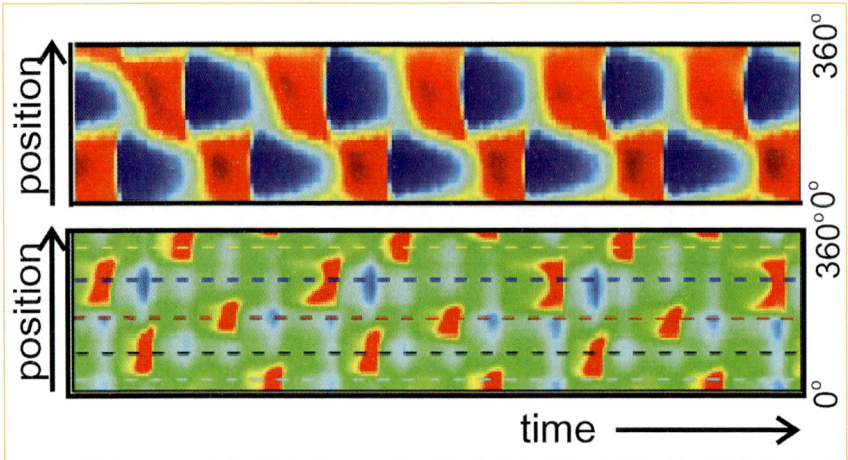

Abb. 10 Typische Muster bei globaler Kopplung: **(a)** 2-Phasen-Cluster, **(b)** 5-Phasen-Cluster. Das experimentelle System ist mit dem unter Abb. 9 beschriebenen identisch. Unterschiedlich war nur die Versuchsführung, welche bei dem in Abb. 9 gezeigten Daten so gewählt wurde, dass eine globale Kopplung ausgeschlossen werden konnte, während das Verhalten hier von der globalen Kopplung dominiert wird; nach [18].

den zur Elektrode oder umgekehrt, von der Elektrode auf eine Spezies im Elektrolyten. Der Elektronenübergang bewirkt, dass zwischen den Elektroden ein Strom fließt, der die Hauptmessgröße darstellt. Eine der einfachsten und am besten untersuchten, aber auch wichtigsten elektrokatalytischen Reaktionen ist die Oxidation von Wasserstoff an Platinelektroden. Dass auch sie Selbstorganisationserscheinungen zeigen kann, soll im Folgenden demonstriert werden. Strom-Spannungscharakteristiken für drei unterschiedliche experimentelle Bedingungen sind in **Abb. 8** zu sehen. Die grüne Kurve wurde in wässriger, chloridhaltiger Schwefelsäure erhalten. Man sieht, dass der Strom bei kleinen Spannungen stark ansteigt, jedoch schon bald ein Plateau erreicht hat und bei weiterer Erhöhung wieder leicht abfällt. Die Abnahme des Stroms ist auf die Adsorption von Chlorid an der Platinelektrode zurückzuführen. Es konnte gezeigt werden, dass meistens, wenn der Strom mit zunehmender Spannung und damit auch zunehmender Triebkraft für eine elektrochemische Reaktion abnimmt, das elektrochemische System über eine positive Rückkopplungsschleife verfügt. Enthält der Elektrolyt zusätzlich Cu-Ionen, so wird die Wasserstoffoxidation und damit der Stromfluss bis zu Spannungen von ca. 600 mV unterdrückt. Eine Analyse des Einflusses der Cu-Ionen auf die zeitliche Entwicklung des Elektrodenpotentials zeigt, dass die Cu-Ionen eine negative Rückkopplung in das System einführen. Das Wechselspiel von Wasserstoffoxidation und der reversiblen Adsorption von Chlorid- und Kupferionen kann also schon zu oszillatorischem Verhalten führen, und in der Tat zeigt das System kinetische Oszillationen [13] (rote Kurve in **Abb. 8**).

Eine wesentliche Frage ist, ob die Oszillationen räumlich homogen sind, oder ob sich ein Muster in der katalytischen Aktivität auf der Elektrodenoberfläche ausbildet. Hierfür wurden Experimente an einer Pt-Ringelektrode durchgeführt, wo-

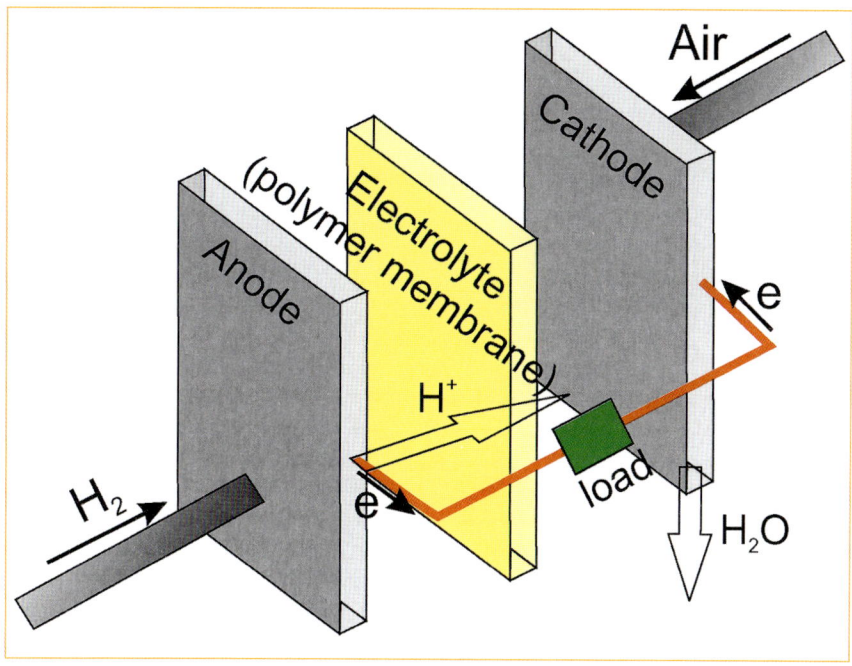

Abb. 11 Schema einer Polymerelektrolyt-Membran-Brennstoffzelle.

bei mit einer Sonde das lokale Elektrodenpotential, das ein Maß für die lokale Stromdichte darstellt, als Funktion des Winkels gemessen wurde [14]. Die Dicke des Pt-Rings war verglichen mit dem Ringdurchmesser vernachlässigbar, so dass wir nur eine räumliche Richtung berücksichtigen müssen. **Abb. 9** zeigt entsprechende Messungen für drei unterschiedliche Werte der extern angelegten Spannung. Für jeden Spannungswert ist oben eine Zeitserie des Gesamtstroms gezeigt und darunter eine raum-zeitliche Darstellung des Elektrodenpotentials. Dabei ist auf der Ordinate der Winkel der Ringelektrode dargestellt. Wir können also den Ring wieder rekonstruieren, in dem wir die Werte bei 0° und bei 360° zusammenfügen und dabei die Achse zu einem Kreis deformieren. Die Falschfarben stellen ein Maß für das Elektrodenpotential dar. Bei dem niedrigsten Spannungswert (obere Darstellung) sind die Potentialwerte zu allen Zeiten auf der gesamten Elektrode nahezu identisch. Dies bedeutet, dass die gesamte Elektrode tatsächlich homogen oszilliert. Wird die Spannung erhöht (mittlere Darstellung), so weisen einige Orte der Elektrode wesentlich früher einen Übergang zu höherem Potential und daher kleinerem Stromwert auf als andere: Das Elektrodenpotential ist nicht mehr homogen sondern räumlich moduliert. Die Modulationen werden mit zunehmender Spannung immer stärker und charakteristische Strukturen immer kleiner, bis schließlich an scheinbar willkürlichen Orten kleine passive Bereiche auf der Elektrode auftauchen und wieder verschwinden. Der zugehörige Gesamtstrom oszilliert ebenfalls nicht mehr regelmäßig, sondern zeigt scheinbar erratische Schwingungen (untere Darstellung). Dieses Verhalten ist ein Beispiel von raum-zeitlichem Chaos oder elektrochemischer

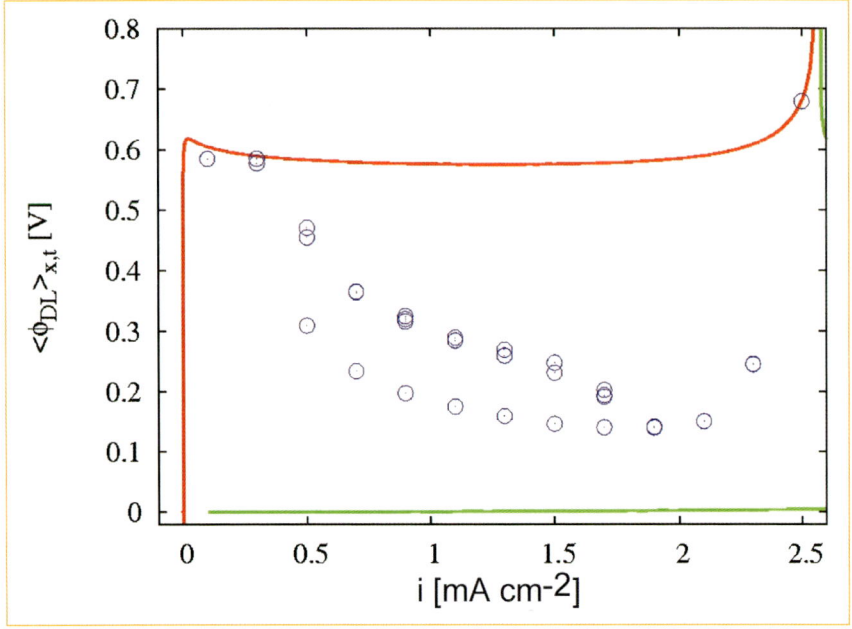

Abb. 12 Berechnete Spannung an der Anode einer Brennstoffzelle bei vorgegebener, konstanter Stromdichte. Grüne Kurve: Homogene stationäre Werte bei hochreinem Wasserstoff; rote Kurve: homogene (aber über weiten Bereichen instabile) Werte bei einem Gemisch 98% H_2, 2% CO. Blaue Kreise: mittlere Spannungswerte von stabilen raumzeitlichen Potentialmustern bei 98% H_2, 2% CO. Nach [17].

Turbulenz. Das System zeigt also mit zunehmender Spannung einen Übergang von homogenen Oszillationen zu chaotischem, also zwar deterministischem aber intrinsisch unvorhersagbarem Verhalten, eine besonders eindrucksvolle und in gewissem Sinne wohl die komplexeste Form von Selbstorganisation.

Oben haben wir besprochen, dass zur Entstehung von räumlichen Strukturen neben lokalen Rückkopplungsschleifen auch eine räumliche Kopplung notwendig ist. Es konnte gezeigt werden, dass die für die meisten elektrochemischen Systeme dominante Kopplung über das elektrische Feld im Elektrolyten geht [15]. Ihre Wirkung ist jedoch sehr ähnlich wie die oben beschriebene Diffusionskopplung. Die Wasserstoffoxidation in Gegenwart von Chlorid- und Kupferionen ist ein schönes Beispiel dafür, dass in Abhängigkeit von den Parametern, hier der äußeren Spannung, das Wechselspiel zwischen der lokalen Dynamik und der räumlichen Kopplung einmal homogenes Verhalten stabilisiert und einmal zu raum-zeitlichem Chaos führt.

Häufig existiert in elektrochemischen Systemen jedoch noch eine andere Art von räumlicher Wechselwirkung, eine so genannte globale Kopplung. Bei einer globalen Kopplung ist jeder Ort eines Systems mit jedem anderen gekoppelt, mehr noch, er übt den gleichen Einfluss auf alle Orte aus, unabhängig davon, wie weit ein Ort von einem Referenzort entfernt ist. Dies kann auch anders ausgedrückt werden: Jeder Ort erfährt in gleicher Weise und zum gleichen Zeitpunkt, wenn ein beliebiger anderer Ort seinen

Zustand ändert. Dies mag etwas ausgefallen klingen, ist es aber nicht. Globale Kopplungen treten in vielen Systemen auf. Das vielleicht eindrucksvollste Beispiel einer globalen Kopplung findet man bei Glühwürmchen in bestimmten Regionen der Erde, vor allem in Südostasien [16]. Zu Beginn der Dämmerung fangen zunächst einige wenige Glühwürmchen an, periodisch Licht auszusenden. Ein einzelnes Glühwürmchen kann also als ein einzelner Oszillator aufgefasst werden. Häufig befinden sich viele Glühwürmchen in einem begrenzten Raum beisammen, beispielsweise auf einem Baum oder Busch. Wenn jedes Glühwürmchen unbeeinflusst von seinen Artgenossen periodisch sein Licht aussenden würde, so würde man aus einiger Entfernung das Blinken aller Glühwürmchen als eine mittlere, zeitlich konstante Helligkeit wahrnehmen. Die Wirklichkeit ist jedoch weitaus spektakulärer. Während einer kurzen Übergangszeit synchronisieren alle Glühwürmchen ihr Blinken, so dass der gesamte Busch regelmäßig für kurze Zeit stark leuchtet und danach wieder in der Dunkelheit verschwindet. Diese Synchronisation der Glühwürmchen resultiert von einer globalen Kopplung. Jedes Glühwürmchen nimmt das Licht der anderen Glühwürmchen zur gleichen Zeit wahr und ändert sein eigenes Leuchtverhalten als Antwort auf das empfangene Lichtsignal, da es bestrebt ist, als erstes zu leuchten. Die globale Kopplung führt also zunächst einmal zur Synchronisation der Oszillatoren. Es können aber noch komplexere Leuchtmuster entstehen: So wird ab und zu beobachtet, dass die Glühwürmchen sich in zwei Gruppen teilen, die abwechselnd Licht aussenden, so dass benachbarte Büsche zeitversetzt aufleuchten. Auch dieses Verhalten ist typisch für global gekoppelte Systeme und wird als „Clustering" bezeichnet.

In elektrochemischen Systemen tritt immer dann eine globale Kopplung auf, wenn im externen Stromkreis ein Ohmscher Widerstand vorhanden ist [15]. Dies kann man sich recht einfach klar machen: Wenn ein Strom durch die Zelle fließt, so wird an dem Ohmschen Widerstand eine Spannung, die proportional zum Gesamtstrom ist, abfallen. Die Summe aus dem Spannungsabfall über der Zelle, also bei der in **Abb. 7** gezeigten einfachen Versuchsführung, der Spannung zwischen Arbeitselektrode und Gegenelektrode, und dem über den Widerstand ist aber immer gleich der extern angelegten Spannung U. Wenn sich lokal die Stromdichte ändert, so ändert sich der Gesamtstrom und damit sowohl der Spannungsabfall über den externen Widerstand als auch die Spannung, die zwischen Arbeits- und Gegenelektrode abfällt. Eine lokale Änderung wird also von jedem Ort instantan „gespürt". Durch den genau gleichen Mechanismus sind auch unterschiedliche Orte der Elektroden in einer Gasentladungsröhre oder von Halbleiterschaltungen miteinander gekoppelt. Eine andere Betriebsart einer elektrochemischen Zelle ist die sogenannte galvanostatische Kontrolle, bei der der Spannungsabfall über die Zelle so geregelt wird, dass der Gesamtstrom konstant bleibt. Auch hier wird als Antwort auf eine lokale Änderung des Stroms die Spannung zwischen Arbeitselektrode und Gegenelektrode verändert. Galvanostatische Experimente haben also intrinsisch eine globale Kopplung. Mögliche Auswirkungen der globalen Kopplung auf die raumzeitliche Verteilung des Elektrodenpotentials sind in **Abb. 10** dargestellt. Gezeigt ist wiederum eine Messung an einer dünnen Ringelektrode in der gleichen Repräsentation wie in **Abb. 9**. In **Abb. 10a** erkennen wir ein Muster wieder, von dem schon oben in Zusammenhang mit den Glühwürmchen gesprochen wurde: Auf der Elektrode haben sich zwei etwa gleich große Bereiche ausgebildet. Innerhalb dieser Bereiche oszilliert das Potential homogen, während die Oszillationen zwischen den beiden Bereichen eine Phasenverschiebung aufweisen. Wir haben es hier mit so genannten 2-Phasen-Clustern zu tun. **Abb. 10b** zeigt ein seltenes Beispiel eines 5-Phasen-Clusters. Hier befinden sich fünf Bereiche auf der Elektrode, von denen jeder einzelne Bereich synchron oszilliert, die Bereiche untereinander aber eine Phasendifferenz aufweisen.

Dass eine globale Kopplung einen starken Einfluss auf das raumzeitliche Verhalten eines Systems hat, kann man sehr schön bei einem Vergleich von **Abb. 9** und **10** sehen. Die elektrochemische Reaktion war in beiden Fällen die Wasserstoffoxidation in Gegenwart von Chlorid- und Kupferionen, und auch der Elektrolyt war in beiden Fällen der gleiche. Die Messungen unterscheiden sich nur durch die An- beziehungsweise Abwesenheit eines externen Widerstands und damit einer globalen Kopplung. In dem hier gezeigten Beispiel unterdrückt die globale Kopplung die Ausbildung von raumzeitlichem Chaos.

Da durch eine globale Kopplung auf der einen Seite die Dynamik auf definierte Weise geändert werden kann, auf der anderen Seite eine globale Kopplung auch leicht in einem System realisiert werden kann, liegt der Gedanke nahe, zu versuchen, die Musterbildung durch eine globale Kopplung zu steuern. Dies ist ein derzeit aktives Forschungsgebiet. Eine mögliche Anwendung möchte ich im Folgenden anhand ganz aktueller Resultate näher ausführen.

Das Anwendungsbeispiel ist hier die Niedertemperatur-Brennstoffzelle. In einer Brennstoffzelle wird chemische Energie, die im Brennstoff gespeichert ist, durch eine elektrochemische Reaktion direkt in elektrische Energie umgewandelt. Die Funktionsweise einer Brennstoffzelle ist in **Abb. 11** veranschaulicht. Das Herzstück einer Niedertemperatur-Brennstoffzelle ist eine dünne Polymermembran, die als Elektrolyt dient, und von beiden Seiten mit den Elektroden in Kontakt ist. Dabei wird sowohl an der Anode als auch an der Kathode ein Katalysator benötigt, damit die entsprechenden Reaktionen ablaufen. Gängige Katalysatoren sind z.B. winzige Platinpartikel in einer Kohlenstoffmatrix. An den Pt-Partikeln finden die elektrochemischen Reaktionen statt. An der Anode wird der Brennstoff oxidiert. In den meisten Fällen – wie auch in dem uns hier interessierenden Fall – ist dies Wasserstoff, der unter Abgabe von Elektronen und Protonen an die Anode zu Protonen oxidiert wird, die durch die Membran zur Kathode wandern. An der Kathode wird Sauerstoff unter Aufnahme von Elektronen zu Hydroxidionen reduziert, die mit den Protonen zu Wasser reagieren. Sind Anode und Kathode über eine Last miteinander verbunden, so fließt ein Strom. Eine Last stellt aber einen ohmschen Widerstand dar, der, wie oben erläutert wurde, eine globale Kopplung in das System einführt.

Ein Problem bei dieser Art Brennstoffzellen ist die niedrige Kohlenmonoxidtoleranz der Anode. Ist der Wasserstoff mit CO auch nur leicht verunreinigt, so setzt sich das CO am Platinkatalysator fest und verhindert die Oxidation des Wasserstoffs. Die Leistung der Brennstoffzelle nimmt daher deutlich ab. CO ist jedoch eine häufige Verunreinigung, da fast aller Wasserstoff aus Kohlenwasserstoffen gewonnen wird und beim Herstellungspro-

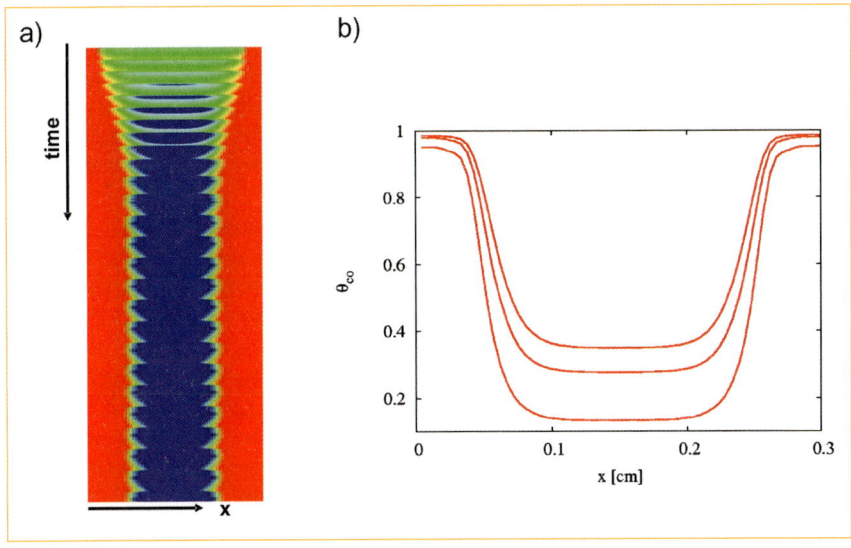

Abb. 13 Berechnete typische Muster in der Kohlenmonoxidkonzentration, die bei der galvanostatischen Oxidation von mit CO verunreinigtem Wasserstoff an einer Pt-Elektrode entstehen. **(a)** Raumzeitliche Entwicklung der Kohlenmonoxidbedeckung. Rot: hohe, blau: niedrige CO-Bedeckung. **(b)** Räumliche Profile der Kohlenmonoxidbedeckung zu drei unterschiedlichen Zeiten während einer Oszillation. Nach [17].

zess auch Kohlenmonoxid entsteht. Es sind daher aufwendige Reinigungsprozeduren notwendig, um den Wasserstoff CO-frei zu bekommen. Eine weitere Konsequenz der Verunreinigung von Wasserstoff mit CO ist, dass die Brennstoffzelle anfängt zu oszillieren. Unsere Idee ist nun, den Selbstorganisationsprozess auszunutzen, um die Brennstoffzelle auch für CO-verunreinigten Wasserstoff effizient zu machen. Hierfür haben wir zunächst mit einem vereinfachten Modell, das im Wesentlichen die chemischen Reaktionen an der Anode betrachtet und den Elektrolyten als homogenes, elektroneutrales Medium ansieht, Berechnungen durchgeführt [17]. Die Resultate sind in **Abb. 12** und **13** gezeigt. **Abb. 12** zeigt den Spannungsabfall an der Anode als Funktion der Stromdichte bei Annahme einer homogenen Elektrode für reinen Wasserstoff (grüne Kurve) und für mit 2% CO verunreinigten Wasserstoff (rote Kurve). Wir sehen, dass in Gegenwart von CO im Falle einer homogenen Elektrode das Anodenpotential, das notwendig ist, um eine gewisse Stromstärke aufrechtzuerhalten, wesentlich größer ist, als in reinem Wasserstoff. Die Differenz der Elektrodenpotentiale gibt den Spannungsverlust an, der auf die CO-Verunreinigung zurückzuführen ist.

Eine Untersuchung der Stabilität der homogenen Zustände in Gegenwart von CO zeigt jedoch, dass die homogenen Zustände nicht stabil sind. Vielmehr bildet sich auf der Elektrode ein Muster in der CO-Bedeckung aus, das über den größten Strombereich auch zeitlich oszilliert. Ein typisches Muster, das sich auf einer kleinen, der Einfachheit halber eindimensional angenommenen Elektrode einstellt, ist in **Abb. 13** wiedergegeben. Ein Teil der Elektrode ist fast unbedeckt, während der andere Teil beinahe vollständig mit CO bedeckt ist. Die Bildung dieser Domänen konnte auf die globale Kopplung im System zurückgeführt werden. In der x-t Darstellung in **Abb. 13a** hat es den Anschein, als ob die Breite des CO-bedeckten Bereichs oszilliert. Die in **Abb. 13b** dargestellten räumlichen Profile der CO-Bedeckung zu drei unterschiedlichen Zeitpunkten zeigen jedoch, dass die CO-Bedeckung auf der gesamten Elektrode sich mit der Zeit periodisch ändert. Die Oszillationen in der CO-Bedeckung sind von Oszillationen im Elektrodenpotential begleitet, welches sich jedoch räumlich fast homogen verhält. Eine zeitliche und räumliche Mittelung über das Elektrodenpotential ist ein Maß für den mittleren Potentialabfall an der Anode. So erhaltene Strom-Potentialpaare sind in **Abb. 12** als blaue Kreise eingetragen. Bei hohen Stromwerten liegt die mittlere Spannung der Muster mehrere 100 Millivolt unter dem Wert der homogenen Lösung des Systems mit CO und nur wenig über dem Wert des reinen Wasserstoffsystems. Offensichtlich ist also der mittlere Spannungsverlust in einem System, in dem sich Muster einstellen, wesentlich geringer als im homogenen Fall. Derzeit werden weitere Untersuchungen durchgeführt, die zunächst zeigen sollen, ob sich dieser Fall auch in einem Laborexperiment realisieren lässt und ob unter optimierten Bedingungen der Energieverlust durch verbleibendes CO-Gas geringer werden kann als die Energie, die zur Reinigung des Wasserstoffgases aufgebracht werden muss. Sollte dies der Fall sein, so wäre dies ein eindrucksvolles Beispiel, wie ein Verständnis von Selbstorganisationsprozessen in elektrochemischen Systemen zu einer verbesserten Auslegung von einem in Zukunft vielleicht dominierenden Energiewandler beitragen kann.

Das letzte Beispiel zeigt eine Richtung, in die zukünftige Forschungsanstrengungen im Gebiet der Strukturbildung gehen werden, nämlich die Kontrolle und gezielte Einstellung von Mustern. Die Universalität der Gesetzmäßigkeiten, nach denen Muster in den unterschiedlichsten Disziplinen entstehen, sollte auch ähnliche Kontrollstrategien in ganz verschiedenen Systemen erlauben. Ein wichtiges Gebiet, von dem bisher noch nicht die Rede war, ist der medizinische Bereich. So wird der plötzliche Herztod mit der Ausbildung raum-zeitlicher, teilweise spiralförmiger Erregungswellen auf der Herzmuskulatur in Verbindung gebracht, was viele Untersuchungen, wie das Ausbilden von Spiralwellen unterdrückt werden kann, ausgelöst hat. Daneben stehen wir aber auch bei einigen ganz grundsätzlichen Fragestellungen noch am Anfang. Dies betrifft zum Beispiel die Charakterisierung und Entstehung von raumzeitlichem Chaos oder, anders ausgedrückt, die Dynamik von Systemen mit vielen Freiheitsgraden. Auch die Veränderung des Verhaltens beim Übergang von makroskopischen zu mikroskopischen Systemen ist weitgehend unerforscht und von fundamentaler Bedeutung. Man denke etwa an biologische Rhythmen in Zellen, bei denen nur vergleichsweise wenige Moleküle beteiligt sind und ein Verständnis des Einflusses von Fluktuationen für das Verständnis der Dynamik unabdingbar ist. Man kann also erwarten, dass die Selbstorganisation auch in den nächsten Jahrzehnten ein aktives Forschungsgebiet bleiben wird, nicht nur – wie die in **Abb. 6** gezeigten technisch wichtigen Beispiele demonstrieren – aber sicherlich auch bei Elektrodenreaktionen.

Literatur

1 Epstein IR, Showalter K. Nonlinear chemical dynamics: oscillations, patterns, and chaos. Journal of Physical Chemistry 1996; 100:13132.
2 Whitesides GM, Grzybowski B. Self-assembly at all scales. Science 2002; 295: 2418.
3 Winfree AT. The prehistory of the Belousov-Zhabotinsky oscillator. J Chem Educ 1984; 61:661.

4 Prigogine I. Time structure amd fluctuations. Angew. Chem 1978; 90: 704
5 Ertl G. Oscillatory kinetics and spatiotemporal self-organization in reactions at solid-surfaces. Science 1991; 254: 1750.
6 Lechleiter JD, Girard E, Peralta SE. Clapham D. Spiral calcium wave-propagation and annihilation in xenopuslaevis oocytes. Science 1991; 252, 123.
7 Mair T, Müller SC. Traveling NADH and proton waves during oscillatory glycolysis in vitro. J Biol Chem 1996; 27: 627.
8 Fechner MGT. Schweigger. Über Umkehrungen der Polarität in der einfachen Kette. J für Chemie Physik 1828; 53: 129.
9 Ostwald W. Periodische Erscheinungen bei der Auflösung des Chroms in Säuren. Z Phys Chem 1900; 35: 33
10 Agladze K, Steinbock O. Waves and vortices of rust on the surface of corroding steel. J Physical Chemistry 2000; A 104: 9816
11 Dobrovolska T, Krastev I, Zielonka AJ. Effect of the electrolyte composition on In and Ag-In alloy electrodeposition from cyanide electrolytes. Appl Electrochem, 2005; 35: 1245.
12 Föll H, Langa S, Carstensen J, Christophersen M, Tiginyanu IM. Pores in III-V semiconductors. Adv Mat 2003; 15: 183.
13 Plenge F, Varela H, Lübke M, Krischer K. Z quantitative modelling of the oscillatory electrooxidation of hydrogen on Pt in the presence of poisons. Phys Chem 2003; 217: 365.
14 Varela H, Beta V, Bonnefont A, Krischer K. Transitions to electrochemical turbulence. Phys Rev Lett 2005; 94: 174104
15 Krischer K, Mazouz N, Grauel P. Fronts, waves and stationary structures in electrochemical systems. Angew Chem Int 2001; 40:851.
16 Strogatz S, Synchron: Vom rätselhaften Rhythmus der Natur, Berlin Verlag GmbH, Berlin, 2004.
17 Baba N, Krischer K. Spatial structure formation during the electrooxidation of H_2-CO mixtures on Pt. Preprint (2007).
18 Varela H, Beta C, Bonnefont A, Krischer K. A Hierarchy of global coupling induced cluster patterns during the oscillatory H_2-electrooxidation reaction on a Pt ring-electrode. Phys Chem Chem Phys 2005; 7: 2429.

Prof. Dr. Katharina Krischer studierte an der FU Berlin und der LMU München; 1987-1990 Doktorandin am Fritz-Haber-Institut der Max-Planck-Gesellschaft, Berlin; 1990 Promotion (FU Berlin); 1991-92 Postdoktorandin an der Princeton University, USA. 1992-2002 Arbeitsgruppenleiterin am Fritz-Haber-Institut. 1998 Habilitation an der FU Berlin. Seit 2002 Professorin am Physik-Department der TU München.

Auszeichnungen: Otto-Hahn-Medaille der Max-Planck-Gesellschaft (1991), ADUC-Jahrespreis für Habilitanden (1996), de-Gruyter-Preis der Berlin-Brandenburgischen Akademie der Wissenschaften (1998)

Forschungsschwerpunkte: Nichtlineare Dynamik und komplexe Systeme; fest-flüssig Grenzflächen; Strukturbildung bei Elektronentransferreaktionen.

Prof. Dr. Katharina Krischer
Technische Universität München
Physik-Department E19
James-Franck-Str. 1
85748 Garching

Brauchen wir biologische Vielfalt?
Karl Eduard Linsenmair

Wenn man die uns umgebenden Mitlebewesen mit etwas Abstand betrachtet, die Vertrautheit, die wir aus der täglichen Erfahrung mit ihnen gewonnen haben, einmal bewusst ausschaltet und spezifisch darauf achtet, dann wird jedem, der dies mit offenen Sinnen tut, die extreme Mannigfaltigkeit der Erscheinungsformen und Funktionen, die das Leben auf unserer Erde hervorgebracht hat, eindrücklich bewusst werden. Für denjenigen, den diese unendliche Diversität ohnehin immer wieder aufs Neue zum Staunen anregt, ist es nur sehr schwer verständlich, dass

- gar nicht so wenige Menschen kaum irgendein positives Gefühl gegenüber ihren Mitlebewesen haben,
- von einer großen Zahl von Menschen viele, auch ganz harmlose Organismen sogar ausgesprochen negativ gesehen, als eklig eingestuft werden, ohne dass diejenigen, die sie so abtun, sie jemals genau und unvoreingenommen angeschaut haben,
- ihnen aus dieser negativen Sicht heraus kein Eigenwert und damit oft auch kein explizites Existenzrecht zugebilligt wird,
- es diese Zeitgenossen folglich nicht besonders beunruhigt, dass der Mensch immer mehr Diversität vernichtet - und zwar ein für allemal: Im Gegensatz zu vielen anderen umweltschädigenden Eingriffen des Menschen, die alle wenigstens prinzipiell reversibel sind, wenn auch z.T. nur sehr langfristig, ist die Ausrottung von Organismen endgültig. Mit jeder ausgestorbenen Art geht all das definitiv verloren, was sie an spezifischen Eigenschaften im Verlauf eines evolutiven Lebenskontinuums von rund dreieinhalb Milliarden Jahren erworben hat. So manche dieser Eigenschaften hätte für uns größten Nutzwert haben oder zu einem späteren Zeitpunkt gewinnen können oder zum Ausgangspunkt einer evolutiven Schlüsselerfindung werden können.

Es ist anzunehmen, dass mit einer global rapide zunehmenden Verstädterung sich diese Entfremdung noch verstärken und in der Folge unsere zentrale Frage in mehr oder weniger abgewandelter Form immer wieder neu gestellt werden wird, sobald die Erhaltung biologischer Vielfalt mit den weltweit steil anwachsenden Raum- und Ressourcenansprüchen von Menschen massiv kollidiert. Dann werden die immer gleichen Fragen gestellt und Argumente impliziert:

- Warum soll gerade hier Pflanze x oder Tier y geschützt werden?
- Warum soll gerade x oder y wichtig sein, wo es doch noch Millionen andere Arten gibt?
- Genügt es nicht, einen kleinen Bruchteil der jetzigen Diversität, nämlich im Wesentlichen den der etablierten Nutzpflanzen und Nutztiere zu erhalten, um unser dauerhaftes Wohlergehen sicherzustellen?

Bevor wir das Thema weiterverfolgen, müssen wir sicherstellen, dass jedem klar ist, was wir mit Biodiversität meinen: Der Begriff Biodiversität ist die eingedeutschte Version des 1985 erstmals gebrauchten englischen Begriffs "biodiversity" – und der ist die aus „biological diversity" zusammengezogene Kurzform. Biodiversität ist höchst vielschichtig. Sie ist viel mehr als nur die Diversität der Arten, die – weil besonders augenfällig – oft so stark betont wird, dass in der Öffentlichkeit die Meinung weit verbreitet ist, Biodiversität wäre mit der Vielfalt der Arten gleichzusetzen. Sie ist nur eine – wenn auch besonders wichtige und vor allem sehr auffällige – Komponente. Diese vielschichtige Diversität ist eine unverzichtbare Eigenschaft des Lebens: Ohne sie hätte es nie eine Evolution und damit keines ihrer Produkte geben können, denn Selektion kann nur dort auswählend, evolutiv wirken, wo Variabilität existiert: Wo es besser und schlechter Angepasste gibt und sich die besseren erfolgreicher fortpflanzen können als die weniger guten, mit der Konsequenz, dass sich die genetischen Eigenschaften der ersteren auf Kosten der letzteren ausbreiten.

Die basalste Diversitätsebene ist die der Moleküle. Ohne deren Variabilität könnte weder Erbinformation gespeichert, noch diese im Prozess der Transkription abgelesen, noch bei der Translation in z.B. katalytisch aktive oder strukturbildende Proteine umgesetzt werden, ohne die das uns bekannte Leben nicht vorstellbar ist. Andrei Lupas wird in seinem Beitrag einen besonders wichtigen Prozess bei der Entstehung funktionaler Diversität von Eiweißen vorstellen, den der Faltung von Polypeptidketten zur dreidimensionalen Struktur. Er wird dabei eine interessante Hypothese zur Evolution der Vielfalt der Proteine und ihrer unterschiedlichen dreidimensionalen Strukturen vorstellen, die eine vielversprechende Antwort darauf anbietet, wie sich Molekularstrukturen evoluieren konnten und weiterhin können, bei denen es extrem unwahrscheinlich ist, dass sie in der komplexen Form, in der sie erst ihre biochemisch-physiologischen Funktionen erfüllen, insgesamt rein zufällig entstanden sein können.

Wenige Tage vor unserem Symposium, am 12.9.2006, führte die Eingabe von „biodiversity" in Google zu 32,4 Millionen Treffern. Ein klarer Hinweis auf eine hohe Aktualität dieses Themas. Der Begriff „Biodiversität" hat auch außerhalb der biologischen Wissenschaften eine beeindruckende Karriere durchlaufen und zentrale Rollen bei großen internationalen Konferenzen gespielt. So bei der UNCED-Konferenz („United Nations Conference on Environment and Development" = Konferenz der vereinten Nationen zu Umwelt und Entwicklung) von Rio de Janeiro 1992, der Johannesburg-Konferenz 2002 („10 Jahre nach Rio") und einer langen Liste weiterer Konferenzen überall auf der Welt, von denen die nächste große, die COP9 („Conference of the Parties" = Konferenz der Signatarstaaten) im Mai 2008 in Bonn stattfinden wird.

Bei allen diesen Veranstaltungen war die inzwischen von 188 von insgesamt 194 unabhängigen Staaten ratifizierte, völkerrechtlich verbindliche CBD („Convention on biological diversity" = die Konvention zur biologischen Vielfalt) ein Schwerpunktthema. Diese CBD fordert von allen Staaten u.a.
▶ die Erfassung und den Schutz ihrer Biodiversität und
▶ bei der Nutzung: die Entwicklung nachhaltiger, d.h. nicht zerstörerischer Methoden.

Wenn auf so hoher Ebene solche Forderungen aufgestellt und von so vielen Staaten akzeptiert werden, dann zeigt das, dass Biodiversität inzwischen auch auf der politischen Ebene als ein Wert gesehen wird, den es zu erhalten gilt.

Man sollte unter diesen Bedingungen erwarten, dass der Terminus „Biodiversität" und seine Bedeutung relativ bekannt sind. Dies ist aber mitnichten so, wie sich z.B. bei einer im letzten Jahr im Frankfurter Raum durchgeführten Befragung von Schülern der Oberstufe zeigte. Nur 10% kannten sowohl den Begriff als auch seine Bedeutung, 20% kannten das Wort aber nicht seinen Inhalt und bei 70% war volle Fehlanzeige gegeben. Ein Grund für diese große Unkenntnis dürfte sein, dass dieses Thema im gesellschaftspolitischen Raum bisher vor allem theoretisch behandelt wurde und viel zu wenig zur Umsetzung von Forderungen und Beschlüssen geschehen und die sachliche Information nicht nachdrücklich und breit genug gestreut geworden ist.

Was war der primäre, unmittelbare Anlaß für das relativ plötzliche Auftauchen und die rapide Entwicklung der Biodiversitätsforschung und was der Grund ihrer raschen Ausstrahlung in viele andere Forschungsbereiche und auf ganz andere Ebenen? Der Grund war die bei Naturschützern und Ökologen reifende Erkenntnis, dass der immer massiver werdende Einfluss des Menschen auf die Natur einen großen Ausrottungsprozess auf sämtlichen Ebenen der biologischen Diversität in Gang gesetzt hat. Diese Biodiversitätserosion wurde und wird als Gefahr für das weitere Funktionieren der Ökosysteme gesehen, auf deren Serviceleistungen und Produkte wir lebensnotwendig angewiesen sind. Sie wird auch als gefährliche Schwächung des Anpassungs- und Evolutionspotentials begriffen, und schließlich wird der Verlust an Arten, an Lebensgemeinschaften und ganzen Landschaftstypen von einem wachsenden Prozentsatz von Menschen als eine Verarmung der Welt erlebt und als ein Verbrechen an künftigen Generationen empfunden, denen – ohne jede Chance auf Gegenwehr – potentiell wertvolle Optionen ihrer künftigen Lebensgestaltung genommen werden.

Aussterben ist zwar ein ganz natürlicher Prozeß - der aber in der bisherigen Geschichte des Lebens nur bei großen Katastrophen Werte erreichte, wie sie derzeit geschätzt werden. Es wird von vielen Forschern angenommen, dass sie um mehr als 2 – eventuell sogar 4 Zehnerpotenzen über der sogenannten Hintergrundextinktion liegen. (Bei Annahme von 10 Millionen Arten mit mittlerer Überlebenszeit von 5 Millionen Jahren würden im Schnitt nur zwei Arten pro Jahr aussterben und durch neue ersetzt werden; derzeit dürften die Aussterberaten aber eher im Tausender- als im Hunderterbereich pro Jahr liegen - und vielleicht sogar noch deutlich höher).

Warum können wir keine genaueren Angaben machen? Die Antwort: Wir kennen 1) die heutige Diversität auf der Artebene nicht einmal der Größenordnung nach, die Schätzungen reichen von 5 bis über 100 Millionen Arten (ohne die Mikroorganismen, deren Diversität auch extrem hoch zu sein scheint. Auch bei diesen können wir keine auch nur einigermaßen verlässliche Größenordnung angeben, wobei hier noch das zusätzliche Problem dazukommt, dass wir vorerst nur willkürlich festlegen können, was wir bei ihnen als „Art" betrachten wollen, da der biologische Artbegriff nur für zweigeschlechtliche Arten zufriedenstellend definiert ist). 2) Wir kennen nur die vergleichsweise sehr artenarmen Wirbeltiergruppen, die Blütenpflanzen und Tagschmetterlinge einigermaßen genau nach Artenzahl und auch einigermaßen nach ihrer ökologischen Rolle. Bei diesen Gruppen können wir Aussterbeereignisse zumindest im Prinzip erkennen. Über die sogenannten „mega"diversen Gruppen dagegen wissen wir minimal wenig. Niemand ist in daher in Lage, für sie genaue Aussterbequoten anzugeben, denn niemand kennt die Myriaden von Arten, weiß wie weit sie verbreitet sind und welche Rolle sie ökologisch im einzelnen spielen. Folglich kann auch niemand abschätzen, wie viele von ihnen schon verloren wurden und wie viele derzeit jährlich aussterben und was das für Konsequenzen haben kann. Die Aussterberaten dieser Gruppen können derzeit nur auf der Basis von anthropogenen Lebensraumverlusten ganz grob abgeschätzt werden.

Es stellte sich hier schnell heraus, dass, wie oben schon kurz erwähnt, viele weitere grundlegende Kenntnisse fehlten, um wichtige Annahmen und zentrale Fragen zur Rolle der biologischen Diversität wissenschaftlich belegen bzw. beantworten zu können. Man hatte ihnen über den größten Teil des letzten Jahrhunderts nicht die nötige Beachtung geschenkt. Aus der Erkenntnis dieser Defizite heraus entwickelte sich dann das konzeptionell neuen Feld der Biodiversitätsforschung: Zwar war es immer als wichtige Aufgabe der Biologie gesehen worden, Ordnung in die Vielfalt zu bringen. Die Vielfalt selbst in ihren hier teilweise aufgelisteten Facetten, in ihrem Ursprung und ihren funktionalen Konsequenzen für die Ökosysteme war dabei aber kein expliziter Forschungsgegenstand – und dies hat sich nun geändert. Die Vielfalt wird nicht mehr einfach als gegeben betrachtet, sondern sie wird in jeder Hinsicht analysiert und hinterfragt.

Der weltweite Trend einer sich weiter verstärkenden anthropogenen Extinktionswelle läuft unvermindert weiter, wie die letzte umfassende, 2005 erschienene Studie im Rahmen des „Millenium Assessments" des „World Ressources Institute" in Washington zeigt: Nur im Fall der Wälder der gemäßigten Breiten nimmt derzeit der menschliche Druck etwas ab. Sonst bleiben die negativen menschlichen Einwirkungen in allen Systemen bestenfalls gleich – und vielfach nehmen sie in ihrer Intensität weiter zu. Wenn man die „Treiber" betrachtet **a)** Landnutzungsänderung, **b)** Klimawandel, **c)** Invasive Arten (= nicht heimische, vom Menschen eingeführte und eingeschleppte sogenannte Neophyten und Neozoen), **d)** Umweltverschmutzung und **e)** Übernutzung natürlicher Ressourcen von einzelnen Arten bis zu Leistungen der gesamten Biosphäre), dann kann man leicht erkennen, dass diese alle so beschaffen sind, dass sie – von der Übernutzung einzelner Arten abgesehen – großräumig wirken. Sie verändern Lebensräume und stören bzw. zerstören im schlimmsten Fall ganze Lebensgemeinschaften oder zumindest wesentliche Teile von ihnen.

Welches sind die möglichen Folgen der Biodiversitätserosion? Dazu werden Sie im Vortrag von Elisabeth Kalko viel hören. Sie wird den Aufbau von artenreichen Systemen schildern, auf die aus der Interaktion der Organismen resultierenden Ökosystemleistungen eingehen und zeigen, was bei Störungen direkt und indirekt passieren kann.

Ich will in diesem Zusammenhang nur noch auf einen ganz fundamentalen Aspekt hinweisen, der in keiner Weise im allgemeinen Bewusstsein verankert ist. Die Tatsache, dass die Welt auch heute noch Leben zu beherbergen vermag, verdankt sie ausschließlich der Tatsache, dass sich hier Leben in einem günstigen Zeitfenster früh in der Erdgeschichte etablieren und sich dann über die letzten 3,5 bis 4 Milliarden Jahre selbst stabilisieren konnte. Unter den vielen Eigenschaften unserer heutigen Erde, die wir rein der Biosphäre verdanken, ist ein erträgliches Klima absolut essentiell. Dieses Klima ist aber weit von den beiden Zuständen entfernt, die physiko-chemisch stabile Gleichgewichtszustände eines Planeten, wie der Erde darstellen, wenn dieser leblos wäre: Die Durchschnittstemperaturen bei der Eishausversion würde bei ca. -100°C, bei der Warmhausversion bei ca. + 400° liegen. Beide Werte sind mit Leben, wie wir es kennen und wie wir es für unser eigenes Überleben brauchen, unvereinbar.

Nur sehr spezielle, nicht-physikalische Singularitäten, die wir regulatorischen Prozessen der Biosphäre verdanken, sind dafür verantwortlich, dass die Erde langfristig einen Temperaturhaushalt mit relativ geringen Schwankungen stabilisieren und damit das Erreichen einer der beiden gerade genannten Gleichgewichtszustände bis heute vermeiden konnte. Diese und viele weitere, für uns auch vitale, sogenannte Ökosystemleistungen und Ökosystemgüter der Biosphäre resultieren aus der Integration von Myriaden von räumlich und zeitlich mehr oder weniger relativ gut geordneten Interaktionen zwischen den Lebewesen. Viele Prozesse sind, wie in jedem komplexen voll arbeitsfähigen Funktionsgefüge zwar sicher mehrfach abgesichert, sie sind aber gegenüber Störungen nicht beliebig resistent. Sie können immer überfordert werden.

Wir kennen fünf große Krisen des Lebens aus der letzten halben Milliarde Jahren. Diese zeigen zwar, dass es auch nach ganz massiven Einbrüchen der Vielfalt wieder zu voller Erholung kommt, wenn man die Diversität, die Vielfalt der Organismen als Kriterium nimmt – aber die Zeitansprüche für diese Erholungen sind weit jenseits unserer Maßstäbe. Starke Abnahmen der Diversität führen über Hunderttausende von Jahren zunächst zu weiteren Abnahmen – und die Erholungen nach solchen starken Störungen beanspruchen Millionen Jahre – und, was die Fossilgeschichte auch lehrt: Nach der Erholung hatte die Biosphäre jeweils ein sehr deutlich verändertes Gesicht, die vorher Dominanten waren dabei nie unter den Gewinnern.

Niemand kann heute sagen, wo die kritischen Grenzen der Erosion der Biodiversität liegen. Es wäre klug, wenn wir das nicht austesten würden. Wie kann man die Botschaft vom Wert der Biodiversität möglichst gut und weit verbreiten? Da wird es sicher keine Einheitslösung geben. Ein interessanter Ansatz wird im Beitrag von Herrn Barkmann, der wegen dessen Verhinderung von Prof. Marggraf vorgetragen werden wird, der als Leiter der Arbeitsgruppe mit der Thematik eng vertraut ist, vorgestellt. Basis ist dabei die „Insurance Hypothesis", die Versicherungshypothese, die davon ausgeht, dass eine hohe Vielfalt und daraus resultierende schwache Wechselwirkungen mit funktionalen Redundanzen zu einer Stabilisierung von Ökosystemfunktionen führen. Diese Vielfalt hat damit den Marktwert einer Versicherung gegen künftige Katastrophen in der Folge des Ausfalls solcher diversitätsbedingter Ökosystemleistungen. Man kann nun, indem man die Zahlungsbereitschaft verschiedener Gruppen erfragt, den Marktwert von derartigen biotischen Leistungen quantifizieren. Im Beitrag von Barkmann und Marggraf werden hierzu nicht nur die Theorie sondern auch empirische Daten aus Pilotstudien in Chile und Indonesien vorgestellt.

Prof. Dr. Karl Eduard Linsenmair, geboren 1940 in München, studierte Zoologie, Botanik, Chemie, Anthropologie und Psychologie in Heidelberg, Freiburg und Frankfurt am Main. 1966 wurde er in  Frankfurt promoviert mit einer Dissertation, die als die beste der Fakultät ausgezeichnet wurde. 1971 Habilitation an der Universität Regensburg, bis 1976 Wissenschaftlicher Rat und Professor in Regensburg. 1976 Berufung auf den Lehrstuhl für Tierökologie des Zoologischen Instituts der Universität Würzburg.

Er ist Mitglied u. a. der Deutschen Akademie der Naturforscher Leopoldina, der Academia Europaea und des Fachkollegiums der Deutschen Forschungsgemeinschaft für Zoologie, ferner Mitglied mehrerer wissenschaftlicher Kommissionen, Koordinator einer Reihe wissenschaftlicher Programme, Präsident der Gesellschaft für Tropenökologie und Autor von über 200 wissenschaftlichen Publikationen, darunter eine Reihe populärwissenschaftlicher. Zahlreiche nationale und internationale Organisationen haben ihn als Gutachter berufen. Seine Leistungen wurden mehrfach ausgezeichnet, u. a. erhielt er 1996 den Körberpreis.

Prof. Dr. Karl Eduard Linsenmair
Lehrstuhl für Tierökologie und Tropenbiologie
Theodor-Boveri-Institut für Biowissenschaften (Biozentrum)
Universität Würzburg
Am Hubland
97074 Würzburg
ke_lins@biozentrum.uni-wuerzburg.de

Am Ursprung des Lebens
Wie Proteine das Falten entdeckten
Andrei Lupas

Leben beruht auf der chemischen Aktivität von Proteinen. Dazu müssen Proteine eine spezifische, für jeden Typ charakteristische Struktur erreichen, die ihnen erst ihre Eigenschaften verleiht. Dieser Vorgang der Proteinfaltung ist äußerst komplex. Wie ist eine so schwierige Eigenschaft am Ursprung des Lebens entstanden?

Wenn die Information für den Bau und Betrieb eines Organismus in dessen Erbgut enthalten ist, so beruht die Umsetzung dieser Information auf der Arbeit von Proteinen. Alle Lebensvorgänge sind mit der chemischen Aktivität dieser Moleküle auf das Engste verbunden, so zum Beispiel der Sauerstofftransport im Blut mit der Aktivität von Hämoglobin oder die Wahrnehmung von Licht mit der von Rhodopsin. Proteine sind unverzweigte Polymere, bei deren Aufbau 20 verschiedene Aminosäuren zum Einsatz kommen und deren Kettenlänge über fast drei Größenordnungen variieren kann. Die genaue Aufeinanderfolge der Aminosäuren – die Sequenz – bestimmt die Eigenschaften des Proteins; um diese zu manifestieren, muss die Kette jedoch eine definierte dreidimensionale Struktur erreichen. Dieser Vorgang, Faltung genannt, ist oft schwierig und leicht zu stören. So gelangen von dem wichtigen Transportprotein *Cystic Fibrosis Transmembrane Conductance Regulator* (CFTR) im gesunden Menschen nur etwa ein Drittel der Moleküle in gefaltetem Zustand an ihren Wirkort an der Zelloberfläche. Der Rest wird wegen Fehlfaltung abgebaut. Geringfügige Änderungen in der Sequenz dieses Proteins können den gefalteten Anteil unter ein Fünftel senken und zu der Krankheit Mukoviszidose führen. Entsprechend haben Zellen vielfach Systeme entwickelt, die Proteinen bei der Faltung helfen und fehlgefaltete Proteine erkennen und abbauen [1].

Es ist durchaus erstaunlich, dass das Leben auf einer so diffizilen Eigenschaft aufgebaut ist. Noch erstaunlicher wird es, wenn man sich vergegenwärtigt, dass die meisten Ketten von Aminosäuren, die denkbar sind, gar nicht falten können. Wenn Proteine als zufällige Ketten von Aminosäuren gebildet würden, würde nur ein verschwindend geringer Anteil davon falten [2]. Diesen Anteil abzuschätzen ist sehr schwer, er ist aber sicher geringer als Eins zu einer Milliarde und möglicherweise geringer als Eins zu 10^{20}. Protein-Ingenieure versuchen schon seit einem Vierteljahrhundert, neue Proteine zu entwerfen, und die lange Reihe von ungefalteten und fehlgefalteten Konstrukten, die aus ihren Experimenten hervorgegangen sind, zeugen davon, wie schwierig Faltung ist und wie wenig wir bisher davon verstehen.

Ein Bild, mit dem man diese Situation beschreiben könnte, ist das eines riesigen Ozeans von ungefalteten Zuständen, in dem sich in großen Abständen kleine Inseln der Stabilität befinden. Natürliche Proteine bevölkern diese Inseln und die Natur entgeht dem Faltungsproblem bei der Evolution neuer Proteine, indem sie Teile von Proteinen benützt, die sich schon auf solchen Stabilitätsinseln befin-

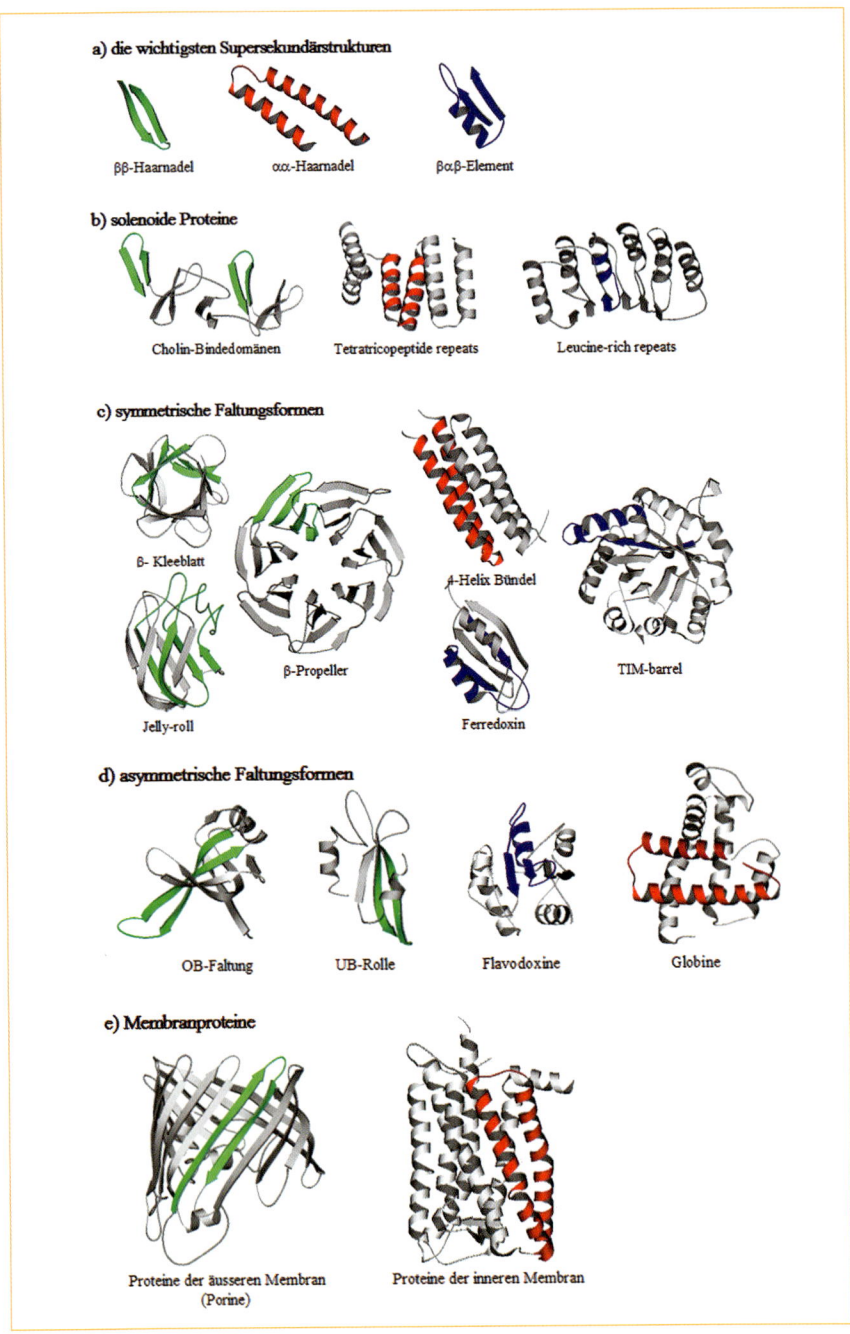

Abb.1 Proteine aus Fragmenten. Die drei wichtigsten Supersekundärstrukturelemente **(a)** bilden die Bausteine für solenoide Proteine **(b)**, symmetrische und asymmetrische Faltungsformen von löslichen Proteinen **(c, d)**, und membranständige Proteine **(e)**. (Quelle: verändert aus (10): Söding & Lupas; Bioessays 2003).

den. Wie hat die Natur jedoch am Ursprung des Lebens diese Inseln entdeckt? Schließlich sind Proteine die komplexesten Moleküle in der Natur und werden nur von lebenden Systemen synthetisiert, sind aber selber für alle Lebensvorgänge essentiell. Daraus ergibt sich ein Henne-Ei-Problem: Ohne Leben keine Proteine und ohne Proteine kein Leben.

Das Problem kann auch aus der Warte der Evolutionsforschung betrachtet werden: Der Wichtigste Vorwurf von Kreationisten verschiedenster Ausprägung ist, dass das Leben Eigenschaften von unreduzierbarer Komplexität hat – Eigenschaften, die nur aus der Hand eines Schöpfers stammen können. Die Proteinfaltung ist eine solche Eigenschaft und eine Theorie, die ihre Entstehung durch natürliche Prozesse erklärt, wäre daher auch evolutionswissenschaftlich von großem Interesse. Um einen möglichen Lösungsansatz für dieses Problem zu verstehen, ist es nützlich, uns zuallererst die Struktur der Proteine näher anzuschauen.

Domänenstruktur der Proteine

Proteine sind von hoher Diversität. Es wird geschätzt, dass auf der Erde Millionen von Spezies leben, und jede Spezies enthält Tausende von proteinkodierenden Genen. Obwohl oberflächlich unterschiedlich, weisen diese Proteine oft deutlich erkennbare Ähnlichkeit in Sequenz und Struktur auf, da die meisten aus einem Grundkomplement von eigenständig faltenden Einheiten, sogenannten Domänen, aufgebaut sind. Dieses Komplement hatte sich zum Zeitpunkt des letzten gemeinsamen Vorfahren heutiger Organismen schon weitgehend ausgebildet, allerdings kamen einige sehr erfolgreiche Domänen erst später in Bakterien, Archaeen, oder Eukaryonten hinzu und verbreiteten sich durch Lateraltransfer in die anderen Bereiche des Lebens [3].

Domänen bilden in vielerlei Hinsicht die Einheit der Proteinstruktur und spielen in der Strukturbiologie eine ähnliche Rolle wie das Atom in der Chemie. Sie verändern sich in der Generationenfolge durch zufällige Mutationen und natürliche Selektion (der sogenannten molekularen Uhr) oft so stark, dass ihre Abstammung nur noch aus strukturellen Merkmalen heraus erkennbar ist. Die häufigste Veränderung stellen Punktmutationen einzelner Aminosäuren dar, gefolgt von Insertionen und Deletionen. Tiefgreifender sind seltenere genetische Ereignisse (Duplikation, Fusion und Rekombination), durch deren Zusammenspiel Domänen zu komplexen Proteinen verknüpft werden. So besteht das größte menschliche Protein, Titin, aus hunderten von Immunoglobulindomänen. Diese genetischen Ereignisse erlauben auch die kombinatorische Neuordnung von Domänen und dadurch die Entstehung von komplexen Systemen aus wenigen Bausteinen. So benützt das Immunsystem der Vertebraten eine Handvoll von Domänentypen in nahezu endloser Variation, um den extrem schwierigen Anforderungen der Fremderkennung zu begegnen. (Interessanterweise benützen krankheitserregende Bakterien dasselbe Prinzip, um ihre Oberflächenproteine zu variieren und dadurch der Erkennung durch das Immunsystem des Wirts zu entgehen.)

Domänen werden aufgrund von Sequenz- und Strukturähnlichkeiten in eine taxonomische Hierarchie von Familien, Superfamilien, und Faltungsformen eingeteilt [4]. Während Familien und Superfamilien homologe Domänen zusammenfassen, also das Ergebnis divergenter Evolution darstellen, gruppieren Faltungsformen, welche die konsekutive Anordnung der Sekundärstrukturelemente einer Domäne im Raum beschreiben, oft analoge (also konvergent evolvierte) Superfamilien zusammen. Dabei kann man beobachten, dass manche Faltungsformen sehr häufig sind. So gehören etwa ein Viertel aller Domänen bekannter Struktur zu nur zehn Faltungsformen, und es wird geschätzt, dass 80% aller Domänen eine von nur etwa 400 Faltungsformen annehmen [5]. Dies ist überraschend, angesichts der etwa 10 000 Faltungsformen die schätzungsweise in der Natur vorkommen, von denen die große Mehrzahl jedoch nur jeweils in einer Proteinfamilie vorkommt.

Warum treten manche Faltungsformen so oft auf? Sicherlich spielen dabei Stabilität und Faltbarkeit eine Rolle. Auch stellen manche Formen bessere Gerüste für katalytisch aktive Zentren dar, was zur Verdrängung weniger geeigneter Faltungsformen führt. Ein weiterer Grund ist jedoch vermutlich, dass Domänen aus einer geringen Anzahl von kompakten, immer wieder erscheinenden Fragmenten bestehen, den sogenannten Supersekundärstrukturen. Diese sind in vielen verschiedenen theoretischen und experimentellen Studien entdeckt und beschrieben worden. Die häufigsten sind $\beta\beta$-Haarnadeln, $\alpha\alpha$-Haarnadeln und $\beta\alpha\beta$-Elemente (s. **Abb. 1**), und im Durchschnitt besteht eine Faltungsform zu etwa zwei Dritteln aus diesen Strukturelementen [6]. Es ist nun naheliegend anzunehmen, dass sich die geringe Anzahl von grundlegenden Faltungsformen durch ihre Evolution aus einem begrenzten „Vokabular" solcher Supersekundärstrukturen erklärt. Wie kann man sich diesen Prozess vorstellen?

Repetition und Rekombination in der Evolution von Domänen

Ein essentieller Mechanismus in diesem evolutionären Vorgang ist vermutlich die Repetition gewesen. Es ist inzwischen an einer ganzen Reihe von Proteinkonstrukten gezeigt worden, dass Repetition an sich die Stabilität einer Faltungsform durch die periodische Wiederholung von günstigen molekularen Interaktionen fördert [7]. Um diesen Mechanismus in Aktion zu sehen, ist es nützlich, Faltungsformen entlang einem Kontinuum der Komplexität anzuschauen.

Die einfachsten Faltungsformen die wir heute kennen, die Proteinfibern, sind aus der Wiederholung von kurzen Sequenzelementen hervorgegangen. Zum Beispiel bestehen *Coiled-coil*-Proteine (essentielle Bestandteile von Muskeln und Cytoskelett) aus Elementen von sieben Aminosäuren mit definierten Mustern an hydrophilen und hydrophoben Aminosäuren, β-Helices aus Wiederholungen von kurzen Faltblattelementen von neun beziehungsweise sechs Aminosäuren, und Collagene aus prolinreichen Gly-X-Y-Elementen.

Höhere strukturelle Variabilität ergibt sich aus der Repetition von größeren Elementen mit definierter Sekundärstruktur. Hier entsprechen die häufigsten Elemente den schon genannten drei Supersekundärstrukturen. Auf einfachster Ebene führt ihre monotone Wiederholung zu offenen, solenoiden Faltungsformen (**Abb. 1**). So bestehen einige der prominentesten repetitiven Domänentypen der Zelle aus $\alpha\alpha$-Haarnadeln (*Tetratricopeptide Repeats*), aus $\beta\beta$-Haarnadeln (Cholin-Bindedomänen), oder aus $\beta\alpha\beta$-Elementen (*Leucine-Rich Repeats*). In einigen Fällen führt jedoch Repetition zu geschlossenen, globulären Strukturen, so im Falle von TIM barrels (βαβ) und β-Propeller (ββ). Die letzteren beiden Domänentypen sind auch als Gerüste für aktive Zentren sehr erfolgreich gewesen, so dass an ihrer Evolution der Pfad von nahezu perfekt repetitiven Proteinen zu voll ausdifferenzierten Enzymen nachvollzogen werden kann.

Auch in vielen anderen globulären Faltungsformen ist Repetition noch deutlich erkennbar, darunter in sechs der zehn häufigsten Faltungsformen (**Abb. 1**). Die Erkenntnis, dass Proteine in vielen Fällen aus mehreren Kopien strukturähnlicher Elemente bestehen und dass ihre Evolution daher am ehesten durch eine Reihe von sukzessiven Genduplikationen und -fusionen zu beschreiben ist, geht auf Arbeiten an Immunoglobulinen, Serin- und Aspartatproteasen, Proteaseinhibitoren und Hexokinase in den 70er Jahren zurück (z.B. [8]). Eine wichtige Klasse von Membranproteinen, die Porine der prokaryontischen äußeren Membran, sind ebenfalls auf offensichtliche Weise durch Repetition von ββ-Haarnadeln evoluiert (**Abb. 1**).

Ein zweiter essentieller Mechanismus in der Entstehung der Domänen war vermutlich die Rekombination, beziehungsweise die Assemblierung aus nichtidentischen Komponenten. So bestehen die vier häufigsten Faltungsformen, die keine interne Symmetrie aufweisen, zu über 70% aus den gleichen drei Supersekundärstrukturen, deren dominante Rolle in repetitiven Proteinen wir schon beschrieben haben. Auch Proteine der Zytoplasmamembran, die nicht die interne Symmetrie der Porine aufweisen, sind trotzdem fast ausschließlich aus einem einzigen Supersekundärstrukturmotiv, der αα-Haarnadel, gebaut. Insgesamt bestehen Proteine bekannter Struktur im Durchschnitt zu 62% aus den drei schon beschriebenen Supersekundärstrukturelementen [6].

Proteine aus Fragmenten

Der Gedanke, dass Proteine durch Assemblierung und Rekombination aus einem begrenzten Vokabular von strukturellen Einheiten hervorgegangen sind ist aus mehreren Gründen attraktiv [9, 10]:

(1) Die kombinatorische Komplexität, die mit der De-novo-Evolution und Optimierung einer Domäne verbunden ist, ist ungeheuerlich: Es gibt 20^{100} mögliche Sequenzen für eine Domäne von 100 Aminosäuren und, wie schon erwähnt, wäre nur ein verschwindend geringer Bruchteil in der Lage, zu falten, geschweige denn eine biochemische Aktivität zu zeigen. Dagegen ist die Sequenzoptimierung der etwa 20 Aminosäuren, die für eine Supersekundärstruktur notwendig sind, bequem in der Reichweite biologischer Systeme. Der Unterschied in Komplexität ist wie der zwischen den Massen eines Elektrons und des gesamten Universums.

(2) Es sind keine abiotischen Systeme bekannt, die Peptidketten in Domänenlänge synthetisieren können, und schon gar nicht in den Mengen die notwendig wären, um den verfügbaren Sequenzraum auch nur ansatzweise zu erkunden. Dagegen ist die Möglichkeit, kurze Peptide abiotisch zu synthetisieren, schon erwiesen. Daher ist es sehr viel wahrscheinlicher, dass der evolutionäre Prozess von kurzen Peptidketten ausging.

(3) Selbst wenn die *De-novo*-Evolution ganzer Domänen möglich gewesen wäre, so wäre es doch ein sehr ineffizienter Vorgang gewesen, relativ zu der Assemblierung aus Modulen, welche die Anwendung

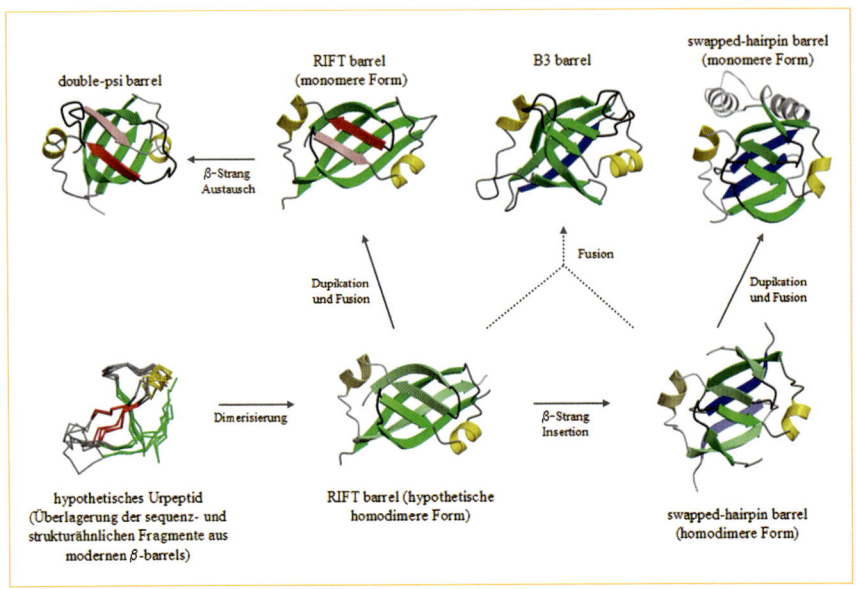

Abb.2 Szenario für die Evolution von β-barrels aus einem hypothetischen ββαβ -Urpeptid. Die hier gezeigten Zusammenhänge konnten wir experimentell erhärten [12, 13]. (Verändert aus [13]; Coles et al.; Structure 2006).

von individuell optimierten Charakteristiken auf einer höheren Komplexitätsstufe erlauben. Natürliche Systeme verwenden Modularität auf allen Ebenen der Komplexität. Auf Proteinniveau haben theoretische und experimentelle Studien gezeigt, dass die Rekombination von Domänenfragmenten die Ausbildung von gefalteten Strukturen stark beschleunigen kann und dass die Erfolgsrate sehr hoch sein könnte ($1:10^7$).

(4) Es werden in zunehmendem Maße Fragmente in nicht-homologen Proteinen entdeckt, welche sequenz-, struktur-, und oft auch funktionsähnlich sind (zum Beispiel P-loops zur Bindung von Nukleotiden, Asp-box enthaltende ββ-Haarnadeln, RNS-bindende βαβ-Elemente, oder Zink-bindende *treble clef*-Finger) [9]. In vielen Fällen ist die Ähnlichkeit dieser Fragmente so stark, dass ein homologer Ursprung wahrscheinlich erscheint.

Ausgehend von diesen Überlegungen verfolgen wir die Hypothese, dass die ersten gefalteten Proteine durch Kombination und Verkettung eines begrenzten Satzes aus Urpeptiden entstanden sind [10]. Peptide, also kurze Ketten von weniger als 30 Aminosäuren, können sehr wohl durch abiotische Prozesse entstehen und wären in einer auf Ribonukleinsäuren basierenden Vorform des Lebens als Kofaktoren für Replikation und Katalyse sehr nützlich gewesen [11]. So vermuten wir, dass diese Peptide anfangs an Ribonukleinsäure-Molekülen wie an Gerüsten falteten, und dass sie diese nach und nach durch ihre höhere Vielfältigkeit und Flexibilität bei der Katalyse verdrängten. Durch Aneinanderlagerung und später durch Verkettung gelang es diesen Peptiden, selbständig zu falten; damit waren die Vorfahren unserer heutigen Proteine geboren, und das Leben nahm die uns heute vertraute chemische Form an. Sollte diese Hypothese zutreffen,

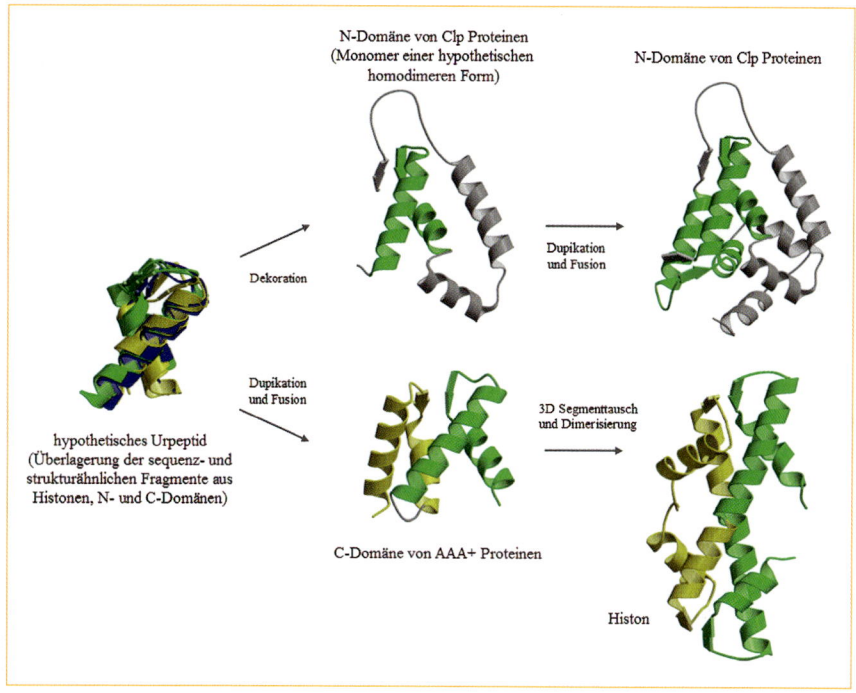

Abb.3 Szenario für die Evolution von DNS-bindenden Histonen und Domänen von Protein-bindenden Faltungsfaktoren (Clp, AAA+) aus einem hypothetischen $\alpha\alpha$-Urpeptid. (Verändert aus Alva et al.; BMC Struct Biol 2007).

müssten wir heute noch in den Sequenzen der Proteine die Spuren dieser Urpeptide finden, ebenso wie wir in europäischen Sprachen noch die Spuren ihres indoeuropäischen Ursprungs beobachten können. Ziel unserer Arbeit ist es also, aus vergleichende Studien an modernen Proteinen ein „Wörterbuch" dieses Ur-Vokabulars von Peptiden abzuleiten. Zwei dieser Urpeptide, die wir rezent ermittelt haben, sind in **Abb. 2 und 3** illustriert.

Zusammenfassend lässt sich sagen, dass die Datenlage in zunehmendem Maße eine Evolution der Proteine durch Duplikation, Fusion und Rekombination aus einer primitiveren Peptidwelt nahelegt. Genauso wie heutige Proteine ein Mosaik aus homologen und nicht-homologen Domänen darstellen, wären Domänen ein Mosaik aus homologen und nicht-homologen Peptiden. Insgesamt ist dieses Bild Biologen sicherlich vertraut: die Entstehung von zunehmend komplexeren Einheiten durch die Rekombination von einfacheren Elementen.

Danksagung

Die hier dargelegten Gedanken habe ich in vielen Diskussionen mit Kollegen entwickelt und verfeinert. Insbesondere möchte ich Johannes Söding (MPI für Entwicklungsbiologie), Kristin Koretke (GlaxoSmithKline), Rob Russell (EMBL), und Nick Grishin (University of Texas Southwestern Medical Center) danken, sowie der Max Planck Gesellschaft für die großzügige Unterstützung.

Literatur

1. Bukau B., Weissman J., Horwich A. Molecular chaperones and protein quality control. Cell 2006;125: 443-451
2. Scheeff E., Fink, L. Fundamentals of Protein Structure. In: Bourne, P. E., Weissig, H.: Structural Bioinformatics. Wiley-VCH, 2003.
3. Gerstein M. A structural census of genomes: comparing bacterial, eukaryotic, and archaeal genomes in terms of protein structure. J Mol Biol 1997; 274: 562-576
4. Day R, Beck DA, Armen RS, Daggett V. A consensus view of fold space: combining SCOP, CATH, and the Dali Domain Dictionary. Protein Sci 2003; 12: 2150-2160
5. Coulson AF, Moult J. An unifold, mesofold, and superfold model of protein fold use. Proteins 2002; 46: 61-71
6. Salem GM, Hutchinson EG, Orengo CA, Thornton JM. Correlation of observed fold frequency with the occurrence of local structural motifs. J Mol Biol 1999; 287: 969-981
7. Main ER, Lowe AR, Mochrie SG, Jackson SE, Regan L. A recurring theme in protein engineering: the design, stability and folding of repeat proteins. Curr Opin Struct Biol 2005; 15:464-471
8. McLachlan AD. Gene duplications in the structural evolution of chymotrypsin. J Mol Biol 1979;128: 49-79
9. Lupas AN, Ponting CP, Russell RB. On the evolution of protein folds: are similar motifs in different protein folds the result of convergence, insertion, or relics of an ancient peptide world? J Struct Biol 2001; 134: 191-203
10. Soding J, Lupas AN. More than the sum of their parts: on the evolution of proteins from peptides. Bioessays 2003; 25: 837-846
11. Orgel LE. Prebiotic chemistry and the origin of the RNA world. Crit Rev Biochem Mol Biol 2004; 39: 99-123
12. Coles M, Djuranovic S, Soding J, Frickey T, Koretke K, Truffault V, Martin J, Lupas AN. AbrB-like transcription factors assume a swapped hairpin fold that is evolutionarily related to double-psi beta barrels. Structure 2005; 13: 919-928
13. Coles M, Hulko M, Djuranovic S, Truffault V, Koretke K, Martin J, Lupas AN. Common evolutionary origin of swapped-hairpin and double-psi beta barrels. Structure, 2006; 14: 1489-1498.

Prof. Andrei Lupas, PhD, geb. 1963 in Bukarest (Rumänien).

1982-1985 Studium der Biologie an der Technischen Universität München und bis 1990 Studium der Molekularbiologie an der Univ. Princeton; 1991 Promotion.

1992-1993 Postdoc am Genzentrum der Ludwigs-Maximilians Univ. München und 1993-1997 Postdoc am Max-Planck-Institut für Biochemie (Martinsried) in der Abteilung Molekulare Strukturbiologie. 1997-2001 Forscher bei SmithKline Beecham (Collegeville, USA) in der Antibiotikaentwicklung. Seit 2001 Wissenschaftliches Mitglied und Direktor der Abteilung für Proteinevolution am Max-Planck-Institut für Entwicklungsbiologie (Tübingen).

Forschungsschwerpunkte:
Evolution der Proteinfaltung, Proteinklassifizierung und Phylogenie, Entwicklung von Bioinformatikmethoden, Mechanismen der Signaltransduktion durch Membranen, Evolution der Oberflächenproteine von pathogenen Bakterien.

Prof. Andrei Lupas, PhD
Max-Planck-Institut für
Entwicklungsbiologie
Spemannstr. 35
72076 Tübingen
e-mail: andrei.lupas@tuebingen.mpg.de

Lebensqualität für den Menschen
Die Bedeutung von Artenvielfalt für die Funktion von Ökosystemen

Elisabeth K. V. Kalko

Die Entstehung von Artenvielfalt und ihre Bedeutung

Der blaue Planet Erde ist geprägt durch die Vielfalt des Lebens. Mit der Entstehung des Lebens vor schätzungsweise ca. vier Milliarden Jahren änderte sich die Zusammensetzung der Atmosphäre und eine beispiellose Entwicklung unterschiedlichster Lebensformen begann. Vor mehr als zwei Milliarden Jahren führte eine immer stärker werdende Sauerstoffanreicherung der Atmosphäre zu einer rasanten Entwicklung der Prokaryoten und leitete die Entstehung der ersten Eukaryoten ein. Der Zusammenschluss von Einzellern zu komplexen Vielzellern schuf die Grundlage für höhere Organismen. Parallel zur Entwicklung der Pflanzen von Nackt- zu Bedecktsamern entwickelten Tiere Außen- und Innenskelette und besiedelten erfolgreich nahezu alle aquatischen und terrestrischen Lebensräume.

Trotz moderner Technologien ist unser Wissen über die Zusammensetzung und die grundlegenden ökosystemaren Funktionen dieser beeindruckenden Vielfalt noch erstaunlich gering. So sind derzeit nur ca. 1,7 Millionen der geschätzten bis zu 100 Millionen heute auf der Erde lebenden Arten ausreichend dokumentiert. Während der größte Teil der Wirbeltiere inzwischen gut bekannt ist, finden sich vor allem bei Viren und Bakterien sowie Einzellern und Pilzen noch große Lücken.

Hinzu kommen die großräumigen Umweltveränderungen durch den Menschen, dessen anhaltendes Bevölkerungswachstum gefolgt von drastischen Änderungen der Landnutzungsformen, Urbanisierung und Industrialisierung zu immer stärkeren Eingriffen in die wenigen noch verbliebenen, bisher kaum genutzten Gebiete nach sich ziehen. Diese Faktoren kombiniert mit dem derzeit deutlich spürbaren globalen Klimawandel führen unweigerlich zu tiefgreifenden Änderungen in den jeweiligen Ökosystemen, insbesondere zu einer drastischen Verarmung lokaler Artenvielfalt und damit zu einer Verminderung oder im ungünstigsten Fall dem vollständigen Verlust von Organismen und ihrer oftmals auch für den Menschen essenziellen Funktionen.

In den Diskussionen um den Erhalt biologischer Vielfalt gibt es ein immer wiederkehrendes Thema: die grundlegende Frage nach der Bedeutung des hohen Artenreichtums für den Menschen. „Brauchen" wir überhaupt so viele Pflanzen, Tiere, Pilze und Mikroorganismen? Und wenn ja, wozu sind sie nütze? Die Antwort lautet eindeutig ja, denn der Erhalt eines größtmöglichen Maßes an Artenvielfalt und der damit einhergehenden Leistungen der jeweiligen Ökosysteme sind für den Menschen unverzichtbar. Die Bedeutung der Artenvielfalt für das Funktionieren von Ökosystemen wird weiterhin stark unterschätzt, weil immer noch grundlegende Daten über „Was lebt wo und wie, sowie von und mit wem" fehlen. Damit ist auch die Beantwortung der dringenden Frage nach den kurz- und langfristigen Folgen, was passiert, wenn die Biodiversität weiterhin so drastisch abnimmt und sich die derzeit stattfindende Artenerosion noch verstärkt, nicht einfach.

Die Bewertung der Biodiversität für die Stabilität von Ökosystemen und Bewahrung derselben unter ökonomischen und ethischen Gesichtspunkten setzt voraus, dass wir eine große Breite der rezenten Taxa und ihre Eigenschaften in den jeweiligen Ökosystemen kennen. Artenvielfalt ist für unsere Lebensqualität unabdingbar, da artenreichere Systeme stabiler sind als artenarme und die Versorgung mit essenziellen Lebensgrundlagen sicherstellen, einschließlich sauberen Wassers, Luft und Nahrung. Artenreiche Systeme bilden die unabdingbare Voraussetzung für jegliche nachhaltige Nutzung von Ressourcen, ohne die das life support system Erde und damit die Lebensmöglichkeiten und die Lebensqualität des Menschen ernsthaft gefährdet sind.

Des Weiteren stellt die Vielzahl an Mikroorganismen sowie Pilzen, Tieren und Pflanzen unersetzliche genetische Reservoirs dar, die nicht nur heute, sondern auch für zukünftige Generationen von großer Bedeutung sind. Aus der Fülle der biologischen „Erfindungen" lassen sich neue Materialien und Medikamente gewinnen sowie technisch umsetzbare Prinzipien ableiten (Bionik). So werden zum Beispiel über Bioprospecting, der Suche nach Wirkstoffen in pflanzlichen und tierischen Geweben, Antibiotika, Muskelrelaxantien sowie Blutgerinnungshemmer entwickelt. Zudem bieten artenreiche Systeme wirksameren Klimaschutz und Schutz vor Extremereignissen als artenärmere. Dazu kommt die Bedeutung von Artendiversität als Kulturgut, das sowohl ästhetische als auch emotionale Werte beinhaltet.

Grundlage zum Schutz der Biodiversität auf globalem Niveau bildet die 1992 auf dem Earth Summit in Rio de Janeiro verabschiedete und von über 150 Vertragsstaaten unterzeichnete Convention on Biological Diversity (CBD), deren Kernaussagen sich auf 1) use and conservation of biological diversity und 2) fair and equitable distribution of benefits konzentrieren (http://www.biodiv.org). Die CBD wird gefolgt vom Millenium Ecosystem Assessment (http://www.millenniumassessment.org), das sich als ehrgeiziges Ziel gesetzt hat, den Verlust an Biodiversität bis 2010 zu stoppen.

Artenvielfalt bei Fledertieren

Als ein Beispiel aus der laufenden Forschung stelle ich die artenreiche Gruppe der Fledertiere (Chiroptera) vor und zeige auf, welche wichtigen funktionellen Rollen diese oft wenig bekannte und vielfach mit negativen Attributen assoziierte Tiergruppe einnimmt. Dabei konzentriere ich mich vor allem auf die „Serviceleistungen" neotropischer Fledertiere, die für den Menschen von unmittelbarer Bedeutung sind. Wie bei vielen anderen Organismengruppen ist der Artenreichtum bei Fledertieren ungleich verteilt. Er ist am höchsten in tropischen Gebieten. Während in Europa ca. 40 Arten vorkommen, weist das wesentlich kleinere mittelamerikanische Land Panama auf seiner Landesfläche mehr als 110 Arten auf. In Langzeituntersuchungen auf der tropenbiologischen Station Barro Colorado Island (BCI), die zu dem unter US-amerikanischer Leitung stehenden Smithsonian Tropical Research Institutes (STRI) gehört, gelang es uns, im Tieflandregenwald auf der ca. 16 km² großen Insel die

Abb. 1 Nahrungspalette der Blattnasenfledermaus *Micronycteris microtis* (Phyllostomidae). Die Aufnahmen wurden mit einer Infrarotkamera erstellt und zeigen von links nach rechts folgende Beutestücke: Käfer, Laubheuschrecke, Stabheuschrecke, Großlibelle und Raupe. Modifiziert nach Kalka und Kalko (2006).

beeindruckende Zahl von 74 Arten nachzuweisen, die dort mit wenigen Ausnahmen stabile Populationen bilden. Wie kommt es, dass so viele Arten auf engem Raum miteinander leben können? Was ist die Bedeutung dieser hohen Artenvielfalt an Fledertieren für die tropischen Regenwälder?

Fledertiere repräsentieren eine der ältesten Säugetiergruppen weltweit. 55-60 Millionen Jahre alte Fossilien z. B. aus Wyoming, USA, und aus der Grube Messel bei Frankfurt zeigen, dass der Prototyp einer Fledermaus, wie wir ihn aus der heutigen Zeit in der bei uns weit verbreiteten Familie der Abendfledermäuse (Vespertilionidae) kennen, schon damals in vergleichbaren Grundzügen präsent war. Derzeit sind weltweit über 1100 Fledertierarten bekannt, und die Zahl steigt mit jedem Jahr, in dem neue Gebiete beforscht werden und/oder über molekulare Methoden neue Arten, oftmals sogenannte cryptic species, entdeckt werden. Mechanismen, die die Koexistenz der vielen Arten in den tropischen Lebensräumen ermöglichen, umfassen vor allem Nahrungsvielfalt, Aufteilung von Mikrohabitaten, Nahrungssuchstrategien, Hangplatzwahl und Sozialsysteme.

So setzt sich die Ernährung von Fledermäusen in den Tropen aus Wirbellosen, v. a. Insekten, aber auch kleinen Wirbeltieren und Blut sowie Nektar, Pollen, Blüten und zum Teil sogar Blättern zusammen. Durch die ausgeglichenen Temperaturverhältnisse und dem Fehlen einer starken Temperaturabsenkung über das Jahr in den artenreichen tropischen Tieflandregenwäldern wird eine gleichmäßige Versorgung der Fledertiere mit lebenswichtigen Nahrungsressourcen sichergestellt. Fledertiere nutzen eine Vielzahl von Mikrohabitaten innerhalb des Waldes, sie jagen sowohl im Unterwuchs, über Wasserflächen als auch über dem Kronendach. Auch Offenlandflächen sowie Savannen-Wald-Mosaike werden intensiv als Nahrungssuchgebiete genutzt.

Die Strategien der Nahrungssuche und -aufnahme reichen von langen, kontinuierlichen Flügen, die mehr als 80 km Gesamtstrecke pro Nacht und Individuum betragen können, bis zur Wartenjagd, bei der eine Fledermaus nur für wenige Minuten fliegt und sonst in der Vegetation an einem dünnen Ast hängend auf Geräusche lauscht, die von der Beute selber produziert werden wie zum Beispiel dem Werbegesang einer Heuschrecke. Der Zugang zu den jeweiligen Mikrohabitaten spiegelt sich besonders gut in der Flügelmorphologie der Fledertiere wider, die von schmal und lang, ähnlich den bei uns heimischen Mauerseglern und Schwalben, bis zu breit und rund reicht und den Tieren schnelle und rasante bis hin zu langsameren und dafür wendigeren Flügen ermöglicht.

Funktionelle Bedeutung von Fledertieren

Was ist die ökosystemare Bedeutung von Fledertieren? Eine Reihe von Studien verdeutlichen, dass insektenfressende Fledermäuse durch ihren hohen Stoffumsatz und ihrer Häufigkeit große Mengen an pflanzenfressenden Insekten vertilgen und somit einen wichtigen Beitrag zur Reduktion des Blattfraßes (Herbivorie) leisten. So hat eine Studie an der kleinen neotropischen Blattnasenfledermaus *Micronycteris microtis* (Phyllostomidae) gezeigt, dass das Nahrungsspektrum dieser Art von Käfern, Libellen und Laubheuschrecken bis zu Faltern, Schaben und Stabheuschrecken reicht (**Abb. 1**). Durch den Einsatz einer Infrarotkamera am (Nacht)hangplatz von *M. microtis* konnten wir erstmalig Quantität und Qualität des gesamten Nahrungseintrags erfassen. Besonders überraschend war, dass *M. microtis* regelmäßig große Raupen frisst. Zum Teil bestand mehr als 30% des dokumentierten Nassgewichts der Beute aus Raupen. Zudem hat *M. microtis* eine Methode entwickelt, Teile der Raupenkörper und anderer blattfressender Insekten, die vermutlich toxische oder bitter schmeckende sekundäre Pflanzenstoffe als Abwehrmechanismen gegen Prädatoren enthalten, durch geschicktes Manipulieren mit Zähnen und Zunge rechtzeitig aus dem Insektenkörper zu entfernen.

Hochrechnungen der Fraßleistung von M. microtis kombiniert mit Schätzungen ihrer aktuellen Populationsgröße auf BCI und der Frage, wie viel Blattmasse herbivore Insekten konsumieren, ermöglichten es uns erstmalig, den potentiellen Einfluss neotropischer, *gleanender** Fledermäuse als Insektenvertilger abzuschätzen. Aus unseren Berechnungen geht hervor, dass die Gesamtheit insektivorer Fledermäuse auf BCI einen deutlich messbaren Beitrag zur Reduzierung des Herbivoriedrucks auf die Pflanzen leisten sollte. Diese Ergebnisse haben weiterreichende Bedeutung auch für tropische Agrarsysteme und damit für den Menschen. Es ist anzunehmen, dass neben Vögeln auch Fledermäuse als wichtige Schädlingsvertilger agieren und es sich beim Anbau zum Beispiel von Kakao und Kaffee lohnt, auf diversitätserhaltende Maßnahmen zu achten.

Ein weiteres beeindruckendes Beispiel stellen die Untersuchungen dar, die den ökonomischen Wert von Freischwanzfledermäusen (*Tadarida brasiliense*, Molossidae) als Insektenvertilger in Texas berechnen. Freischwanzfledermäuse kommen zum Teil in mehrere Millionen Individuen zählenden Kolonien vor, bei denen sich vor allem Weibchen zur Geburt und Aufzucht der Jungtiere in Höhlensystemen zusammenfinden. Die Tiere fliegen jede Nacht enorme Distanzen, um zu ihrer Insektennahrung zu gelangen. Untersuchungen zur Nahrungszusammensetzung gekoppelt mit Aufnahmen der aus- und einfliegenden Fledermausmassen in ihre Hauptjagdgebiete mit Hilfe eines NEXRAD Doppler-Radars zeigen, dass die Fledermäuse bevorzugt landwirtschaftliche Nutzflächen anfliegen, die größtenteils mit Baumwollplantagen bestanden sind und dort

---

* im Sinne von „ablesend", d.h. die Fledermäuse fangen die Insekten nicht in der Luft, wie die meisten unserer Arten, sondern lesen sie von Blättern ab bzw. vom Boden auf.

Abb. 2 Eine neotropische Fruchtfledermaus *Artibeus jamaicensis* (Phyllostomidae) beim Anflug auf eine reife Feige (Photo: D. Nill).

gewaltige Mengen eines Schädlings, des cotton boll worms (*Helicovera zea*), vertilgen. Die Raupen dieses Falters werden intensiv mit Insektiziden bekämpft.

Berechnet man die ökosystemaren Dienstleistungen der Fledermäuse, d. h. wie viele Falter sie pro Nacht und Individuum fressen, und rechnet dies auf die Kosten um, die zur Bekämpfung dieses Schädlings entstehen einschließlich des Produktionsverlusts durch dessen Fraßtätigkeit, kommen geschätzte Werte zustande, die je nach Ausgangsbasis mehrere 100 000 $ bis zu über eine Million $ erreichen. Auch hier zeigt sich, dass sich der „kostenlose" Einsatz der Fledermäuse als Schädlingsbekämpfer rechnet und unterstreicht wiederum, dass sich der Erhalt von Artenvielfalt ökonomisch rechnet.

Im dritten und letzten Beispiel gehe ich auf frugivore Fledertiere ein, die weltweit in den Tropen wichtige Funktionen als Samenausbreiter und damit zur Regeneration und Verbreitung von Pflanzen beitragen. In den Tropen der Neuen Welt werden über 90 % aller Pflanzen von Tieren ausgebreitet. Ähnliche Zahlen gelten auch für die Tropen der Alten Welt. Viele Pflanzen bieten ihre Früchte gezielt Fledertieren an. So sind viele Früchte, die von Fledertieren regelmäßig gefressen werden, in ihren Farben gedeckt. Dafür riechen sie sehr intensiv und sind somit leicht für die zumeist nachtaktiven Fledertiere zu finden. Was macht Fledertiere so attraktiv als Samenausbreiter? Besonders wichtig ist, dass Fledertiere die Früchte vom Baum oder Strauch, von dem sie zumeist im Flug „gepflückt" werden, wegtragen und sie dann an einen separaten Platz bearbeiten (**Abb. 2**). Dies bedeutet für die Pflanzen, dass sie mit den Fledertieren einen verlässlichen Transportservice für ihre Samen haben.

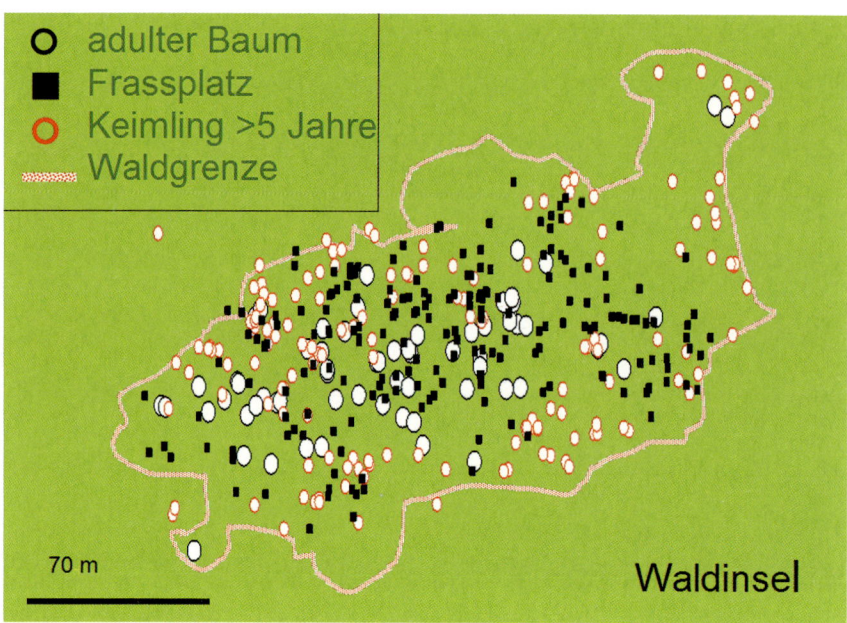

Abb. 3 Verteilung von adulten Bäumen und Keimlingen der Baumart *Cola cordifolia* und von Flughund-Fraßplätzen in einer Waldinsel im Comoé Nationalpark, Elfenbeinküste. Abbildung modifiziert nach Ebigbo (2004).

An dem nächtlichen Hangplatz werden kleine Samen beim Prozessieren der Frucht verschluckt und später über den Kot zumeist unbeschädigt wieder ausgeschieden. Große Samen werden direkt an dem Nachthangplatz fallen gelassen. Freilanduntersuchungen haben gezeigt, dass Fledertiere nicht, wie ursprünglich angenommen, die Samen der von ihnen gefressenen Früchte geklumpt abgeben, sondern dass sie durch häufiges Wechseln der (Nacht)hangplätze einen weit gestreuten Samenregen produzieren. Dieser steigert die Chancen der Samen, einen günstigen Keimungsort zu finden und dort erfolgreich heranzuwachsen.

Um den Beitrag von Fledertieren als Samenausbreiter besser zu verstehen, haben wir uns in Westafrika mit zwei Baumarten beschäftigt, die auch für den Menschen wichtig sind. Zum einen fokussierten wir uns auf das heterogene Wald-Savannenmosaik des Comoé Nationalparks in der Elfenbeinküste und untersuchten den Einfluss von Flughunden als Samenausbreiter. *C. cordifolia* spielt in dieser Gegend eine besonders wichtige Rolle, da die lokale Bevölkerung Stamm und Rinde für Medizin und Bauholz nutzt und auch die Früchte zum Teil verarbeitet werden. Detaillierte Aufsammlungen von Samen an den nächtlichen Hangplätzen der Flughunde zeigten, dass die Individuen ihren Nachthangplatz nur für wenige Tage nutzten. Dies ist ein großer Vorteil für den Baum, weil so eine Etablierung von Jungpflanzen außerhalb des Elternbaums möglich ist. Keimlinge und Jungpflanzen hätten kaum oder keine Wachstumschancen beim Elternbaum, weil dort die Konkurrenz um wichtige Ressourcen (Licht, Wurzelraum) zu groß ist. Mit dem Wegtragen der Früchte erhöhen sich die Chancen, dass die Samen dort fallengelassen werden, wo sie auch auskeimen und heranwachsen können. Unsere Analysen zeigten, dass die in den Waldinseln angetroffenen, durchmischten Verteilungen der Altersklassen von *C. cordifolia* zum größten Teil auf die Tätigkeit der Flughunde als effektive Samenausbreiter zurückgehen (**Abb. 3**).

An einem weiteren Projekt zur Rolle von Fledertieren als Samenausbreiter arbeiten wir zur Zeit in Benin. Zusammen mit unseren Kooperationspartnern fokussieren wir uns dort auf *Vitellaria paradoxa*, dem Karité-Baum, vom dem die weltweit in der Kosmetikindustrie vielfach eingesetzte Shea-Butter am bekanntesten ist. Für diesen Baum gibt es noch keine Plantagenwirtschaft, obwohl er in Teilen Benins sowohl als Devisenbringer für die lokale Bevölkerung als auch als Lieferant von Früchten, Kochöl und Shea-Butter für den Eigengebrauch eine wichtige Rolle einnimmt. Auch hier sind es wiederum fast ausschließlich Flughunde, die für die erfolgreiche Ausbreitung dieser Art sorgen. Interessanterweise beeinflussen die Flughunde auch direkt den Keimungsprozess, da in Versuchen gezeigt werden konnte, dass die Samen wesentlich häufiger erfolgreich auskeimen, wenn sie beim Abnagen des Fruchtfleisches durch die Flughunde in einer bestimmten Art und Weise manipuliert werden. Es ist noch unklar, was diesen Effekt hervorbringt, ob es die mechanische Bearbeitung des Samens ist oder eventuell über den Speichel aktivierende Stoffe durch die Samenhülle dringen.

In ähnlicher Weise wie die frugivoren Flughunde in der Alten Welt und die frugivoren Blattnasenfledermäuse (Phyllostomidae) in der Neuen Welt tragen die vorwiegend nektartrinkende Fledertiere zur erfolgreichen Regeneration und Verbreitung der Vegetation durch die Erhöhung des Bestäubungserfolgs und der gezielten, weitreichenden Ausbreitung des Pollens bei. So hängen eine Vielzahl von ökomisch genutzten Pflanzen von Fledermäusen als Bestäuber ab. Dazu gehören zum Beispiel Agaven, die als Grundlage für Tequila dienen. Auch für die Regeneration degradierter Flächen nehmen Fledertiere besonders wichtige Stellungen ein, da sie hervorragende Ausbreiter von Pionierpflanzen sind.

Zusammenfassend lässt sich überzeugend anhand dieser Beispiele zeigen, welche wichtige Rollen Fledertiere in Ökosystemen einnehmen. Die Bespiele unterstreichen vor allem die herausragende Bedeutung von Artenvielfalt im Hinblick auf den Erhalt bedeutender ökosystemarer Funktionen. Angesichts der drastischen und sehr raschen Veränderungen, die derzeit die Lebensbedingungen auf der Erde beeinflussen, eilt die Zeit. Weiter zeigt dies auch, wie dringend notwendig es ist, effektive und belastbare Strategien zu entwickeln, die auf eine nachhaltige Nutzung dieser Systeme abzielen. Der Inhalt der „Schatzkiste der Evolution" ist nicht unerschöpflich.

Auswirkungen anthropogener Störungen am Beispiel der Vampirfledermaus

Werden artenreiche Systeme durch großräumige Änderungen in Landnutzungsformen oder durch Fragmentierung ehemals zusammenhängender Waldgebiete gestört, wirkt sich dies auf die Artenzusammensetzung als auch auf die Häufigkeit einzelner Arten aus. So kommt es generell in gestörten Systemen zu einer Reduktion der ökologischen Vielfalt und zur Verschiebung der Dominanzverhältnisse, d. h. viele Arten nehmen zahlenmäßig stark ab oder sterben lokal aus, und nur ein paar wenige Arten, die besser an die veränderten lokalen Bedingungen angepasst sind, können sich in ihrem Bestand halten oder nehmen sogar zu, solange die Störungen nicht zu massiv sind.

Zu diesen Arten zählen zum Beispiel Vampirfledermäuse, die in den Tropen der Neuen Welt in Gebieten mit intensiver Viehhaltung hohe Bestandsdichten entwickeln können. Damit ist oftmals eine Reihe von Negativfolgen verbunden, insbesondere eine Erhöhung der Übertragungsrate von Tollwut. Dies betrifft in manchen Gebieten auch regelmäßig den Menschen. Durch die hohen Vampirdichten erhöhen sich zudem beim Vieh Schäden durch Sekundärinfektionen, die durch Eiablage von Fliegen an den Bissstellen hervorgerufen werden (screw worm infection).

Insgesamt nimmt die ökologische Leistungsfähigkeit der Fledertiergemeinschaften bei massiven Störungen stark ab. So ist es nach neueren Erkenntnissen wahrscheinlich, dass neben der Reduktion bzw. am Ende auch Ausfall an Bestäubertätigkeiten und der Samenausbreitung vor allem die Abnahme insektenfressender Fledermäuse eine negative Rückkopplung auf das Gesamtsystem hat. Durch den Verzehr enormer Mengen an Insekten tragen insektivore Fledermäuse in artenreichen Systemen zusammen mit Vögeln massiv dazu bei, dass die Zahl potenzieller Schadinsekten reduziert wird. Dies ist besonders im landwirtschaftlichen Bereich von Bedeutung.

Bedeutung der Vampirfledermäuse für die Forschung

Bei der Anerkennung der Bedeutung von Biodiversität durch die menschliche Gesellschaft spielt der ökonomische Wert eine sehr große Rolle. Dies wird besonders deutlich im Bereich der Bionik, das heißt dem Übertragen technischer Prin-

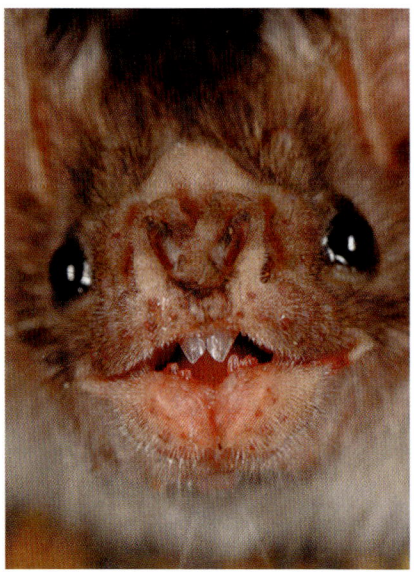

Abb. 4 Portrait einer Vampirfledermaus *Desmodus rotundus* (Phyllostomidae). Photo: M. Tschapka

zipien aus der Natur und beim Bioprospecting, das heißt dem Suchen nach medizinischen Wirkstoffen in biologischen Materialien für die pharmazeutische Forschung sowie in der Biotechnologie. In allen Bereichen ist es daher von unschätzbarem Wert, nicht nur ein oder zwei Modellsysteme gut zu kennen, sondern über eine größere Vielfalt an (potentiellen) Untersuchungssystemen zu verfügen mit Optionen, auch in der Zukunft neue Modellsysteme etablieren zu können, um weiteren technischen Entwicklungen gerecht zu werden.

Ein in meinen Augen eindrucksvolles Beispiel stellen dazu wiederum die Vampirfledermäuse dar. Vampirfledermäuse ernähren sich ausschließlich von Blut, das von den Tieren nach dem Anbringen einer sehr kleinen Bisswunde durch ihre rasiermesserscharfen, kleinen Zähne mit raschen Zungenschlägen abgeleckt wird (**Abb. 4**). Um ein Gerinnen des Blutes zu verhindern, ist dem Speichel eine gerinnungshemmende Substanz beigemischt. Bei Untersuchungen stellte sich heraus, dass die Potenz und Zielgenauigkeit dieser Substanz die bisherigen in der Medizin genutzten Mittel deutlich übertrifft. Durch erfolgreiche Isolation und chemische Analyse des im Vampirspeichel enthaltenen Stoffs wird derzeit an dessen medizinischer Anwendung als Anti-Thrombosemittel gearbeitet.

Ausblick

Insgesamt verdeutlichen die Beispiele von Fledertieren als Samenausbreiter, Bestäuber und Prädatoren sowie als Lieferanten interessanter medizinischer Produkte die Bedeutung der Artenvielfalt für die Funktionsfähigkeit von Ökosystemen. Während diese Systeme grundsätzlich flexibel auf Veränderungen der Umwelt reagieren können, kommt es bei massiven Störungen jedoch zu massiven, zum Teil irreversiblen Veränderungen, die mit einem deutlichen Funktionsverlust des Gesamtsystems einhergehen. Ein gezieltes Management natürlicher Ressourcen, das auf den größtmöglichsten Erhalt von Biodiversität abzielt, ist daher von höchster Bedeutung.

Danksagung

Ich bedanke mich besonders bei allen aktuellen und ehemaligen Mitarbeitern der Arbeitsgruppe und den Förderorganisationen DFG, DAAD, BMBF sowie dem Smithsonian Tropical Research Institute (STRI) für die ausgezeichnete Logistik und Unterstützung.

Literatur

1. Altringham JD. Bats: biology and behavior. Oxford Univ Press, New York 2001
2. Cleveland CJ, Betke M, Federico P et al. Economic value of the pest control service provided by the Brazilian free-tailed bats in south-central Texas. Front Ecol Environ 2006; 4: 238-243
3. Ebigbo NM. The role of flying foxes as seed dispersers on the vegetation dynamics in a West African forest-savannah mosaic in Cote d'Ivoire. Unpublished PhD thesis, Faculty of Biology, University of Tuebingen 2004
4. Giannini N, Kalko EKV. Trophic structure in a large assemblage of phyllostomid bats in Panama. Oikos 2004; 105:209-220
5. Kalka M, Kalko EKV. Gleaning bats as underestimated predators of herbivorous insects: dietary composition of *Micronycteris microtis* (Phyllostomidae) in Panamá. J Trop Ecol 2006; 22:1-10
6. Locke R. The vampire's gift: bat saliva yields a promising treatment for stroke victims. Bat Cons Int 2003; 21:11-13
7. Neuweiler G. The biology of bats. Oxford Univ Press, New York 2000
8. Rosa da EST, Kotait I, Barbosa TFS et al. Bat-transmitted human rabies outbreaks, Brazilian Amazon. Emerging Infectious Diseases 2006;12:1197-1202
9. Schneider MC, Aron J, Santos-Burgoa C, Uieda W, Ruiz-Velazco. Common vampire bat attacks on humans in a village of the Amazon region of Brazil. Cad Saúde Pública 2001; 17(6), published online
10. Wilcken S, Kalko EKV. Die Vielfalt neotropischer Fledermäuse. Biologie in unserer Zeit 2004; 34:230-239

Prof. Dr. Elisabeth K. V. Kalko,
geb. 10.04.1962 in Berlin; Studium der Biologie (Diplom) mit Schwerpunkt Tierphysiologie an der Eberhard-Karls-Universität Tübingen; 1991 Promotion, Universität Tübingen. 1991-1993 NATO Postdoc am National Museum of Natural History (NMNH), Washington DC, USA sowie am Smithsonian Tropical Research Institute (STRI) in Panama; 1994-1997 wissenschaftliche Mitarbeitern an Forschungsprojekten, u.a., SPP "Mechanismen der Aufrechterhaltung tropischer Diversität"; 1997-1999 DFG Habilitationsstipendiatin, 1999 DFG Heisenberg Stipendiatin, 1999 Habilitation im Fach Zoologie, Universität Tübingen.

Seit 2000 C4-Professur am Institut für Experimentelle Ökologie an der Universität Ulm und Scientific Staff am Smithsonian Tropical Research Institute in Panama. Mitgliedschaft in einer Reihe von Fachverbänden, gewähltes Mitglied des Nationalen Komitees für Global Change Forschung in Deutschland, Vizepräsidentin der Gesellschaft für Tropenökologie (GTOE) sowie gewähltes Mitglied der Heidelberger Akademie der Wissenschaften.

Prof. Dr. Elisabeth K. V. Kalko
Universität Ulm
Institut für Experimentelle Ökologie
Albert-Einstein Allee 11
89069 Ulm

Weil wir Geld nicht essen können
Zur ökologischen Katastrophenvorsorge durch biologische Vielfalt
Jan Barkmann und Rainer Marggraf

„Die Umgestaltung der Biosphäre ist für den Menschen bereits jetzt und vermehrt in Zukunft mit unwägbaren Risiken und mit dem Verlust an Chancen und Lebensqualität verbunden".

Mit diesen Worten machte der Wissenschaftliche Beirat der Bundesregierung „Globale Umweltveränderungen" (WBGU) bereits 1999 auf die Notwendigkeit aufmerksam, Vorsorgestrategien gegen globale ökosystemare Risiken zu entwickeln [1]. Besonders problematisch erscheinen Tempo und Ausmaß, mit dem das globalisierte menschliche Wirtschaften in die ökologischen Systeme eingreift, diese umwandelt oder deren Funktionsweise beeinträchtigt. Es muss damit gerechnet werden, dass angesichts einer nur schemenhaft zu erkennenden Zukunft schwer beherrschbare Gefahren herauf beschworen werden. Naturgemäß können für derartige Risiken weder Schadensausmaß noch Wahrscheinlichkeit des Eintreffens eines Schadereignisses angegeben werden. Neben den bereits erkannten ökologischen Risiken haben wir es daher mit einer Klasse schwer vorhersehbarer und schwer erkennbarer Risiken zu tun.

Nicht vorhersehbare ökologische Risiken können im Zweifelsfall katastrophale Ausmaße erreichen. Klassisch ausgebildete Wirtschaftswissenschaftler geben auf die Frage, wie man dem Risiko von ökologischen Katastrophen begegnen kann, in der Regel den Ratschlag, einen Markt für Versicherungsleistungen zu etablieren. Das Eintreten der Katastrophe wird so zwar nicht verhindert, aber die Betroffenen erhalten wenigstens einen finanziellen Ausgleich. Der Markt für derartige Kapitalmarktprodukte – beispielsweise von der Versicherungswirtschaft zur Absicherung gegen Hurrikan-Risiken genutzt – beläuft sich derzeit auf ca. 4 Mrd. US$ pro Jahr. Für Katastrophenrisiken, die global bedeutsame ökologische Prozesse und Funktionen betreffen, ist jedoch selbst ein solcher finanzieller Versicherungsschutz nicht ausreichend. Hinzutreten muss ein vorsorgendes Risikomanagement.

Angesichts nicht erkannter ökologischer Risiken steht ein vorsorgendes Risikomanagement vor der schwierigen Aufgabe, gleichsam „neue Ozonlöcher" zu vermeiden, ohne dass diese bereits erkannt wären. Es geht also darum, nicht vorhersehbare ökologische Gefahren bereits vor ihrer Entstehung oder Entdeckung zu vermeiden oder wenigstens auf ein nicht katastrophales Ausmaß zu begrenzen. Im Rahmen einer Vorsorgestrategie vor nicht vorhersehbaren ökologischen Risiken hat die Erhaltung der biologischen Vielfalt eine besonders wichtige Aufgabe. Der WBGU schlägt entsprechend vor, diesen Risiken durch die *Bewahrung der Integrität der Bioregionen* zu begegnen. Obwohl die Vielfalt der Arten, ihrer Gene und Lebensräume auch zur Vermeidung einiger bekannter ökologischer Risiken beiträgt, so leistet sie doch für die Vorsorge vor noch unbekannten Risiken einen besonderen Beitrag.

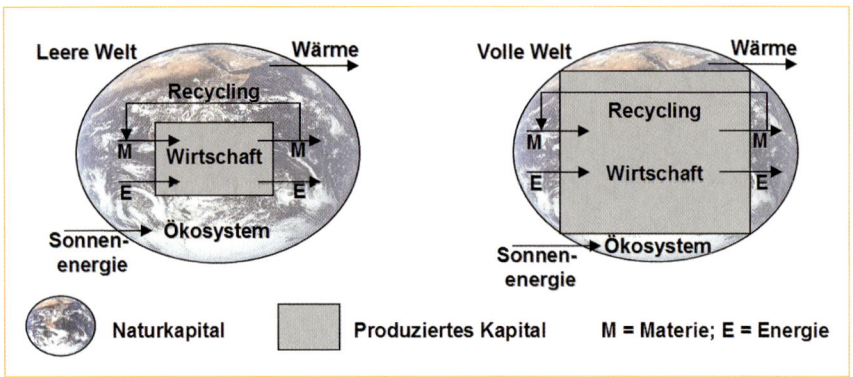

Abb. 1 Wir leben in einer zunehmend „vollen" Welt, in der vom Menschen produziertes Kapital viele Aufgaben übernimmt, die in einer „leeren" Welt vom Naturkapital geleistet wurden. Wo langfristig die Grenze der Substituierbarkeit durch produziertes Kapital liegt, ist völlig unbekannt (nach Daly [2]).

In diesem Beitrag verbinden wir den ökologischen mit dem wirtschaftswissenschaftlichen Blick auf ökologische Katastrophenrisiken. Unter anderem berichten wir über aktuelle Ergebnisse aus dem Arbeitsbereich für Umwelt- und Ressourcenökonomik der Georg-August-Universität Göttingen. Wir haben Menschen befragt, welchen Geldbetrag sie ausgeben würden, damit eine Vorsorge vor schwer erkennbaren ökologischen Katastrophen geleistet werden kann. Wir konnten damit erstmalig nachweisen, dass es in der breiten Bevölkerung eine Zahlungsbereitschaft für solche „Versicherungsbeiträge" gibt. Umweltpolitisch wird es darauf ankommen, diese Zahlungsbereitschaft nicht nur festzustellen – oder bei Versicherungsunternehmen einzuzahlen, sondern die mobilisierbaren Geldmittel auch für den weltweiten Schutz der biologischen Vielfalt einzusetzen.

Ökologische Katastrophenvorsorge und Nachhaltige Entwicklung

2007 jährt sich die Veröffentlichung des Brundtland-Berichts, der den Begriff der Nachhaltigen Entwicklung in das öffentliche Bewusstsein rückte, zum zwanzigsten Mal. Als eine Art Minimalkonsens wird dort zu einem schonenden Umgang mit den natürlichen Lebensgrundlagen aufgerufen: „At minimum, sustainable development must not endanger the natural systems that support life on Earth" [3]. Die Aufforderung zum Schutz der natürlichen Lebensgrundlagen klingt selbstverständlich, ist aber schwer einzuhalten. Die Gründe für diese Schwierigkeit liegen einerseits in dem sich stetig ausweitenden Zugriff des Menschen auf die globalen Stoff- und Energiekreisläufe. Es wurde beispielsweise bereits zum Zeitpunkt der Abfassung des Brundtland-Berichts vermutet, dass über 40 Prozent der weltweit im Jahr produzierten Biomasse direkt oder indirekt für menschliche Zwecke genutzt werden [4]. Wir leben aber in einer begrenzten, zunehmend „volleren" Welt (**Abb. 1**). Deren menschlich beeinflusster Teil, die Anthroposphäre, breitet sich immer weiter aus, und droht uns diese Lebensgrundlagen zu entziehen.

Ein zweiter Satz Schwierigkeiten betrifft die Ungewissheit, wie sich das gekoppelte Mensch-Umwelt-System entwickeln wird. Während für viele ökologische Risiken zumindest prinzipiell bekannt ist, wie sie vermieden werden könnten, ist dies jedoch nicht immer der Fall. Die Ursachen für eine Reihe schwerwiegender Gefährdungen liegen nämlich gerade in unserer fundamentalen Ungewissheit über die langfristigen Entwicklungen des Mensch-Umwelt-Systems. Diese Gefährdungen resultieren aus mindestens drei Arten der Ungewissheit:

▸ Soziale Ungewissheit: Wir wissen nicht, wie sich die Ansprüche zukünftiger Generationen an die globalen Umweltsysteme verändern werden. Dies erschwert einen zielgerichteten, langfristigen Schutz der natürlichen Lebensgrundlagen erheblich.
▸ Stochastische Ungewissheit: Auf Grund der Komplexität, Nicht-Linearität und Zufallsbedingtheit der Umweltsysteme können wir auch nach mehreren Jahrzehnten intensiver Forschung Richtung und Geschwindigkeit der globalen Umweltveränderungen nicht hinreichend genau abschätzen.
▸ Epistemische Ungewissheit: Wir wissen in vielen Fällen nicht einmal, welche Einflussfaktoren die Veränderungen der Umweltsysteme bewirken, bzw. ob die eingesetzten ökologischen Modelle und Theorien uns tatsächlich in die Lage versetzen, eine näherungsweise zutreffende Gefährdungsabschätzung vorzunehmen.

Der kombinierte Effekt der ersten beiden Ungewissheiten lässt sich gut an einem ökologischen Beispiel verdeutlichen, bei dem eine Schlüsselart aus ihrem Lebensraum entfernt wurde: die nahezu vollständige Ausrottung des Seeotters durch Jagd vor der nordamerikanischen Westküste im 19. Jahrhundert. Dass es sich um eine Schlüsselart handelte, stellte sich allerdings erst viel später heraus. Das massive Absinken des Seeotter-Bestandes führte zu gravierenden Veränderungen in der biologischen Organisation des betroffenen Küstenlebensraums. So breiteten sich Seeigel nach der Beinahe-Ausrottung der Otter stark aus: Seeigel sind die Hauptnahrung der Otter. Die angeschwollene Seeigel-Population dezimierte dann die Unterwasser-Tangwälder vor der Küste so stark, dass der Lebensraum vieler Fische vernichtet wurde. Als Folge sanken die Fischbestände. Dies wiederum zwang einen Teil der Küstenfischer, den Fischfang aufzugeben. Einige Fischer konnten auf den Fang von Seeigeln umrüsten, die in Japan als Delikatesse gelten. Im Ergebnis fehlten aber nicht nur Seeotter und Fische, sondern es fehlte eine wichtige ökologische Dienstleistung der Tangwälder: die Tangwälder hatten nämlich zum Küstenschutz beigetragen. Erhöhte Küstenerosion war eine der überraschenden Fern-Folgen der Otterjagd.

Zusammengenommen führt die dreifache Ungewissheit dazu, dass Risiken auftreten, bei denen weder *spezifische Gefährdungsursachen* noch *spezifisch gefährdete Elemente* der Umweltsysteme ex ante identifiziert werden können. Es ist illusionär, auf einen ausreichenden Wissenszuwachs zu hoffen, der hier direkte Abhilfe schaffen könnte. Die Unsicherheit der Abschätzung, welchen Gefährdungen die natürlichen Lebensgrundlagen ausgesetzt sind, lässt sich daher zwar durch ein gutes Wissensmanagement – z. B. im Rahmen langfristiger Forschungsprogramme – reduzieren, jedoch nicht grundsätzlich ausräumen.

Angesichts dieser Schwierigkeiten und unter dem Gesichtspunkt schwer vorhersehbarer ökologischer Risiken lässt sich der Minimalkonsens Nachhaltiger Entwicklung als Auftrag zu einem risikoscheuen Umgang mit den natürlichen Lebensgrundlagen auffassen. Der schonende Umgang mit den *global life support systems* macht einen Kern unserer Verantwortung gegenüber zukünftigen Generationen aus.

Unter ökonomischen Gesichtspunkten stellt der ökologische Schutz vor Gefährdungen, die aufgrund der drei Unsicherheiten nicht spezifisch angegangen werden können, selbst eine Dienstleistung der ökologischen Systeme dar. Da Unsicherheitserwägungen den Kern aller Überlegungen zu langfristigen Nachhaltigkeitsbetrachtungen beeinflussen, erscheint es gerechtfertigt, von einem zentralen Aspekt Nachhaltiger Entwicklung zu sprechen. Weil Entscheidungen angesichts der dreifachen Ungewissheit unvorhergesehene, unwiderrufliche Folgen katastrophalen Ausmaßes zeitigen können, empfiehlt sich sowohl aus Gründen ökonomischer Zweckmäßigkeit wie aus ethischer Verantwortung kommenden Generationen gegenüber eine Orientierung der Entscheidungen an einem strengen Vorsorgeprinzip. Auf die Frage, wie vorsichtig wir sein müssen, gibt aber auch der Willen zur Orientierung an einem strengen Vorsorgeprinzip keine ausreichende Antwort.

Vorsorgendes Risikomanagement durch passive ökologische Sicherheit

Für den Umgang mit unbekannten Risiken, für die weder Eintrittswahrscheinlichkeit noch Schadensausmaß bekannt sind, empfiehlt der Wissenschaftliche Beirat der Bundesregierung Globale Umweltveränderungen ein präventives Risikomanagement bei Ungewissheit. Das präventive Risikomanagement besitzt mehrere Ansatzpunkte, die sich durch das Verhältnis zwischen einer Risikoursache (*Agens*) und einem betroffenen Schutzgut (*Reagens*) darstellen lassen (**Abb. 2**). Zwischen Agens und Reagens befindet sich bei unbekannten Risiken eine kognitive Barriere. Grundsätzlich kann ein vorsorgendes Risikomanagement versuchen, durch Wissensproduktion die kognitive Barriere abzubauen und so das unbekannte Risiko in ein bekanntes Risiko zu überführen. Weiterhin können verschiedene Strategien in Anwendung gebracht werden, die verhindern, dass von bekannten Ursachen schädliche Wirkungen ausgehen.

Im Falle der dreifachen Unsicherheit ist die kognitive Barriere besonders undurchlässig. Es gibt jedoch einige aus den Ingenieurwissenschaften bekannte Vorsorgestrategien, die auch im Falle der dreifachen Unsicherheit anwendbar sind. In **Abb. 2** sind vier derartige Strategien dargestellt, die „jenseits der kognitiven Barriere" auf die Sicherstellung der Funktionsfähigkeit technischer Systems zielen. Die Strukturdiversität technischer Komponenten macht man sich beispielsweise dann zu Nutze, wenn ein sicherheitsrelevantes Pumpensystem mit zwei Antrieben ausgestattet wird, etwa mit einem Elektro- und einem Verbrennungsmotor. Fällt der Elektromotor aus, weil die Stromversorgung zusammen gebrochen ist, kann ggf. noch immer der Dieselmotor gestartet werden. Weiterhin könnte auch die ganze im Normalbetrieb allein ausreichende Pumpeneinheit mehrfach (redundant) ausgelegt sein. Fallen die erste und die zweite Pumpe aus, kann die dritte Pumpe den vollständigen Funktionsausfall noch abwenden. Genau dies war beim schwedischen Kernreaktor-Zwischenfall in Forsmark 2005 der Fall, als erst der dritte von vier redundanten Generatoren gestartet werden konnte. Elastizität und Resilienz sind zwei dynamische Stabilitätseigenschaften. Bei Unterschieden im Detail bezeichnen sie die Eigenschaft eines Systems nach Auslenkung durch eine Störung wieder in den Ausgangszustand zurück zu kehren. Diese Strategien sind auch als Elemente der so genannten passiven Sicherheit bekannt, die nach WBGU dazu beitragen, Umweltsysteme *„robuster gegen Störungen aller Art zu machen"*.

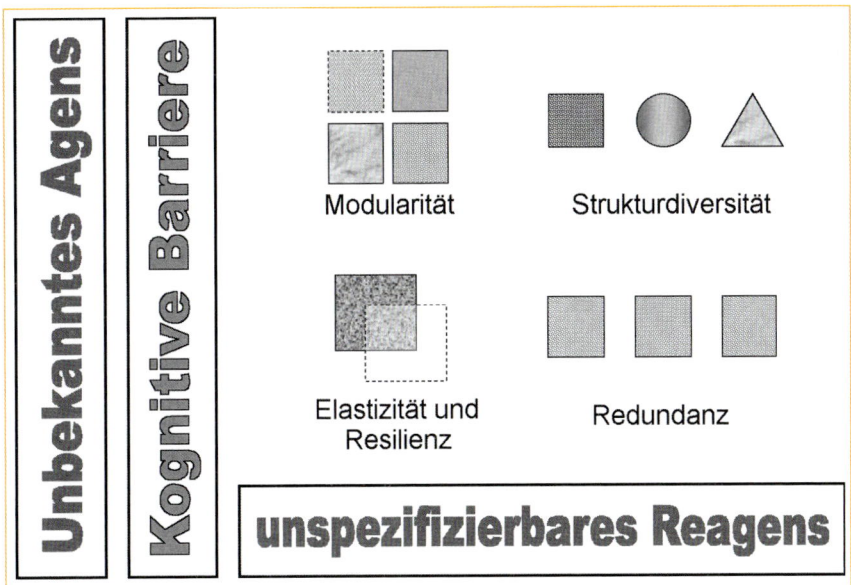

Abb. 2 Proaktives Risikomanagement zur Erhöhung der passiven (ökologischen) Sicherheit. Dargestellt ist eine Ausgangssituation mit unbekannter Ursache (Agens), kognitiver Barriere und nicht bestimmbarem Schutzgut (Reagens). Modularität, Elastizität/Resilienz, Strukturdiversität und Redundanz sind ingenieurwissenschaftliche Strategien des „Reagensmanagements" (zusammengestellt und verändert nach [1]).

Für die drei geschilderten Strategien liegt es nahe, sie über die biologische Vielfalt anzuwenden (siehe Abschnitt 3). Dies gilt weniger für die vierte Strategie, die Modularitätsstrategie. Stelle ich beispielsweise die Pumpen des obigen Beispiels in verschiedenen Räumen auf, kann leichter verhindert werden, dass ein Feuer von einem Anlagenteil auf ein weiteres Anlagenteil überspringt. Für physische Trennungen – etwa durch Feuerschneisen – bietet sich die Biodiversität jedoch nur eingeschränkt an.

Die Rolle biologischer Information bei der Selbstorganisation ökologischer Systeme

Die Bewahrung vielfältiger biologischer Information ist eine der Möglichkeiten, im Rahmen eines vorsorgenden Reagensmanagements die passive Sicherheit vor ökologischen Katastrophenrisiken zu erhöhen. Eine Biodiversitätsstrategie würde entsprechend auf eine möglichst vielfältige und verschiedenartige Zusammensetzung der Elemente der globalen ökologischen Systeme zielen, insbesondere durch den Schutz von Arten, ihrer genetischen Variabilität und ihrer Lebensräume. Ein wichtiges weiteres Ziel ist die Erhöhung der Elastizität und Resilienz der ökologischen Systeme, d.h. die Erhöhung ihrer Fähigkeit nach Beeinflussung von außen wieder in den Ausgangszustand zurück zukehren.

Angesichts der dreifachen Ungewissheit würde eine Vorsorgestrategie freilich zu kurz greifen, wenn sie sich allein statisch am derzeitigen Umweltzustand orientiert. Wir setzen daher wesentlich grundsätzlicher an Einsichten der Ökosystemforschung zur Selbstorganisation von offenen Systemen an. Selbstorganisation ist die spontane Entstehung von geordneten räumlichen, zeitlichen oder funktionalen Strukturen aus mikroskopischer Unordnung. Die Selbstorganisationsfähigkeit ökologischer Systeme äußert sich darin, dass sich die Ökosysteme auch unvorhergesehenen Umwelteinflüssen durch Reorganisation und Weiterentwicklung anpassen können. Erst diese Flexibilität erscheint angesichts der dreifachen Unsicherheit über die Entwicklung des Mensch-Umwelt-Systems angemessen.

In ökologischen Systemen interessiert insbesondere die *dissipative* Selbstorganisation, die bei überkritischen Abständen vom thermodynamischen Gleichgewicht auftritt und zu einer Strukturbildung führt. Die im Laufe der evolutionären Geschichte entstandene biologische Information besitzt in den Beispielen physikalischer und chemischer Selbstorganisation (z.B. Bénard-Zelle; CO-Oxidation an Platinkatalysatoren) kein Analogon. Die Tatsache, dass es physikalische, chemische und biologische Systeme gibt, die dissipative Selbstorganisation zeigen, darf nicht über die bestehenden Unterschiede hinweg täuschen. Anders als Lebewesen entstehen zum Beispiel die Spiralwellen der CO-Oxidation aus einer zufälligen Fluktuation, deren Folgen sich dann regelhaft ausbreitenden. Eine besondere Art der Informationsspeicherung ist hier nicht nötig. Fehlt einem ökologischen System hingegen die genetische Information, die beispielsweise für den Aufbau pflanzlicher Primärproduzenten notwendig ist, so ist dieser Mangel für die Selbstorganisationsfähigkeit des Ökosystems nicht spontan, etwa durch eine Fluktuation im Genom der Konsumenten, auszugleichen. Als eine Folge kann das ökologische Rumpfsystem die Sonnenenergie nicht mehr nutzen und bricht nach kurzer Zeit zusammen.

Das biologisch-thermodynamische Ökosystemmodell (**Abb. 3**) veranschaulicht die Faktoren, die die langfristige Selbstorganisationsfähigkeit ökologischer Systeme bestimmen. Ein Gradient nutzbarer Energie treibt den Stoffwechsel des ökologischen Systems an. Unter dem Einfluss biologischer Information („Biodiversität") kann ein Teil der genutzten Energie zum Aufbau ökologischer Strukturen eingesetzt werden (*Strukturaufbau*). Ein Beispiel ist der Aufbau von Biomasse. Der Aufbau der ökologischen Strukturen benötigt *materielle Substrate*, insbesondere Nährstoffe, Kohlenstoff und Wasser. Die ökologische Struktur kann ihrerseits dazu beitragen, das Angebot an nutzbarer Energie sowohl effektiver als auch effizienter zu nutzen. Wir haben es daher mit einem sich tendenziell selbst verstärkenden, autokatalytischen Prozess zu tun. Je stärker der beschriebene „Selbstorganisationskreislauf" ausgeprägt ist, um so flexibler kann das System auf Veränderung der Systemumwelt reagieren. Auf die Bedeutung der Erhaltung der Arten- und Biotopvielfalt, die Stabilität der biogeochemischen Prozesse, und auf Sicherung der Selbstorganisationsfähigkeit der Ökosysteme wird auch von umweltökonomischer Seite seit längerem hingewiesen [6].

Die obigen, weitgehend theoretischen Argumente werden mittlerweile von einer Reihe empirischer Studien zur Bedeutung biologischer Vielfalt für die Selbstorganisation ökologischer Systeme gestützt. Von besonderer Bedeutung sind hier die Ergebnisse der Forschungen zur Beziehung biologischer Vielfalt zu Prozessraten und zur Prozesskonstanz ökologischer Systeme ([7], [8], [9]). Diese Forschungen führ-

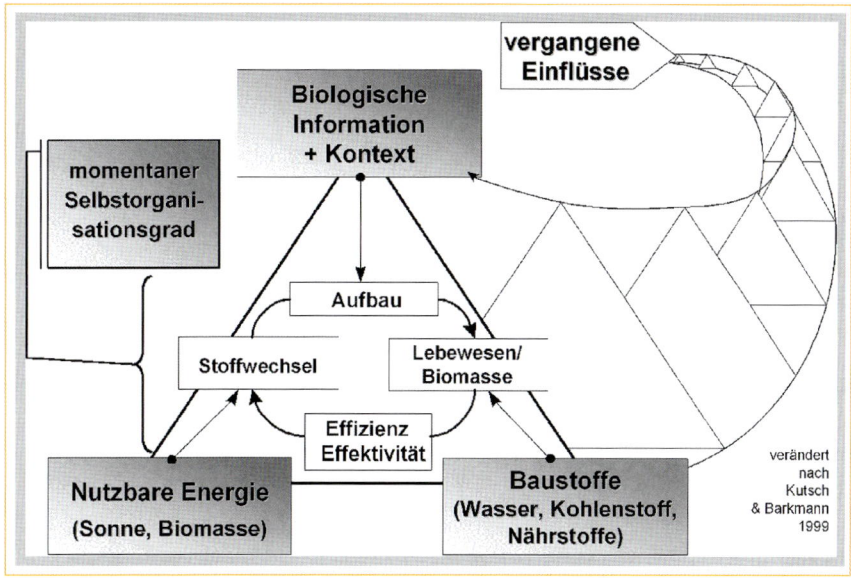

Abb. 3 Biologisch-thermodynamisches Konzeptmodell der Selbstorganisation in ökologischen Systemen. Die grau schattierten Rechtecke bezeichnen Faktoren, die die Selbstorganisationsfähigkeit ökologischer Systeme langfristig beeinflussen. Die ungleichmäßige Grauschattierung deutet an, dass diese Faktoren selbst ebenfalls Ergebnis (jeweils momentan wirkender) Selbstorganisationsprozesse sind (nach [5]).

ten zur Formulierung einer ökologischen Versicherungshypothese (*insurance hypothesis*). In der Regel sollte eine höhere Artenzahl dazu führen, dass für die verschiedenen ökosystemaren Prozesse jeweils mehrere Arten verfügbar sind, die diese Prozesse tragen können. Es kommt also zu einer erhöhten funktionalen *Redundanz*. Fällt aufgrund einer Umweltveränderung eine der Arten aus, ist bei mehr Arten die Wahrscheinlichkeit höher, dass zumindest eine funktional redundante Art vorhanden ist und der Prozess daher aufrecht erhalten werden kann. Weiterhin führen mehr Arten dazu, dass die vorhandenen Arten sich in ihren Funktionen stärker unterscheiden; d.h. auch die funktionale *Diversität* ist höher. Auch dies ist ein Vorteil, da veränderte Umweltbedingungen dazu führen können, dass zuvor weniger wichtige ökologische Prozesse nun für die Gesamtfunktion des Systems wichtiger werden. Je mehr Arten vorhanden sind, desto wahrscheinlicher ist es, dass sich darunter eine befindet, die nun genau eine solche neue Aufgabe leisten kann. In der Summe ergeben diese und ähnliche Phänomene höhere, angesichts von Umweltschwankungen konstantere und bei Störungen schneller auf ihren Ausgangslage zurück kehrende ökosystemare Prozessraten [10].

Die Hauptquelle biologischer Information eines ökologischen Systems liegt nach konventioneller Auffassung im Gesamtgenom der vorkommenden Organismen. Die genetische Information als alleinige Quelle biologischer Information zu betrachten, ist jedoch eine kaum zulässige Verkürzung. Information ist ein streng Kontext-abhängiges Phänomen: „*Information ist nur, was verstanden wird*" [11]. Das heißt, ohne einen passenden Kontext, sei es das zur Proteinsynthese abgestimmte Milieu der Zelle, seien es für die Fortpflanzung günstige Lebensräume, ist die genetische Information eines Organismus nichtig. Dies bedeutet aber, dass der ökologische Kontext eine streng komplementäre Teilquelle der biologischen Information auf der Genom- und Artebene ist. C. F. v. Weizsäcker spricht in diesem Zusammenhang von einer „*objektivierenden Semantik*", die gegeben sein muss. Die Konvention über biologische Vielfalt berücksichtigt diesem Umstand, indem nicht nur die Biodiversität auf der Artebene und der genetischen Ebene geschützt werden soll, sondern auch auf der Ebene der Habitate, d.h. der Lebensräume der Arten.

Der Blick auf die Geschichte ökologischer Katastrophen im ländlichen Raum Mitteleuropas legt nahe, dass niedrige Werte ökosystemarer Selbstorganisation mit besonderen – damals nicht erkannten – Gefahren koinzidierten. Detaillierte bodenkundliche und archäologische Daten liegen beispielsweise für die spätmittelalterliche Landnutzung in der Nähe von Göttingen vor (Tiefes Tal bei Obernfeld, Ortswüstung Drudevenshusen; [12]). Das Einzugsgebiet des Tiefen Tals ist 100 ha groß; für das Spätmittelalter ist ein Bodenabtrag von 155 000 m^3 dokumentiert. Das Einzugsgebiet von Drudevenshusen ist 65 ha groß; durch hochmittelalterliches Kerbenreißen erfolgte hier ein Bodenabtrag von 31 000 m^3. In beiden Fällen war die nachfolgende landwirtschaftliche Nutzung in der zweiten Hälfte des 14. Jahrhunderts stark eingeschränkt. Drudevenshusen fiel urkundlich nachgewiesen im Spätmittelalter wüst. Die beiden Erosionsereignisse korrelieren mit dem hochmittelalterlichen Waldminimum und mit einer Periode extremer Starkregen (1310 bis 1350). Dies ist bemerkenswert, weil die damalige Landnutzung es mit sich brachte, dass mindestens zwei der vier Faktoren der ökosystemaren Selbstorganisationsfähigkeit sehr niedrige Werte aufwiesen (schlechte Wasser- und Nährstoffverfügbarkeit durch extreme Beanspruchung der Böden, niedrige Werte der momentanen thermodynamischen Selbstorganisation durch hohen Verlust stoffwechselaktiver Biomasse). Zudem war die Habitatvielfalt durch die großflächige Abholzung der Wälder stark beeinträchtigt. Diese Ereignisse führten zur großflächigen, teilweise bis heute andauernden Aufgabe landwirtschaftlicher Nutzung.

Ökologische Quantifizierung der Selbstorganisationsfähigkeit ökologischer Systeme

Das vorgestellte Konzept der Selbstorganisationsfähigkeit ökologischer Systeme beschreibt die Voraussetzungen für die Anpassungs- und Entwicklungsfähigkeit von Ökosystemen und damit die Voraussetzungen, damit Ökosysteme auch angesichts fundamentaler Ungewissheiten über die Entwicklung des Mensch-Umwelt-Systems ökosystemare Dienstleistungen bereitstellen können. Eine Umsetzung des ökologischen Risikoschutzes durch Schutz der Selbstorganisationsfähigkeit setzt aber voraus, dass Zustände mit höherer Selbstorganisationsfähigkeit von Zuständen niedrigerer Selbstorganisationsfähigkeit unterschieden werden können.

Für zwei intensiv untersuchte Flächen aus dem deutschen Programm zur Ökosystemforschung vergleichen wir in **Abb. 4** acht Indikatoren, von denen jeweils zwei einen der vier Faktoren der Selbstorganisationsfähigkeit abschätzen. Es werden zwei benachbarte, standörtlich ähnliche Flächen im Gebiet der Bornhöveder Seenkette in Schleswig-Holstein verglichen: ein ca. 12 ha großer Buchenforst, der vor ungefähr 100 Jahren angepflanzt wurde, und eine Ackerfläche mit Futtermais. Für

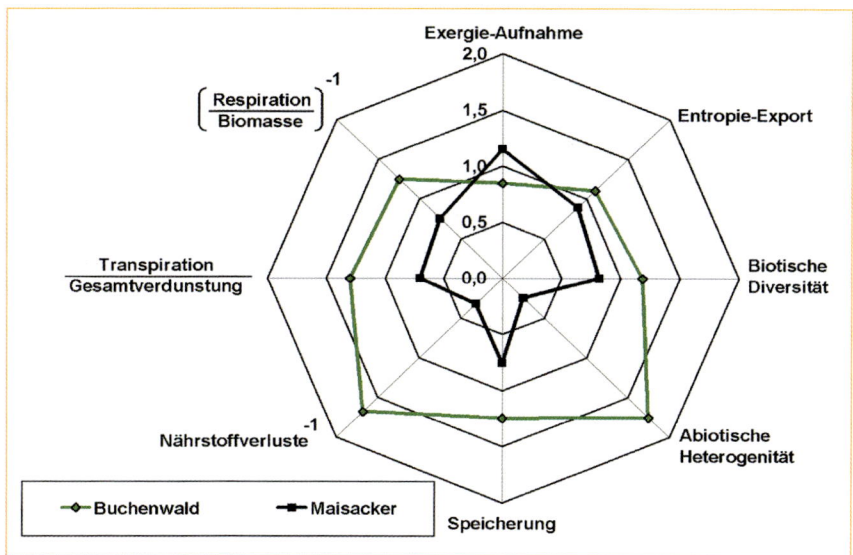

Abb. 4 Vergleich von acht Indikatoren der Selbstorganisationsfähigkeit zweier benachbarter Ökosysteme im Bereich der Bornhöveder Seenkette (Schleswig-Holstein; Datengrundlage [5]).

sieben der acht dargestellten Indikatoren besitzt der Buchenforst höhere Selbstorganisationswerte als der Maisacker. Nur die Exergie-Aufnahme (Bruttoprimärproduktion) ist für den Maisacker höher als für den Buchenwald. Über Verfahren der Landschaftsmodellierung können auch großflächige Aussagen für weniger intensiv untersuchte Gebiete getroffen werden.

Schutz durch Versicherungsmärkte?

Um die langfristige Fähigkeit ökologischer Systeme zu sichern, Ökosystem-Dienstleistungen bereit zu stellen, müssen jene Faktoren geschützt werden, die für die thermodynamische Selbstorganisation auf der Ebene ökologischer Systeme unverzichtbar sind: ökologische Information, der augenblickliche Grad der Selbstorganisation sowie deren materielle und energetische Substrate. Jede dieser Bedingungen stellt einen absoluten Minimumfaktor dar, ohne den keine ökologische Selbstorganisation auftreten kann. Wenn einer der vier Faktoren „Null" wird, bricht das ökologische System unweigerlich zusammen. Als unmittelbare Folge bricht auch dessen Fähigkeit zusammen, *überhaupt* Ökosystem-Dienstleistungen zu erbringen. Diese Situation kann als Verlust des „Primärwerts" ökologischer Systeme verstanden werden [13], d.h. als absolut unbeherrschbares ökologisches Katastrophenrisiko. Sind die üblichen ökonomischen Instrumente der Risikovorsorge in so einem Fall anwendbar? Die intuitiven Zweifel an einer zustimmenden Antwort sind durchaus berechtigt.

Die ökonomischen Standardmodelle gehen u.a. von den folgenden Voraussetzungen aus: Die ökonomischen Akteure sehen sich kleinen Risiken ausgesetzt; die Risiken sind statistisch unabhängig; die Akteure kennen oder glauben zu kennen die relative Häufigkeit, mit welcher der Schadensfall eintritt; die Renditen am Kapitalmarkt sind vom Schadenseintritt unabhängig. Treffen diese Annahmen zu, so kann eine mit rein ökonomischen Mitteln optimierte Vorsorgestrategie erreicht werden. Dies kann erfolgen, indem entweder über die einzelnen Risiken handelbare Wertpapiere eingeführt werden oder durch die Etablierung von besonderen Versicherungsmärkten.

Sobald ökologische Katastrophenrisiken eine bestimmte Größenordnung überschreiten, können jedoch die Voraussetzungen des ökonomischen Standardmodells verletzt werden. Solange wenigstens die Renditen auf den Finanzmärkten nicht unmittelbar mit dem Eintritt der Katastrophenrisiken korreliert sind, bieten sich marktwirtschaftliche Instrumente an. So werden die Finanzmärkte seit den 1990er Jahren zur Absicherung von Katastrophenrisiken herangezogen [14]. Bei einer Katastrophenanleihe hängt die Verzinsung oder Rückzahlung davon ab, ob die Katastrophe eingetreten ist oder nicht. Katastrophenoptionen verbriefen das Recht, bestimmte Werte, die dem Verlust oder einem Teil des Verlustes durch die Katastrophe entsprechen, zu einem vereinbarten Preis zu kaufen oder zu verkaufen. Diese Instrumente sind mittlerweile gut etabliert und werden beispielsweise auch von deutschen Unternehmen der Rückversicherungsbranche genutzt.

Während die Annahme einer geringen Korrelation der Kapitalmarkt-Renditen mit dem Eintritt eines ökologischen Katastrophenfalls für viele regional begrenzte Natur- und Umweltkatastrophen realistisch ist, darf das Vertrauen auf die tatsächliche Fähigkeit von Märkten nicht überschätzt werden, *alle* ökologischen Risiken zu bewältigen. Sehr massive Rückwirkungen des Eintritts einer Katastrophe auf Marktpsychologie und Realwirtschaft können nämlich nicht ausgeschlossen werden. Szenarien, in denen etwa ein Umwelt-bedingter extremer Wassermangel zu Missernten und in Folge zu steigenden Preisen und sozialen Unruhen führt, sind durchaus realistisch. Stellen wir uns vor, ein atomar bewaffneter Naher Osten oder Mittlerer Osten ist davon betroffen, wird deutlich, dass eine extreme Destabilisierung der politischen und wirtschaftlichen Lage nicht ausgeschlossen werden kann.

Weiterhin kann nicht ausgeschlossen werden, dass die zunehmende Nutzung und teilweise Verdrängung des Naturkapitals (**Abb. 1**) essenzielle Ökosystem-Dienstleistungen zu beeinträchtigen beginnt. Im Sinne eines „Primärwerts" sind diese Ökosystem-Dienstleistungen Grundlage jeder wirtschaftlichen Tätigkeit. Wird der Primärwert kompromittiert, muss mit extremen Auswirkungen auf die Kapitalmarkt-Renditen gerechnet werden. Auch eine staatliche Garantie für die entsprechenden Märkte hilft hier nur begrenzt weiter. Schließlich beruht die Funktionsfähigkeit jeder Geldwährung letztendlich auf dem Vermögen einer Volkswirtschaft, Marktgüter zu produzieren, die sich zu kaufen lohnt. Sollten ökologische Katastrophen entweder durch die Auslösung wirtschaftlicher oder militärischer Folgekonflikte oder durch Ausfall essenzieller Ökosystem-Dienstleistungen eine bestimmte Größenordnung erreichen, kann jedoch auch bei staatlicher Garantie nicht mehr von einer intentionsgerechten Funktionsweise des Marktes für verbriefte Katastrophen- oder Versicherungsrisiken ausgegangen werden. Ja, die Grundlagen der Geldwirtschaft selbst sind dann in Frage gestellt.

Das Marktmodell setzt zusammenfassend ein unerschütterliches Vertrauen in die am Markt auftretenden Risikonehmer voraus, im Schadensfall für ihre Eventualverbindlichkeiten einstehen zu können.

Das Kapital, aus welchem die Deckung der Verbindlichkeiten erfolgen müsste, besteht seinerseits aus verbrieften Rechten, die letzten Endes auf dem Vertrauen in die wirtschaftliche Leistungsfähigkeit von Unternehmen oder ganzen Volkswirtschaften aufbauen. Für ökologische Risiken, die nicht nur regionale sondern globale Katastrophenwirkungen befürchten lassen, erscheint eine bestimmungsgemäße Marktfunktion daher zweifelhaft bis ausgeschlossen. Für diese globalen ökologischen Risiken ist eine ökosystemare Vorsorgestrategie erforderlich. Die Frage, wie teuer eine solche Strategie werden kann und soll, ist damit freilich noch immer nicht beantwortet.

Zahlungsbereitschaft zum Schutz vor Katastrophenrisiken

Auf den ersten Blick erscheint es gewagt, die Frage nach dem Aufwand für eine vorsorgende Strategie für den Schutz vor unbekannten ökologischen Katastrophenrisiken nicht Experten, sondern „normalen" Bürgerinnen und Bürgern vorzulegen. Wie sollen Menschen, die keine wissenschaftlichen Experten sind, wissen, welches die richtige Höhe für solche Zahlungen ist, damit die potenziellen Katastrophen auch tatsächlich abgewendet werden? Nun haben wir es hier mit der eigentümlichen Situation zu tun, dass selbst wissenschaftliche Expertinnen diese Frage wegen der kognitiven Barriere nicht einmal ansatzweise beantworten können (siehe Abschnitt 1). „Normale Menschen" sind hingegen Experten für ihre eigene Zahlungsbereitschaft angesichts einer hochgradig unsicheren Zukunft. Glücklicherweise muss für eine sinnvolle Anwendung einer Zahlungsbereitschaftsstudie daher nur vorausgesetzt werden, dass die Befragten verstehen, was mit dem Schutz vor unbekannten Gefahren gemeint ist. Es handelt sich nämlich tatsächlich weniger um eine Frage wissenschaftlichen Wissens, das in diesem Fall aufgrund der kognitiven Barriere ohnehin nicht verfügbar ist, als um eine Frage nach den Einschränkungen, die die Bevölkerung für die Risikovorsorge hinzunehmen bereit ist.

Im Folgenden berichten wir von einer Studie auf den Insel Sulawesi (Indonesien), die im Zusammenhang mit dem Schutz vor *bekannten* Umweltrisiken auch getestet hat, ob eine Zahlungsbereitschaft für den Schutz vor *unbekannten* Gefährdungen besteht. Die Studie fand als Teil des DFG-geförderten Sonderforschungsbereichs 552 „Stability of Rainforest Margins in Indonesia" (www.storma.de) statt. Das Projektgebiet liegt in den feuchten Tropen in der Gegend des Lore Lindu Nationalparks (LLNP) in der Provinz Zentralsulawesi (**Abb. 5**). LLNP ist seit 1978 ein UNESCO Biosphären-Reservat und seit 1993 Nationalpark. LLNP und die umgebenden Wälder sind ein wichtiges Rückzugsgebiet für die Arten des Wallacea-„Hotspots" biologischer Vielfalt. Im Projektgebiet lebten 2004 etwa 130 000 Einwohner. Zum größten Teil handelt es sich im Kleinbauern, die vom Anbau von Kakao und Reis, aber auch von der Nutzung der Rattanvorkommen im Nationalpark leben (**Abb. 6**). Die Befragung erfolgte in drei am LLNP-Westrand gelegenen Dörfern (Bolapapu, Toro, Salua) im Sommer 2005. Insgesamt wurden 585 jeweils in den drei Dörfern repräsentativ ausgewählte Haushalte unter Leitung von J.-P. Witte aus unserer Arbeitsgruppe und von H. Handi (IPB Bogor/Indonesien) befragt [15].

Als Vorbereitung wurden 2004 und 2005 Gruppendiskussionen und Einzelinterviews in Toro und Bolapapu geführt. Die Gruppendiskussionen erbrachten ermutigende Ergebnisse. Einer der Teilnehmer identifizierte beispielsweise spontan die Risikovorsorge durch ökosystemare Selbstorganisati-

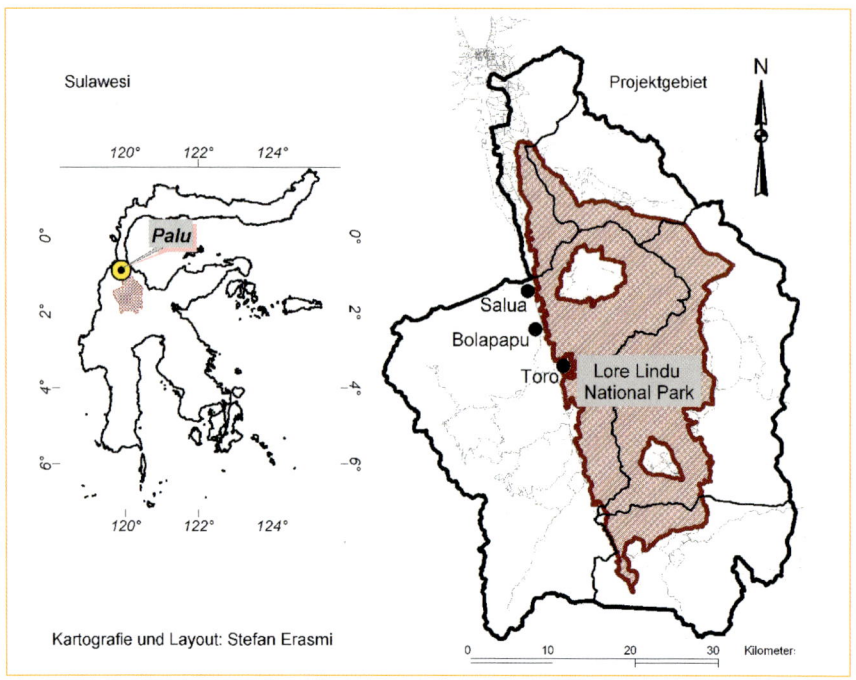

Abb.5 Lage des Projektgebiets, des Lore Lindu Nationalparks und der drei Untersuchungsdörfer.

on mit dem traditionellen Katawua-Prinzip. Alle anderen Teilnehmenden stimmten zu. Das Katawua-Prinzip ist ein im Projektgebiet verbreitetes normatives Prinzip der Harmonie zwischen Menschen, Natur und Gottheit. Störungen der Harmonie werden durch Fehlverhalten der Menschen – untereinander oder gegenüber der Natur – hervor gerufen und äußern sich u.a. in Missernten und Naturkatastrophen.

Die eigentliche Befragung erfolgte unter Einsatz eines umweltökonomischen Auswahlexperiments (*Choice Experiment;* [16]). Bei den Auswahlexperimenten wurden den Befragten drei Karten vorgelegt, die jeweils eine andere lokale Umweltsituation beschreiben (**vgl. Abb. 7**). In unserem Fall unterschieden sich die Umweltsituationen darin,

▸ ob und wie stark sich die Bodenerosion an den landwirtschaftlich genutzten Hängen der Täler verringert (bekanntes ökologisches Risiko),
▸ ob und wie stark sich die Überschwemmungen im Talboden verringern (bekanntes ökologisches Risiko), und
▸ ob das gegenwärtige Niveau der Vorsorge vor unbekannten ökologischen Gefährdungen für viele Jahre gesichert wird oder nicht.

Jede der Auswahlkarten enthielt zusätzlich den Hinweis auf eine Steuererhöhung, die jeweils mit dem Eintritt der geschilderten Veränderung der Umweltsituation einhergeht. Eine der drei Karten bezeichnete die jetzige Situation; die Steuererhöhung war hier Null. Die beiden anderen Karten enthielten jeweils eine systematisch variierte Kombination aus Umweltverbesserungen und Steuer-

Abb. 6 Typische Lage von Flächen für den Reisanbau im Talgrund und von Rodungsflächen am Hang – oft für die Anlage von neuen Kakao-Pflanzungen. Bodenerosion und Überschwemmungen sind häufige Begleiterscheinungen dieser Form der Landnutzung (Photo: Barkmann).

erhöhung. Indem die Auswahlentscheidungen der Befragten beobachtet werden, kann mittels geeigneter statistischer Verfahren der Einfluss der Umweltvariablen auf die Auswahlentscheidungen abgeschätzt werden. Da die hypothetischen Verbesserungen jeweils durch eine Steuererhöhung zu „bezahlen" sind, kann aus dem relativen Einfluss von Steuererhöhung und Umweltverbesserung auf die Auswahlentscheidung die Zahlungsbereitschaft der Befragten erschlossen werden.

Die Einbeziehung zweier bekannter ökologischer Risiken ermöglichte es, anhand von bekannten Beispielen das Thema ökologische Risiken zu Beginn der Befragung einzuführen. Durch Vogelgrippe, SARS und die wenige Monate vor der Befragung hereingebrochene Tsunami-Tragödie war den Befragten sehr gegenwärtig, dass es ökologische Risiken geben kann, die bislang in der Heimatregion nicht aufgetreten waren oder die ganz ‚neu' sein können. In Anlehnung an die menschliche Gesundheit wurde der ökologische Risikoschutz als „Gesundheit von Land, Wäldern und Feldern" beschrieben. Der Text in **Box 1** gibt einen Eindruck von der Art der Erläuterungen. Die Erläuterungen wurden graphisch unterstützt (**Abb. 7**).

Die Übereinstimmung von Einstellungen der Befragten mit ihrer geäußerten Wertschätzung ist ein wichtiges Qualitätsmerkmal von Zahlungsbreitschaftsanalysen. Um dies zu überprüfen, wurden die befragten Einwohnerinnen und Einwohner gebeten, eine Reihe von Fragen zur Wahrnehmung von Umweltrisiken zu beantworten. Wir greifen hier die Ergebnisse einer Frage zur Einstellung der befragten Kleinbauern zum Katawua-Prinzip heraus. Wir fragten:

„Verschiedene Leute haben unterschiedliche Ansichten darüber, wie wichtig das Katawua-Prinzip in ihrem Leben sein sollte. Einige denken es ist wichtig, andere denken es ist nicht wichtig. Wie wichtig ist das Katawua-Prinzip für die Entscheidungsfindung in Ihrem Leben?"

Auf diese Frage konnte eine von fünf Antwortkategorien (*überhaupt nicht wichtig* [1]; *kaum wichtig* [2]; *ein wenig wichtig* [3]; *recht wichtig* [4]; *sehr wichtig* [5]) ausgewählt werden. Um die Wertschätzung als Ausdruck der Einstellungen interpretieren zu können, sollten jene Kleinbauern, die dem Katawua-Prinzip eine höhere Bedeutung beimessen, auch jene sein, die eine höhere Zahlungsbereitschaft für die ökologische Risikovorsorge äußern.

Abb. 8 fasst die Ergebnisse der Studie in Zentralsulawesi zusammen. Im Durchschnitt haben die Befragten eine Wertschätzung für die Sicherung der ökologischen Risikovorsorge von etwa 5 500 bis 6 000 Indonesische Rupien (IDR) pro Monat und Haushalt. Dies entspricht zwar umgerechnet nur etwa 0,50 € – für viele Befragte im vom großer Armut geprägten Projektgebiet ist dies aber bereits die Hälfte dessen, wovon sie einen Tag lang leben. Aus statistischer Sicht ist die Wertschätzung einer aktiven Sicherung der ökologischen Risikovorsorge höchst signifikant von Null verschieden; ihr Nachweis ist damit formal für die indonesische Fallstudie gelungen. Obwohl es erhebliche Unterschiede in der Wertschätzung zwischen den Kleinbauern gibt, ist ein deutlicher Trend in Richtung auf eine höhere Wertschätzung bei Adepten des Katawua-Prinzips zu erkennen.

> **Was genau sind gesundes Land, Wälder und Felder?** **Box 1**
>
> Bei gesundem Land sind die Bedingungen für das Leben reichlich vorhanden. Land bedeutet hier nicht nur Boden, sondern auch alle Felder und Wälder mit all ihren Pflanzen, Tieren und Kleinlebewesen.
> - Bei gesundem Land gibt die Sonne Licht, damit die Pflanzen wachsen können.
> - Gesundes Land hat **viele unterschiedliche Arten von Pflanzen, Tieren und Kleinlebewesen**. Ohne sie wäre das Land tot.
> - Gesundes Land braucht aber mehr als genug Sonne und viele verschiedene Arten an Pflanzen und Tieren. Es braucht auch genug **Materialien und Nährstoffe**, damit Pflanzen und Tiere wachsen.
> - Gesundes Land hat genug Wasser, Humus und Luft, damit die Pflanzen wachsen. Aber das ist immer noch nicht genug, damit das Land gesund ist. Das Land braucht auch den Atem des Lebens in den Tieren und Pflanzen und auch in den Feldern und Wäldern. Der **Atem des Lebens** kann nicht nur in uns Menschen gesehen werden, sondern auch in den Tieren und Pflanzen: Wenn Du ein Stück Wald oder Busch aufbrennst, ist es tot und es ist zunächst nur Asche da. Ein paar Jahre später ist dort wieder ein Wald. Das ist die Kraft des Atems des Lebens. Das wird aber nur mit genug Sonne gehen, und wenn noch genug Pflanzen, Tiere, Materialien und Nährstoffe übrig geblieben sind.
>
> *Ins Deutsche übersetzter Ausschnitt aus den Erläuterungen für die Bewertung ökologischer Risikovorsorge in Zentralsulawesi (Indonesien).*

Abb. 7 Von einem lokalen Künstler in Zusammenarbeit mit Projektmitarbeiter J.-P. Witte angefertigte Graphik zur Erläuterung unbekannter ökologischer Gefährdungen („bahaya yang tidak diketahui"; Original).

Im Rahmen eines vom Bundesministerium für Bildung und Forschung geförderten Projekts der anwendungsorientierten Biodiversitätsforschung in Südpatagonien (Chile) konnte die ökonomische Wertschätzung einer zusätzlichen Vorsorge vor unbekannten ökologischen Risiken ebenfalls dokumentiert werden [17, 18]. Das bei dieser Untersuchung eingesetzte Auswahlexperiment fokussierte nicht auf die Bewertung eines Schutzes von bekannten versus unbekannten ökologischen Risiken. Im Mittelpunkt stand hier die Bewertung des Versicherungswertes der lokalen Artenvielfalt im Vergleich zu anderen Umweltwerten, die auf der biologischen Vielfalt beruhen (z.B. ästhetischer, ethno-kultureller, Existenzwert). Erste Auswertungen einer Ende 2006 in Thüringen im Gebiet des Hainich Nationalparks durchgeführten Studie bestätigen, dass es auch in Deutschland eine Zahlungsbereitschaft für die Vorsorge vor unbekannten ökologischen (Katastrophen-) Risiken gibt.

Ausblick

Der empirische Nachweis einer Zahlungsbereitschaft für ein vorsorgendes Risikomanagement angesichts unbekannter, schwer erkennbarer ökologischer Gefährdungen ist mit mehr methodischen Schwierigkeiten behaftet, als in diesem Beitrag angesprochen werden konnte. Es zeichnet sich jedoch ab, dass der Schutz vor unbekannten Risiken nicht nur im Rahmen Nachhaltiger Entwicklung ethisch gefordert und ökologisch machbar ist, sondern dass verstärkte Schutzanstrengungen auch auf finanzielle Zustimmung in der Bevölkerung treffen. Legen wir überschlagsmäßig auch für Deutschland

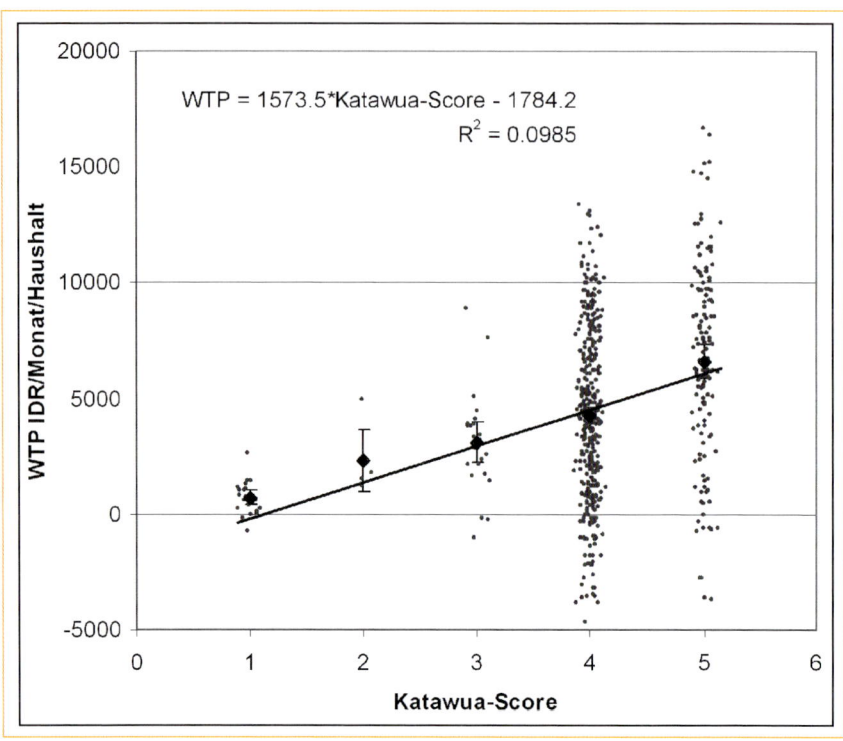

Abb. 8 Individuelle Zahlungsbereitschaften zum Schutz vor unbekannten ökologischen Gefährdungen in Abhängigkeit von der praktischen Zustimmung zum Katawua-Prinzip (Original).

eine Zahlungsbereitschaft von einem halben Tageseinkommen pro Haushalt und Monat zu Grunde, ließen sich bereits mehrere Mrd. €/Jahr in Deutschland aufbringen. Die für eine solche ökologische Katastrophenvorsorge aufgebrachten Mittel dürfen jedoch nicht in der Hoffnung auf eine rein mit ökonomischen Mitteln optimierte Vorsorgestrategie an den weltweiten Kapitalmärkten angelegt werden, sondern müssen direkt in Schutz und Förderung der Selbstorganisationsfähigkeit ökologischer Systeme investiert werden. Investition in Schutz und Erhaltung der biologischen Vielfalt ist eine der wenigen Möglichkeiten, eine solche Katastrophenvorsorge jenseits der Barriere manifesten Unwissens zu betreiben.

Danksagung

Wir danken J.-P. Witte, H. Handi, K. Glenk, L. Sundawati, C. Cerda, S. Rajmis, W. Windhorst, F. Müller, K. Dierßen, K.E. Linsenmair, der Deutschen Forschungsgemeinschaft (SFB 552, GK 1083) und dem BMBF (Ökosystemforschung im Bereich der Bornhöveder Seenkette, BioTeam „BIOKONCHIL") sowie den befragten Einwohnerinnen und Einwohnern in Zentral-Sulawesi für vielfältige Unterstützung.

Anmerkungen und Literatur

1 WBGU [Wissenschaftlicher Beirat der Bundesregierung Globale Umweltveränderungen]. Jahresgutachten 1999: Erhaltung und nachhaltige Nutzung der Biosphäre. Springer, Berlin 2000.

2 Daly, H.E. Beyond Growth. Beacon Press, Boston, MA. 1996.
3 WCED (World Commission for Environment and Development): Our Common Future. Word Commission on Environment and Development. Oxford (UK) 1987, 44f.
4 Vitousek P, Ehrlich P, Ehrlich A, Matson P. Human appropriation of the products of photosynthesis. BioScience 1986; 36: 368-374.
5 Kutsch WL, Steinborn W, Herbst M, Baumann R, Barkmann J, Kappen L. Environmental Indication: A Field-test of an Ecosystem Approach to Quantify Biological Self-organization. ECOSYSTEMS 2001; 4: 49-66.
6 Hampicke U. Ökologische Ökonomie. Westdeutscher Verlag, Opladen 1992.
7 Loreau M, Naeem S, Inchausti P (eds.). Biodiversity and Ecosystem Functioning - Synthesis and Perspectives. Oxford University Press, Oxford (UK) 2002 .
8 Tilman D, Lehman CL, Bristow CF. Diversity-stability relationships: statistical inevitability or ecological consequence? American Naturalist 1998;151: 277-282.
9 Naeem S, Li S. Biodiversity enhances reliability. Nature 1997; 390: 507-509.
10 McCann KS. The diversity – stability debate. Nature 2000; 405: 228-232.
11 Weizsäcker C.F.v.: Die Einheit der Natur. Hanser, München 1971, 364ff.
12 Beispiel aus Bork HR, Bork H, Dalchow C, Faust B, Piorr H, Schatz T. Landschaftsentwicklung in Mitteleuropa. Klett-Perthes, Gotha 1998.
13 Turner RK. The Place of Economic Values in Environmental Valuation. In: Batemann, IJ, Willis KG. (Eds.): Valuing Environmental Preferences. Oxford University Press, Oxford 2001,17-41.
14 Chilchilnisky G, Heal GM. Catastrophe Futures: Financial Markets and Changing Climatic Risks. Columbia Business School. New York, 1996.
15 Barkmann J, Glenk K, Handi H, Sundawati L, Witte JP, Marggraf R. Assessing economic preferences for biological diversity and ecosystem services at the Central Sulawesi rainforest margin - a choice experiment approach. In: Tscharntke T, Leuschner C, Zeller M, Guhardja E, Bidin A (Eds.). Stability of Tropical Rainforest Margins. Linking ecological, economic and social constraints of land use and conservation. Springer, Berlin 2007, 181-208.
16 Hensher DA, Rose JM, Greene WH. Applied choice analysis: a primer. Cambridge University Press, New York 2005.
17 Barkmann J, Cerda C, Marggraf R. Trading-off ecological insurance in an uncertain world: Economic preferences for species diversity ensuring fundamental ecosystem functioning. DIVERSITAS: Open Science Conference OSC1, November 9-12, 2005, Oaxaca (Mexico).
18 Cerda C. Valuing biological diversity in Navarino Island, Cape Horn Archipelago, Chile - A choice experiment approach. Georg-August-Universität Göttingen 2006, Dissertation. [http://resolver.sub.uni-goettingen.de/purl/?webdoc-1279].

Dr. Jan Barkmann, Studium von Biologie, Philosophie und Pädagogik in Kiel sowie Botanik an der University of Maine (Orono/Maine). Interdiziplinäre Promotion zum Dr. rer. nat. über die Modellierung

und Indikation nachhaltiger Landschaftsentwicklung im Rahmen der Ökosystemforschung im Bereich der Bornhöveder Seenkette als Kollegiat des DFG-Graduiertenkollegs „Integrative Umweltbewertung" bei K. Dierßen (2001). Seit 2001 an der Georg-August-Universität Göttingen in der Abteilung für Umwelt- und Ressourcenökonomik. Reviewer des Millennium Ecosystem Assessment, Mitglied des Vorstandes des DFG-SFB 552 „Stability of Rainforest Margins in Indonesia" (STORMA) sowie des wissenschaftlichen Beirats von DIVERSITAS Deutschland, Mitglied der Gesellschaft für Ökologie (GfÖ), der International Association of Agricultural Economists (IAAE) und der International Association of Ecological Economics (IAEE).

Forschungsschwerpunkte: ökonomische Bewertung von Ökosystem-Dienstleistungen und biologischer Vielfalt, sozialpsychologische Prädiktoren von Zahlungsbereitschaften, rationales Bewerten in der Umweltbildung.

Dr. Jan Barkmann
Department für Agrarökonomie und
Rurale Entwicklung
Georg-August-Universität Göttingen
Platz der Göttinger Sieben 5
D-37073 Göttingen
eMail: jbarkma@gwdg.de

Prof. Dr. Rainer Marggraf Studium der Volkswirtschaftslehre in Heidelberg, Marburg und München. Promotion 1985 (Heidelberg), Habilitation 1991 (Heidelberg). 1993 Regierungsdirek-

tor an der Verwaltungsfachhochschule Kiel-Altenholz. 1994 Professur für Volkswirtschaftslehre am Institut für Verkehrswissenschaft im Fachbereich Wirtschaftswissenschaften der Universität Hamburg. Seit 1995 Professur für Umwelt- und Ressourcenökonomik in der Fakultät für Agrarwissenschaften der Universität Göttingen. Leiter des gleichnamigen Arbeitsbereichs im Department für Agrarökonomie und Rurale Entwicklung. Vorstandsmitglied des Zentrums für Landwirtschaft und Umwelt und des Interdisziplinären Zentrums für Nachhaltige Entwicklung. Mitglied der nationalen Expertengruppe für die Konvention über biologische Vielfalt des BMU, der Expertengruppe In-Situ-Erhaltung und On-Farm-Management des BMVEL sowie der Kommission Bodenschutz des Umweltbundesamtes.

Forschungsschwerpunkte: Grundlagen (ethische Basis, Integration nutzungsunabhängiger Werte) und Anwendungen (Europäische Agrarumweltpolitik, Naturschutzprojekte) wohlfahrtsökonomischer Analysen.

Prof. Dr. Rainer Marggraf
Department für Agrarökonomie und
Rurale Entwicklung
Georg-August-Universität Göttingen
Platz der Göttinger Sieben 5
D-37073 Göttingen
eMail: rmarggr@gwdg.de

Klempnerarbeit im Embryo
Markus Affolter

In Insekten wie auch in Säugetieren gibt es kompliziert aufgebaute, röhrenförmige Transportsysteme, die alle Zellen des Körpers mit Sauerstoff versorgen, Abbauprodukte an die Oberfläche befördern, und bei Verletzungen zur Wundheilung beitragen. Studien an einfachen Lebewesen haben aufgezeigt, wie Zellen gesteuert werden, damit sie zum Aufbau solch faszinierender Netzwerke beitragen. Verschiedene zelluläre Prozesse spielen Schlüsselrollen in der Morphogenese solcher Röhrensysteme, und bestimmen zum Beispiel den zellulären Aufbau, den Durchmesser sowie die Vernetzung der einzelnen Röhren. Sind diese molekularen Prozesse in den viel höher entwickelten Säugetieren konserviert, d.h. können Studien an Insekten zum besseren Verständnis dieser Organbildungsprozesse beigezogen werden? Neueste Studien deuten daraufhin, dass dies tatsächlich der Fall ist.

Formbildung als faszinierendes Phänomen in der Biologie

Wie Organe in der Entwicklung heranwachsen ist und bleibt eines der wohl faszinierendsten Phänomen in der biologischen Forschung. Organe sind meist aus mehreren Zelltypen zusammengesetzt, die spezifische Funktionen übernehmen und auf eine ganz bestimmte dreidimensionale Art und Weise zusammengebaut sind. Die Genetik hat zusammen mit der Molekularbiologie in den letzten Jahrzehnten einen tiefen Einblick geliefert in die zellulären und subzellulären Prozesse, die zur Organbildung beitragen. In den vergangenen fünf Jahren hat das so genannte „live imaging", das Filmen von Zellverhalten im lebendigen, sich entwickelnden Organismus, einen noch detaillierteren Einblick in die komplexen Wechselwirkungen während der Organbildung ergeben. Es ist zu erwarten, dass zukünftige Fortschritte neue Erkenntnisse zu Tage fördern, die es eventuell sogar ermöglichen könnten, ganze Organe oder Organteile in vitro zu züchten und für medizinische Zwecke einzusetzen.

Formbildung epithelialer Netzwerke

Die Vielfalt der dreidimensionalen Strukturen von verschiedenen Organen ist beeindruckend, und natürlich stellt sich für einen Wissenschafter die Frage nach den ordnenden Prinzipien, die dafür verantwortlich sind, dass einzelne Zellen sowie Zellverbände in eine bestimmte Form „gepresst" werden. Gibt es selbstorganisierende Prozesse, die die Form bestimmen? Sind es mechanische Kräfte, die an der Formgebung beteiligt sind? Wird die Form durch die Gene bestimmt?

Antworten auf einige dieser Fragen gibt es schon. Das wohl beeindruckendste Beispiel dafür, dass sogar kleinste Details des Körperbaus durch Gene bestimmt werden, waren für mich immer eineiige Zwillinge. Wer hat nicht schon verzweifelt versucht, sich an einem „nicht-genetischen" Merkmal (Kleidung, Haarschnitt, etc.) zu orientieren, um die Zwillinge seiner Kollegen mit dem richtigen Namen zu begrüßen?

Um diejenigen Gene zu identifizieren, die an der Formgebung beteiligt sind, sollte man deshalb als Studienobjekt am besten einen Organismus auswählen, der genetisch gut charakterisiert ist und die An-

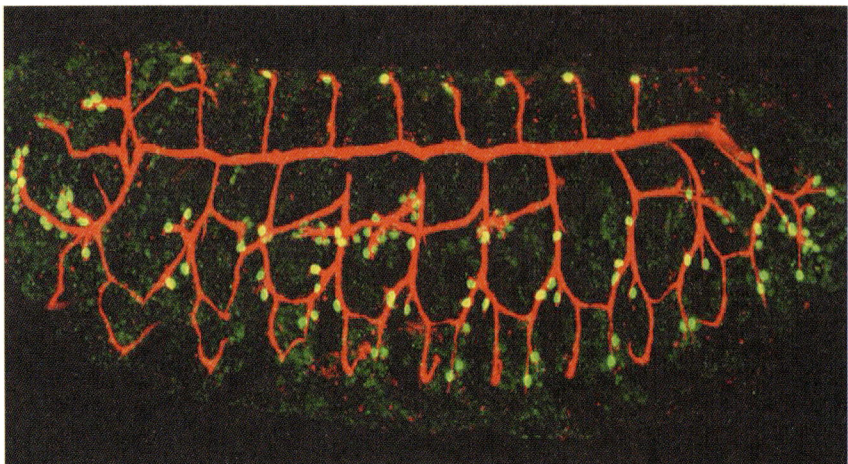

Abb.1 Tracheensystem eines Taufliegenembryos. Der rote Farbstoff markiert den Hohlraum der Röhren, die in der Larve Sauerstoff transportieren werden.

wendung einer Vielfalt von Methoden zulässt, um das Genom gezielt untersuchen zu können. Durch die Pionierarbeiten auf dem Gebiete der Genetik der Taufliege (*Drosophila melanogaster*) von Christiane Nüsslein-Volhard und ihren Kollegen [1] ist diese Fliege zu einem der bevorzugten Modellsysteme geworden, um grundlegende Fragen der Biologie mit Hilfe der Vererbungslehre anzugehen. Natürlich muss man sich als junger Forscher, der ich einmal war, auch auf ein bestimmtes Organsystem beschränken.

Unsere Wahl fiel vor etwas mehr als 10 Jahren auf das Tracheensystem der Taufliege, und dies wohl eher aus ästhetischen als aus rein wissenschaftlichen Gründen (**Abb. 1**). Das Tracheensystem wird im frühen Embryo angelegt, und präsentiert sich kurz vor dem Schlüpfen der Larve als komplexes, epitheliales Röhrensystem, das den ganzen Embryo durchzieht [2, 3]. Die verschiedenen Äste haben unterschiedliche Durchmesser; die Hauptstruktur, der so genannte dorsale Stamm, ist die dickste Röhre und durchläuft den gesamten Embryo entlang der anterior-posterioren Achse. Ausgehend von dieser „Hauptröhre" führen verschiedene Seitenäste zu allen Organen und zu allen Zellen in immer feiner werdenden Verästelungen. Die Anordnung dieser Seitenäste ist fast identisch in den verschiedenen Körpersegmenten, so dass sich das gesamte Tracheensystem als ein hoch-organisiertes Netzwerk präsentiert. Natürlich werden hier auch Ähnlichkeiten zu anderen Systemen offenbar. So ist etwa die Lunge auch ein hochverzweigtes Atmungsorgan. Viele andere inneren Organe werden aus verzweigten Epithelien aufgebaut ([4]; Beispiel Niere sowie viele kleinere Drüsen in unserem Körper), und auch das Blutgefäßsystem besteht aus immer feiner werdenden Gefäßen, die wichtige Nährstoffe im ganzen Körper verteilen (**Abb. 2**).

Bei der Betrachtung dieser faszinierenden Organe kommen äußerst spannende Fragen auf:
1 Wie werden diese Organe während der Entwicklung aufgebaut?

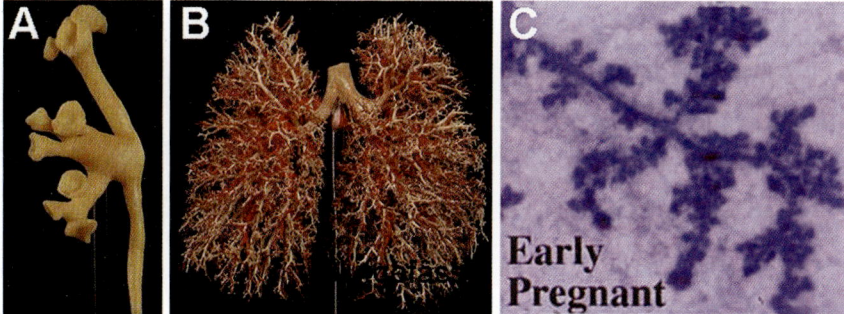

Abb.2 Verschiedene Organe bestehen aus einem verzweigten Röhrensystem. (A) Niere. (B) Lunge mit Blutgefäßen. (C) Milchdrüse einer Maus in der frühen Schwangerschaft.

2 Sind die Anlagen dieser Organe einfache, mikroskopisch kleine Ausführungen des endgültigen, funktionsfähigen Organs?

3 Woher kommt die räumliche Organisation der Seitenäste? Sind es selbstorganisatorische Mechanismen, die diese komplexe, aber stereotypisch geordnete dreidimensional Struktur erstellen? Oder sind es Zell-Zell-Interaktionen mit benachbarten Geweben oder Zellschichten?

Auf diese Fragen möchte ich ein paar Antworten geben. Vor allem möchte ich auch einen Einblick in die modernen Methoden geben, die es uns Biologen heute erlauben, Direktschaltungen aus dem Embryo zu machen. Viele von Ihnen erinnern sich sicherlich an die Fernsehdirektschaltungen vom Mond; nun, heute können wir solche Direktsendungen auch aus dem Inneren der belebten Natur am Bildschirm verfolgen. Natürlich haben die Erfolge in der Genomforschung auch dazu beigetragen, die Organforschung zu verfeinern. Ich möchte Ihnen einen Überblick über dieses Forschungsgebiet geben.

Ein Beispiel aus der Taufliege

Gehen wir nun wieder zum Tracheensystem der Taufliege *Drosophila melanogaster*. Um einen ersten Blick auf die komplexen Prozesse zu werfen, die der Tracheen-Netzwerkbildung unterliegen, schaut man sich am besten an, wo die Zellen, die am Ende Teil eines hochorganisiertes Netzwerkes von Röhren sind, herkommen. Dies tut man, indem man die Entwicklung der Tracheen von der Larve bis zum frühen Embryo zurückverfolgt, d.h. man vergleicht verschiedene Entwicklungsstadien miteinander, um den Verlauf des Prozesses aufzuschlüsseln [2]. Diese Studien haben gezeigt, dass das am Schluss zusammenhängende System aus isolierten Zellverbänden entsteht, die an der Oberfläche des Embryos angelegt werden (**Abb. 3**). Jeder dieser Zellverbände enthält etwa 20 Epithelialzellen, die sich als Teil einer sackähnlichen Einstülpung weiterentwickeln und sich dabei noch zweimal teilen. In diesem Sack wie auch in allen weiteren Entwicklungsstadien sind die Epithelialzellen so angeordnet, dass ihre so genannte apikale Seite dem Hohlraum zugewandt ist, und ihre basale Seite auf der Außenseite des Sackes oder der Röhre ist. Aus diesen isolierten Säcken, auch Tracheenplakoden genannt, wird das Röhrennetz-

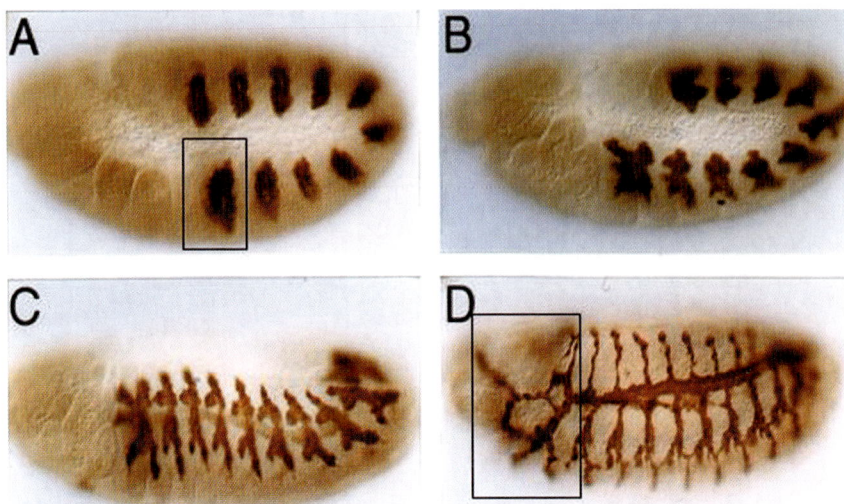

Abb. 3 Tracheenbildung während der Embryonalentwicklung in der Taufliege. **(A)**. Plakodenstadium. **(B)**. Zellen einer jeden Einstülpung wandern in verschiedene Richtungen. **(C)**. Die Zellwanderung ist weit fortgeschritten. **(D)**. Die unabhängig gebildeten Tracheensegmente sind miteinander verbunden und bilden nun ein zusammenhängendes Röhrensystem. Von (A) nach (B) finden im Tracheensystem keine Zellteilungen statt. Jede Plakode besteht aus etwa 80 Zellen.

werk aufgebaut, und dies ohne weitere Zellteilungen. Man kann also jetzt schon sagen, dass der Aufbau des Netzwerkes unter der Mithilfe von Zellformänderungen, Zellpositionsänderungen, sowie des Verschmelzens von einzelnen Modulen vollzogen wird. Räumlich geordnete Zellteilungen scheinen hier also keine Rolle zu spielen.

Wie schon angesprochen, kann man heute solche Entwicklungsprozesse direkt in lebendigen Embryonen verfolgen, dadurch natürlich noch mehr erfahren und, was viel wichtiger ist, den Embryo selbst Rede und Antwort stehen lassen. Natürlich können wir durch logisches Denken aus zwei oder mehreren Einzelbildern ein Szenario eines kontinuierlichen Ablaufes erstellen, aber nur die direkte Beobachtung kann die Abläufe auch im Detail erfassen, und zwar so, wie sie sich in der Natur tatsächlich abspielen.

Um ein funktionelles Verständnis für die Organbildung zu erarbeiten, braucht es natürlich mehr als die Beobachtung in der Natur; man muss diejenigen Gene identifizieren können, die am Aufbau der Struktur beteiligt sind. Aus deren Natur ergibt sich dann auch ein molekulares Bild des Prozesses. Aber wie isoliert man Gene, die den Aufbau einer Struktur steuern? Ein erfolgsversprechender und direkter Weg dazu ist natürlich die genetische Analyse. Stellen Sie sich vor, sie könnten alle Gendefekte isolieren, die den Aufbau des Tracheensystems beeinflussen. Sie könnten auch die dafür verantwortlichen Proteine charakterisieren und herausfinden, wo sie im Embryo vorkommen und welche biochemischen Eigenschaften sie haben. Dann könnten Sie versuchen, das ganze Puzzle zusammenzusetzen, und hätten dadurch sicherlich ein besseres Verständnis der Prozesse, die die Organbildung steuern, oder in unserem Fall eben die Bildung von komple-

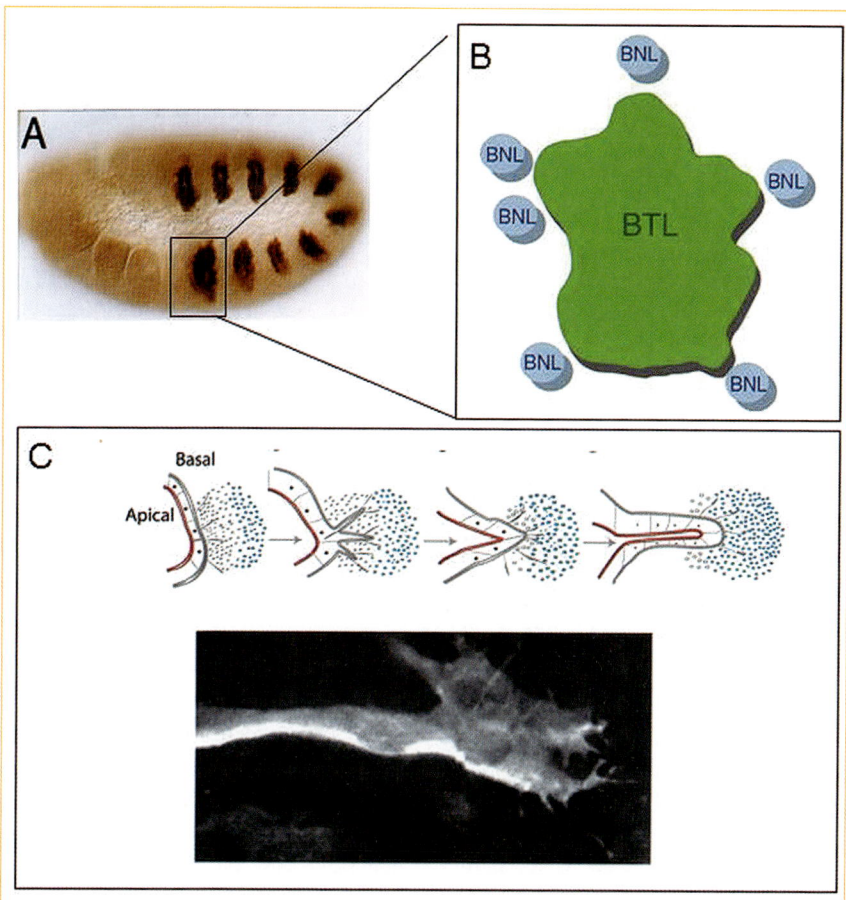

Abb. 4 (A) Drosophila-Embryo kurz bevor die Tracheenzellwanderungen einsetzten. **(B)** Bnl/Fgf (blau) wird von benachbarten Nicht-Tracheenzellen ausgeschüttet und kontrolliert die gerichtete Zellwanderung. **(C)** Tracheenzellen wandern Richtung Bnl/Fgf. Der Fgf-Rezeptor BH wird nur in Tracheenzellen gebildet.

xen Röhrensystemen im Embryo kontrollieren. So möchte ich in meinen weiteren Erläuterungen auch vorgehen.

Tracheenbildung im Embryo der Taufliege

In den letzten zehn Jahren haben sich mehrere Forschungsgruppen dem Problem der Röhrenbildung im Tracheensystem während der Frühembryogenese der Taufliege zugewandt (3, 4, 5). Um Gene zu identifizieren, die am Aufbau des Tracheensystems beteiligt sind, wurden tausende von Fliegenstämmen, die Genmutationen tragen, auf Defekte im Tracheensystem untersucht. Erstaunlicherweise identifizierte man schon ganz am Anfang drei Gene, die, wenn inaktiv, zu identischen Tracheendefekten führen; Tracheenzellen werden in diesen Mutanten determiniert und angelegt, aber aus dem Sack, der nach der Invagination entsteht, werden keine Seitenäste gebildet, das heißt es entsteht gar kein Netzwerk. Die Abwesenheit jedes einzelnen dieser drei verschiedenen Proteine führt also dazu, dass keine dreidimensionale Form erstellt wird. Natürlich erhoffte man sich, dass die Charakterisierung der drei Gene und deren kodierten Proteine ein molekulares System zu Tage fördert, das die Formbildung auf einleuchtende Art und Weise bestimmt!

Fgf (Fibroblast growth factor) spielt in der Formbildung eine zentrale Rolle

Die Analyse der Genprodukte sowie der Verteilung der kodierten Eiweiße hat gezeigt, dass eines der drei Gene einen sekretierten Faktor, ein Molekül der Fgf-Klasse, kodiert. Fgf wird nicht in Tracheenzellen produziert, sondern von Zellgruppen in der Umgebung des Tracheensackes ausgeschüttet [6]. Das zweite Gen kodiert für einen Rezeptor an den eben dieser Fgf-Ligand bindet, und dieses Protein wird nur in den Tracheenzellen produziert [7]. Das dritte Gen kodiert ein Protein, das an den Fgf-Rezeptor auf der Zellinnenseite bindet und nach dessen Aktivation das Signal ins Innere der Tracheenzellen weiter gibt [8]. Aus diesen drei Genmutationen und deren Analyse ergibt sich folgendes Model (**Abb. 4**): Fgf-Moleküle werden in der Nähe der Tracheensäcke produziert, an präzise denjenigen Orten im Embryo, in deren Richtung Tracheenäste auswachsen werden. Tracheenzellen fühlen die Richtung, aus der der Fgf-Ligand kommt, aktivieren ein intrazellulares Signal und wandern schließlich als Folgereaktion auf dieses Signal in Richtung Fgf-Quelle.

Dieses Modell wurde auf verschiedenste Art und Weise getestet. So hat man zum Beispiel Fgf an anderen Orten produziert, um tatsächlich festzustellen, das Tracheenzellen jetzt auch diese Orte ansteuern [6]. Ein weiterer wichtiger Beweis war der direkte Nachweis, dass sich Tracheenzellen effektiv in Richtung Fgf bewegen. Dies wurde gezeigt, indem man fluoreszierende Proteine gezielt im Tracheensystem produzierte, und die Bewegungen der Tracheenzellen im lebendigen Embryo mit einem konfokalen Mikroskop in „real time" verfolgte [9]. Diese Studien haben wiederum gezeigt, dass solch wandernde Zellen dynamische Zellfortsätze bilden, so genannte Filopodien und Lamellipodien, mit deren Hilfe sie sich in Richtung Fgf bewegen [9]. Die feingesteuerte Ausschüttung von Fgf im Drosophila-Embryo markiert also die Richtung, d.h. den Weg, den Tracheenzellen verfolgen, und definiert auf diese Weise das gesamte Verästelungsmuster im Embryo. In einer ersten Phase werden so stummelförmige Auswüchse gebildet, die sich aus der sackförmigen Einstülpung in verschiedene Richtungen ausstrecken.

Das sekretierte Fgf-Signalmolekül ist also für die Bildung aller Seitenäste des Tracheensystems verantwortlich, und funktioniert als so genannter „chemoattractant". Schon sehr früh in unserer Analyse haben wir aber viele andere Signale gefunden, die die Bildung einzelner Äste beeinflussen. Interessanterweise sind in Mutanten, in denen ein anderer Ligand fehlt, nämlich Bmp/Dpp (Bone morphogenetic protein/Decapentaplegic), nur diejenigen Äste nicht ausgebildet, die in dorsaler und ventraler Richtung auswachsen [10]. Der Bmp/Dpp-Ligand wird tatsächlich dorsal und ventral der Plakode von benachbarten Nicht-Tracheenzellen sekretiert. Braucht es also zwei Signale, damit Zellen in gewisse Richtungen wandern? Aber haben wir nicht gerade betont, dass Fgf die Zellen auswachsen lässt? Um diese paradoxe Situation besser verstehen zu können, haben wir uns wiederum dem „live-imaging" zugewandt. Diese Experimente haben etwas

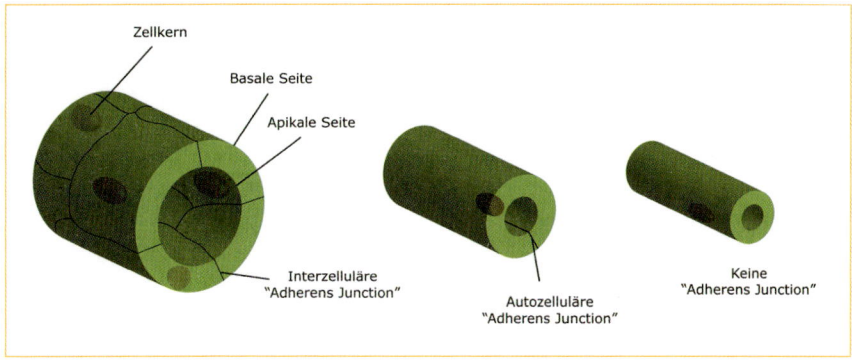

Abb. 5 Verschiedene Röhren existieren in der Natur. (A) Mehrzellige Röhre. (B) Röhre, in der eine einzige Zelle sich um den Hohlraum schmiegt. (C) Intrazelluläre Röhre, in der ein neuer Hohlraum in einem Zellfortsatz entstanden ist.

ganz erstaunliches gezeigt [9]. Tatsächlich ist der dorsale Ast abwesend, wenn Bmp/Dpp-Signalisierung unterdrückt wird; in einer ersten Phase wandern die Zellen aber in Richtung der Fgf-Signals, später ziehen sie wieder zurück und integrieren in den dorsalen Stamm! Bmp/Dpp ist scheinbar nicht für die Zellwanderung wichtig, sondern für ein anderes zelluläres Verhalten, das nötig ist, um eine Röhre zu bilden. Mit anderen Worten ausgedrückt, es scheint zelluläre Aspekte der Röhrenbildung zu geben, die wir bis anhin noch nicht in Betracht gezogen haben.

Zellen interkalieren, um feine Röhren zu bilden

Damit unser weiteres Vorgehen zur Identifikation dieser uns unbekannten zellulären Aspekte besser zu verstehen ist, muss noch ein weiterer biologischer Prozess erläutert werden. Während des gesamten morphologischen, formbildenden Prozesses werden die epithelialen Tracheenzellen durch adhäsive Kontakte zusammengehalten, und dies mit Hilfe von so genannten „Adhesive Junctions" (AJs). Da sich Tracheenzellen nach der Einstülpung der Epidermis nicht mehr teilen, beschränken sich die gestaltbildenden Prozesse auf Zellwanderungen, Zellformveränderungen sowie, und dazu komme ich nun, Zellinterkalationen.

Um die Bildung eines Organs besser zu verstehen, muss man es des öfteren neu unter die Lupe nehmen, mit neuen Markern oder neuen Methoden, oder in Anbetracht neuer Erkenntnisse. Schauen wir uns also das Tracheensystem noch einmal im Detail an (**Abb. 5**). In der Drosophila-Larve wird es aus Röhren unterschiedlichster Zellzusammensetzungen gebildet [4]. Bei den Röhren mit dem größten Durchmesser wird der Hohlraum aus mehreren Zellen gebildet, d.h. mehrere Zellen tragen zur Innenfläche bei in einem Röhrendurchschnitt. Zellen in solchen Röhren werden durch interzelluläre AJ zusammen gehalten, die an subapikaler Position zwischen benachbarten Zellen gebildet werden. Feinere Röhren bestehen aus einzelnen Zellen, die sich um den Hohlraum winden. Die meisten AJs solcher Zellen sind autozelluläre AJs, d.h. sie verbinden Zellen mit sich selbst und schließen so den Hohlraum ein. Um die Kontinuität des Röhrensystems zu garantieren, sind diese benachbarten Zellen noch über interzellu-

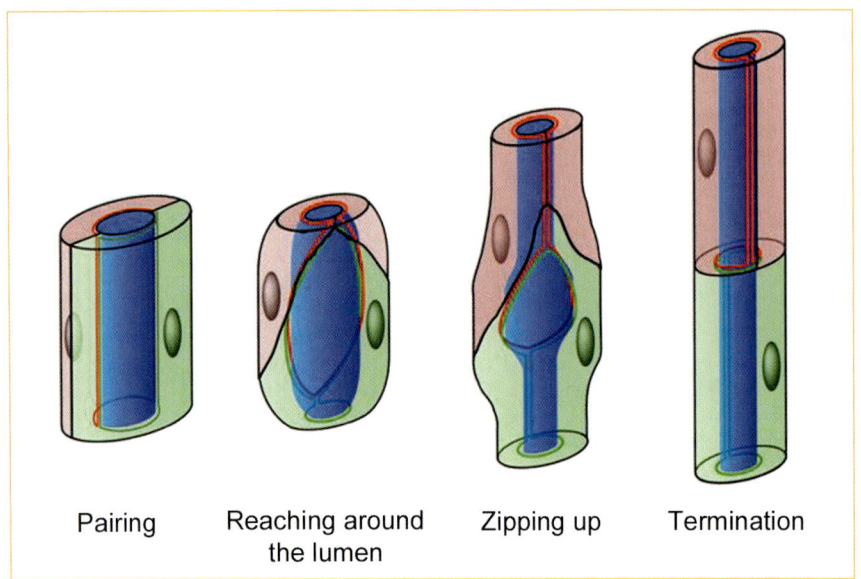

Abb. 6 Komplexe Zellverschiebungen transformieren ein Feld von Epithelialzellen in ein Röhrensystem. Siehe Text für Erklärungen.

lärc, ringförmige AJs miteinander verbunden. Die feinsten Röhren an der Peripherie des Systems bestehen aus Hohlräumen die im Innern einzelner Zellen gebildet werden, und so entlang der Röhre auch keine AJs mehr aufweisen.

Neuere Studien mit Hilfe des so genannten „live imaging" von einzelnen, markierten Tracheenzellen im lebendigen Embryo haben jetzt ganz neue Einblicke erlaubt, die ein besseres Verständnis dafür ergeben, wie Zellinterkalationen die Transformation eines Epithels in ein röhrenförmigen Netzwerk erlauben. Im Besonderen haben diese Studien aufgezeigt, wie komplexe, mehrzellige Röhren durch Zellinterkalationen in einfachere Röhren umgewandelt werden. Dieser Prozess findet statt, ohne dass die die Tracheenzellen zusammenhaltenden AJ aufgelöst werden und zeigt deshalb eine unglaubliche Flexibilität dieser AJ in der Entwicklung.

Mikroskopische Ansätze zur Analyse der beteiligten zellulären Mechanismen

Durch mikroskopische Beobachtungen im lebendigen Embryo mittels eines Proteins (α-Catenin), das an den AJs lokalisiert und an ein fluoreszierendes Protein (*GFP* – Green Fluorescent Protein) gebunden ist, konnte der Prozess der Röhrenbildung in mehrere Schritte unterteilt werden ([11, 12], **Abb. 6**). Ausgehend von einer kleinen Ausstülpung bilden Tracheenzellen zuerst eine kurze, stummelförmige Röhre, bei der zwei Zellen benachbart, d.h. gepaart, sind; dieses Stadium wird als „Pairing" bezeichnet. Diese Paarung geht der Interkalation voraus, und scheint auch eine Bedingung für die Interkalation zu sein, da nur so Zellen in die Zwischenräume eindringen oder eben „interkalieren" können. Nach dieser Paarung beginnt die Interkalation. Die Interkalation bedingt extensive Veränderungen der AJs, und wir haben diese Veränderungen in drei weitere Stadien eingeteilt. Zu Beginn schmiegt sich eine der zwei benachbarten Zellen um den ganzen Hohlraum, so dass sie ihre eigene Zellmembran auf der anderen Seite berührt und die ersten autozellulären Kontakte geformt werden. Dieser zweite Schritt wird „Reaching around the lumen" genannt. Um die Interkalation zu bewerkstelligen, schmiegen sich beide der gepaarten Zellen um den Hohlraum, aber so, dass die eine Zelle dies am oberen Ende, die andere am unteren Ende tut. Die neu gebildeten autozellulären AJ Kontakte werden nun über einen Reissverschlussmechanismus verlängert (der Prozess wird „Zipping" genannt), bis nur noch ein ganz kleiner Ring die benachbarten Zellen, die nun hintereinander sitzen, zusammenhält. Damit die Zellen den Kontakt untereinander nicht verlieren, muss die Umwandlung der interzellulären AJs in autozelluläre AJs gestoppt werden, so dass das Röhrensystem nicht auseinander fällt (dieser Prozess wird „Termination" genannt).

Die Details der Zellinterkalationen, die zur Bildung des Röhrensystems beitragen, konnten nur durch das genaue Beobachten der Zellbewegungen in vivo, d.h. im lebendigen Embryo, in dieser Detailliertheit beschrieben werden. Natürlich ist es nun essentiell, diese Prozesse molekular besser zu verstehen.

Genetische Ansätze zur Analyse der beteiligten Faktoren

Wenn man dieses Vier-Schritt-Modell konzeptionell betrachtet, ergibt sich natürlich eine Vielzahl von Fragen, die wiederum beantwortet werden müssten, um besser verstehen zu können, wie Zellen interkalieren, um ein so hoch organisiertes Röhrensystem aufzubauen. Woher kommen die Kräfte, die die Zellen dazu veranlassen, ihre Position zu ändern und zu interkalieren? Welche Moleküle sind an der Interkalation beteiligt oder regulieren den Prozess? Weshalb findet Interkalation in gewissen Ästen statt, in anderen aber nicht?

Wie schon erwähnt, wurden in den letzten zehn Jahren viele Gene identifiziert, die an der Tracheenentwicklung beteiligt sind. Die Defekte, die in Mutanten dieser Gene feststellbar sind, wurden in den letzten zwei Jahren nochmals mit einem besonderen Augenmerk auf Interkalationsdefekte untersucht. Die Funktion einiger sehr wichtiger Gene wird im Folgenden beschrieben.

Die Expression oder die Anwesenheit des Proteins *Spalt* ist dafür verantwortlich, dass Zellen NICHT interkalieren können. Der dorsale Stamm, dessen Hohlraum von mehreren Zellen umgeben ist, die nicht interkaliert haben, ist dadurch gekennzeichnet, dass alle seine Zellkerne das *Spalt*-Protein enthalten [11, 13]. Ist *Spalt* dort nicht vorhanden, fangen die Zellen an zu interkalieren und es entsteht eine dünne Röhre. Ganz im Gegensatz dazu wird die Interkalation in feinen Ästen unterbunden, wenn *Spalt* dort fälschlicherweise exprimiert wird, und es entstehen dicke Äste, die dem dorsalen Stamm ähnlich sind. *Spalt* reguliert also den Durchmesser der entstehenden Röhre sowie deren zellulären Aufbau, indem es Zellinterkalationen verhindert. Das *Spalt*-Protein gehört zu den Zink-Finger-Transkriptionsfaktoren und reguliert höchstwahrscheinlich andere Gene, die einen oder mehrere Schritte der Interkalation verhindern. Die Identifizierung dieser Gene würde einen großen Fort-

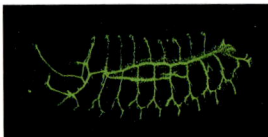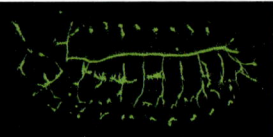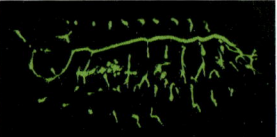

Abb. 7 Die Röhrenbildung ist defekt, wenn luminale Proteine fehlen. **(A)** Wildtyp Embryo. **(B)** *piopio* mutanter Embryo. **(C)** *dumpy* mutanter Embryo. In allen Embryonen wurde der Hohlraum des Tracheensystems mit einem luminalen Markerprotein sichtbar gemacht.

schritt im Verständnis der Röhrenbildung bedeuten.

Sehr wenig ist bekannt über den „Pairing"-Prozess, d.h. über das paarweise Anordnen von benachbarten Zellen entlang der Röhrenrichtung. Der darauf folgende „Zipping"-Prozess wird höchstwahrscheinlich durch Moleküle kontrolliert, die entweder direkt an der Bildung der AJs beteiligt sind, oder die deren Dynamik steuern. Diese Idee wurde kürzlich wenigstens teilweise bestätigt durch die Charakterisierung von Mutanten, die zur Abwesenheit des ZO-1-Moleküls führen [13]. ZO-1 bindet an die Hauptkomponente der AJ, nämlich an E-Cadherin. In der Abwesenheit des ZO-1-Moleküls finden zwar die zwei ersten Schritte der Interkalation normal statt, der dritte hingegen, das „Zipping", ist gestört, und es entstehen deshalb viele feine Äste, in denen Zellen nur unvollständig interkaliert sind. Das ZO-1-Protein könnte also dazu beitragen, dass sich die Zell-Zell-Verbindungen, die durch Cadherinmoleküle gemacht werden, dynamisch verhalten, und so dazu beitragen, dass der Interkalationsprozess normal stattfinden kann. Weitere molekulare Studien sollten es ermöglichen, die Wirkungsweise von ZO-1 besser zu verstehen sowie andere Mutationen zu identifizieren, die die Interkalation teilweise unterbinden.

Durch die Isolierung sowie die Charakterisierung zweier weiterer Mutationen konnten ganz wichtige Aspekte des letzten Schrittes, d.h. des Beendens der Interkalation, entdeckt werden. Die Inaktivierung zweier Gene, *piopio (pio)* und *dumpy (dp)*, führt dazu, dass die Interkalationsschritte eins bis drei normal stattfinden, die Zellen aber den Zipping- Prozess so lange fortführen, bis sie alle interzellulären AJs in autozelluläre AJs umgewandelt haben, und so ihre Verbindung zueinander verlieren [15]. Das Resultat dieses Kontaktverlustes ist das völlige Auseinanderfallen des Röhrensystems; nur noch der mehrzellige dorsale Ast bleibt intakt, alle feinen Äste lösen sich ab und werden in isolierte Zysten umgewandelt (**Abb. 7**). Molekulare Studien haben gezeigt, dass die Gene *pio* und *dp* Proteine kodieren, die eine so genannte „Zona Pellucida" (ZP)-Domäne enthalten, und von den Tracheenzellen in den Hohlraum des sich bildenden Röhrensystems sezerniert werden. Es wurde schon durch frühere Studien gezeigt, dass Proteine, welche eine ZP-Domäne haben, sich zu extrazellulären Fibrillen zusammenschließen [16], und so ist es plausibel, dass Pio und Dp heteteromere Filamente im Hohlraum aufbauen, die den Zipping-Prozess am Ende verhindern, und so die Kontinuität, d.h. den Zusammenhalt der interkalierten Zellen, erlauben. Solch eine physikalische Barrierenfunktion wurde auch durch Aufnahmen an lebenden Embryonen untermauert. Diese Studien belegen auf beeindrucken-

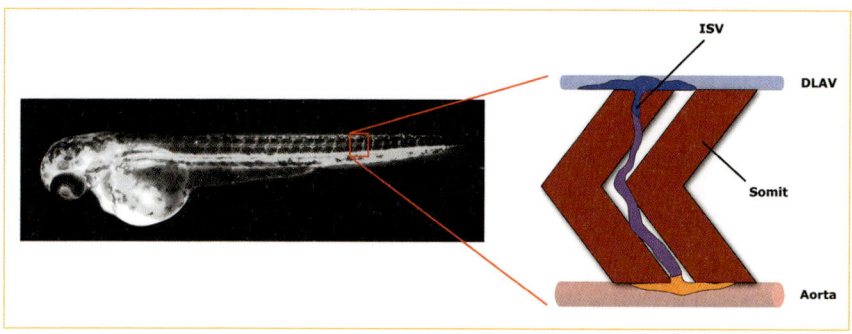

Abb. 8 Intersegmentale Blutgefäße im Zebrafischembryo bestehen aus einzelnen Endothelialzellen, ähnlich der Röhren im Tracheensystem der Fliege.

de Weise, wie extrazelluläre Proteine den Aufbau einer dreidimensionalen Struktur mitbestimmen.

Ähnlichkeiten zu anderen komplexen Netzwerken in Wirbeltieren?

Nachdem wir nun die komplexen formbildenden Prozesse sowie einige wenige Moleküle, die daran beteiligt sind, besprochen haben, stellt sich natürlich die Frage, ob man aus Studien, die sich der Tracheenentwicklung in der Fruchtfliege widmen, Erkenntnisse ableiten kann, die ein besseres Verständnis anderer Prozesse bei Wirbeltieren erlauben würden. Viele Organe oder Gewebe der Wirbeltiere haben eine verästelte Struktur, denkt man nur an die Lunge, die Leber, die Niere oder auch an das Blutgefäßsystem.

Der Zebrafisch als Modellsystem zur Wirbeltierentwicklung

Der maßgebende Vorteil der Fruchtfliege gegenüber anderen Modellsystemen in Bezug auf die Entwicklungsbiologie besteht darin, dass genomumfassende genetische Screens möglich sind, die nicht allzu teuer sind und in ein paar Monaten gemacht werden können. Bis vor ein paar Jahren gab es kein Wirbeltiersystem, für welches ähnliche Screeningmethoden etabliert waren. Christiane Nüsslein-Volhard wollte dies ändern und hat den Zebrafisch (*Danio rerio*) dazu auserwählt [17]: Zebrafische sind kleine Süßwasserfische, die sehr leicht zu halten sind, eine relativ kurze Generationszeit haben, viele Nachkommen erzeugen und ihre Eier ins Wasser ablegen, so dass die ganze Embryonalentwicklung außerhalb der Mutter stattfindet. Nachdem die Methoden zur chemischen Mutagenese ausgetüftelt worden waren (ebenso die Infrastruktur, die es erlaubt, hunderte, ja tausende von einzelnen Stämmen aufzuziehen), wurden weltweit verschiedenste Mutagenesescreens durchgeführt, um Mutanten zu sammeln, die jedes erdenkliche Organsystem betreffen. Eines der „beliebtesten" Organsysteme ist das Blutgefäßsystem, vor allem deshalb, weil Blutgefäßen in der Medizin im Allgemeinen sowie in der Krebsentstehung im Besonderen eine wichtige Funktion zukommt. Im Zebrafisch kann die Entstehung des Blutgefäßsystems im Embryo äußerst gut studiert werden, da der Embryo im Freien aufwächst und fast transparent ist. Erste Studien haben bereits wertvolle Hinweise ergeben, wie diejenigen Blutgefäße, die aus bereits existierenden Gefäßen hervorgehen, gebildet werden. Dieser Prozess wird Angiogenese genannt, im Gegensatz zur Neuentstehung von Blutgefäßen aus einzelnen Endothelialzellen, die als Vaskulogenese bezeichnet wird.

Die Angiogenese, d.h. das Herauswachsen von Blutgefäßen aus bestehenden Gefäßen, wurde im Zebrafisch vor allem in der Schwanzregion studiert, da das dünne Gewebe hochauflösende Mikroskopie zulässt. Natürlich hat man wiederum fluoreszierende Proteine zu Hilfe genommen, sie gezielt im Gefäßsystem exprimiert und dann die Entwicklung der Gefäße im lebendigen Embryo gefilmt [18]. Aus diesen Studien hat sich folgendes Szenario ergeben.

In einer ersten Phase entstehen bilaterale, primäre Fortsätze aus der Aorta; diese wachsen in dorsaler Richtung, und breiten sich dann in anteriorer und posteriorer Richtung entlang des dorsalen Teils des Neuralrohrs aus, um sodann ein zusammenhängendes, sogenanntes „dorsal anastomotic vessel" (DLAV) zu bilden (siehe **Abb. 8**). In einem zweiten Schritt wachsen sekundäre Fortsätze aus der Kardinalvene, und einige davon kontaktieren die primären Äste an ihrer Basis. Diejenigen Äste, die eine feste Verbindung mit den venösen Ästen eingehen, werden zu intersegmentalen Venen (IVs), während die primären Äste, die mit der dorsalen Aorta in Verbindung bleiben, zu intersegmentalen Arterien werden.

Diese intersegmentalen Äste entwickeln sich sehr ähnlich wie Tracheenäste; Zellen scheinen in dorsaler Richtung zu wandern unter der Kontrolle von so genannten endothelialen Tipzellen, die in diesem Fall auf das Signalmolekül Vegf (Vascular endothelial growth factor) reagieren. Zellmarkierungsstudien im Labor von Mark Fishman an der Harvard Universität [19] haben gezeigt, dass jeder intersegmentale Ast aus drei Typen von endothelialen Zellen besteht: Der erste Zelltyp hat seinen Zellkörper in der dorsalen Aorta und ragt in dorsaler Richtung daraus hervor, der zweite Zelltyp verbindet den ersten und den dritten, und der dritte Zelltyp hat seinen Zellkörper im DLAV und bildet einen Fortsatz in ventraler Richtung. Wie genau der Angiogeneseprozess abläuft, ist noch nicht bekannt. Da der Angiogenese in der Medizin eine so große Bedeutung zukommt, ist es aber unerlässlich, diesen Prozess in all seinen Details zu verstehen.

Wir haben uns nun die fast triviale Frage gestellt, wie die AJ solcher Endothelialzellen in den intersegmentalen Gefäßen im Schwanz des Zebrafischembryos aussehen könnten. Im vorangehenden Kapitel habe ich im Detail erläutert, wie man Zellumrisse mit diesen AJ-Markern ausmachen und so Zellbewegungen und Zellinterkalationen untersuchen kann. Aus diesen Studien können wir ganz einfache Voraussagen machen, wie die AJ dieser intersegmentalen Äste aussehen könnten. Unsere ersten Studien haben gezeigt, dass keines der verschiedenen Modelle, die wir anhand der publizierten Studien abgeleitet haben, auch nur annähernd der Situation entspricht, wie wir sie im Zebrafisch vorfinden (nicht publizierte Resultate). Es entsteht der Eindruck, dass der Prozess der Gefäßbildung sehr viel komplexer abläuft, als dies erste Modelle voraussagen würden. Die ersten Resultate unserer Studien sind aber auch deshalb interessant, da sie einen Hinweis darauf geben, dass eine detaillierte Analyse, so wie wir sie im Tracheensystem der Taufliege durchgeführt haben, sicherlich ein besseres Verständnis der zellulären Prozesse, die die Angiogenese steuern, ergeben wird.

Zusammenfassung

Eine Kombination aus genetischen, molekularen und mikroskopischen Studien hat einen tiefen Einblick in die Entwicklung komplexer Organsysteme ergeben. Röhrensysteme entstehen im Embryo durch gezielte Zellwanderung in Richtung der Quelle biologischer Botenstoffe. Durch das Nachziehen weiterer Zellen wird ein Netzwerk aufgebaut, in dem die Zellen ganz bestimmte Positionen einnehmen und eine Vielzahl von Röhrentypen an definierten Orten aufbauen. Ähnliche Prozesse scheinen in Wirbeltieren und in Nichtwirbeltieren am Werk zu sein, und es scheint möglich, gewisse Erkenntnisse zu medizinischen Anwendungen zu verarbeiten. Ein hohes Maß an Selbstorganisation ist nicht unbedingt ersichtlich, eher sieht es so aus, dass die Umgebung, in der sich die Netzwerke entwickeln, einen großen Einfluss ausübt.

Literatur

1. Nüsslein-Volhard C, Wieschaus E. Mutations affecting segment number and polarity in Drosophila. Nature 1980; 287: 795-801.
2. Samakovlis C, Hacohen N, Manning G, Sutherland DC, Guillemin K, Krasnow MA. Development of the Drosophila tracheal system occurs by a series of morphologically distinct but genetically coupled branching events. Development 1996; 122: 1395-1407.
3. Uv A, Cantera R, Samakovlis C. Drosophila tracheal morphogenesis: intricate cellular solutions to basic plumbing problems. Trends Cell Biol 2003; 13: 301-309.
4. Affolter M, Bellusci S, Itoh N, Shilo B, Thiery JP, Werb Z. Tube or not tube: remodeling epithelial tissues by branching morphogenesis. Dev Cell 2003; 4: 11-18.
5. Ghabrial A, Luschnig S, Metzstein MM, Krasnow MA. Branching morphogenesis of the drosophila tracheal system. Annu Rev Cell Dev Biol 2003; 19: 623-647.
6. Sutherland D, Samakovlis C, Krasnow MA. Branchless encodes a Drosophila FGF homolog that controls tracheal cell migration and the pattern of branching. Cell 1996; 87: 1091-1101.
7. Klämbt S, Glazer L, Shilo BZ. Breathless, a Drosophila FGF receptor homolog, is essential for migration of tracheal and specific midline glial cells. Genes Dev 1992; 6: 1668-1678.
8. Vincent S, Wilson R, Coelho C, Affolter M, Leptin M. The Drosophila protein Dof is specifically required for FGF signalling. Mol Cell 1998; 2: 515-525.
9. Ribeiro C, Ebner A, Affolter M. In vivo imaging reveals different cellular functions for FGF and Dpp signaling in tracheal branching morphogenesis. Dev Cell 2002; 2: 677-683.
10. Vincent S, Ruberte E, Grieder NC, Chen CK, Haerry T, Schuh R, Affolter M. DPP controls tracheal cell migration along the dorsoventral body axis of the Drosophila embryo. Development 1997; 125: 2741-2750.
11. Ribeiro C, Neumann M, Affolter M. Genetic control of cell intercalation during tracheal morphogenesis in Drosophila. Curr Biol 2004; 14: 2197-2207.
12. Neumann M, Affolter M. Remodelling epithelial tubes through cell rearrangements: from cells to molecules. EMBO Reports 2006; 7: 36-40.
13. Kuhnlein RP, Schuh R. Dual function of the region-specific homeotic gene spalt during Drosophila tracheal system development. Development 1996; 122: 2215-2223.
14. Jung AC, Ribeiro C, Michaut L, Certa U, Affolter M. Polychaetoid/ZO-1 is required for cell specification and rearrangement during Drosophila tracheal morphogenesis. Curr. Biol 2006; 16: 1224-1231.
15. Jazwinska A, Ribeiro C, Affolter M. Epithelial tube morphogenesis during Drosophila tracheal development requires Piopio, a luminal ZP protein. Nat Cell Biol 2003; 5: 895-901.
16. Wassarman PM, Jovine L, Litscher ES. Mouse zona pellucida genes and glycoproteins. Cytogenet Genome Res 2004; 105: 228-234.

17 Mullins MC, Hammerschmidt M, Haffter P, Nusslein-Volhard C. Large-scale mutagenesis in the zebrafish: in search of genes controlling development in a vertebrate. Curr Biol 1994; 4: 189-202.
18 Lawson ND, Weinstein BM. In vivo imaging of embryonic vascular development using transgenic zebrafish. Developmental Biology 2002; 248: 307-318.
19 Childs S, Chen JN, Garrity DM, Fishman, MC. Patterning of angiogenesis in the zebrafish embryo. Development 2002; 129: 973-982

Prof. Markus Affolter, wurde 1958 in Aarau, Schweiz, geboren. Studium von 1978 bis 1982 in Zürich, Schweiz und Québec, Kanada. Das Thema seiner in Québec entstandenen Doktorarbeit lautet „Genregulation im Huhn". Der Promotion schloss sich ein Postdoktorat am Biozentrum der Universität Basel bei Prof. Walter J. Gehring an. Seit 2000 Professor für Entwicklungsbiologie am Biozentrum der Universität Basel, Schweiz

Interessengebiet: Morphogenese in der Entwicklung vielzelliger Lebewesen, Zell-Zell Interaktionen, Morphogene in der Organentwicklung, Bildung von verästelten Epithelien wie der Tracheen oder des Blutgefäßsystemes

Mitglied der EMBO seit 1999

Markus Affolter
Professor für Entwicklungsbiologie
Growth and Development
Biozentrum der Universität Basel
Klingelbergstrasse 70
CH-4056 Basel

Warum Tiere so verschieden aussehen –
Von Fliegen, Fischen und der Entstehung der Wirbeltiere

Christiane Nüsslein-Volhard

Im Jahre 1798 verfasste Goethe sein Lehrgedicht: „Metamorphose der Tiere", das folgende Zeilen enthält:

Zweck sein selbst ist jegliches Tier,
vollkommen entspringt es
Aus dem Schoß der Natur und zeugt vollkommene Kinder
Alle Glieder bilden sich aus nach ew'gen Gesetzen,
und die seltenste Form bewahrt im Geheimen das Urbild.

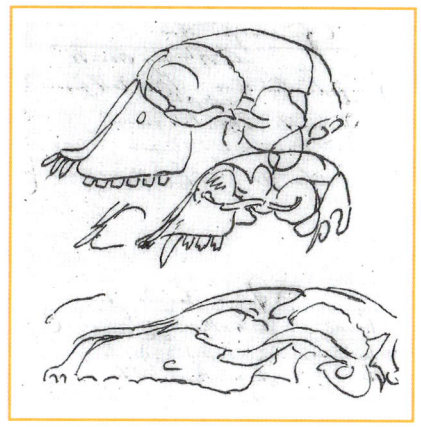

Abb.1 Handzeichnung von Goethe um 1790, Schädel einer Katze (oben) und eines Hundes (unten). Der Zwischenkieferknochen ist links herausgestellt.

Der Gedanke des Urbilds, das auf ewigen Gesetzen beruht, kam Goethe bei seinen Untersuchungen zur Morphologie der Tiere. Angeregt durch die Physiognomik von Johann Kaspar Lavater [1], die postulierte, dass die Form des Kopfes Auskunft über die Charaktereigenschaften eines Menschen geben könne, hatte Goethe begonnen, Wirbeltierschädel zu sammeln und zu vergleichen. Bei den Säugetieren weist jeder Schädel benennbare Knochen auf, die, wenn auch häufig erheblich abgewandelt, bei allen Arten vorkommen. Eine Ausnahme von dieser Regel war allerdings bekannt, nämlich ein kleiner Oberkieferknochen, der die Schneidezähne trägt, das Os intermaxillare. Diesen Knochen (**Abb. 1**) gab es angeblich nur bei Tieren, nicht aber beim Menschen - dies wurde als ein Indiz für die Besonderheit des Menschen aufgefasst.

Goethe hatte seine Zweifel und untersuchte einige menschliche Schädel sehr genau. Dabei entdeckte er die Suturen, also die Nähte zwischen Os intermaxillare und den angrenzenden Knochen der oberen Kinnlade, die darauf hinweisen, dass der Mensch eben nicht vom Urbild abweicht, sondern „aufs Nächste mit den Tieren verwandt" ist. Diese Entdeckung, die ihm große Befriedigung verschaffte, hat er in Briefen seinen Freunden mitgeteilt. Der Aufsatz [2[wurde jedoch, wie man heute sagen würde, nicht zur Veröffentlichung angenommen. Die zoologische Fachwelt, noch vollkommen im Schöpfungsgedanken befangen, mochte Goethes Schlussfolgerungen, die Einzigartigkeit des Menschen betreffend, nicht; vielleicht gestanden sie auch dem als Dichter berühmten Dilettanten keine solch bedeutende Entdeckung in einem ihm fremden Fach zu. Goethe erweiterte seine Beobachtungen über die Säugetiere hinaus und verfasste um 1796 mehrere Abhandlungen, in denen er seine Vorstellung vom Typus, dem Urbild, beschrieb,

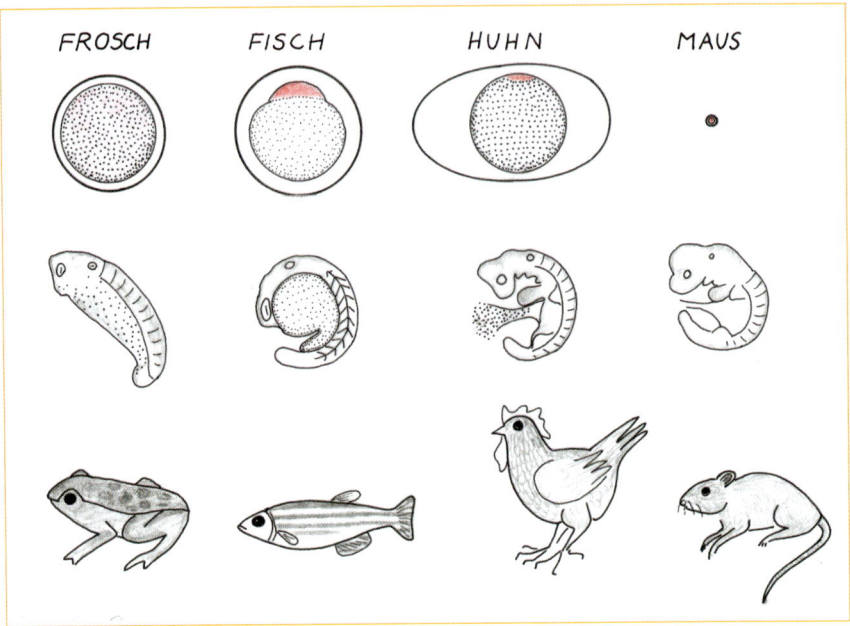

Abb.2 Eier, Embryonen und adulte Formen verschiedener Wirbeltiere. Die Ähnlichkeit bei den Embryonen ist auffallend, während sowohl bei den Eiern als auch bei den Adulten große Unterschiede bestehen. Aus [6].

das je nach seiner Stellung in der Umwelt abgewandelt erscheint. „Dies also hätten wir gewonnen, ungescheut behaupten zu dürfen: daß alle vollkommneren organischen Naturen, worunter wir Fische, Amphibien, Vögel, Säugetiere und an der Spitze der letzteren den Menschen sehen, alle nach einem Urbilde geformt seien, ..." [3]. Diese Gedanken fasste er im eingangs zitierten großen Metamorphose-Gedicht poetisch zusammen, seine Aufsätze wurden erst 1820 gedruckt.

Gemeinsamkeiten im Körperbau boten damals die wichtigste Grundlage zur Ordnung und Klassifizierung von Tieren. Dieses Kriterium versagte allerdings bei Tierarten, die einander äußerlich wenig ähneln. Der deutsche Zoologe Karl Ernst von Baer beobachtete, dass die Embryonen verschiedener Tierklassen wesentlich mehr Gemeinsamkeiten zeigen als ausgewachsene Individuen: „Das Gesetz der individuellen Entwicklung besagt, dass das Gemeinsame in einer größeren Tiergruppe sich früher im Embryo bildet als das Besondere" ([4], **Abb. 2**).

Aber auch von Baer schloss daraus noch nicht, dass Verwandtschaft gemeinsame Abstammung bedeutet. Das blieb Charles Darwin, dem vielleicht größten Biologen aller Zeiten, vorbehalten, der formulierte: „Gemeinsamkeiten des embryonalen Baus bedeuten deshalb gemeinsame Abstammung." Darwin sah dieses Prinzip als eine der wichtigsten Stützen seiner Evolutionstheorie, die er unter dem Titel: „On the origin of species by means of natural selection" im Jahre 1859 veröffentlichte [5]. Evolution bedeutet, dass Arten ihre Gestalt im Lauf der Erdgeschichte verändert haben. Darwins Theorie besagt, dass die Veränderung dadurch zu

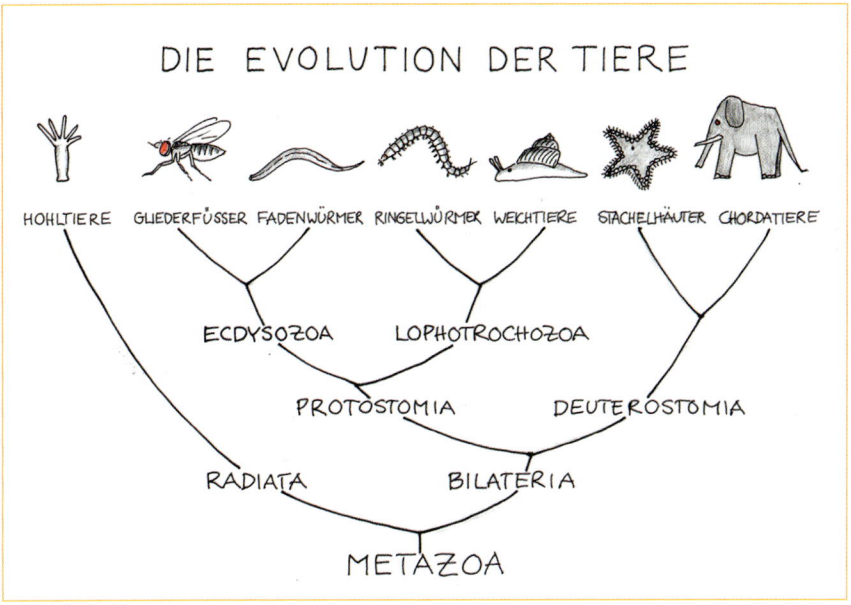

Abb.3 Vereinfachter Stammbaum der Tiere, die Verwandtschaften der großen heute lebenden Stämme darstellend. Weitere Erklärungen im Text.

Stande kam, dass innerhalb von Tierpopulationen natürliche Variationen auftreten, die zum Teil erblich sind. Dies bewirkt, dass manche Tiere an bestimmte Lebensbedingungen besser angepasst sind, daher mehr Nachkommen haben und sich dadurch besser durchsetzen können als ihre Geschwister. Über lange Zeiträume hinweg kann dieses Wechselspiel von Variation und Selektion dazu führen, dass Arten sich verändern und neue Arten entstehen, während andere aussterben. Gemeinsamkeiten im Körperbau und anderen Merkmalen lassen sich somit meist durch biologische Verwandtschaft, nämlich gemeinsame Abstammung erklären.

Der Bauplan (oder Typus, wie es Goethe formulierte) eines Tieres tritt in frühen Entwicklungsstadien, die noch nicht voll funktionsfähig sind, in reinerer Form in Erscheinung als bei den ausgewachsenen Tieren. Daher beruhen die Kriterien der Taxonomie häufig auf embryonalen und larvalen Merkmalen (**Abb. 3**). Die Verwandtschaften müssen dabei auf Grund der heute noch lebenden Tierarten quasi erraten werden, denn die gemeinsamen Vorfahren existieren ja in der Regel nicht mehr. Die heute lebenden Tierarten lassen sich nach ihrem Bauplan in etwa 35 große Gruppen, sogenannte Stämme, aufteilen. Die weitaus meisten Tierstämme, also auch Gliederfüßler (mit den Insekten), und Chordatiere (zu denen die Wirbeltiere gehören), sind sogenannte Bilaterier, die, im Gegensatz zu den radialsymmetrischen Hohltieren, zu denen Quallen und Korallen gehören, ein Oben und Unten sowie ein Rechts und Links aufweisen. Vermutlich gehen alle Bilaterier auf eine gemeinsame Urform zurück. Wie sah diese Urform aus?

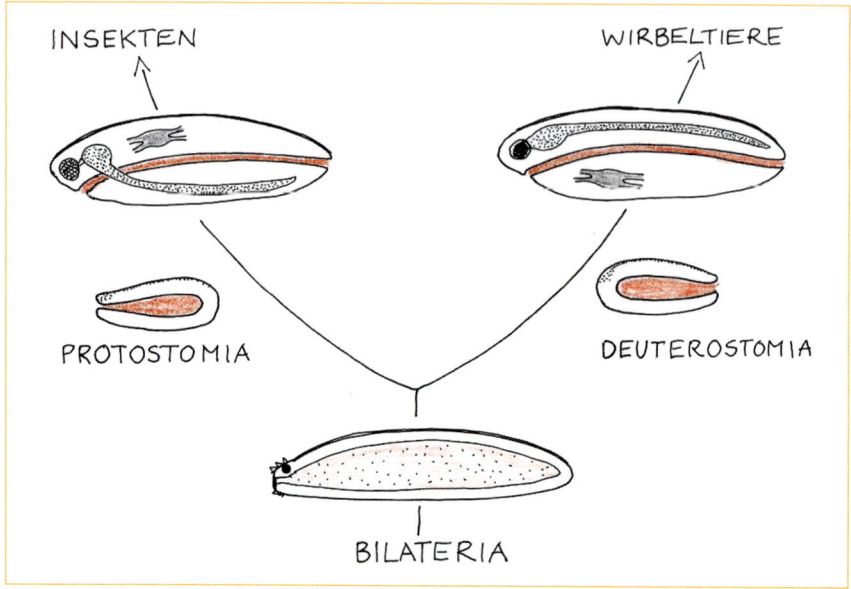

Abb. 4a Die Anordnung der wichtigsten Organe in Protostomiern (zu denen die Insekten gehören) und Deuterostomiern (mit den Wirbeltieren). Rot: Verdauungstrakt, punktiert: zentrales Nervensystem, grau: Herz. Anterior (vorne) ist links.

Wenn man den Bauplan der Insekten und der Wirbeltiere vergleicht, so fällt auf, dass die relative Anordnung einiger wichtiger Organe wie vertauscht erscheint: Das Nervensystem der Wirbeltiere, das Rückenmark, liegt auf der Oberseite des Körpers, bei Insekten hingegen liegt es auf der Bauchseite. Auch die Position des Herzens ist vertauscht. Diese umgekehrte Anordnung geht auf einen frühen Schritt in der Embryonalentwicklung, die Gastrulation, zurück (**Abb. 4**). Während der Gastrulation stülpt sich der zukünftige Darm in den hohlen Zellball des frühen Embryos, der ein Vorder- und Hinterende besitzt. Die Stelle der Einstülpung wird später entweder zum Mund (Protostomier) oder zum After (Deuterostomier). Heutzutage kann man die Festlegung der Körperachsen in der frühen Embryonalentwicklung anhand der lokalen Verteilung der Produkte von Entwicklungsgenen sichtbar machen. Viele dieser Gene sind ihrer Sequenz und Funktion nach in allen Bilateriern konserviert; das heißt, dass sie in ähnlicher Form bereits bei der gemeinsamen Urform am Werk waren. Wenn man die Verteilung der Genprodukte, also sozusagen die molekulare Anatomie des frühen Embryo, vergleicht, fällt auf, dass auch diese bei Protostomiern und Deuterostomiern vertauscht ist, was den invertierten Bauplan erklärt (**Abb. 4b**).

Diese molekularen Befunde der modernen Genanalysen haben aber eigentlich nur das bestätigt, was bereits von dem französischen Zoologen Étienne Geoffroy Saint-Hilaire (1772-1844) im Jahr 1830 postuliert wurde. Er behauptete, dass Verwandtschaften unter den großen Tierstämmen bestehen, und dass man ihre Baupläne durch einfache geometrische Operationen ineinander überführen kann. Diese These war Gegenstand eines

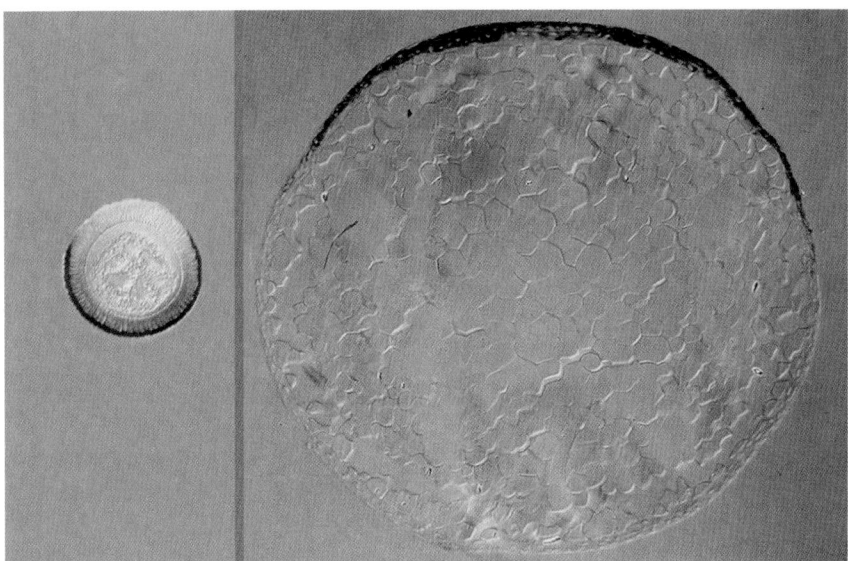

Abb. 4b Die Verteilung des Produktes des chordin- Gens im Zebrafisch-Embryo (links) und des entsprechenden homologen Gens sog im Drosophila-Embryo (rechts). Ventral (Bauchseite) ist unten. Die blaue Färbung stellt die mRNA der Gene kurz vor der Gastrulation dar.

berühmten Disputs, dem Akademiestreit zwischen Geoffroy Saint-Hilaire und seinem Widersacher Georges Cuvier (1769-1832), der festhalten wollte, dass wenigstens vier unabhängige große göttliche Schöpfungstaten (heute würde man sagen: Baupläne) für die anatomische Vielfalt der Tierstämme verantwortlich waren. Goethe hat als Achtzigjähriger den Akademiestreit aufmerksam verfolgt und kommentiert [6], und dabei, auf seine eigenen Arbeiten zur Schädellehre zurückblickend, die These von Geoffroy Saint-Hilaire vertreten, also die der Verwandtschaft der Tierstämme. Diese Verwandtschaft beruht auf der gemeinsamen Abstammung, wie es Darwin in seiner Selektionstheorie begründete.

Die Rekonstruktion der Stammbäume basiert traditionsgemäß auf der Analyse verschiedener anatomischer Merkmale der Formen jetzt lebender Tiere. Grundsätzlich gilt hierbei die Annahme: Ähnliche Merkmale deuten auf gemeinsame Vorfahren hin. Allerdings stößt man immer wieder auf Mehrdeutigkeiten, die dadurch zustande kommen, dass bei manchen gemeinsamen Merkmalen nicht ersichtlich ist, ob sie wirklich die ursprünglichen Charakteristika einer Gruppe darstellen. Ähnliche Eigenschaften könnten auch unabhängig voneinander neu entstanden sein. Auch ist denkbar, dass Merkmale, die bei den gemeinsamen Vorfahren vorhanden waren, in einigen Gruppen nachträglich verloren gegangen sind. Aus diesen Gründen gelten heute nicht morphologische, sondern genetische Merkmale als die sichersten, weil objektivsten, Kriterien bei der Stammbaumkonstruktion. Es wird verglichen, wie häufig welche Nukleotide, die Bausteine der DNA, in einander entsprechenden Genen ausgetauscht sind. Man konzentriert sich dabei auf DNA-Abschnitte, die in allen Tieren vorkommen, und die keine besondere Funktion haben.

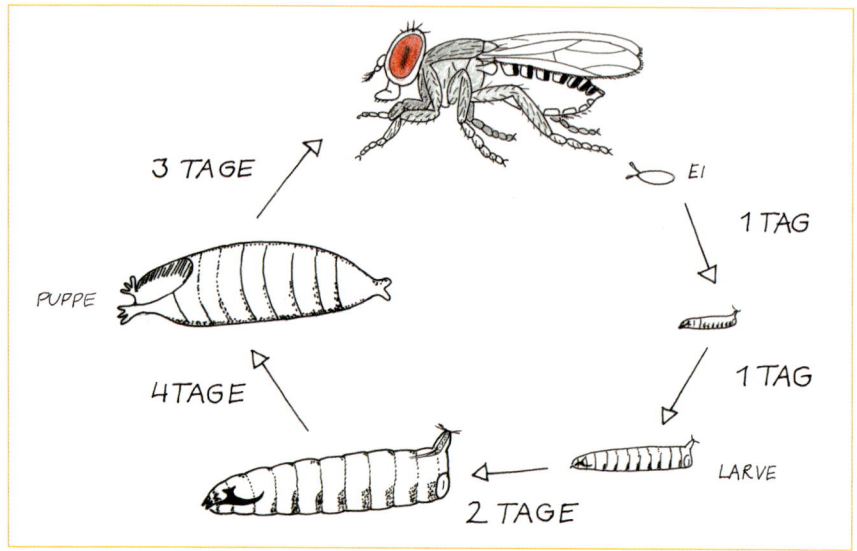

Abb. 5 Lebenszyklus von Drosophila. Die Obstfliege, die jeder kennt, ist wenige Millimeter lang. Sie legt zahlreiche Eier, aus denen die sehr einfach gebauten kopf- und beinlosen Larven schlüpfen. Nach zweimaliger Häutung verpuppen sie sich und nach kurzer Zeit steigt die erwachsene Fliege mit Beinen, Augen, Fühlern und Flügeln heraus. Aus [6].

Bei diesen kann man daher annehmen, dass Variationen rein zufällig entstanden sind. Solche DNA-Sequenzen dienen als sogenannte „molekulare Uhr", denn der Grad der Abweichung zwischen zwei Gensequenzen hängt von der Zeit ab, die seit der Trennung der beiden Gruppen vergangen ist.

Die Anwendung dieser Methode des Sequenzvergleichs hat vor nicht allzu langer Zeit zu einer tiefgreifenden Neuordnung des Stammbaums der Tiere geführt [7]: Während man früher die Ringelwürmer als nahe Verwandte der Gliederfüßler (zu denen die Insekten gehören) ansah, stehen im neuen Stammbaum (**Abb. 3**) die unsegmentierten Fadenwürmer den Insekten näher. Das bedeutet, dass das den Ringelwürmern und Insekten gemeinsame Merkmal, die Segmentierung, möglicherweise doch nicht ursprünglich ist, sondern in beiden Stämmen unabhängig neu entstanden sein mag. Die Protostomier bilden zwei große Gruppen, wobei Stämme der einen Gruppe, der Ecdysozoa, überraschend ein anderes gemeinsames Merkmal aufweisen, das offenbar ursprünglich ist: Ecdysis bedeutet Häutung. Tiere, die diesen Stämmen zugehören, verfügen über ein relativ starres Außenskelett und ihr Wachstum ist daher stets mit Häutung verbunden. Dagegen verfügen Angehörige der meisten anderen Gruppen, auch der Deuterostomia mit den Wirbeltieren, über ein Innenskelett, und sie führen im Allgemeinen keine Häutungen durch, wenn sie wachsen.

Außenskelett und Häutung als Bestandteil des Bauplans haben entscheidende Konsequenzen: Betrachtet man die beiden Extreme (**Abb. 3**), so gehören die artenreichsten und auch individuenreichsten Gruppen der Tiere, die Insekten und die Fadenwürmer, zu den Ecdysozoen. Es gibt

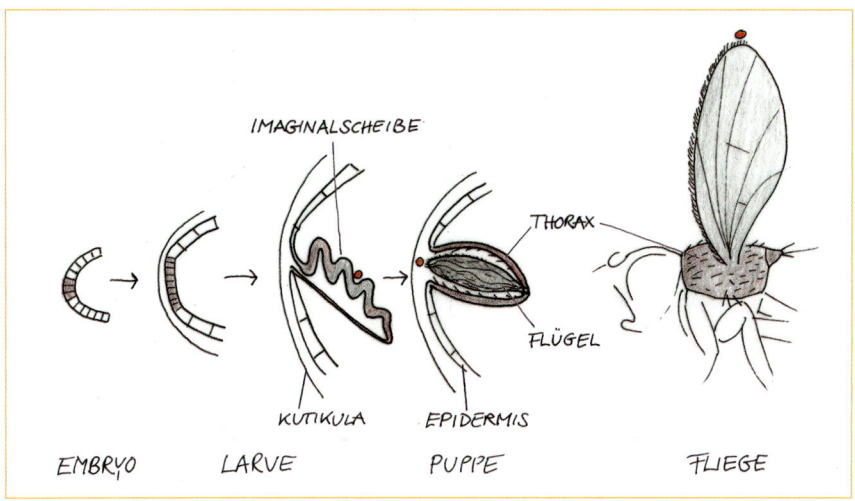

Abb. 6 Imaginalscheiben. Die Imaginalscheiben entstehen aus Gruppen von Zellen, die sich weiter teilen, während die larvalen Zellen lediglich größer werden. Sie bilden sackartige faltige Einstülpungen, die während der Puppenruhe unter dem Einfluss des Hormons Ecdyson die Strukturen der adulten Fliege bilden und sich dann ausstülpen. Hier im Querschnitt die Flügelimaginalscheibe, die sowohl Flügel als auch Thorax bildet. Der rote Punkt markiert die Flügelspitze. Aus [6].

zum Beispiel mehrere Millionen Fadenwurm- und etwa 1 Million Insektenarten. Offenbar ist das Bauprinzip sowohl mit großer morphologischer Vielfalt, als auch mit Robustheit, schnellem Wachstum und reichlicher und schneller Vermehrung vereinbar. Im Gegensatz dazu gibt es sehr viel weniger Arten von Wirbeltieren – nur etwa 40 000 Arten sind bekannt, davon sind mehr als die Hälfte Fische. Dafür erreichen aber Individuen einzelner Wirbeltierarten einzigartige Größen. Warum sind die größten Tiere der Welt Wirbeltiere und die meisten Tiere der Welt Ecdysozoen?

Um diese Frage zu beantworten, möchte ich zunächst einige Besonderheiten des Insektenbauplans am Beispiel der Taufliege Drosophila, dem Haustier der Genetiker, erklären. Diese Fliege hat einen Lebenszyklus von 14 Tagen. Die Eier sind relativ groß und zahlreich, die Larven schlüpfen bereits nach einem Tag und entwickeln sich ohne elterliche Beteiligung. Sie sind denkbar einfach gebaut: ein wurmartiger, spindelförmiger Körper, der zwei Häutungen durchmacht, während er auf das zwanzigfache Volumen anwächst (**Abb. 5**). Während dieses Wachstums geschieht kaum eine Formveränderung, und wenn man genau hinschaut, zeigt sich, dass die Anzahl der Zellen, die die Made bilden, bei diesem Prozess nicht zunimmt, wohl aber die Größe der individuellen Zellen. Die zukünftige Fliegengestalt lässt sich noch nicht erahnen. Diese entsteht im Verborgenen: Einzelne Zellgruppen, die sich bereits im Embryo von den larvalen Zellen abgesondert haben, teilen sich ohne zu differenzieren während des gesamten Wachstums der Larve. Sie bilden die sogenannten Imaginalscheiben, Säckchen aus 10 000 bis 40 000 Zellen, die alle gleichzeitig unter dem Einfluss des Hormons Ecdyson in einer vollständigen Metamorphose den Kutikulapanzer der erwachsenen Fliege ausbilden (**Abb. 6**).

Abb. 7 Lebenszyklus des Zebrafisches. Der Fisch ist etwa 4 cm lang, er legt zahlreiche Eier, aus denen sich in 5 Tagen eine schwimmende Larve bildet. Die Larve wächst, ohne wesentlich ihre Form zu verändern. Die Strukturen des adulten Fisches sind nach drei Wochen gebildet, danach geschieht, bei erheblicher Größenzunahme, keine wesentliche Formveränderung mehr.

Dieser ist mit zahlreichen aufwendigen Spezialisierungen ausgestattet, Haare, Borsten, Segmente, Flügel, Beine aus vielen Gliedern, Antennen. Die Gestalt ist damit einmalig fertiggestellt, und die Fliege wächst nicht mehr. Kleine Fliegen sind deswegen nicht die Kinder von großen Fliegen, sondern stellen andere Arten dar.

Das Außenskelett der dichten und harten Kutikula, die von den Hautzellen gebildet wird, bietet einen ausgezeichneten Schutz vor Verletzungen, Austrocknen und Infektionen. Bei Fliegen sind Infektionskrankheiten sehr selten. Das Chitin als Baustoff der Kutikula erlaubt die Ausbildung einer außerordentlich großen Vielfalt von Strukturen, wie wir sie uns anhand der vielen verschiedenen Formen von Insekten, Spinnen, Milben und Krebsen vor Au-

gen führen können. Dagegen sind im Extremfall, der bei der Fliege vorliegt, die Larven denkbar einfach gebaut und können fast nichts anderes als kriechen und fressen, was ein sehr schnelles Wachstum ermöglicht. Bei der Fliege werden die Zellen der Larve bereits in der Embryonalentwicklung durch Aufteilung des Eiinhalts gebildet, und das Wachstum geschieht im Wesentlichen durch Zunahme der Größe, nicht der Zahl, der Zellen. Das gilt auch für andere Ecdysozoen, wie zum Beispiel Fadenwürmer. Wachsen geht bei diesen Tieren einfach, und erklärt die unter günstigen Umständen sehr schnelle Vermehrung von Tieren dieser Gruppe. Es gibt aber auch Einschränkungen, die mit dieser Art des Bauplans verbunden sind. Den Sauerstoffaustausch bewerkstelligen Insekten durch ein System luftgefüllter, mit Kutikula versteifter Röhren, der Tracheen,

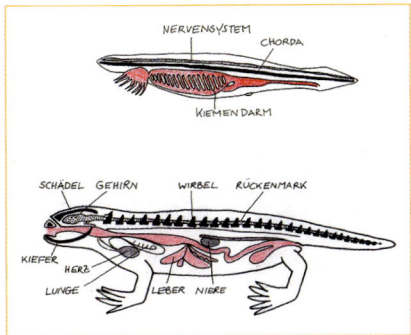
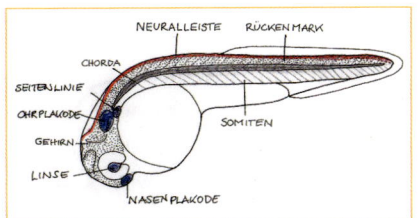

Abb. 8 oben) Schädelloses Chordatier, schematisch. Die Lanzettfischchen sind einfach gebaute Chordaten, die keinen Kopf haben, und ihre Nahrung durch einen gewaltigen Kiemenkorb strudeln. **Unten)** Wirbeltier, schematisch. Die Knochen der Gliedmaßen sind weggelassen. Rot: Verdauungstrakt, Punktiert: Neuralrohr oder Nervensystem, Schwarz: Chorda oder Knochen.

Abb. 9 Embryo des Zebrafisches (ca 1 Tag nach Befruchtung). Punktiert: zentrales Nervensystem (Gehirn und Rückenmark). Grau: Chorda. Darüber V-förmig die Somiten, die Anlagen der Muskulatur. Die Seitenlinie verbindet die Spitzen der Somiten. Rot: Neuralleiste, Blau: Plakoden, dargestellt sind die Plakoden des Innenohres, der Seitenlinie, der Linse und des Riechorgans.

die an wenigen Stellen mit der Außenluft verbunden sind. Diese Tracheen funktionieren bei kleinen Tieren sehr gut, solange die Wege kurz sind. Bei größeren Tieren ist die Versorgung aber nicht mehr so einfach zu gewährleisten; außerdem müssen die Tracheen bei jeder Häutung auch gehäutet werden. Damit sind dem Größerwerden entschieden Grenzen gesetzt.

Bei Wirbeltieren gibt es diese Einschränkung nicht. Ihr Innenskelett aus Knorpeln und Knochen ermöglicht ein kontinuierliches Wachstum. Die weiche Haut muss dabei allerdings immer mitwachsen, kann sich also nicht hermetisch mit einem Außenpanzer umgeben. Mechanischen Schutz bieten Spezialisierungen der Haut, wie Schuppen, Federn und Haare, die nicht kontinuierlich miteinander verbunden sind, wie in der Kutikula, sondern durch dehnbare oder bewegliche Zwischenräume von einander getrennt sind. Der Sauerstofftransport geschieht durch Blut, das den Sauerstoff bindet und über ein geschlossenes Adersystem durch den Körper gepumpt wird.

Die verschiedensten Organe wachsen im Wesentlichen durch Teilungen von undifferenzierten Stammzellen, die spezialisierte Zellen hervorbringen. Obwohl es bei vielen Arten auch juvenile Stadien gibt, die sich deutlich von den Adulten unterscheiden, sind die Verwandlungsschritte relativ geringfügig (**Abb. 7**). Mit ihrem aufwendigen Körperbau mit Innenskelett, bei dem kontinuierliches Wachstum vielfache Zellteilungen in allen Organsystemen beinhaltet, können auch bei Landtieren riesige Körpergrößen erreicht werden. Der Vorteil des schnellen Wachstums und der großen Nachkommenzahl der Ecdysozoen wird bei Wirbeltieren durch Kraft und Größe aufgewogen.

Das Bauprinzip der Wirbeltiere geht zurück auf eine stabförmige Struktur, die Chorda dorsalis, die bereits bei ihren Vorfahren während des Kambriums ausgebildet war. Die einfachsten noch heute lebenden Chordatiere sind spindelförmige kopflose Strudler, die Nahrung durch einen Kiemenkorb strudeln. Sie sind, wie auch ihre Vorfahren, relativ klein (**Abb. 8**). Bei der Evolution der großen Wirbeltiere aus diesen einfach gebauten kleinen Formen war zunächst die Entstehung eines

Abb. 10 Flügel einer Blauracke, Albrecht Dürer, 1512. (Wien, Albertina). Federn entstehen aus Plakoden, die Pigmentzellen aus der Neuralleiste.

Kopfes entscheidend: Knochenplatten der Haut bilden einen Schädel, der das Gehirn schützt, so dass es erhebliche Ausmaße annehmen kann. Der Kopf enthält die wichtigsten Sinnesorgane – Augen, Ohren und Nase. Später kommt der Kiefer dazu, dessen Spezialisierungen die verschiedensten Formen des Beutefangens ermöglichen. Die bewegliche Wirbelsäule entwickelt sich aus der Chorda und dem angrenzendem Gewebe, versteift die Längsachse der Tiere und schützt das Rückenmark, das zentrale Nervensystem.

Zwei neue embryonale Strukturen wurden 'erfunden', die entscheidend für die Ausgestaltung der größer werdenden Wirbeltierkörper sind: Die Neuralleiste und die Plakoden. Beide sind Spezialisierungen des äußeren embryonalen Keimblattes, des Ektoderms, das bei allen Tieren die Haut und das Nervensystem hervorbringt. Die Neuralleiste ist eine Zellgruppe, die an der Grenze zwischen Hautanlage und Neuralrohr entlang der Körperachse entsteht (**Abb. 9**). Diese Zellen haben zwei Eigenschaften, die sie vor anderen auszeichnet: Erstens, sie sind pluripotente Stammzellen, das heißt, sie können zu vielen verschiedenen Zelltypen werden; zweitens, sie wandern vom Ort ihrer Entstehung weite Strecken durch den Körper und statten die verschiedensten Organe mit spezialisierten Zellen aus. Dazu gehören die Knochen des Kiefers, Zähne, einige Schädelknochen, die Pigmentzellen der Haut, das periphere Nervensystem, Gliazellen, das sympathische Nervensystem sowie Hörner, Schnäbel und Geweihe. Plakoden sind lokale Verdickungen in der embryonalen Haut, die sensorische Strukturen der Sinnesorgane bilden, wie zum Beispiel der Nase, der Linse, des Innenohrs und der Seitenlinie der Fische. Aus Plakoden entstehen auch viele Hautspezialisierungen, wie Haare, Federn, Schuppen, Nägel und Krallen (**Abb. 10**). Viele dieser Strukturen sind für die Formenvielfalt und die Ausstattung des Körpers mit äußeren Merkmalen, die der Schönheit, aber auch dem Schutz, dem Angriff und der Verteidigung dienen, von entscheidender Bedeutung. Aus Fossilienfunden weiß man, dass Tiere, deren Körperbau Strukturen aufweist, die auf Neuralleiste und Plakoden zurückgehen, vor etwa 450 Millionen Jahren auftauchten. Aus plakodenähnlichen Strukturen entstehen auch zwei Paar Gliedmaßen, die bei Fischen noch einfache Flossen darstellen, bei den übrigen Wirbeltierklasse gegliederte Arme, Beine oder Flügel bilden. Die Wirbeltiere mit den großen Gruppen der Fische, Amphibien, Vögel und Reptilien sowie der Säugetiere sind auf Grund dieser Eigenheiten des Körperbaus nicht nur besonders vielfältig gestaltet, sondern auch besonders konkurrenzfähig. Der Modus ihrer Entwicklung lässt gewaltige Formen zu, die bereits durch ihre schiere Größe anderen Tieren überlegen sind (**Abb. 11**).

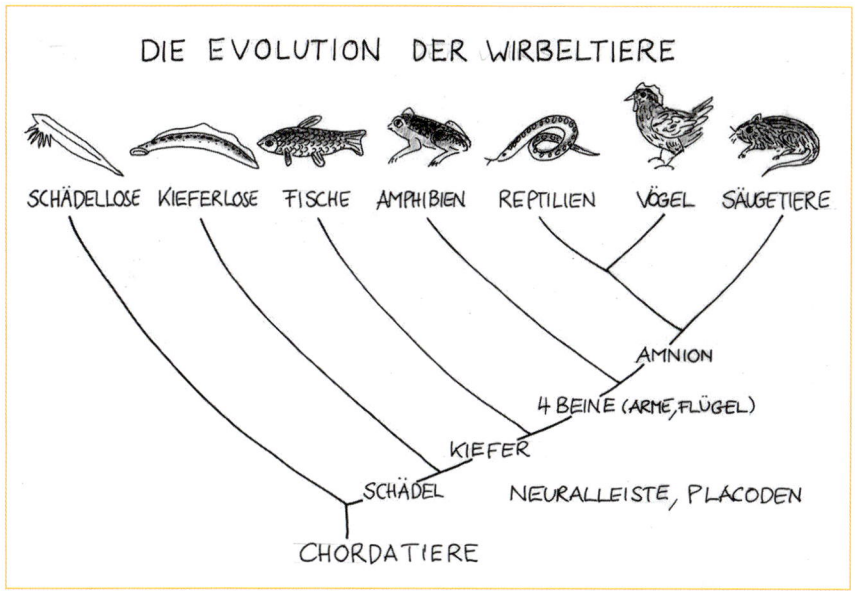

Abb. 11 Vereinfachter Stammbaum der Chordatiere. Die ersten Chordaten gab es bereits im Kambrium vor etwa 600 Millionen Jahren, die einfachsten Fische mit Schädel Kiefer, und Flossen seit 450 Millionen Jahren. In der Abbildung sind die Verwandtschaftsbeziehungen zwischen Reptilien und Vögeln vereinfacht.

Obwohl Plakoden und Neuralleiste für die Ausgestaltung des Körpers der Wirbeltiere entscheidend sind, weiß man vergleichsweise wenig darüber, wie die aus ihnen entstehenden Strukturen während der Entwicklung gebildet werden. Neuralleiste und Plakoden sind embryonale Anlagen und werden bald nach der Gastrulation, die mit der Bildung der drei Keimblätter die Körpergrundgestalt festlegt, sichtbar. Klassische Experimente zur Entwicklung von Wirbeltieren, besonders der Neuralleiste, wurden hauptsächlich an Hühnchenembryonen durchgeführt, weil sich bei ihnen gut Transplantationsexperimente durchführen lassen. In neuerer Zeit gewinnt ein tropischer Süßwasserfisch, der Zebrafisch, als Modellorganismus der Genetik und Embryologie zunehmend an Bedeutung. Er ist einfacher gebaut als Hühner, hat aber bereits alle Strukturen und Organe, die Wirbeltiere auszeichnen. Er lässt sich leicht züchten, seine Eier entwickeln sich sehr schnell außerhalb des mütterlichen Organismus, darüber hinaus sind sie durchsichtig. Das erlaubt, im lebenden Embryo die Wanderung und Differenzierung einzelner Zellen und Zellgruppen zu verfolgen. Durch das Einbringen von künstlichen Genen in das Ei kann die Markierung bestimmter Zellen mit fluoreszierenden Farbstoffen bewirkt werden. Diese kann man nutzen, um den Weg von Zellen bei ihrer Wanderung durch den Embryo zu verfolgen und genauer zu untersuchen.

Wir untersuchen am Zebrafisch exemplarisch die Entstehung des Seitenlinienorgans, das sowohl aus Zellen der Neuralleiste als auch einer Plakode gebildet wird. Dieses Sinnesorgan besteht aus lauter kleineren Einzelorganen, den Neuromasten, die sich in der Haut von im Wasser lebenden Tieren finden und der Auf-

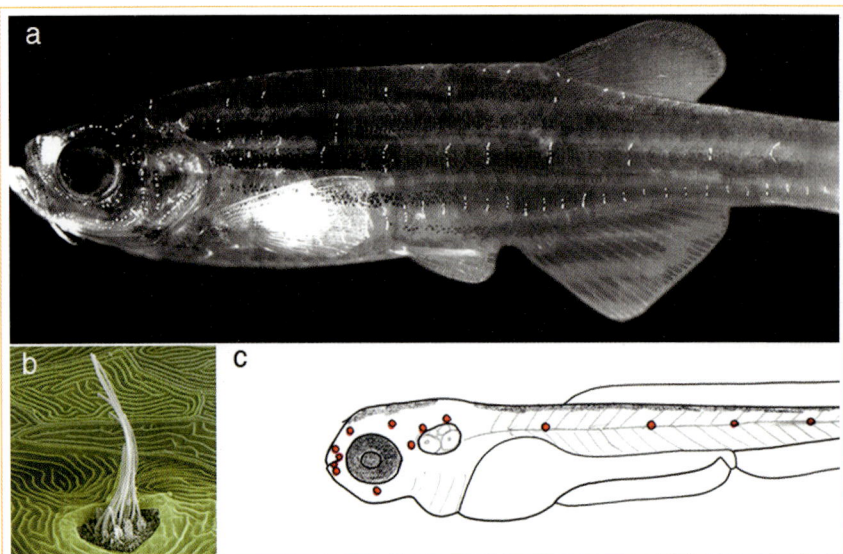

Abb. 12 Das Seitenlinienorgan im Zebrafisch. **a)** Anordnung der Neuromasten im adulten Zebrafisch (weiße Punkte). - **b)** Haarzellbüschel (Neuromast) in der Haut einer Fischlarve (Rasterelektronische Aufnahme von Jürgen Berger und Teresa Nicolson). **c)** Anordnung der Neuromasten in der Larve (rote Punkte).

nahme von mechanischen Reizen dienen. Die Funktion wird durch steife Haarzellbüschel ausgeübt, die durch Druckwellen und Schwingungen im Wasser in Erregung versetzt werden (**Abb. 12**).

Über Nerven sind diese Organe mit dem zentralen Nervensystem verbunden. Ganz ähnliche Haarzellbüschel befinden sich im Innenohr von Wirbeltieren, wo sie Schallwellen registrieren. Das Seitenlinienorgan der Fische entsteht aus Plakoden, die entlang der Seitenlinie (die durch den Knick der keilförmigen Muskelpakete bestimmt wird) angeordnet sind und die Neuromasten ausbilden. Sie sind durch den Seitenliniennerv, der die Haarzellbüschel versorgt, mit dem zentralen Nervensystem verbunden. Dieser Nerv wiederum ist von Gliazellen umhüllt, die den Nerv schützen und der Neuralleiste entstammen. Das Seitenlinienorgan entsteht durch die Wanderung einer Plakode, die ausgehend von der Ohranlage zum Schwanzende des Fischembryos wandert, begleitet von Nervenfasern und Gliazellen. Eine spannende Frage ist, wie die Zellen der drei verschiedenen Typen bei ihrer Wanderung den Weg finden. Welchen Signalen folgen sie? Wandern sie unabhängig voneinander, oder ist ihre Wanderung koordiniert?

Beim Zebrafisch lässt sich die Wanderung von Zellen im lebenden Tier beobachten und in Zeitrafferfilmen festhalten. Die Zellen werden spezifisch farbig markiert, um sie einzeln und in Kombinationen sichtbar machen zu können. Hierfür eignen sich besonders fluoreszierende Proteine (green fluorescent protein, GFP), die in Tiefseequallen entdeckt wurden. Man kann im Labor das Gen einer Quallenart, das für einen solches Protein kodiert, an eine Kontrollregion eines bestimmten Gens aus dem Fisch koppeln. Diese gekoppelten Gene kann man stabil

C. Nüsslein-Volhard _ Warum Tiere so verschieden aussehen | 219

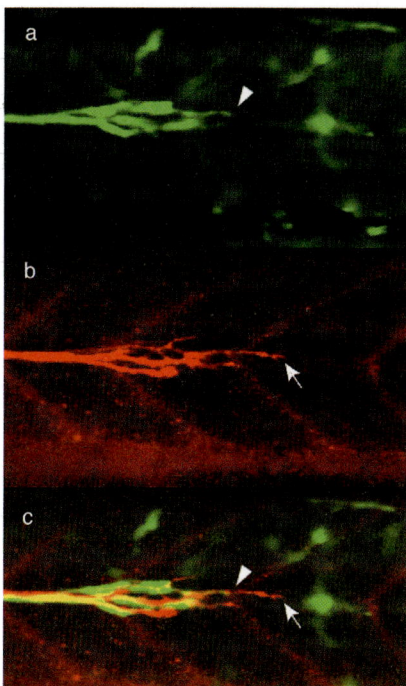

Abb. 13 Wanderung von Gliazellen (grün) und Nervenfasern (rot) entlang der Seitenlinie eines Zebrafischembryos. Die Gliazellen sind durch green fluorescent protein (GFP), das unter der Kontrolle des Promoters des fkd3-Gens gebildet wird, markiert, die Nervenfasern durch Di I. **a)** nur fkd3-GFP - **b)** nur DiI **c)** Überlagerung beider Färbungen. Aus [10].

in das Genom des Fisches einbauen, so dass, je nachdem welche Kontrollregion verwendet wurde, ein bestimmter Zelltyp das GFP produziert und daher grün fluoresziert. Auf diese Weise haben wir Fische generiert, bei denen die Zellen der Neuralleiste bereits früh in der Entwicklung dieses grüne Protein herstellen. Damit lässt sich ihre Wanderung verfolgen.

Einige Zellen der Neuralleiste bilden die Gliazellen, die den Seitenliniennerv umhüllen. Diese Zellen wandern am zweiten Tag der Entwicklung des Fischembryos entlang der Seitenlinie (**Abb. 13**). Die vordersten Zellen bilden lange Fortsätze aus,

die zufällige Tastbewegungen durchführen, während die hinteren Zellen dicht an dicht folgen. In denselben Fischembryonen lassen sich auch Nervenfasern farbig markieren. Das geschieht, in dem ein roter fluoreszierender Farbstoff in die Plakode, aus der der Nerv entspringt, injiziert wird. Die Farbe wird von den Nervenzellen aufgenommen und färbt auch die Nervenfortsätze, die den Seitenliniennerv bilden und der auf dem gleichen Weg wie die Gliazellen wandert. An der Spitze dieser Nervenfaser befindet sich der sogenannte Wachstumskegel, der sich ähnlich wie die Gliazellen in suchende Fortsätze auffächert. Betrachtet man Gliazellen und Nervenzellen gleichzeitig, so sieht man, dass diese Fortsätze einander sehr ähnlich sind, das bedeutet, dass die Nervenenden stets eng von Gliazellen umgeben sind. Ihre Wanderung scheint genau koordiniert zu erfolgen. Dabei stellt sich die Frage, wer wem folgt: die Gliazellen den wandernden Nerven oder umgekehrt. Eine genauere Analyse ergibt, dass die Nerven immer ein klein wenig schneller als die Gliazellen sind. Diese Beobachtung sowie weitere Experimente bestätigen, dass es die Nerven sind, die den Weg finden, während die Gliazellen den Nerven folgen. Es gibt genetische Mutanten, bei denen die Gliazellen fehlen, in solchen Fischen wandert der Seitenliniennerv zunächst ganz normal. Gliazellen können hingegen in Embryonen, denen der Nerv fehlt, den Weg nicht finden [10].

Wie finden nun aber die Nerven den Weg? Sie folgen wiederum der wandernden Plakode des Seitenlinienorgans: Die Wanderung der Plakode erfolgt auf dem gleichen Weg wie die des Nervs und der Gliazellen. Beobachtet man die Wanderung der Plakode, sieht man eine Gruppe aus etwa 100 Zellen, die sich langsam fortbewegt. Man sieht den Wachstums-

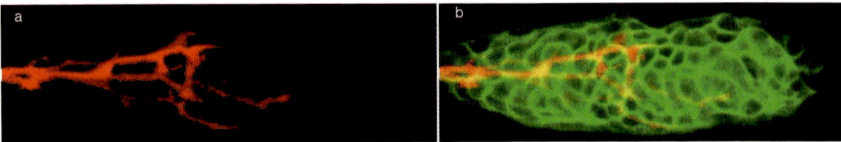

Abb. 14 a) Wandernde Nervenfaser, mit DiI rot gefärbt. **b)** Gleichzeitige Darstellung der wandernden Plakode, in die die Nervenfaser eingebettet erscheint. Sie wird durch GFP, das unter der Kontrolle des Promoters des claudin-B-Gens gebildet, markiert. Hier ist das GFP an die Zellmembranen gebunden, so dass die Umrisse der Zellen sichtbar sind. Aus [13].

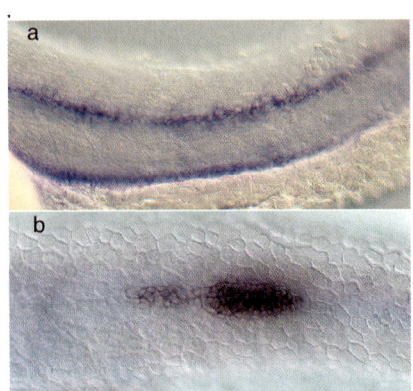

Abb. 15 Verteilung von Signal und Rezeptor. **a)** Darstellung der mRNA des SDF-Gens, die entlang der Seitenlinie erscheint. **b)** Darstellung der mRNA des Cxcr4b-Gens, das in Zellen der wandernden Plakode erscheint. Aus [11].

egel des Nervs in der wandernden Plakode eingebettet, die dem Nerv deutlich vorangeht (**Abb. 14**). Die Zellen an der SSpitze der Plakode senden suchende Fortsätze aus und ziehen die dahinter liegenden Zellen mitsamt dem Nerv mit sich. Das ist ein neuartiger Mechanismus wie Nerven ihr Ziel finden: Sie halten sich gleichsam an der Anlage des Sinnesorgans, das sie später versorgen, fest und werden von ihm bei der Wanderung mitgezogen. Es leuchtet ein, dass solch ein Mechanismus, bei dem die gleichzeitige Wanderung von verschiedenen Zelltypen hierarchisch geordnet ist, sicherstellt, dass die verschiedenen Zellen immer beieinander bleiben, auch wenn, wie in der Seitenlinie des Fischembryos, weite Strecken durchwandert werden müssen [11].

Die entscheidende Frage war nun schließlich, wie die Plakode den Weg erkennt und dem Pfad folgen kann. Hierbei spielen Moleküle, die auf der Oberfläche der Plakodenzellen sitzen, eine wichtige Rolle. Sie wirken als Rezeptoren für Signalmoleküle, die entlang des Pfades gebildet werden. Wir haben das Gen, das diesen Rezeptor kodiert, durch Mutanten gefunden, bei denen die Keimzellen im Körper des Fisches den Weg nicht korrekt finden können oder auf ihrem Weg verloren gehen [12]. In diesen Mutanten, odysseus genannt, kann auch die Plakode ihren Weg nicht finden und bleibt stehen, und mit ihr auch der Nerv. Das Rezeptorprotein heißt CXCR4, es war bereits aus anderen Experimenten in der Maus bekannt. CXCR4 ist in Säugetieren bei einigen Wanderungsprozessen beteiligt, wie beispielsweise beim Aufspüren von Bakterien durch weiße Blutkörperchen und bei der Bildung von Metastasen während der Krebsentstehung. Der Pfad, auf dem die Plakode wandert, wird durch das Signalprotein SDF-1 markiert, das von dem Rezeptor erkannt wird. Es wird an einigen Stellen im Embryo, auch in Zellen entlang der Seitenlinie produziert (**Abb. 15**).

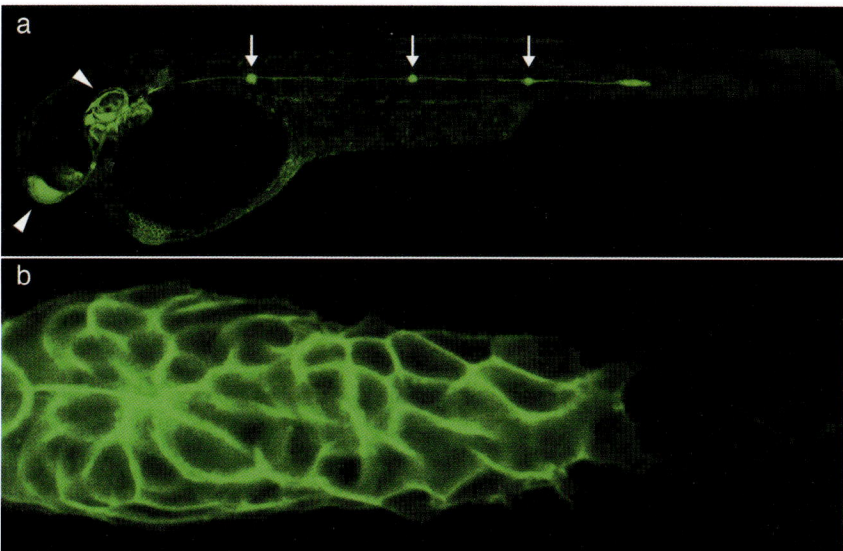

Abb. 16 a) Wanderung der Plakode. Embryo ca 36 Stunden nach Eiablage. Die Pfeilspitzen deuten auf die Nasen- sowie die Ohrplakode. Entlang der Seitenlinie befinden sich ein Strang von grün markierten Zellen, der an einzelnen Stellen (Pfeile) Verdickungen zeigt, das sind die Anlagen der Neuromasten. Rechts am Ende des Stranges befindet sich die wandernde Plakode. **b)** Die wandernde Plakode. An der Spitze rechts sendet sie dünne Fortsätze aus, die Suchbewegungen durchführen.

Wie funktioniert die Wegfindung? Aufschlussreiche Hinweise erhält man aus Versuchen, bei denen durch genetische Veränderungen der Pfad unterbrochen wird. In solchen Fällen bleibt die Plakode nicht einfach stehen, sondern sie weicht aus, wobei verschiedene Wege eingeschlagen werden. Sie kann springen, um eine weiter entfernte Quelle von SDF zu erreichen und dieser zu folgen. Dieses Verhalten zeigt, dass der Kontakt zum Signal nicht direkt sein muss, sondern dass dieses über die Distanz von mehreren Zelldurchmessern hinweg erkannt werden kann. Vermutlich kann das Signalprotein sich durch Diffusion ausbreiten, wie das für kleine Moleküle zu erwarten ist. Es könnte dann auch als Gradient wirken, so dass die Wanderung in Richtung zunehmender oder abnehmender Konzentration erfolgt. Das scheint aber hier nicht der Fall zu sein, denn die Plakode kann auch umkehren, um auf dem bereits gegangenen Pfad mit normaler Geschwindigkeit zurückzuwandern. Auch bei solchen Exkursionen zieht die Plakode den Nerv stets hinter sich her. Die Beobachtung, dass die Plakode mit normaler Geschwindigkeit dem Pfad in umgekehrter Richtung folgen kann, bedeutet, dass der durch das SDF-1-Molekül gelegte Pfad nicht die Richtung der Wanderung bestimmt, sondern dass dies vielmehr eine Eigenschaft der Plakode selbst ist. Sie hat also ein Vorne und ein Hinten und stellt damit nicht nur eine Ansammlung von Zellen, sondern ein einfaches, polares Organ dar. Die Zellen an der Spitze strecken dünne Fortsätze aus, wie auch die Gliazellen und die Nerven, die Suchbewegungen ausführen [10, 13] (**Abb. 16**).

Bei ihrer Wanderung trennen sich am Ende der Plakode kleine Gruppen von Zellen ab, die stehenbleiben, und später ein Sinneshaarzellbüschel des Seitenlinienorgans bilden. Diese sind durch den Nerv und die Gliazellen mit dem zentralen Nervensystem verbunden. Die koordinierte Wanderung dieser drei Zelltypen, die leiten und folgen, bewirkt ein perfektes Zusammenspiel, das für die korrekte Funktion des Sinnesorgans notwendig ist. Man sieht, wie Mechanismen der koordinierten Zellwanderung in der Lage sind, auch beim Überspannen großer Abstände, wie sie im wachsenden Tier auftreten, für eine korrekte und stets funktionale Anordnung der einzelnen Elemente eines veränderlichen Organs zu sorgen. Im Falle des Seitenlinienorgans sind zunächst nur wenige Neuromasten entlang der Flanke des Fisches vorhanden. Mit dem Wachstum des Tieres nimmt die Zahl zu, so dass die Abstände etwa gleich bleiben. Die zusätzlichen Organe entstehen nicht etwa durch erneutes Auswandern einer Plakode, sondern sie werden zwischen den bereits vorhandenen Neuromasten gebildet. Zellen im Strang zwischen den vorhandenen Organen wachen auf, wenn der Abstand eine Mindestlänge überschreitet. Sie beginnen sich zu teilen und fügen neue Sinneshaarzellbüschel ein, die bereits korrekt innerviert sind.

Am System des Seitenlinienorgans zeigt sich beispielhaft, wie ein Organismus mit seinen vielfältigen Funktionen sich an die zunehmende Körpergröße anzupassen vermag. Es ist gut möglich, dass auch bei anderen Systemen, wie der Bildung von Blutgefäßen, die Anpassung an Veränderungen mit ähnlichen Mechanismen der koordinierten Zellwanderung erfolgt. Wenigstens können wir uns nun etwas konkreter vorstellen, wie sich Sinnesorgane an das größer Werden bei Wirbeltieren anpassen können.

„Die Natur … wendet uns gar mannigfaltige Seiten zu; was sie verbirgt, deutet sie wenigstens an; dem Beobachter wie dem Denker gibt sie vielfältigen Anlaß, und wir haben Ursache, kein Mittel zu verschmähen, wodurch ihr Äußeres schärfer zu bemerken und ihr Inneres gründlich zu erforschen ist" [8].

Dank

Ich danke Darren Gilmour für Diskussionen und Abbildungen, Florian Madersbacher für Textkorrekturen und Nikolas Rohner für Abbildung 7.

Referenzen

1 Lavater JK. Physiognomische Fragmente, Zürich, 1775
2 von Goethe JW. Dem Menschen wie den Tieren ist ein Zwischenkieferknochen der oberen Kinnlade zuzuschreiben. Jena 1786. Veröffentlicht 1820 in den Morphologischen Heften.
3 von Goethe JW. Erster Entwurf einer allgemeinen Einleitung in die vergleichende Anatomie Jena 1795. Veröffentlicht in den Morphologischen Heften 1820.
4 Becker HJ. Goethes Biologie. Die wissenschaftlichen und die autobiographischen Texte eingeleitet und kommentiert. Königshausen und Neumann, Würzburg, 1999
5 von Baer KE. Entwicklungsgeschichte der Thiere, Königsberg, 1828.
6 Nüsslein-Volhard C. Das Werden des Lebens. Wie Gene die Entwicklung steuern. C.H. Beck Verlag, München, 2004
7 Darwin C. "On the origin of species by means of natural selection", Murray, London, 1859
8 von Goethe JW. Principes de Philosophie Zoologique. In „Jahrbücher für wissenschaftliche Kritik", Berlin 1830 und 1832
9 Aguinaldo AM et al. Nature 1997;387, 489

10 Gilmour DT, Maischein HM, Nüsslein-Volhard C. Migration and function of a glial subtype in the vertebrate peripheral nervous system. Neuron 2002; 34: 577-588.
11 Gilmour DT, Knaut H, Maischein HM, uNüsslein-Volhard C. Towing of sensory axons by their migrating target cells in vivo. Nat Neurosci 2004; 7:491-492
12 Knaut H, Werz C, Geisler R, Nüsslein-Volhard C. A zebrafish homologue of the chemokine receptor Cxcr4 is a germ-cell guidance receptor. Nature 2003; 421: 279-282
13 Haas P, Gilmour DT. Organization of tissue migration by SDF1-CXCR4chemokine signalling. Developmental Cell 2006; 10, 673-680

Prof. Dr. rer. nat. Dr. h.c. mult. Christiane Nüsslein-Volhard, geboren 1942 in Magdeburg, studierte Biologie; Physik und Chemie in Frankfurt am Main und Tübingen und wurde 1973 an der Universität Tübingen promoviert, anschließend Postdoc im Biozentrum in Basel und an der Universität Freiburg. Gruppenleiterin am Europäischen Molekularbiologischen Laboratorium in Heidelberg (EMBL) (1978-1981) und am Friedrich-Miescher-Laboratorium der Max-Planck-Gesellschaft in Tübingen (bis 1984). Seit 1985 Direktorin und Wissenschaftliches Mitglied am Max-Planck-Institut für Entwicklungsbiologie in Tübingen. – Ihre Forschungsgebiete sind Entwicklungsbiologie und Genetik, die genetische Analyse der Musterbildung bei Drosophila sowie Zellwanderung und Organbildung beim Zebrafisch.

Mit herausragenden Preisen und Auszeichnungen sowie Ehren- und Gremienmitgliedschaften und Gastprofessuren wurden ihre Leistungen gewürdigt, so 1995 mit dem Nobelpreis für Medizin und Physiologie für ihre Forschungen über die genetische Steuerung der Embryonalentwicklung.

In mehreren Veröffentlichungen wendet sie sich an ein breiteres Publikum; so mit dem Buch „Das Werden des Lebens – Wie Gene die Entwicklung steuern", Verlag C.H.Beck (2004) und DTV (2006) und „Von Genen und Embryonen, Reclam Verlag (2004).

Prof. Dr. Christiane Nüsslein-Volhard
Max-Planck-Institut für Entwicklungsbiologie
Spemannstr. 35 / III
72076 Tübingen

Materie, die lebt – Materie, die erlebt –
Zur Physik des freien Willens
Holk Cruse

Neurobiologen stehen vor erheblichen Problemen, wenn sie kognitive Fähigkeiten wie Fühlen, Denken, Entscheiden – und erst recht Phänomene wie Bewusstsein oder freier Wille – erklären sollen. Ich will mich im folgenden nicht mit dem komplexen und viele Konnotationen umfassenden Begriff des Bewusstseins befassen, sondern eine wesentlich einfachere Frage angehen, von der ich aber dennoch glaube, dass sie für das Verständnis dieser Probleme von grundlegender Bedeutung ist. Diese Frage lautet: Wie kommt es überhaupt dazu, dass physikalische Systeme die Fähigkeit zu subjektivem Erleben besitzen?

Lassen Sie mich mit einem einfachen Gedankenexperiment beginnen: Man versuche, sich ein Wesen vorzustellen, das zwar die wichtigsten Gesetze der Physik kennt, dem aber bisher das Phänomen „Leben" unbekannt ist. Dieses Wesen hat demnach Kenntnis darüber, dass Materie verschiedene Zustände wie fest, flüssig und gasförmig annehmen kann. Die Tatsache aber, dass Materie auch im Zustand „lebend" vorkommen kann, wäre für dieses Wesen eine neue und vermutlich sehr erstaunliche Erkenntnis, eine Erkenntnis, die auch für uns Menschen noch nicht allzu lange als selbstverständlich gilt. Noch vor etwa 100 Jahren wurde zwischen den sogenannten Vitalisten und den Mechanisten eine intensive Diskussion darüber geführt, ob Leben allein aus toter Materie gebildet werden kann oder ob, wie die Vitalisten annahmen, eine zusätzliche „Kraft" (*vis vitalis*) notwendig ist, um von toter Materie zu einem lebenden System zu kommen. Das Problem gilt inzwischen als gelöst. Wir wissen, dass unter ganz bestimmten Bedingungen – benötigt werden zum Beispiel gewisse hochkomplexe Moleküle – einem materiellen System die Eigenschaft „lebend" zukommen kann. Materie kann also nicht nur fest, flüssig oder gasförmig sein, sondern auch Systeme bilden, die sich zum Beispiel in gewissem Rahmen selbst stabilisieren können, und die sich schließlich auch fortpflanzen können. Die Eigenschaft „lebend" kann also als emergente Eigenschaft gesehen werden. Eine explizite *vis vitalis* ist nicht nötig.

Ich will hier den Standpunkt vertreten, dass Materie noch eine weitere Zustandsform annehmen kann. Auch diese, so ist zu vermuten, ist an bestimmte komplexe Strukturen geknüpft. Materie kann nicht nur im Zustand tot oder lebend vorliegen, es gibt Materie auch in einem Zustand, den man „erlebensfähig" nennen könnte. Die Fähigkeit, subjektive Erfahrungen machen zu können, also erleben zu können, ist für uns Menschen etwas ganz Selbstverständliches, so selbstverständlich, dass man nicht geneigt ist, dies als etwas Besonderes und des Nachdenkens wertes zu sehen. Vermutlich wird aber jeder von uns der Annahme zustimmen, dass es auch materielle Systeme gibt, die diese Eigenschaft nicht besitzen. Begründen kann man dies mit der natürlich spekulativen Annahme, dass Erlebensfähigkeit ganz bestimmte neuronale Strukturen voraussetzt. Systeme, die diese Bedingungen nicht erfüllen, können nicht erleben.

Innenperspektive - HIP oder NIP?

Die Fähigkeit, erleben zu können, wird von Philosophen auch mit der Fähigkeit zur „Innenperspektive" oder der „Sicht der ersten Person" bezeichnet. Materielle Systeme können also nicht nur unter den Begriffen „tot/lebend" eingeteilt werden, sondern unterscheiden sich auch, je nachdem ob sie eine Innenperspektive aufweisen oder ihnen eine solche fehlt. Ich will die ersteren HIP-Systeme (für *Having an Internal Perspective*) und die letzteren NIP-Systeme (für *Non having an Internal Perspective*) nennen*). Der Zustand, eine Innenperspektive zu besitzen, also subjektiv erleben zu können, ist zwar eng mit dem Zustand des bewusst Seins verknüpft, aber nicht mit diesem identisch. Bewusstsein kann je nach Definition sehr viele weitere Konnotationen umfassen, die hier nicht gemeint sind. Es geht hier ausschließlich um die ganz basale Eigenschaft, erleben zu können, zum Beispiel Schmerz. Es ist, um bei diesem Beispiel zu bleiben, der Zustand des Erlebens des Schmerzes, nicht die (physiologische) Reaktion auf den Schmerzreiz gemeint.

Wenn wir auch inzwischen recht genaue Angaben dazu machen können, welche Eigenschaften ein materielles System aufweisen muss, um als lebend zu gelten, wissen wir vergleichsweise wenig über die Fähigkeit, erleben zu können. Man kann sich zunächst dem Unterschied zwischen erlebenden und nicht erlebenden Systemen dadurch nähern, dass man nach Übergängen zwischen diesen Zuständen sucht. Übergänge von NIP-Systemen zu HIP-Systemen können zumindest an drei Situationen festgemacht werden. So muss zum Beispiel diese Grenze irgendwann im Laufe der Evolution überschritten worden sein. Menschen sind HIP-Systeme, tote Materie gehört zu den NIP-Systemen. Diese Aussage impliziert natürlich die schon erwähnte Spekulation, dass Erlebensfähigkeit ganz bestimmte (im Einzelnen allerdings noch unbekannte) neuronale Strukturen voraussetzt. **)

Desweiteren kann im Prinzip im Laufe der Ontogenie jedes Menschen beobachtet werden, wie Materie vom NIP-Zustand in den HIP-Zustand übergeht. Ein menschlicher Embryo im, sagen wir, vier-Zell-Stadium besitzt noch kein Nervensystem und damit, nach der hier getroffenen Annahme, auch noch keine Erlebensfähigkeit. Irgendwann im Laufe der Embryonalentwicklung des Individuums wird dieser Übergang stattfinden. Und schließlich schaffen wir, umgekehrt, den Übergang vom HIP- in den NIP-Zustand täglich, beim Wechsel vom Wachzustand in den (traumfreiem) Schlaf, oder, in selteneren Fällen, wenn wir unter Narkose gesetzt werden. Das narkotisierte Gehirn lebt, aber die Person erlebt nicht. Das Gehirn befindet sich dann im NIP-Zustand. Offenbar gibt es also strukturelle Änderungen, die bewirken, dass von dem einen in den anderen Zustand „umgeschaltet" werden kann.

Interessanter als diese Übergangssituationen ist der HIP-Zustand selbst. Kann man etwas über die Inhalte des Erlebenssystems und ihr Zustandekommen aus-

---

* Wenn die möglichen Missverständnisse nicht zu groß wären, könnte man HIP-Systeme auch mit „beseelt" bezeichnen, also mit einer Seele im Sinne der Psychologie, nicht der (christlichen) Theologie ausgestattet.

** Im Unterschied dazu gingen zum Beispiel viele Naturreligionen davon aus, dass auch nicht belebte Objekte, etwa Quellen, eine Seele hätten.

Abb. 1 Schematische Illustration der Tatsache, dass nur ein kleiner zentraler Bereich des auf die Retina projizierten Bildes der Außenwelt mit guter räumlicher Auflösung ins Gehirn übertragen wird. Hier nicht dargestellt ist, dass das Auge etwa vier Blicksprünge pro Sekunde durchführt.

sagen? Es gibt durchaus eine große Zahl von Beobachtungen, die der Philosoph Thomas Metzinger [1] sinngemäß mit dem Satz zusammenfasst: Was wir erleben, ist ein Konstrukt unseres Gehirns, oder: „Wir verwechseln den Inhalt unseres Weltmodells mit der realen Welt".

Es gibt in der Tat viele Hinweise darauf, dass das, was wir erleben, nicht einfach den Informationen entspricht, die unsere Sinnesorgane dem Gehirn liefern. So sehen wir nicht das Bild, das momentan auf der Retina abgebildet ist. Letzteres besitzt nur im Zentrum einen kleinen, scharf abgebildeten Bereich; der weitaus größte Bereich des Sehfeldes wird hingegen ziemlich unscharf abgebildet (**Abb. 1**). Weiterhin führen die Augen ständig unregelmäßige Blicksprünge, die sog. Sakkaden, durch. Von all dem merken wir nichts. Wir erleben vielmehr ein stabiles, großflächiges und einigermaßen scharfes Bild.

Dass man sogar etwas erleben kann, ohne dass Sinnesorgane überhaupt irgendwelche Informationen liefern, zeigen Patienten mit sogenannten Phantomempfindungen. Solche Empfindungen können zum Beispiel nach einer Armamputation auftreten. Trotz einer solchen Amputation können diese Patienten ein sehr lebendiges Körpergefühl für den nicht mehr vorhandenen Arm besitzen. Dieses Gefühl kann nicht von Sinnesorganen dieses Armes beeinflusst sein, da diese nicht mehr existieren. Es muss durch neuronale Aktivitäten des Gehirns ausgelöst werden, ohne dass aktuelle Sinnesdaten hierzu etwas beitragen.

Die Erfahrungen von Hemineglect-Patienten weisen auf Grenzen des für die Erzeugung des Erlebens verantwortlichen Systems hin. Bei diesen Patienten ist offenbar der Teil des Gehirns, der an der Konstruktion des Erlebensinhaltes beteiligt ist, geschädigt. Solche Patienten erleben nur eine Hälfte ihrer Umwelt oder, in manchen Fällen, nur eine Hälfte des eigenen Körpers. Obwohl die Sinnesorgane, etwa die Augen, intakt sind, können diese Personen nur eine, zum Beispiel die linke Hälfte des gesehenen Objektes wahrnehmen. Dies gilt auch für den Versuch, sich das Objekt vorzustellen. Nur diese Information erreicht das Erlebenssystem. Was wir erleben, beruht also in der Tat auf einem Konstrukt unseres Gehirns.

Umgekehrt gibt es viele Beispiele dafür, dass Sinnesdaten zur Steuerung des Verhaltens verwendet werden, ohne dass deren Inhalt erlebt wird. Dies gilt etwa für die sogenannten Maskierungsexperimente [2]. Versuchspersonen lernen hierbei, möglichst schnell einen Knopf zu drücken, wenn sie das Bild eines Kreises angeboten bekommen, aber nicht, wenn ein Quadrat präsentiert wird. Im kritischen Experiment wird dann sehr kurz der Kreis, gleich darauf aber das Quadrat gezeigt. Die Versuchspersonen drücken den Knopf, reagieren also richtig auf den Kreis, geben aber an, nur das Quadrat gesehen zu haben. Und wundern sich über ihre „falsche" Reaktion. Der Stimulus Kreis löst also die richtige neuronale und motorische Reaktion aus. Offenbar wird er aber nicht so lange angeboten, wie es nötig wäre, um ein Erleben, ein Bewusstwerden des Kreises auszulösen. Das an derselben Stelle angebotene Quadrat „überschreibt" die Repräsentation des Kreises. Da das Quadrat längere Zeit angeboten wird, kann dessen neuronale Repräsentation erlebt werden. Daraus ergeben sich zwei wichtige Erkenntnisse. Das Erlebenssystem benötigt eine gewisse Zeit, um den Zustand des Erlebens zu erreichen. Verhalten kann auch kontrolliert werden, ohne dass das Erlebenssystem beteiligt ist.

Erleben – ein Konstrukt

Nun wäre es natürlich höchst interessant zu wissen, welches genau die neuronalen Strukturen sind, die für diese Konstruktion unserer Erlebensinhalte verantwortlich sind. In Ermangelung genauerer Kenntnis spricht man davon, dass, zum Beispiel, sensorische Informationen verwendet werden, um sogenannte mentale Modelle zu aktivieren. Die hierfür notwendigen (unbekannten) neuronalen Strukturen sind, wenn aktiviert, dafür verantwortlich, dass wir etwas erleben. Viele Beobachtungen sprechen dafür, dass diese mentalen Modelle nicht rein sensorische oder rein motorische Inhalte enthalten, sondern dass sie in holistischer Weise zugleich sensorische und motorische Informationen repräsentieren. Besonders anschaulich wird dies in einem Experiment von Shiffrar und Pinto [3] illustriert. Es basiert auf dem klassischen Experiment zur Scheinbewegung. Wir erleben den Eindruck von Bewegung, wenn kurz nacheinander zwei Bilder gezeigt werden, die sich geringfügig unterschieden. Der Film lebt von diesem Phänomen. Im einfachsten Experiment[*]) sind dies zwei Punkte, erst einer links, kurz danach der zweite rechts im Bild gezeigt. Wir erleben dann einen Punkt, der von links nach rechts zu springen scheint. Die klassische Interpretation ist die, dass das Gehirn die Scheinbewegung entlang der kürzesten Verbindung der beiden Objekte konstruiert. M. Shiffrar

---

[*] Siehe hierzu auch den Beitrag von C. Büchel in diesem Band.

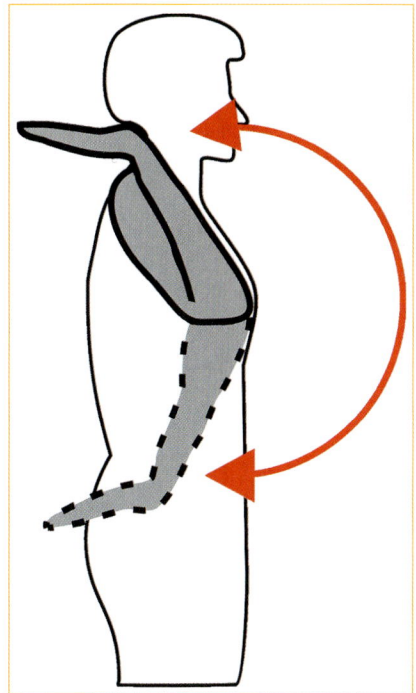

Abb. 2 Bietet man einer Versuchsperson in geeignetem zeitlichem Abstand das Bild eines Menschen mit zwei verschiedenen Armstellungen, so hat die Versuchsperson den Eindruck, dass die Hand eine Bewegung etwa entlang der angezeigten Bahn ausführt. Die erlebte Scheinbewegung berücksichtigt also die durch die Körpermechanik gegebenen Einschränkungen.

hat nun aber nicht Punkte, sondern Bilder eines Menschen mit zwei verschiedenen Armpositionen gewählt (**Abb. 2**). Die Arme sind dabei so gehalten, dass die Bewegung von der einen in die andere Position von einem Mensch nicht über den kürzesten Abstand, sondern aus Gründen der Körpermechanik nur über einen großen Umweg durchgeführt werden kann. Der Betrachter dieser Bilder erlebt nun tatsächlich eine Bewegung, die nicht dem kürzesten Abstand entspricht. Die erlebte Bewegung entspricht vielmehr einem Umweg, nämlich der Bewegung, die von einem menschlichen Körper durchgeführt werden kann. Es wird also Wissen über die Mechanik des menschlichen Körpers verwendet. Dies bedeutet, dass die Sinnesdaten, bevor sie das System erreichen, das für den Zustand des Erlebens verantwortlich ist, erst durch ein mentales Modell laufen müssen, das die Mechanik des eigenen Körpers repräsentiert. Wenn man so will, sehen wir also mit unserem Körper.

Ein weiteres schönes Beispiel dafür, dass unsere Erlebensinhalte konstruiert sind, stellt die Pinocchio-Illusion dar. Wenn bei einer Versuchsperson die Muskulatur des rechten Oberarmes mit einer hochfrequenten Vibration gereizt wird, ruft dies bei ihr die Illusion hervor, dass das Ellbogengelenk gestreckt wird, ein als solches schon länger bekanntes Phänomen. Lackner [4] hat das Experiment so erweitert, dass die Versuchsperson dabei außerdem ihre Nase zwischen Daumen und Zeigefinger der rechten Hand festhalten muss. Dann erlebt die Versuchsperson zugleich die Illusion, dass sich ihre Nase um bis zu 30 cm verlängert, daher der Name des Effekts.

Eine quantitative Hypothese

Nun wissen wir zwar relativ wenig darüber, wie solche mentalen Modelle neuronal realisiert sind. Es gibt aber zumindest Hypothesen in Form künstlicher neuronaler Netze. Ein Beispiel für ein Körpermodell, das im oben genannten Sinne auch als Basis für die Wahrnehmung von Körpern (z.B. anderer Menschen) verwendet werden könnte, stellt das sogenannte MMC-Netz dar [5]. Solche Netze, die durch massive innere Rückkopplungen charakterisiert sind, haben die Eigenschaft der Musterkomplettierung. Die Eingabe begrenzter Information (zum Beispiel die Position der Handspitze und der Schulter) reicht, um eine vollständige

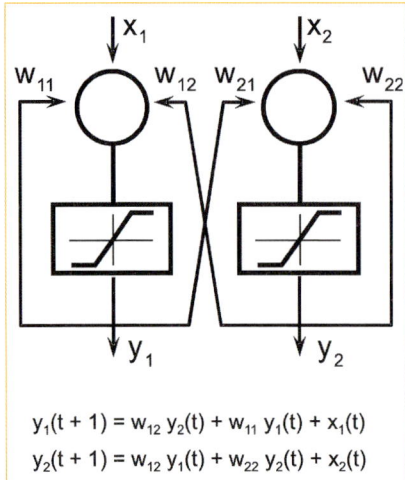

$y_1(t+1) = w_{12}\, y_2(t) + w_{11}\, y_1(t) + x_1(t)$

$y_2(t+1) = w_{12}\, y_1(t) + w_{22}\, y_2(t) + x_2(t)$

Abb. 3 Ein einfaches neuronales Netz, das aus zwei über Rückkopplungen verknüpften künstlichen Nervenzellen besteht. Durch die Kennlinien werden die Ausgangswerte y_1 und y_2 auf den Bereich zwischen 1 und -1 begrenzt. x_1 und x_2 stellen die Eingangsgrößen dar. Die Erregungsstärken der künstlichen Nervenzellen zum Zeitpunkt t+1 werden mit Hilfe der angegebenen Gleichungen berechnet. Das Verhalten eines solchen rekurrenten Netzes kann durch seine Harmoniefunktion veranschaulicht werden (s. Abb. 4).

und geometrisch mögliche Repräsentation des Armes herzustellen. Da diese Angaben mehrdeutig sind – eine bestimmte Position der Handspitze kann durch verschiedene Stellungen des Armes erreicht werden – muss diese Repräsentation nicht unbedingt der realen Armstellung entsprechen. Die Repräsentation wird aber immer genauer, je mehr Informationen angeboten werden. Manche Netze mit inneren Rückkopplungen, sogenannte rekurrente Netze, sind weiterhin dadurch gekennzeichnet, dass sie nach einer Störung, also zum Beispiel nach einer neuen sensorischen Eingabe, einige Zeit benötigen, bis sie zu einer Lösung gefunden haben. Das Netz „relaxiert", was quantitativ über die Berechnung eines skalaren Wertes, oft mit „Harmonie" be-

zeichnet, dargestellt werden kann. Das Netz ist vollständig relaxiert, wenn die Harmonie den Wert 1 angenommen hat. Dies soll am Beispiel eines sehr einfachen rekurrenten Netzes erläutert werden. **Abb. 3** zeigt eine einfache Form eines sogenannten Hopfield-Netzes. Es besteht aus nur zwei Zellen, die hier als Kreise dargestellt sind. Jede Zelle erhält einen Input (x_1, x_2) und kann über einen Output (y_1, y_2) Information über ihre Erregungsstärke nach außen liefern. Diese Erregungswerte können, ein eher technisches Detail, eine bestimmte obere oder untere Grenze nicht über- bzw. unterschreiten. Dies ist in der Abbildung durch die in Rechtecken eingetragenen Kennlinien angedeutet. Als obere bzw. untere Grenze ist hier 1 bzw. -1 angesetzt. Zusätzlich und vor allem sind die Nervenzellen untereinander und auch mit sich selbst verknüpft. In **Abb. 3** sind diese Verknüpfungen durch die Buchstaben w_{ij} gekennzeichnet. Wird dieses kleine Netz durch Stimuli von außen erregt, so zeigen sich natürlich entsprechende Aktivierungen an den beiden Ausgängen. Zusätzlich wirken diese aber zurück auf die Nervenzellen, was deren Erregung verändert, was wiederum die Ausgänge y_1, y_2 beeinflusst, worauf wiederum Rückwirkungen auftreten... usw. Je nach Art der Stimulation, der Stärke der Verknüpfungen und der Zahl der beteiligten Neuronen kann ein mehr oder weniger komplexer zeitlicher Verlauf der Ausgangsaktivitäten beobachtet werden. Für den in **Abb. 3** dargestellten einfachen Fall sind auch die Gleichungen angegeben, mit deren Hilfe diese Aktivitäten berechnet werden können.

Mit Hilfe der oben erwähnten Harmoniefunktion $H(y_1, y_2)$ lässt sich das Verhalten dieses Netzes veranschaulichen. Der Leser möge sich die in **Abb. 4** dargestellte Harmoniefunktion als Gebirge vorstellen.

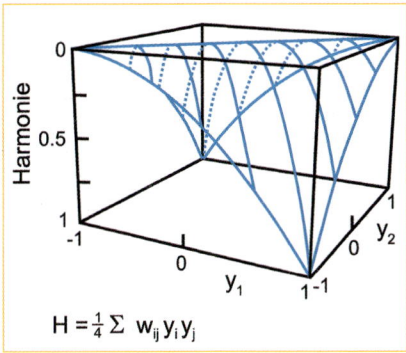

Abb. 4 Die Harmoniefunktion H(y$_1$,y$_2$) ordnet jedem Zustand des Netzes einen Harmoniewert zu. Positive Harmoniewerte sind nach unten aufgetragen, um das Verhalten des Netzes durch eine von der Schwerkraft bewegte Kugel veranschaulichen zu können. Die Kugel rollt in den tiefsten Punkt, das Netz befindet sich also nach einiger Zeit in einem der beiden Attraktoren (Harmonie H = 1).

Bringt man das Netz durch äußere Stimuli (x$_1$, x$_2$) in einen entsprechenden Anfangszustand, so verhält sich das Netz so, wie wenn man auf dieses „Harmoniegebirge" eine Kugel legen würde, und zwar an der Position (y$_1$, y$_2$), die dem aktuellen Zustand des Netzes entspricht. Was passiert dann? Die Kugel rollt in den tiefsten Punkt und bleibt dort liegen. Wird also die Kugel irgendwo diesseits der Diagonalen positioniert, so rollt sie stets in den vorderen Tiefpunkt. Ein Startzustand hinter der Diagonalen lässt die Kugel in den gegenüberliegenden Tiefpunkt rollen. Einem Tiefpunkt in der Graphik entspricht als Zahlenwert ein Maximum an Harmonie (im Beispiel H = 1). Die Kugel findet also einen Zustand höchster Harmonie. Dem Verhalten der Kugel entspricht das Verhalten des Netzes. Überlässt man das Netz sich selbst, so sucht und findet es eine Lösung, die einem der zwei möglichen Zustände maximaler Harmonie entspricht.

Die Zustände maximaler Harmonie nennt man auch Attraktorzustände. Bei einem derartigen, rückgekoppelten Netz ändert sich der Zustand solange, bis es in einem Attraktor zur Ruhe kommt. Netze mit mehr als zwei Zellen können viel kompliziertere Attraktorlandschaften mit vielen, auch unterschiedlich tiefen Attraktoren besitzen. Welchen Attraktorzustand ein Netz annimmt, hängt also zum einen von dem sensorischen Stimulus, zum anderen aber auch von der in Form der Verknüpfungsstärken w$_{ij}$ gespeicherten Informationen ab, da diese Werte die Form der Attraktorlandschaft bestimmen.

Eine Spekulation

Inwiefern sind diese neuronalen Strukturen in unserem Zusammenhang interessant? Wir haben eingangs spekuliert, dass Erlebensfähigkeit an bestimmte, aber unbekannte neuronale Strukturen gebunden sei. Genauer an bestimmte neuronale Aktivierungsmuster, denn die passive Struktur ist sicher dafür nicht verantwortlich. Diese Spekulation kann nun genauer spezifiziert werden. Wir nehmen an, dass die den mentalen Modellen zugrunde liegende neuronale Struktur durch derartige rekurrente Netze gebildet wird. Es könnte nun sein, so die weitere Vermutung, dass Harmoniezunahme des neuronalen Netzes und Erleben der Person miteinander gekoppelt sind. Viele neurophysiologische Befunde weisen in der Tat darauf hin, dass gewisse neuronale Strukturen zugleich drei Funktionen besitzen. Sie sind sowohl für die aktive Durchführung einer Körperbewegung, wie auch deren Wahrnehmung, wenn sie von einer anderen Person durchgeführt wird, und darüber hinaus auch für die rein mentale Vorstellung einer Bewegung verantwortlich, möglicherweise also für das Erleben. Wie auch beim Relaxieren eines solchen (künstlichen) neuronalen Netzes wird eine gewisse Zeit benötigt, bis die sensorisch aufgenommene Information erlebt wird. Dies zeigen zum Beispiel physiologische Experimente von Libet et al. [6] und die schon erwähnten psychophysischen Maskierungsexperimente.

Eine andere Eigenschaft dieser rekurrenten Netze, ihre Fähigkeit zur Musterkomplettierung, kann zur Erklärung der schon erwähnten Pinocchio-Illusion verwendet werden. Sensorisch gegebene Situationen, die unvollständig sind oder eigentlich nicht zusammenpassen, werden im Sinne einer „Kompromissbildung" passend gemacht. Bei der Pinocchio-Illusion erscheint das Ellbogengelenk gestreckt, was geometrisch nur möglich ist, wenn an anderer Stelle eine passende Änderung eingeführt wird. Offenbar ist die Länge der Nase nicht so explizit festgelegt wie die Geometrie des Armes und der Hand, so dass das neuronale Netz einen hohen Harmoniewert durch Anpassen der Nasenlänge findet. Das ist es, was die Person erlebt.

Die weitestgehende Spekulation wäre die, dass ein hoher Harmoniewert dieses neuronalen Netzes nicht nur die notwendige, sondern auch die hinreichende Voraussetzung dafür ist, dass der Inhalt dieses mentalen Modells erlebt wird.

Konsequenzen

Diese Annahme führt zu der folgenden Implikation*): Wir haben die These aufgestellt, dass Materie unter bestimmten Bedingungen die Eigenschaft besitzt, erleben zu können. Man kann deshalb zwar das Phänomen des Innenaspektes („erlebend") konzeptuell von anderen Aspekten materieller Systeme (neuronale Aktivitäten) trennen. Diese verschiedenen Eigenschaften sind aber nicht ontologisch in dem Sinne zu trennen, dass es etwa Kausalbeziehungen zwischen den Bereichen geben könnte. Es ist nicht sinnvoll zu sagen, dass die Tatsache, dass ein System etwas erlebt, einen kausalen Einfluss auf dessen materielle Struktur hätte (oder umgekehrt). Genausowenig wie es zwar konzeptuell, aber nicht in einem ontologisch-kausalen Sinne sinnvoll ist, in der Physik zwischen der Temperatur eines Gases und der mittleren kinetischen Energie seiner Moleküle oder zwischen Welle und Korpuskelinterpretation zu unterschieden. Obwohl wir es im täglichen Sprachgebrauch oft so formulieren, ist es in einem kausalen Sinne nicht so, dass die Erhöhung der Temperatur die mittlere kinetische Energie der Moleküle beeinflusst. Die Temperatur ist die mittlere kinetische Energie. Es handelt sich um dasselbe Phänomen, das wir aber mit verschiedenen Beobachtungsinstrumenten betrachten.**)

Natürlich ist es sinnvoll, und sogar notwendig, für die Kommunikation geeignete Kategorien zu erfinden (dies geschieht zunächst willkürlich, aber auf Dauer setzen sich nur praktische Erfindungen durch). Es ist allerdings gefährlich, diese verschiedenen Kategorien in jedem Falle für Repräsentationen separater ontologischer Wahrheiten zu halten. Dies tun

---

* Eine andere, eher etwas unangenehm berührende, hier aber nicht weiter verfolgte Konsequenz wäre, dass es, wenn die vorgestellten Annahmen richtig sind, auch möglich sein sollte, künstliche Systeme zu bauen, die Innenperspektive besitzen können, also subjektiv erleben können.

** In der Linguistik gilt dies möglicherweise entsprechend für die Unterscheidung zwischen Syntax und Semantik.

aber Neurobiologen, wenn sie sagen, „nicht das Ich, sondern das Gehirn hat entschieden". Oder Philosophen, wenn sie die These vertreten, dass Willensentscheidungen auf Gründen basieren, dass das Gehirn aber „keine Gründe, sondern nur, wenn auch komplexe, neuronale Aktivitätsmuster" besäße.

Es gibt nach der hier vertretenen Sichtweise weder einen Primat der Gründe noch einen Primat der neuronalen Aktivitäten. Was wir mit „Gründen" bezeichnen, stellt die erlebte Sicht, die Innenperspektive der korrespondierenden neuronalen Aktivitäten dar. Ein wesentlicher Teil der argumentativen Konflikte, die sich in der Diskussion um den freien Willen aufbauen, wäre obsolet, wenn sich die Protagonisten beider Seiten klar machen würden, dass die Fähigkeit, erleben zu können, oder, um die Tautologie einmal zu wiederholen, subjektives Erleben besitzen zu können – also HIP zu sein –, eine mögliche Eigenschaft von Materie ist, die auftritt, wenn bestimmte Bedingungen erfüllt sind. Wenn diese Annahme akzeptiert ist, ist die Frage überflüssig, ob der Geist die Materie beeinflussen kann, oder Materie den Geist (das erstere wohl eher die Vermutung eines prototypischen Geisteswissenschaftlers, das zweite die eines prototypischen Naturwissenschaftlers). Die beobachteten Korrelationen zwischen zwei Phänomenen lassen nämlich nicht nur diese beiden Kausalbeziehungen zu, sondern noch zwei weitere. Es könnte zunächst, wie bekannt, auch eine dritte Ursache geben, die beide, sowohl die psychischen Phänomene als auch die physischen Phänomene kausal beeinflusst. Religiös orientierte Menschen würden hier vielleicht an einen göttlichen Einfluss denken. In unserem Fall ist aber noch eine vierte Möglichkeit von Interesse: Die beiden Phänomene könnten dieselben sein, ohne dass dies bis dahin bemerkt wurde. Diese Möglichkeit, so nehmen wir an, trifft für die Phänomene Erlebensfähigkeit einerseits und bestimmte, oben näher definierte Zustände neuronaler Netze andererseits zu. Ähnlich wie bei den erwähnten Beispielen aus der Wärmelehre ist es zwar umgangssprachlich üblich, zu sagen, dass Materie den Geist beeinflusst, wenn etwa die Wirkung von Alkohol beschrieben wird. Genau genommen machen wir dabei aber den Fehler, dass die Beschreibungsebenen gewechselt werden und dabei eine unerlaubte Kausalbeziehung formuliert wird. Eine genauere, aber natürlich umständlichere Formulierung wäre: Der Alkohol beeinflusst die Aktivitäten der neuronalen Netze. Diese entsprechen gewissen Erlebniszuständen. Entsprechendes gilt für Willensentscheidungen. Trifft eine Person eine Entscheidung, so entspricht dies auf der neuronalen Betrachtungsebene dem "Suchen" des neuronalen Netzes nach Attraktoren. Erlebt werden dabei nicht die einzelnen neuronalen Ereignisse, die als solche einer Kausalkette folgen, sondern nur das Erreichen der Attraktoren. Die infolgedessen unvollständige Repräsentation mag der Grund dafür sein, dass uns unsere eigenen Entscheidungen als zufälliger (und also weniger determiniert) erscheinen als sie es tatsächlich sind.

Im Ergebnis entspricht die hier vorgestellte Sichtweise dem philosophischen Standpunkt des Kompatibilismus [7]. Dieser geht davon aus, dass sich Determiniertheit einerseits und andererseits unser Eindruck, dass unser Wille frei sei, keineswegs ausschließen.

Aus der Annahme, dass es keine Kausalbeziehung zwischen dem Phänomen des Erlebens und gewissen neuronalen Zuständen gibt, sondern beide Aspekte desselben Phänomens darstellen, folgt übrigens auch, dass Begriffe wie „Temperatur", oder „Gründe" oder „Schuld" nicht etwa überflüssig sind. Selbst nach einer möglicherweise vollständigen Aufklärung der neuronalen Korrelate können diese Begriffe auch weiterhin sinnvoll verwendet werden. Allerdings handelt es sich bei den Inhalten dieser Begriffe nicht um abstrakte, von den einzelnen Gehirnen unabhängige propositionale Aussagen. Vielmehr wird jeder „Grund" im einzelnen Gehirn und bei jeder Aktivierung erneut konstruiert.

Man benötigt für das Verständnis des Systems keine verursachende Willenskraft, sowenig wie wir für das Verständnis des Phänomens Leben eine *vis vitalis* brauchen. In anderen Bereichen haben wir die Suche nach einem expliziten Verursacher längst aufgegeben und als überflüssig eingesehen. Die Frage: „Wer donnert den Donner?" wurde früher mit Zeus oder Thor beantwortet. In diesem Falle erscheint uns die Frage heute so überflüssig, dass wir sie sogar für unsinnig halten. Geht es jedoch um Willensentscheidungen, so fällt uns eine entsprechende Sichtweise noch schwer.

Das, für uns, glückliche Wunder, dass es die Eigenschaft erleben zu können überhaupt gibt, ist damit natürlich nicht erklärt. Aber auch die Tatsache, dass es lebende Systeme gibt, haben wir nicht in einem tieferen Sinne verstanden, wie wir auch Leibniz' Frage „Warum ist überhaupt etwas und nicht vielmehr nichts" nicht beantworten können.

Literatur

1 Metzinger T. The subjectivity of subjective experience: A representationalist analysis of the first-person perspective. In: Metzinger, T. (Ed.): Neural correlates of consciousness: Empirical and conceptual questions. MIT Press, Cambridge, MA, 2000.
2 Ansorge U, Klotz W, Neumann O. Manual and verbal responses to completely masked (unreportable) stimuli: Exploring some conditions for the metacontrast dissociation. Perception 1998;27:1177-1189.
3 Shiffrar M, Pinto J. The visual analysis of bodily motion. Common mechanisms in perception and action. In: Prinz, W., & Hommel, B., (eds.): Attention and Performance, Vol. XIX. Oxford University Press, Oxford, 2002, pp. 381-399.
4 Lackner JR. Some proprioceptive influences on the perceptual representation of body shape and orientation. Brain 1988;111,:281-297
5 Cruse H. The evolution of cognition - a hypothesis. Cog Science 2003; 27: 135-155
6 Libet B, Wright EW. Feinstein B, Pearl DK. Subjective referral of the timing for a conscious sensory experience: A functional role for the somatosensory specific projection system in man. Brain 1979; 102:191-222
7 Beckermann A. Would Biological Determinism Rule Out the Possibility of Freedom? In: A. Hüttemann (ed.) Determinism in Physics and Biology. Mentis, Paderborn 2003, 136-149

Prof. Dr. Holk Cruse, geb 1942 in Stuttgart, hat in Freiburg/Brsg. Biologie, Physik und Mathematik studiert. Promotion 1972 bei Prof. Bässler an der Universität Stuttgart zum Thema Formensehen bei Honigbienen.  Nach einem Aufenthalt am Max-Planck-Institut für Biologische Kybernetik in Tübingen wurde er 1976 an der Universität Kaiserslautern für das Fach Zoologie habilitiert. 1981 nahm er einen Ruf an die Fakultät für Biologie der Universität Bielefeld an. Dort leitet er die Abteilung für biologische Kybernetik/ theoretische Biologie. Von 1989 bis 1997 war er Mitglied des Direktoriums am Zentrum für interdisziplinäre Forschung der Universität Bielefeld. Im akademischen Jahr 1995/96 war er Fellow am Wissenschaftskolleg zu Berlin. 1993 Verleihung des Körber Preises „Bionik des Laufens" (zusammen mit F. Clarac, Marseille, F. Chernousko, Moskau, F. Pfeiffer, München).

Er arbeitet auf dem Gebiet der Kontrolle von Verhalten, insbesondere der Motorik bei Arthropoden und Menschen und der Anwendung dieser Ergebnisse im Gebiet der Robotik.

Prof. Holk Cruse
Fakultät für Biologie
Biologische Kybernetik
Universität Bielefeld
Postfach 10 01 31
33501 Bielefeld

Bilder eines Netzwerkes –
Die Aufklärung komplexer Prozesse im Gehirn durch Bildgebung

Christian Büchel

Die funktionelle Bildgebung hat es ermöglicht, Einblicke in das lebende menschliche Gehirn zu erlangen. Phänomene wie Sprache, Gedächtnis, aber auch emotionale Verarbeitung sind jetzt messbar geworden. In diesem Beitrag sollen zuerst die technischen Grundlagen dieser Methode dargestellt werden, gefolgt von mehreren Studien zur Frage inwieweit die Aufteilung von Aufmerksamkeitsressourcen im menschlichen Gehirn mit der funktionellen Bildgebung untersucht werden kann. Diese Frage ist sehr alltagsrelevant, da jedem bekannt ist, dass man zwei Dinge nicht oder nur schlecht gleichzeitig durchführen kann.

Konzeptionell hat sich die funktionelle Bildgebung hauptsächlich mit der Frage beschäftigt, „wo" kognitive Funktionen im Gehirn lokalisiert sind. Dieser Ansatz basiert auf der Annahme, dass verschiedene kognitive Funktionen in unterschiedlichen Hirnregionen lokalisiert sind. Es ist jedoch mittlerweile anerkannt, dass viele komplexere kognitive Funktionen erst durch das Zusammenspiel verschiedener Gehirnareale ermöglicht werden. Um diesem Umstand gerecht zu werden, versucht man auch mit Hilfe der funktionellen Bildgebung nicht nur isolierte Gehirnareale zu betrachten, sondern das Zusammenspiel dieser Gehirnareale zu untersuchen. Im Gegensatz zu dem Konzept der *funktionellen Spezialisierung* wird dieses Konzept als das der *funktionellen Integration* bezeichnet.

Um zu illustrieren, wie die funktionelle Bildgebung auch zu diesem Konzept beitragen kann, soll in einem Teil des Beitrags auf den Versuch eingegangen werden, Mechanismen, die der visuellen Scheinbewegung zu Grunde liegen, zu untersuchen. Damit spezialisierte Gehirnareale miteinander in Kontakt treten können, müssen sie miteinander verbunden sein. Und auch zu der Frage der anatomischen Konnektivität zwischen Gehirnarealen kann die moderne Bildgebung mittlerweile beitragen. Mit einer neuen Methode, der so genannten Diffusionstensor-Bildgebung, ist es möglich geworden, indirekt über die Messung von Diffusionsbewegungen die Hauptausrichtung von Nervenfasern im menschlichen Gehirn zu bestimmen. Die Wertigkeit dieser Technik soll in einem Beispiel am gesunden Gehirn erläutert werden. Zusätzlich soll ein abschließendes Beispiel zeigen, dass diese Technik auch zur Aufklärung von Erkrankungen des Gehirns hilfreich sein kann.

1. Grundlagen der funktionellen Magnetresonanztomographie

Die funktionelle Magnetresonanztomographie[*]) ist ein spezielles Verfahren der Magnetresonanztomographie[**]). Bei diesem Verfahren wird mit Hilfe von Hochfrequenzimpulsen und Magnetfeldgradienten die Kernresonanz von Protonen gemessen. Da Protonen in sehr großer Menge im Wasser vorkommen und das

---

[*] auch Kernspintomographie, abgekürzt fMRI für *functional magnetic resonance imaging*.
[**] Zur Magnetresonanztomographie vgl. auch A. Oppelt in „Materie in Raum und Zeit", Hrsg. H. Fritzsch u.a., 2005, S. Hirzel Verlag, Stuttgart

Gehirngewebe zum Großteil aus Wasser besteht, lässt sich mit dieser Methode sehr gut das Gehirn in hoher Auflösung von z.B. $1 \times 1 \times 1$ mm darstellen. Um Gehirnaktivität dynamisch messen zu können, benötigt man außer einem leistungsfähigen Kernspintomographen zusätzliche Verfahren. Zum einen sollte die Messung möglichst schnell ablaufen, damit man Gehirnaktivität in einem adäquaten Zeitraster darstellen kann. Zum anderen muss ein Weg gefunden werden, wie sich Gehirnaktivität in der Magnetresonanztomographie überhaupt abbilden lässt. Am einfachsten ist Gehirnaktivität über die Veränderung von elektrischen Strömen zu bestimmen, was man sich zum Beispiel bei der Elektroenzephalographie (EEG) zu Nutze macht. Die geringen Ströme, die durch die Aktivität von Nervenzellen entstehen, lassen sich jedoch mit der Kernspintomographie direkt nicht messen. Es war allerdings bekannt, dass die Aktivitätsänderung von Nervenzellen auch zu einem sekundären Anstieg des Blutflusses und zur Veränderung der Oxygenierung führen. Weiterhin war bekannt, dass Oxy- und Deoxyhämoglobin unterschiedliche magnetische Eigenschaften aufweisen, was dazu führt, dass man den Unterschied zwischen oxygeniertem und deoxygeniertem Hämoglobin mittels der Magnetresonanztomographie darstellen kann. Übliche Kernspintomographen erlauben mittlerweile eine schnelle Darstellung der Aktivität des gesamten Gehirns in ca. 2 s, mit einer räumlichen Auflösung von etwa 3 mm.

2. Visuelle Objektverarbeitung wird durch eine gleichzeitige Arbeitsgedächtnisaufgabe gestört

In diesem Experiment sollte das Phänomen untersucht werden, dass eine gewisse Aufgabe, wie z.B. das Betrachten von Bildern durch eine zusätzliche Aufgabe, zum Beispiel eine Arbeitsgedächtnisaufgabe, gestört werden kann. Aus vorangehenden Experimenten war bekannt, welche Areale im visuellen Gehirn, d.h. dem okzipitalen Kortex, für die Verarbeitung von visueller Objektinformation verantwortlich ist. Dies lässt sich am einfachsten testen, indem man visuelle Objekte in verschiedenen Sichtbarkeitsstufen darstellt und dann ermittelt, in welchen Regionen des Gehirns Aktivität linear mit der Sichtbarkeit der Bilder ansteigt. Mit Hilfe dieser Technik konnte im seitlichen okzipitalen Kortex ein Areal identifiziert werden, das so genannte Areal LOC (lateral occipital complex), welches für die visuelle Objektverarbeitung relevant ist.

In einer Studie sollte untersucht werden, ob dieser Aktivitätsanstieg für Bildsichtbarkeit durch eine parallel von den Versuchspersonen durchzuführende Arbeitsgedächtnisaufgabe gestört werden kann. Diese Arbeitsgedächtnisaufgabe wurde mit einem zentral dargebotenen einfachen Buchstaben durchgeführt, der im Zentrum eines jeden Bildes gezeigt wurde (**Abb. 1**). In der einfachen Arbeitsgedächtnisaufgabe, der so genannten 1-back Aufgabe, muss der Proband immer dann eine Taste drücken, wenn der gerade präsentierte Buchstabe dem zuletzt präsentierten Buchstaben entsprach. In der 2-back Aufgabe hingegen musste der Proband immer zwei sequenzielle Buchstaben im Arbeitsgedächtnis halten, d.h. musste immer dann eine Taste drücken, wenn der gerade präsentierte Buchstabe dem vorletzten Buchstaben entsprach. Diese Aufgabe ist deutlich schwieriger und es wurde erwartet, dass diese deutlich schwierigere Aufgabe die visuelle Objektverarbeitung in LOC stärker stören würde.

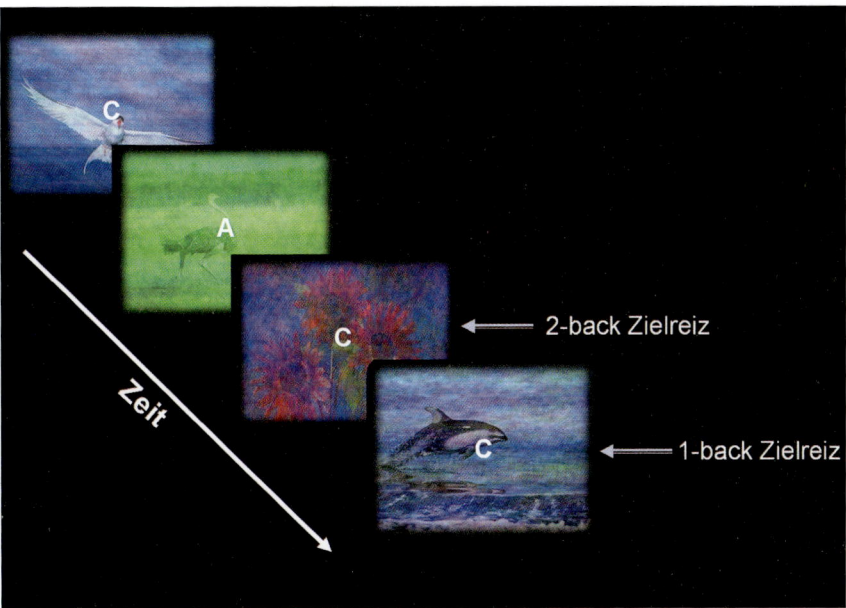

Abb. 1 Visuelle Stimuli um den Einfluss einer Arbeitsgedächtnisaufgabe auf im Hintergrund dargebotene Bilder zu untersuchen. Gering verrauschte Bilder mit jeweils einem Buchstaben, mit dem die Arbeitsgedächtnisaufgabe durchgeführt werden musste.

In einem ersten Versuch sollte getestet werden, ob diese zusätzliche Arbeitsgedächtnisaufgabe tatsächlich die Verarbeitung von visuellen Objekten stört. Dazu wurden Versuchspersonen Bilder von alltäglichen Objekten dargeboten und sie sollten mit den im Zentrum dargebotenen Buchstaben die 1-back oder 2-back Arbeitsgedächtnisaufgabe durchführen. Nachdem die Versuchspersonen alle Bilder gesehen hatten, wurden sie einem Überraschungsgedächtnistest unterzogen. In diesem Test wurden Ihnen in zufälliger Reihenfolge Bilder präsentiert, die teils bereits während des Experiments gesehen hatten, teils aber auch neue Bilder. Für jedes Bild war nun anzugeben, ob es aus dem Hauptexperiment stammte oder nicht.

In einer ersten Analyse untersuchten wir, ob Bildsichtbarkeit die Erkennungsleistung beeinflusst. Dies war zu erwarten, da gut sichtbare Bilder leichter enkodierbar sein sollten als solche, die stark verrauscht präsentiert wurden. Unsere Ergebnisse (**Abb. 2**) zeigten, dass Bilder, die mit hoher Sichtbarkeit präsentiert wurden, signifikant besser erkannt wurden als solche, die stark verrauscht waren. Die wichtigste Frage jedoch war, ob die gleichzeitig durchzuführende Arbeitsgedächtnisaufgabe diese Erkennungsleistung verändert hatte. Hier war die Hypothese, dass die schwierigere 2-back Aufgabe insgesamt zu einer schlechteren Erkennungsleistung führen sollte. In Übereinstimmung mit dieser Hypothese konnte beobachtet werden, dass der Anstieg der Erkennungsleistung während der schwierigeren 2-back Aufgabe deut-

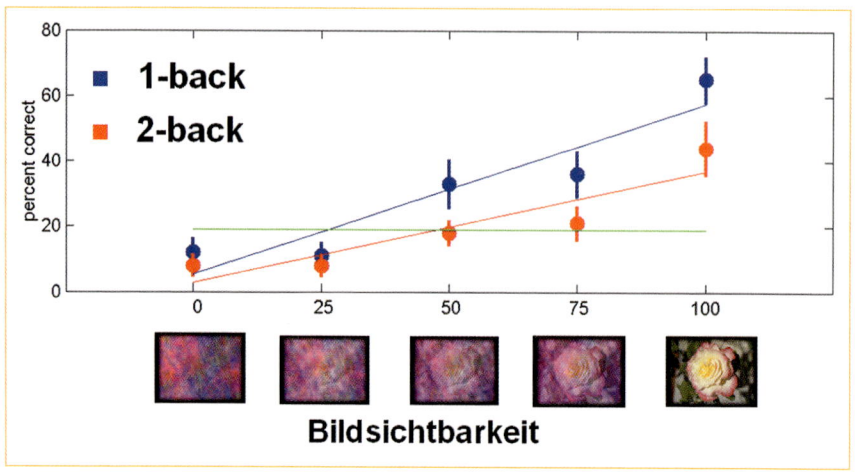

Abb. 2 Anstieg der Erkennungsleistung als Funktion der Bildsichtbarkeit. Stärkerer Anstieg der Erkennungsleistung (blau), wenn lediglich eine einfache Arbeitsgedächtnisaufgabe parallel durchgeführt wird. Flacher Anstieg (rot) in Gegenwart einer komplexen Arbeitsgedächtnisaufgabe.

lich flacher verlief (rote Linie) als der Anstieg unter der deutlich einfacheren 1-back Aufgabe (blaue Linie).

In einem zweiten Schritt untersuchten wir nun, ob sich dieses Phänomen als eine Veränderung der Aktivität in einem für die Verarbeitung von visuellen Objekten relevanten Areal (LOC) mittels der funktionellen Kernspintomographie darstellen lässt. Zu diesem Zweck wurde von einer anderen Gruppe von Versuchspersonen das identische Experiment innerhalb des Kernspintomographen bearbeitet. Da die Versuchspersonen wahrend der Kernspintomographie auf dem Rücken in einer relativ engen Röhre liegen müssen, konnten die Bilder nur über eine periskopartige Anordnung präsentiert werden. Ähnlich wie in der Verhaltenstudie konnten wir in dieser fMRI-Studie zeigen, dass die Arbeitsgedächtnisaufgabe die Bildverarbeitung moduliert. Wie bereits in früheren Studien konnte gezeigt werden, dass im Areal LOC die Aktivität als Funktion der Bildsichtbarkeit ansteigt (**Abb. 3**). Die relevante Frage war, ob dieser Anstieg für die 1-back und die 2-back Aufgabe unterschiedlich steil ausfällt.

Basierend auf unseren Verhaltensdaten, die eine schlechtere Objektverarbeitung unter der 2-back Aufgabe zeigten, erwarteten wir einen flacheren Anstieg der LOC Aktivierung während der schwierigeren, d.h. 2-back Arbeitsgedächtnisaufgabe. Konform mit unserer Hypothese zeigte das fMRI Signal im Bereich des lateral okzipitalen Kortex (LOC) zwar auch unter der schwierigeren Arbeitsgedächtnisaufgabe einen Anstieg (**Abb. 3**, rote Linie), der jedoch deutlich flacher ausfiel als während der einfacheren, d.h. 1-back Aufgabe (**Abb. 3**, blaue Linie). Diese Daten zeigen, dass der im Verhaltensexperiment beobachtete Effekt der schlechteren visuellen Objektverarbeitung wahrscheinlich auf einer gestörten Verarbeitung von visuellen Objekten im Bereich des lateralen okzipitalen Kortex zurückzuführen ist.

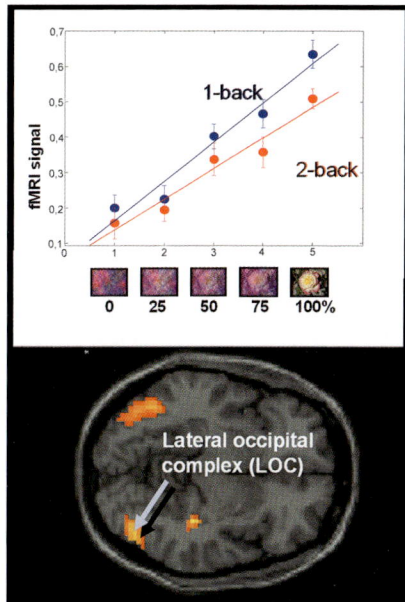

Abb. 3 Anstieg der mittels fMRI gemessenen Aktivierung in LOC als Funktion von Bildsichtbarkeit. Stärkerer Anstieg der Hirnaktivität (blau) während der einfachen Arbeitsgedächtnisaufgabe, im Vergleich zum flacheren Anstieg unter der komplexen Arbeitsgedächtnisaufgabe (rot).

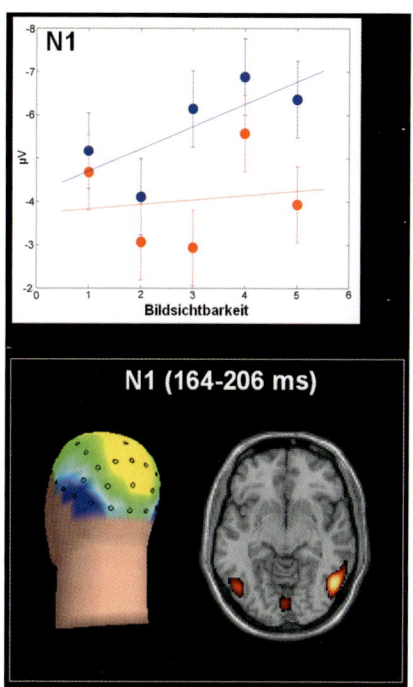

Abb. 4 Anstieg der mittels EEG gemessenen N1-Amplitude als Funktion von Bildsichtbarkeit. Stärkerer Anstieg der N1-Amplitude (blau) während der einfachen Arbeitsgedächtnisaufgabe, im Vergleich zum flacheren Anstieg unter der komplexen Arbeitsgedächtnisaufgabe (rot).

Nachdem mittels der funktionellen Kernspintomographie der Ort der Modulation von visueller Verarbeitung durch Arbeitsgedächtnisbelastung identifiziert werden konnte, war es von Interesse herauszufinden, zu welchem Zeitpunkt diese Modulation auftritt. Leider kann die funktionelle Kernspintomographie Gehirnaktivität nur auf einer Zeitskala von Sekunden darstellen, komplexe neuronale Prozesse laufen jedoch zum Teil im Bereich von Hunderten von Millisekunden ab. Um den genauen Zeitpunkt der Modulation darzustellen, musste daher zu einer anderen Messtechnik gegriffen werden. Wie eingangs erwähnt, ist neuronale Aktivität relativ einfach durch elektrische Aktivitätsänderung der Nervenzellen als Elektroenzephalogramm (EEG) zu messen. Daher wurde dieses Experiment mit EEG durchgeführt. Ähnlich wie aus Vorstudien bei der funktionellen Kernspintomographie bekannt war, dass visuelle Objektverarbeitung im Areal LOC stattfinde, war aus EEG Studien bekannt, dass visuelle Objektverarbeitung durch ein negatives ereigniskorreliertes Potenzial mit einer Latenz von circa 170 ms, die sogenannte N1, charakterisiert ist.

Passend zu dieser Hypothese wurde nach der Präsentation der einzelnen Bildstimuli jeweils eine solche N1 beobachtet. Ähnlich wie das fMRI Signal in LOC, stieg die Amplitude der N1 mit der Bildsichtbarkeit an (**Abb. 4**). Dieser Anstieg verlief unter der schwierigeren (2-back) Arbeitsgedächtnisaufgabe deutlich flacher (**Abb. 4**, rote Linie) als unter der einfacheren (1-back) Aufgabe (**Abb. 4**, blaue Linie). Eine solche Modulation konnte in keiner früheren EEG Komponente gefunden werden, so dass die Schlussfolgerung nahe liegt, dass die Modulation von visueller Objektverarbeitung durch eine gleichzeitig ausgeführte Arbeitsgedächtnisaufgabe in einem Zeitfenster von circa 150 bis 200 ms nach Stimuluspräsentation stattfindet. Eine EEG Quellrekonstruktion zeigte, dass der Effekt höchstwahrscheinlich aus LOC stammt.

In diesem ersten Experiment waren beide Aufgaben visueller Natur, sowohl die Arbeitsgedächtnisaufgabe als auch die Objektverarbeitung. Es ist daher die Frage, inwieweit eine solche Interferenz zwischen zwei Aufgaben auch dann stattfinden kann, wenn die zusätzliche Aufgabe in einer anderen Sinnesmodalität – z.B. akustisch – dargeboten wird. Um dies zu untersuchen, wurde das bereits beschriebene Experiment geringfügig abgewandelt. Die Versuchspersonen mussten weiterhin visuelle Objekte betrachten, die zusätzliche Aufgabe wurde jedoch akustisch präsentiert. In dieser Aufgabe wurde den Versuchspersonen zu jedem Bild ein Ton dargeboten. Diese Töne, die einander sehr ähnlich waren, mussten nun miteinander verglichen werden. Der Proband musste also eine Taste drücken, wenn der gerade gehörte Ton dem vorhergehenden Ton entsprach. Um diese Aufgabe ähnlich wie bei der Arbeitsgedächtnisaufgabe im ersten Experiment in der Schwierigkeit zu variieren, wurde die Ähnlichkeit der Töne verändert. In der einfachen Aufgabe waren alle dargebotenen Töne sehr klar voneinander zu unterscheiden. In der schwierigeren Aufgabe waren sich die Töne sehr ähnlich und somit schwerer unterscheidbar.

Mit dieser Aufgabe sollte auch eine schon lang bestehende Debatte in der kognitiven Neurowissenschaft bearbeitet werden: Es existieren zwei konkurrierende Modelle zur Organisation von Aufmerksamkeitssystemen, die entweder von *modalitätsspezifischen* oder von einem *gemeinsamen* Aufmerksamkeitssystem ausgehen. Ersteres Modell, das von nach Sinnesmodalitäten getrennten Ressourcen ausgeht, sagt vorher, dass eine visuelle Aufgabe, wie z.B. die Bildverarbeitung, nicht von einer gleichzeitig dargebotenen akustischen Aufgabe gestört werden sollte. Das Alternativmodell, das gemeinsame Ressourcen für alle Modalitäten annimmt, sagt voraus, dass es eine Interferenz zwischen zwei Aufgaben gibt, selbst wenn diese in zwei unterschiedlichen Sinnesmodalitäten durchgeführt werden.

Um diese Annahmen zu testen, wurde oben beschriebenes Experiment in Kombination mit der funktionellen Kernspintomographie durchgeführt. Um einen Verhaltenseffekt nachweisen zu können, wurde wiederum nach Abschluss des Experiments der oben schon beschriebene Überraschungsgedächtnistest durchgeführt. Die in diesem Test erhobenen Verhaltensdaten zeigten, dass die Wiedererkennensrate der Bilder in der Überraschungsgedächtnistest-Aufgabe sich ähnlich verhielt wie in den vorangehenden Experimenten: Zum einen zeigte sich eine Zunahme der Erkennungsrate bei Zunahme der Bildsichtbarkeit, diese Zunahme war jedoch stärker ausgeprägt für die einfachere Aufgabe, bei der sehr unterschiedliche Töne bewertet werden mussten. Bei der komplexeren Aufgabe, bei der sehr ähnliche Töne voneinander unterschieden werden sollten, war dieser Anstieg sehr flach. Die Daten der funktionellen Kernspintomographie wurden wie oben schon beschrieben mit besonderem Augenmerk auf die Aktivierung im Areal LOC analysiert. Die Aktivierungsmuster in diesem Areal zeigten insgesamt einen Anstieg für höhere Bildsichtbarkeit, die jedoch negativ von der Schwierigkeit der akustischen Aufgabe moduliert wurde, d.h. während der schwierigeren Aufgabe, in der ähnliche Töne voneinander getrennt werden sollten, war der Anstieg der Aktivität in LOC deutlich schwächer ausgeprägt.

Diese Daten unterstützen die Hypothese eines gemeinsamen Aufmerksamkeitssystems, da gezeigt werden konnte, dass die Manipulation der Aufgabenschwierigkeit in einer akustischen Aufgabe sich direkt auf die Bearbeitung einer visuellen Aufgabe auswirkt. Interessanterweise zeigten die Befunde der funktionellen Kernspintomographie, dass die Modulation der visuellen Verarbeitung durch eine akustische Aufgabe wiederum im Areal LOC stattfindet.

3. Vernetzte Aktivität ist essenziell für Wahrnehmung

In den bis jetzt beschriebenen Beispielen wurde die Stärke der funktionellen Bildgebung in Bezug auf die Analyse von neuronaler Aktivität in einzelnen Hirnregionen z.B. LOC dargestellt. Viele Befunde deuten jedoch daraufhin, dass zur Wahrnehmung von Objekten aber auch zur Wahrnehmung von Bewegung das Zusammenspiel verschiedener Gehirnregionen notwendig ist. Dazu ein Beispiel: Auf einem Bildschirm sind zwei Punkte

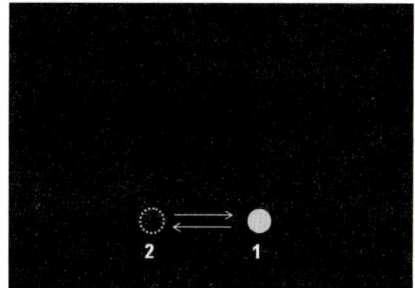

Abb. 5 Die alternierende Darstellung zweier einzelner Bildpunkte wird als ein, sich bewegender Punkt wahrgenommen (Scheinbewegung).

rechts und links voneinander angeordnet (**Abb. 5**). In Intervallen von 500 ms werden diese beiden Punkte alternierend dargestellt. Obwohl es sich physikalisch um zwei einzelne Punkte handelt, wird man einen solchen Stimulus bei geeignetem Betrachtungsabstand als einen Punkt, der sich von rechts nach links bewegt, wahrnehmen. Diese Bewegungen nennt man Scheinbewegung (*apparent motion oder phi-motion*). Auf diesem Prinzip beruht auch die Tatsache, dass aneinander gereihte Bilder mit geringer Verschiebung von einzelnen Objekten als bewegte Objekte z.B. in einem Film wahrgenommen werden können.

Konzeptuell bedeutet dies, dass zwei unabhängige visuelle Stimuli zu einem zusammengehörenden Perzept verbunden werden. Dieses Phänomen des perzeptuellen Bindens (perceptual binding) konnte nun mit neurophysiologischen Mitteln untersucht werden. Da sich in diesem Fall Aktivierungsmuster im Bereich von Millisekunden verändern, ist die funktionelle Magnetresonanztomographie ungeeignet. Es musste deswegen eine schnellere Technik wie in diesem Fall die Elektroenzephalographie (EEG) gewählt werden.

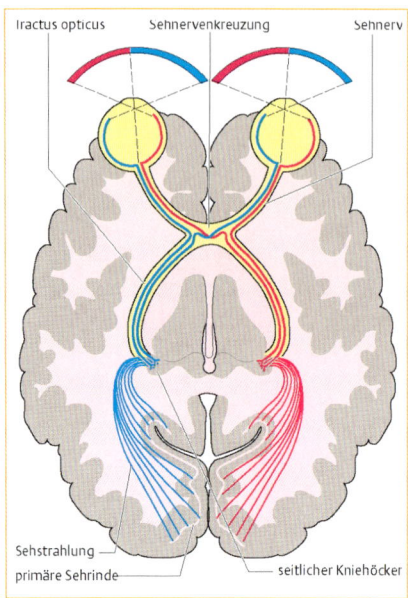

Abb. 6 Repräsentation der linken Gesichtsfeldhälfte im rechten visuellen Kortex und umgekehrt (aus: JS Schwegler: Der Mensch. Anatomie und Physiologie. Georg Thieme Verlag, Stuttgart 2002, p. 503).

Um die Hintergründe besser verstehen zu können, muss man sich überlegen, wie diese beiden einzelnen Punkte im Gehirn repräsentiert werden (**Abb. 6**): Durch die teilweise Kreuzung der Sehfasern im chiasma opticum gelangen visuelle Informationen aus dem linken Gesichtsfeld (d.h. der Punkt in der linken Bildhälfte) in den rechten visuellen Kortex, und visuelle Information aus dem rechten Gesichtsfeld in den linken visuellen Kortex. Um nun anstatt zweier einzelner Punkte einen einzigen Punkt, der sich bewegt wahrzunehmen, muss die Information aus dem rechten und dem linken visuellen Kortex miteinander verknüpft werden. Frühere neurophysiologische Arbeiten haben gezeigt, dass eine Möglichkeit, Information aus verschiedenen Gehirnarealen zu binden, die oszilla-torische Kopplung ist. Obwohl dies ursprünglich mit Hilfe von direkten Ableitungen im Gehirn von Katzen gezeigt wurde, lässt sich dieses Phänomen makroskopisch auch mittels der Elektroenzephalographie untersuchen. In dem hier präsentierten Fall, in dem zwei Repräsentationen im linken und im rechten visuellen Kortex verbunden werden sollten ergab sich die Hypothese, dass diese beiden Areale oszillatorisch miteinander gekoppelt werden.

Um dies zu untersuchen, wurde folgendes EEG Experiment durchgeführt: Die Versuchsperson musste, während ihre Gehirnströme mittels der Elektroenzephalographie gemessen wurden, lediglich bewegte Punkte auf dem Computerbildschirm betrachten. Anstatt eines einfachen Stimulus, bei dem sich nur ein Punkt von rechts nach links bewegt, wählten wir einen etwas komplexeren Stimulus, das sogenannte *motion quartet* (**Abb. 7**). Bei diesem Stimulus gibt es insgesamt vier Punkte, von denen jeweils zwei Punkte auf einer Diagonale gleichzeitig sichtbar sind. Interessanterweise ergeben sich hieraus zwei verschiedene Bewegungsperzepte: Zum einen kann man eine vertikale Bewegung wahrnehmen, das heißt einen rechten und einen linken Punkt, die sich gegensätzlich auf und ab bewegen. Der gleiche Stimulus lässt sich jedoch auch als horizontale Bewegung wahrnehmen, bei denen sich ein oberer und ein unterer Punkt gegensätzlich von links nach rechts bewegen. Welche Bewegungsrichtung von der Versuchspersonen wahrgenommen wird, ist zufallsbedingt und wechselt in der Regel von Zeit zu Zeit. Anstatt auf zufällige Wechsel zu warten, wurden nach einer gewissen Zeit entweder die linken Punkte abgedeckt, um dadurch ein vertikales Perzept zu erzwingen oder die beiden oberen Punkte, um dadurch ein horizon-

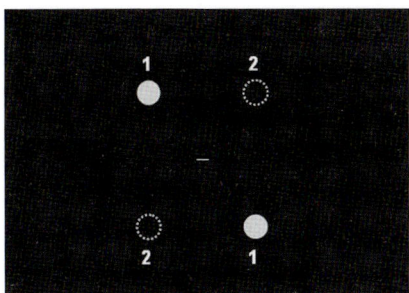

Abb. 7 Das „Motion Quartet". Die alternierende Darstellung jeweils zweier über die Diagonalen verbundener Bildpunkte kann entweder als horizontale oder als vertikale Scheinbewegung wahrgenommen werden.

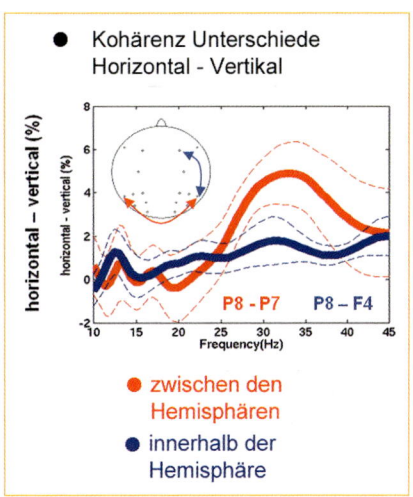

Abb. 8 Erhöhte Kohärenz zwischen der rechten und linken Hirnhälfte im Frequenzband zwischen 30 und 35 Hz während das „Motion Quartet" als horizontale Bewegung wahrgenommen wird.

tales Perzept zu erzwingen. Einen Wechsel des Perzepts zeigten die Versuchspersonen jeweils durch einen Tastendruck an.

Die während dieses Experiments gemessenen EEG-Zeitreihen wurden nun in einzelne Abschnitte segmentiert. Nachdem eine Versuchsperson den Wechsel des Perzepts angezeigt hatte, wurden Daten für eine Dauer von 1s verworfen und danach ein Intervall von 2s zur weiteren Analyse benutzt. Insgesamt erhielten wir nach der Segmentierung eine große Anzahl von Intervallen, während derer die Versuchspersonen entweder vertikale oder horizontale Bewegung wahrgenommen haben. Ausgehend von der Hypothese, dass nur während des horizontalen Perzepts Areale in der rechten und linken Hirnhälfte miteinander in Kontakt treten müssen, erwarteten wir eine Zunahme der oszillatorischen Kopplung zwischen Arealen des rechten und linken visuellen Kortex während des horizontalen Perzepts. Um oszillatorische Kopplung in EEG Daten nachzuweisen, ermittelten wir die Phasenkohärenz zwischen EEG-Zeitreihen aus dem rechten und linken visuellen Kortex. Vereinfacht gesagt stellt die Phasenkohärenz einen frequenzspezifischen Korrelationskoeffizienten dar, der aussagt, wie stark zwei Signale in einem gewissen Frequenzband miteinander gekoppelt sind. Die Kohärenzanalyse der EEG-Daten ergab, dass die Kopplung zwischen dem rechten und linken visuellen Kortex im Frequenzband zwischen 30 und 40 Hz signifikant höher war (**Abb. 8**), während die Probanden die Bewegung der Punkte von rechts nach links wahrgenommen haben, im Vergleich zur Wahrnehmung von vertikaler Bewegung. Da bei beiden Perzepten eine Scheinbewegung vorhanden ist, kann dieser Befund nicht auf die Wahrnehmung einer Scheinbewegung an sich zurückgeführt werden, sondern ist vielmehr spezifisch für die Wahrnehmung einer horizontalen Scheinbewegung.

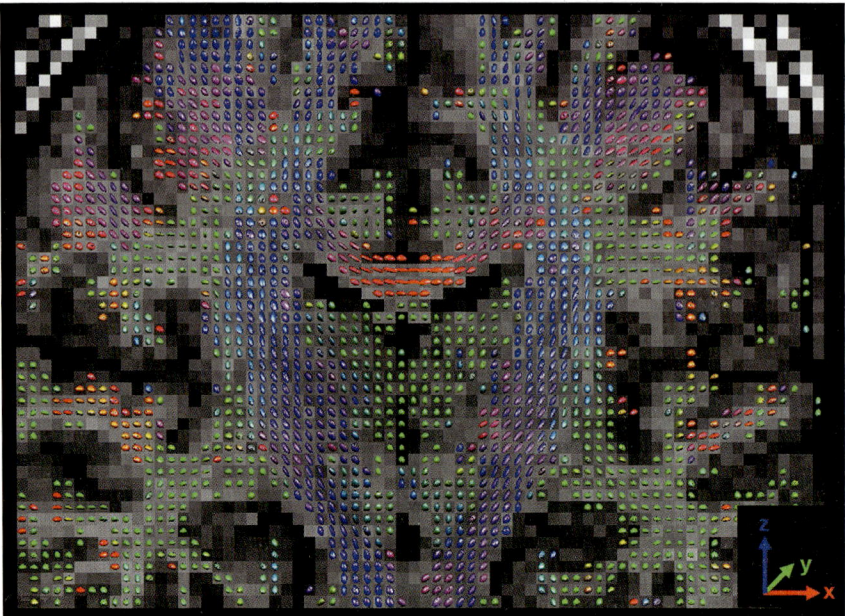

Abb. 9 Koronarschnitt durch das Gehirn im Bereich des motorischen Kortex. Einzelne Diffusionsellipsoide zeigen die Ausrichtung der Nervenfaserbündel.

4. Darstellung von Faserverbindungen im Gehirn durch Diffusionstensor-Bildgebung

Informationsaustausch zwischen Gehirnarealen ist, wie im vorhergehenden Abschnitt beschrieben, essenziell für die Informationsverarbeitung. Die strukturelle Grundlage dieses Informationsaustausches sind die langen Fortsätze einzelner Nervenzellen, genannt Axone, die verschiedene Gehirnareale miteinander verbinden und die sogenannte weiße Substanz des Gehirnes bilden. Mit der herkömmlichen Magnetresonanztomographie lässt sich allerdings die weiße Substanz nur in ihrer Gesamtheit darstellen, eine Aussage über verschiedene Faserverbindungen ist nicht möglich. Um nun Faserverbindungen doch darstellen zu können, bedient man sich einer indirekten Technik. Vereinfacht betrachtet handelt es sich bei den Axonen um dünne zylindrische Hohlräume. Protonen in und zwischen diesen Axonen diffundieren besser entlang der Längsachse des Axons als in eine andere Richtung. Das heißt, die Diffusionseigenschaft der Gehirnstruktur lässt Rückschlüsse über die Orientierung von Faserverbindung zu.

Schon seit langer Zeit war bekannt, dass man das MR-Bildsignal bezüglich Diffusionsbewegungen von Protonen sensitivieren kann. Mit einer speziellen MR-Bildgebungssequenz können Bilder gemessen werden, bei denen die Bildhelligkeit von der Diffusion von Protonen in eine vorgegebene Richtung abhängt. Diese Richtungsabhängigkeit erzielt man mit zusätzlichen Magnetfeldgradienten, die in jede beliebige Raumrichtung geschaltet werden können. Im einfachsten Fall werden sechs diffusionsgewichtete MR-

Bilder mit einer Diffusionswichtung in eine jeweils andere Raumrichtung aufgenommen und zusätzlich ein Bild ohne jegliche Diffusionswichtung. Aus diesen sieben Bildern lässt sich nun für jeden Bildpunkt ein Diffusionstensor schätzen. Insbesondere die grafische Repräsentation dieses Diffusionstensors als Ellipsoid ermöglicht nun die einfache Darstellung der Hauptdiffusionsrichtung in einem Bildpunkt des Gehirns. Ist das Ellipsoid lang und ausgezogen, d.h. zigarrenförmig, so gibt die lange Achse die Hauptrichtung der in diesem Bildpunkt vorherrschenden Diffusion an und somit die Ausrichtung von Nervenfasern. Gibt es keine vorherrschende Diffusionsrichtung, d.h. die Diffusion ist in jede Raumrichtung gleich gut möglich, wie z.B. im Wasser, so entspricht das Diffusionstensor-Ellipsoid einer Kugel. Üblicherweise werden diese Diffusionstensor-Ellipsoide nach ihrer Hauptrichtung entlang der drei Hauptachsen farblich markiert. Üblicherweise bezeichnet Rot eine Hauptdiffusionsrichtung von rechts nach links, Blau von oben nach unten und Grün von vorne nach hinten. In einem Schnitt des Gehirns (**Abb. 9**), von hinten betrachtet, sieht man große Faserverbindungen, die sich durch ihre unterschiedlichen Richtungen voneinander abgrenzen: Der Balken, der die rechte und linke Hirnhälfte miteinander verbindet ist zentral in Rot dargestellt, Verbindungen aus dem motorischen Kortex, die hinabsteigen in Richtung des Rückenmarks, sind blau dargestellt. Zusätzlich zur Darstellung der Hauptfaser-Richtung ist es aber auch möglich, die Gerichtetheit der Diffusion zu schätzen. Diese Gerichtetheit, die auch fraktionelle Anisotropie genannt wird, ist null, wenn in einem Bildpunkt Protonen gleich wahrscheinlich in alle Richtungen diffundieren können. Sie geht gegen eins, wenn die Diffusion in einem Bildpunkt sehr gerichtet ist, das

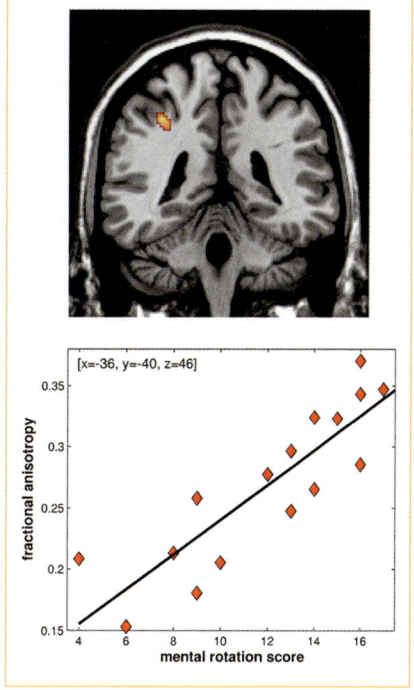

Abb. 10 Korrelation zwischen fraktioneller Anisotropie im Parietalkortex und der individuellen Leistung bei einer mentalen Rotationsaufgabe.

heißt vornehmlich in eine Richtung stattfindet. Diese fraktionelle Anisotropie lässt sich aus diffusionsgewichteten MR-Bildern schätzen und es ist nun möglich, diese Werte zwischen verschiedenen Gruppen, z.B. Patienten und gesunden Kontrollen zu vergleichen.

In einer ersten Anwendung sollte untersucht werden, ob sich ein Korrelat der individuellen Fähigkeit, Objekte mental zu rotieren mit Gerichtetheit von Faserverbindungen mittels der DTI (für Diffusionstensor-Bildgebung oder *diffusion tensor imaging*) nachweisen lässt. Frühe Studien zeigen eindeutig, dass räumliche Verarbeitung eine Domäne des parieta-

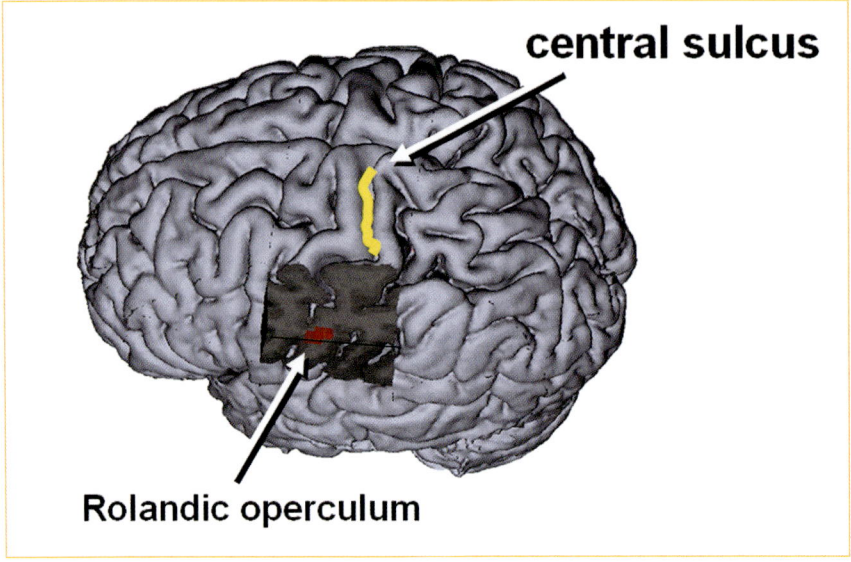

Abb. 11 Signifikant verminderte fraktionelle Anisotropie im rolandischen Operkulum bei Stotterern im Vergleich zu flüssig sprechenden Kontrollpersonen.

len Kortex ist. In Einklang mit dieser Hypothese fanden wir eine hohe Korrelation zwischen individueller Leistung mentaler Rotation und der fraktionellen Anisotropie im linken parietalen Kortex (**Abb. 10**). Die sich daran anschließende Frage, ob diese strukturelle Besonderheit Ursache oder Folge der verbesserten mentalen Rotationsfähigkeit ist, muss in Folgestudien überprüft werden.

Aber auch Krankheiten, bei denen der Verdacht besteht, dass der Informationsaustausch zwischen gewissen Gehirnregionen gestört ist, lassen sich mithilfe der Diffusionstensor-Bildgebung untersuchen. Vorangehende Studien zum Stottern hatten gezeigt, dass bei dieser Erkrankung die Informationssynchronisation zwischen motorischen Kortex, der für die Sprach*produktion* zuständig ist und frontalen Kortex, der für die Sprach*planung* zuständig ist, gestört zu sein scheint. Mittels der DTI konnte nun untersucht werden, ob diesem Befund ein strukturelles Korrelat zu Grunde liegt.

Es wurden zwei Gruppen von Personen untersucht, zum einen Stotterer und zum anderen eine Gruppe vergleichbarer, aber flüssig sprechender Kontrollpersonen. Der Vergleich der fraktionellen Anisotropie zwischen beiden Gruppen ergab bei den Stotterern eine reduzierte fraktionelle Anisotropie im Bereich des linken rolandischen Operkulums (**Abb. 11**), einer Struktur an der Schnittstelle zwischen Gehirnarealen, die für Sprachplanung und Sprachausführung zuständig sind. Diese Auffälligkeit erklärt die klinischen Befunde beim Stottern sehr gut und widerspricht zugleich der Hypothese, dass eine zuvor beobachtete Überaktivität der rechten Hemisphäre ursächlich für das Stottern sei. Diese Daten sprechen vielmehr dafür, dass durch eine gestörte

Sprachverarbeitung in der linken Hemisphäre, die Überaktivierung der rechten Hemisphäre eher der vergebliche Kompensationsversuch des Gehirns ist, um flüssige Sprache zu produzieren.

In der Zukunft wird sich zeigen, ob diese hier vorgestellten Techniken in der Lage sind, ähnlich wie bei dem Beispiel des Stotterns, Prognose, Diagnose und Therapie von Erkrankungen des Gehirns entscheidend zu verbessern.

Prof. Dr. med. Christian Büchel, geb. 1965 in Frankfurt, studierte Humanmedizin in Heidelberg. Nach der Promotion 1994 Arztstelle an der Neurologischen Universitätsklinik in Essen, danach Post-Doc als Wellcome Trust Fellow am Functional Imaging Laboratory in London. Von 2000 bis 2004 Leiter einer von der Volkswagenstiftung geförderten Nachwuchsgruppe am Universitätsklinikum Hamburg-Eppendorf (UKE). Seit 2004 Direktor des Instituts für Systemische Neurowissenschaften am UKE. Seine Arbeiten hat er vom methodischen Fokus auf Lernen und Wahrnehmung verlegt. In letzter Zeit spielt auch die Rolle von Emotionen und Motivation auf kognitive Prozesse eine immer größere Rolle in seinen Experimenten. Auszeichnungen u. a. Heinrich-Pette-Preis der Deutschen Gesellschaft für Neurologie und der Young Investigator Award der Organisation for Human Brain Mapping. Mitglied bei der Akademie der Wissenschaften in Hamburg seit 2005.

Prof. Dr. Christian Büchel
Institut für Systemische
Neurowissenschaften, Haus S10
Universitätsklinikum Hamburg-Eppendorf
Martinistr. 52
D-20246 Hamburg

Die Tiefenstimulation des Gehirns zur Behandlung von Bewegungsstörungen

Hans-Joachim Freund

Die Stereotaktische Neurochirurgie ist ein Spezialgebiet der Neurochirurgie, das sich seit Mitte des letzten Jahrhunderts entwickelt hat. Es verwendet spezielle Zielgeräte für die Einführung sehr feiner Elektroden durch ein kleines Bohrloch. Durch Applikation von Stromstößen auf diese Elektroden wurden kleine Läsionen in den Basalganglien oder im Thalamus erzeugt, die Verbesserungen von Tremor, Rigor und Akinese bei der Parkinson'schen Erkrankung bewirken. Nachdem die Einführung der Dopa Behandlung diese invasive Therapie zunächst überflüssig zu machen schien, kam es durch die Spätkomplikationen der medikamentösen Therapie zu einer Renaissance der stereotaktischen Behandlung.

Tiefenstimulation statt Läsion

Wenig später erfuhr die stereotaktische Neurochirurgie einen grundlegenden Wandel, als die bisherigen Ausschaltungsoperationen weitgehend durch Stimulationsverfahren abgelöst wurden. Ausgangspunkt dieser Entwicklung war die Tatsache, dass während der Testreizung vor Ausschaltung des Zielgebietes eine deutliche Besserung des Tremors eintritt. Mitte der Achtzigerjahre hat Benabid [1] dann diese Wirkung zur Grundlage der Entwicklung der Tiefenstimulation des Gehirns mittels implantierbarer Schrittmachersysteme gemacht. Technische Voraussetzung war die Verbesserung entsprechender Bioimplantate im Zuge der Herzschrittmacherentwicklung. Die Vorteile gegenüber läsionellen Verfahren lagen in der Erhaltung strukturell intakten Hirngewebes, in der individuellen Anpassbarkeit der Stimulation im späteren Verlauf sowie in der Reversibilität des therapeutischen Eingriffes.

Die Tiefenstimulation (TS) des Gehirns hat sich als die Methode der Wahl zur Behandlung des Dopa-Langzeitsyndroms der Parkinson'schen Erkrankung, des Tremors und neuerdings auch der Dystonien erwiesen. Bei richtiger Indikation führt dieser Eingriff bei niedriger Komplikationsrate zu einer Besserung der Krankheitssymptome, oft verbunden mit einem erstaunlichen Gewinn an Lebensqualität [2].

Die Korrektur abnormer neuronaler Aktivität als Wirkprinzip der Tiefenstimulation

Bereits 1860 hatte Jackson aus seinen Beobachtungen verschiedener neurologischer Erkrankungen gefolgert, dass prinzipiell zwei Arten der Schädigung des Nervensystems zu unterscheiden sind: Destruktion mit konsekutivem Funktionsverlust oder Fehlfunktion durch Veränderungen der Nervenzelltätigkeit. Diese alte klinische Beobachtung ließ sich später durch Mikroelektrodenableitungen aus den Zielgebieten der Stimulationselektrode im Thalamus, subthalamischen Kern oder Globus pallidus während stereotaktischer Operationen bestätigen, die pathologische Veränderungen der Nervenzelltätigkeit bei verschiedenen Bewegungserkrankungen nachwiesen. Eine der auffälligsten Veränderungen sind abnorme Oszillationen, die mit einer Synchronisation von Neuronenpo-

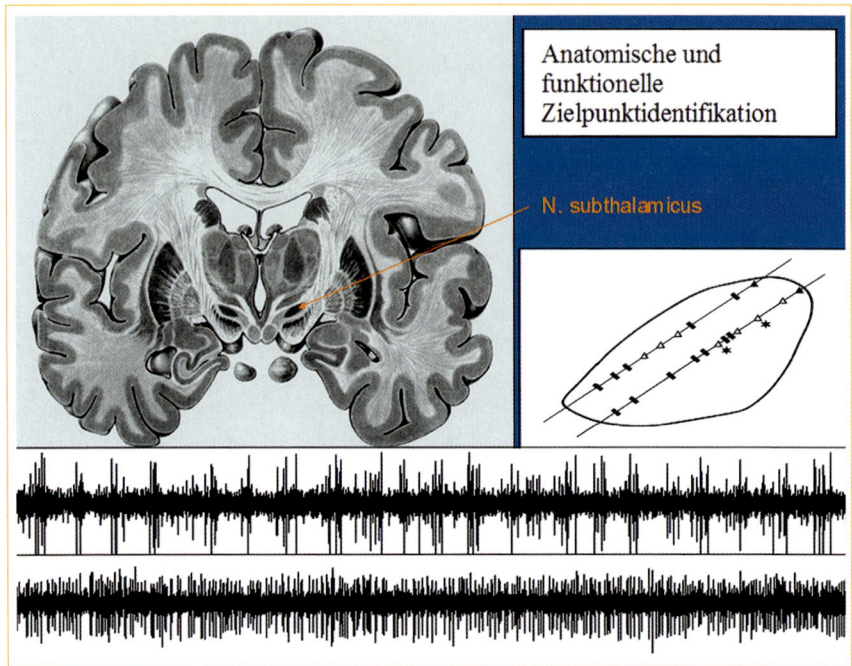

Abb. 1 Anatomische Darstellung des Zielgebietes im N. subthalamicus, in das die Elektroden vorgeschoben werden. Zunächst wird mit Mikroelektroden die Nervenzellaktivität im Kern (untere beiden Spuren, s. Text) abgeleitet um damit funktionell die genauen motorischen Repräsentationen zu kartieren. Das kleine Insert zeigt 2 Trajektorien durch den Kern. Die 3 Symbole entsprechen den Repräsentationen für Gesicht, Arm und Bein.

pulationen einhergehen, die ihrerseits durch Einwirkung auf das nachgeschaltete sensomotorische Netzwerk zu den klinischen Krankheitserscheinungen führen [3]. Ziel der Tiefenstimulation ist die Desynchronisierung dieser pathologischen Aktivität. Damit wird die abnorme Koppelung (slaving) zwischen Nervenzellverbänden verschiedener Funktionsebenen vermindert.

Die Tatsache, dass Veränderungen in einem recht umschriebenen Areal solch globale Auswirkungen auf das Netzwerkverhalten haben, ist sowohl aus pathogenetischen als auch pathophysiologischen Gesichtspunkten bedeutsam.

Die Parkinson'sche Erkrankung beruht wie auch andere neurodegenerative Erkrankungen auf umschriebenen degenerativen Prozessen bestimmter Kerngebiete die ihrerseits zu Veränderungen des Entladungsverhaltens in einem distributiven Netzwerk führen. Aus diesem Grunde haben die für die Parkinson'sche Erkrankung geschilderten Verhältnisse auch exemplarische Bedeutung, weil sie das Prinzip der Korrektur abnormen Entladungsverhaltens auf der Grundlage solcher toposselektiver Krankheitsprozesse anschaulich machen.

Abb. 1 zeigt eine Mikroelektrodenableitung aus dem N. subthalamicus, der in dem anatomischen Schnittbild dargestellt ist. Die obere Spur zeigt die tremorsynchronen neuronalen Entladungen in diesem Kern bei einem Parkinsonpatienten, die untere Spur normale tonische Dauerentladungen.

Auf der neuronalen Ebene sind die Effekte der TS mit denen der Epilepsiechirurgie vergleichbar. Beide beruhen auf Korrekturen abnormer neuronaler Aktivität, erstere durch Stimulation, letztere durch Exzision. Sowohl in der Epilepsiechirurgie wie auch bei der TS kann die pathologische neuronale Aktivität durch Elektrodenableitungen identifiziert werden. Charakteristisch ist, dass es sich um regionale Veränderungen handelt, die allerdings massive Auswirkungen auf das Gesamtsystem haben können – z. B. beim epileptischen Anfall oder während akinetischer oder hyperkinetischer Phasen beim M. Parkinson. Die gezielte Korrektur dieser gestörten Aktivität in der strategisch entscheidenden Region modifiziert den Generator und damit die von diesem induzierte Störung der nachgeschalteten Funktionsebenen.

Wirkt die TS nur auf pathologische Oszillationen?

Die Wirkung der Hochfrequenz Stimulation im Bereich 100-200 Hz auf die Krankheitssymptome ist derzeit immer noch unklar, wird für den Tremor aber pathophysiologisch überwiegend auf eine desynchronisierende Wirkung auf die Tremoroszillationen zurückgeführt. Auch die Effekte auf den Rigor, das sog. Zahnradphänomen, lassen sich über Einwirkungen auf die tremorähnliche muskuläre Widerstandserhöhung erklären. Abnorm starkes Zittern findet sich auch bei einer ganzen Reihe anderer Bewegungskrankheiten, sämtlich mit einer Verlangsamung des Tremors einhergehend. Der oft erbliche essentielle Tremor stellt bei schweren Fällen ebenfalls eine Indikation zur TS dar. Wir haben kürzlich auch bei einem schwersten zerebellären Tremor eine weitgehende Tremorsuppression erreichen können [4], also bei einer bisher noch nicht etablierten Indikation.

Schwieriger ist die Erklärung der Wirkung der TS auf die allgemeine Beweglichkeit und auf die Bewegungsverlangsamung. Möglicherweise spielt auch hier die Einwirkung auf abnorme Oszillationen eine maßgebliche Rolle: Bei rein akinetischen Parkinsonsyndromen ist der physiologische Tremor, also das immer und bei jedem vorhandene normale Muskelzittern zwar nicht stärker und damit auch nicht störend, aber von seiner normalen Frequenz im 8-12 Hz Bereich auf 4-6 Hz verlangsamt. Die Rolle dieser Veränderung für das Zustandekommen der Akinese ist unklar. Es besteht aber eine durchgängige Beziehung zwischen der (unwillkürlichen) Tremorfrequenz und den schnellst möglichen willkürlichen Wechselbewegungen. Letztere sind auf den oberen Frequenzbereich zwischen 0, also stationären Haltekräften und der individuellen Tremorfrequenz begrenzt. Keiner kann sich schneller bewegen als er zittert. Demzufolge verlangsamen sich bei der Mehrzahl der Bewegungsstörungen auch die Einzelbewegungen und somit die Gesamtmotorik i.S. der typischen Bradykinese bei der Parkinson'schen Erkrankung.

Neue Indikationsbereiche

Neben der Parkinson'schen Erkrankung und dem Tremor wird die TS in den letzten Jahren zunehmend zur Behandlung schwerer Dystonien angewandt. Dabei handelt es sich um unwillkürliche Verkrampfungen großer Muskelketten, die zu Verzerrungen der Körperhaltung füh-

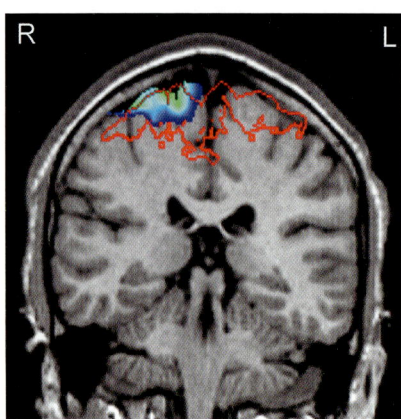

Abb. 2 Darstellung tremorsynchroner Hirnareale (blau) mit probabilistischer cytoarchitektonischer Verteilungskarte (rot) im sensomotorischen Cortex mittels Synchronisations-Tomographie. Dabei handelt es sich um ein von Tass und Mitarbeitern (5) entwickeltes Magnetenzephalographisches Verfahren.

ren. Der Zielpunkt bei diesem Eingriff liegt ebenfalls in den Basalganglien.

Neuere Entwicklungen der Stimulationsverfahren beziehen aber auch kortikale Zielgebiete ein. Die Behandlung chronischer therapierefraktärer Schmerzen durch Stimulation der sensomotorischen Hirnrinde ist ein Beispiel. Voraussetzung für solche neuen Strategien ist die Darstellung der pathologischen corticalen Aktivität. Für diese Entwicklungen sind die bildgebenden Verfahren von zunehmender Bedeutung. Bei fokalen strukturellen Veränderungen ist die Kernspintomographie (MRT) die Methode der Wahl. Auch für langsame pathologische Vorgänge kann das funktionelle MRT nützlich sein. Für die Erfassung schnellerer dynamischer Prozesse sind aber neurophysiologische Verfahren besser geeignet. Entsprechend den Ableitungen neuronaler Aktivität durch die feinen Elektroden bei der Tiefstimulation kann hier die Gewinnung neuronaler Summenpotentiale von der Hirnoberfläche die gewünschte Information geben. Ein Beispiel der Messung tremorsynchroner corticaler Aktivität ist in **Abb. 2** dargestellt. Es handelt sich um eine 148 Kanal-Registrierung schneller corticaler Abläufe mittels Magnetencephalographie (MEG).

Ein weiteres Anwendungsgebiet ist die Tiefstimulation limbischer Strukturen bei psychiatrischen Erkrankungen. Hier bieten sich Krankheitsbilder mit einer Kombination von motorischen und psychischen Symptomen als Brücke an. Tic Erkrankungen mit ihren zwanghaften Bewegungsstereotypien und Zwangsvorstellungen sind ein solcher Komplex, für den jetzt prospektive Studien laufen.

Ein weiterer neuer Indikationsbereich eröffnet sich möglicherweise für die Behandlung der Epilepsie. Fokale Epilepsien sind durch anfallsweise abnorme Synchronisation der Neuronenaktivität im Schläfenlappen oder in anderen Hirnrindengebieten charakterisiert, die sich bei intraoperativen Ableitungen im Rahmen epilepsiechirurgischer Eingriffe nachweisen lässt. Da diese epilepsietypischen Entladungen intermittierend auftreten, kommt hier auch ein neues Stimulationsprinzip in Frage: die intermittierende Stimulation - ähnlich dem Demand-Schrittmacher am Herzen. Dabei werden durch gleichzeitige Verwendung der Elektroden zur Ableitung und zur Stimulation Rückkopplungs-Verfahren anwendbar. Diese machen sich das Auftreten pathologischer Potentiale zur Auslösung der Stimulation zunutze. Solche bedarfsgesteuerten Feedback-Systeme sind derzeit auch für den Einsatz bei Bewegungsstörungen in Entwicklung.

Ein von Tass entwickeltes Verfahren des koordinierten Reset verwendet Modell basierte Algorithmen, die aus der nichtlinearen Physik abgeleitet sind. Im Zusammenhang mit ergänzenden tierexperimentellen Befunden weist dieser Ansatz darauf hin, dass dadurch nicht nur das aktuelle neuronale Entladungsverhalten modifiziert wird, sondern auch plastische Änderungen in den entsprechenden Funktionsebenen eingeleitet werden. Möglicherweise können auf diesem Wege auch Änderungen von Lernregeln und Koppelungsverhalten von Oszillatoren bewirkt werden [6].

Damit zeichnet sich eine Entwicklung von einem zunächst empirisch fundierten Verfahren zur Stimulation tief gelegener Kerngebiete zu einem experimentell und Modell basiertem allgemeineren Konzept der Neuromodulation des Gehirns ab. Darüber hinaus eröffnen bedarfsgesteuerte intermittierende Feedback basierte Stimulationsverfahren ebenso wie neue Stimulations Algorithmen anstelle der chronischen Dauerreizung neue Perspektiven auch für die Anwendung an der Gehirnrinde.

Ausblick

Die Tiefenstimulation bessert die Symptome der Parkinson'schen Erkrankung. Unklar ist, ob sie auch deren Progression beeinflusst. Wenn überhaupt, werden es eher schwache Einwirkungen sein. Aus diesem Grunde werden andere Strategien verfolgt, um den degenerativen Prozess zu verlangsamen. Hier ist in erster Linie die Neuroimplantation zu nennen, die schon seit über einem Jahrzehnt auch beim Menschen angewandt wurde, sich bislang aber nicht als Standardverfahren etablieren konnte, insbesondere wegen erheblicher später Nebenwirkungen. Zudem ließ sich der gewünschte Effekt auf die Progression der Erkrankung bislang nicht sichern, so dass auch hier noch kein Vorteil gegenüber der TS erkennbar ist. Aus diesem Grunde wird nach ergänzenden zelltherapeutischen und molekularen Strategien gesucht, die darauf abzielen, Stammzellen, trophische Substanzen und andere molekulare Wirkstoffe lokal zu applizieren, um den degenerativen Krankheitsprozess zu modifizieren. Eine Kombination der TS mit der der Neuromodulation ist dabei denkbar, um dadurch die Bildung der funktionellen Architektur des Implantats zu begünstigen.

Literatur

1 Benabid AL, Pollak P, Gervason C. Long-term suppression of tremor by chronic stimulation of the ventral intermediate thalamic nucleus. Lancet 1991, 337, 403-406
2 Volkmann J, Sturm V, Weiss P, Kappler J, Voges J, Koulousakis A, Lehrke R, Hefter H, Freund H-J. Bilateral high-frequency stimulation of the internal globus pallidus in advanced Parkinson's disease. Ann Neurol 1998, 44, 953-961
3 Llinás RR, Paré D. Role of intrinsic neuronal oscillations and network ensembles in the genesis of normal and pathological tremors. In: Findley LJ and Koller W, eds. Handbook of tremor disorders. New York: Marcel Decker, 1995, 7-30
4 Freund HJ, Barnikol UB, Nolte D, Treuer H, Auburger G, Tass PA, Samii M, Sturm V. Subthalamic-thalamic DBS in a case with spinocerebellar ataxia type 2 and severe tremor-A unusual clinical benefit. Mov Disord 2007; 22: 732-735
5 Tass P, Fieseler T, Dammers J, Dolan K, Morosan P, Majtanik M, Boers F, Muren A, Zilles K, Fink GR. Synchronization Tomography: A Method for Three-Dimensional Localization of Phase Synchronized Neuronal Populations in the Human Brain using Magnetoencephalography. Phys Rev Lett 2003, 90, 088101-1-4
6 Tass PA, Majtanik M. Long-term anti-kindling effects of desynchronizing brain stimulation: a theoretical study. Biol Cybern 2006; 94:58-66

Prof. Dr. med. Dr. h.c. Hans-Joachim Freund geb. 17.8.1935, ist Emeritus für Neurologie an der Heinrich-Heine-Universität Düsseldorf. Studium in Hamburg und Freiburg, Ausbildung in Neurologie und Neurophysiologie an der Universität Freiburg. Seit 1977 Professor für Neurologie und Direktor der Neurologischen Klinik der Universität Düsseldorf.

Er war Mitglied des Senats der Deutschen Forschungsgemeinschaft (DFG) (1978 – 1984), Vizepräsident der DFG und Vorsitzender einer Senatskommission (1990 – 1993).

Er ist Mitglied der Nordrhein-Westfälischen Akademie der Wissenschaften, der Deutschen Akademie der Naturforscher Leopoldina, des Acatech Konvent für Technikwissenschaften der Union der deutschen Akademien der Wissenschaften, Fellow of the Royal College of Physicians (FRCP) London, U. K., Foreign Associate Member of the Academie Royale de Medecine Belgique.

1995 Verleihung des Verdienstkreuzes 1. Klasse des Verdienstordens der Bundesrepublik Deutschland. 2002 Verleihung der Ehrendoktorwürde der Universität Zürich.

Hauptarbeitsgebiet: Motorik

Privatadresse:
Prof. Dr. H.-J. Freund
Am Adels 11
40883 Ratingen

Querschnittlähmung*
Problemstellung und wissenschaftliche Ansätze für eine Therapie

Anita Buchli u. Martin E. Schwab

Einleitung

Verletzungen des Rückens passieren beim Sport, bei Verkehrsunfällen, oder beim Sturz von der Leiter oder vom Pferd. Bekannte, junge Persönlichkeiten wie der ehemalige Superman Darsteller Christopher Reeve oder der Skirennfahrer Silvio Beltrametti sind betroffen, aber auch Kinder oder ältere Menschen können damit konfrontiert werden: Eine Schädigung des Rückenmarks führt zu einer teilweisen oder vollständigen Lähmung sowie zu einem Verlust von Empfindungen im Körperteil unterhalb der Verletzung; der Verunfallte fühlt sich wie entzweigeschnitten. In der Schweiz werden jährlich etwa 200 neue Fälle von Rückenmark-verletzten Menschen gemeldet (**Abb. 1A**). Das Durchschnittsalter zum Zeitpunkt der Verletzung ist 35 - 40 Jahre, wobei 16- bis 30-Jährige am häufigsten betroffen sind; diese Menschen stehen mitten im Leben und müssen mit ihrer plötzlich stark veränderten Lebenssituation zurechtkommen. Dies ist vor allem deshalb schlimm für die Betroffenen, da die Lähmung oft lebenslang bestehen bleibt, und es zurzeit neben der physiotherapeutischen Rehabilitation keine wirkungsvolle Therapie für Querschnittgelähmte gibt.

Die Ursachen einer Rückenmarkverletzung sind verschiedener Natur, wobei Sport- und Verkehrsunfälle am häufigsten sind, gefolgt von Ereignissen bei der Arbeit und

---

* Dieser Text wurde in ähnlicher Form für den Verein „Forschung für Leben" geschrieben und erschien im August 2006 als BioFokus Artikel (http://www.forschung-leben.ch).

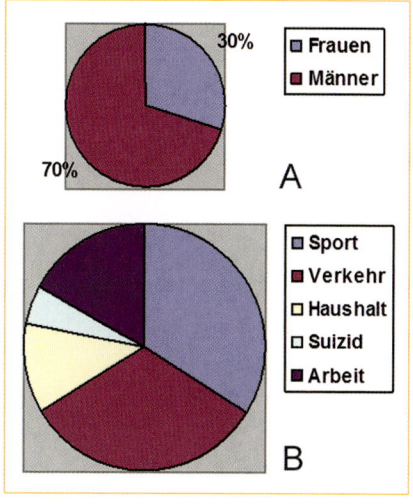

Abb. 1 Demographische Daten der Schweiz. **A)** In der Schweiz gibt es jährlich ca. 200 neue Fälle von Querschnittgelähmten, wovon etwa 1/3 Frauen und 2/3 Männer sind. **B)** Die häufigsten Ursachen einer Rückenmarkverletzung sind Sport- und Verkehrsunfälle.

im Haushalt. Weitaus seltener führen Tumore oder z.B. Infektionen zu einer Verletzung des Rückenmarks (**Abb. 1B**).

Die Funktion des Rückenmarks

Zusammen mit dem Gehirn macht das Rückenmark das Zentralnervensystem (ZNS) aus. Es dient der Kommunikation zwischen dem Gehirn und den inneren Organen, den Muskeln und der Haut.

Der Durchmesser des Rückenmarks eines Erwachsenen entspricht an seiner dicksten Stelle ungefähr demjenigen eines Fingers, was erstaunlich ist, da darin alle vom Ge-

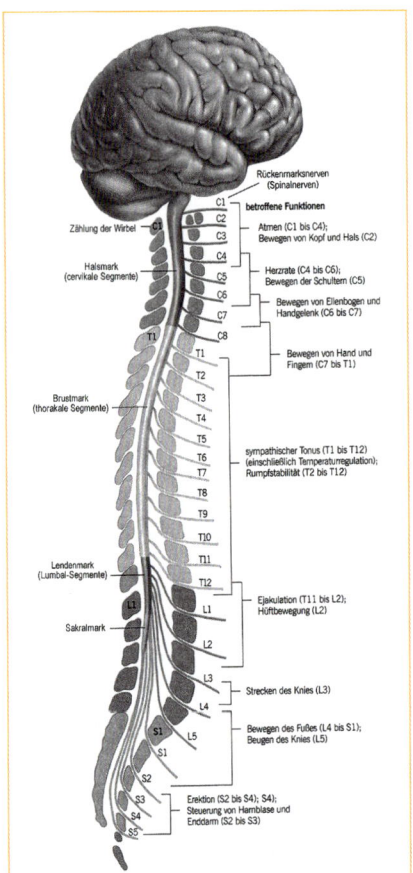

Abb. 2 Anatomische Gliederung des Rückenmarks. Das Rückenmark besteht aus fünf Bereichen: Halsmark, Brustmark, Lendenmark, Sakralmark und Schwanzmark. Die Spinalnerven verlassen das Rückenmark durch die Zwischenwirbel-Räume und versorgen jeweils bestimmte Organe des Körpers.

hirn absteigenden und dazu aufsteigenden Nervenbahnen, insgesamt mehrere Millionen Nervenfasern verlaufen.

Die anatomische Gliederung des Rückenmarks in fünf Abschnitte erfolgt entsprechend der Austrittstellen der Spinalnerven (**Abb. 2**): das Hals- oder Zervikalmark mit Spinalnerven C1-C8, das Brust- oder Thorakalmark mit Spinalnerven T1-T12, das Lenden- oder Lumbalmark mit Spinalnerven L1-L5, das Kreuz- oder Sakralmark mit Spinalnerven S1-S5 sowie das Schwanzmark, das beim Menschen nur rudimentär vorhanden ist. Jeder Spinalnerv versorgt einen bestimmten Körperteil oder ein bestimmtes Organ. Grob gesehen versorgen die zervikalen Spinalnerven den Hals, die Arme und die Atmungsorgane, die thorakalen kontrollieren die Haltung und viele der inneren Organe, die lumbalen die Beine und Füße und die sakralen Nerven regulieren die Blase, den Darm und die Sexualorgane. Interessanterweise ist das Rückenmark deutlich verdickt an denjenigen Stellen, wo die Spinalnerven, welche in die Arme und in die Beine laufen, das Rückenmark verlassen. Dies deutet daraufhin, dass die Bewegungskontrolle der Arme und Beine komplex ist und eine große Anzahl motorischer Nervenzellen (Motoneurone) und Schaltkreise erfordert. Motoneurone sind Nervenzellen, die im Rückenmark liegen und deren Nervenfortsatz zu den Muskeln führt (siehe **Abb. 3**).

Beim Erwachsenen endet das Rückenmark auf Höhe des ersten Lendenwirbels, aber vor der Geburt reicht es bis zum Kreuzbein und beim Säugling bis zu den unteren Lendenwirbeln. Dies, weil die Wirbelsäule während der Entwicklung schneller wächst als das Rückenmark. Dieses Phänomen hat zur Folge, dass die Spinalnerven – das sind diejenigen Nerven, die aus dem Wirbelkanal austreten und in die Peripherie des Körpers führen – im unteren Bereich einen immer länger werdenden Weg innerhalb des Wirbelkanals zurücklegen, bevor sie ihn verlassen können. Am Ende des Rückenmarks – also ab dem 1. Lendenwirbel – verlaufen im Wirbelkanal nur noch die Spinalnerven. Sie bilden die Cauda equina, was „Pferdeschweif" bedeutet.

Abb. 3 zeigt einen Querschnitt durch das Rückenmark. Die schmetterlingförmige Region in der Mitte nennt man graue Substanz. Sie enthält Nervenzellkörper.

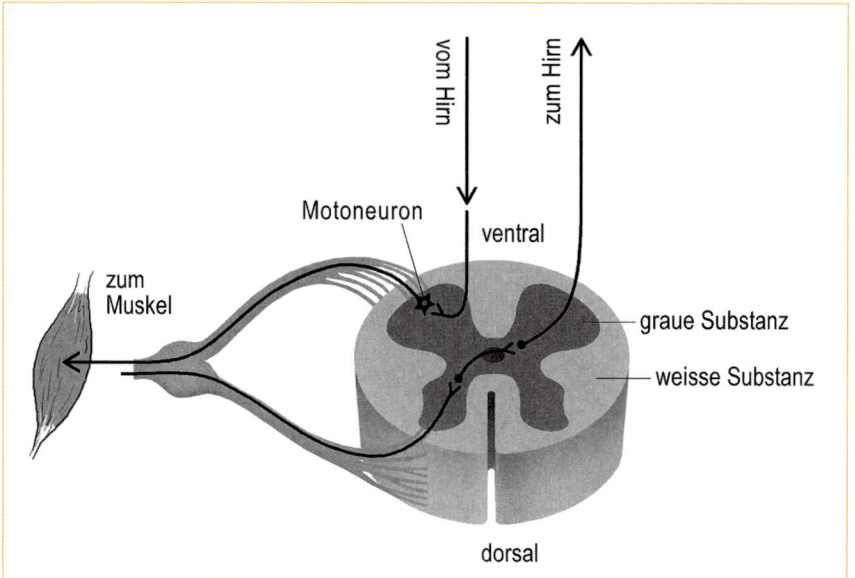

Abb. 3 Aufbau des Rückenmarks auf zellulärer und funktionaler Ebene. Die Zellkörper der Nerven der absteigenden motorischen Bahnen liegen im Gehirn. Ihr Axon verbindet sie mit einem spezifischen Motoneuron oder Schaltkreis eines bestimmten Rückenmarksegments. Das Signal gelangt somit vom Gehirn über das Motoneuron in die Peripherie und löst dort im Muskel eine Kontraktion aus. Die aufsteigenden sensorischen Bahnen leiten sensorische Signale aus der Peripherie über das Rückenmark ins Gehirn.

Den vorderen Teil der grauen Substanz nennt man Vorderhorn, den hinteren Teil Hinterhorn. Das Hinterhorn erhält über die dorsale Wurzel des Spinalnervs sensible Informationen wie Tast-, Druck-, Hitze- oder Schmerzempfindungen aus dem Körper und der Haut. Die Zellkörper dieser Axone (**Abb. 4**) liegen im Spinalganglion, also außerhalb des Rückenmarks, aber innerhalb des Wirbelkanals. Im Vorderhorn liegen die Zellkörper der Motoneurone, deren Fasern die Befehle für die Bewegungen zu den Muskeln weiterleiten. In der außen liegenden weißen Substanz des Rückenmarks verlaufen dagegen die Nervenfaserbahnen von vielen Tausenden Fasern (Axone), genauer die aufsteigenden sensorischen Fasern und die absteigenden motorischen Fasern. Die hellere Farbe der weißen Substanz ist auf die Myelinschicht zurückzuführen. Diese wird von Oligodendrozyten Zellen gebildet, die bis zu 40 verschiedene Nervenfasern gleichzeitig ummanteln. Das Myelin ist für eine rasche Übertragung des Nervensignals unerlässlich (**Abb. 4**). Sowohl in der weißen als auch in der grauen Substanz sind weitere Zelltypen vorhanden wie Blutgefässzellen oder verschiedene Typen Gliazellen, welche die Nervenzellen ernähren und unterhalten. Oligodendrozyten gehören beispielsweise zu den Gliazellen.

Die absteigenden motorischen Bahnen verlaufen ventral (bauchseitig) und kontrollieren die Bewegungen der glatten Muskeln der inneren Organe sowie der gestreiften Muskeln, die zum Bewegungsapparat gehören; sie unterstützen zudem das autonome Nervensystem bei der Regulation von Blutdruck, Temperatur und der Reaktion auf Stress. Die Zellkörper dieser motorischen Nerven liegen

weiter in die Peripherie des Körpers und löst dort eine Muskelkontraktion aus.

Die aufsteigenden, dorsalen Bahnen übertragen sensorische Signale aus der Haut und den Organen auf die Nervenzellen spezifischer Segmente des Rückenmarks und leiten sie von dort zum Gehirn. Die sensorischen Reize stammen von verschiedenen spezialisierten Rezeptoren z.B. in der Haut, wo sie Druckunterschiede oder die Temperatur wahrnehmen, oder von Zellen, welche z.B. einen vollen Magen registrieren und somit den Zustand der inneren Organe überwachen.

Im Rückenmark gibt es zudem neuronale Netzwerke, die unabhängig vom Gehirn durch sensorische Signale aus der Peripherie aktiviert werden können. Dazu gehören unter anderem die Reflexe. Ein weiteres Beispiel ist die Schreitbewegung, die schon beim Neugeborenen ausgeprägt ist: Hält man ein neugeborenes Kind unter den Armen und lässt seine Füße den Boden berühren, so beginnt es Schreitbewegungen zu machen. Zu diesem Zeitpunkt der Entwicklung sind die Nervenverbindungen, die das Gehirn mit dem Rückenmark verbinden, noch wenig ausgereift. Die im Rückenmark liegenden, neuronalen Netzwerke hingegen sind schon funktionstüchtig.

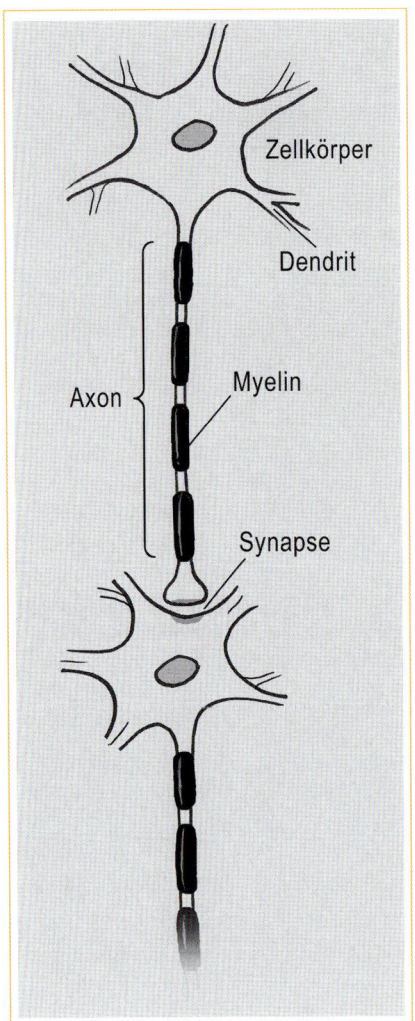

Abb. 4 Aufbau einer Nervenzelle. Der Zellkörper der Nervenzelle hat verschiedene Fortsätze: Mehrere Dendriten empfangen Nervensignale von anderen Zellen, das Axon ist von einer Myelinschicht umgeben und leitet das Signal weiter zur nächsten Zelle. Die Synapse ist der Ort der Erregungsübertragung von einer Zelle zur nächsten.

Das verletzte Rückenmark

Eine Schädigung des Rückenmarks kann verschiedene Ursachen haben: Sie kann durch eine mechanische Durchtrennung oder Quetschung, durch einen Tumor oder durch einen Bandscheibenvorfall, durch virale Entzündungen, degenerative Prozesse oder Durchblutungsstörungen entstehen. In jedem Fall werden Nervenzellen oder -fasern lokal im Rückenmark verletzt.

im Gehirn und senden elektrische Signale entlang ihres Axons zu bestimmten Segmenten des Rückenmarks, wo das Signal auf ein Motoneuron übertragen wird. Dieses Motoneuron leitet das Signal

Ist ausschließlich die graue Substanz eines Rückenmarkabschnitts betroffen, so können keine Nervensignale in diesem Abschnitt empfangen und weitergeleitet werden. Signale die in der umgebenden weißen Substanz transportiert werden, sind hingegen nicht betroffen. So führt beispielsweise ein Tumor in der grauen Substanz auf Höhe der C8 Nerven zu einer Lähmung der Hände ohne andere Funktionen wie das Gehen oder die Blasenkontrolle zu beeinflussen.

Weit häufiger ist jedoch eine Schädigung, welche die weiße Substanz, d.h. die großen Faserbahnen einbezieht. Eine Verletzung der weißen Substanz hat weit reichende Folgen: Sie verhindert eine Weiterleitung motorischer und sensorischer Signale, so dass z.B. eine C8 Verletzung sowohl die Bewegung und Empfindung in den Händen, den Beinen sowie die Kontrolle der inneren Organe beeinträchtigt.

Wir unterscheiden zwischen der Paraplegie und der Tetraplegie: Bei der Paraplegie sind vorwiegend die Beine, bei der Tetraplegie sowohl Arme wie Beine betroffen. Die Höhe der Verletzung wird durch das letzte noch intakte Rückenmarksegment definiert. Die am häufigsten betroffenen Segmente sind C4 – C7 sowie T12 – L1.

Was geschieht bei einer Nervenzellverletzung?

Primäres Rückenmarkstrauma steht für die mechanische Verletzung des Rückenmarks, bei der Nervenfasern durchtrennt oder verletzt werden. Die komplexen molekularen Vorgänge, die nach Schädigung von Nervenfasern des Zentralnervensystems (ZNS) oder eines Nervs im peripheren Nervensystem (PNS) auftreten, werden nach dem englischen Physiologen Augustus Volney Waller (1816-1870) als Wallersche Degeneration bezeichnet. Sie führen zum Absterben des unterhalb der Schädigung liegenden Axonteils (s. **Abb. 4**). Erst danach wird die Myelinscheide abgebaut. Im PNS, aber nicht im ZNS können periphere Nerven die ursprünglichen Leitstrukturen für das regenerative Faserwachstum nutzen, solange an der Schnittstelle noch keine Vernarbung eingetreten ist. Der proximale (oberhalb der Schädigung liegende) Axonstumpf kann mit einer Geschwindigkeit von 1 mm pro Tag nachwachsen und das Zielorgan, z.B. einen Muskel, von neuem versorgen. Dieser Mechanismus erlaubt, dass zum Beispiel nach einer tiefen Schnittwunde am Finger eine Wiederherstellung der Bewegung sowie der sensorischen Funktionen wie Druck- oder Schmerzempfindung möglich werden.

Im Rückenmark oder Gehirn (ZNS) erfolgt auf die primäre, lokale Verletzung von Nervenzellen und Nervenfasern eine zweite Welle der Schädigung. Stunden oder gar Tage nach der eigentlichen Verletzung führen verschiedene zelluläre und molekulare Prozesse zu einer Vergrößerung des Gewebeschadens, der Bildung einer mit Flüssigkeit gefüllten Zyste und einer Zunahme der funktionellen Beeinträchtigung. Es gehen noch mehr Nervenzellen zugrunde. Verletzte Axone ziehen sich zurück und können nicht mehr auswachsen bzw. neue Verbindungen knüpfen. Andere noch intakte Nervenfasern verlieren ihre Myelinschicht und werden unbrauchbar für eine rasche Signalleitung. Verletzte Zellen, Axone und Blutgefäße setzen toxische Substanzen frei, die benachbarte Zellen angreifen. Die vermehrte Zellteilung von Gliazellen führt zur Ausbildung einer für Nervenfasern unpassierbaren Narbe, der Glianarbe (**Abb. 5**). In den meisten Fällen bleibt

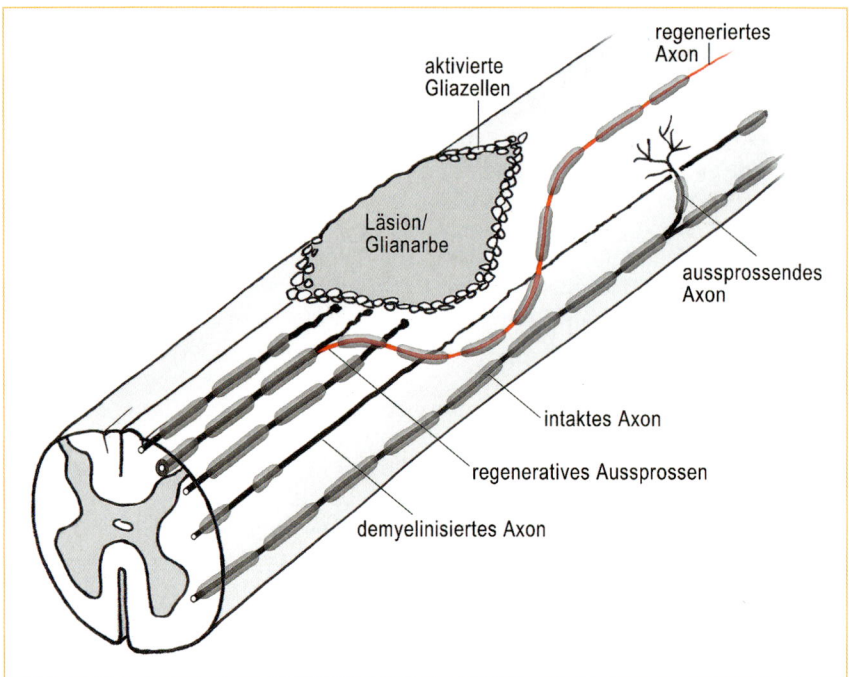

Abb. 5 Eine Verletzung des Rückenmarks führt zur Ausbildung einer Glianarbe. An der Verletzungs- oder Läsionsstelle bildet sich eine Glianarbe. Diese ist undurchlässig für regenerierende Nervenfasern. Aktivierte Gliazellen sowie Entzündungsreaktionen vergrößern den primären mechanischen Schaden. Sie führen zum Verlust der Myelinscheide intakter Axone. Eine Therapie, z.B. Antikörper gegen Nogo, müsste somit das Auswachsen verletzter Nervenfasern (rot) fördern sowie die Myelinisierung unterstützen.

allerdings eine Gewebebrücke mit Nervenfasern neben der Narbe zurück. Diese Gewebebrücke ist für die Regeneration sehr wichtig, weil neu auswachsende Nervenfasern entlang der vorhandenen Axone wachsen. Sowohl während der Entwicklung als auch während regenerativen Prozessen orientieren sich auswachsende Axone an ihrer Umgebung. Dabei spielen neben vorhandenen Nervenfasern verschiedene Wegleitungsmoleküle der extrazellulären Matrix und auf Zelloberflächen eine wichtige Rolle.

Das nervenwachstumshemmende Eiweiß Nogo - von der Entdeckung zur Entwicklung einer Therapie

Der berühmte spanische Neurowissenschaftler Santiago Ramon y Cajal konnte schon 1911 in Transplantationsexperimenten an Kaninchen zeigen, dass im erwachsenen Organismus verletzte Nervenfasern der ZNS-Faserbahnen im Gegensatz zum PNS nicht nachwachsen (regenerieren). Pflanzte er hingegen ein Stück des Ischiasnervs (PNS-Nerv) in die durchtrennte Hirnrinde eines Kaninchens ein, so beobachtete er, dass ZNS-Nervenfasern in das transplantierte PNS-Gewebe einwuchsen. Bedeutete dies, dass Nervenfasern des ZNS unter be-

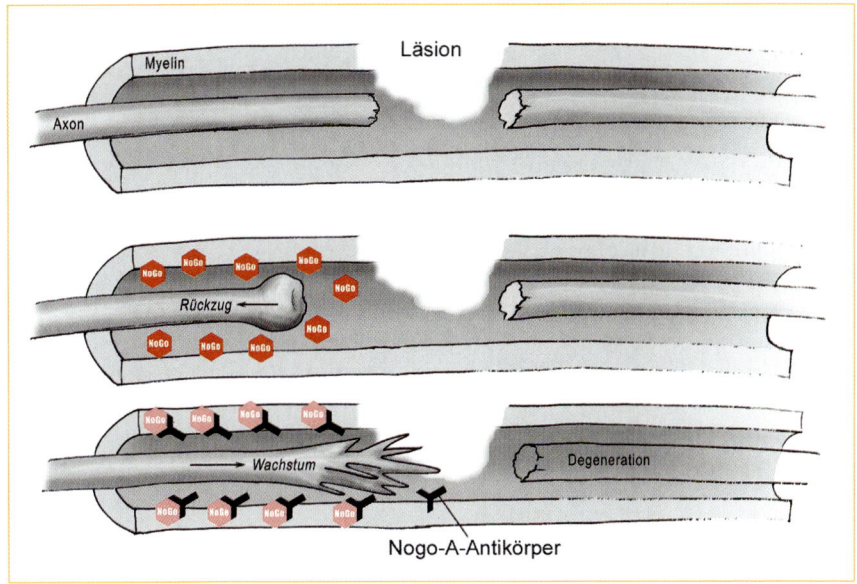

Abb. 6 Das nervenwachstumhemmende Eiweiß Nogo-A. Durchtrennte Nervenfasern im Rückenmark können nicht mehr auswachsen, da das Eisweiß Nogo-A (in rot) eine Regeneration verhindert. Es signalisiert den Nervenfasern „Stopp, hier geht es nicht weiter". Neutralisiert man Nogo-A mit Antikörpern, so können die Nervenfasern zum Teil wieder auswachsen. Auch unverletzte Nervenfasern können sprießen und Funktionen geschädigter Fasern übernehmen.

stimmten Bedingungen doch zum Auswachsen angeregt werden könnten? Dieser Frage gingen Forscher erst in den 1980er-Jahren wieder nach, da die Erkenntnisse von Cajal in Vergessenheit geraten waren.

In den 80er Jahren wurden dann erstmals überzeugende Hinweise für wachstumshemmende Substanzen in der Umgebung von ZNS-Nervenzellen gefunden. Dabei wurde gezeigt, dass eine implantierte Brücke eines peripheren Nervs das Auswachsen von ZNS-Neuronen zuließ bzw. gar erst ermöglichte, ein ZNS-Transplantat hingegen das Nervenwachstum hemmte. Diese Experimente deuteten darauf hin, dass ein oder mehrere Myelinkomponenten das Nervenwachstum im ZNS verhinderten. Daraus resultierte die Hypothese, dass Faktoren aus dem ZNS-Gewebe das Faserwachstum im ZNS hemmen und dass diese im ZNS-Myelin zu finden sind.

Unsere Werkzeuge in der biomedizinischen Forschung

Ende der Achtzigerjahre entdeckten wir ein Eiweiß, Nogo, welches das Wachstum von Nervenfasern im erwachsenen ZNS hemmt. Die Eliminierung dieser Substanz könnte also ein mögliches Ziel für eine Therapie sein. Die Charakterisierung von Nogo gab uns erste Informationen über mögliche Funktionen dieses Eiweißes. Um die wachstumshemmende Wirkung von Nogo aufzuheben, stellten wir Antikörper her, die spezifisch an Nogo binden und dessen Wirkung aufheben. **Abb. 6** erläutert das Prinzip der Wirkung von neutralisierenden Antikörpern. In vitro, d.h. in der Zellkultur, zeigten wir, dass die Gabe von anti-Nogo-Antikörpern auf Nervenzellen zu einem Wachstum der Nervenfasern auf ZNS-Myelin führt. Somit hatten wir nachgewiesen, dass Nogo das Nervenwachstum hemmt und diese Hemmung durch Neutralisierung von Nogo aufgehoben werden kann.

Zellkulturexperimente sind allerdings nur begrenzt aussagekräftig, da sie ein künstliches System darstellen und die zahlreichen, komplexen Vorgänge zwischen verschiedenen Geweben und Organen im Tier nicht repräsentieren können. Um die viel versprechenden Resultate aus den Zellkulturexperimenten in klinisch relevante Daten und letztlich in eine Therapie umzusetzen, müssen diese in einem lebenden Organismus bestätigt werden.

Unser Tiermodell ist in erster Linie die erwachsene Ratte, deren Rückenmark partiell verletzt wird, so dass die Hinterbeine gelähmt sind. Die Ratte kann sich noch immer selbständig, wenn auch eingeschränkt fortbewegen. Mit Hilfe einer kleinen Pumpe werden die therapeutischen Substanzen direkt zum Rückenmark oder an die Verletzungsstelle gegeben. Die Tiere können so über längere Zeiträume mit anti-Nogo-Antikörpern behandelt werden. Um ihr Verhalten vor und nach der Verletzung zu beobachten und auszuwerten, werden die Ratten mit verschiedenen Verhaltenstests vertraut gemacht. Mit Tests wie einen schmalen Balken bzw. eine horizontale Leiter passieren oder schwimmen oder auf dem Laufband laufen werden die motorischen Fähigkeiten analysiert.

Die Analyse des Gewebes der Verletzungsstelle und ihrer Umgebung gibt uns ein Bild über die anatomischen Gegebenheiten. Auswachsende Nervenfasern, aber auch Axonstumpfe werden sichtbar gemacht und können in Relation zur Antikörperbehandlung gesetzt werden. Bildgebende Verfahren wie die funktionelle Magnetresonanz (fMRI) ermöglichen, die Aktivität von Gehirnregionen zu messen. Die fMRI wurde für die Diagnose beim Menschen entwickelt und wird erst seit kurzer Zeit auch beim Tier angewandt. Sie ist ein gutes Beispiel für die Kompatibilität von Methoden der biomedizinischen Forschung und der klinischen Anwendung. Aktive Nervenzellen brauchen vermehrt Sauerstoff, was lokal zu einem erhöhten Blutfluss und Sauerstoffgehalt des Blutes führt. Diese Technik ermöglicht uns festzustellen, ob z.B. diejenige Gehirnregion, die eine Bewegung des linken Hinterbeins steuert, nach einer Verletzung noch immer aktiv ist oder ob eventuell eine andere Gehirnregion dafür kompensiert. Letzteres wird als „strukturelle Plastizität" bezeichnet und deutet daraufhin, dass neue Nervenverbindungen zu anderen Gehirnregionen entstanden sind.

Seit den Achtzigerjahren können genveränderte Tiere gezüchtet werden: Dabei werden Mäuse genetisch so verändert, dass z.B. ein bestimmtes Gen in allen Körperzellen ausgeschaltet ist (knockout-Mäuse), oder dass ein Gen zu einem bestimmten Zeitpunkt in der Entwicklung aktiviert werden kann oder nur in ganz bestimmten Zelltypen vorkommt. Der Vorteil der Forschung mit transgenen Tieren ist einerseits, dass wir mit einem lebenden System arbeiten, bei dem das komplexe Organsystem funktioniert und Auswirkungen nicht nur isoliert gemessen werden. Andererseits können wir molekulare Mechanismen ein- und ausschalten und dabei gewisse menschliche Krankheiten „imitieren". In unserem Falle helfen sie uns, die molekularen und zellulären Mechanismen zu verstehen, bei denen das Nogo-Eiweiß eine Rolle spielt. Wir versuchen damit Antworten auf Fragen wie „Wie verhalten sich die ZNS-Nervenfasern einer Nogo-knockout-Maus nach einer Rückenmarkverletzung?" oder „Hat Nogo lebenswichtige Funktionen inne?" zu finden.

Gewonnene Erkenntnisse

Bei unseren transgenen Mausmodellen können wir die Fortschritte beim Gehen direkt beobachten und beispielsweise in histologischen Schnitten analysieren, was auf zellulärer Ebene passiert ist. So stellten wir fest, dass bei Nogo-knockout-Tieren (die also kein Nogo exprimieren) eine bessere funktionelle Erholung nach einer Rückenmarkverletzung stattfindet und Nervenfasern auswachsen. Solche Untersuchungen sind wegweisend für die Klinik, denn sie zeigen, dass das nervenwachstumshemmende Nogo alleine eine zentrale Rolle spielt.

Um die Wirkung von Nogo im lebenden Organismus zu verstehen, behandelten wir rückenmarkverletzte Ratten mit Antikörpern. Dazu wurden Tiere, welche anti-Nogo-Antikörper verabreicht bekamen, mit Kontrolltieren, die einen unwirksamen Antikörper erhielten, verglichen. Wir konnten zeigen, dass Ratten in Abhängigkeit von der Zeit signifikante motorische Fortschritte machten, wenn sie mit anti-Nogo-Antikörpern behandelt wurden. Kontrolltiere hingegen erholten sich in den Wochen nach der Verletzung kaum. Bei der Analyse der Verletzungsstelle waren in anti-Nogo-Antikörper behandelten Ratten Nervenfasern zu sehen, die über die Glianarbe hinauswuchsen, im Gegensatz zu den Nervenfasern bei Kontrolltieren. Somit hatten wir den Nachweis erbracht, dass anti-Nogo-Antikörper sowohl in Zellkultur als auch im Tier das Auswachsen regenerierender Nervenfasern des ZNS ermöglichen. Dieser Nachweis war unerlässlich, um unserem Ziel einer therapeutischen Anwendung beim Menschen näher zu kommen.

Im biomedizinischen Labor arbeiten wir mit einem Ratten-spezifischen Nogo-Antikörper, der Ratten-Nogo erkennt und dessen Wirkung neutralisiert. Um die Nogo-Antikörper-Therapie auch beim Patienten anwenden zu können, musste zuerst ein für Menschen verträglicher Nogo-Antikörper mit biotechnologischen Methoden (humanisierter Antikörper) entwickelt und getestet werden. Zudem musste dieser in großen Mengen hergestellt und aufgereinigt werden. Dies war nur möglich mit einem industriellen Partner, der die dafür nötige Infrastruktur, Personal und finanziellen Mittel mitbrachte.

Bevor mit klinischen Prüfungen beim Patienten begonnen werden darf, müssen sowohl die Wirksamkeit als auch die Verträglichkeit der Wirkstoffe in Tierversuchen bestätigt werden.

Anfang 2006 erhielten wir von den Behörden die Zulassung für den Beginn der klinischen Prüfungen. Dazu waren verschiedene Zusagen einzuholen, unter anderem auch eine von der Ethikkommission. Diese beurteilt, ob alle nötigen Vorsichtsmaßnahmen getroffen wurden, damit die Therapie einem behandelten Patienten nicht schadet.

Mögliche Ansätze für die Entwicklung einer Therapie für rückenmarkverletzte Patienten

Wir halten fest: Im erwachsenen Rückenmark und Gehirn besteht nicht nur ein Mangel an wachstumsinduzierenden Faktoren, sondern es gibt auch Substanzen, die das Nervenwachstum hemmen. Schaltet man die letzteren aus, haben ZNS-Neurone unter günstigen Bedingungen die Fähigkeit, ihre verletzten Nervenfasern nachwachsen, d.h. regenerieren zu lassen.

Aus diesen Erkenntnissen ergeben sich verschiedene mögliche Ansatzpunkte zur Entwicklung einer Therapie für querschnitt- und eventuell auch für hirnverletzte Patienten:

1. **Die Axonregeneration fördern.** Hemmende Faktoren verhindern das Auswachsen von Nervenfasern und somit die Ausbildung neuer Verknüpfungen im erwachsenen Rückenmark. Es muss somit in der Nähe der Verletzung eine wachstumsfreundliche Umgebung geschaffen werden. Die lokale Verabreichung von Wachstumsfaktoren (meist in den Liquor) mittels Minipumpen oder gentherapeutischer Techniken wurde getestet. Sie führte jedoch in erster Linie zu einer lokalen Aussprossung von Axonen anstelle der angestrebten Regeneration über größere Distanzen. Die Neutralisierung von wachstumshemmenden Myelinkomponenten ist hingegen eine erfolgversprechende Methode. Sie führt nicht nur zum Auswachsen von Axonen sondern auch zu einer funktionellen Erholung.

   Diese Antikörper sollten in den ersten Tagen nach der Rückenmarkverletzung gegeben werden. Die Behandlung einer chronischen Verletzung dürfte in manchen Fällen weitaus komplexer sein, weil das regenerative Potential vermutlich mit der Zeit abnimmt.

2. **Die Ausweitung der eigentlichen Verletzung und somit der Ausbildung der Glianarbe verhindern.** Der Gewebeverlust durch die primäre mechanische Schädigung wird von einem Entzündungsprozess begleitet. In den 1990er-Jahren wurde in einer klinischen Studie gezeigt, dass querschnittgelähmte Patienten von der Gabe desentzündungshemmenden Kortikosteroids Methylprednisolon profitieren könnten. Wenn dieses während der ersten acht Stunden nach der Verletzung in hohen Dosen verabreicht wurde, konnte bei einigen Patienten eine (zwar bescheidene) funktionelle Erholung festgestellt werden.

3. **Die Glianarbe ersetzen durch Gewebebrücken.** Die Glianarbe stellt eine Barriere für regenerierende Axone dar. Könnte die Glianarbe entfernt und mit durchlässigem Gewebe oder auch künstlichem Material ersetzt werden, so würde eine regenerationsfreundlichere Umgebung geschaffen. Allerdings können damit die entfernten Zielzellen nachwachsender Nervenzellen oft nicht erreicht werden. Für eine Transplantation von regenerationsfördernden Zellen in die Narbe bieten sich beispielsweise embryonale Stammzellen oder Hüllzellen des Riechnervs an. Solche Zellen könnten die Nervenfasern beim Auswachsen führen und eine Axonregeneration unterstützen. In Tierexperimenten konnte gezeigt werden, dass die Transplantation solcher Zellen in ein verletztes Rückenmark zur verbesserten Regeneration, Remyelinisierung verletzter Nervenfasern und zu funktioneller Erholung führen kann. Nachteile von Stammzellen sind, dass sie noch wenig erforscht sind und beispielsweise in unerwünschte Zelltypen differenzieren könnten, oder dass es zu einer ungehinderten Zellvermehrung und zu einer Tumorbildung kommen könnte.

4. **Die Demyelinisierung der Axone kompensieren.** Die Myelinscheide dient der elektrischen Isolation der Axone und ermöglicht eine sehr schnelle Erregungsleitung. Für die Myelinisierung sind im ZNS die Oligodendrozyten, die die Axone vielfach umhüllen, verantwortlich. Die Entzün-

dungsreaktion, die auf die primäre Verletzung folgt, führt unter anderem zu einer Schädigung der Oligodendrozyten und somit zu einer Entmyelinisierung von verletzten aber auch intakten Nervenfasern. Eine Remyelinisierung dieser Fasern könnte beispielsweise durch eine Transplantation von Stammzellen, die zu Oligodendrozyten differenzieren, erreicht werden, ähnlich wie in Punkt 3 beschrieben.

5 **Abgestorbene Zellen ersetzen.** In den ersten Stunden nach der Verletzung kommt es zu kleinen Blutungen und Verstopfungen von verletzten Blutgefässen und zu einer Anschwellung des Rückenmarks. Diese Prozesse sind für den nachfolgenden Zelltod mitverantwortlich, da sie den Sauerstoff- und Nährstofftransport zu den Zellen unterbrechen und die Freisetzung toxischer Substanzen induzieren. Weil es zum Absterben verschiedener Zelltypen wie Nervenzellen und Oligodendrozyten kommt, wird wiederum viel Hoffnung in Stammzellen gesetzt, die zu verschiedenen Zelltypen ausdifferenzieren können.

Die beste Therapie wird vermutlich in Zukunft eine Kombination von drei Ansätzen sein: Die Verminderung der Ausweitung des Gewebeschadens im Rückenmark, die Wachstumsstimulation verletzter Axone, die sowohl zur Regeneration dieser Axone als auch zu neuen Verbindungen mit den richtigen Zielzellen führt, sowie aktive und passive Bewegungstherapie, um die Beweglichkeit zu fördern, Spastik vorzubeugen und noch intakte Nervenverbindungen zu erhalten.

Wozu Tierversuche?

Ziel der biomedizinischen Grundlagenforschung ist, eingehende Kenntnisse über die Mechanismen im gesunden und im kranken Organismus zu erhalten. Das Verständnis der biologischen Grundprozesse bildet dabei die Grundlage, um beispielsweise Ursachen von Krankheiten aufzudecken, mögliche Ansatzpunkte für Therapien zu erkennen und in der Folge neue Behandlungsmöglichkeiten zu entwickeln. Die Umsetzung von Erkenntnissen aus der Grundlagenforschung in klinische Anwendungen ist ein stufenweiser Prozess, der mit Zell- und Gewebekulturen beginnt und anschließend auf den ganzen lebenden Organismus – zuerst Ratte und Maus, anschließend Mensch – übertragen wird.

Bevor ein Wirkstoff wie der anti-Nogo-Antikörper beim Menschen angewendet werden darf, muss so verlässlich wie möglich sichergestellt sein, dass keine unvorhergesehenen Nebenwirkungen auftreten. Diese größtmögliche Sicherheit ist nur mit Tierversuchen zu erreichen. Selbst dann sind bei den klinischen Versuchen böse Überraschungen nicht völlig ausgeschlossen. Hier muss ständig nach weiteren Wegen gesucht werden, welche die Sicherheit einer Therapie für den Menschen und für die Tiere erhöhen. Ähnlich wie beim Nachweis der Wirksamkeit sind wir bei der Sicherheit des anti-Nogo-Antikörpers stets darum bemüht, die Anzahl der Tiere und ihr Leiden minimal zu halten.

Ratten und Mäuse sind anatomisch und physiologisch ähnlich wie Menschen, jedoch nicht gleich. Eine solche Gleichheit setzt man in der Forschung auch nicht voraus. Für die Entwicklung neuer therapeutischer Prozeduren dienen Tiere als Modelle, die Antwort geben auf präzis gestellte Teilfragen. Speziesunterschiede sprechen also nicht gegen Tierversuche, denn diese sind oft die einzige Möglichkeit, um die Wirksamkeit einer Therapie nachzuweisen und das Risiko von toxischen Nebenwirkungen bestmöglich auszuschließen.

Literatur

1 Schwab ME. Nogo and axon regeneration. Curr Opin Neurobiol 2004;14: 118-124. Review.
2 Maier IC, Schwab ME. Sprouting, regeneration and circuit formation in the injured spinal cord: factors and activity. Philos Trans R Soc Lond B Biol Sci 2006; 361: 1611-1634.
3 Bradbury EJ, McMahon SB. Spinal cord repair strategies: why do they work? Nat Rev Neurosci 2006; 7: 644-53. Review.
4 Thuret S, Moon LD, Gage FH. Therapeutic interventions after spinal cord injury. Nat Rev Neurosci 2006; 7: 628-643. Review.
5 Yiu G, He Z. Glial inhibition of CNS axon regeneration. Nat Rev Neurosci 2006; 7: 617-627. Review.

Glossar

distal	unterhalb, weiter entfernt vom Körperstamm resp. Gehirn und Rückenmark
dorsal	rückenwärts, hinten
Extrazelluläre Matrix	Gewebeanteil, der von Zellen in den Zwischenraum zwischen Zellen ausgeschieden wird und viele Eiweiße enthält
Ganglion	Nervenzellknoten
Gliazelle	Sammelbegriff für strukturell und funktionell von den Neuronen abgrenzbare Zellen im Nervengewebe; dazu gehören Astroglia, Oligodendroglia, Radialglia, Mikroglia und Ependym Zellen
in vitro	im Reagenzglas oder in der Kulturschale
in vivo	im lebenden Organismus
knockout	Ausschaltung eines Gens
Motoneuron	Nervenzelle, deren Zellkörper im Rückenmark liegt und deren Nervenfortsatz die Muskelfasern versorgt
Myelin	„Hülle" der Axone; dient der elektrischen Isolation der Axone von Nervenzellen und ermöglicht eine rasche Erregungsleitung. Für die Myelinisierung sind im ZNS die Oligodendrozyten, im PNS die Schwannzellen zuständig.
Neuron	Nervenzelle
Oligodendrozyt (-glia)	Typ Gliazelle, die ZNS Nerven umhüllt und so die Myelinschicht bildet
Paralyse	Lähmung
PNS	peripheres Nervensystem
proximal	oberhalb, näher zum Körperstamm
Spastik	motorische Störung mit geschwindigkeitsabhängiger Spannungserhöhung im Muskel und gesteigerten Muskeleigenreflexen.
spinal	das Rückenmark oder die Wirbelsäule betreffend
ventral	bauchwärts, vorne
ZNS	Zentralnervensystem, umfasst Gehirn und Rückenmark

Dr. Anita Buchli studierte an der ETH Zürich Biologie. Nach einem einjährigen Forschungsaufenthalt in Konstanz wechselte sie zurück an die ETH Zürich und promovierte dort 2001. Schon während der Doktorarbeit und die folgenden Jahre war sie involviert im Aufbau zweier Start-up Firmen der Universität Zürich. Seit 2003 ist sie wissenschaftliche Koordinatorin am Institut für Hirnforschung bei Prof. Martin Schwab.

Dr. Anita Buchli
Universität Zürich
Institut für Hirnforschung
Winterthurerstrasse 190
8057 Zürich
SCHWEIZ

Prof. Dr. Martin E. Schwab studierte an der Universität Basel Zoologie, Botanik und Chemie und promovierte im Jahr 1973. Von 1974 – 78 war er Assistent bei Prof. H. Thoenen am Biozentrum der Universität Basel, wo er sich 1978 habilitierte. Als Research Fellow arbeitete er anschließend im Dept. Neurobiology, Harvard Medical School, Boston, Mass. USA und dann als Gruppenleiter am Max-Planck-Institut für Psychiatrie, München. 1985 erhielt er einen Ruf als Professor für Hirnforschung an die Universität Zürich. Seit seit 1998 hat er eine Doppelprofessur und der ETH Zürich inne, gleichzeitig mit der Leitung des von ihm gegründeten Zentrums für Neurowissenschaften Zürich (ZNZ). Seit 2006 ist er Direktor des National Center of Competence in Research (NCCR) „Neural Plasticity and Repair" in Zürich.

Prof. Schwab ist vielfach ausgezeichnet mit Preisen (u.a. Ernst Jung Preis für Medizin, Zülch-Preis der Max-Planck-Gesellschaft, Carus-Medaille der Naturforschenden Gesellschaft Leopoldina) und Lectureships; er war und ist Mitglied zahlreicher wissenschaftlicher Beratungsgremien und der Herausgebergremien mehrerer wissenschaftlicher Fachzeitschriften.

Prof. Dr. phil. Dr. med. h.c. Martin E. Schwab
Universität Zürich und ETZ Zürich
Institut für Hirnforschung
Winterthurerstrasse 190
8057 Zürich
SCHWEIZ

Einstellungen und Haltungen –
Die dritte Komponente der naturwissenschaftlichen Bildung – Einführung

Gunnar Berg

Der naturwissenschaftliche Unterricht an den allgemeinbildenden Schulen gehört seit eh und je zu den Bereichen, denen die GDNÄ eine besondere Aufmerksamkeit widmet, werden doch im Schulalter Interessen geweckt – aber auch verschüttet –, die lebenslang Bedeutung haben können. So hat es auch eine lange Tradition, dass konkret Vorschläge für den Unterricht vorgelegt werden, man denke nur an die sogenannten Meraner Beschlüsse vom Anfang des vorigen Jahrhunderts. Mitte der neunziger Jahre hat die GDNÄ auf Anregung von Prof. Dr. Gerhard Schaefer (Hamburg) und unter dessen Leitung eine Bildungskommission gegründet, die angesichts der aktuellen Diskussion zu Fragen der Schulbildung der GDNÄ Gehör verschafft. Von Anfang an wurde Wert darauf gelegt, dass im Interesse einer breiten Meinungsbildung möglichst viele Verbände und Gesellschaften mitarbeiten, die sich ebenfalls mit diesen Fragen befassen. Zur Zeit sind das die Deutsche Physikalische Gesellschaft (DPG), die Gesellschaft Deutscher Chemiker (GDCh), der Verband Deutscher Biologen (vdbiol), der Verbund biowissenschaftlicher und biomedizinischer Gesellschaften (vbbm), die Deutsche Mathematikervereinigung (DMV), das Institut für die Pädagogik der Naturwissenschaften (IPN), der Mathematisch - Naturwissenschaftliche Fakultätentag (MNFT) und der Deutsche Verein zur Förderung des mathematischen und naturwissenschaftlichen Unterrichts (MNU). Dadurch sind sowohl Fachwissenschaftler als auch Fachdidaktiker und Naturwissenschaftslehrer vertreten.

Es ist das grundsätzliche Ziel der Kommission, den allgemeinbildenden Charakter der Naturwissenschaften zu betonen, deren Bedeutung für unser Weltbild, aber auch für das Verständnis von Naturphänomenen sowie für die Bewältigung des alltäglichen Lebens. Es geht in der Schule nicht um spezialisiertes Wissen in einzelnen engen Gebieten, sondern um breite Grundlagen, nicht zuletzt aber darum, was Naturwissenschaft ist, was sie kann und was sie nicht kann und welche Methoden dort wie eingesetzt werden. Es muss deutlich werden, dass alle drei Naturwissenschaften – Biologie, Chemie und Physik – in einem modernen Bildungskanon unabdingbar sind und denselben Rang wie z.B. Deutsch, Mathematik und Fremdsprachen haben, deren Bedeutung für den Schulunterricht von niemandem in Frage gestellt wird. Ist es nicht ein Skandal, dass in einem Land, dessen Leistungs- und Konkurrenzfähigkeit in starkem Maß durch Wissen, und das heißt hier hauptsächlich durch naturwissenschaftlich-technisches Wissen, bestimmt wird, Naturwissenschaften im Abitur nicht verpflichtender Prüfungsbestandteil sind? Noch immer wachsen viele junge Menschen auf, ohne solch fundamentale Begriffe wie Energie, Entropie, Atom und Gen und die damit zusammenhängenden Inhalte verstanden zu haben, geschweige denn, sie in ihr Weltbild einordnen zu können. Zwar sind die grundsätzlichen Entscheidungen in der und für die Gesellschaft letztendlich politisch zu verantworten, aber wie sollen sie der Sache angemessen getroffen werden, wenn die fachlichen Grundlagen dieser Entscheidungen einem großen Teil der Entscheider unbekannt sind? Wie kann es sein, dass trotz Aufklärung und trotz rasanter Entwicklung der Naturwissenschaften, deren Basis Rationalität ist, irrationale Strömungen wie Astrologie und die verschiedensten Spielarten der Esoterik so großen Zulauf haben? Offenbar gelingt es bereits in der Schule nur, einen kleinen Teil der Schülerinnen und Schüler an die Naturwissenschaften heranzuführen. Die dadurch entstehenden Defizite können die anderen Fächer nicht ausgleichen, weshalb der Umfang des naturwissenschaftlichen Unterrichts seinem Anteil an der Lebenswirklichkeit gemäß vergrößert und der Unterricht selbst natürlich auch qualitativ verbessert werden muss, wozu auch die GDNÄ beitragen will.

Für den Schulunterricht sind drei Komponenten wichtig, die bei der Gestaltung jeder Schulstunde eine Rolle spielen sollten: (1) Inhalte und Wissen, (2) Kompetenzen und Fähigkeiten sowie (3) Einstellungen und Haltungen. Auf die beiden erstgenannten Punkte konzentriert sich zur Zeit die gesamte Debatte um den Schulunterricht insgesamt und entsprechend auch um den Naturwissenschaftsunterricht. Auch die Bildungskommission der GDNÄ hat sich in diesem Zusammenhang zu Wort gemeldet und Vorschläge vorgestellt. Unter anderem sind diese in einer Denkschrift niedergelegt und wurden bei Mittagssymposien der 122. und 123. Versammlung der GDNÄ diskutiert, wobei solche grundlegenden Konzepte wie „fachübergreifender Fachunterricht" und die Bedeutung von „Fachkompetenz" als Ergänzung zu allgemeinen Kompetenzen eine wesentliche Rolle spielten. Dagegen wird die dritte der genannten Komponenten in der öffentlichen Diskussion ausgespart, was die Bildungskommission veranlasst, ihr besondere Aufmerksamkeit zu widmen, sind es doch letztlich die Haltungen und Einstellungen, mit denen den Schülerinnen und Schülern auch Werte vermittelt werden können, eine Aufgabe, die nicht nur den geistes- und sozialwissenschaftlichen sowie den künstlerischen Fächern überlassen werden darf, denn gerade die Naturwissenschaften haben hier wesentliche Anteile zu leisten, wie das in den folgenden Beiträgen dargestellt werden wird.

Einstellungen und Haltungen – bezüglich der Differenzierung der beiden Begriffe sei auf Gerhard Schaefers Beitrag verwiesen – sind einerseits notwendig, um engagiert am Unterricht teilzunehmen, andererseits fördert aber ein interessanter und gelegentlich auch emotional ansprechender Unterricht die entsprechenden Einstellungen und Haltungen zu den Naturwissenschaften, d.h. zu den naturwissenschaftlichen Inhalten. Die Bildungskommission sieht es deshalb als für einen „guten Unterricht" unabdingbar an, diesen neben Inhalten und Kompetenzen auch entsprechende Aufmerksamkeit zu schenken – und das selbstverständlich bereits während der Ausbildung zum Lehramt, denn nur die Lehrerinnen und Lehrer, die frühzeitig genug auf die Bedeutung von Einstellungen und Haltungen aufmerksam gemacht wurden, werden das dann auch im Unterricht umsetzen.

Als Basis der Diskussion in der Bildungskommission liegt eine vergleichende empirische Studie (Schaefer und Langlet) für deutsche und japanische Jugendliche zu deren Einstellungen und Haltungen bezüglich naturwissenschaftlicher Aspekte vor, deren wichtigste Ergebnisse und Schlussfolgerungen beispielhaft im Folgenden dargestellt werden. In „Kommentaren" wird die Thematik aus wissenschaftshistorischer und aus erziehungswissenschaftlicher Perspektive vertieft und abschließend werden aktuelle Folgerungen für den Schulunterricht, aber auch für die Lehramtsausbildung gezogen; im Moment noch erste Vorschläge, aber mit der Hoffnung, dass dieser Anstoß bereits wirkt.

Die anschließende Diskussion während des Mittagssymposiums zeigte, dass die Anregungen auf fruchtbaren Boden gefallen waren, wurde die Einbeziehung von Einstellungen und Haltungen doch positiv aufgenommen. Besonders wurde auf die Problematik der Altersstufen aufmerksam gemacht. Während Schüler und Schülerinnen der 5./6. Jahrgangsstufe noch für Naturwissenschaften begeisterungsfähig sind, ist das ab der 8. Stufe nur noch eingeschränkt möglich. Es ist deshalb notwendig, nicht nur den Unterricht in Biologie, sondern auch den in Physik und in Chemie in den frühen Jahrgangsstufen zu beginnen und dann auch durchgehend diese Fächer beizubehalten und mit dem jeweiligen Alter und der Interessenlage angemessenen Methoden dem „Abbruch des Interesses" entgegenzuwirken. Ganz wichtig ist es, dass nicht „Wissen angehäuft" wird, sondern dass für die Schüler erkennbar „Lernfortschritte" zustande kommen, bei denen sie erkennen, wie das Verständnis im Laufe der Zeit steigt. Es ist zu hoffen, dass mit der quantitativen und mit der qualitativen Verbesserung des naturwissenschaftlichen Unterrichts auch die mit diesen Fächern verbundenen Einstellungen und Haltungen an Bedeutung gewinnen und sich positiv in der Gesellschaft auswirken.

Prof. Dr. rer. nat. Dr. Ing. Gunnar Berg, geb. 1940. Physikstudium Universität Halle, 1963 –1970 Institut für Bergbausicherheit Leipzig; Promotion in Physik 1971 (Halle); Promotion in Ingenieurwissenschaften 1975 (Bergakademie Freiberg); Habilitation in Physik 1983 (Halle).

1990 – 1992 Direktor der Sektion Physik, Universität Halle-Wittenberg; 1991 - 1992 Dekan der Mathematisch-Naturwissenschaftlichen Fakultät; 1992 – 1996 Rektor der Universität; 1990 – 1998 Mitglied im Vorstand der Deutschen Physikalischen Gesellschaft; 1996 – 1998 und 2000 – 2002 Vorsitzender des Mathematisch-Naturwissenschaftlichen Fakultätentages (MNFT); Vorsitzender der Universitätsstiftung Leucorea in Wittenberg. Mitglied im Präsidium des Deutschen Hochschulverbandes, Mitglied der Deutschen Akademie der Naturforscher Leopoldina; Mitglied der GDNÄ und (seit 2003) Bildungsbeauftragter der GDNÄ.

Forschungsschwerpunkte: Festkörperphysik, Glasphysik, Festkörperreaktionen.

Prof. Dr. Dr. Gunnar Berg
Fachbereich Physik
Martin-Luther-Universität
Friedemann- Bach-Platz 6
06108 Halle/S.

Einstellungen zu den Naturwissenschaften –
Ergebnisse einer deutsch-japanischen Studie
Jürgen Langlet

TIMSS und PISA haben in vielen Ländern der Welt, u. a. auch in Japan und Deutschland, das Wissen und die Fähigkeiten von 15jährigen Schülerinnen und Schülern gemessen, mit einem bekanntermaßen nicht so erfreulichen Ergebnis für das deutsche Bildungssystem – im Gegensatz zu den japanischen Ergebnissen, die in allen Testreihen an der Spitze lagen. Untersucht wurden Kompetenzen in den Bereichen Wissen und Erkenntnismethoden – nicht die Einstellungen zu den Naturwissenschaften und die naturwissenschaftlichen Haltungen. Den Studien mangelte es offensichtlich an einem Zugang zu den emotionalen Grundlagen des Lernens [1].

Zentrales Anliegen dieser Studie war es daher zu überprüfen, ob die schlechten deutschen Resultate in TIMSS und PISA ihre Grundlage hätten in allgemein negativen Einstellungen zu den Naturwissenschaften unserer Schüler nach dem Motto „Was ich nicht mag, das lerne ich auch nicht". In der deutschen Umweltdebatte der letzten dreißig Jahre wurde die technische Aneignung der Natur für die aufgetretenen Umweltgefahren verantwortlich gemacht. Die breite Ablehnung der Atomenergie wie auch das aktuelle „Schicksal" der Transrapidtechnologie wird der deutsch-typischen Technikfeindlichkeit zugeschoben. Da lag es nahe, die Einstellungen und Haltungen deutscher Jugendlicher mit denen japanischer Gleichaltriger zu vergleichen. Japan gilt als ein Land, das der naturwissenschaftlicher Forschung und der technischen Entwicklung am aufgeschlossensten gegenüber steht. Die langjährigen Kontakte von Gerhard Schaefer zum National Institute for Educational Policy Research (NIER) in Tokyo wurden anlässlich dieses Forschungsansatzes wieder aufgefrischt [2].

Die zentrale Untersuchungshypothese lautete:

Die auffällig unterschiedlichen PISA-Leistungen japanischer und deutscher Jugendlicher sind auf Unterschiede in deren Einstellungen und Haltungen zurückzuführen.

Studiendesign

Zur Untersuchung der Einstellungen der 15jährigen deutschen und japanischen Schülerinnen und Schüler wurden fünf verschiedene, allgemein anerkannte Testverfahren ausgewählt. Dadurch war Gewähr leistet, dass sich die Verfahren gegenseitig kontrollieren, relativieren und etwaige Validitätsmängel ausgleichen.

Folgende Testverfahren wurden angewendet: als affektive Tests das *Polaritätsprofil* und *Direct Attitude* (DA), die direkte Einstellung messend; die anderen drei Testformen *Multiple Choice* (MC), *Freie Definitionen* (FD, *free definition*) und *Freie Assoziationen* (FA) gelten als gemischte kognitive und affektive Tests.

---

[1] Diesen Mangel anerkennend bemüht sich PISA 2006 auch um diesen Aspekt.

[2] Projektteilnehmer waren: Dr. Takeshi Fujita, Universität Chiba; Prof. Dr. Stefan Kaiser, Universität Tsukuba; Yukihiro Komatsu, NIER Tokyo; Jürgen Langlet, Studienseminar Lüneburg; Prof. Dr. Gerhard Schaefer, Universität Hamburg; Ryoei Yoshioka, NIER Tokyo.

An der Untersuchung nahmen 15-jährige Jugendliche (10. Jahrgang) aus verschiedenen Schulen in Japan und Deutschland teil, annähernd gleich viele (531 bzw. 508) Schülerinnen und Schüler in beiden Ländern.

Ausgewählte Ergebnisse

Hier ist nicht der Platz, das Projekt mit seiner Vielfalt an Resultaten auszubreiten[3]. Ich beschränke mich auf die markantesten Ergebnisse – einige Beispiele aus dem *Multiple Choice*- und den *Direct Attitude*-Test.

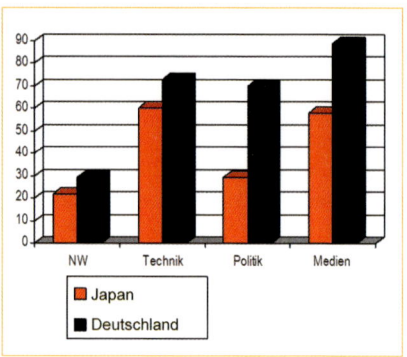

Abb. 1 Ausgewählte Ergebnisse im MC-Test zur Einstellung: Die heutige Zeit wird in unseren Ländern besonders stark geprägt von ...

Einstellungen (*Multiple Choice*-Test)

Punkt 1:
Gefragt wurde im MC-Test nach der Einstellung: Die heutige Zeit wird in unseren Ländern besonders stark geprägt von ...

4.3 ■ den Naturwissenschaften
4.4 ■ der Technik
4.5 ■ der Politik
4.6 ■ den Künsten
4.7 ■ den Religionen
4.8 ■ den öffentlichen Medien
4.9 ■ das kann ich so einfach nicht entscheiden.

Mehr deutsche als japanische Jugendliche halten alle dargestellten Aspekte für zeitrelevant – nicht nur die Politik und die Medien, sondern erstaunlicherweise auch Technik und Naturwissenschaften.

Punkt 2:
In einem weiteren Punkt des MC-Tests sollten die Probanden *Linien von der persönlichen Einschätzung zu angebotenen Begründungen ziehen:*

Ich halte Naturwissenschaften für

4.18 ■ faszinierend
4.19 ■ langweilig
4.20 ■ gefährlich
4.21 ■ schwierig
4.22 ■ nützlich

wegen ihrer

4.23 ■ Anwendung in der Technik
4.24 ■ Gesetze und Formeln
4.25 ■ exakten Fachsprache
4.26 ■ weltweiten Gültigkeit
4.27 ■ besonderen Erkenntnisweise für Natur und Mensch

---

[3] Die vollständigen Ergebnisse der Einstellungen und Haltungen (vgl. den folgenden Bericht von G. Schaefer) finden sich in: Langlet, J. & Schaefer, G., Einstellungen zu den Naturwissenschaften und naturwissenschaftlich relevante Haltungen bei japanischen und deutschen Schülerinnen und Schülern - eine neue Perspektive zur PISA-Debatte. Lang, Bern 2007.
[4] Hier wie im Folgenden sind in der Ordinate immer Prozentwerte angegeben.

Direkt abgefragte emotionale Reaktionen (*Direct Attitude*-Test)

Im DA-Test wurden Versuchspersonen direkt nach ihren emotionalen Reaktionen auf naturwissenschaftliche Aussagen befragt. Geboten wurden insgesamt neun Aussagen, von denen sich jeweils drei auf die naturwissenschaftlichen Grundbegriffe „System" (Biologie), „Teilchen" (Chemie) und „Energie" (Physik) bezogen[5]. Die jeweils drei Aussagen waren von folgender Art:

1 Typische Schulbuchsätze.
2 An die Leser persönlich gerichtete Aussagen mit dem Tenor: *„Was denkst Du über …?"*
3 Fiktive Statements von Wissenschaftlern mit dem Vorspann: *„Wissenschaftler behaupten …"*

Folgende emotionale Reaktionsmöglichkeiten wurden abgefragt:

Der Satz ist für mich

a) ▪ angenehm
b) ▪ unangenehm
c) ▪ weder/noch
d) ▪ interessant, spannend
e) ▪ uninteressant, langweilig
f) ▪ sinnvoll
g) ▪ wenig sinnvoll
h) ▪ völlig sinnlos

Die Probanden sollten möglichst drei Kreuze (a–c), (d), (e –h) machen, konnten davon aber auch abweichen.

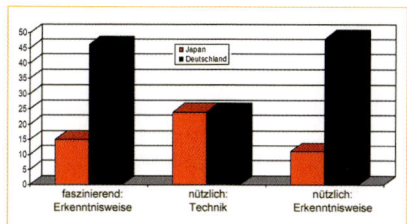

Abb. 2 Ausgewählte Ergebnisse im MC-Test zur Einstellung: Ich halte Naturwissenschaften für schwierig wegen …

Deutsche Jugendliche erhoffen sich zu ca. 45% von den naturwissenschaftlichen Erkenntnisweisen einen wesentlichen Beitrag für ihr Weltverständnis.

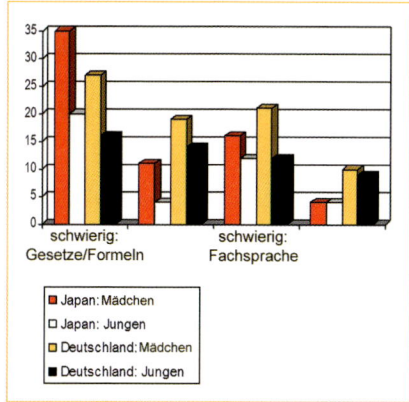

Abb. 3 Ausgewählte Ergebnisse im MC-Test zur Einstellung: Ich halte Naturwissenschaften für schwierig wegen …

Die japanischen Schüler halten den naturwissenschaftlichen Unterricht für schwierig wegen der Gesetze/Formeln, die deutschen eher wegen der Fachsprache. Die Antworten der Mädchen liegen fast durchweg höher als die der Jungen.

---

[5] Naturwissenschaften besser verstehen, Lernhindernisse vermeiden. Anregungen zum gemeinsamen Nutzen von Begriffen und Sprechweisen in Biologie, Chemie und Physik (Sekundarbereich I). MNU 57/4, 2004, Beihefter.

In den folgenden Auswertungsdiagrammen sind zur schnelleren Erfassung die positiven und die negativen Antworten gruppiert dargestellt, die ersteren (a, d, f) links und die letzteren (b, e, g, h) rechts von der Mitte (weder/noch, c) angeordnet. Dadurch wird die positive oder negative Einstellung der Populationen zu den dargebotenen Aussagen mit einem Blick erkennbar.

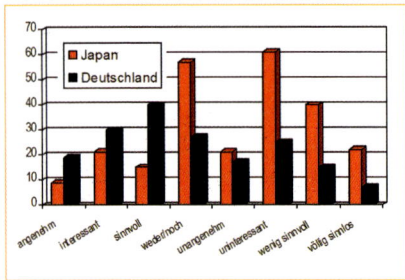

Abb. 6 Ergebnisse im DA-Test zur Einstellung: *„Die Wechselwirkungen in einem System lassen sich gut mit Je-desto-Beziehungen beschreiben."*

In Deutschland überwiegen selbst bei einer Lehrbuchaussage die positiven Antworten, in Japan dagegen die Ablehnungen und weder/noch-Antworten[6]!

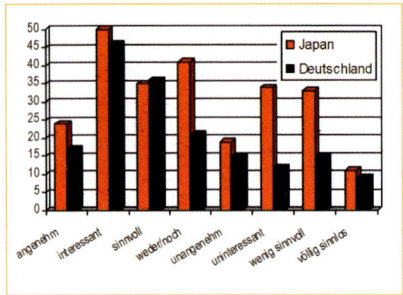

Abb. 7 Ergebnisse im DA-Test zur Einstellung: *Was meinst Du dazu: „Obwohl Wasser blau ist, sind die kleinsten Wasserteilchen nicht blau."*

Persönlich adressierte Aussagen erhalten eine hohe Zustimmung, auch in Japan: Dort werden diese allerdings auch stärker als in Deutschland abgelehnt!

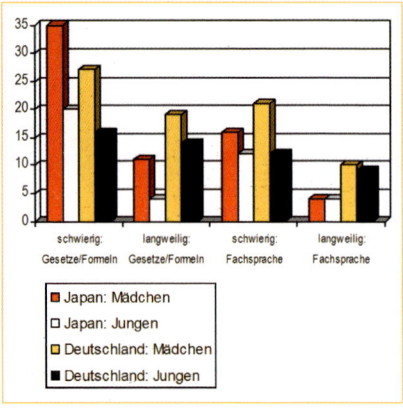

Abb. 8 Ergebnisse im DA-Test zur Einstellung: Ich halte Naturwissenschaften für schwierig/langweilig wegen . . .

Expertenaussagen erhalten vergleichbare Zustimmung in beiden Ländern, allerdings auch deutliche Ablehnung in Japan!

Last but not least wollten wir wissen, welche Einstellungen Schülerinnen und Schüler gegenüber dem naturwissenschaftlichen Unterricht hegen. Gefragt wurde: Der naturwissenschaftliche Unterricht in den Schulen sollte

4.28 ■ mehr Stunden bekommen
4.29 ■ weniger Stunden bekommen
4.30 ■ so bleiben, wie er ist
4.31 ■ interessanter gestaltet werden

---

[6] Wie in vorherigen Vergleichsuntersuchungen zwischen japanischen und deutschen Jugendlichen konnten oder wollten die japanischen Schülerinnen und Schüler sich nicht entscheiden!

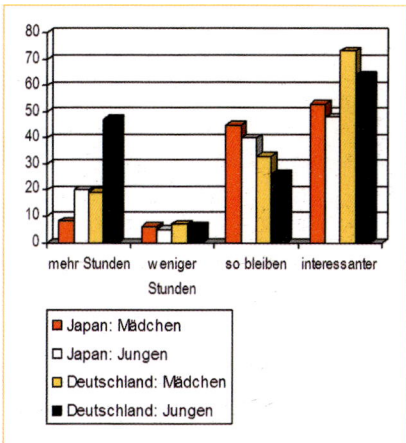

Abb. 9 Ergebnisse im MC-Test zur Einstellung: Der naturwissenschaftliche Unterricht in den Schulen sollte ...

Der naturwissenschaftliche Unterricht sollte nach den Antworten der Jugendlichen in beiden Ländern interessanter gestaltet werden, bei höherer Stundenzahl (deutsche Jungen). Zwei Drittel der deutschen Schülerinnen (vor allem diese) und Schüler fordern das.

Conclusio

In den hier wiedergegebenen, aber auch in allen weiteren Tests festigt sich ein überraschendes Resultat: Die Einstellungen der deutschen Schülerinnen und Schüler zu den Naturwissenschaften sind deutlich positiver als die der japanischen! Die deutschen Jugendlichen sind also diesbezüglich bemerkenswerter besser als ihr Ruf!

Wenn die TIMSS- und PISA-Ergebnisse und die unserer Studie valide sind, dann könnte man schlussfolgern:
▸ Einstellungen zu den Naturwissenschaften scheinen keine notwendige Bedingung für die in TIMSS und PISA untersuchten Kompetenzen zu sein.
▸ Vielmehr könnte die schulische Ausrichtung auf einen Unterricht, der auf (harte) Prüfungen direkt vorbereitet (vgl. japanisches Schulsystem), allein hinreichend für den Erfolg in den genannten OECD-Studien sein.

Das hieße also, wir sollten uns in Deutschland das japanische Gesellschafts- und Schulsystem als Vorbild nehmen. Mit den in nahezu allen Bundesländern infolge der TIMSS- und PISA-„Schmach" verbindlich eingeführten zentralen Vergleichsprüfungen auf der Grundlage von kompetenzorientierten Standards und Kerncurricula ist ein erster Schritt in diese Richtung gemacht. Allerdings sind keine Stimmen in Deutschland zu vernehmen, die das allein auf Pauken und harte Selektion ausgerichtete Schulsystem aus Japan hier einführen wollen. Zu unterschiedlich sind die traditionell gewachsenen Gesellschaften.

Was bleibt?

Wenn und da wir in Deutschland nicht Japan kopieren wollen und können, ist es müßig und misserfolgsgarantiert, allein über Prüfungen Einfluss auf bessere und nachhaltigere Lernergebnisse zu nehmen: Vielmehr müssen wir unsere Schülerinnen und Schüler für den naturwissenschaftlichen Unterricht gewinnen!
▸ Die Voraussetzungen auf Schülerseite sind viel besser als erwartet!
▸ Ein interessant gestalteter, problemorientierter Unterricht mit Phasen selbstständigen und binnendifferenzierenden Lernens und kooperierender Lernformen, der die Schülervorstellungen nicht nur ernst nimmt, sondern diese als Lernchancen konstruktiv aufnimmt, ist in Deutschland die entscheidende Variable für gelingendes nachhaltiges Erlernen von Kompetenzen!

Regierungsschuldirektor Jürgen Langlet,
geb. 1951 in Norden/Ostfriesland, 1971–77 Studium der Biologie und Chemie in Kiel und Hannover, 1984–88 Studium der Philosophie in Hamburg, Studienrat und Oberstudienrat am Gymnasium Bremervörde und 1991–95 an der DS Genua, 1995–2006 Fachleiter für Biologie am Studienseminar Lüneburg und der Herderschule in Lüneburg, seit 2006 in der Niedersächsischen Schulinspektion. Ab dem Schuljahr 2007/08 Schulleiter des Johanneums (Lüneburg). Seit 2000 Fachvertreter für Biologie im MNU-Bundesvorstand (ebenso im MNU-Landesvorstand Niedersachsen), 2000–06 Vizepräsident Schulbiologie im vdbiol-Bundesvorstand. Lehraufträge (Universität Hamburg) und Veröffentlichungen; Vorträge und Fortbildungen u. a. zur Biologiedidaktik, Verhaltensbiologie, Wissenschaftspropädeutik, Bioethik, Kompetenzen und Standards im naturwissenschaftlichen und Biologie-Unterricht.

OstD Jürgen Langlet
Am Hang 17
21403 Wendisch Evern

Die „naturwissenschaftliche Grundhaltung" bei Jugendlichen –
Eine vergleichend deutsch-japanische empirische Studie
Gerhard Schaefer

1. Vorbemerkung

Wie G. Berg in der Einleitung zu diesem Symposium erläutert hat, ist die Bildungskommission der GDNÄ der Meinung, dass die dritte, die affektive Komponente aus der heutigen Bildungs-Diskussion nicht herausgelassen werden darf, da ohne sie Bildung in der Praxis nicht gelingen kann. Zum Beispiel werden ohne Freude und Begeisterung für naturwissenschaftliches Denken und Arbeiten diese Fächer in Schule und Hochschule weder gewählt noch in ihnen gelernt und behalten, und ohne entsprechende Charakterhaltungen dürfte es Menschen in unserem naturwissenschaftlich-technisch geprägten Zeitalter schwer fallen, eine zuverlässige Position in der heutigen Welt zu finden.

Wir schließen uns in diesem Symposium einer schon 1975 von Gardner getroffenen Unterscheidung der affektiven Komponente von Bildung einerseits in *Einstellungen* (etwa „attitudes towards science"), andererseits in *Haltungen* (z.B. „scientific attitudes") an.

Dabei soll *Einstellung* die Bewertung einer Sache bzw. eines Sachverhalts nach rein subjektiven Maßstäben (z.B. aus der persönlichen Lebensgeschichte des Betrachters heraus), eine Haltung jedoch an allgemeinen, über das Subjekt hinausgehenden Werten orientiert sein. In geometrischer Analogie: Einstellungen bewegen sich in einer horizontalen Ebene, in welcher der bewertende Scheinwerfer „eingestellt" wird, während Haltungen nach „oben", in die Vertikale, ausgerichtet sind.

Wegen der größeren Dauer personübergreifender Werte zeigen Haltungen auch eine größere „Haltbarkeit" im Leben. Sie erweisen sich – im Unterschied zu Einstellungen, die leichter veränderbar sind und manchmal über Nacht ins Gegenteil umschlagen können – als relativ stabil und werden daher häufig auch als „Charaktermerkmale" bezeichnet.

Nachdem J. Langlet im vorausgehenden Beitrag die Ergebnisse der deutsch-japanischen Vergleichsstudie betr. *Einstellungen* von Jugendlichen zu den Naturwissenschaften vorgestellt hat, soll im Folgenden der andere Teil derselben Untersuchung betr. *naturwissenschaftlich relevanter Haltungen* dargestellt werden.

2. Haltungen als Grundlage naturwissenschaftlichen Denkens und Arbeitens

Während der GDNÄ-Tagung 2004 in Passau beobachtete der Verf. die dort vortragenden Wissenschaftler und fragte sich, welche Haltungen es eigentlich seien, die zu solch herausragenden wissenschaftlichen Leistungen befähigen. Diese Beobachtungen, verbunden mit Tagebuch-Aufzeichnungen von Werner Heisenberg, die er 1925 auf Helgoland bei der Entdeckung der Quantenmechanik machte, führten zu der Konzeption von acht einzelnen Haltungen,

Abb. 1 Bündel von 8 naturwissenschaftlich relevanten Haltungen als komplexe „naturwissenschaftliche Grundhaltung".

die man als „für naturwissenschaftliches Denken und Arbeiten relevant" bzw. unverzichtbar bezeichnen kann. Sie sind in **Abb. 1** dargestellt, wo das ganze Bündel geschlossen als „naturwissenschaftliche Grundhaltung" bezeichnet wird.

Ob es eine naturwissenschaftliche Grundhaltung als *primäre Haltung* gibt, oder ob es acht einzelne, psychologisch getrennt existierende Haltungen sind, die man auch getrennt messen und dann nachher in einem zweiten Schritt wieder bündeln kann, ist noch Gegenstand der Diskussion. In einem vor Jahren weltweit angewandten „Scientific Orientation Test", S.OR.T., von Meyer (1995) wird eher von der ersten Annahme einer ganzheitlichen „scientific attitude" (s.oben, Gardner) ausgegangen. Die im S.OR.T. dazu verwendeten 20 Fragen lassen allerdings einige der von uns untersuchten 8 Haltungen vermissen, z.B. Naturachtung und Formalisierungsneigung, und die anderen sind so sehr miteinander verwoben, dass eine Einzelanalyse von „Ehrlichkeit", „Genauigkeit", „Rationalität" usw. nicht möglich ist.

Wir haben uns daher bei der Durchführung der deutsch-japanischen Vergleichsstudie dazu entschieden, die zweite Annahme einer *disjunkten Existenz von acht Haltungen* zugrunde zu legen, die sich – vielfach miteinander vernetzt, teilweise sogar antagonistisch wirkend – zu einer „naturwissenschaftlichen Grundhaltung" zusammenfügen.

Das obige, auf acht messbare Faktoren begrenzte Schema schließt natürlich keinesfalls die Möglichkeit aus, später die eine oder andere Haltung noch hinzu zu nehmen. Zum Beispiel kann das Bündel durch weitere Haltungen ergänzt werden, die wissenschaftliches Arbeiten eindeutig fördern, wie etwa Kreativität (schöpferisches Denken), Zielstrebigkeit, Fleiß. Diese sind dann aber, wie die drei genannten, von allgemeinerer Bedeutung für das ganze Leben und nicht so charakteristisch für *naturwissenschaftliches Denken und Arbeiten* wie die in **Abb.1** zusammengestellten Haltungen.

3. Empirische Untersuchung der 8 Haltungen in Deutschland und Japan

3.1 Methodische Vorbemerkung zum Test

Um die Haltungen indirekt mit Hilfe verbaler Reaktionen messen zu können, wurde ein Multiple-choice-Test (MC2) aus 25 Einzelaufgaben entwickelt (pro Haltung ca. 3 Aufgaben). Zu jeder Aufgabe gab es 6-9 vorformulierte Antworten, von denen auch gleichzeitig mehrere angekreuzt werden konnten. Einige davon waren so formuliert, dass daraus *eindeutig* („prägnant") das Vorliegen der betr. Haltung geschlossen werden konnte; andere sprachen genau so prägnant dagegen, d.h. für das Vorliegen der *Gegen*haltung. Eine dritte Art, sogenannte *Egal-Antworten* („das ist mir egal", „das geht mich nichts an"), dokumentierte eine Verweigerungshaltung bzw. ein Desinteresse am Thema.

Außerdem war für jede Aufgabe eine freie Antwort vorgesehen, die der Schüler/ die Schülerin selbst nach Gutdünken ausfüllen konnte, falls der Wunsch dazu bestand. Aus diesen freien Schüleräußerungen waren natürlich besonders interessante Hinweise auf tieferliegende Emotionen der Jugendlichen zu entnehmen. Sie waren auch wichtige Indikatoren für die Einstellung der Schüler und Schülerinnen zum Test insgesamt wie auch zu einzelnen Aufgaben.

Es sei an dieser Stelle angemerkt, dass der Prozentsatz der ausgefüllten freien Antworten relativ hoch war, was bei der zusätzlichen Mühe, die ja allein schon das Schreiben dieser Antworten macht, überrascht und ein Beleg dafür ist, dass der Test insgesamt ernst genommen wurde (wofür auch die unmittelbare Beobachtung von Jugendlichen beim Ausfüllen des Tests sprach).

Als weiteres Indiz dafür, dass sich die Schülerinnen und Schüler in der Mehrheit sehr interessiert mit den Testaufgaben auseinandersetzten (und damit ihre „Haltungen" offenbarten), kann die relativ niedrige Quote der „Egal"-Ankreuzungen angesehen werden. Sie lag in Japan mit etwa 15% unübersehbar höher als in Deutschland (im Mittel nur etwa 6%). Dieser höhere „Frustwert" in Japan ist nach allen Beobachtungen, die wir gemacht haben, weniger auf die – in Japan fast alltägliche – Praxis des Testens zurückzuführen, sondern vermutlich wieder auf das schon von Langlet im vorausgehenden Artikel berichtete – im Vergleich zu Deutschland – geringere Interesse japanischer Jugendlicher an Naturwissenschaft.

3.2 Prägnante Antworten zu „Objektivität/Subjektivität"

Im Folgenden sind die drei Aufgaben (17, 18, 19) des Tests abgedruckt, die zur Haltung „Objektivität" (bzw. zu ihrer Gegenhaltung) formuliert wurden. Ferner werden dazu prägnante MC-Antworten und in **Tab.1** die Ankreuzhäufigkeiten zu diesen Antworten wiedergegeben.

Aufgabe 17
Es gibt hochrangige Naturwissenschaftler, die beim Rückblick auf ihr Leben sagen: „Ich hatte oft so meine eigenen Vorstellungen über den Aufbau der Welt, aber ich musste sie einige Male im Laufe meines Lebens ändern, und das war gut so."

Ich finde diese Aussage.....

17.2 völlig verrückt. Wie kann man das „gut" finden, wenn man gezwungen wird, seine Meinung zu ändern?

17.3 fair und korrekt, denn jeder, der nur einigermaßen ehrlich vor sich selbst ist, wird diese Erfahrung bestätigen.

17.4 bewundernswert, weil sie Bescheidenheit und Selbstüberwindung anzeigt.

Aufgabe 18
In folgender Figur kannst Du sicherlich zwei horizontale parallele Linien erkennen, die leicht gebogen erscheinen und keine Geraden sind. Wenn Du aber einmal ein Lineal anlegst, wirst Du feststellen, dass sie tatsächlich Geraden sind und keinesfalls gebogen

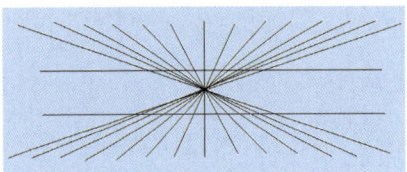

Wie ist Deine Reaktion auf dieses Phänomen? ......

18.1 Ich finde die Sache ganz spaßig, aber nicht weiter aufregend.

18.4 Ich misstraue meinem Gehirn; es kann ja sein, dass es die optischen Empfindungen meiner Augen falsch verrechnet.

18.5 Ich meine, dass mein subjektiver Eindruck von den Linien wie auch der objektive Befund des Lineals beide korrekt sind und sich gegenseitig ergänzen, aber nicht ausschließen.

18.6 Mein persönlicher Eindruck kann niemals durch äußere Mittel wie ein Lineal widerlegt werden. Was ich erlebt habe, habe ich erlebt, und deshalb ist es wahr.

Aufgabe 19
In einem Experiment stehen drei Gefäße mit Wasser auf einem Tisch. Du tauchst die linke Hand in das linke Gefäß und stellst fest: dieses Wasser ist kalt. Gleichzeitig tauchst Du die rechte Hand in das rechte Gefäß und stellst fest: dieses Wasser ist heiß. Nun hältst Du beide Hände *gleichzeitig in das mittlere Gefäß* und erlebst mit der linken Hand, dass das Wasser warm ist, und mit der rechten, dass das selbe Wasser kalt ist. Wie kann das sein? ......

19.1 Ich zweifle an meinen subjektiven Erlebnissen, denn ich gehe davon aus, dass das Wasser im mittleren Gefäß eine einheitliche Temperatur hat.

19.2 Bevor ich an mir selbst zweifle, prüfe ich mit einem Thermometer die Temperatur des Wassers im mittleren Gefäß.

19.5 Ich wiederhole das Experiment mit neuem Wasser und prüfe, ob es im Wiederholungsfall genauso ist.

Tab. 1 Ankreuzhäufigkeiten in % der Population. J: Japan; D: Deutschland. – **orange:** Antworten als Indizien für Objektivität; **grau:** Indizien für Subjektivität.

Antwort	17.2	17.3	17.4	18.1	18.4	18.5	18.6	19.1	19.2	19.5
D	3,3	77,9	41,5	49,7	25,3	32,3	0,0	45,7	17,0	10,6
J	12,6	38,0	5,7	62,5	7,6	15,2	5,0	8,1	29,4	21,3

Wie die Analyse prägnanter Einzelaussagen zeigt, liegen die deutschen Schülerinnen und Schüler in der Haltung „Objektivität" (orangefarbene Felder der Tabelle) weit über ihren japanischen Altersgenossen, während umgekehrt in Bezug auf Subjektivität (siehe besonders Antworten 17.2, 18.6, 19.2 und 19.5) die japanischen Jugendlichen die deutschen übertreffen.

Durch ein komplexeres Auswerteverfahren, bei dem auch andere Testaufgaben auf Objektivität hin bewertet werden, soll die obige Feststellung weiter erhärtet werden.

3.3 Komplexeres Verfahren: Kreuzweise Auswertung aller 25 Testaufgaben im Hinblick auf alle 8 Haltungen

Tab. 1 ist ein Beispiel für „prozentuale Einzelauswertung" von Testaufgaben. Es hat sich aber bei der Auswertung der 25 Aufgaben herausgestellt, dass der Test bzgl. der acht Haltungen weitaus ergiebiger ist als es die jeweils drei Aufgaben erwarten ließen, die ursprünglich für jede Haltung angesetzt waren. Es wird nämlich bei genauer Betrachtung der Antworten deutlich, dass viele von ihnen nicht nur eine Entscheidung über die ihnen zunächst zugeordnete eine Haltung erlauben, sondern immer auch für mehrere andere Haltungen zugleich.

Entsprechend wurde eine Auswerte-Anleitung aufgestellt, die jeder Test-Antwort ihre Aussagekraft in Bezug auf die 8 Haltungen in einer 4-stufigen Gewichtung zuordnet: 0 = kein Indiz für die betreffende Haltung, 1 = schwaches Indiz, 2 = deutliches Indiz, 3 = starkes Indiz. Die Zuordnung erfolgte in validierender Abstimmung zwischen den deutschen und japanischen Projektmitarbeitern.

Summiert man dann für jede Haltung (bzw. Gegenhaltung) die gewichteten Punkte aller Testantworten, so erhält man für jede Haltung einen absoluten Maximalwert, auf den die in der jeweiligen Population tatsächlich erreichte durchschnittliche Punktzahl pro Schüler bezogen werden kann. Für Objektivität war dies zum Beispiel die Zahl 123, für die Gegenhaltung (Subjektivität) 125. Die so entstehenden Prozentzahlen, die in **Tab. 2** wiedergegeben sind, bedeuten hier also nicht „Prozent aller Schüler, die diese Haltung zeigen", sondern „Prozent der Maximalzahl, welche die *Population als Ganzes* erreicht hat".

Tab. 2 zeigt, dass das spezielle Ergebnis, das wir mit der Einzelauswertung prägnanter Antworten zur Objektivität erhielten (**Tab. 1**), durch das kompliziertere Auswerteverfahren bestätigt wird. Auch in **Tab. 2** kehren die Aussagen von **Tab. 1** wieder: die deutschen Jugendlichen zeigen einen stärkeren Hang zur Objektivität als die japanischen, – diese andererseits einen stärkeren Hang zur Subjektivität als die Vergleichspopulation. Insofern bestätigen die beiden Auswerteverfahren sich gegenseitig in ihrer Validität.

Tab. 2 Ergebnis des komplexen Auswerteverfahrens aller Testaufgaben (s. Text). Die Buchstaben in der Kopfleiste bedeuten die unten beschriebenen Abkürzungen der englischen Ausdrücke für die 8 Haltungen, die Zahlen in der Tabelle die durchschnittlichen Prozentwerte der Population, bezogen auf die jeweils möglichen Maximalwerte des Verfahrens. D: Deutschland; J: Japan. p: Positivwerte (Naturwissenschaft fördernde Haltungen; hier: orangefarben); n: Negativwerte. p-n: Diese Differenz dokumentiert das jeweilige Übergewicht des Positivwertes über den Negativwert. Auffallend kleine bzw. sogar negative Differenzen in Japan sind durch Fettdruck hervorgehoben.

Haltung	H	P	N	C	R	O	E	F
D p	40,3	31,9	27,8	34,6	26,5	34,5	34,6	28,1
D n	5,5	10,2	12,9	10,4	12,0	10,8	11,2	9,3
J p	22,2	18,8	17,1	20,6	16,4	20,1	22,7	17,9
J n	9,7	14,8	19,9	13,7	16,5	15,8	13,9	15,4
D: p–n	+ 34,8	+ 21,7	+ 14,9	+ 24,2	+ 14,5	+ 23,7	+ 23,4	+ 18,8
J: p–n	+ 12,5	+ 4,0	**– 2,8!!**	+ 6,9	**– 0,1!!**	+ 4,3	+ 8,8	+ 2,5

Die höchsten Positivwerte überhaupt finden wir, sowohl in Deutschland als auch in Japan, bei der „Ehrlichkeit" (H). Allerdings liegen auch hier wieder die deutschen Werte weit höher als die japanischen.

An zweiter Stelle stehen in Deutschland „Wissbegierde bzgl. Natur" (C), „empirische Haltung" (E) und „Objektivität" (O) mit je knapp 35%, während Japan mit knapp 21, 23 und 20% wieder deutlich darunter liegt.

Die untersten Positivwerte liegen, sowohl in Deutschland als auch in Japan, bei der „Formalisierungshaltung" (F: 28/18%), der „Naturachtung" (N: 28/17%) und der „Rationalität" (R: 27/16%). Das verwundert bei der Ersteren nicht, ist doch die „mathematische Grundhaltung" auch heute noch immer das Stiefkind vieler Jugendlicher. Ebenso die Rationalität, die hier als „Freude an, Bereitschaft zu und Drang zu logisch-analytischer Erfassung der Welt" verstanden wird: sie fällt offenbar in eine ähnliche Kategorie, da unter jungen Menschen die Emotionalität häufig stärker im Vordergrund steht.

In **Tab. 2** bedeuten die Buchstaben die Abkürzungen der englischen Ausdrücke für die 8 Haltungen:
H = honesty (Ehrlichkeit, Aufrichtigkeit)
P = preciseness (Genauigkeit, Akkuratheit)
N = respect for nature (Naturachtung, Naturliebe)
C = curiosity for nature (Wissbegierde bzgl. Natur)
R = rationality (Rationalität)
O = objectivity (Objektivität)
E = empirical attitude (empirische Haltung, Fakten-Orientierung)
F = formalization attitude (Abstraktions-/Formalisierungshaltung).

Überraschend und unerwartet ist dagegen die relativ niedrige Quote der Naturachtung (N) in beiden Populationen, vor allem wenn man an die nun schon über 20-jährigen Bemühungen von Schule und Medien in Sachen Umwelterziehung denkt, die sowohl in Deutschland als auch in Japan stattgefunden haben. In Japan ist der Schock über dieses Ergebnis besonders groß, weil hier, wie **Tab. 2** zeigt, die Negativwerte sogar die Positivwerte übersteigen: Es gibt bei den japanischen Jugendlichen in den 25 Testaufgaben insgesamt mehr Indizien, die gegen einen Respekt vor der Natur sprechen, als solche, die dafür sprechen.

Als alarmierend wird von den japanischen Kollegen auch die Gleichheit des Positiv- und Negativwertes bei der Rationalität (R) empfunden, gingen die Kollegen doch nach den guten TIMSS- und PISA-Ergebnissen Japans bisher davon aus, dass ihre Jugendlichen aufgrund des guten schulischen Trainings über ein hohes Maß an Rationalität verfügen.

Allerdings hätten sie seit 1999 schon gewarnt sein können: Auch bei dem ersten deutsch-japanischen Forschungsprojekt über *Denkweisen* von Jugendlichen (Schaefer/Yoshioka 2000) zeigte sich, dass die japanischen Schüler/innen innerhalb von 5 untersuchten Denkpolaritäten deutlich geringere Profile aufwiesen als die deutschen. Es liegt nahe, die damals aufgedeckten Unterschiede im Denken mit den hier festgestellten Unterschieden in der Rationalität in Verbindung zu bringen.

4. Bildungspolitische Konsequenzen

Das Beispiel weist darauf hin, dass wir uns im Bildungswesen nicht über die „Effizienz des mathematischen und naturwissenschaftlichen Unterrichts" täuschen sollten, wenn zum Beispiel ein latent vorhandenes Defizit an Haltungen durch sorgfältig eintrainierte Fertigkeiten und Kenntnisse überlagert und verdeckt wird, wie es in Japan offenbar geschieht (dies wird von unseren japanischen Kollegen so bestätigt). Ein Mangel an Haltungen wirkt sich aber im Alltag und vermutlich lebenslänglich viel gravierender aus als jeder Mangel an Wissen und Fertigkeiten, der ja im Bedarfsfalle (z.B. bei der speziellen Berufsausbildung) kurzfristig zu beheben ist, sofern – eben die dazu notwendigen Grundhaltungen gegeben sind.

Ein verstorbener japanischer Kollege, der über viele Jahrzehnte das japanische Bildungswesen begleitet und beeinflusst hat, sagte einmal wehmütig: „Japan is excellent in technology, but horrible in science!" Er meinte damit die mangelnde wissenschaftliche Haltung der Bevölkerung seines Landes, die er beklagenswert fand.

Heutige „Wissenschaft" allerding – das sollten wir Europäer wohl immer mit bedenken – ist von ihrem Ursprung her „europäische Wissenschaft", und bei der Begegnung uralter gewachsener Kulturen sollten wir uns immer fragen, welchen Beitrag jede einzelne im Konzert der Völker leisten kann. Es könnte ja sein, dass der obige Klageruf des japanischen Kollegen zwar auf einen wunden Punkt in der japanischen Kultur hinweist, aber gleichzeitig auch auf eine besondere Stärke des japanischen Menschen: die Anpassung menschlicher Theorien an die *Praxis des täglichen Lebens*, – und damit auf Technik im weitesten Sinne, d.h. auf die dienende Funktion für den Menschen, die Theorien haben und behalten müssen, damit sie sich nicht verselbständigen und „unmenschlich" werden. Einige Indizien in diesem wie auch schon im ersten deutsch-japanischen Vergleichsprojekt erlauben eine solche Interpretation (z.B. Langlet/Schaefer 2007, S.50, sowie Schaefer/Yoshioka 2000, S.132 bzgl. „chemistry").

Das Ergebnis der Untersuchung zeigt aber vor allem, dass bei deutschen Jugendlichen eine „naturwissenschaftliche Grundhaltung" vorhanden ist, die zu großer Hoffnung Anlass gibt. Sie passt zwar auf den ersten Blick nicht zu ihrem schlechten Abschneiden bei den naturwissenschaftlichen Aufgaben von TIMSS und PISA, passt jedoch in auffallender Weise zu der nun schon über 250 Jahre alten deutschen Wissenschaftstradition, die immer stark von „Haltungen" geprägt war (s. Kommentar v. Engelhardt).

Diese traditionsbedingte Grundhaltung berechtigt zu der Zuversicht, dass bei ihrer Bewusstmachung und gezielten Pflege im Unterricht irgendwann der Zeitpunkt kommen wird, an dem unsere deutschen Schülerinnen und Schüler – eben auf dieser affektiven Grundlage – sich *auch* wieder kognitiv, in Wissen und Fertigkeiten, bewähren und internationale Untersuchungen wie TIMSS und PISA nicht mehr zu fürchten brauchen.

Literatur

1. Buschhorn GW, Rechenberg H. Werner Heisenberg auf Helgoland. Max-Planck-Institut für Physik: München 2000
2. Gardner PL. Attitudes to science. Studies in science education 1975; 2:1-41
3. Langlet J, Schaefer G. Einstellungen zu den Naturwissenschaften und naturwissenschaftlich relevante Haltungen bei deutschen und japanischen Jugendlichen. Eine neue Perspektive zur PISA-Debatte. Peter Lang: Frankfurt/M. (im Druck)
4. Meyer GR. S.OR.T., Scientific Orientation Test, Test Booklet. First Commercial (revised) Edition. GRM Educational Consultancy: Beecroft/Australia 1995
5. Schaefer G, Yoshioka R. Balanced Thinking. An Educational Perspective for 2000+ on the Basis of a Cross-cultural German/Japanese Study. Peter Lang: Frankfurt/M., Bern usw. 2000
6. Schaefer G. (Hrsg.). Denkschrift „Allgemeinbildung durch Naturwissenschaften". GDNÄ: Bad Honnef 2002

Prof. Dr. Gerhard Schaefer, geb. 1928. Studium der Biologie, Physik und Mathematik, Promotion in Zellphysiologie 1954 (Marburg), Habilitation in Didaktik der Biologie 1974 (Kiel); 1969 – 1981 Abteilungsleiter für Biologie am IPN Kiel; ab 1981 Universität Hamburg, FB Erziehungswissenschaft. 1972 – 1980 Vizepräsident für Schulbiologie im Verband Deutscher Biologen (vdbiol), 1979 Präsident der Gesellschaft für Ökologie (GfÖ), 1984 – 1992 Chairman der Commission for Biological Education (CBE) in der International Union of Biological Sciences (IUBS), 1993 – 1996 Präsident des vdbiol; 1997 – 2002 Bildungsbeauftragter der GDNÄ und Leiter der GDNÄ-Bildungskommission.

Forschungsschwerpunkte: Naturwissenschaftliche Grundbildung; Gesundheitserziehung; Genese und Wirksamkeit naturwissenschaftlicher Begriffe im Alltag; neuere Lernmethoden auf der Basis der Selbstorganisation des Gedächtnisses (Zickzack-Lernen); Denkpolaritäten, Einstellungen und Haltungen im deutsch-japanischen Vergleich

Prof. Dr. Gerhard Schaefer
Fachbereich Erziehungswissenschaft
Universität Hamburg
Eulenweg 7
21271 Asendorf

Kommentar aus wissenschaftshistorischer Sicht
Dietrich v. Engelhardt

I. Kontext – Voraussetzungen

Kenntnisse, Fähigkeiten, Fertigkeiten, Einstellungen, Haltungen und Verhalten stehen in einem komplexen und keineswegs zwingendem Zusammenhang. Das Wissen über diesen Zusammenhang und entsprechende praktische Umsetzungen ist entscheidend für Bildung und Erziehung in Schule und Universität wie ebenfalls in der Familie und postgradualen Ausbildung. Eine besondere Bedeutung kommt hierbei nicht nur den Gefühlen, sondern auch dem Gewissen, dem Vorbild, den Sitten und Gebräuchen sowie der Tugend zu.

Gerhard Schaefer und Jürgen Langlet haben in ihren Beiträgen über diesen Zusammenhang im Blick auf naturwissenschaftliche Haltungen (*scientific attitudes*) und Einstellungen zu den Naturwissenschaften (*attitudes towards science*) bei japanischen und deutschen Jugendlichen empirische Ergebnisse vorgelegt, theoretische Voraussetzungen behandelt und bildungspolitische Schlussfolgerungen gezogen.

Der Kommentar in diesem knappen Beitrag bezieht das Thema der Einstellungen und Haltungen auf den wissenschaftshistorischen Kontext sowie entsprechende Selbstaussagen von Naturforschern der Neuzeit. Den von Schaefer angeführten acht Haltungen kann auch in der Vergangenheit begegnet werden, naturgemäß mit anderen Ausdrücken, wobei Unterschiede zwischen den verschiedenen europäischen Ländern weniger eine Rolle gespielt zu haben scheinen als disziplinäre und individuelle Abweichungen.

Prägend in Europa und heute weltweit für die Naturwissenschaften – und auch die Medizin – ist die Entwicklung der Wissenschaften seit der Renaissance. Nicht immer lassen sich Fähigkeiten, Einstellungen und Haltungen in den Selbstaussagen der Naturwissenschaftler klar auseinanderhalten, zumal in den psychologischen und pädagogischen Kategorien von heute nicht gedacht wurde. Fähigkeiten können in Einstellungen übergehen, Einstellungen können zu Haltungen werden. Leitend bleibt die Frage, wie es aus Einstellungen und Haltungen zum Verhalten kommt.

In der Renaissance werden von den Naturwissenschaftlern vor allem reine Erkenntnis, Interesse am Naturphänomen, Befreiung vom Nutzen für Medizin, Ablehnung der Abhängigkeit von Theologie und Kirche hervorgehoben. Zugleich behält die Religion für viele Forscher weiterhin ihre Bedeutung. Kepler bindet Naturerkenntnis an Gotteserkenntnis; auch Leibniz weist der Naturwissenschaft noch die Funktion einer „propaganda fidei" zu, Johann Jakob Scheuchzer verspricht sich von der Naturforschung die Erkenntnis von „sich selbst, der Welt und Gott."

Das Jahrhundert der *Aufklärung* setzt die Emanzipation der Naturwissenschaften von der Theologie und Philosophie fort, erklärt Spezialisierung und Kommunikation – Joseph Priestley: „easy channel of communication" – für wesentlich, betont die praktischen und sozialen Auswirkungen. Bei allem Fortschrittspathos kennt das 18. Jahrhundert auch Skepsis und Kritik. Wissenschaftlicher Fortschritt soll gefährliche Folgen haben können. Buffon hält eine Zerstörung der Natur und zugleich der Kultur in der Zukunft für möglich, in der „die Natur ihre Rechte zurücknimmt und die Werke des Menschen auslöscht" („elle reprend ses droits, efface les ouvrages de l'homme").

In *Idealismus* und *Romantik* um 1800 wird den Prinzipien: Identität von Natur und Geist, Einheit der Natur, Zusammenhang von System und Detail, Dominanz des Lebendigen, Verbindung von Natur und Kultur und damit Verantwortung des Menschen und vor allem des Naturforschers für die Natur zentrale Bedeutung zugeschrieben. Nach C. G. Carus bedarf nicht nur der Mensch der Erde, „sondern die Erde des Menschen." Der Bildungsbegriff soll ebenso naturwissenschaftlich wie geisteswissenschaftlich geprägt sein. Wer sich selbst verstehen will, muss nach Henrik Steffens die Natur verstehen wie umgekehrt Naturerkenntnis an Selbsterkenntnis gebunden sei. Leben, Wissenschaft und Kunst sollen in eine Verbindung gebracht werden. Alexander von Humboldt bestimmt als Ziel der Naturforschung: „empirische Ansicht des Natur-Ganzen in der wissenschaftlichen Form eines Natur-Gemäldes."

Im *19. Jahrhundert* oder *naturwissenschaftlichen Zeitalter* wird zentral auf Emanzipation der Naturwissenschaften von Philosophie und Theologie, Entproblematisierung des wissenschaftlichen Progresses, praktischer Nutzen sowie naturwissenschaftliche Grundlegung von Politik und Kultur gesetzt. Nach Wilhelm Ostwald sind Naturforscher „konstitutionelle Optimisten", Geisteswissenschaftler dagegen ihrem Wesen nach „Pessimisten". Entschieden plädieren Liebig, v. Helmholtz und Du Bois-Reymond für einen naturwissenschaftlichen Bildungsbegriff.

20. und 21. Jahrhundert stehen mit abweichenden Akzentuierungen auf dieser neuzeitlichen Basis. Der „clash of cultures" existiert nicht in den Naturwissenschaften und der Medizin, wohl aber besteht zunehmend eine Differenz von vier Kulturen: naturwissenschaftliche Kultur, geisteswissenschaftliche Kultur, Kultur der Künste sowie Kultur des Verhaltens (Herzensbildung). Finanzielle und ideelle Unterstützung der Naturwissenschaften fallen in den Ländern der Welt höchst unterschiedlich aus. Ethische Gesichtspunkte und ökologische Aspekte werden immer mehr in Ausbildung, Forschung wie auch Praxis beachtet.

II. Erfahrungen und Auffassungen der Naturforscher der Neuzeit

1. Reine Erkenntnis – Wissbegierde

Neugier – curiositas – wird von den Forschern für wichtig gehalten, soll aber auch ambivalente Züge besitzen; es gibt die eitle Neugier, die curiosité ridicule. Als entscheidend gelten Wissbegierde und Naturbegeisterung. Newton muss einen Freund bitten, die Berechnungen zur Erklärung der Gravitation der Planeten zu Ende zu führen, da ihn die Erregung über die Übereinstimmung mit seinen 16 Jahre zurückliegenden Vermutungen zu sehr übermannte. Der Genuss der Naturerkenntnisse ist Bernhard von Cotta höher als alle „tiefen Blicke in religiöse oder sociale Zustände der Menschen."

2. Objektivität - Sachlichkeit

Auf Objektivität und Sachlichkeit und damit Ehrlichkeit, Bescheidenheit und Selbstkritik soll nicht verzichtet werden können. Hingewiesen wird auf eine spezifische Art der Passivität, der unvoreingenommenen Aufnahme von Daten in den Beobachtungen und Experimenten. Albrecht von Haller, der den Tod zahlreicher Frösche bei seinen physiologischen Forschungen beklagt, soll zugleich das Talent besessen haben, „ruhig und kalt die natürlichen Dinge zu beobachten." Als Gefahren für den Naturforscher gelten Voreiligkeit, Ehrgeiz, emotionale Verarmung, die zu Plagiat und Betrug führen können.

3. Freiheit – Notwendigkeit

Keine Autoritäten sollen in den Naturwissenschaften anerkannt werden, der Fortschritt ist notwendig, offen und grenzenlos. Zugleich werden, worüber es zu weitbeachteten Kontroversen kommt, die ihre Bedeutung bis heute nicht verloren haben, Selbstbeschränkung gefordert und Erkenntnisgrenzen anerkannt. Beispielhaft für das Spektrum an Auffassungen im 19. Jahrhundert sind Emil Du Bois-Reymonds theoretische Grenzziehung („ignoramus-ignorabimus") und Rudolph Virchows wissenschaftspolitische Aufforderung zur Selbstbeschränkung der Naturwissenschaftler („restringamur"), denen Ernst Haeckel eine entschiedene Fortschrittsforderung („impavidi progrediamur") entgegensetzt.

4. Genialität – Nüchternheit

„Ingenium" und „iudicium" oder Emotionalität und Rationalität sollen in den Naturwissenschaften gleichermaßen notwendig sein, sollen sich ergänzen wie ebenfalls Genialität und Fleiß („instinct du génie" und „instinct laborieux"), Beobachtungsgabe und Phantasie. Wiederholt wird die Bedeutung des Zufalls hervorgehoben – so auch von v. Helmholtz bei seiner Erfindung des Augenspiegels.

5. Detailinteresse – Allgemeinsinn

Neben spezifischen Kenntnissen wird immer wieder verlangt, allgemeine Zusammenhänge nicht zu vernachlässigen, zwischen Detail und Systematik zu vermitteln, Wissenschaftsgeschichte zu beachten sowie die Verbindungen zu den Künsten und der Literatur zu pflegen. Zugleich sind die Auffassungen in dieser Hinsicht mit entsprechenden Folgen für das Bildungsverständnis nicht einheitlich. Lavoisier wie v. Helmholtz halten Geschichte für unwichtig, Darwin verliert das Interesse an Musik und Malerei, fühlt sich von Shakespeare angeödet. Heisenberg erklärt dagegen humanistische Bildung für Naturwissenschaftler für sinnvoll; ihn habe die Kenntnis der griechischen Philosophie entscheidend angeregt, ohne Zweifel sei auch Planck durch die „humanistische Schule beeinflusst und befruchtet worden."

III. Ausblick

Naturwissenschaftliche Einstellungen, Haltungen und Verhaltensweisen sind zentrale Themen im Selbstverständnis der Naturforscher der Neuzeit. Unterschiede zeigen sich in den verschiedenen Naturwissenschaften wie auch bei den einzelnen Naturwissenschaftlern. Bei allen spezifischen Akzentuierungen gibt es aber auch wesentliche Übereinstimmungen: reine Erkenntnis, Naturbegeisterung, Objektivität, Rationalität, Ehrlichkeit, Freiheit, Genialität, Genauigkeit.

Finanzielle und politische Unterstützung fallen in der Vergangenheit wie auch heute nicht identisch in den verschiedenen Ländern aus. Ebenso wird sich das jeweilige Verständnis der Bevölkerung für Naturwissenschaften und naturwissenschaftliche Forschung auswirken. Nach einer empirischen Studie gilt in der amerikanischen Bevölkerung als bedeutendster Naturforscher Frankenstein. Die Wissenschaftler selbst müssen sich für Freiheit und Förderung der Naturwissenschaft einsetzen, zugleich auf Verabsolutierungen verzichten und die Bedeutung von Recht und Ethik in der Forschung und ihrer technischen Umsetzung anerkennen. Aufklärung ist entscheidend; dem schulischem Unterricht kommt in dieser Hinsicht eine wesentliche Bedeutung zu.

Wie in der Vergangenheit besitzt auch und besonders in der Gegenwart der sozialkulturelle Kontext eine entscheidende Bedeutung, der auch für die von Schaefer und Langlet berichteten Unterschiede der japanischen und deutschen Jugendlichen eine Rolle spielen wird. Die Orientierung am neuzeitlichen Europa in diesem Kommentar verlangt deshalb nach einer entsprechenden japanischen Ergänzung, um weitere Anregungen zur Erklärung dieser Unterschiede zu gewinnen.

Prof. Dr. Dietrich v. Engelhardt, geb. 1941, Studium der Philosophie, Geschichte und Slavistik, Promotion 1969, danach Mitarbeiter eines kriminologischen Forschungsprojektes und kriminaltherapeutische Tätigkeit am Institut für Kriminologie der Universität Heidelberg, parallel 1971 Assistent am Heidelberger Institut für Geschichte der Medizin, 1976 Habilitation in der Fakultät für Naturwissenschaftliche Medizin, seit 1983 Direktor des Instituts für Medizin- und Wissenschaftsgeschichte der Universität zu Lübeck, 1993–1996 Prorektor der Universität, 1995 Aufnahme in die Deutsche Akademie der Naturforscher Leopoldina, 1998–2002 Präsident der Akademie für Ethik in der Medizin, 2000–2004 Vorsitzender der Ethikkommission für Forschung, seit 2003 Vorsitzender des Klinischen Ethikkomitees (KEK) der Universität zu Lübeck.

Prof. Dr. Dietrich v. Engelhardt
Institut für Medizin- und
Wissenschaftsgeschichte
Königstr. 42, 23552 Lübeck
Tel. (04 51) 70 79 98-11 od. -12 (Sekr.)
Fax (04 51) 70 79 98 99
e-mail: v.e@imwg.uni-luebeck.de

Kurzkommentar zur Diskussionsveranstaltung

Rainer Kokemohr, Hamburg

Die Untersuchung legt nahe, dass deutsche Schülerinnen und Schüler in Bereichen stark erscheinen, in denen es um kritisches Denken geht. Dies kann man auch so formulieren, dass sie nicht nur an Wissen, sondern auch an Methoden, Voraussetzungen und Bedingungen von Erkenntnis interessiert scheinen.

Solche Untersuchungen stehen natürlich immer vor der schwierigen Frage, wie man unterschiedliche Kulturen vergleichen und bedeutungsidentische Testfragen stellen kann, wenn die Sprachen und Sinnwelten so verschieden sind wie die japanische und die deutsche. Da es 1:1-Übersetzungen nicht gibt, wird man stets mit kulturellen Hintergrundannahmen rechnen müssen, die sich in der Form stummen Wissens als unterschiedliche semantische Felder, kulturelle Traditionen und Handlungskontexte ausspielen und im gegebenen Fall etwa in nicht thematisierten Vorstellungen über unterschiedliche Sozialbeziehungen wirksam werden und, ohne den Testpersonen oder den Auswertern durchsichtig sein zu müssen, auch in standardisierten Formulierungen von Testfragen ihr (Un-)Wesen treiben können. Ein Beispiel mag der Test zu Ehrlichkeit sein. Kritisches Nachdenken über die fehlerhafte Testreihe schließt eine Kritik an jener Autorität ein, die die Aufgabe formuliert hat. Ob ein solcher Hintergrund tatsächlich gegeben ist, lässt sich aus Multiple-choice-Antworten nicht ableiten und vermutlich nur vermöge bikultureller linguistischer und soziokultureller Kompetenz in einem eigenen Analyse- und Interpretationsgang entscheiden.

Doch trotz möglicher Übersetzungsprobleme sind die Untersuchungsergebnisse interessant. Wenn etwa das Bekenntnis eines Wissenschaftlers, er habe seine Grundvorstellungen im Laufe seines Berufslebens ändern müssen, von japanischen Schülerinnen und Schülern weniger positiv bewertet wird als von deutschen Schülerinnen und Schülern, deutet dies auf kulturelle Unterschiede hin, die gängigen Vorstellungen über asiatische Gesellschaften zu entsprechen scheinen. Ihnen zufolge kommt es auf die Wahrung des Gesichts, auf die Stabilität der sozialen Gruppe und auf die Integration des Individuums in die Gruppe an. Um aber nicht in die Falle eines statischen Kulturbegriffs zu fallen, der vereinfachend von *der* japanischen oder *der* deutschen Kultur spräche, wäre hier empirisch zu untersuchen, ob Gruppenstabilität tatsächlich ein dominantes Vergesellschaftungsmotiv in Lehr-Lern-Situationen ist und wie kritische oder andere Überschusspotentiale verarbeitet, ob sie zurückgedrängt oder kreativ umgesetzt werden.

In der weithin positiven Einschätzung des kritischen Umgangs deutscher Schülerinnen und Schüler mit Methoden und Erkenntnissen, auf die die Untersuchung verweist, mögen zwei historische Kontexte eine Rolle spielen, Kontexte, denen die Individuen im Horizont eines transgenerativ vermittelten Wissens verpflichtet sind. Ein Kontext mag die europäische Fortschritts- und Aufklärungstradition sein, die als Alltagswissen dem Individuum die Verantwortung für sein Welt- und Selbstverhältnis auferlegt. Ein zweiter Kontext mag die Brechung eben dieses Fortschritts- und Aufklärungsimpetus durch die Katastrophen des Nationalsozialismus und der Weltkriege sein. Natürlich drücken sich solche Kontexte nicht unmittelbar in Testantworten von Schülerinnen und Schülern aus. Sie können aber als stummes Hintergrundwissen wirken, in dem Fragen an die eigene Identität und ggf. an Status und Autorität von Bezugspersonen mitlaufen. Tests zu beantworten heißt implizit immer auch, in prekärem Handlungszusammenhang die eigene Identität zu konstruieren. Es überrascht nicht, dass dies in verschiedenen Kulturen zu unterschiedlichen Ergebnissen führen kann, möglicherweise in Japan zu einem Verhalten, das dem Lehrer erlaubt, sein Gesicht zu wahren, in Deutschland dagegen zu einem Verhalten, das auf den Status des Anderen weniger Rücksicht nimmt.

Bedenklich ist dagegen, dass deutsche Schülerinnen und Schüler in leistungsbezogenen Tests eher schlecht abschneiden. Ihr komplexerer und reicherer Hintergrund scheint sich nicht in leistungsbezogenen Tests niederzuschlagen.

Dieses Phänomen ist eventuell erklärbar. Ein Testergebnis ist umso besser, je genauer ein vorbereitender Unterricht auf den Typus der Testaufgaben vorbereitet. Es liegt also die Vermutung nahe, dass in manchen Ländern der Unterricht genauer, man kann auch sagen: enger auf den Aufgabentypus vorbereitet, der im Test gestellt wird.

Diese triviale Einsicht bedeutet im Umkehrschluss, dass ein Unterricht, der sich dominant an nachfolgenden Tests orientiert, die komplexen Hintergründe verengt, aus denen sich menschliche Erfahrungs- und Deutungsprozesse speisen. Statt auf PISA- und ähnliche Untersuchungen allein mit einer testbezogenen Schärfung didaktischer Strategien zu reagieren, kommt es auch darauf an, die komplexeren Erkenntnis- und Deutungshintergründe produktiv auszubauen, die der vorliegende Japan-Deutschland-Vergleich für deutsche Schülerinnen und Schüler nahe legt. Wir leben in Gesellschaften, die zunehmend durch die Wissenschaften und deren Konsequenzen sowohl für den technischen wie für den sozialen Raum bestimmt werden. Deshalb wird es immer wichtiger, auch in Lehr-Lern-Prozessen zusammen mit Lernenden die Bedingungen zu problematisieren, die unser Leben bestimmen. Kreativität als Überlebensnotwendigkeit im globalen Wettbewerb ist nur zu haben, wenn wir Komplexität thematisieren und nicht auf ein standardisiertes Wissen reduzieren, das mit Fragebögen erhoben werden kann. Unsere derzeitige Wissensstandardisierung in Schule und Hochschule dürfte langfristig die Herausforderungen des ökonomischen Globalisierungsprozesses verfehlen, weil sie Grundlagen der Kreativität aushöhlt.

Meine These verlangt eine breitere Ausführung. Da dies im gegebenen Zeitrahmen nicht möglich ist, will ich das Gesagte mit einigen Hinweisen auf eine Lehr-Lernkultur erläutern, wie man sie gelegentlich (nicht nur) in Ostasien beobachten kann. Manche Länder investieren enorme Mittel und Anstrengungen in ihre Bildungssysteme. Sie bauen modernste Schulen und Hochschulen und bilden Personal in großer Zahl aus. Die Ausstattungsqualität, aber auch die Lernkultur einer High-School kann sich z. B. signifikant in dem Umstand manifestieren, dass es mehrere Veranstaltungsräume gibt, in denen, ohne dass die Raumgröße dies erfordert, jeder Sitzplatz über ein Mikrofon-Lautsprecher-System verfügt. Mit der technischen Sprachverstärkung geht aber eine Aushöhlung der face-to-face-Kommunikation einher. Der Anonymisierung entspricht eine strenge Ausrichtung auf Frontalunterricht und die Verpflichtung auf einen Schülertypus, der sich aktiv und widerstandsfrei in das Kollektiv integriert. Vergeblich sucht man in einer solchen Schule individuelle Lebensspuren von Schülerinnen und Schülern, Bilder, Texte, künstlerische Produktionen oder Fotos von Theaterinszenierungen. Auch Graffiti oder sonstige Individuierungsspuren findet man im sauberen Ambiente nicht.

Angesichts der Zuschärfung von Lehr-Lern-Kulturen, die eng auf testfähiges Wissen und konformes Verhalten ausrichten, tun wir vermutlich gut daran, neben der Ausstattungsqualität auch die Widersprüche, die in solchen Prozessen auftreten, ernst zu nehmen. Statt unser Bildungssystem auf sterile Standardisierungsimperative zu verpflichten, sollten wir Lernenden in allen Fächern und Disziplinen komplexe Erfahrungen zumuten, vielfältige Lebensspuren zulassen und entschieden jene produktiven Suchprozesse herausfordern, derer wir im Globalisierungsprozess bedürfen.

Rainer Kokemohr, Jg. 1940, nach Lehrertätigkeit Promotionsstudium mit einer Dissertation zur Bildungsphilosophie Nietzsches (1970); Habilitation zur Konstitution von Intersubjektivi-tät in Lehr-Lern-Prozessen (1973); seit 1974 Professor für Allgemeine Erziehungswissenschaft unter besonderer Berücksichtigung ihrer linguistischen Aspekte an der Universität Hamburg, emeritiert seit Oktober 2005. Zahlreiche Veröffentlichungen zu Struktur und Dynamik von Lehr-Lern-Prozessen, zu historisch-systematischer Erziehungswissenschaft, zu interkultureller Pädagogik, zu Bildungs- und Bildungsprozesstheorie und zu erziehungswissenschaftlicher Biografieforschung; seit 1986 Feldforschung in Kamerun, seit 1991 Wissenschaftlicher Berater zunächst für den Aufbau einer Reformschule und seit 1999 für den Aufbau eines Instituts für die Lehrerausbildung (Institut Pédagogique pour Sociétés en Mutation – IPSOM) in Bandjoun, Kamerun (Aufnahme des Lehr- und Studienbetriebes im Oktober 2005); seit 2000 Kooperation mit der National Chengchi-University in Taipeh, Taiwan, im Bereich erziehungswissenschaftlicher Biographie- und Professionsforschung.

Prof. Dr. Rainer Kokemohr
Meyerscher Weg 45a
21244 Buchholz

Folgerungen für Schule und Lehrerbildung

Arnold a Campo

Die Herausforderung, als letzter Referent die Folgerungen für die Schule und die Lehrerbildung auf einem bildungspolitischen Symposium der Versammlung der GDNÄ aufzuzeigen, nehme ich gerne an. Nach der Beschreibung des überraschenden Ist-Zustands von Einstellungen und Haltungen bei deutschen Schülerinnen und Schülern, der Kommentierung aus wissenschaftshistorischer und aus kulturvergleichender, erziehungswissenschaftlicher Sicht, möchte ich Ihnen einige Folgerungen vorstellen. Dieser Katalog ist nicht eine abschließende Nennung, vielmehr soll er ein Anstoß sein. Es wurden schon viele Vorschläge heute Mittag gemacht. Zudem sollten wir beachten, dass Lernen nicht nur in der Schule und unter Anleitung der Schule stattfindet.

1 Wenn Schülerinnen und Schüler die Bedeutung von Naturwissenschaften und Technik höher einschätzen als es bislang angenommen wurde, dann muss ihnen ab dem Kindergarten viel Gelegenheit gegeben werden, Natur zu begreifen und zu verstehen. Diese Forderung hatte der Förderverein MNU, für den ich hier als Bundesvorsitzender spreche, immer schon erhoben.

2 Es muss eine naturwissenschaftliche Ausbildung ohne jede zeitliche Unterbrechung von der Grundschule bis zum Abitur stattfinden. Sie kann die ganzheitliche, integrierte Erfassung der Phänomene und ihre Erklärung bis zu Klasse 6 höchstens bis zu Klasse 7 in den methodischen Vordergrund stellen. Danach verbietet sich ein integrierter Einsatz.

3 Da die einzelnen Naturwissenschaften eine je eigene Art der forschenden, beschreibenden und erklärenden Auseinandersetzung mit der Natur haben, ist für MNU selbstverständlich, dass die Schülerinnen und Schüler die einzelnen Disziplinen also Biologie, Chemie und Physik, als eigenständige Fächer im Unterrichtskanon erleben müssen. Es wird den Fächern und insbesondere dem Bild der Schülerinnen und Schüler von den Naturwissenschaften schwerer, ja irreparabler Schaden zugefügt, wenn nur integrierter Unterricht stattfindet oder wie immer dieser Unterricht in den Ländern genannt wird.

4 Wenn Schülerinnen und Schüler sich einen bedeutenden Beitrag für ihr Weltverständnis von den naturwissenschaftlichen Erkenntnisweisen erhoffen, muss man ihnen Zeit geben, sich mit den einzelnen Naturwissenschaften zu beschäftigen. Leider ist zu beklagen, dass in einer zunehmenden Zahl der Bundesländer bei der Umstellung auf das Abitur nach 8 Jahren Gymnasium die Stundenanteile in den Naturwissenschaften weiter verringert werden. Wie sollen Schülerinnen und Schüler Haltungen und Einstellungen zur Natur weiter entwickeln, wenn sie sich - wie in Bayern geplant – in der Oberstufe nur mit einem der Fächer Biologie, Chemie oder Physik verpflichtend beschäftigen müssen und dieses sogar durch Informatik ersetzen können?

5 Worauf ist die offensichtliche Diskrepanz zwischen dem von den Schülerinnen und Schülern bekundeten Interesse an den Naturwissenschaften

und ihrem Verhalten im Unterricht der Sekundarstufe I bzw. im Wahlverhalten in der Sekundarstufe II zurückzuführen und wo setzen die von Schülern und Lehrern umsetzbaren Folgerungen für die Schüler ein?

Möglicherweise empfinden Schülerinnen und Schülern die so genannten „Fragen an die Natur" ihrer Lehrerinnen und Lehrer nicht als ihre Fragen oder wollen und können die Begeisterung nicht teilen. Das bedeutet, dass der naturwissenschaftliche Unterricht attraktiv, informativ und zum Nachdenken anregend sein muss. Vielleicht muss er verstärkt Fragen aus der Lebenswelt der Schüler aufnehmen und mit den Antworten wieder in sie hineinreichen.

Der Jugendreport Natur 2006 mit dem Titel „Natur obskur" von Rainer Brämer (Institut für Erziehungswissenschaft der Universität Marburg) sagt auf Seite 4/5 aus: „Anders als Kinder treten Jugendliche der Natur demzufolge nicht etwa unbefangen und aufgeschlossen gegenüber, sondern legen eine Haltung an den Tag, die durch auffällige Brüche geprägt ist und stark vereinfacht durch folgende Schlagworte beschrieben werden kann: Naturdistanz,…,Bambi-Syndrom,…, Wirtschafts-Tabu,…, Nachhaltigkeitsfalle,…, Weltbildparzellierung." An anderer Stelle heißt es (Seite 12): „Die zunehmende Verlagerung des Alltagslebens in vollversorgte und -verglaste Räume kann nicht ohne Folgen für die Beziehung junger Menschen zur äußeren Natur bleiben." Diesem Verlust an originaler Begegnung mit Natur muss und kann Schule in allen naturwissenschaftlichen Fächern z.B. durch Exkursionen und Projekte begegnen.

6 MNU ist seit der Gründung im Jahre 1891 der Verband, der sich um die notwendige Anerkennung der Bedeutung der naturwissenschaftlichen Ausbildung und vor allem um die ständige Überprüfung und Verbesserung des mathematischen und naturwissenschaftlichen Unterrichts kümmert. Insofern leistet MNU kontinuierlich einen wichtigen Beitrag zur Reflexion über Inhalte und Methoden. MNU gibt Empfehlungen von Gestaltung der Lehrpläne bzw. jetzt zur Umsetzung und Evaluation der Bildungsstandards heraus. MNU organisiert den länderübergreifenden Gedanken- und Informationsaustausch der Lehrerausbilder, gibt den Lehrerinnen und Lehrern auf Landes- und Bundesebene Gelegenheit, sich auf Landesverbandstagungen und dem Bundeskongresse für einen zeitgemäßen attraktiven Unterricht fortzubilden. Viele Kolleginnen und Kollegen machen davon Gebrauch und tragen somit in der Basis zur oben beschriebenen wichtigen Veränderung des naturwissenschaftlichen Unterrichts bei. Die positive Wirkung der Arbeit wird durch die Zusammenarbeit mit großen Gesellschaften wie z. B. der GDNÄ verstärkt.

7 Ich erwähnte die Bildungsstandards. MNU war an der Verabschiedung aktiv beteiligt und steht außer in Biologie voll dahinter. In Biologie wurde aber bereits eine Tagung zur Umsetzung der Standards unter Leitung von Herrn Langlet abgehalten. Gestatten Sie mir dennoch eine kritische Anmerkung zu den politischen Vorgaben bzgl. der Bildungsstandards: MNU kann in keiner Weise nachvollziehen und verstehen, warum in den vorgelegten Texten zu den Bildungsstandards für den mittleren Schulabschluss an keiner Stelle die Aufgabe formuliert ist, dass Schülerinnen und Schüler über den Unterricht und die Art der Auseinandersetzung mit den Naturwissenschaften bewusst angeleitet werden, Haltungen und Ein-

stellungen zur Natur und den Umgang mit ihr zu entwickeln. Aus diesem Grund unterstützt MNU mit Nachdruck und voller Überzeugung das Anliegen dieses Mittagssymposiums.

8 Wie können Schülerinnen und Schüler entsprechend dem in der Untersuchung nachgewiesenen Interesse an den Naturwissenschaften und der Einschätzung ihrer hohen Bedeutung gewonnen werden, sich dauerhaft mit den wichtigen Fragen der Entwicklung von Wissenschaft und Gesellschaft auf der Basis einer hohen Sachkompetenz in Biologie, Chemie und Physik zu beschäftigen? Zum einen sollten die gesellschaftlichen Rahmenbedingungen (Anerkennung naturwissenschaftlicher Leistungen, Anerkennung von Lernleistungen, Anerkennung sozialer Kompetenz) hergestellt werden. Zum andern sollten Schülerinnen und Schüler öfter die notwendige Motivation und Bestärkung über die Erfolgserlebnisse ihrer Anstrengungen für die forschende, beschreibende und erklärende Auseinandersetzung mit naturwissenschaftlichen Fragestellungen erfahren. Nicht zuletzt lernen Schüler durch das Beobachten und Übernehmen des „richtigen" Verhaltens der Erwachsenen.

9 Welchen Beitrag kann und sollte die Lehrerausbildung an den Hochschulen und in den Seminaren leisten?
a) Viele Hochschulen müssen der Lehrerausbildung, insbesondere bei der Einbettung in die BA/MA-Struktur, einen höheren Stellenwert beimessen als bislang. Die Umschichtung von Personal- und Finanzmittel ist notwendig aber nicht beliebt.
b) Durch die Verabschiedung eines fachbezogenen Kerncurriculums für das Hochschullehramtsstudium sollten Freiräume geschaffen werden, in denen sich die Studenten mit wesentlichen Fragen der fachdidaktischen Forschung und der unterrichtlichen Umsetzung der Ergebnisse beschäftigen. Zentral muss hierbei die Anregung sein, Haltungen und Einstellungen zur naturwissenschaftlicher Forschung und dem Umgang mit Forschungsergebnissen selbst zu entwickeln und Schülern zu vermitteln.
c) Konkrete Unterrichtsforschung, die eine Überprüfung und Fortentwicklung der didaktischen und methodischen Fachkonzepte zum Ziel hat, kann einen entscheidenden Beitrag leisten, dass Schülerinnen und Schüler im Unterricht in Biologie, Chemie und Physik jeweils einen Lernfortschritt sehen und in der Lage sind, Verknüpfungen zwischen den in den Disziplinen gelernten Sachverhalten selbstständig herzustellen. An der Universität Bremen sind hoch einzuschätzende Anstöße und Wege zur Verbesserung z. B. des Physikunterrichts veröffentlicht worden. Die Unterrichtsforschung muss die im Projekt von Herrn Schaefer und Herrn Langlet angestoßenen Fragen über die vorhandenen Einstellungen und Haltungen der Schülerinnen und Schüler, aber auch der Lehrerinnen und Lehrer, aufgreifen und in die Richtung einer Anleitung zu einer systematischen Ausbildung in Schulen fortsetzen.

10 Wegen der hohen Bedeutung gut ausgebildeter Lehrer für die Bildung unserer Schülerinnen und Schüler sollten Hochschulen für die Optimierung von Ausbildungskonzepten in die Lage versetzt werden, für Forschungsvorhaben auf diesem Gebiet Drittmittel in gleicher Weise beantragen zu können und bewilligt zu bekommen wie für wissenschaftliche Vorhaben.

OStD Arnold a Campo, geb. 1944. Studium der Mathematik und Physik für Höheres Lehramt, Universität Frankfurt/M.; 1. Staatsexamen Bonn 1969, 2. Staatsexamen Hagen 1970. 1973 – 1990 Fachleiter Mathematik im Studienseminar Hagen; seit 1990 Leiter des Gymnasiums Hohenlimburg. 1979 Gründungsmitglied des „Vereins zur Förderung des schulischen Statistikunterrichts" und Geschäftsführer; 1980 Leiter der Fachleitertagung Mathematik des Deutschen Vereins zur Förderung des Mathematischen und Naturwissenschaftlichen Unterrichts (MNU); 1983 – 1992 Vorsitzender des MNU-Landesverbandes Westfalen; 1992 – 2001 stellvertretender Bundesvorsitz, seit 2001 Bundesvorsitzender. Vertreter von MNU in der GDNÄ-Bildungskommission.

OStD Arnold a Campo
Kammannstr. 13
58097 Hagen

Geist und Gehirn – Mittagssymposium
Die Physik des Geistes
Gerhard Roth

Die Frage nach dem Wesen, der Herkunft und der Funktion von Geist und Bewusstsein beschäftigt die Menschen, seit es Philosophie und Wissenschaften gibt; entsprechend unterscheiden sich die Antworten zum Teil radikal voneinander (vgl. (5, 9, 11, 12, 13, 28, 32)). Traditionell werden Bewusstsein und Geist als etwas angesehen, das sich von den Phänomenen und Geschehnissen der „materiellen" Welt wesensmäßig unterscheidet (*ontologischer Dualismus*; vgl. (12)); danach entzieht sich Bewusstsein grundsätzlich der Erklärung durch die empirischen Wissenschaften. Für Andere werden Bewusstseinszustände direkt von bestimmten Hirnmechanismen und/oder Hirnprozessen hervorgebracht und lassen sich auf diese reduzieren (*neurobiologischer Reduktionismus*; vgl. (6)). Für wieder Andere entspringt Bewusstsein zwar den Hirnfunktionen und existiert nicht ohne sie, ist jedoch in seinen Phänomenen und Gesetzmäßigkeiten nicht oder nicht vollständig auf sie zurückführbar (*Emergentismus*; (5)). Insbesondere das ausschließlich private Erleben von Bewusstsein („phänomenales Bewusstsein") wird als unüberwindliches Hindernis für eine naturwissenschaftliche Erklärung angesehen („fundamentale Erklärungslücke") (vgl. (33)).

Empirische Bewusstseinsforschung

Sowohl in der Philosophie als auch in Psychologie und Neurobiologie werden „Geist" und „Bewusstsein" nicht ganz zu Unrecht meist synonym verwandt. Niemand zweifelt daran, dass Bewusstsein vornehmlich ein individueller geistiger Zustand ist. Ob es sinnvoll ist, „Geist" in einem weiten Sinne zu gebrauchen, der auch unbewusste oder überindividuelle Geistzustände umfasst (etwa im Sinne des antiken Pneuma-Weltseele-Begriffs), soll hier nicht diskutiert werden, da diese Fragen außerhalb der Reichweite der empirischen Wissenschaften liegen. Wenn die traditionelle Philosophie ebenso wie die moderne „Philosophie des Geistes" von Geist und Bewusstsein reden, meinen sie ebenso wie Hirnforschung und Psychologie *individuelles* Bewusstsein.

Zum Bewusstsein gehören neben dem rein subjektiven Erleben zumindest beim Menschen (1) die sprachliche Berichtbarkeit, (2) das Identifizieren unterschiedlicher Bewusstseinszustände anhand unterschiedlicher Reaktionsweisen und Verhaltensleistungen (z.B. beim Lösen von Problemen), und (3) die Tatsache, dass Störungen unterschiedlicher Hirnfunktionen zu charakteristischen Störungen solcher kognitiver, emotionaler und motorischer Leistungen führen, die Bewusstsein (z.B. in Form von Aufmerksamkeit und Berichtbarkeit) erfordern.

Auf diesen drei objektiv zugänglichen Aspekten von Bewusstsein baut die empirische *Bewusstseinsforschung* auf. Sie hat neben der Verfeinerung kognitionspsychologischer und neuropsychologischer Testverfahren und der Elektroenzephalographie (EEG) vor allem durch die Entwicklung moderner Bildgebungstechniken (vornehmlich der Positronen-Emissionstomographie, PET, der funktionellen Magnetresonanztomographie, fMRI, und der Magnetenzephalographie, MEG) große Fortschritte erlebt. Diese Techniken erlauben es, insbesondere in Kombination, die Aktivität des intakten menschlichen Gehirns mit guter räumlicher und zeitlicher Auflösung zu registrieren (29). Daneben sind Erkenntnisse aus Untersuchungen an nichtmenschlichen Primaten (hauptsächlich an Makaken) unabdingbar, z.B. elektrophysiologische Experimente und fMRI-Untersuchungen mit Versuchsparadigmen, die parallel beim Menschen untersucht werden und notwendig Aufmerksamkeit erfordern (z.B. Aufmerksamkeitsleistungen, Gedächtnisleistungen oder komplexe Objekterkennung).

Bewusstsein tritt beim Menschen in einer Vielzahl unterschiedlicher Zustände auf. Die allgemeinste Form von Bewusstsein ist der Zustand der Wachheit oder *Vigilanz*. *Wachheit* ist meist mit konkreten Inhalten verbunden (34). Diese können sein:

a) Sinneswahrnehmungen von Vorgängen in der Umwelt und im eigenen Körper,
b) mentale Zustände und Tätigkeiten wie Denken, Vorstellen und Erinnern,
c) Selbst-Reflexion,
d) Emotionen, Affekte, Bedürfniszustände,
e) Erleben der eigenen Identität und Kontinuität,
f) „Meinigkeit" des eigenen Körpers,
g) Autorschaft und Kontrolle der eigenen Handlungen und mentalen Akte, Willenszustände,
h) Verortung des Selbst und des Körpers in Raum und Zeit,
i) Realitätscharakter von Erlebtem und Unterscheidung zwischen Realität und Vorstellung.

Einige dieser Zustände, z.B. die unter e) bis i) genannten, bilden zusammen eine Art „Hintergrund-Bewusstsein", vor dem die unter a) bis d) genannten spezielleren Bewusstseinszustände mit wechselnden Inhalten und Intensitäten und in wechselnder Kombination auftreten.

Insgesamt zeigt sich, dass bestimmte Bewusstseinszustände und bestimmte Hirnvorgänge untrennbar miteinander verbunden sind, angefangen von einfachen Wahrnehmungsprozessen bis hin zu Zuständen des Dafürhaltens und Wissens. Ebenso lässt sich mithilfe der Kombination des EEG oder MEG mit fMRI zeigen, dass allen Bewusstseinszuständen bestimmte unbewusste Prozesse zeitlich (200 Millisekunden oder länger) und in systematischer Weise vorhergehen (31). Ebenso lässt sich zeigen, dass corticale Stimulation eine Mindestdauer und eine Mindeststärke und die Inhalte eine bestimmte inhaltliche Prägnanz besitzen müssen, um bewusst zu werden (7). Man kann entsprechend in vielen Fällen mithilfe neuer Auswertmethoden nicht nur verlässlich von bestimmten Hirnstörungen auf bestimmte Bewusstseinsstörungen schließen und umgekehrt, sondern man kann auch bei Variation der Reizdarbietung und der Beeinflussung spezifischer neuronaler Mechanismen das Auftreten oder Nichtauftreten von Bewusstseinszuständen und deren Inhalte in Grenzen vorhersagen („mind reading", (19)).

Bewusstseinsstörungen und Modularität des Bewusstseins

Diese verschiedenen Inhalte von Bewusstsein können nach Schädigungen bestimmter Gehirnteile, insbesondere solcher der assoziativen Großhirnrinde (s.u.), mehr oder weniger unabhängig voneinander ausfallen (Übersicht in (21)). So gibt es Patienten, die völlig normale geistige Leistungen vollbringen, jedoch glauben, dass der sie umgebende Körper nicht der ihre ist bzw. dass bestimmte Körperteile nicht zu ihnen gehören. Andere wiederum besitzen bei sonstigen intakten Bewusstseinsfunktionen keine autobiographische Identität. Dies deutet auf eine „modulare", d.h. räumlich und funktional getrennte Organisation der Bewusstseinsinhalte hin. Aufmerksamkeit ist eine Steigerung konkreter Bewusstseinszustände, die mit erhöhten und gleichzeitig räumlich, zeitlich und inhaltlich eingeschränkten („fokussierten") Sinnesleistungen oder mentalen Zuständen („Konzentration") einhergeht.

Zu abnormen Bewusstseinszuständen zählen *Agnosien*, d.h. die teilweise oder gänzliche Unfähigkeit, bestimmte Wahrnehmungsinhalte bewusst wahrzunehmen (z.B. von Gesichtern, Farben, Objektbewegungen), *Neglect* bzw. *Hemineglect*, d.h. das Nichtbeachten von Teilen der Umwelt oder des eigenen Körpers (z.B. der linken Gesichts- oder Körperhälfte), *Anosognosie*, d.h. das Leugnen von Fehlleistungen und Erkrankungen im Bereich der Wahrnehmung, des Körperschemas und der Handlungen), *Blindsehen* (englisch *blindsight*), d.h. der Zustand, dass Patienten bestimmte visuell gesteuerte Aufgaben vollbringen können, ohne sich dessen bewusst zu sein, *Bewusstseinsspaltungen* bei Schizophrenen oder bei Patienten mit durchtrenntem Balken, bei denen die linke und die rechte Großhirnhemisphäre unterschiedliche Bewusstseinszustände haben können.

Eine besondere Rolle beim Bewusstsein spielt das *Arbeitsgedächtnis* (4, 17). Es hält für wenige Sekunden einen bestimmten Teil der Wahrnehmungen und damit verbundener Gedächtnisinhalte und Vorstellungen im Bewusstsein und konstituiert damit den charakteristischen „Strom des Bewusstseins". Man nimmt an, dass das Arbeitsgedächtnis Zugriff zu den unterschiedlichen, in aller Regel unbewusst arbeitenden Sinnes-, Gedächtnis- und Handlungssteuerungs-Systemen hat, die in anderen Teilen des Gehirns lokalisiert sind, und nach bestimmten Kriterien Informationen aus diesen Systemen „einlädt". Diese werden dann aktuell bewusst. Das Arbeitsgedächtnis ist offenbar für die subjektiv empfundene „Enge" und „Linearität" des Bewusstseins verantwortlich. Umstritten ist, ob diese Enge und Beschränkung aus der begrenzten Kapazität des Arbeitsgedächtnisses selbst herrührt oder aus der zeitlichen und/oder inhaltlichen Beschränktheit des Zugriffs und Abrufens von Informationen aus den Sinnes-, Gedächtnis- und Handlungssteuerungssystemen.

Bewusste und unbewusste Informationsverarbeitung

Idealtypisch werden zwei Systeme der Informationsverarbeitung im Gehirn unterschieden, nämlich ein bewusst und ein unbewusst ablaufendes System (21) Das erste, auch *explizites* oder *deklaratives System* genannt, arbeitet überwiegend seriell, langsam (d.h. im Bereich von Sekunden und Minuten) und mühevoll, ist in seiner Kapazität beschränkt und fehleranfällig, seine Informationsverarbeitung ist tief, d.h. auf die Verarbeitung komplexer und bedeutungshafter Inhalte ausgerichtet, es ist zugleich aber flexibel und kann entsprechend neue oder neuartige Leistungen vollbringen.

Das zweite, unbewusst ablaufende System, auch *implizites*, prozedurales oder *nicht-deklaratives System*, genannt, ist in seiner Kapazität nahezu unbeschränkt, arbeitet überwiegend parallel, schnell und weitgehend fehlerfrei. Es ist in seiner Informationsverarbeitung „flach", d.h. es verarbeitet Informationen anhand einfacher Merkmale oder Bedeutungen und

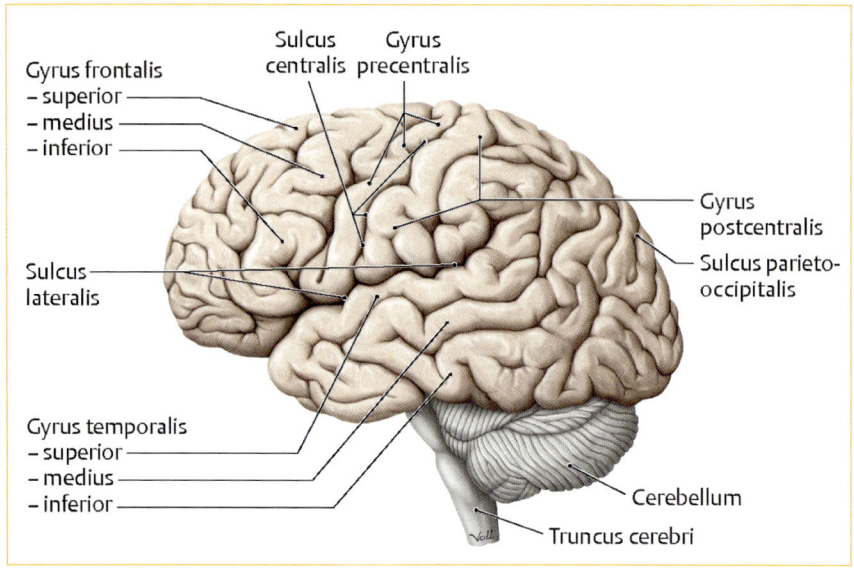

Abb.1 Seitenansicht des menschlichen Gehirns. Sichtbar ist die Großhirnrinde mit ihren typischen Windungen (Gyrus/Gyri) und Furchen (Sulcus/Sulci) und das ebenfalls stark gefurchte Kleinhirn (Cerebellum) sowie der Hirnstamm (Truncus cerebri). (aus: LJ Wurzinger: Duale Reihe Anatomie. Georg Thieme Verlag, Stuttgart 2007, p. 1142).

ist relativ unflexibel bzw. variiert innerhalb vorgegebener Alternativen. Es ist außerdem nicht an Sprache gebunden bzw. einer sprachlich-bewussten Beschreibung nicht zugänglich. Hierunter fällt alles, was mit „implizitem Lernen" zu tun hat, mit Objektidentifikation anhand äußerlicher Merkmale, Einüben durch langwierige Praxis, unbewusser Imitation, Gruppierung nach Ähnlichkeiten, Erfassen einfacher Regeln.

Zwischen beiden Systemen bestehen beliebig feine Übergänge. Die Leistungen und Fertigkeiten aus dem expliziten System sinken gewöhnlich mit zunehmender Vertrautheit und Übung in das implizite System ab, können mit entsprechendem Aufwand jedoch zumindest teilweise wieder explizit gemacht werden. Diese Befunde deuten darauf hin, dass Bewusstsein eine ganz bestimmte Funktion bei der Informationsverarbeitung hat: Bewusstsein tritt immer dann auf, wenn es um die Verarbeitung hinreichend neuer, wichtiger und detailreicher Informationen geht, für die noch keine „Routinen" ausgebildet wurden.

Bewusstseinsrelevante Hirnstrukturen

Am Entstehen von Bewusstsein wirken stets viele Hirnzentren mit, die über das ganze Gehirn verteilt sind; es gibt kein „oberstes" Bewusstseinszentrum. Allerdings können Geschehnisse uns nur dann bewusst werden, wenn sie von Aktivitäten der *assoziativen Großhirnrinde* (**Abb. 1** und **2**) begleitet sind, d.h. von Aktivitäten im hinteren und unteren Scheitellappen (parietaler Cortex), im mittleren und unteren Schläfenlappen (temporaler Cortex) und im Stirnlappen (Frontallappen; präfrontaler Cortex) (Übersicht in (8, 21, 34)). Alles, was *nicht* in der assoziativen

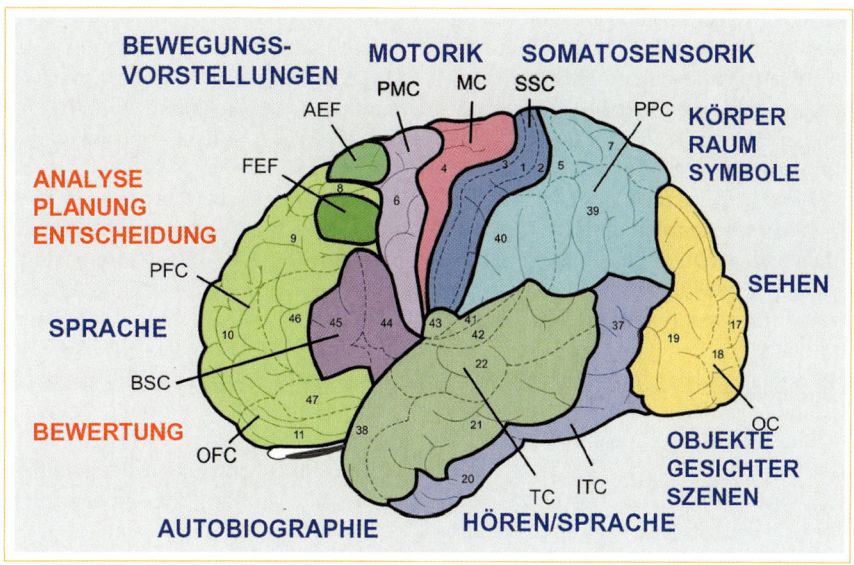

Abb. 2 Anatomisch-funktionelle Gliederung der seitlichen Hirnrinde. Die Zahlen geben die übliche Einteilung in cytoarchitektonische Felder nach K. Brodmann an. Abkürzungen: AEF = vorderes Augenfeld; BSC = Brocasches Sprachzentrum; FEF = frontales Augenfeld; ITC = inferotemporaler Cortex; MC = motorischer Cortex; OC = occipitaler Cortex (Hinterhauptslappen); OFC = orbitofrontaler Cortex; PFC = präfrontaler Cortex (Stirnlappen); PMC = dorsolateraler prämotorischer Cortex; PPC = posteriorer parietaler Cortex; SSC = somatosensorischer Cortex; TC = temporaler Cortex (Schläfenlappen). (Nach Nieuwenhuys et al., 1991; verändert).

Großhirnrinde abläuft, ist uns nach gegenwärtigem Wissen grundsätzlich nicht bewusst.

Der hintere und untere *Scheitellappen (PPC)* hat linksseitig mit symbolisch-analytischer Informationsverarbeitung zu tun (Mathematik, Sprache, Bedeutung von Zeichnungen und Symbolen); der rechtsseitige Scheitellappen ist befasst mit realer und vorgestellter räumlicher Orientierung, mit räumlicher Aufmerksamkeit und Perspektivwechsel. Im Scheitellappen sind unser Körperschema und die Verortung unseres Körpers im Raum lokalisiert; auch trägt er zur Planung und Vorbereitung von Bewegungen bei. Der obere und mittlere *Schläfenlappen (TC)* umfasst komplexe auditorische Wahrnehmung einschließlich Sprache. Der untere Schläfenlappen *(ITC)* ist wichtig für komplexe visuelle Informationsverarbeitung nicht-räumlicher Art, das Erfassen der Bedeutung und korrekten Interpretation von Objekten, Gesichtern usw. sowie von ganzen Szenen. Der *präfrontale Cortex* ist in seinem oberen, dorsolateralen Teil vornehmlich ausgerichtet auf Ereignisse und Probleme in der Außenwelt, insbesondere hinsichtlich deren zeitlicher Reihenfolge und ihrer Relevanz bzw. Lösung (15, 17). Dort befindet sich auch das Arbeitsgedächtnis (s.o.). Der *orbitofrontale Cortex (OFC)* und der benachbarte *ventromediale Cortex* haben demgegenüber zu tun mit Sozialverhalten, ethischen Überlegungen, divergentem Denken, Risikoabschätzung, Einschätzung der Konsequenzen eigenen Verhaltens, Gefühlsleben und emotionaler Kontrolle des Verhaltens (34).

Bei Aufmerksamkeit und anderen von Bewusstsein begleiteten kognitiven Zuständen wie Fehlerkorrektur und Handlungsentscheidung, aber auch bei der Schmerzempfindung spielt der an der Innenseite des Stirnhirns liegende vordere *Gyrus cinguli* eine wichtige Rolle (1). Er ist ein Bindeglied zwischen der übrigen Großhirnrinde und den an der Entstehung von Bewusstsein beteiligten, aber völlig unbewusst arbeitenden subcorticalen Zentren im Endhirn selbst (vor allem Hippocampus und Amygdala), im Zwischenhirn (intralaminäre Kerne, Nucleus reticularis thalami) sowie im Hirnstamm (Formatio reticularis).

Die vom verlängerten Mark über die Brücke bis zum vorderen Mittelhirn sich hinziehende *Formatio reticularis* (FR) kontrolliert Atmung und Blutkreislauf, Schlafen und Wachen sowie Bewusstsein und Aufmerksamkeit. Schon kleine Verletzungen führen zu tiefer Bewusstlosigkeit. Kerne der medialen Kerngruppe der FR bilden das *aufsteigende aktivierende System*. Sie erhöhen über Umschaltstellen im Thalamus (intralaminäre Kerne) den generellen Erregungszustand der Großhirnrinde. Die mediane Kerngruppe enthält den serotonergen dorsalen Raphekern mit Verbindungen zur Amygdala, zum Hippocampus sowie zu den assoziativen Bereichen der Großhirnrinde. Das serotonerge System erzeugt den Zustand entspannter Zufriedenheit und Beruhigung. In der *lateralen* Kerngruppe liegt der noradrenerge *Locus coeruleus*. Er weist dieselben Verbindungen mit Bereichen des Zwischenhirns und des Endhirns auf wie der dorsale Raphekern. Das noradrenerge System erzeugt eine unspezifische Erregtheit, Aufmerksamkeit und Verhaltensbereitschaft (36).

Eine wichtige Rolle bei der Steuerung des Aufmerksamkeitsbewusstsein, des Kurzzeitgedächtnisses und des Erfassens bedeutungshafter Ereignisse spielt das *basale Vorderhirn*. Mit seinen cholinergen Projektionsfasern ist es in der Lage, die Aktivität umgrenzter Regionen der Hirnrinde gezielt zu verstärken oder abzuschwächen. Das basale Vorderhirn hat enge Beziehungen zur Formatio reticularis sowie zu limbischen Zentren wie Hippocampus und Amygdala (38, 36). Der *Hippocampus* liegt auf der Innenseite des Schläfenlappens und wird als Organisator des Wissensgedächtnisses (*deklaratives Gedächtnis*) angesehen, dessen Inhalte in der Großhirnrinde niedergelegt sind, und zwar an unterschiedlichen Orten je nach Art und Inhalt des Gedächtnisses (26). Der Hippocampus ist hiermit eine wichtige Kontrollstation für den Zugang von Gedächtnisinhalten zum Bewusstsein. Neuere Untersuchungen weisen ihm eine zentrale Rolle beim Prozess der „Verdrängung" bestimmter Inhalte aus dem Bewusstsein zu (3).

Neuronale Grundlagen des Bewusstseins

Während der Bewusstseinszustände finden nach gegenwärtiger Anschauung *Umstrukturierungen* bereits vorhandener corticaler neuronaler Netzwerke aufgrund von Sinnesreizen und Gedächtnisinhalten statt, und zwar durch eine schnelle Veränderung synaptischer Übertragungsstärken und damit der Kopplungen zwischen Neuronen in einem bewusstseinsrelevanten corticalen Netzwerk. Hierbei spielen die Neuromodulatoren Serotonin, Dopamin, Noradrenalin und Acetylcholin eine wichtige Rolle, die im Sekundentakt arbeiten. Derartige schnelle Reorganisationsprozesse sind stoffwechselintensiv und führen an den Synapsen zu einem überdurchschnittlichen Verbrauch an Glucose und Sauerstoff, was wiederum den lokalen corticalen Blutfluss erhöht. Dies macht man sich bei bildgebenden Verfahren wie Positronen-Emissionstomographie (PET) oder funktioneller Kernresonanztomographie (fMRI) zunutze (29, 25).

Es wird von einigen Neurobiologen vermutet, dass bestimmte Typen von Synapsen (z.B. NMDA-Synapsen) eine wichtige Rolle bei der schnellen „Umverdrahtung" spielen (14); ebenso wird angenommen, dass oszillatorische Aktivität von Netzwerken und die wechselseitige Synchronisation neuronaler Felder eine Grundlage von Aufmerksamkeitsbewusstsein darstellen (22, 10, 37). Eine wichtige Rolle beim Bewusstwerden von Wahrnehmungsinhalten scheint die simultane oder sequenzielle Aktivierung primärer und assoziativer corticaler Areale zu sein, und zwar durch eine Kombination aufsteigender und absteigender, d.h. rückkoppelnder Verbindungen zwischen Cortexarealen. Entsprechend bleiben sensorische Erregungen unbewusst, wenn sie ausschließlich aufsteigende Verbindungen aktivieren und nicht zu Rückwirkungen assoziativer Areale auf primäre Areale führen (13, 23, 24). Diese Annahme konnte durch kombinierte fMRI-MEG-Untersuchungen in einem visuellen Aufmerksamkeits- und Identifikations-Paradigma bestätigt werden (31): Es zeigt sich, dass unter diesen Versuchsbedingungen zuerst (nach ca. 100 ms) die primären visuellen Areale (vor allem A17/V1), anschließend höherstufige Areale (z.B. V4) und schließlich erneut A17/V1 aktiviert werden. Die Interpretation dieser Befunde lautet: Visuelle Informationen werden zuerst unbewusst im primären visuellen Cortex nach ihren Details „vorsortiert". Diese Informationen werden zu assoziativen visuellen Arealen weitergeleitet. Dort werden sie unter Zuhilfenahme von dort angesiedelten Gedächtnisinhalten (unter Mitwirkung subcorticaler Zentren) interpretiert.

Diese Interpretation wird zum primären visuellen Cortex *zurückgeleitet*, und hierdurch werden die Wahrnehmungsdetails sinnhaft gruppiert. Dadurch ergibt sich eine sowohl sinnhafte als auch detailreiche Wahrnehmung.

Es ist inzwischen gelungen, das dem Bewusstwerden in A17/V1 vorhergehende Geschehen genauer zu analysieren. In einer eigenen Untersuchung mithilfe einer visuellen Kontrasttäuschung (Strukturen mit physikalisch gleicher Helligkeiten sehen je nach Kontrast subjektiv unterschiedlich aus, physikalisch unterschiedlich helle Strukturen sehen subjektiv gleich hell aus) konnte mithilfe der Kombination von EEG und MEG und besonderen Auswerteverfahren gezeigt, werden, dass sich die Unterschiede in der *subjektiven* Helligkeitswahrnehmungen bereits auf der Ebene der (noch) völlig unbewusst ablaufenden Aktivität von A17/V1 nachweisen lassen (19). Dasselbe gilt für das „Umkippen" bi-stabiler Wahrnehmungsinhalte (Neckerwürfel, Treppen) oder der so genannten „binokularen Rivalität", bei der den beiden Augen getrennt sich widersprechende Wahrnehmungsinhalte geboten werden und im Bewusstsein dann abwechselnd der eine oder der andere Inhalt auftaucht (vgl. (19)).

Schließlich gibt es im Vergleich tierexperimenteller und humanexperimenteller Untersuchungen auch genauere Einblicke in die neuronalen Grundlagen von „innengeleiteter", d.h. auf Konzentration und Fokussierung beruhender Aufmerksamkeit. Seit längerem ist bekannt, dass die Konzentration auf ein schwierig zu erkennendes Objekt mit einer deutlichen

Erhöhung in der Antwortstärke von Neuronen im parietalen und temporalen assoziativen visuellen Cortex einher geht (20). Kreiter und Mitarbeiter konnten zudem kürzlich nachweisen, dass sich beim Makaken zugleich der Grad synchroner Aktivität der mit der Reizdetektion und -analyse befassten visuellen Neurone in corticalen Arealen wie V4 und MT erhöht und derjenige der nicht "aufmerksamen" Neurone erniedrigt (37). Der Zustand der Aufmerksamkeit erhöht demnach bei Mensch und Affen die Auflösungs- und Informationsverarbeitungskapazität der beteiligten Neurone.

Bei der Erforschung der neuronalen und neuropharmakologischen Grundlagen psychischer Zustände und psychischer Erkrankungen ist der Kenntnisstand noch nicht so weit gediehen, was sowohl mit der Komplexität der Gegenstände zusammen hängt als auch mit der Tatsache, dass die beteiligten Zentren des limbischen Systems (z.B. Amygdala, Nucleus accumbens, Hypothalamus) mit EEG und MEG überhaupt nicht und mit fMRI nur schwer zu untersuchen sind. Dennoch zeigt sich auch hier eine überraschend hohe Übereinstimmung zwischen psychischen Vorgängen und Erkrankungen und neuronalen Strukturen und Funktionen und deren Veränderungen, z.B. bei der posttraumatischen Belastungsstörung oder bei Angsterkrankungen (16).

Zusammengefasst lässt sich heute sehr gut mit experimentellen Befunden belegen, mit welchen neuronalen Strukturen und Prozessen das Entstehen von Bewusstsein und auch die Inhalte dieser Bewussseinszustände verbunden sind, seien sie perzeptiver, kognitiver oder emotional-psychischer Art. Es zeigt sich allgemein, dass mit einer Verfeinerung der neurowissenschaftlichen Methoden der „Abstand" zwischen neuronaler Aktivität und Bewusstseinszuständen immer enger wird. Am Eindrucksvollsten ist dies zweifellos bei praktisch allen optischen Täuschungen, wo man zeigen kann, dass bestimmte Neurone des visuellen Cortex genauso diesen Täuschungen „unterliegen" wie die subjektive Wahrnehmung, während dies für visuelle Neurone außerhalb des Cortex nicht zutrifft – sie reagieren „noch" auf die physikalischen Eigenschaften der Reize.

Geist und Bewusstsein als physikalische Zustände

Der in diesem Aufsatz vertretene Standpunkt ist der eines *Physikalismus des Geistes*. „Physikalismus" bedeutet, dass Geist als ein *physikalischer* Zustand angesehen wird. Was aber ist ein physikalischer Zustand? Nach einer gängigen Definition (Wikipedia) ist „Physik ... die Naturwissenschaft, welche die grundlegenden Gesetze der Natur, ihre elementaren Bausteine und deren Wechselwirkungen untersucht. Sie befasst sich sowohl mit den Eigenschaften und dem Verhalten von Materie und Feldern in Raum und Zeit als auch mit der Struktur von Raum und Zeit selbst. Die Physik beschreibt die Natur quantitativ mittels naturwissenschaftlicher Modelle, sogenannter Theorien, und ermöglicht damit insbesondere Vorhersagen über das Verhalten der betrachteten Systeme."

Die Anwendung dieser Definition auf Geist und Bewusstsein erscheint auf den ersten Blick problematisch. In der Definition wird vom „Verhalten von Materie und Feldern in Raum und Zeit" gesprochen. Geist und Bewusstsein sind zumindest als subjektiv empfundene Phänomene keine Materie im herkömmlichen Sinne, d.h. sie sind nicht aus Elemenarteilchen, Atomen und Molekülen aufgebaut. Was die „Grundbausteine" des Geistes und des Bewusstseins sind, ist unbekannt. Es scheint zwar geistige „Elementarereignisse" zu geben, aber diese konnten bisher von der Psychologie nicht einheitlich bestimmt werden. Es gibt Spekulationen, dass Geist irgendeine Art „Energie" ist, aber dem widerspricht die Tatsache, dass Geist ein Zustand ist, der sehr viel Energie verbraucht; Geist kann daher nicht selbst Energie sein. Auch ist die Anwendung des Begriffs „Raum" auf Geist problematisch, d.h. Geist scheint irgendwie unräumlich zu sein. Sicher unterliegt Geist Veränderungen in der Zeit; diese scheinen aber als erlebte Zeit nicht identisch zu sein mit der physikalischen Zeit.

Wir müssen also davon ausgehen, dass Geist ein physikalischer Zustand eigener Art mit vielen speziellen Gesetzen ist. Dies ist insofern kein Problem, als der Bereich der Physik stets offen war und ist für Erweiterungen: Was zur Physik gehört und was nicht, hat sich über die Jahrhunderte stark geändert und wird sich weiter ändern. Warum aber sehen wir Geist überhaupt als physikalischen Zustand an und sind nicht einfach Dualisten, für die sich Geist grundlegend vom Materiell-Physikalischen unterscheidet?

Der Grund hierfür ist, dass Geist – welcher physikalischen Natur er auch immer ist – eindeutig im Rahmen der Naturgesetze auftritt und unabdingbar an physikalische und im engeren Sinne an chemische und physiologische Gesetzmäßigkeiten gebunden ist. Dies ist mit einem Dualismus unvereinbar. Wie oben bereits beschrieben, geht geistige Aktivität im Gehirn mit einem hohen Sauerstoff- und Glukoseverbrauch und vielen anderen neuroelektrischen und neurochemischen Prozessen einher, und nach bisheriger Kenntnis sind die Beziehungen mehr oder weniger linear; d.h. je intensiver die geistigen Aktivitäten, desto höher der Hirnstoffwechsel, der Transmitterausstoß, die Entladungsraten der Neurone usw. Hinzu kommt, dass es keine geistigen Zustände gibt, die physikalischen Gesetzen eklatant *widersprechen*. Dies wäre vor allem dann der Fall, wenn geistige Zustände überhaupt nicht an neuronale Prozesse gebunden wäre. Das Gegenteil ist aber der Fall: Geistige Zustände hängen aufs Engste mit neuronalen Zuständen zusammen, die wiederum klar physikalisch-chemisch-physiologischen Gesetzen gehorchen.

Wir müssen also auf der einen Seite zugeben, dass Geist ein physikalischer Zustand eigener Art ist, der sich aber in das Gesamtgefüge physikalischer Zustände einfügt und dieses nicht im dualistischen Sinne „transzendiert". Zugleich gibt es ganz offensichtlich zahlreiche Eigengesetzlichkeiten des Geistigen, die durch die bisherige Physik nicht erklärt werden können – aber das ist bei vielen Eigenschaften biologischer Systeme der Fall. So findet die biologische Evolution zweifellos im Rahmen der Physik statt, aber es gibt keine physikalische, sondern nur eine spezielle biologische Theorie der Evolution. Wie die „Physik des Geistes" einmal aussehen wird, ist unklar. Die Tatsache, dass Geist im Gehirn nur bei hohem Energie- und Materiedurchsatz auftritt, stellt ihn in die Nähe komplexer physikalischer und chemischer Systeme, die man „selbstorganisierend" nennt und die sich durch „spontane" Muster- und Ordnungsbildung raumzeitlicher Art auszeichnen (2). Die Gestaltpsychologie hat viele Merkmale von Wahrnehmungs- und Denkvorgängen beschrieben, die ebenfalls eine große Nähe zu Merkmalen selbstorganisierender physiko-chemischer Systeme haben (vgl. (27)).

Die Bedeutung neurobiologischer Befunde für das philosophische Problem des Bewusstseins

Auf die vielfältigen philosophischen Aspekte der neurobiologischen Bewusstseinsforschung kann hier nur kurz eingegangen werden; der Leser sei auf den Aufsatz von Ralph Schumacher in diesem Band verwiesen. Wie festgestellt, sind Bewusstseinszustände und Hirnprozesse untrennbar miteinander verbunden; ebenso gehen unbewusste Prozesse in eindeutiger Weise Bewusstseinszuständen voraus und legen die Rahmenbedingungen für das Bewusstwerden bestimmter Inhalte fest. Während ersteres mit einem *interaktiven Dualismus* vereinbar wäre, spricht letzteres eindeutig zugunsten der Annahme, dass Bewusstseinszustände aufgrund spezifischer hirnanatomischer und -physiologischer Bedingungen entstehen, die wiederum bestimmte Weisen der „Informationsverarbeitung" festlegen, z.B. die Integration multimodaler Informationen, das Ausbilden neuer corticaler Netzwerke, die Bildung von Meta-Repräsentationen.

Aufgrund dieser Annahme sind zwei Sichtweisen des Verhältnisses von Gehirn und Bewusstsein möglich. Nach der ersten wären Bewusstseinszustände eigenständige physikalische Zustände, die jedoch mit bestimmten neuronalen Zuständen untrennbar verbunden sind; dies wäre ein *nichtreduktionistischer Physikalismus*, für den Bewusstsein und „Geist" gegenüber dem Neuronalen eigengesetzliche physikalische Zustände sind, die jedoch im Rahmen bestehender Naturgesetzlichkeiten mit anderen physikalischen Zuständen interagieren (35).

Nach der zweiten Sichtweise wäre die Bewusst- und Erlebnishaftigkeit eine *spezifische Eigenschaft bestimmter Hirnzustände*, die sich hierdurch von anderen „unbewussten" Hirnzuständen unterscheidet, wobei Übergänge durchaus möglich sind. Dies wäre ein monistisch-identistischer Ansatz, bei dem sich die Frage der Reduzierbarkeit nicht stellt. Natürlich ergibt sich die weitere Frage, ob beide Sichtweisen empirisch-experimentell überhaupt zu unterscheiden wären, da ein eigenständiger Zustand, der mit einem anderen Zustand unabtrennbar verbunden ist, sinnvoll als eine Eigenschaft eines Gesamtzustandes angesehen werden kann. In jedem Fall kann durch beide Sichtweisen das Auftreten von Bewusstsein unter bestimmten neuronalen Bedingungen plausibel gemacht werden und ebenso das Faktum, dass Hirnprozesse, die von Bewusstsein begleitet sind bzw. Bewusstsein erzeugen, andere neuronale Wirkungen hervorbringen als „unbewusste" Hirnprozesse.

Ein solcher Standpunkt macht einen *Epiphänomenalismus*, der in Bewusstsein ein unwirksames, überflüssiges Beiwerk der Operationen des menschlichen Gehirns ansieht (vgl. (11, 6) unplausibel. Wenn die Erlebnishaftigkeit eine unabtrennbare und konstitutive Eigenschaft bestimmter Hirnprozesse ist, dann geht sie auch in deren Wirkung ein. In diesem Rahmen lässt sich auch das Problem der *mentalen Verursachung* lösen: Hirnzustände, die unter bestimmten Bedingungen von Bewusstsein begleitet sind oder Bewusstsein hervorbringen, haben als solche andere Wirkungen als Gehirnzustände ohne Bewusstsein. Dies lässt sich am deutlichsten anhand des Unterschiedes zwischen expliziter und impliziter Informationsverarbeitung und der jeweiligen Hirnaktivitäten nachweisen.

Allerdings ist noch ungeklärt, ob im Rahmen derartiger Untersuchungen das Problem des *phänomenalen Bewusstseins*

(„was oder wie ist es eigentlich, etwas bewusst zu erleben?") und seiner ausschließlich subjektiven Erlebnismöglichkeit („nur ich kann mein Bewusstsein direkt erleben") überhaupt lösbar sind. Während einige Autoren diese Frage als ein Scheinproblem ansehen (z.B. (11)), halten andere sie als prinzipiell unlösbar bzw. als das eigentliche Problem („hardcore problem") der Bewusstseinsforschung (5). Immerhin kann die Hirnforschung Gründe dafür angeben, warum Geist und Bewusstsein Zustände sind, die nur subjektiv erfahren werden können.

Eine der hervorstechendsten Eigenschaften der menschlichen Großhirnrinde ist der ungeheure Grad der „Binnenverdrahtung": die Zahl der – meist rückläufigen – Verbindung der Neurone des Cortex untereinander übertrifft die Zahl der Verbindungen mit dem Rest des Gehirns um das Viel-Tausendfache (34). Es ist also zutreffend, dass der Cortex sich im wesentlichen „mit sich selber beschäftigt". In einem solchen riesigen und zugleich sehr homogen aufgebauten „assoziativen Netzwerk" entstehen – so sagt uns das Wissen über künstliche neuronale Netzwerke – spontan äußerst komplexe Strukturen und Prozesse einschließlich der Bildung von anatomischen und funktionalen Untereinheiten und Hierarchien. Dies führt im Gehirn ganz offenbar zur Selbstempfindung und schließlich zu Selbstbewusstsein. *Per definitionem* sind dann solche Zustände nicht „von außen" beobachtbar, sondern nur durch das System selber. Das bedeutet, dass die Hirnforschung und die Neurophysik sogar plausibel machen können, warum es im Gehirn funktionale Zustände gibt, die nicht „von außen" erlebt werden können.

Literatur

1 Allman JM et al. The anterior cingulate cortex. In Unity of Knowlegde (Damasio A.R. et al., eds), pp.107-117, The New York Academy of Sciences 2001
2 An der Heiden U, Roth G, Schwegler H. Principles of self-generation and self-maintenance. Acta Biotheor 1985; 34: 125-138
3 Anderson MC, Ochsner KN, Kuhl B et al. Neural systems underlying the suppression of unwanted memories. Science 2004; 303: 202-205.
4 Baddeley AD. Working Memory. Clarendon Press, Oxford. 1986
5 Chalmers DJ. The Conscious Mind. In Search of a Fundamental Theory. Oxford University Press, New York, Oxford 1996
6 Churchland PM. Die Seelenmaschine. Spektrum Akademischer Verlag, Berlin, Heidelberg, Oxford 1997
7 Cleeremans A. Computational correlates of consciousness. Progress in Brain Research 2005; 150: 81-98.
8 Creutzfeldt OD. Cortex Cerebri. Leistung, strukturelle und funktionelle Organisation der Hirnrinde. Berlin, Heidelberg, New York 1983.
9 Crick F. Was die Seele wirklich ist. Die naturwissenschaftliche Erforschung des Bewußtseins. Artemis und Winkler, München 1994
10 Crick FHC, Koch C. A framework for consciousness. Nature Neuroscience 2003; 6: 119-126.
11 Dennett DC. Consciousness Explained. Little, Brown & Co., Boston, Mass. 1991
12 Eccles JC. Wie das Selbst sein Gehirn steuert. Piper, München 1994
13 Edelman GM, Tononi G. Consciousness. How Matter Becomes Imagination. Penguin Books, London 2000.
14 Flohr H. Die physiologischen Grundlagen des Bewusstseins. In: T. Elbert & N. Birbaumer (Hrsg.). Biologische Grundlagen der Psychologie (S. 35-86). Serie Biologische Psychologie Band 6. Enzyklopädie der Psychologie. Göttingen. Hogrefe 2002.
15 Förstl H. Frontalhirn. Funktionen und Erkrankungen. Springer, Berlin u.a. 2002

16 Förstl H, Hautzinger M, Roth G. (Hrsg.) Neurobiologie psychischer Störungen. Springer-Verlag, Heidelberg u.a. 2005
17 Fuster JM. Frontal lobe and cognitive development. J Neurocytol 2002; 31: 373-385
18 Haynes J, Roth G, Stadler M, Heinze HJ. Neuromagnetic Correlates of perceived contrast in primary visual cortex. J Neurophysiol 2003; 89: 2655-2666
19 Haynes JD, Rees G. Decoding mental states from brain activity in humans. Nat Review Neurosci 2006; 7: 523-534.
20 Kastner S, de Weerd P, Desimone R, Ungerleider LG. Mechanisms of directed attention in the human extrastriate cortex as revealed by functional MRI. Science 1998; 282: 108-111
21 Kolb B, Wishaw IQ. Neuropsychologie. Spektrum, Heidelberg 1996
22 Kreiter AK, Singer W. Stimulus dependent synchronization of neuronal responses in the visual cortex of the awake macaque monkey. J Neurosci 1996; 16, 2381-2396
23 Lamme VAF. Neural mechanisms of visual awareness: a linking proposition. Brain and Mind 2000; 1, 385-406
24 Lamme VAF, Roelfsema PR. The two distinct modes of vision offered by feedforward and recurrent processing. Trends Neurosci 2000; 23: 571-579
25 Logothetis NK, Pauls J, Augath M, Trinath T, Oeltermann A. Neurophysiological investigation of the basis of the fMRI signal. Nature 2001; 412: 150-157
26 Markowitsch H-J. Dem Gedächtnis auf der Spur. Vom Erinnern und Vergessen. Wissenschaftliche Buchgesellschaft, Darmstadt 2002
27 Metzger W. Psychologie. Verlag Wolfgang Krammer, Wien. 2001
28 Metzinger T (Hrsg.). Bewußtsein. Beiträge aus der Gegenwartsphilosophie. Paderborn 1996.
29 Münte TF, Heinze H-J. Beitrag moderner neurowissenschaftlicher Verfahren zur Bewußtseinsforschung. In: M. Pauen und G. Roth (Hrsg.), Neurowissenschaften und Philosophie. UTB-W. Fink, München 2001, S. 298-328
30 Nieuwenhuys R, Vogel J, van Huijzen C. Das Zentralnervensystem des Menschen. Springer, Berlin 1991
31 Noesselt T et al. Delayed striate cortical activation during spatial attention. Neuron 2002; 35, 575-587
32 Pauen M. Das Rätsel des Bewusstseins. Eine Erklärungsstrategie. Mentis, Paderborn 1999
33 Pauen M, Stephan A. Phänomenales Bewusstsein - Rückkehr zur Identitätstheorie? Mentis, Paderborn 2002
34 Roth G. Fühlen, Denken, Handeln. Wie das Gehirn unser Verhalten steuert. Suhrkamp, Frankfurt, 2003.
35 Roth G, Schwegler H. Das Geist-Gehirn-Problem aus der Sicht der Hirnforschung und eines nicht-reduktionistischen Physikalismus. Ethik und Sozialwissenschaften 6 (1): 69-156 (1995)
36 Roth G, Dicke U. Funktionelle Neuroanatomie des Limbischen Systems. In H. Förstl, M. Hautzinger und G. Roth (Hrsg.) Neurobiologie psychischer Störungen. Springer, Heidelberg 2006.
37 Taylor K, Mandon S, Freiwald WA, Kreiter AK. Coherent oscillatory activity in monkey area v4 predicts successful allocation of attention. Cereb Cortex 2005; 15: 1424-1437.
38 Voytko ML. Cognitive functions of the basal forebrain cholinergic system in monkeys: Memory or attention? Behavioral Brain Research 1996; 75: 13-25.

Prof. Dr. Dr. Gerhard Roth, geboren 1942 in Marburg/Lahn. 1963-1969 Studium der Philosophie, Germanistik und Musikwissenschaften an den Universitäten in Münster und Rom. 1969 Promotion in Philosophie an der Universität Münster. 1969 – 1974 Biologiestudium an den Universitäten Münster und Berkeley, USA. 1974 Promotion in Zoologie an der Universität Münster. Seit 1976 Professor für Verhaltensbiologie an der Universität Bremen. Seit 1997 Gründungsrektor des Hanse-Wissenschaftskollegs der Länder Niedersachsen und Bremen in Delmenhorst. Direktor am Institut für Hirnforschung im Fachbereich Biologie/Chemie. – Er ist Mitglied der Berlin-Brandenburgischen Akademie der Wissenschaften und der GDNÄ. – Seit 2003 Präsident der Studienstiftung des Deutschen Volkes. – Forschungsschwerpunkte sind kognitive und emotionale Neurobiologie, theoretische Neurobiologie und Neurophilosophie.

Prof. Dr. Dr. Gerhard Roth
Institut für Hirnforschung
Universität Bremen
28334 Bremen

Geist und Gehirn – Mittagssymposium

Gehirn und Bewusstsein aus philosophischer Sicht
Ralph Schumacher

Das Rätsel des Bewusstseins

Ein zentrales Thema gegenwärtiger Kontroversen in der Philosophie des Geistes ist die Frage, wie sich der Zusammenhang zwischen bestimmten Zuständen unseres Gehirns und bewussten geistigen Zuständen erklären lässt (zur Übersicht siehe Block et al., 1997; Metzinger, 1995). Nehmen wir einmal an, dass sich im Zuge der Hirnforschung herausstellt, dass zum Beispiel das Auftreten bewusster Rot-Wahrnehmungen voraussetzt, dass ein bestimmter Abschnitt im visuellen Kortex aktiv ist. Warum ist nun dieser Bewusstseinszustand gerade mit *diesem* Hirnzustand verbunden? Und könnte er auch von der Aktivität eines beliebigen anderen Hirnzustandes abhängig sein? Wenn es zutrifft, dass durch die Eigenschaften der Hirnzustände die Eigenschaften geistiger Zustände festgelegt werden, so ist damit ausgeschlossen, dass ihnen *beliebige* Hirnzustände zugrunde liegen können. Aber es stellt sich dann die Frage, wie sich beispielsweise die Erlebnisqualitäten bewusster Rotwahrnehmungen – das heißt, die Art und Weise, wie es von einem bewussten Subjekt erlebt wird, etwas als rot wahrzunehmen – auf der Basis neurowissenschaftlicher Beobachtungen erklären lassen. Wie kommt es, dass gerade dieser Hirnzustand Rot-Wahrnehmungen und nicht etwa Grün-Wahrnehmungen hervorruft? Und wie lässt sich erklären, dass dieser Hirnzustand überhaupt bewusste Wahrnehmungen hervorbringt? Wenn es also möglich sein soll, im Zuge der Hirnforschung etwas über diese Aspekte des Bewusstseins herauszufinden, dann muss es auch möglich sein, die von Joseph Levine (1983) als **Erklärungslücke** (*explanatory gap*) bezeichnete Kluft zu schließen, die zwischen den subjektiven Schilderungen bewusster geistiger Zustände wie Wahrnehmungen und Empfindungen und den objektivierenden Beschreibungen des menschlichen Gehirns zu bestehen scheint.

Diese Fragestellung, die in der modernen Philosophie des Geistes vor allem seit der Publikation von Thomas Nagels (1974) berühmten Aufsatz „How It Is Like to Be a Bat" Mitte der siebziger Jahre unter dem Stichwort „Rätsel des Bewusstseins" diskutiert wird, wurde bereits im 19. Jahrhundert von dem Philosophen Thomas H. Huxley (1866) sowie von dem Psychologen William James (1890) thematisiert. Beide vertreten die Ansicht, dass sich dieses Rätsel nicht lösen lässt, weil sich die subjektiven Qualitäten des bewussten Erlebens – wie es sich zum Beispiel anfühlt, eine Fledermaus zu sein – dem objektivierenden Zugriff wissenschaftlicher Beschreibungen prinzipiell entziehen sollen. Aus dem gleichen Grund soll es beispielsweise auch nicht möglich sein, einer anderen Person, die zwar alle wissenschaftlichen Fakten über das Sehen von Farben kennt, aber selber noch nie Farben gesehen hat, verständlich zu machen, welche Qualitäten uns durch Farbwahrnehmungen präsentiert werden (Jackson, 1986; zur Übersicht siehe Schumacher, 2005). Dies soll nicht beschreibbar, sondern ausschließlich selbst erfahrbar sein. In der gegenwärtigen Debatte wird diese Auffassung unter anderem von dem Philosophen David Chalmers (1996) vertreten, der diese Fragestellung als „das schwierige Problem des Bewusstseins" (*the hard problem of consciousness*) bezeichnet und dafür argumentiert, dass dieses Problem aus prinzipiellen Gründen nicht gelöst werden kann.

Weitere wichtige Arten von Bewusstsein

Allerdings ist zu beachten, dass es bei diesem „Rätsel des Bewusstseins" nur um einen ganz speziellen Typ von Bewusstsein – und zwar um das so genannte phänomenale Bewusstsein – geht, das die subjektiven Qualitäten unseres bewussten Erlebens von Wahrnehmungen und Empfindungen charakterisiert (Schumacher, 1999b). Zwar konzentriert sich die philosophische Diskussion gegenwärtig vorwiegend auf diesen Typ von Bewusstsein (das Standardwerk zum phänomenalen Bewusstsein ist Tye, 1995). Aber einige namhafte Philosophen wie zum Beispiel Daniel Dennett (1988, 1992, 2001) und Georges Rey (1988) bezweifeln sogar die Existenz bzw. die Relevanz phänomenalen Bewusstseins und halten es für eine Erfindung schlechter Philosophie. Vor allem gibt es aber darüber hinaus noch eine Reihe weiterer wichtiger und bereits gut untersuchter Arten von Bewusstsein, die ebenfalls berücksichtigt werden müssen. Der Bewusstseinsbegriff ist nämlich ein Sammelbegriff, unter den ganz verschiedene geistige Leistungen fallen. Grundsätzlich wird zwischen den folgenden Bewusstseinsarten unterschieden (siehe auch Dennett, 2001; Dehaene & Naccache, 2001; Schumacher, 2000b):

1 **Reizempfänglichkeit / Wachsein:** Lebewesen werden als bewusst bezeichnet, wenn sie wahrnehmungs- und empfindungsfähig sind.

2 **Aufmerksamkeit:** Lebewesen werden auch als bewusst bezeichnet, wenn sie in der Lage sind, ihre Aufmerksamkeit auf etwas zu richten. Dieser Bewusstseinsbegriff ist enger als der erste, denn Lebewesen können unter bestimmten Bedingungen auch dann etwas wahrnehmen, wenn sich ihre Aufmerksamkeit nicht auf die Wahrnehmungsobjekte richtet (unbewusste / subliminale Wahrnehmung) (siehe dazu die Untersuchungen von Marcel, 1983).

3 **Zugriffsbewusstsein:** Geistige Zustände werden als zugriffsbewusst bezeichnet, wenn ihr Inhalt für Überlegungen und Handlungen verfügbar ist. Der Begriff des Zugriffsbewusstseins wurde von Ned Block (1995) im Zusammenhang der Untersuchung des Phänomens der „Blindsicht" eingeführt, bei dem visuelle Wahrnehmungen zwar nicht bewusst erlebt werden, aber deren Inhalte trotzdem für Überlegungen und Handlungen zur Verfügung stehen.

4 **Metakognition / Selbstbewusstsein**: Als Metakognition wird diejenige Form des Bewusstseins bezeichnet, bei der ein Lebewesen Kenntnis von einem seiner eigenen geistigen Zustände hat. Dies ist beispielsweise der Fall, wenn man bemerkt, dass man etwas wahrnimmt oder dass man an etwas denkt. Metakognition ist eine Form des Selbstbewusstseins, das in ganz unterschiedlich ausgeprägten Varianten – vom bloßen Registrieren eigener Zustände bis zum Verfügen über ein begriffliches Selbstkonzept – vorliegen kann.

Wenn es also darum geht herauszufinden, welche Bedeutung Einsichten der Hirnforschung für unser Verständnis von Bewusstsein haben können, dann ist es nicht angemessen, sich lediglich auf die Untersuchung des phänomenalen Bewusstseins zu beschränken. Vielmehr ist es erforderlich, für *alle* aufgeführten Arten von Bewusstsein zu prüfen, welchen Aufschluss uns die empirische Hirnforschung über sie geben kann.

Fragestellungen dieses Kapitels

Im Folgenden wird dafür argumentiert, dass sich die vier zuletzt aufgelisteten Bewusstseinsarten durch die Hirnforschung – allerdings nur in enger Kooperation mit der Psychologie! – erschließen lassen, weil diese Arten von Bewusstsein durch kognitive Leistungen definiert werden, die empirisch untersucht werden können (zu diesem kognitionspsychologischen Verständnis von Bewusstsein siehe Baars 1989, 1997). Außerdem wird die These begründet, dass in gleicher Weise alle Aspekte des phänomenalen Bewusstseins, die sich durch Angabe kognitiver Funktionen bzw. unter Bezugnahme auf Verhalten charakterisieren lassen, durch psychologische und neurowissenschaftliche Untersuchungen erschlossen werden können. In diesem Zusammenhang wird auch auf den wichtigen Unterschied zwischen **nicht-reduktiven** und **reduktiven Erklärungen** eingegangen und erörtert, was es überhaupt heißen kann, Bewusstsein im Rahmen neurowissenschaftlicher Theorien zu erklären.

Verhaltenskriterien für die Zuschreibung von Bewusstsein

Die in der obigen Liste aufgeführten vier Arten von Bewusstsein zeichnen sich dadurch aus, dass sie durch verschiedene kognitive Leistungen definiert werden. Wir können daher im Zuge der Verhaltensbeobachtung herausfinden, ob Lebewesen die betreffenden kognitiven Leistungen erbringen, und ob es damit angemessen ist, ihnen die entsprechenden Arten von Bewusstsein zuzuschreiben. Je nachdem, wie differenziert der betreffende Bewusstseinsbegriff ist, lassen sich Verhaltenskriterien von unterschiedlicher Komplexität entwickeln:

1 **Reizempfänglichkeit / Wachsein:** Um das Vorliegen von Bewusstsein in diesem Sinne zu überprüfen, würde es zum Beispiel ausreichen, Lebewesen in Reichweite ihrer Sinnesorgane visuelle oder auditive Reize zu präsentieren und anschließend durch verschiedene Aufgaben zu testen, ob ihnen die entsprechenden Informationen zur Bewältigung dieser Aufgaben zur Verfügung stehen.

2 **Aufmerksamkeit:** Ein gegenwärtig viel diskutierter Versuch zur Aufmerksamkeit befasst sich mit dem Phänomen der so genannten „change-blindness" (O'Reagan, Rensink & Clark). Dabei werden die Versuchspersonen instruiert, bei einer Folge von Bildern, auf denen zum Beispiel zwei Frauen im Gespräch zu sehen sind, auf alle Veränderungen hinsichtlich deren Kleidung, Mimik, Gestik, etc. zu achten. Trotz dieser ausdrücklichen Instruktion zeigt sich, dass den Versuchspersonen bemerkenswert viele Veränderungen entgehen – was dafür spricht, dass unsere Aufmerksamkeit beim visuellen Wahrnehmen sehr begrenzt und selektiv ist.

3 **Zugriffsbewusstsein:** Das Vorliegen von Zugriffsbewusstsein wird im Zusammenhang mit dem Phänomen der Blindsicht geprüft, indem die Versuchspersonen aufgefordert werden, sich beispielsweise zwischen verschiedenen Beschreibungen der Objekte, die ihnen im Bereich des blinden Flecks in ihrem Gesichtsfeld präsentiert werden, zu entscheiden. Obwohl die Versuchspersonen betonen, dass sie die Wahrnehmung dieser Objekte nicht bewusst erleben, beantworten sie diese Fragen doch mit überzufälliger Häufigkeit korrekt. Dieser Befund wird so interpretiert, dass Zugriffsbewusstsein unabhängig von phänomenalem Bewusstsein auftreten kann.

4 **Metakognition / Selbstbewusstsein:**
Bei einem neueren Experiment, mit dem sich das Vorliegen von Metakognition bereits bei Rhesusaffen und Delphinen nachweisen lassen soll, geht es darum zu beurteilen, ob jeweils zwei Bilder die gleiche Dichte von Punkten aufweisen oder nicht. Die Tiere werden konditioniert, zwischen den drei Optionen „ja", „nein" und „weiß nicht" zu entscheiden, wobei ihnen nach der Wahl der dritten Option stets eine leichtere Aufgabe gestellt wird. Es zeigt sich ein deutlicher Zusammenhang zwischen dem Grad der Schwierigkeit der gestellten Aufgaben und der Häufigkeit, mit der sich die Rhesusaffen und Delphine für die Option „weiß nicht" entschieden – was so interpretiert werden kann, dass sie über die Metakognition verfügen, dass ihnen eine Aufgabe zu schwierig ist.

An dieser Stelle ist es wichtig hervorzuheben, dass über diese vier Arten von Bewusstsein also gar nicht sinnvoll diskutiert werden kann, ohne sich auf überprüfbare Verhaltenskriterien für deren Zuschreibung verständigt zu haben. Denn ohne solche Verhaltenskriterien würde es gar keine Phänomene geben, über die man diskutieren könnte! Dies ist hingegen im Fall des phänomenalen Bewusstseins ganz anders. Über phänomenales Bewusstsein lässt sich nämlich im Prinzip unabhängig von Verhaltenskriterien diskutieren, weil es in erster Linie *introspektiv* identifiziert wird. Phänomenales Bewusstsein ist etwas, das allein für das erlebende Subjekt unmittelbar zugänglich ist, und das für andere Personen nur indirekt auf der Grundlage beobachtbaren Verhaltens erschlossen werden kann. Während also die vier dargestellten Arten von Bewusstsein über öffentliche Verhaltenskriterien zugänglich sind, ist phänomenales Bewusstsein in dem Sinne *privat*, dass ausschließlich das erlebende Subjekt einen *privilegierten Zugang* zu den Qualitäten seiner eigenen bewusst erlebten Wahrnehmungen und Empfindungen hat. Aus diesem Grund spielt in der gegenwärtigen philosophischen Debatte die Diskussion über die Zuverlässigkeit und Eignung von Verhaltenskriterien für die Identifikation phänomenalen Bewusstseins eine zentrale Rolle. Wie lässt sich beispielsweise ausschließen, dass andere Personen ein gänzlich invertiertes Farbspektrum wahrnehmen und beim Anblick reifer Tomaten stets Grün-Erlebnisse und beim Anblick von Salat stets Rot-Erlebnisse haben (siehe dazu Shoemaker, 1981; Harman, 1996; Schumacher, 2005)? Durch ihr sprachliches Verhalten lässt sich kein Unterschied zwischen ihnen und uns herausfinden, weil sie die Verwendung von Farbwörtern entsprechend anders gelernt haben, so dass sich ihre Verwendungsweise von Farbprädikaten äußerlich nicht von unserer eigenen Verwendungsweise unterscheidet. Und mit welchen Gründen lässt sich ausschließen, dass außer uns selber überhaupt niemand Wahrnehmungs- und Empfindungsqualitäten erlebt und dass alle anderen Menschen daher bloße Zombies ohne phänomenales Bewusstsein sind (Shoemaker, 1975)? Schließlich könnte es doch sein, dass sie zum Beispiel zwar typisches Schmerzverhalten zeigen, aber selber gar keine echten Schmerzen erleben! Bei diesen Fragen handelt es sich um Spezialfälle des Problems, wie sich generell die Zuschreibung geistiger Zustände auf der Basis von Verhaltensbeobachtung rechtfertigen lässt. Die vier oben aufgelisteten Bewusstseinsarten entgehen diesem Problem, weil sie von vorneherein unter Bezug auf spezifische Verhaltensweisen definiert werden.

Die Untersuchung der Merkmale und Funktionen verschiedener Bewusstseinsarten

Die Merkmale und Funktionen dieser vier Arten von Bewusstsein sind Forschungsgegenstand der empirischen Psychologie. Gegenwärtig konzentriert sich die psychologische Forschung vor allem auf die folgenden drei Themenfelder (siehe Dehaene & Naccache, 2001):

(1) Unbewusste kognitive Prozesse

Ein wichtiges Thema ist die Frage, welche kognitiven Prozesse ohne Bewusstsein ablaufen können. Dies wird anhand so genannter „maskierter Reize" untersucht, die nur sehr kurz präsentiert werden und daher unserer Aufmerksamkeit entgehen, aber dennoch einen nachweisbaren Einfluss darauf haben, wie nachfolgende Reize verarbeitet werden (Marcel, 1983). Wenn Personen beispielsweise entscheiden sollen, ob eine Zahl größer oder kleiner als 5 ist, dann verkürzt die vorangehende Präsentation einer maskierten Zahl die Antwortzeit um einen Betrag, der in einem direkt proportionalen Verhältnis zu dem Betrag steht, um den die maskierte Zahl von der Ziel-Zahl abweicht (Koechlin et al., 1999).

(2) Aufmerksamkeit als Voraussetzung für Bewusstsein

Eine andere wichtige Fragestellung betrifft die Voraussetzungen, die erfüllt sein müssen, damit Reize bewusst werden: Werden alle Stimuli, die mit ausreichender Intensität und Dauer präsentiert werden, auch automatisch bewusst? Wie zum Beispiel die Untersuchungen zur „change-blindness" zeigen, ist dies ist nicht der Fall (O'Reagan, Rensink & Clark, 1999). Dauer und Intensität sind allein nicht hinreichend. Vielmehr ist es erforderlich, dass Personen ihre Aufmerksamkeit auf diese Reize richten – und dies kann wiederum durch eine Reihe verschiedener Faktoren gesteuert werden.

Ein klassisches Beispiel zur Untersuchung dieser Faktoren sind die Studien, die Daniel Broadbent bereits in den 50er und 60er Jahren zur Aufmerksamkeit durchgeführt hat (siehe z.B. Broadbent, 1954). Um zu herauszufinden, durch welche äußeren Faktoren unsere Aufmerksamkeit gesteuert wird und in welcher Weise bewusste und unbewusste Prozesse miteinander interagieren, hat Broadbent die Methode des dichotischen Hörens entwickelt. Dabei wird den Versuchspersonen über Kopfhörer auf jedem Ohr zum Beispiel eine andere Geschichte vorgespielt, und sie werden angewiesen, entweder der einen oder der anderen zu lauschen. Um das selektive Hören zu steigern, werden die Versuchspersonen gebeten, die Geschichte, auf die sich ihre Aufmerksamkeit richtet, laut zu wiederholen und die andere Geschichte währenddessen zu ignorieren. Die Versuchspersonen können die Information, die an das „unaufmerksame" Ohr gelangt, nicht erinnern. Erstaunlich ist, dass sie nicht einmal große Veränderungen in dessen Input bemerken – dass das Band beispielsweise rückwärts läuft oder dass plötzlich statt Englisch Deutsch gesprochen wird. Hingegen bemerken sie eine Veränderung der Tonhöhe – wenn statt einer Männer- eine Frauenstimme weiter spricht. Grobe physikalische Veränderungen der Merkmale jener Botschaft, die nicht mit Aufmerksamkeit verfolgt wird, werden anscheinend unterhalb der Bewusstseinsschwelle wahrgenommen und analysiert, ohne dass ihre Bedeutung ins Bewusstsein gelangt. Auf diese Beobachtungen stützt Broadbent seine Theorie von Aufmerksamkeit als selektivem Filter, der die große Menge ständig eintreffender Information bewältigt, indem er (a) das meiste an unerwünschtem Input abblockt, während er (b) spezielle erwünschte Informationen weitergibt bzw. dem Bewusstsein zuleitet. Im Zusammenhang dieser Untersuchungen wurde ebenfalls herausgefunden, dass die *Kohärenz* der dargebotenen Informationen ein wichtiger Faktor zur Steuerung der Aufmerksamkeit ist. Je kohärenter die Informationen sind, desto leichter fällt es den Versuchspersonen, ihre Aufmerksamkeit auf diese Informationen zu richten und umso stärker werden die anderen Informationen aus dem Bewusstsein ausgeblendet.

(3) Die Bedeutung von Bewusstsein für verschiedene kognitive Leistungen

Ein weiteres Forschungsthema betrifft die Bedeutung von Bewusstsein für kognitive Leistungen. Wenn so viele kognitive Prozesse unbewusst ablaufen können, wozu dient dann Bewusstsein überhaupt? Zum Beispiel haben Untersuchungen zur visuellen Wahrnehmung von Buchstaben und Wörtern gezeigt, dass Bewusstsein erforderlich ist, um diese visuellen Informationen über einen längeren Zeitraum repräsentieren zu können, denn unbewusste Repräsentationen dieser Informationen verschwinden bereits nach sehr kurzer Zeit (Cohen & Dehaene, 1998). Bewusstsein ist auch erforderlich, wenn es darum geht, vorhandenes Wissen neu zu kombinieren, um neue Anforderungen bewältigen zu können (Merikle, Joordens & Stolz, 1995). Dem Bewusstsein kommt damit eine zentrale Bedeutung für alle Lernprozesse zu. Bewusstsein ist zudem die Voraussetzung für zielgerichtetes Verhalten, wie die Untersuchungen zur Blindsicht zeigen. Denn die blindsichtigen Personen sind nicht in der Lage, von sich aus spontan Beschreibungen der Objekte zu geben, die sich innerhalb ihres blinden Flecks befinden (Weiskrantz, 1997).

Weitere Beispiele für die empirische Untersuchung dieser Bewusstseinsarten finden sich in großer Zahl. Es ist aber nicht erforderlich, an dieser Stelle weiter auf sie einzugehen. Wichtig ist hier nämlich vor allem der folgende Punkt: Da die vier Arten von Bewusstsein – Wachsein/ Reizempfänglichkeit, Aufmerksamkeit, Zugriffsbewusstsein und Metakognition/ Selbstbewusstsein – durch charakteristische kognitive Leistungen definiert werden, besitzen sie keine Merkmale und Funktionen, die sich der empirischen Forschung grundsätzlich entziehen würden.

Bewusstsein als Variable

Die vier aufgeführten Arten von Bewusstsein gehören zum Gegenstandsbereich der empirischen Psychologie, denn sie werden durch kognitive Leistungen definiert, die anhand von Verhaltenskriterien überprüft werden. Es stellt sich nun die Frage, welchen Beitrag die Neurowissenschaften zu ihrer Erforschung leisten können. Grundsätzlich verhält es sich so, dass sich Objekte empirisch untersuchen lassen, wenn sie als Variable behandelt werden können: Man sucht sich Phänomene, die in allen übrigen Aspekten weitgehend übereinstimmen, und untersucht dann, welche Folgen sich aus der Variation der zu untersuchenden Eigenschaft ergeben. Dies lässt sich auch auf die Untersuchung des Bewusstseins übertragen. Betrachten wir wiederum den bereits im ersten Kapitel beschriebenen Fall, dass sich mithilfe des bildgebenden Verfahrens PET (Positronen-Emissions-Tomographie) zeigen lässt, dass beim Lernen des Computerspiels Tetris deutlich mehr Hirnregionen aktiviert werden als beim automatisierten Spielen vier Wochen nach Beginn der Lernperiode. Wenn sich dieser Befund bei einer ausreichend großen Anzahl von Personen feststellen lässt, wenn er sich auch bei anderen Vergleichen bewusster und unbewusster Tätigkeiten zeigt, und wenn andere Hypothesen – zum Beispiel die Hypothese, dass die erhöhte Aktivierung auf die stärkere Beteiligung von Hirnarealen hinweist, die für das Verstehen gesprochener und geschriebener Instruktionen erforderlich sind – durch weitere Experimente ausgeschlossen werden können, dann kann es empirisch gerechtfertigt sein zu behaupten, dass das betreffende Aktivierungsmuster für bewusste Lernprozesse charakteristisch ist. Auf diese Weise kann man also das Bestehen von **Kovarianzbeziehungen** entdecken, die es ermöglichen, geistige Phänomene ihren neuronalen Korrelaten zuzuordnen (siehe dazu Metzinger 2000).

Dabei ist zu beachten, dass es sich aus den beiden folgenden Gründen bei solchen neuronalen Korrelaten häufig nur um *notwendige*, aber nicht um *hinreichende* Bedingungen für das Vorliegen eines bestimmten geistigen Phänomens handeln kann: (1) Die erste Überlegung bezieht sich auf die *Komplexität des Gehirns*. Da selbst einfache geistige Leistungen durch die komplexe Interaktion verschiedener Hirnareale hervorgebracht werden, hängt die Funktion einzelner Hirnareale natürlich davon ab, dass alle übrigen Faktoren im Gehirn konstant bleiben – das heißt, dass auch alle übrigen Hirnregionen die Funktionen übernehmen, die sie unter Normalbedingungen erfüllen. Wären sie gestört oder hätten sie plötzlich andere Funktionen bekommen, dann würde auch die von ihnen abhängige Hirnregion, deren spezifische Aktivierung beispielsweise als neuronales Korrelat bewusster Lernvorgänge identifiziert wurde, eine andere Funktion übernehmen. Der Umstand, dass ein charakteristisches Aktivierungsmuster einer bestimmten Hirnregion mit dem Auftreten eines bestimmten geistigen Phänomens kovariiert, darf daher nicht so verstanden werden, dass damit bereits ausreichend belegt ist, dass es sich bei diesem Hirnzustand um eine hinreichende Bedingung für das Auftreten dieses Phänomens handelt. (2) Die zweite Überlegung bezieht sich darauf, dass es sich bei manchen geistigen Begriffen um *relationale Prädikate* handelt, die einem Lebewesen nur in Relation zu bestimmten Umweltbedingungen zugeschrieben werden. Ein Beispiel ist der Begriff der Kreativität, denn ob eine geistige Leistung als kreativ gelten kann, hängt ganz wesentlich von dem gesellschaftlichen Kontext ab, in dem sie stattfindet und als kreativ bewertet wird. Würde man beispielsweise die Hirnaktivitäten von Musikern beim Improvisieren mit bildgebenden Verfahren sichtbar machen, dann ließen sich auf diese Weise nicht die neuronalen Ursachen von Kreativität identifizieren. Denn ob diese Improvisationen tatsächlich als kreativ gelten, hängt wesentlich von der Bewertung durch die Hörer ab – und damit von Faktoren, die *außerhalb* des Gehirns liegen. So ist es nicht unwahrscheinlich, dass sich die neuronalen Aktivierungsmuster des ersten und des zwölftausendsten Menschen, die die Worte „Lust" und „Brust" reimten, recht ähnlich waren – obwohl nur die Leistung des ersten als kreativ bewertet wird. Kreativität ist folglich kein intrinsisches Merkmal geistiger Leistungen. Folglich kann auch keine Beschreibung der Hirnzustände, die dieser Leistung zugrunde liegen, ausreichen, um zu charakterisieren, welche Merkmale hinreichend sind, um kreative Leistungen zu identifizieren.

Reduktion und reduktive Erklärung

Welche Einsichten über die verschiedenen Arten des Bewusstseins, die über das Feststellen von Kovarianzbeziehungen zwischen bewussten geistigen Leistungen und deren neuronalen Korrelaten hinausgehen, kann uns die Hirnforschung außerdem noch liefern? Lässt sich Bewusstsein auf Hirnzustände reduzieren, und gelangen wir im Zuge einer solchen Reduktion automatisch zu Einsichten in die Natur bewusster geistiger Leistungen und Zustände, die uns auf der psychologischen Erklärungsebene verwehrt bleiben? Ein wichtiges Reduktionsmodell, das in der Philosophie in den letzten vierzig Jahren intensiv diskutiert wurde, ist die Konzeption von Ernest Nagel (1961), der zufolge psychologische Begriffe mithilfe so genannter **Brückengesetze** neurowissenschaftlichen Begriffen zugeordnet werden. Mit diesem Modell wird der Anspruch erhoben, psychologische Begriffe in neurowissenschaftliche Begriffe zu übersetzen und sie letztendlich durch diese zu ersetzen. Wichtige Vertreter dieser Position sind gegenwärtig Paul und Patricia Churchland (1996). Diese Art der Reduktion geht aber nicht über das Feststellen von Kovarianzen hinaus, weil die Brückengesetze auf der Grundlage empirischer Untersuchungen aufgestellt werden, bei denen es nur darum geht zu beobachten, welcher geistige Zustand zusammen mit welchen Hirnzuständen auftritt. Aus diesem Grund bringt diese Reduktion keinen zusätzlichen Erkenntnisgewinn hinsichtlich der geistigen Zustände und Leistungen, die durch Brückengesetze zu ihren neuronalen Korrelaten in Beziehung gesetzt werden. Es wird nämlich nicht erklärt, *warum* diese Beziehungen bestehen. Folglich führt nicht jede Art der Reduktion automatisch zu einem Erklärungsgewinn, der über das Feststellen von Kovarianzbeziehungen hinausgeht.

Es ist daher erforderlich, zwischen **Reduktion** und **reduktiver Erklärung** zu unterscheiden. Das Konzept der reduktiven Erklärung wurde in den 70er Jahren von Jerry Fodor (1974) entwickelt, um damit eine Alternative zu dem dargestellten Reduktionsbegriff zu haben, der von vielen Philosophen sowohl als mit der multiplen Realisierbarkeit geistiger Phänomene unvereinbar als auch aufgrund seines geringen Erklärungswertes als wenig hilfreich angesehen wurde. Die Grundidee bei der reduktiven Erklärung besteht darin, dass man die empirischen Gesetzmäßigkeiten einer höherstufigen Erklärungsebene – wie zum Beispiel der psychologischen Ebene – auf der Grundlage von Gesetzmäßigkeiten einer niedrigerstufigen Ebene – wie beispielsweise der neurophysiologischen Ebene – erklärt. Dieses Vorgehen hat zwei Vorteile: Erstens impliziert es nicht die Reduktion von geistigen Zuständen und Prozessen auf Hirnzustände bzw. Hirnprozesse. Man verpflichtet sich mit einer reduktiven Erklärung nicht darauf zu behaupten, dass geistige Zustände eigentlich nichts weiter als Hirnzustände sind. *Statt dessen bietet man lediglich eine Erklärung dafür an, durch welche Mechanismen der niedrigerstufigen Ebene die Gesetzmäßigkeiten der höherstufigen Ebene – die grundsätzlich mehrfach realisierbar sind – verwirklicht werden*. Die Autonomie und Nicht-Reduzierbarkeit der höherstufigen Erklärungsebene wird also nicht angetastet. Zweitens wird damit der Versuch unternommen zu erklären, warum geistigen Phänomenen bestimmte neuronale Korrelate zugrunde liegen. Damit geht der Ansatz der reduktiven Erklärung in explanatorischer Hinsicht deutlich über das Modell der Reduktion mit Brückengesetzen hinaus.

Welche Voraussetzungen müssen nun erfüllt sein, um einen solchen explanatorischen Aufstieg von der niedrigerstufigen Erklärungsebene zu einer höherstufigen Ebene zu bewerkstelligen? Die zentrale Anforderung besteht darin, *dass im Ex-*

planans nicht auf Eigenschaften desjenigen Typs Bezug genommen werden darf, die reduktiv erklärt werden sollen. Geht es beispielsweise darum, im Rahmen der Mechanik eine reduktive Erklärung dafür zu liefern, warum ein bestimmter Mechanismus als UND-Schalter funktioniert, dann darf im Rahmen dieser Erklärung nicht auf andere logische Eigenschaften, sondern eben nur auf mechanische Eigenschaften Bezug genommen werden. Würde man die Funktionsweise eines UND-Schalters hingegen mithilfe logischer Konzepte wie der Negation und der ODER-Funktion erklären, dann hätte man eine **nicht-reduktive Erklärung** geliefert. Beide Erklärungstypen können für sich genommen interessant sein, und beide haben daher ihre Berechtigung – *aber nur die reduktive Erklärung stellt einen explanatorischen Zusammenhang zwischen verschiedenen Erklärungsebenen her.* Ganz entsprechend verhält es sich im Fall der reduktiven Erklärung geistiger Phänomene. Geht es darum, zum Beispiel die kognitive Störung der Lese- und Rechtschreibschwäche reduktiv zu erklären, dann müsste man versuchen, eine Erklärung zu liefern, die ausschließlich auf neurophysiologische Eigenschaften des auditiven oder visuellen Systems Bezug nimmt. Eine nicht-reduktive Erklärung würde sich hingegen auf psychologische Konzepte wie zum Beispiel den Mangel an phonologischer Bewusstheit beziehen.

Funktionale Reduktion und reduktive Erklärung

Hätten wir also reduktive Erklärungen für geistige Phänomene, dann könnten wir damit Einsichten gewinnen, die über die nicht-reduktiven Erklärungen geistiger Phänomene im Rahmen der Psychologie hinausgehen. Wie stehen nun die Chancen für die Realisierung solcher reduktiver Erklärungen? Der am weitesten entwickelte Ansatz zur reduktiven Erklärung ist gegenwärtig das Modell funktionaler Reduktion von Jaegwon Kim (2005). Nach diesem Modell erfolgt die funktionale Reduktion in den folgenden drei Schritten:

1 Die zu reduzierende Eigenschaft wird „funktionalisiert", indem sie durch eine bestimmte Funktion bzw. kausale Rolle definiert wird.
2 Anschließend müssen die Zustände identifiziert werden, durch die diese kausale Rolle in dem konkreten Fall realisiert wird.
3 Abschließend geht es darum, eine Erklärung dafür zu entwickeln, aufgrund welcher Mechanismen die realisierenden Zustände in der Lage sind, die betreffende kausale Rolle zu übernehmen.

M sei die Eigenschaft, für die eine funktionale Erklärung gesucht wird, und C sei die kausale Rolle bzw. die Funktion, durch die M funktional definiert wird. Das Objekt x hat nun zum Zeitpunkt t die Eigenschaft M, weil sich x im physikalischen Zustand P_i befindet, durch den M in diesem Fall realisiert wird. Eine reduktive Erklärung dafür, warum x zum Zeitpunkt t die Eigenschaft M hat, sieht dann folgendermaßen aus:

1 Das Objekt x befindet sich zum Zeitpunkt t im physikalischen Zustand P_i.
2 P_i realisiert in diesem Fall die kausale Rolle C.
3 Die Eigenschaft M zu haben bedeutet, eine Eigenschaft zu besitzen, welche die kausale Rolle C erfüllt.
4 Folglich besitzt x zum Zeitpunkt t die Eigenschaft M.

Auf diese Weise lässt sich also der **explanatorische Aufstieg** von der physikalischen Ebene zu einer höherstufigen Theorieebene bewerkstelligen. Die funktionale Reduktion schließt eine reduktive Erklärung ein, weil im Rahmen einer solchen Reduktion ebenfalls erklärt wird, aufgrund welcher Mechanismen ein konkreter Zustand in der Lage ist, eine bestimmte kausale Rolle zu übernehmen. Nach diesem Modell kann zum Beispiel in folgender Weise erklärt werden, warum der Hirnzustand N_i dafür verantwortlich ist, dass der entsprechende geistige Zustand zugriffsbewusst ist:

1 Das Gehirn x befindet sich zum Zeitpunkt t im Zustand N_i.
2 N_i realisiert in diesem Fall die kausale Rolle C.
3 Zugriffsbewusst zu sein bedeutet, die kausale Rolle C zu erfüllen.
4 Folglich ist der betreffende Zustand des Gehirns x zum Zeitpunkt t zugriffsbewusst.

Da die oben aufgelisteten vier Bewusstseinsarten mit Bezug auf kognitive Leistungen definiert werden, lassen sie sich ohne prinzipielle Schwierigkeiten in dieses Erklärungsmodell integrieren. Beispielsweise lässt sich Zugriffsbewusstsein vollständig unter Bezugnahme darauf definieren, in welcher Weise zugriffsbewusste Zustände eingehende Information für Überlegungen und Handlungen zur Verfügung stellen. Aus diesem Grund ist es plausibel zu behaupten, dass diese vier Arten von Bewusstsein auf diese Weise erklärt werden können. Mit Bezug auf die Ausgangsfrage nach der Bedeutung der Hirnforschung für unser Verständnis von Bewusstsein lässt sich also folgende Antwort geben: *Alle Bewusstseinsarten, die sich über ihre kognitiven Funktionen definieren lassen, können nicht nur durch nicht-reduktive Erklärungen im Rahmen der Psychologie, sondern darüber hinaus auch durch reduktive Erklärungen im Rahmen der Neurowissenschaften erschlossen werden.* Der Hirnforschung kommt damit in Bezug auf die Erforschung des Bewusstseins eine eigenständige Funktion zu, die zu der Erklärungsfunktion der Psychologie weder in Konkurrenz steht, noch diese ersetzen kann. Denn unter der Voraussetzung, dass Kims Modell funktionaler Reduktion funktioniert, kann uns die Hirnforschung Einsichten liefern, die die nicht-reduktiven Erklärungen im Rahmen der Psychologie in dem Punkt ergänzen, dass sie im Zuge eines explanatorischen Aufstiegs erklären, *warum* bestimmte Hirnzustände spezifische geistige Phänomene hervorbringen. Dies ist zumindest im Prinzip möglich. Eine andere Frage ist es, ob es angesichts des gegenwärtigen Forschungsstandes bereits heute realistisch ist, solche Erklärungen zu erwarten. Aber diese Frage fällt nicht mehr in den Kompetenzbereich philosophischer Betrachtungen.

Die reduktive Erklärung phänomenalen Bewusstseins

Wie steht es nun mit der Erklärung des phänomenalen Bewusstseins? Einige Philosophen vertreten gegenwärtig die Auffassung, dass es eine vergleichbare reduktive Erklärung im Fall des phänomenalen Bewusstseins prinzipiell nicht geben kann, weil dieses ausschließlich aus der Perspektive des erlebenden Subjekts – aus der so genannten 1.-Person-Perspektive – unmittelbar zugänglich sein soll (siehe z.B. Chalmers 1996). Aus der Perspektive anderer Personen – aus der so genannten 3.-Person-Perspektive – sind hingegen nur Verhaltenskriterien zugänglich, und es ist im Prinzip möglich, dass Personen zwar ein bestimmtes Verhalten wie zum Beispiel Schmerzreaktionen zeigen, aber trotzdem die entsprechenden Qualitäten gar nicht erleben. Wir können uns demnach weder sicher sein, ob andere Personen überhaupt etwas erleben, wenn sie beispielsweise ein typisches Schmerzverhalten zeigen, noch können wir herausfinden, wie die Qualitäten ihrer subjektiven Erlebnisse tatsächlich beschaffen sind. Weder psychologische noch neurowissenschaftliche Untersuchungen können uns nach dieser Auffassung über phänomenales Bewusstsein Aufschluss geben.

Aber selbst wenn man zugesteht, dass wir niemals völlig zweifelsfreie Sicherheit darüber erlangen können, ob Personen, die das gleiche Verhalten zeigen wie wir, auch tatsächlich die gleichen inneren Zustände erleben, lässt sich dennoch im Zuge empirischer Forschung eine Menge über phänomenales Bewusstsein herausfinden. Auch Zustände des phänomenalen Bewusstseins lassen sich nämlich über Verhaltensweisen charakterisieren und damit in das Modell der funktionalen Reduktion einbeziehen. Beispielsweise können wir Schmerzen funktional als Zustände definieren, die durch bestimmte Verletzungen des Körpergewebes verursacht werden, und die ihrerseits spezifische Verhaltensweisen – wie Stöhnen, Weinen, Klagelaute, Schmerzensschreie, etc. – hervorrufen. Da man auf diese Weise also die funktionale Rolle von Schmerzen bestimmen kann, ist es ebenfalls möglich, sie in gleicher Weise wie zum Beispiel Zugriffsbewusstsein funktional zu reduzieren:

1 Der Organismus x befindet sich zum Zeitpunkt t im Zustand N_i.
2 N_i realisiert in diesem Fall die kausale Rolle C.
3 Schmerzen zu haben bedeutet, sich in einem Zustand zu befinden, der die kausale Rolle C erfüllt.
4 Folglich befindet sich der Organismus x zum Zeitpunkt t in einem Schmerzzustand.

Die zu Beginn dieses Kapitels im Zusammenhang mit dem so genannten „Rätsel des Bewusstseins" dargestellte Erklärungslücke lässt sich also durch diese Art von explanatorischem Aufstieg schließen.

In diesem Zusammenhang muss ebenfalls berücksichtigt werden, dass phänomenales Bewusstsein durchaus kognitive Funktionen besitzt, die sich im Zuge psychologischer Theorien beschreiben lassen. Dies lässt sich am Beispiel der halbseitigen visuellen Vernachlässigung (Hemineglekt) illustrieren (siehe Marshall & Halligan, 1988). Dabei handelt es sich um eine Wahrnehmungsstörung, die normalerweise durch eine Schädigung des Parietallappens verursacht wird. Für Patienten mit diesem Defizit ist es schwer, Stimuli in der betroffenen Hälfte des Gesichtsfeldes wahrzunehmen oder auf sie zu reagieren. Marshall und Halligan präsentierten einer Patientin zwei übereinander platzierte Strichzeichnungen eines Hauses. In einer der beiden Zeichnungen schossen hellrote Flammen aus der linken Seite des Gebäudes. Sonst gab es keine Unterschiede zwischen den Bildern. Die Patientin wurde gebeten zu beschreiben, was sie sah. Sie erkannte beide Zeichnungen als Darstellungen von Häusern. Als man sie nun fragte, ob die Zeichnungen gleich oder unterschiedlich wären, hielt sie die Bilder für identisch. Auch bei mehreren Wiederholungen des Versuchs nahm sie die Flammen auf der linken Seite nicht wahr. Wenn man sie allerdings fragte, in welchem Haus sie es vorziehen würde zu leben, wählte sie in 80 Prozent der Fälle das Haus ohne Flammen. Sie war nur bereit, sich für ein Haus zu entscheiden, wenn sie direkt dazu aufgefordert wurde. Für sie waren die beiden Häuser gleich und die Frage erschien ihr „albern". Diese Untersuchung zeigt zum einen, dass bei dieser Art von Störung der vernachlässigte Stimulus eine Wirkung auf kognitive Abläufe entfalten kann, obwohl er auf einer vorbewussten Ebene bleibt. Zum anderen spricht diese Untersuchung dafür, dass das phänomenale Bewusstsein unter manchen Bedingungen die kognitive Funktion hat, Wahrnehmungsinhalte für sprachliche Äußerungen bzw. Beschreibungen verfügbar zu machen.

Ein weiteres Beispiel für die kognitiven Funktionen phänomenalen Bewusstseins liefert wiederum das Phänomen der Blindsicht. Blindsichtige Personen zeichnen sich nämlich dadurch aus, dass sie nicht von sich aus spontan die Objekte in ihrem blinden Fleck beschreiben, sondern dazu nachdrücklich aufgefordert werden müssen. Dies spricht dafür, dass phänomenales Bewusstsein die kognitive Funktion besitzt, Inhalte von Wahrnehmungen für zielgerichtetes Verhalten verfügbar zu machen. Soweit es also möglich ist, phänomenales Bewusstsein unter Bezug auf (a) seine äußeren Ursachen, (b) die von ihm ausgelösten Verhaltensweisen oder (c) seine kognitiven Funktionen zu charakterisieren, soweit ist es auch möglich, phänomenales Bewusstsein im Rahmen der Psychologie sowie der Neurowissenschaften empirisch zu untersuchen.

Hinzu kommt, dass sich die *Unterschiede* zwischen den subjektiven Erlebnisqualitäten – den so genannten Qualia – durchaus wiederum in Verhaltensunterschieden niederschlagen. Es führt in der Regel zu verschiedenem Verhalten, ob eine Person etwas Süßes oder Saures schmeckt, ob sie Lust oder Schmerz empfindet, und ob sie Rosenduft oder Verwesungsgeruch riecht. Selbst wenn es uns also grundsätzlich verwehrt sein sollte, mit wissenschaftlichen Mitteln die subjektive Natur der Qualia zu erschließen, so lassen sich doch alle Differenzen zwischen diesen Erlebnisqualitäten, die Unterschiede im Verhalten mit sich bringen, auch aus der Perspektive der 3. Person empirisch untersuchen.

Manche Philosophen werden auf die dargestellten Überlegungen mit dem Einwand reagieren, dass damit lediglich die „äußeren Aspekte" von Bewusstsein erfasst werden und dass die eigentliche Natur des Bewusstseins durch die operationalisierten Konstrukte verschiedener Bewusstseinarten überhaupt nicht berührt wird. Das, was Bewusstsein wirklich ausmacht, kann demnach weder durch Psychologie noch durch Hirnforschung aufgeklärt werden. Dieser Einwand ist aber aus den folgenden Gründen nicht überzeugend. Erstens gibt es keinen alltagssprachlichen Bewusstseinsbegriff, der so eindeutig und einheitlich ist, dass sich damit die Behauptung rechtfertigen ließe, dasjenige Phänomen, um das es beim Thema „Bewusstsein" eigentlich und in erster Linie ginge, sei das phänomenale Bewusstsein. Vielmehr ist der Bewusstseinsbegriff ein durchaus uneinheitlicher Sammelbegriff, der eine Vielzahl unterschiedlicher geistiger Phänomene unter sich befasst. Die präzise Bestimmung dieser verschiedenen Phänomene im Zuge ihrer Definition unter Bezug auf kognitive Leistungen stellt daher den einzigen Weg dar, um sie wissenschaftlich untersuchen zu können. Schließlich dürfen alltagssprachliche Begriffe nicht sakrosankt sein: Wie würde es heute um die Physik stehen, wenn sich Newton und seine Zeitgenossen entschieden hätten, am alltagssprachlichen Gewichtsbegriff festzuhalten? Zweitens ist ganz generell die Argumentationsstrategie fragwürdig zu behaupten, dass nach Abzug aller empirisch erforschbaren Aspekte von Bewusstsein etwas übrig bleiben würde, das sich zwar nicht klar definieren, sondern bestenfalls mit Formulierungen „Wie es ist, eine Fledermaus zu sein" umschreiben lässt, und dieses geheimnisvolle Substratum anschließend zum zwar prinzipiell unerforschlichen, aber dennoch zentralen Aspekt von Bewusstsein zu erklären. Denn es kann leicht geschehen, dass man auf diese Weise bei einer Frage landet, die eigentlich gar keinen Gegenstand hat (siehe Dennett, 1988, 1992, 2001; Rey, 1988).

Literatur

1. Baars BJ. A cognitive theory of consciousness. Cambridge University Press. 1989
2. Baars BJ. In the theatre of consciousness. , Oxford University Press, New York Oxford 1997.
3. Block N. On a confusion about a function of consciousness. Behavioural and Brain Sciences 1995, 18: 227 - 287
4. Block N. Flanagan O, Güzeldere G. (Hg.). The Nature of Consciousness. Philosophical Debates. Cambridge / MA 1997
5. Broadbent D. The role of auditory localization in attention and memory span. In: Journal of Experimental Psychology 1954; 47: 191 - 196
6. Chalmers D. The conscious mind. Oxford University Press, Oxford. 1996
7. Churchland P. The Engine of Reason, the Seat of the Soul: A philosophical journey into the brain. , MIT-Press, Cambridge / MA, 1996
8. Cohen L, Dehaene S. Competition between past and present. Assessing and explaining verbal perseverations. Brain 1998;121: 1641 - 1659
9. Dehaene S, Naccache L. Towards a cognitive neuroscience of consciousness: basic evidence and a workspace framework. Cognition 2001; 79: 1 - 37
10. Dennett DC. Quining Qualia. In: A. J. Marcel & E. Bisiach (Hg.): Consciousness in contemporary Science. Oxford University Press, Oxford, 1988.
11. Dennett DC. Consciousness explained. Little Brown, London, 1992
12. Dennett SC. Are we explaining consciousness yet? Cognition 2001; 79: 221 - 237
13. Fodor J.A. Special Sciences - or the disunity of science as a working hypothesis. Synthese 1974;27:97 - 115
14. Harman G. Explaining objective color in terms of subjective experience. In: E. Villanueva (Hg.): Perception. Ridgeview Publishing Company, Atascadero, 1996
15. Huxley TH. Lessons in elementary physiology. Macmillan Press, London, 1866
16. Jackson,F. What Mary didn't know. Journal of Philosophy 1986; 83: 291 - 295
17. James W. The Principles of Psychology. MIT-Press, Cambridge / MA 1981
18. Kim J. Physicalism, or something near enough. Princeton University Press, Princeton, 2005
19. Koechlin E, Naccache L, Block E, Dehaene S. Primed numbers: exploring the modularity of numerical representations with masked and unmasked semantic priming. Journal of Experimental Psychology: Human Perception and Performance 1999; 25: 1882 - 1905
20. Levine, J. Materialism and Qualia: The Explanatory Gap. Pacific Philosophical Quarterly 1983; 64: 354 - 361
21. Marcel AJ. Conscious and unconscious perception: experiments on visual masking and word recognition. Cognitive Psychology 1983; 15:197 - 237
22. Marshall J, Halligan, P. Blindsight andinsight in visuospatial neglect. Nature 1988; 336: 766 - 767.
23. Merikle PM, Joordens S, Stolz, JA. Measuring the relative magnitude of unconscious influences. Consciousness and Cognition 1995; 4: 422 - 439
24. Metzinger T. (Hg.): Bewusstsein. Beiträge aus der Gegenwartsphilosophie. Mentis-Verlag, Paderborn, Zürich, 1995.
25. Metzinger T. (Hg.): Neural correlates of consciousness: Empirical and conceptual questions. MIT-Press, Cambridge / MA, 2000
26. Nagel, E. The Structure of Science. Harcourt, Brace and World, New York, 1961.
27. Nagel T. What is it like to be a bat? Philosophical Review 1974; 83: 435 - 450
28. O'Reagan, JK, Rensink RA, Clark JJ. Change-blindness as a result of „mudsplashes". Nature 1999; 398:34
29. Rey GA. Question about consciousness. In: H. Otto & J. Tuedio (Hg.): Perspectives on mind. Kluwer Press, Norwell / MA, 1988
30. Schumacher R. Visual perception and blindsight: The role of the phenomenal qualities. In: Acta Analytica 1998;20: 71 - 82
31. Schumacher R. Blindsight and the role of the phenomenal qualities of visual experiences. In: Stephen Dawson (Hg.): Proceedings of the Twentieth World Congress of Philosophy. Boston University Press, Boston, 1998

32 Schumacher R. Bewußtsein. (Zusammen mit T. Metzinger) In: Enzyklopädie der Philosophie, H.J. Sandkühler (Hg.), Felix Meiner Verlag, Hamburg 1999, 172 - 183
33 Schumacher R. Qualia. In: Enzyklopädie der Philosophie, H.J. Sandkühler (Hg.), Felix Meiner Verlag. Hamburg 1999, 1327 - 1330
34 Schumacher R. Doch keine Verwirrung über eine Funktion des Bewußtseins. Eine Kritik an Ned Blocks Unterscheidung zwischen phänomenalem Bewußtsein und Zugriffsbewußtsein. In: A. Newen & K. Vogeley (Hg.): Selbst und Gehirn. Menschliches Selbstbewußtsein und seine neurobiologischen Grundlagen. Mentis Verlag, Paderborn, 2000, 175 - 188
35 Schumacher R. Formen des Wahrnehmungsbewußtseins. In: H. J. Sandkühler (Hg.): Selbstrepräsentation in Natur und Kultur. Reihe: Philosophie und Geschichte der Wissenschaften. Frankfurt, New York 2000, 37 - 53
36 Schumacher R. Was sind Farben? Ein Forschungsbericht über die Wahrnehmung und den Status sekundärer Qualitäten. Information Philosophie 2005; 2: 1 - 14
37 Shoemaker, S. Functionalism and qualia.: Philosophical Studies 1975; 27: 291 - 315
38 Shoemaker S. The Inverted Spectrum. In: Journal of Philosophy 1981; 74: 357 - 381
39 Tye, M. Ten Problems of Consciousness. A Representational Theory of the Phenomenal Mind. Cambridge / MA 1995
40 Weiskrantz, L. Consciousness lost and found: a neuropsychological exploration. New York, Oxford 1997

Ralph Schumacher, PD Dr. phil. Ralph Schumacher, geboren 1964. Studium der Philosophie in Hamburg und München. Promotion 1994 in München, Habilitation 2001 an der Humboldt-Universität zu Berlin. Gastprofessuren u. a. in Princeton und Philadelphia. Fellowship am Hanse-Wissenschaftskolleg in Delmenhorst. Seit Juni 2007 Forschung zum unbewussten Lernen an der ETH Zürich.

Zudem leitet Ralph Schumacher beim BMBF ein Projekt zu den Wirkungen des Musizierens auf die Lernmotivation sowie auf den Erwerb von Lernstrategien und sozialen Kompetenzen.

Arbeitsgebiete: Kognitionsforschung, Philosophie des Geistes, Theorien des Bewusstseins und der Wahrnehmung.

PD Dr. Ralph Schumacher
ETH Zürich
Institut für Verhaltenswissenschaften
Universitätsstr. 6
CH - 8092 Zürich
schumacher@ifv.gess.ethz.ch

Bremen – ein Zentrum der Meeresforschung

Gotthilf Hempel

Meere und Küsten

Die deutsche Meeresforschung hatte im 19. Jahrhundert drei Schwerpunkte:
- Die Erforschung des offenen Ozeans im Rahmen großer Expeditionen.
- Die systematische Untersuchung der Fischbestände und der Ozeanographie in Nord- und Ostsee.
- Die Erforschung der Polarmeere.

Für die Bremer Kaufleute war ein kurzer Seeweg nach Ostasien wichtig und damit die Polarfahrt interessant. Der Kartograph August Petermann hatte um 1865 postuliert, dass das Nord-Polarmeer eisfrei sei. Man müsse nur das Packeis in der Grönland-See überwinden, dann habe man freie Fahrt über den Nordpol bis zur Beringstraße. 1868 und 1869/70 finanzierten die Bremer zwei Expeditionen. Sie scheiterten am Eis, leisteten aber gute geographische Arbeit an der ostgrönländischen Küste. Für weitere Unternehmungen riefen die Bremer vergeblich nach Förderung durch die Reichsregierung, und damit erlosch die Begeisterung für Meeres- und Polarexpeditionen unter bremischer Flagge (1).

Nach dem Ersten Weltkrieg entstand in Bremerhaven ein Labor für Fischereiprodukte, das sich Schritt für Schritt zu einem angesehenen Institut für Meeresforschung entwickelte. Hinzu kamen zeitweilig ein fischereibiologischer Ableger der Biologischen Anstalt Helgoland und eine Außenstelle der Bundesforschungsanstalt für Fischerei, denn Bremerhaven war um 1960 der größte Fischereihafen auf dem westeuropäischen Kontinent.

Den großen Aufschwung für die marine Forschung im Lande Bremen brachte 1979 wie hundert Jahre zuvor die Polarforschung. Aus regionalpolitischen Gründen gewann Bremerhaven damals die Konkurrenz um die Ansiedlung des deutschen Polarinstituts. Bremen verpflichtete sich, an

seiner jungen Universität ozeanographische, marin-biologische und marin-geologische Professuren einzurichten.

Der Bund hat – mit steter finanzieller und administrativer Beteiligung durch das Land Bremen – das Alfred-Wegener-Institut für Polar- und Meeresforschung (AWI) zu einer Großforschungseinrichtung ausgebaut und ihr zuerst das Institut für Meeresforschung in Bremerhaven und dann die Biologische Anstalt Helgoland mitsamt ihren Einrichtungen in Helgoland und List/Sylt einverleibt und die terrestrisch und atmosphärisch orientierte Polarforschung in der Außenstelle des Alfred-Wegener-Instituts in Potsdam konzentriert. Immer noch ist die polare Meeres- und Klimaforschung das Kernstück des AWI – getragen durch den Forschungseisbrecher „Polarstern", aber auch durch ein wachsendes Repertoire von Modellierungen auf Großrechnern. Daneben forscht das AWI intensiv in der Nordsee und unterhält Messflugzeuge und weitere Schiffe sowie Spezialaboratorien, z. B. für physiologische und molekulargenetische Arbeiten. Forschungsstationen in der Antarktis und auf Spitzbergen ermöglichen Langzeituntersuchungen und experimentelle Arbeiten an der Küste, im Flachwasser und auf dem Eis. Insgesamt sind mehr als 800 Mitarbeiter am Alfred-Wegener-Institut tätig, hinzu kommen Gastforscher aus aller Welt.

Die nächste wichtige marine Institutsgründung war 1991 das Max-Planck-Institut für marine Mikrobiologie in Bremen. Hier betreiben etwa 70 Wissenschaftler und Techniker Forschung an den mikrobiellen Grundlagen des globalen Schwefel- und Stickstoffkreislaufes und entdecken dabei grundlegend neue Stoffwechselwege. Phantastisch ist die Entwicklung der Mikrosensoren, mit denen die Sedimente im Wattenmeer, in den Auftriebsgebieten, an den Heißen Quellen und in der Tiefsee *in situ* untersucht werden können. Das Institut ist an der Erforschung der neuentdeckten Tiefen Biosphäre beteiligt, d.h. an den Mikroorganismen, die Hunderte von Metern tief in Jahrmillionen alten Sedimentschichten gefunden werden.

Gleichzeitig mit dem MPI entstand das Zentrum für Marine Tropenökologie (ZMT), das primär der Frage nachgeht, wie in den Küstenregionen der Tropen und Subtropen die natürlichen Lebensräume und ihre lebenden Ressourcen durch ein auf Nachhaltigkeit orientiertes Management genutzt werden können. Das ZMT ist Koordinator für Gemeinschaftsprojekte der deutschen Meeres- und Küstenforschung, die sich – gemeinsam mit einheimischen Wissenschaftlern – der Erarbeitung der natur-, wirtschafts- und sozialwissenschaftlichen Grundlagen des Küstenmanagements in Ländern der Dritten Welt, besonders Ostasiens widmen. Dabei spielt die Stärkung des wissenschaftlichen Potentials in diesen Ländern eine wichtige Rolle.

Im Laufe von 20 Jahren sind die marinen Geowissenschaften an der Universität Bremen zu einem international bedeutenden Schwerpunkt geworden. Die Deutsche Forschungsgemeinschaft beförderte dies durch die Einrichtung des Forschungszentrums Ozeanränder. Thematisch stand lange Zeit die Paläozeanographie im Vordergrund, die den Veränderungen von Klima und Meeresströmungen auf verschiedenen Zeitskalen von Jahrmillionen bis Jahrhunderten nachgeht.

Auch die jüngste Bremer Einrichtung, die International University Bremen (IUB, neuerdings Jacobs University Bremen) nennt Meeresforschung als einen ihrer Forschungsschwerpunkte. Sie setzt dabei von vornherein auf eine enge Verzahnung mit den Arbeiten der anderen Institute im Lande Bremen und darüber hinaus, bis hin zu Doppelprofessuren. Der interdisziplinäre

Dialog im breit angelegten Forschungs- und Lehrprogramm ist gerade im Hinblick auf nachhaltiges Küstenmanagement von großem Wert.

Meeresforschung ist einer der beiden Schwerpunkte im Fellow- und Veranstaltungsprogramm des Hanse-Wissenschaftskollegs in Delmenhorst, einer gemeinsamen Einrichtung der Länder Bremen und Niedersachsen. Damit werden zusätzliche Verbindungen zur Universität Oldenburg geschaffen. Die vielfältigsten und besten bestehen aber innerhalb Deutschlands zum Leibniz-Institut für Meereswissenschaften IFM/GEOMAR in Kiel.

Wenn man heute die Bremer Meeresforschung als Ganzes charakterisieren will, so ist zuerst die Forschung an den biogeochemischen Kreisläufen zu nennen: mikrobiologisch am MPI, mit produktionsbiologischen Untersuchungen im offenen Ozean und im Meereis am AWI, und mit geochemischen Arbeiten am Forschungszentrum Ozeanränder der Universität sowie in der IUB und dem ZMT.

Es gibt aber weitere charakteristische Bremer Arbeitsschwerpunkte: Einerseits die gekoppelten Ozean-Atmosphäre-Meereis-Modelle des AWI zum Verständnis der globalen und regionalen Klimasteuerung. Andererseits beschäftigt die Beschreibung von Struktur und Funktion mariner Systeme in ihrer von Naturkräften und vom Menschen beeinflussten Veränderlichkeit die Ökologen aller Bremer Institute. Geographisch gesehen, stechen die Polar- und Tropenmeere hervor.

In Bremen/Bremerhaven sind manche Merkmale der Arbeitsweise der deutschen Meeresforschung besonders ausgeprägt:
1 Die starke internationale Verflechtung. Expeditionen mit „Meteor" oder „Polarstern" sind stets multinational besetzt und in den Instituten ist die Zahl ausländischer Mitarbeiter und Gastforscher sehr hoch.
2 Eine – im internationalen Vergleich – ungewöhnlich enge Kooperation zwischen den wissenschaftlichen Institutionen. Sie beschränkt sich nicht nur auf die gemeinsame Nutzung der Forschungsstationen und -schiffe sowie anderer Großgeräte und auf Gemeinschaftsprojekte, sondern auch auf den meereswissenschaftlichen Unterricht an den Universitäten und Hochschulen der Region.
3 Ein sehr vertrauensvolles Verhältnis zur Landesregierung. Ihr ist es immer noch ernst mit ihrer Prioritätensetzung zugunsten der Wissenschaft und besonders der Meereswissenschaften.
4 Der enge Kontakt zur Öffentlichkeit. Alle hier genannten Einrichtungen bemühen sich darum, Schüler, Lehrer und die breite Öffentlichkeit an ihren Ergebnissen und Erlebnissen teilnehmen zu lassen. Das jüngste Produkt dieser Art ist das in Bremen entstandene Lesebuch „Faszination Meeresforschung" (2). Das 2005 eröffnete „Haus der Wissenschaft" dient der Kommunikation mit der Öffentlichkeit sowie dem Dialog innerhalb der Wissenschaft und zwischen Wissenschaft und Wirtschaft.

Literatur

1 Die Wittheit zu Bremen (Hrsg) Der Ozean - Lebensraum und Klimasteuerung.: Jahrbuch 2001/ 2002. Hauschild, Bremen 2002, 147.
2 Hempel G, Hempel I, Schiel S. (Hrsg). Faszination Meeresforschung. Ein ökologisches Lesebuch. Hauschild, Bremen 2006, 462.

Zum Autor siehe nächster Beitrag

Nachhaltiges Management tropischer Küsten – Beispiel Kiunga

Gotthilf Hempel

Wie kann der Mensch die natürlichen Lebensräume der Küsten und ihre lebenden Ressourcen nachhaltig nutzen? Das ist das zentrale Thema jedes verantwortungsvollen Küstenmanagements. Die Grundlagen dazu liefern uns die Natur-, Wirtschafts- und Sozialwissenschaften: Zuerst die marine Ökosystemforschung. Sie ist weit hinausgewachsen über die Untersuchung einzelner Fischbestände. Ihre Modelle beschreiben die vielfachen Wechselwirkungen zwischen den genutzten und ungenutzten Beständen, ihren Futterorganismen und der unbelebten Umwelt. Wenn wir in einem System primär die jeweils größten und räuberischsten Tiere fangen, d.h. die obersten trophischen Ebenen befischen, verändert sich das System hin zu immer niedrigeren Stufen der Nahrungskette („Fishing down the food web" [3]). Wir enden schließlich bei kleinen Schwarmfischen, Planktonkrebsen und Quallen. Die tropischen Ökosysteme sind viel komplexer und weniger bekannt als unsere einheimischen.

Schlechter erforscht als die natürlichen Systeme ist der sozio-kulturelle und sozioökonomische Bereich in tropischen Küstenbevölkerungen und ihrer Verflechtung mit überregionalen Wirtschafts- und Herrschaftsstrukturen [2].

Die junge Disziplin „Nachhaltigkeitswissenschaft" umfasst das Wirkungsdreieck Natur-Wirtschaft-Soziales. Jede dieser Seiten hat ihre eigene Sprache. Die Meeresbiologen müssen die Ökonomen und Soziologen verstehen, und diese wiederum müssen lernen, biologische Gesetzmäßigkeiten zu akzeptieren. Ein gelungenes Beispiel für diesen Dialog bildet das Überseemuseum in Bremen in seinen neugestalteten Abteilungen Ozeanien und Asien.

Weltweit wird das Küstenzonen-Management von zwei Interessentengruppen geprägt: Einerseits den verschiedenen Nutzern vom Fischer bis hin zum Hoteldirektor und andererseits den Naturschützern unterschiedlicher Couleur. Ihnen zur Seite stehen die Wissenschaftler, die Befischungs- und Schutzkonzepte auf einer soliden wissenschaftlichen Grundlage entwickeln sollen. Dabei verfolgen sie natürlich auch eigene wissenschaftliche Interessen.

Nutzer und Schützer, unterstützt von den Wissenschaftlern und den Medien, veranlassen die Politiker, Gesetze und Verordnungen zu erlassen, meist nach langen Disputen mit den verschiedenen Interessentengruppen. Die Implementierung solcher Regelwerke, etwa gegen die Einleitung toxischer Abwässer oder für die Einrichtung von Schutzgebieten, ist besonders in den Tropen ein mühseliger Weg.

Ohne direkt als Politikberater aufzutreten, betreibt das Zentrum für Marine Tropenökologie (ZMT) in einer Reihe von Langzeitprojekten Nachhaltigkeitsforschung, z.B. in den Mangroven von Brasilien und Vietnam und in den Korallenriffen Jordaniens, Indonesiens und Cubas. Die Projekte werden in enger Partnerschaft mit den Universitäten vor Ort betrieben. Das gilt auch für die gemeinsame Ausbildung deutscher und ausländischer Studierender. Die Bremer Kriterien für partnerschaftliche Zusammenarbeit sind inzwischen auch von anderen Institutionen und Fördereinrichtungen übernommen worden [1].

Als unsere Ureltern aus der ostafrikanischen Savanne an die Küste kamen, fanden sie am Strand und in der Gezeitenzone einen reich gedeckten Tisch fremdartiger Nahrungsmittel: Muscheln und Schnecken, die auch roh zu genießen waren. Schildkröten und ihre Eier waren eine leichte Beute, dazu Fische im Flachwasser. Bald trat bei lokalen Beständen Überfischung ein, auf die man mit der Suche nach neuen Beständen entlang der Küste oder weiter seewärts reagieren konnte. Oder man schuf Tabus, z.B. heilige Schonbezirke und Schonzeiten. Solche Tabus zerbrechen jetzt auch in den Tropen, ebenso wie die Autorität der Dorfältesten und weisen Männer, die intuitiv das Prinzip der Nachhaltigkeit verfolgten.

Aber zurück zu unseren Urahnen. Als sie schließlich die unwirtlichen Küsten der Nord- und Ostsee erreichten, sahen sie hier zwar keine üppigen Korallenriffe und Lagunen, aber große Miesmuschel- und Austernbänke und fischreiche Strandseen. In den bei Niedrigwasser leicht zugänglichen Watten konnte man nach Muscheln graben. Die zentrale Rolle von Meerestieren für die Küstenbewohner lässt sich an den großen Abfallhaufen ablesen, die im Wesentlichen aus Muschelschalen, Schneckengehäusen und Fischknochen bestehen. Die mittelsteinzeitlichen Kökkenmöddinger in Dänemark sind das berühmteste Beispiel.

Die Nutzung der Küstenmeere als Nahrungsquelle ist bis heute der ökologisch gravierendste Eingriff des Menschen in die marinen Lebensgemeinschaften. Andere kamen hinzu: Bootsfahrten auf den Flüssen und entlang der Küste erwiesen sich als kräftesparende Form des Personen- und Warentransportes, als das Land noch unwegsam war. Mit der Schifffahrt kam es zu größeren Ansiedlungen an den Flussmündungen. Im Rahmen des enormen Bevölkerungszuwachses durch Geburtenüberschuss und Zuwanderungen in vielen Küstenregionen der Erde dehnten sich menschliche Siedlungen und Ländereien, Häfen und Verkehrswege immer weiter ins Meer aus. Die unkontrollierte Urbanisierung der Küsten ist in tropischen und subtropischen Entwicklungsländern heute besonders gravierend.

Küstenmanagement in der Deutschen Bucht

An den deutschen Küsten stehen, wie überall in Nordeuropa zwei Aufgaben für das Küstenzonenmanagement im Vordergrund: Kurzfristig den Ausgleich zwischen den verschiedenen Nutzergruppen im Interesse eine dauerhaften Erhaltung der natürlichen Systeme und langfristig die rechten Antworten auf die Bedrohung durch den Meeresspiegelanstieg im Gefolge des globalen Klimawandels zu suchen.

Der Widerstreit zwischen den Interessen der Fischerei, der Tourismuswirtschaft, der Vogelschützer und Seehundjäger wurde bei der Einrichtung der Wattenmeer-Naturparks mit großer Vehemenz ausgetragen. Bis in die späten 1970er Jahre waren Eindeichungen von Watten und Salzwiesen zur Verbesserung des Hochwasserschutzes, aber auch zur Gewinnung landwirtschaftlicher Flächen politisch ergiebige Prestigeprojekte. Die Hinweise der Meeres- und Fischereibiologen auf die Bedeutung der Watten als seltenes Ökosystem, als Kinderstube vieler Nordseetiere und als Filter für die Nährstoffe aus den Flüssen verhallten. Als „ökologische Ausgleichsflächen" wurden – den Entenjägern zur Freude – hinter den Deichen Seen angelegt.

In der Deutschen Bucht bilden Schad- und Nährstoffeinträge aus Landwirtschaft, Kommunen, Industrie, Schifffahrt und Autoverkehr, die Durchwühlung des Meeresbodens durch Kies- und Sandabbau und durch die Grundschleppnetzfischerei, der Bau von Windkraftanlagen, Pipelines und Starkstromkabeln sowie militärische Übungen einen bunten Strauß an Belastungen. Der Ausgleich zwischen diesen Nutzungsformen und den Bedürfnissen eines nachhaltigen Umwelt- und Naturschutzes ist auf den Ebenen der EU, der einzelnen Bundesländer und der Kommunen zu suchen. Dieser politische Prozess ist auf Entscheidungshilfen in Form naturwissenschaftlicher Untersuchungsergebnisse und wirtschafts- und sozialwissenschaftlicher Analysen und Prognosen angewiesen. Dabei dienen die Naturwissenschaften primär dem Umwelt- und Naturschutz, indem sie z.B. die vielfältigen potentiellen Auswirkungen des Aufbaues und Betriebes von Off-shore-Windkraftanlagen aufdeckt und ökologisch beurteilt. Die ökonomische und soziale Bewertung ist dann Sache der Nutzer und schließlich der politischen Entscheider.

Die Fischerei hat die Nordsee wie die meisten Ökosysteme der Schelfmeere in ihrem Nahrungsgefüge gestört. Klimabedingte Veränderungen im hydrographischen Regime und in der Zusammensetzung des Phyto- und Zooplanktons sind weitere treibende Kräfte, deren Auswirkungen auf den Nachwuchs für die Heringe und Dorsche sehr schwierig zu identifizieren sind. So ist nachhaltige Optimierung der Fischerei auf eine ökosystemorientierte fischereibiologische Forschung angewiesen [2].

Der Globale Klimawandel und die Küstenzonen

Zu den Folgen der globalen Klimaerwärmung auf das Meer und die Küstenzonen hat im Juni 2006 der Wissenschaftliche Beirat der Bundesregierung Globale Umweltveränderungen ein Gutachten unter dem Titel „Die Zukunft der Meere – zu warm, zu hoch, zu sauer" vorgelegt [5]. Für die deutschen Gewässer ergibt sich durch die Erhöhung der Wassertemperatur eine Verschiebung innerhalb der Fischfauna zu wärmeliebenden Arten, wie Sardinen und Sardellen. Kabeljau und Hering werden nach Norden ausweichen. Der Meeresspiegel wird in diesem Jahrhundert um 0,5 bis 2 m steigen, je nach Erwärmungsszenario und je nach dem Verhalten der grönländischen und west-antarktischen Eisschilde.

Tropische Korallenriffe sind durch den Globalen Klimawandel besonders stark gefährdet [4]. Viele von ihnen leben an der Obergrenze ihrer Temperaturtoleranz. Daher verursachen lange Wärmeperioden schon heute ozeanweite Korallenbleichen. Andererseits wird es durch die Versauerung des Meeres zu erhöhter Kalzifizierung kommen und damit zu Verschiebungen im Gleichgewicht zwischen den verschiedenen Arten. Wenn der Meeresspiegel schnell steigt, geraten die auf hohe Lichtintensitäten angewiesenen Flachwasserarten in einen für sie ungewohnten Lichtmangel. Bei langsamem Anstieg würde das Riff dagegen mitwachsen. Natürlich ist die prognostizierte Steigerung der Häufigkeit schwerer Stürme besonders für die durch menschliche Eingriffe mürben Riffe sehr gefährlich.

Als Antwort auf die zu erwartenden Folgen des Klimawandels stehen in Deutschland große Deichbaumaßnahmen im Vordergrund. Für die Tropen muss aus naturräumlichen und ökonomischen Gründen ein Rückzug aus den gefährdeten Gebieten oder eine Anpassung der Nutzung und Besiedlung an die wachsenden Überschwemmungsgefahren geplant werden. Auch an der deutschen Nordseeküste spielte bis ins 19. Jahrhundert die Anpassungsstrategie eine große Rolle: Man lebte besser mit dem Meer und nicht gegen das Meer.

Der Forschungsbedarf für die Erstellung wissenschaftlich verlässlicher Entscheidungshilfen ist besonders in den Entwicklungsländern sehr groß und von diesen nicht zu bewältigen [1]. Nach dem Verursacherprinzip besteht hier für die Industrieländer eine Verpflichtung zu Hilfeleistungen. In Bremen hat sich das Zentrum für Marine Tropenökologie dieser Aufgabe angenommen.

Kiunga Marine National Reserve

Ein übersichtliches und erfreuliches Beispiel tropischen Küstenmanagements bietet Kenia, das eines der ersten Tropenländer mit einem marinen Umweltschutzprogramm war. Zwischen 1968 und 1995 wurden fünf „Marine National Reserves" zum Schutze besonders attraktiver mariner Lebensgemeinschaften eingerichtet. Jedes der Gebiete ist etwa 25 000 ha (250 km^2) groß und erstreckt sich von der Hochwasserlinie bis ca. 2 km in die See und stellt damit die Flachwasser-Korallenriffe und Seegraswiesen unter Schutz.

Kiunga ist das nördlichste der Reservate, dicht an der Grenze zu Somalia. Dem Hauptstrand ist eine Kette von Koralleninseln vorgelagert mit Korallenriffen und Tangwäldern auf der Seeseite. Zwischen den Inseln wachsen prächtige Mangroven. Vor dem Hauptstrand liegen üppige Seegraswiesen. Damit besitzt Kiunga auf engem Raum alle wichtigen Küstenlebensräume (außer Felsküsten) der Tropen.

Entsprechend reich ist die Biodiversität. 150 Fisch- und 180 Korallenarten wurden registriert. Als Besonderheiten werden genannt: Fünf Arten von Meeresschildkröten weiden hier und drei von ihnen kommen zum Eierlegen an Land. Im Reservat sind sechs Delfin-Arten zuhause, dazu der größte Fisch der Erde, der planktonfressende Walhai, gemeinsam mit anderen Haien und Rochen. Selbst Dugongs, die fast ausgestorbenen Seekühe des Indischen Ozeans, wurden hier gesichtet.

Im Reservat leben über 1000 Menschen. Die Männer sind meist nomadisierende Fischer, ihre Familien wohnen in vier Dörfern. Bewohner aus fünf weiteren Dörfern außerhalb des Reservats nutzen dessen Ressourcen.

Die Betreuung und Überwachung des Reservats erfolgt gemeinsam durch 10–15 Mitglieder des Kenya Wildlife Service und eine kleine Gruppe von Angestellten des WWF (World Wide Fund for Nature), durchweg junge Einheimische der Küstenregion, sechs von ihnen mit Fachschul- oder Hochschulabschluss.

Im Kiunga-Reservat gibt es ein einziges Hotel, schlicht und teuer. Seine Gäste sind meist disziplinierte, naturbegeisterte Ökotouristen. Das Hotel und das WWF-KWS Camp leben in Symbiose. Das Hotel bietet die Flugpiste, eine Wasserleitung und Kühllager, das Camp ist Touristenattraktion und Ökosouvenir-Lieferant, es fungiert aber auch als ökologischer Wachhund.

Laut Gesetz dient die Unterschutzstellung des Küstengebietes der „Erhaltung der organismischen Vielfalt und biologischen Prozesse als Grundlage für Gesundheit, Wohlfahrt, Freude und Anregung heutiger und künftiger Generationen, vor allem der Menschen vor Ort". Auch im WWF geht es heute nicht mehr primär um den Schutz einzelner Arten, sondern um die Erhaltung oder Wiederherstellung eines friedlichen Zusammenlebens zwischen Menschen und Lebensgemeinschaften.

In Kiunga stehen das nachhaltige Management der Fischerei und der Schutz der Schildkröten im Vordergrund. Daneben gilt es, das Ökosystem möglichst gegen Eingriffe und gegen Eindringlinge von außen zu schützen. Die Schutzmaßnahmen werden aber nicht von oben, d.h. von der Landes- oder Bezirksregierung verordnet, sondern von einem Team, in dem u.a. fünf Dorf-Chiefs, zwei Frauen und der Hotelier mit Verwaltungsleuten und Naturschutzvertretern zusammensitzen, um die Belange der Fischerei, Mangrovennutzung, Tourismus und Naturschutz unter einen Hut zu bringen mit dem Ziel, die sozio-ökonomische Gesamtentwicklung nachhaltig voranzutreiben. Da Verbote wenig bewirken, fußt die Arbeit auf dem Prinzip der Selbstbeteiligung der Bevölkerung und auf der Schaffung von Win-Win-Konstellationen. Dafür zwei Beispiele:

Beispiel 1: Die handwerkliche Fischerei an der Küste

Im vergangenen Jahrzehnt sind der Gesamtfang und die Fänge pro Boot im Kiunga-Gebiet zurückgegangen, obwohl die Zahl der Boote ziemlich konstant geblieben ist. Außerdem sind die Boote wegen des Geburtenüberschusses mit mehr Leuten besetzt, so dass jeder Fischer deutlich weniger Fische fängt. Große Fische werden selten, minderbezahlte Kleinfische nehmen zu. Der Vormann der Fischer und der Bürgermeister sehen das wachsende Überfischungsproblem. Für die jungen Leute gibt es im Dorf keine anderen Erwerbsmöglichkeiten als die Fischerei. Arbeit in der Stadt zu suchen, birgt die Gefahr, HIV ins Dorf einzuschleppen. Die Reduktion der Zahl der Fischer und damit des Fischerei-

aufwandes als sinnvollste Lösung scheidet damit aus. Stattdessen möchten die Fischer ihr Fangareal seewärts ausdehnen. Hierfür brauchen sie Diesel-Motoren oder Benzin-Außenbordmotoren für ihre Segel-Dhaus. Früher wäre hier die Entwicklungs„hilfe" eingesprungen. Aus fischereibiologischer Sicht ist aber eine solche Verstärkung der Befischungskraft für das Gesamtsystem gefährlich, besonders wenn dabei auch die besonders schädlichen Grundschleppnetze eingeführt würden. Auch wäre der Streit mit den außerhalb der Riffe operierenden großen Fischdampfern unausweichlich. Eine bescheidene Lösung liegt in der gezielten Schonung der küstennahen Jungfische, die mit illegal engmaschigen Netzen gefangen werden. Hier sprangen WWF und VODAFONE ein. Aus Firmenspenden von VODAFONE wurden neue weitmaschigere Netze für 210 Fischer gekauft. Ihre Aufhängung ist aus verrottbarer Naturfaser. So wird vermieden, dass losgerissene Netze als Geisternetze im Ozean treiben, bis sie unter der Last der gefangenen Fische, vielleicht auch Schildkröten und Delfine, zu Boden sinken. Den Fischern wurden diese Netze zum halben Preis zum Kauf angeboten. Der Kaufpreis wird in kleinen Raten in eine Gemeinschaftskasse gezahlt, über die später gemeinsam verfügt wird. Die alten, illegalen Netze werden zerstört. Die Fischer haben dem Programm zugestimmt.

WWF bemüht sich jetzt um ein Monitoring-Projekt, das die Auswirkungen dieser und anderer Managementmaßnahmen auf die Bestände und die Erträge erfassen soll. Bisher fußt das Management der handwerklichen Fischerei in Afrika und andern Teilen der Welt mehr auf Vermutungen als auf gesicherten ökologischen und sozioökonomischen Kenntnissen.

Beispiel 2: Flip-flop und die Schildkröten

Kiunga ist ein wichtiger Laichplatz für die z.T. vom Aussterben bedrohten Meeresschildkröten des Indischen Ozeans. Sehr viele Schildkröten verfangen sich in Fischernetzen und ertrinken, andere werden noch immer um ihres Fleisches und Panzers willen gejagt, auch wenn das heute verboten ist. Die leckeren Eier werden nicht nur von Schakalen sondern auch von Menschen ausgegraben. Das Kiunga-Team bewacht zur Laichzeit die Strände und Nester Tag und Nacht.

Wir alle wissen aus schönen Filmen, wie die Schildkröten zur Küste schwimmen, aus der Brandung steigen, mühsam hundert Meter und mehr den Strand hochwandern, durch den Spülsaum der Hochwasserlinie bis zum trockenen Dünenrand, dort Gruben buddeln und Stück für Stück ihre Eier hineinlegen und mit Sand abdecken. In etwa 50 Tagen hat die Sonne die Jungen ausgebrütet, die nun den gefährlichen Marsch zum Meer antreten. Auf dem Weg lauern Krabben, Hyänen und Vögel auf sie. Nur etwa die Hälfte erreicht das Meer.

Neue Gefahren brachte das Plastikzeitalter. Die Strände vor Nordkenia und Somalia sind aufgrund der vorherrschenden Meeresströmung Sammelplätze für besonders große Mengen von Plastikmüll, der z.T. von weither über den Ozean herantreibt und sich im Spülsaum so auftürmt, dass es besonders die frischgeschlüpften Schildkröten schwer haben, diese Barriere zu überwinden. Jede Verzögerung ihrer Wanderung bedeutet ein erhöhtes Risiko. Die Spülsäume müssen also zur Laichzeit entmüllt werden. Wegen der Unzugänglichkeit des Geländes geht das nur per Hand. Die Naturschützer haben dazu etwa 200 Frauen mit ihren Kindern aus den Fischerdörfern motiviert. Plastikflaschen, zerfetzte Fischernetze, Styropor etc. werden zusammengetragen und verbrannt oder vergraben. Das Geld von WWF reicht aber nicht, diese Aktion dauerhaft zu finanzieren. Die Antwort heißt „Flip-Flop Art".

Rund um den Indischen Ozean trägt fast jeder Mensch Flip-Flop-Plastiklatschen. Irgendwann reißen die Haltebänder und die Latschen werden fortgeworfen und treiben über das Meer. Die bunten Flip-Flops werden an Kiungas Schildkröten-Stränden zu Tausenden gesammelt und bilden die Grundlage einer Souvenir-Manufaktur, in der mehrere hundert Frauen aus den Dörfern rings um Kiunga in Heimarbeit beschäftigt sind. Sie basteln, mit viel Geschick und einem sehr hohen Arbeitsaufwand Mobiles, Bademattern, Gürtel, Schildkröten und Langusten, Handtaschen und als Kostbarstes Vorhänge, die aus 130 Plastik-Perlschnüren bestehen. Die Perlen werden einzeln aus den buntgeschichteten Flip-Flops ausgestanzt. Angespülte kleine Kauri-Schnecken dienen als Beschwerung.

Etwa 40% der Haushalte der Region sind in diesem „Cash for Trash"-Programm engagiert. Es bietet eine umwelt- und ressourcenfreundliche Alternative für den illegalen Fang von Schildkröten und das Sammeln bedrohter, kostbarer Schnecken. Bargeld in die eigene Hand zu bekommen, ist für die Frauen und ihr Selbstwertgefühl wichtig. Sie verwenden es z.B., um ihre Töchter länger in der Schule gehen zu lassen, statt sie mit zwölf Jahren zu verheiraten. Die Schildkröten profitieren nicht nur von den sauberen Stränden, sondern auch von einem Meinungswandel in den Dörfern: Die Aufklärungsarbeit wird von den Frauen an die Männer weitergetragen, denn letztlich sind es die Schildkröten, denen die Frauen das Zubrot verdanken.

Naturschutz, gesündere Strände, Frauenförderung, mehr Schulerziehung und Armutsbekämpfung – all das steckt in den Flip-Flops. Die Schildkröten und die marinen Lebensgemeinschaften der Tropen werden natürlich nicht durch Flip-Flop-Art gerettet, aber vielleicht durch die Idee, die dahinter steckt: Man will die Menschen in ihrem eigenen Lebenskreis mobilisieren, ihnen Mut machen und Anreize zu bieten, auch indem wir ihre Produkte zu einem fairen Preis kaufen.

Im Rahmen des Meeresumweltschutzes ist die Bildung von Reservaten mit eingeschränkter Nutzung eine der wichtigsten Maßnahmen und Kiunga ist ein besonders gelungenes Beispiel. Das hat verschiedene Gründe: Die Unterschutzstellung erfolgte zeitig, als der Nutzungsdruck durch die einheimische Bevölkerung und den Tourismus noch nicht sehr stark war und noch keine auswärtigen und ausländischen Interessenten ihr Auge auf das Gebiet geworfen hatten. Die Zentral- und die Bezirksregierung unterstützten die lokalen Initiativen und die Aktivitäten der auswärtigen Naturschutzverbände. Entscheidend war aber, dass von Beginn an der Konsens zwischen den Nutzern und den Schützern gesucht wurde.

Literatur

1 Fortes MD, Hempel G. Capacity building. In J.G. Field, G. Hempel, C.P. Summerhayes (eds.) Oceans 2020. Science, trends, and the challenge of sustainability. Island Press, Washington, 2002, 283-307.
2 Hempel G, Pauly D. Fisheries and fisheries science in their search for sustainability. In J.G. Field, G. Hempel, C.P. Summerhayes (eds.) Oceans 2020. Science, trends, and the challenge of sustainability. Island Press, Washington, 2002, 109-135.
3 Pauly D, Christensen V, Dalsgaard J, Froese, R, Torres Jr FC. Fishing down marine food webs. Science 1998;279: 860-863.
4 Richter C, Wunsch I. Ökosystem Korallenriff - versunkener Schatz. In: G. Hempel, I. Hempel, S. Schiel (Hrsg.) Faszination Meeresforschung. Ein ökologisches Lesebuch. Hauschild, Bremen, 2006, 246-254
5 WBGU. Die Zukunft der Meere - zu warm, zu hoch, zu sauer. Berlin, 2006, ISBN 3-936191-13-1, 114

Prof. em. Dr. Gotthilf Hempel, geboren 1929, studierte 1946–1952 Biologie in Mainz und Heidelberg und wurde in Wilhelmshaven, Hamburg und Helgoland zum Meeres- und Fischereibiologen. 1964 – 1966 UNESCO, Paris. Seit 1967 Professor in Kiel, 1981-2000 Gründungsdirektor des Alfred-Wegener-Instituts für Polar- und Meeresforschung, Bremerhaven, des Instituts für Polarökologie, Kiel, des Instituts für Ostseeforschung Warnemünde und des Zentrums für Marine Tropenökologie, Bremen. Zahlreiche Forschungsfahrten in Nord- und Ostsee, Rotes Meer, Nord- und Südatlantik und Polarmeere. Vorsitzender deutscher und internationaler Organisationen der Meeres- und Umweltforschung. Mitglied des Wissenschaftsrates. Hauptarbeitsgebiete: Marine Ökologie, Umweltforschungspolitik, Wissenschaft in der Dritten Welt. Herausgabe wiss. Sammelwerke und Zeitschriften.

Prof. em. Dr. Gotthilf Hempel
Eidergrund 5
24113 Molfsee
Tel.0431 650773
e-mail: hempelkiel@t-online.de

Irrtümer in der Wissenschaft – Fluch oder Segen?

Klaus Rehfeld

Das Thema „Irrtum" hat Konjunktur, wie sich unschwer an der großen Zahl einschlägiger Werke auf dem Buchmarkt zeigen lässt, allen voran dem „Lexikon der populären Irrtümer", an dem einer unserer Referenten als Koautor mitgewirkt hat (Übersicht S. 347). Hinter diesen Büchern steckt das augenzwinkernde Einverständnis zwischen Autor und Leser, dass wir bei dem immensen Wissen, über das die Menschheit heute verfügt, immer wieder unzutreffenden Annahmen aufsitzen. Irgendwo wird jeder von uns eines Irrtums geziehen werden können, denn richtig auskennen können wir uns nur in einem kleinen Spezialgebiet. Die populären „Irrtümer-Bücher" sind aber nicht nur angenehm, weil sie uns zeigen, dass wir nicht die einzig Irrenden sind und in dem ein oder anderen Fall die Dinge sogar besser gewusst haben. Sie haben auch eine aufklärerische Funktion, weil sie falsche Annahmen und Halbwissen durch solideres Wissen ersetzen und dazu ermuntern, auch andere, bislang für wahr gehaltene Aussagen kritisch zu hinterfragen. Eine besondere Wirkung können solche Werke zudem in pädagogischer und didaktischer Hinsicht entfalten: Wir lernen den Irrtum als etwas Alltägliches kennen, dem auch die Großen der Wissenschaft erlegen waren. Mit dem Symposium möchten wir beitragen, Irrtümer in gewisser Weise zu rehabilitieren, denn sie gehören nicht nur zur Geschichte, sind kein kurioses Beiwerk, sondern sind notwendiger Bestandteil der Wissenschaft. Beide Seiten kommen in diesem Mittagssymposium zur Sprache: Mit Walter Krämer wurde ein Referent gewählt, der das Thema Irrtum populär gemacht hat, und mit Gerhard Vollmer wurde ein Physiker und Philosoph gewonnen, der das Thema aus erkenntnistheoretischer Perspektive angeht.

Vorweg sei anhand weniger Beispiele ein Rahmen abgesteckt (vgl. hierzu **Tab. 1** und **2**), der als Einführung, aber auch als Abschluss gelesen werden kann.

Irrtümer gehören zur Wissenschaft

Zwar haben die Wissenschaften im Verlauf der Geschichte viele irrtümliche Vorstellungen über die Welt eliminiert, doch haben sie dabei immer wieder auch *neue* Irrtümer in die Welt gesetzt, von denen man sich später trennen musste.

Denkt man beispielsweise an die Überwindung des geozentrischen Weltbildes - das nach wie vor in Einklang mit der Alltagserfahrung steht – durch die kopernikanische Wende, so fällt einem als „richtige" Alternative sofort das heliozentrische Weltbild ein. Streng genommen ist dies eine irrtümliche Kopfgeburt. Erst in einem etwa 250 Jahre dauernden Prozess wurde die Menschheit gewahr, dass unsere Sonne nur ein Stern unter vielen anderen ist, in einem kleinen Ast am Rande unserer Milchstraße gelegen und somit nicht Nabel „unserer Welt".

Diese in Etappen erfolgende Revision lässt sich nicht ähnlich scharf datieren wie die kopernikanische Wende. 1750 veröffentlichte Thomas Wright eine Abhandlung, in der er die Vermutung aussprach, die Milchstraße sei nur eine von vielen ähnli-

Tab. 1 Irrtümer: Versuch einer Klassifizierung.

Einordnung	Beispiele
Erkenntnistheoretisch	
Fruchtbare (stimulierende) Irrtümer	Bienen sind farbenblind
	Annahme eines Weltäthers
	Suche nach dem Typus in der Biologie
Hemmende Irrtümer	Biblischer Schöpfungsbericht, Geozentrisches Weltbild
Praktisch	
Nützliche Irrtümer	Der Seeweg nach Indien ist „rechts herum" kürzer als „links herum"
	Azofarbstoffe sind mögliche Bakterizide
Fatale Irrtümer	Contergan ist unbedenklich
	Bauchlage ist gut für Säuglinge
Populäre Irrtümer	Newton entdeckt die Gravitation unter dem Apfelbaum
	Darwin entdeckt die Evolution an den Darwinfinken

chen Objekten im Universum. Indirekt war damit in Frage gestellt, dass die Sonne das Zentrum des Universums bildet. Auch Immanuel Kant meinte (1755), die kleinen Nebelfleckchen, die man mit Teleskopen beobachten konnte, seien „ferne Objekte und unserer Milchstraße ähnlich", und er sprach die Vermutung aus, dass die Milchstraße um ein Zentrum rotiere. Allerdings wurde noch 1922 von dem niederländischen Astronomen Kapteyn die These vertreten, dass die Sonne im Mittelpunkt der Milchstraße stünde, wobei er sich auf Sterndichtezählungen berief. Da er bei seinen Berechnungen nicht den interstellaren Staub ins Kalkül zog, von dessen Existenz man damals nichts wusste, kam er zu dem Ergebnis, dass die Raumdichte von Sternen in allen Richtungen (also weg von uns, weg von der Sonne) abnehmen müsse. Die Sonne stand damit für ihn im Mittelpunkt der Milchstraße. Dafür, dass sich unsere Sonne in einem „Ast" der Milchstraße befindet (und zwar in bzw. nahe einem Spiralarm) verdichteten sich die Hinweise, als 1958 eine erste radioastronomische Karte der Spiralarmstruktur publiziert wurde. Die meisten Aussagen der letzten Jahre gehen dahin, dass die Sonne an der Innenseite eines Spiralarms sitzt.

Das Beispiel illustriert die *Zeitabhängigkeit unserer Erkenntnisse* und verdeutlicht, dass sich mit jeder neuen Einsicht zugleich neue Irrtumsmöglichkeiten auftun. Die Stellung der Erde im Kosmos berührt auch das menschliche Selbstverständnis – was vor allem in früheren Zeiten keineswegs nebensächlich war. Andere, aus der Wissenschaft hervorgegangene Irrtümer können dagegen entscheidend auf unser Leben einwirken. Hierzu gehört die tragische Empfehlung, die man jungen Eltern Anfang der 70er Jahre gab: Sie sollten Säuglinge auf dem Bauch schlafen lassen, denn eine (fast ausschließlich an Frühgeborenen durchgeführte) Studie sprach dafür, dass die Bauchlage für die Säuglinge angenehmer ist und die psychomotorische Entwicklung begünstigt. Nachdem man entsprechende „Aufklärung" betrieben hatte, war eine rätselhafte Zunahme des Plötzlichen Kindstods zu verzeichnen. Von diesem Ereignis (international unter dem Begriff Sudden Infant Death Syndrome, SIDS, bekannt) sind vor allem Kinder zwischen dem zweiten und vierten Lebensmonat betroffen.

Auf einen Zusammenhang mit der Schlafstellung stieß man erst 1985 durch einen Vergleich der Kindstod-Fälle in Hongkong und in Europa. In Hongkong wurden die Säuglinge fast ausschließlich auf dem Rücken schlafen gelegt, in Europa hingegen oft in Bauchlage. Entsprechende Gegenkampagnen führten zu einem Absinken der SIDS-Fälle. Damit war zumindest ein Risikofaktor für den Plötzlichen Kindstod erkannt worden.

Vom Segen der Irrtümer

Wissenschaftliche Irrtümer sind allerdings nicht immer ein Fluch. Oft geben sie der Forschung eine klare Ausrichtung und können damit stimulierend wirken. Ein Beispiel ist die Phlogiston-Theorie, die den Weg von der Alchimie zur Chemie ebnete, wenn auch mühsam und – im Rückblick – über „unnötige" Umwege. Bei seinen Experimenten hatte Georg Ernst Stahl (1659-1734) festgestellt, dass Kohle durch Verbrennen leichter wurde. Irgendwie musste Materie beim Brennen entwichen sein, die sich Stahl als ein Gas vorstellte, das er Phlogiston nannte.

Stahl formulierte die These, dass alle brennbaren Stoffe Phlogiston enthalten müssen, das gleichsam ein Feuerstoff sei. Die Vorstellung wurde rasch akzeptiert, denn sie erklärte unter anderem, weshalb verbrannte Metalle (sog. Metallkalke) durch Zugabe bestimmter Stoffe wie Kohle, Öl oder Schwefel wieder in den elementaren Zustand überführt werden konnten. Diese Stoffe waren nach Stahl phlogistonreich und gaben das Phlogiston an die verbrannten Metalle zurück. Die zur Verhüttung verwendete Holzkohle war demnach nicht nur Heizmaterial, sondern es war an der Umwandlung des Metallkalks zu Metall beteiligt. Diese Theorie weckte das Interesse, die Natur der Verbrennung genauer zu untersuchen und war ein zusätzlicher Anreiz, genaue Gewichtsmessungen bei chemischen Reaktionen durchzuführen.

Bei diesen Studien stellte man unter anderem fest, dass die Metallkalke schwerer waren als das reine Metall, was nicht in Einklang mit der eingangs genannten Entdeckung stand. Man versuchte diesen Widerspruch aus der Welt zu schaffen, indem man postulierte, es müsse auch ein Phlogiston mit negativem Gewicht geben: Ein Irrtum gebiert also (notgedrungen) einen neuen Irrtum.

Die Suche nach dem Phlogistongas sollte schließlich zur Entdeckung des Sauerstoffs durch den Schweden Carl Wilhelm Scheele und den Engländer Joseph Priestley führen. Ihr Namengeber war Lavoisier, der das Gas auch in der Luft nachwies. Aus der irrtümlichen Annahme, dass alle Säuren dieses Gas enthielten, nannte er es *Oxygen,* für Säurebildner.

Die Suche nach dem Phlogiston zeigt: Irrtümer können nützlich sein, wenn sie mit präzisen Aussagen verbunden sind. Auf diese Weise regen sie weitere Forschungen an und können Teil eines Forschungsprojekts werden.

Ein ähnliches Beispiel aus dem Bereich der Physik ist die Annahme eines Weltäthers. Der Weltäther sollte das gesamte Weltall ausfüllen und das Medium sein, in dem sich das Licht ausbreitet. Dies führte zu der Hypothese, dass die Erde den Weltäther bei ihrer Bewegung im Weltraum in Bewegung versetzt; man sprach von einem Ätherwind. Damit sollte die Geschwindigkeit des Sonnenlichts unterschiedliche Werte haben, je nachdem, ob es senkrecht auf den Ätherwind

Tab. 2 Quellen von Irrtümern.

Quellen	Beispiele
Intuition, evolutionäre „Programmierung"	Mensch ist Mittelpunkt der Welt Lineare Dosis-Wirkungsbeziehung („viel hilft viel")
Primärer Augenschein	Sonne kreist um die Erde Urzeugung (Taufliegen kommen aus faulenden Früchten) Konstanz der Arten
Begrenzung der Sinne	Die Geschlechter der Blaumeisen sehen (für uns) gleich aus
Vorurteil	Neandertaler ist ein Menschenkrüppel
Falsche Analogien	Belebtheit der gesamten Natur
Falsche Konzepte und Theorien	Diskussion um die Alternative Gene *oder* Umwelt
Unwissenheit	Unbedenklichkeit von Röntgenstrahlen
Unkritischer Umgang mit Daten	
– Datengrundlage fehlerhaft	Spinat ist besonders eisenreich
– Daten falsch interpretiert	Contergan ist harmlos
– Daten gefälscht	Piltdownmensch
Autoritätsgläubigkeit und Dogmatismus	Fossilien als Zeugnis der Sündflut
Ideologien	Lyssenkoismus, Rassismus
Irreführende Begriffe	Entschlüsselung (statt Sequenzierung) des Humangenoms Isolationsmechanismen (statt Mechanismen der Partnererkennung) von Arten
Unkritischer Umgang mit Definitionen und von Natur aus unschar fen Begriffen	Rassen als scharf abgrenzbare Natureinheiten
Vorliebe für griffige Legenden	Darwin und die Darwinfinken
Wunschdenken, persönliche Befangenheit	Linus Pauling: Große Mengen Vitamin C sind gesundheitsfördernd

trifft oder sich mit bzw. gegen den Ätherwind ausbreitet. Der amerikanische Physiker Albert Michelson hoffte, aus den Differenzen der Lichtgeschwindigkeit die Geschwindigkeit der Erde relativ zum Lichtmedium bestimmen zu können. Für seine Untersuchungen entwickelte er mit Edward Morley raffinierte Interferometer, doch ließ sich der erwartete Effekt nicht nachweisen. Für Einstein hatte dieses negative Ergebnis eine fundamentale Bedeutung. Die Konstanz der Lichtgeschwindigkeit bildet eine wichtige Säule für die 1905 aufgestellte Spezielle Relativitätstheorie.

Selbst weniger präzis formulierte Aussagen (Vermutungen) können wichtige Entdeckungen anstoßen: Aus der Beobachtung, dass sich Bakterien mit Azofarbstoffen anfärben lassen, kam man auf die Idee, dass sie auch chemotherapeutisch wirksam sein können. Hierdurch wurde die Suche nach Arzneistoffen in Gang gesetzt. Die Ergebnisse waren zunächst negativ. Zufällig entdeckte man aber, dass Azofarbstoffe, die Sulfonamidgruppen enthielten, die gewünschten Eigenschaften aufweisen. Auch hier erwies sich ein *Irrtum als Wegweiser* einer wichtigen Entdeckung.

Neben diesen stimulierenden Irrtümern gibt es aber auch *hemmende Irrtümer* (**Tab. 1**). Wird zum Beispiel in der Biologie die These vertreten, dass es sich nicht lohne, nach der Funktion bestimmter Strukturen zu fragen – so macht man sich blind. So hatte ein Schüler des großen Zoologen Karl von Frisch in Kulturen von Springschwänzen – sie gehören zu den sog. Urinsekten – seltsame aufrecht stehende Fäden entdeckt, die am Ende verdickt waren. Die Antwort seines Meisters lautete, dass es wohl irgendwelche Pilzfäden seien, die man ja häufig finde. So sollte es dem Zoologen Friedrich Schaller vorbehalten bleiben, die wahre Natur der „Pilzfäden" aufzudecken: Es sind gestielte Behältnisse für Spermien, die von Männchen aufgestellt werden und von umherstreifenden Weibchen aufgenommen werden, die auf diesem Wege ihre Eier befruchten. Für den Studenten war es bedrückend, so nahe an einer spektakulären Entdeckung gewesen zu sein.

Dieses Beispiel zeigt zugleich die Bedeutung von Persönlichkeit, Zufall und Neigung. Besondere Bedeutung haben irrtümliche *Aussagen grundlegenden Charakters*, die den Rang eines Dogmas haben. Sie sind einerseits ein Hemmnis, werden aber von einigen wenigen als Herausforderung angenommen. So war es für Karl von Frisch ein Ansporn, den berühmten Physiologen Carl von Hess zu widerlegen, der den Bienen kategorisch die Fähigkeit abgesprochen hatte, Farben zu sehen. Es gehörte zu den Sternstunden der Biologie, als er 1914 auf der Zoologentagung in Freiburg diese irrige These durch Dressurversuche glänzend widerlegen konnte, womit er über Nacht berühmt wurde.

Vom Umgang mit Irrtümern

Generell gilt: Letztlich lernt man aus allen Irrtümern. Hinterher ist man immer klüger, sowohl hinsichtlich der reinen Fakten als auch hinsichtlich der Strategi-

en, wie man mit möglichen Irrtumsquellen umgeht. In dieser Zusammenhang ist der tragische Irrtum über die Unbedenklichkeit des Schlafmittels Contergan besonders aufschlussreich, das man auch vielen schwangeren Frauen gab (**Tab. 2**). Erst die Häufung von Missbildungen an Neugeborenen führten zu der Entdeckung, dass die Substanz razemisch ist, also in zwei Formen gleicher chemischer Zusammensetzung vorkommt, von denen die eine Missbildungen auslösen kann. Eine weitere Erkenntnis war: Eine kritischere Prüfung hätte die Zulassung möglicherweise verhindern können. In den USA war Contergan nämlich noch nicht zugelassen worden, was einzig der Standhaftigkeit der zuständigen Medizinerin zu verdanken war, die wegen Verdachtsmomente weitere vorklinische Tests verlangte. Gerade in hochsensiblen Bereichen gilt es, Fehler und Irrtumsquellen auszuschalten. Selbst im Fall der tragischen Irrtümer gilt – auch wenn es zynisch klingen mag – dass am Ende ein Zuwachs an Wissen zu verzeichnen ist.

Wie W. Krämer in seinem Beitrag *Irren ist menschlich* ausführlich darstellt, sind Irrtümer allgegenwärtig. Sein Augenmerk gilt der paradoxen Langlebigkeit der „populären Irrtümern" und den Irrtümern im Bereich der Sozialstatistik. Irrtümer sind aber auch erkenntnistheoretisch notwendig, wie G. Vollmer in seinem Beitrag *Wir irren uns empor* darlegt. Es ist daher klug, Irrtümer nicht allein aus dem Blickwinkel des Kuriosen und Anekdotischen zu sehen, sondern den Umgang mit Irrtümern zu kultivieren. Wie dies aussehen könnte, sei mit den abschließenden Thesen skizziert:

1. Irrtümer sind mehr als bloße Fehler

Irrtümer betreffen Grundannahmen, Hypothesen, (un)bewusste Vorordnungen. Irrtümer sind „falsche Überzeugungen" (vgl. Beitrag Vollmer) und werden daher oft mit großem Engagement verteidigt. Sie sterben oft erst mit dem Tod ihrer Urheber und prominenten Anhänger.

Fehler beziehen sich vor allem auf Daten, die nicht mit der nötigen Sorgfalt erhoben, geprüft oder ausgewertet wurden. Fehler werden in der Wissenschaft meist rasch und stillschweigend eliminiert; sind sie aber Teil einer Legende, sind sie langlebig und bilden die Grundlage der populären Irrtümer (vgl. Beitrag Krämer).

Der Übergang ist aber fließend – fehlerhafte Daten führen zu irrtümlichen Vorstellungen.

2. Wir alle sind Irrende:
Irren ist menschlich

Die Einsicht, dass der Irrtum allgegenwärtig ist und ihm selbst die Großen unterliegen, sollte uns davor bewahren, eigene Irrtümer nicht eingestehen zu wollen. *Errare humanum* est darf aber kein Freispruch und billige Ausrede sein.

3. Keine Scheu vor expliziten Aussagen, die als Irrtum entlarvt werden können!

Citius emergit veritas ex errore quam ex confusione – Die Wahrheit ergibt sich schneller aus dem Irrtum als aus der Verwirrung

Es ist besser, klare Positionen zu beziehen, auf die man „festgenagelt" wird, als Aussagen „schwammig" und unverbindlich zu formulieren.

4. Irrtümer sind segensreich wie fatal

Im sensiblen medizinischen und technischen Bereich gilt die Strategie: Irrtümer und Fehler minimieren. Grundlagenforschung braucht dagegen eine Lizenz zum Irrtum!

5. Irrtümer gehören zum Erkenntnisprozess: *Wir irren uns empor.*

Selbst fatale Irrtümer machen uns klüger. Die Aufdeckung von Irrtümern ist immer wertvoll.

Dr. Klaus Rehfeld, geb. 1955 in Greifswald, Studium der Biologie in Marburg, Freiburg und Berlin. Von 1983–1988 wissenschaftlicher Mitarbeiter in der AG Evolutionsbiologie (Prof. W. Sudhaus) der Freien Universität Berlin. 1990–1991 Volontär im Franckh-Kosmos Verlag (Stuttgart), danach Redakteur der Zeitschrift Kosmos. Von 1994–1998 als freier Redakteur und Lektor tätig. Seit 1998 Redakteur, seit 2002 Herausgeber der Naturwissenschaftlichen Rundschau.

Dr. Klaus Rehfeld
Naturwissenschaftliche Rundschau
Birkenwaldstr. 44
D-70191 Stuttgart

Irren ist menschlich

Walter Krämer

Als ich vor zwei Jahren im Sommerurlaub in Südfrankreich war, kaufte ich mir eine lokale Tageszeitung, die eine Spalte mit historischen Erinnerungstagen hat. Man schrieb den 28. August, an diesem Tag jährte sich z.B. die Eröffnung der ersten französischen Eisenbahn, der Geburtstag des Dichters Guillaume Apollinaire, oder auch der Tod von Charles Lindbergh, der, ich zitiere „premier á avoir franchi l'Atlantique Nord en avion". Nun war Charles Lindbergh, wie die meisten mittlerweile wissen, nicht der erste Atlantiküberquerer, auch nicht der zweite oder dritte, sondern der 67ste [1]. Warum wurde er dann trotzdem so berühmt, und nicht die Engländer John Alcock und Arthur Whitton Brown, die schon im Jahr 1919, acht Jahre vor Lindbergh, den Atlantik von Westen nach Osten nonstop überflogen hatten? Warum verbreitet man noch 80 Jahre später solche Irrtümer?

Warum überleben Irrtümer?

Ein Grund: Lindbergh ist nicht wie Alcock und Brown auf einer Wiese in Irland angekommen, sondern in Paris; er hatte auch nicht wie Alcock und Brown nur ein paar Schafe als Zeugen, sondern tausende jubelnder Franzosen und fast alle Wochenschauen dieser Erde. Aber reicht das als Erklärung aus? Warum können sich gewisse Irrtümer, im Alltag wie auch in der Wissenschaft, trotz aller Gegenbeweise so hartnäckig erhalten?

Hierzu einige Vermutungen, die ich als Anregung verstehe: Zum einen sind viele Irrtümer eine Art Lebenslüge – sie erlauben uns, zumal wenn sie zu einem Mythos geworden sind, wie der als Held gefeierte Lindbergh, eine Orientierung in einer komplizierten Welt. Zudem helfen sie uns, mit unseren Alltagsproblemen besser umzugehen. Nehmen wir etwa den Mythos, Einstein wäre ein schlechter Schüler gewesen – ein willkommner Trost für geplagte Eltern. Hier ist Einsteins Abiturzeugnis (datiert Aarau, 5. September 1896):

Einsteins Abiturzeugnis

Deutsch	gut
Französisch	ausreichend
Italienisch	gut
Geschichte	sehr gut
Geographie	befriedigend
Algebra	sehr gut
Geometrie	sehr gut
Darstellende Geometrie	sehr gut
Physik	sehr gut
Chemie	gut
Naturgeschichte	gut
Kunstzeichnen	befriedigend
Technisches Zeichnen	befriedigend

Zwar ist das keines dieser Dokumente, mit denen heute auch schon mittelmäßig begabte 18-jährige eine Gesamtschule verlassen, aber immerhin… Auch viele andere Irrtümer, insbesondere zu historischen Ereignissen – fallen in diese Kategorie der wohltätigen Lebenslügen.

Eine Reihe von Irrtümern hat ihre Ursache in einer aus der Evolutionsgeschichte verständlichen „Programmierung", weil sie dem Überleben dienten. Ich denke dabei vor allem an Fehler bei der Risikobewertung. So ist etwa durch umfangreiche Experimente bekannt, dass wir künstliche Risiken im Vergleich zu natürlichen um einen Faktor bis zu 1000 überbewerten (im Sinne, dass wir deren Eintrittswahrscheinlichkeiten als viel zu hoch einschätzen). Das ist insofern nützlich, da man an natürlichen Risiken in der Regel nichts verändern kann, die menschengemachten aber durchaus unserem Einfluss unterliegen und abgeschaltet werden können. Aus dem gleichen Grund schätzen wir auch selbst erlebte Gefahren als viel bedrohlicher ein im Vergleich zu anderen, die wir nur vom Hörensagen kennen. Das geht sogar soweit, dass beim Herannahen eines bedrohlichen Hundes bei verschiedenen Menschen verschiedene Gehirnregionen aktiv werden, je nachdem, ob sie schon einmal von einem Hund gebissen worden sind oder nicht. Auch das bietet einen Überlebensvorteil, denn am eigenen Leib erlebte Gefahren sind ganz offensichtlich real. Andere, von denen man nur gehört hat, könnten auch erfunden sein.

In der Wissenschaft schließlich gehören Irrtümer geradezu zum Handwerkszeug. Mit den Philosophen Karl Popper und Gerhard Vollmer bin ich darin einig, dass alle naturwissenschaftlichen Hypothesen mehr oder weniger falsch sind, und zwar nicht, weil wir zu dumm wären, die endgültige Wahrheit zu erkennen, sondern weil es in vielen Wissenschaften keine endgültige Wahrheit gibt. Zur Illustration zitiere ich einige große Geister mitsamt den Aussagen, an die sie einst geglaubt oder die sie einst vertreten haben:

Aristoteles: *Schwere Gegenstände fallen schneller als leichte, Insekten entstehen spontan aus Schlamm, Wein in einem Fass mit Wasser wird selbst zu Wasser*

Christopher Kolumbus: *Von Spanien nach Indien kommt man schneller „rechtsherum" als „linksherum"*

Martin Luther: *An der Existenz von Hexen gibt es keinen Zweifel*

Immanuel Kant: *Wanzen entstehen durch Sonnenlicht*

Jean d'Alembert: *Die Wahrscheinlichkeit für „Zweimal Kopf" bei zwei Münzwürfen ist 1/3*

Edmund Halley: *Die Erde ist hohl*

Ernest Rutherford (Nobelpreis Chemie 1908): *Atome lassen sich nicht spalten*

Albert Einstein (Nobelpreis Physik 1921): *Das Universum kann nicht expandieren*

Mit dieser Irrtumssammlung möchte ich mich nun keineswegs über meine Kollegen und Mitmenschen erheben: Ich hätte überhaupt nichts dagegen, auch selbst in dieser illustren Liste aufzutreten.

Ein Wort noch zum „Fall Kolumbus", weil hierüber immer noch irrtümliche Ansichten kursieren: Heutzutage ist vielen nicht bewusst, dass er sich beim Thema Seeweg nach Indien auf dem Holzweg befand [2]. Die „tumben" Könige Spaniens und Portugals wussten sehr wohl, dass die Erde eine Kugel war. Alle Seefahrer und Geographen, aber auch die Könige von Spanien und Portugal hatten daran keinen Zweifel. Die Debatte ging nicht um die Existenz, sie ging nur noch um die Größe dieser Kugel; je größer, desto länger muss man bis nach Indien westwärts segeln. Und hier waren nicht die Gegner des Kolumbus, hier war dieser selbst von Irrtümern befangen. Denn Kolumbus schätzte den Umfang der Erdkugel, gestützt auf den antiken Astronomen Ptolemäus, auf rund 28 000 Kilometer, und damit 12 000 Kilometer zu kurz (und glaubte bis an sein Lebensende, er hätte Indien erreicht, während er in Wahrheit nur die Hälfte der Strecke bis nach Indien überwunden hatte). Die Experten an den Königshöfen dagegen schätzten, gestützt auf ein Gutachten des Florentiner Mathematikers Paolo Toscanelli, den Erdumfang auf 39 000 Kilometer und damit bis auf 1 000 Kilometer genau. Damit war aber die konventionelle Reise nach Indien „linksherum" mitsamt der Umschiffung des Horns von Afrika kürzer als die von Kolumbus geplante Route „rechtsherum". Es gab also gute Gründe, das Projekt als überflüssig abzulehnen. Dass zwischen Europa und Indien noch ein ganzer Kontinent im Wege lag, konnte damals niemand ahnen.... Wir haben es also gleich mit zwei Irrtümern zu tun: Nicht nur Kolumbus war im Irrtum, sondern auch die Nachwelt mit ihrem Urteil über Kolumbus.

Die im Folgenden präsentierten Irrtümer möchte ich in drei Gruppen aufteilen, nämlich:
1. Irrtümer zu Fakten,
2. irreführende Definitionen und
3. falsche Theorien.

Irrtümer zu Fakten

Die Irrtümer des ersten Typs sind am leichtesten zu entlarven: Man schlägt den Brockhaus oder das Statistische Jahrbuch auf und weiß, was richtig ist. Etwa dass der Morseapparat nicht von Herrn Morse, die Dampfmaschine nicht von James Watt und die Motorflugzeuge nicht von den Gebrüder Wright erfunden worden sind, oder dass es das Fax schon lange vor dem Telefon gegeben hat. Es wurde nämlich schon im Jahre 1840 von dem schottischen Uhrmacher Alexander Bain erfunden; von 1865 bis 1870 gab es eine stehende Fax-Verbindung von Paris nach Lyon.

Genauso zahlreich und leicht zu entlarven sind auch Irrtümer zu den Eigenschaften oder zur Herkunft von Nahrungsmitteln. Anders als viele immer noch glauben, kommen Nudeln nicht aus Italien, sondern aus China, dito Ketchup, das die meisten für eine typisch amerikanische Erfindung halten, während dagegen das „chinesische" Gericht Chop Suey in China völlig unbekannt ist und in den USA entstand. Anders als man mir als Kleinkind beibringen wollte, erzeugt auch das übermäßige Essen von Schokolade keine Pickel (es gab diesbezügliche Großversuche mit Hunderten von Teenagern), und ist auch der berühmte hohe Eisengehalt von Spinat nur eine Illusion. Die folgende Tabelle zeigt eine Reihe von Lebensmitteln, die alle eisenhaltiger sind als dieses angeblich so eisenhaltige Gemüse.

Eisengehalt pro 100 Gramm ausgewählter Nahrungsmittel (in Milligramm)

Spinat (gekocht und entwässert)	2,2
Eier	2,2
Weißbrot	2,3
Spinat (frisch)	2,6
Bohnen (gekocht)	2,7
Sojabohnen	2,7
Ölsardinen	3,1
Rindfleisch	3,3
Mandeln	4,6
Leberwurst	5,9
Schokolade	6,7
Pistazien	7,3

Leicht zu entlarven sind auch verschiedene Irrtümer zur Geographie. So ist etwa das Kap der guten Hoffnung nicht der südlichste Punkt von Afrika, liegt Kalkutta nicht am Ganges und fährt man vom Atlantik in den Pazifik auf dem Panama-Kanal nicht von Ost nach West, sondern von West nach Ost. Etwas mehr Rechercheaufwand ist nötig, um aufzudecken, dass entgegen der intuitiven Erwartung in der Wüste weit mehr Menschen ertrinken als verdursten: In der Sahara etwa kommen fast jedes Jahr mehrere Hundert Menschen durch seltene, dafür aber umso ertragreichere Platzregen ums Leben, die ein Wüstental binnen Minuten in einen meterhohen See verwandeln, darin kommen dann regelmäßig viele durch den Regen überraschte Menschen um.

Etwas schwerer kommt man dagegen historischen Irrtümern auf die Schliche, weil diese von interessierten Kreisen gerne heute noch als Wahrheiten ausgegeben werden. So würden etwa unsere französischen Nachbarn mit weit weniger Begeisterung an ihrem Nationalfeiertag die Erstürmung der Bastille feiern, wenn sie wüssten, dass diese nie erstürmt worden ist [3]. Sie wurde vielmehr friedlich übergeben. Nach der friedlichen Übergabe wurde die vor allem aus Invaliden bestehende Besatzung von einem außer Rand und Band geratenen Mob brutal ermordet und dieses Gemetzel als heroischer Kampf verkauft. Die dann folgende französische Revolution stand auch nicht unter dem Motto „Freiheit, Gleichheit, Brüderlichkeit", wie heute noch auf allen französischen Rathäusern zu lesen, sondern unter dem Motto „Freiheit, Gleichheit, Eigentum". Die „Brüderlichkeit" kam erst unter Napoleon III. mehr als 50 Jahre nach den Ereignissen dazu. Eine zarte Spur von Brüderlichkeit findet sich allein in einem Beschluss des Direktoriums des Département Paris von 1793, auf alle Häuser die folgende Parole anzubringen: „Unité, Indivisibilité da la République, Liberté, Egalité, Fraternité ou la mort". Jedoch wurden diese Worte nie zur offiziellen Devise oder zum Kampfruf der neuen Republik.

Diese Irrtümer überleben, weil man ein mühsam geschaffenes nationales Selbstbild nicht zerstören will. Und auch andere Teile des modernen Weltbildes wie etwa, dass Religion und Kirche während des Mittelalters und der frühen Neuzeit den Wissenschaften im Weg gestanden hätten, ruhen auf zweifelhaften Säulen. So waren die größten Feinde des großen Galilei nicht die Mönche in den Klöstern, sondern seine weltlichen Kollegen an den weltlichen Universitäten [2, 4, 5]. Anders als der unglückliche, nur wenige Jahrzehnte vorher auf dem Scheiterhaufen verbrannte Giordano Bruno befand sich Galilei zeit seines Lebens mit den Mächtigen von Staat und Kirche in durchaus gutem Einvernehmen. Vor allem aus Angst vor dem Spott der anderen Physikprofessoren, nicht aus Angst vor der Kirche, wagte Galilei erst als über 50-jähriger öffentlich für die Lehren des Kopernikus zu werben; als er die Monde des Jupiters entdeckte, lehnten es die Physikerkollegen ab, zum Beweis durch Galileis Teleskop zu sehen – nach dem Motto, dass nicht sein kann, was nicht sein darf, erschienen Experimente und Naturbeobachtungen den meisten Gelehrten des frühen 17. Jahrhunderts reichlich überflüssig.

Die Kirche dagegen behandelte den unkonventionellen Physikprofessor aus der Toskana mit bemerkenswerter Toleranz; er wurde vom Papst zur Audienz empfangen, von den Jesuiten sogar für seine wissenschaftlichen Verdienste ausgezeichnet, und anders als die weltlichen Gelehrten ließen sich die Jesuiten auch durch Fakten (nämlich durch die Monde des Jupiters) überzeugen, dass das ptolemäische Weltbild wissenschaftlich nicht zu halten war.

Erst als Galilei nicht nur das ptolemäische Weltbild als falsch, sondern darüber hinaus sein eigenes als das einzig richtige bezeichnete (was nicht stimmt, wie wir spätestens seit Einstein wissen), wurde diese Toleranz der Kirche ernsthaft auf die Probe gestellt. Denn als Arbeitshypothese hätte man Galileis Thesen durchgehen lassen, aber als endgültige Wahrheit nicht. Hier sah die Kirche ihren Monopolansprüche verletzt, und als Galilei trotz Abmahnung immer dezidierter von dem System des Kopernikus als einer „bewiesenen Wahrheit" sprach, den Beweis aber nicht beibringen konnte (was auch gar nicht geht, denn wissenschaftliche Theorien lassen sich nur widerlegen, aber nicht beweisen), reagierte die Kirche auch ihrerseits recht überzogen mit einem Dekret, das die Lehre von der Bewegung der Erde für „falsch und in allen Punkten der Heiligen Lehre widersprechend" erklärte.

Persönlich wurde Galilei jedoch nicht belangt. Weder wurden seine Bücher verboten noch seine guten Beziehungen zu den Mächtigen ernsthaft angegriffen. Hätte er hinfort von seinen Thesen als Theorien und nicht letzten Wahrheiten gesprochen, wäre es wohl nie zu der berühmten Vorladung vor die Inquisition nach Rom gekommen.

Diese Vorladung erging aufgrund eines neuen Buches, in dem Galilei weiter und allen Abmahnungen zum Trotz von absoluter Wahrheit sprach. Sie wurde im Oktober 1632 zugestellt, wegen Krankheit Galileis aber aufgeschoben: Erst in Februar 1633 reiste Galilei dann nach Rom. Dort wohnte er zunächst als Gast des florentinischen Botschafters in der Villa Medici, dann während des eigentlichen Inquisitionsverfahrens vom 12. April bis 22. Juni 1633, in einem Drei-Zimmer-Apartment im Vatikan, mit Diener und Blick auf dem Garten. Er wurde weder eingekerkert noch gefoltert.

Wie vielen genialen Menschen war es auch Galilei immer schwer gefallen, seine weniger begabten Zeitgenossen ernst zu nehmen. Auch in seinem Inquisitionsverfahren ging er wohl davon aus, nach Klarstellung einiger strittiger Passagen, welche die dummen Kardinäle nicht verstehen würden, nach Hause geschickt zu werden. Erst als die gar nicht so dummen Inquisitoren durch keine wissenschaftlichen Argumente davon abzubringen waren, dass Galilei verbotenerweise und falsch von absoluten Wahrheiten geschrieben habe, geriet Galilei in Panik; vielleicht dachte er dabei an Giordano Bruno, vielleicht wollte er nur seine Ruhe haben - wie auch immer: Unaufgefordert und ohne Druck von außen stritt er seine Lehren en bloc einfach ab.

Das Urteil lautete auf Ungehorsam. Die Strafe waren sieben Bußpsalmen jede Woche für drei Jahre, plus eine Kerkerstrafe, die Galilei aber niemals anzutreten brauchte. Nach dem Verfahren lebte er als Gast beim Großherzog der Toskana, dann beim Erzbischof von Siena, dann als Staatsrentner in dem kleinen Dorf Arcetri bei Florenz, wo er unbelästigt seine Forschungen weiterführte und 1642 starb.

Irrtümer zu Definitionen

Irrtümer zu Definitionen spielen in meinem Forschungsgebiet, der Wirtschafts- und Sozialstatistik, eine wichtige Rolle [6-8]. Hier stellt sich immer wieder die Frage: Wie grenzen wir Dinge, Personen, Tatbestände sinnvoll voneinander ab? Nicht nur Armut oder Arbeitslosigkeit, auch vieles andere, was wir zählen, messen und vergleichen, sieht je nach der Brille, durch die wir es betrachten, einmal so und einmal anders aus.

Laut Statistischem Bundesamt ist fast jeder zehnte Deutsche heute schwerbehindert – nicht weil wir wirklich immer kränker würden, sondern weil die Meinung, was „schwerbehindert" eigentlich bedeutet, heute sehr viel weiter gefasst wird als noch vor 50 Jahren. Würden wir die deutsche Messlatte für Krankheit auf andere Länder übertragen, so wären mehr als eine Milliarde Chinesen, die kein „r" aussprechen können, krank, und sie hätten Anspruch auf eine Sprachtherapie.

Oder: Wie viele Menschen sterben jedes Jahr durch Unfälle auf der Straße? Das Statistische Jahrbuch sagt: Im Jahr 2005 waren es in Deutschland 5362 Menschen. Aber wenn jemand erst eine Woche nach dem Unfall stirbt? Oder erst nach drei Monaten? In der Bundesrepublik wird die Grenze bei 31 Tagen angelegt, in der DDR lag sie bei 72 Stunden....

Oder nehmen wir die Säuglingssterblichkeit. In einer internationalen Statistik war vor einigen Jahrzehnten einmal zu lesen, dass in Deutschland (West) von 1000 Babys 19 die Geburt nicht überleben, mehr als z. B. in Hongkong (15) oder Singapur (14), also in Ländern, von denen wir anzunehmen geneigt sind, dass sie der Bundesrepublik Deutschland hinsichtlich Hygiene und Gesundheitswesen eher unterlegen sind. Der Grund liegt in der Definition von „Säuglingssterblichkeit". In Deutschland meint man damit alle lebend Geborenen, die im ersten Lebensjahr versterben. Würden wir wie in vielen anderen Ländern die noch am ersten Tag oder bis zur Taufe verstorbenen Babys als „totgeboren" zählen (die in dieser Statistik nicht aufgenommen werden), hätten wir mit einem Federstrich die Säuglingssterblichkeit halbiert.

Unter anderem auf diese Weise kam auch der vermeintliche Vorsprung des Ostens vor dem Westen Deutschlands bei der Säuglingssterblichkeit zustande: Im Westen zählt ein Kind als lebend geboren, wenn es atmet *oder* wenn sein Herz schlägt (ist beides nicht der Fall, und wiegt das Kind außerdem noch mehr als 1000 Gramm, gilt es als totgeboren; wiegt es weniger als 1000 Gramm, gilt es als Fehlgeburt und geht überhaupt nicht in die Statistik der Todesfälle ein). In der DDR dagegen galt ein Kind als lebend geboren, wenn es atmete *und* wenn sein Herz schlug. War eines von beiden nicht der Fall, galt es von Anfang an als totgeboren; wenn das Kind dann wirklich starb, ging das die Säuglingssterblichkeit nichts an. Denn es hatte ja offiziell nie gelebt....

Manchmal sind diese je nach Definition unterschiedlich ausfallenden Statistiken und die daraus resultierenden Irrtümer nicht zu vermeiden, sie sind eine Konsequenz der natürlichen Unbestimmtheit, die vielen Begriffen unausweichlich innewohnt. Zuweilen werden diese Irrtümer aber auch absichtlich erzeugt. Wenn etwa die Finanzstatistik vieler islamischer Länder keine Zinsen kennt, dann nicht, weil es dort, wie der Koran verlangt, keine Zinsen gibt – die Zinsen heißen nur „Verwaltungskosten". Und wenn es in manchen katholischen Ländern kaum Abtreibungen und Ehescheidungen gibt, so nicht nur deshalb, weil dort so wenige Abtreibungen und Ehescheidungen stattfinden – sie heißen nur „Annullierungen" bzw. „Fehlgeburten". Und wenn in weltbekannten Zentren des Sex-Tourismus wie in Thailand kaum Prostitution zu existieren scheint, so nicht, weil es dort keine Prostituierte gäbe – sie heißen einfach „social workers".

Diese Schwammigkeit der Begriffe ist bei der Deutung von Sozialstatistiken stets zu bedenken (weitere Beispiele hierzu in meinem Buch „So lügt man mit Statistik"). Definitorische Willkür bietet zudem willkommene Ansatzpunkte zur Manipulation. So können Fernsehsender, die Kinderfilme nur mit wenig Werbung senden dürfen, ohne Schwierigkeiten eine Sendung als Familienfilm ausweisen, bei denen es keine solchen Beschränkungen gibt.

Falsche Theorien

Die letzte Irrtumsklasse enthält falsche Theorien. Hierzu gehört die irrige Annahme, dass eine hohe Staatsverschuldung automatisch eine große Last für künftige Generationen sei. Das ist so nicht richtig. Denn die gleichen Kinder, die unsere Schulden erben, erben ja auch unsere Vermögen. Eine hohe Staatsverschuldung heißt doch nichts anderes, als dass die übrigen Teilnehmer des Wirtschaftslebens, also Firmen, private Haushalte und ausländische Staaten, einen exakt gleich großen Überschuss besitzen. Die Summe aller Schulden ist per definitionem immer gleich der Summe aller Guthaben, und wenn die Schulden wachsen, wachsen auch die Guthaben im Gleichschritt mit.

Das mittlerweile beträchtliche Geldvermögen der deutschen Privathaushalte wäre undenkbar ohne einen Partner, der dieses Vermögen schuldet, und deshalb ist es zunächst wenig sinnvoll, die eine Seite der Münze zu bewundern und die andere zu bespucken. Wenn wir in der Presse lesen, die deutsche Staatsverschuldung betrage pro Bürger heute mehr als 17 000 Euro (Stand Ende 2005), so können wir das auch umdrehen und sagen: Jeder Bürger hat beim deutschen Staat ein Konto von im Mittel mehr als 17 000 Euro! Wenn wir das im Ausland liegende Vermögen einmal ignorieren, kann der Staat so viele Schulden machen, wie er will – netto ist die Belastung immer Null. Wenn Frau Meier ihrem Gatten 500 Euro für einen neuen Rasenmäher leiht, bleibt das Geld in der Familie. Niemand käme hier auf den Gedanken zu sagen: Familie Meier hat 500 Euro Schulden. Und genauso kann auch ein Staat als Ganzes keine Schulden machen: Was wir aus der einen Tasche herausnehmen, stecken wir in die andere wieder hinein, und netto gleicht sich alles aus.

Ein anderer Irrtum aus dem Wirtschaftsleben: Ein konsequenter Mieterschutz schütze den Mieter. Eher ist das Gegenteil der Fall. Der beste Schutz des Mieters, so die Mehrheitsmeinung aller Ökonomen, ist ein großes Wohnungsangebot, und dieses große Wohnungsangebot wird durch Mietkontrollen und Kündigungsschutzgesetze gleich zweifach ausgehebelt: Potentielle Wohnungen bleiben aus Mangel an Erträgen ungebaut, und bereits fertige Wohnungen und Häuser werden aus Furcht vor Mietern, die man nicht mehr loswird, nicht vermietet; sie stehen stattdessen leer. Ich habe schon in manchen Ländern zur Miete gewohnt – in Deutschland, in Österreich, in England, in Frankreich, in Italien, in den USA, in Australien und in Kanada. Am schwersten zu finden und mit Abstand am teuersten sind bzw. waren die Wohnungen da, wo man die Mieter am konsequentesten „beschützt", in Deutschland, Österreich, Italien und Frankreich. Am leichtesten zu finden und am preiswertesten waren die Wohnungen da, wo man das Wort „Mieterschutz" nicht kennt, in den USA, Australien und Kanada.

In die gleiche Kategorie fällt der Irrtum, Mindestlöhne sicherten den Verdienst von ungelernten Arbeitskräften. In Wirklichkeit sind Mindestlöhne Jobkiller. Sie sichern nur die Löhne derjenigen, die ihren Arbeitsplatz behalten; die anderen Löhne drücken sie auf Null. Denn in einer Marktwirtschaft kann ein Unternehmen nur dann überleben, wenn seine Beschäftigten mehr erwirtschaften, als sie kosten, und das hat für Arbeitsverhältnisse an der Grenze zur ökonomischen Rentabilität gewisse Konsequenzen. Hier heißen die Alternativen nicht: „Mindestlohn oder weniger als Mindestlohn", sondern „weniger als Mindestlohn oder gar kein Lohn". Solange Unternehmen nicht gezwungen werden können, Arbeitskräfte einzustellen, können und werden sie auf lange Sicht nur solche Arbeitskräfte halten, die mehr produzieren, als sie kosten. Und wenn die Kosten künstlich hochgehalten werden, heißt das, auf Kräfte an der Rentabilitätsgrenze zu verzichten.

Zum Abschluss möchte ich auf eine falsche Theorie zur Wirkung der modernen Medizin eingehen. Diese macht nämlich, anders als viele Mediziner gerne glauben, die Menschen im Durchschnitt nicht gesünder, sondern eher kränker, was nur auf den ersten Blick paradox ist. Erhellend ist hierfür ein Zitat eines alten Klinikers, den ich auf einer Tagung einmal habe sagen hören: „Früher hatten wir es einfach. Da war der Patient nach einer Woche entweder gesund oder tot."

Heute ist dagegen der typische Patient nach einer Woche weder gesund noch tot. Heute hält die Medizin im Gegensatz zu früher ein großes Arsenal von Abwehrwaffen vor, aber dies sind zu einem großen Teil, wie die Amerikaner sagen, nur *halfway-technologies*: Sie halten uns zwar am Leben, aber machen uns nicht komplett gesund. Das ist zwar ein Erfolg, aber kein hundertprozentiger, der uns damit ein Paradox beschert. Denn ohne die moderne Medizin wären viele hier im Saal schon lange tot, aber die Überlebenden dafür im Durchschnitt – ich betone: im Durchschnitt – eher gesünder als sie es heute sind.

Diesen zentralen Punkt kann man an einem einfachen Beispiel verdeutlichen: Angenommen, jeder hier im Publikum, der weniger als 1000 Euro mit sich führt, muss den Saal verlassen. Nun wird jeder der verbliebenen Personen durchschnittlich mehr als 1000 Euro in der Tasche haben. Senkt man nun die Grenze, so hat dies zwei Konsequenzen: Es bleiben mehr Menschen im Saal, und das Durchschnittsvermögen wird sinken. Dieses Spiel kann man beliebig weitertreiben. Ähnlich wirkt die moderne Medizin: Sie gibt vielen, die ohne sie den Saal hätten verlassen müssen, quasi eine Aufenthaltsverlängerung. Diese massenhaften Aufenthaltsverlängerungen, die wohl ein jeder positiv bewerten wird, haben aber den Effekt, dass wir immer mehr zu einem Volk von Kranken werden.

So nimmt Deutschland was die Zahl an Nierenkranken betrifft, heute eine Spitzenstellung in der Welt ein. Dies liegt nicht daran, dass wir hier besonders gefährdet leben oder die Medizin Mängel aufweist. Im Gegenteil: Hätten wir nicht die weltweit vorbildlichen Möglichkeiten der künstlichen Blutwäsche für alle, gäbe es heute bei uns sehr viele Nierenkranke weniger. In England z.B. gibt es kaum 500 Nierenkranke pro eine Million Einwohner, verglichen mit mehr als 1000 in der Bundesrepublik, aber nicht, weil in England diese Krankheit seltener auftritt, sondern weil dort kaum ein Nierenkranker seinen sechzigsten Geburtstag überlebt.

Ähnlich verhält es sich mit dem Diabetes. Heute gibt es rund 8 Millionen Zuckerkranke in der Bundesrepublik, mehr als 10mal soviel wie zu Zeiten Röntgens oder Kochs. Das liegt aber nicht an der Unfähigkeit der Medizin, sondern daran, dass vor 70 Jahren das Insulin erfunden wurde. Auch hier gilt die völlig wertneutrale Feststellung: Ohne medizinischen Fortschritt wäre der Durchschnitt der Überlebenden heute gesünder.

Der moderne Arzt ist also weniger ein weißer Engel, der uns die Tür zum ewigen Leben aufschließt, als vielmehr ein neuer Sisyphus, dessen Mühen und Sorgen mit jedem Erfolg nur immer größer werden. Es ist daher auch eine Illusion zu glauben, dass ein medizinisch effizienteres Gesundheitswesen uns als Kollektiv gesünder macht. Die große Gleichung „mehr Geld = mehr Gesundheit" ist eindeutig falsch. Je mehr sich die Medizin anstrengt, desto mehr kranke Menschen muss es geben. Damit sitzt die moderne Medizin ein für allemal in einer Fortschrittfalle fest.

Literatur

1. Krämer, W., Trenkler, G.: Lexikon der populären Irrtümer. Eichborn, Frankfurt, 1996; Piper, München, 2004.
2. Prause, G.: Niemand hat Kolumbus ausgelacht. Fälschungen und Legenden der Geschichte richtiggestellt. Econ, Düsseldorf, 1986.
3. Bertraud, J.-P.: Alltagsleben während der französischen Revolution. Ploetz, Freiburg, 1989.
4. von Gebler, K.: Galileo Galilei und die römische Kurie. Werk und Leben nach authentischen Quellen. Stuttgart 1876/77.
5. Waldenfels, H.: Christlicher Glaube und Wissenschaft. Nachgedanken zum "Fall Galilei". Forschung und Lehre 3/1994, 96.
6. Krämer, W.: So lügt man mit Statistik, Eichborn, Frankfurt, 1991; Piper, München, 2006.
7. Krämer, W., Gigerenzer, G.: How to confuse with statistics. The use and misuse of conditional probabilities. Statistical Science 20, 323 (2005).
8. Krämer, W.: Denkste! Campus, Frankfurt, 1996; Piper, München 2005.

Prof. Dr. Walter Krämer, geb. 1948 in Ormont/Eifel, studierte Mathematik und Wirtschaftswissenschaften in Mainz. Nach der Promotion (Mainz, 1979), Habilitation für Ökonometrie an der Technischen Universität Wien. Seit 1988 Professor für Wirtschafts- und Sozialstatistik am Fachbereich Statistik der Universität Dortmund. Neben zahlreichen Fachpublikationen u.a. Autor vom „Lexikon der populären Irrtümer" (mit seinem Universitätskollegen Götz Trenkler) und des Buches „So lügt man mit Statistik".

Prof. Dr. Walter Krämer
Fachbereich Statistik
Universität Dortmund
Vogelpothsweg 87
D-44227 Dortmund

Wir irren uns empor
Gerhard Vollmer

Salman Rushdie hat nicht nur die „Satanischen Verse" geschrieben, sondern u.a. auch „Harun und das Meer der Geschichten" [3]. Wie der Titel nahe legt, schwimmen hier die Geschichten im Meer herum, und der Autor muss sie nur einfangen, um sie dann erzählen zu können.

Von Rudy Rucker gibt es ein Buch mit einem ähnlichen Titel: „Der Ozean der Wahrheit" [4]. Was kann damit gemeint sein? Für uns ist nicht besonders wichtig, dass der englische Originaltitel ganz anders lautet und dass der Ausdruck ‚Ozean der Wahrheit' in dem Buch nirgends erläutert wird, obwohl sogar ein Teilkapitel so überschrieben ist. Der Titel legt jedenfalls nahe, dass die Wahrheit eine Art Ozean bildet oder dass alle Wahrheiten in einer Art Ozean zu finden sind. Was wären dann Irrtümer? Vielleicht eine Art Festland? Oder Inseln im Ozean der Wahrheit? Vielleicht Klippen, auf die man auflaufen kann und vor denen man sich in Acht nehmen muss? Gibt es also beliebig viele Wahrheiten, aber nur einige Irrtümer?

Die Wahrheit – ein Ozean oder viele Inseln?

Ich möchte zeigen, dass dieses Bild falsch ist. Es ist eher umgekehrt: Wir schwimmen in einem Ozean von Irrtümern, und unsere Suche nach Wahrheit ist eine Suche nach Inseln in diesem Ozean. Wir können uns diesen Inseln nähern, sie aber auch verfehlen. Es gibt einige Wahrheiten, aber ungeheuer viele Irrtümer. Es ist deshalb viel leichter, sich zu irren, als die Wahrheit zu finden. Tatsächlich irren wir uns viel häufiger, als dass wir die Wahrheit hätten. So meint der französische Schriftsteller Georges Duhamel (1884-1966): „Kein Zweifel. Der Irrtum ist die Regel: Die Wahrheit ist der Unfall des Irrtums."

Das erscheint paradox: Wir wissen doch so viel! Wir haben ein Leben lang gelernt und wissen es jetzt. Wir nehmen an Vorträgen, Kongressen, Tagungen teil, bei denen möglichst nur Wahres berichtet wird. Wir lernen jeden Tag etwas dazu; nun wissen wir es, und wir sind sicher, dass alles wahr ist.

Woher wir das wissen? Nun, das scheint eine einfache Frage zu sein. Was heißt denn „Wissen"? Die übliche Antwort lautet: *Wissen ist wahre und fundierte Überzeugung.* Danach hat der Wissensbegriff drei Komponenten: eine subjektive: die Überzeugung, eine objektive: die Wahrheit, und eine sichernde: die Fundiertheit. Die Forderung nach Wahrheit ist unproblematisch: Falsches kann nicht gewusst werden. Ich kann wissen, dass die Erde eine Kugel ist. Ich kann *meinen*, sie sei eine Scheibe; ich kann sogar *überzeugt sein*, sie sei eine Scheibe. Ich kann aber nicht *wissen*, dass sie eine Scheibe ist; denn sie ist keine. Etwas Falsches kann man nicht wissen. Wenn ich also etwas weiß, dann ist es *nach Definition* wahr. Und da Wissenschaft schon vom Wort her mit *Wissen* zu tun hat, muss sie voller Wahrheiten stecken.

Nun soll – jedenfalls nach klassischer Auffassung – unsere Überzeugung nicht nur wahr, sondern auch *fundiert* sein. Und sie soll nicht nur *zufällig wahr* sein; vielmehr möchten wir uns vergewissern können, dass unsere Überzeugungen wahr sind.

Und natürlich glauben wir, etwas zu wissen. Wir glauben also, nicht nur wahre, sondern auch fundierte Überzeugungen zu haben. Weil wir sicheres Wissen zu haben glauben, weil wir es mindestens für möglich halten, deshalb erwarten wir, deshalb verlangen wir diese Sicherheit.

Vermeintliche Wege zu sicherem Wissen

Die Fundierung kann, so hat man sich das jedenfalls gedacht, auf verschiedene Weise erfolgen.

"Aber siehst du denn nicht …?" Besonders gern berufen wir uns auf Evidenz. Wir glauben nur, was wir sehen. Umgekehrt sagen viele: Wenn ich es sehe, dann glaube ich es auch. Und wenn du es siehst, dann solltest du es auch glauben. – Wer so denkt oder redet, sollte sich einmal mit optischen Täuschungen beschäftigen oder den „Turm der Sinne" in Nürnberg besuchen [5]. Unser Auge, unser Ohr, unsere Sinnesorgane überhaupt arbeiten im Allgemeinen durchaus verlässlich; von sicherem Wissen kann jedoch nicht die Rede sein.

„Das hat doch der Papst gesagt!". Oft berufen wir uns auf Autoritäten, weil wir ihnen besondere Einsichten zutrauen: auf Aristoteles oder Goethe oder Einstein. – Aber jeder Mensch kann sich irren. Natürlich gibt es Leute, die vieles oder sogar alles besser wissen als ich; von Unfehlbarkeit kann nicht die Rede sein, auch nicht beim Papst. Wer um die Fehlbarkeit weiß, um die eigene oder um die Fehlbarkeit anderer, der hat einen Wissensvorsprung. Das lernen wir schon von Sokrates: Das Orakel nennt ihn den Weisesten aller Griechen, dies aber gerade deshalb, weil er *weiß*, wie wenig er weiß.

„So steht es schon in der Bibel." Für viele stellt die Bibel eine besondere Autorität dar. Sie glauben, die Bibel sei *Gottes Wort* und könne deshalb nicht irren. – Dafür gibt es jedoch keinen Beleg. Im Gegenteil: Inzwischen ist erwiesen, dass in der Bibel viel Falsches steht. Auch die Tatsache, dass es in vielen Religionen heilige Schriften gibt, die einander sogar vielfach widersprechen können, schürt die Zweifel. Alle Bücher sind von Menschen geschrieben, und es gibt keinen Grund, ihnen mehr zu trauen als unseren Mitmenschen.

„Nun denk doch mal nach!" Wenn wir uns schon nicht auf das Zeugnis der Sinne, auf Autoritäten oder auf heilige Schriften verlassen können – können wir uns nicht wenigstens auf unsere Vernunft verlassen? Das ist die Instanz, auf welche die *Rationalisten* setzen. – Aber was sind denn die Einsichten der Rationalisten, denen alle Menschen mit Verstand oder Vernunft zustimmen müssten? René Descartes (1596-1650) zeigt sehr überzeugend, dass wir an allem zweifeln können. Er selbst glaubt dann, auf etwas verschlungenen Pfaden zum sicheren Wissen zurückzugelangen. Auf diesen Pfaden, welche Metaphysik und Theologie, welche insbesondere die Existenz und die Eigenschaften Gottes einschließen, vermögen wir ihm nicht mehr zu folgen. Und so geht es uns mit allen klassischen Rationalisten, sogar mit Baruch Spinoza (1632-1677), der doch den Anspruch erhebt, *more geometrico*, also nach Art der Geometrie zu philosophieren, mit Gottfried Wilhelm Leibniz (1646-1716), mit Christian Wolff (1679-1754). So geht es uns sogar mit Immanuel Kant (1724-1804): Er glaubt, in den synthetischen Urteilen *a priori* Aussagen gefunden zu haben, die wenigstens für alle menschliche Erfahrung notwendig gelten; aber solche Aussagen scheint es gar nicht zu geben. Ihre Überlegungen sind beeindruckend; die Möglichkeit sicheren Wissens nachgewiesen oder gar sicheres Wissen aufgewiesen haben sie nicht.

„Das ist doch logisch!" Die Wissenschaften, denen wir noch am meisten Sicherheit zutrauen, sind die Strukturwissenschaften,

vor allem *Logik und Mathematik* (die wir auch formale oder deduktive Wissenschaften nennen). Wird dort nicht sorgfältig definiert, zuverlässig geschlossen und streng logisch bewiesen? Finden wir dort nicht die Sicherheit, die wir suchen, von der wir seit Parmenides oder wenigstens seit Aristoteles träumen? – Leider nicht. Logik ist die Lehre von den gültigen Schlüssen. Nun beruhen aber alle Schlüsse und alle Schlussketten, also alle Beweise auf *Voraussetzungen* oder Prämissen, und jede Folgerung, jede Konklusion ist immer nur so sicher wie diese Prämissen. Und diese Prämissen sind entweder *unbewiesene* Axiome oder *unbewiesene* Annahmen. Noch wichtiger ist ein anderer Gesichtspunkt: Logik und Mathematik mögen den höchsten Grad an Sicherheit bieten, den wir kennen; diese Sicherheit erkaufen wir jedoch damit, dass sie uns *nichts über die Welt sagen!* Von den Strukturwissenschaften erfahren wir nichts über die Welt. Es gibt dort also nicht nur kein sicheres Wissen, sondern überhaupt kein Wissen über die Welt!

„Wenn du erst mal so alt bist!" Andere berufen sich lieber auf die *Erfahrung*. Einzelne Sinneseindrücke mögen ja gelegentlich täuschen, so argumentieren sie, aber sie lassen sich doch wiederholen, sammeln, vergleichen, intersubjektiv überprüfen, durch Zählen und Messen präzisieren, durch Blind- und Doppelblindversuche objektivieren, durch Messgeräte erweitern und verschärfen. Jene Philosophen, welche die Erfahrung in den Vordergrund stellen, nennen wir *Empiristen;* zu ihnen gehören John Locke (1632-1704), David Hume (1711-1776), John Stuart Mill (1806-1873). – Und doch: Keines dieser Verfahren führt zur Sicherheit. Wir können uns auch gemeinsam irren. So hielten wohl *alle* Menschen über Jahrtausende die Erde für eine Scheibe oder wenigstens für flach, und doch ist sie eine Kugel (wenn auch keine vollkommene).

„Das war schon immer so!" Aber können wir unsere Erfahrungen nicht verallgemeinern und zu *Naturgesetzen* aufsteigen? Haben nicht Philosophen wie Aristoteles (384-322) und Francis Bacon (1561-1626) uns die Induktion gelehrt? Hat nicht Isaac Newton (1643-1727), der Begründer der neuzeitlichen Physik, erklärt, in der Experimentalphysik „leitet man die Sätze aus den Erscheinungen ab und verallgemeinert sie durch Induktion" [6]? Versichert nicht Charles Darwin (1809-1882) in seiner Autobiographie, er habe „nach echten Bacon'schen Grundsätzen" gearbeitet? Und zählen die Newton'sche Mechanik und die Darwin'sche Evolutionstheorie nicht zu den größten Triumphen der Erfahrungswissenschaft? – Kein Zweifel, diese Theorien sind großartig; aber sicheres Wissen bieten sie nicht. Das sehen wir schon daran, dass ausgerechnet Newtons Physik und Darwins Evolutionstheorie sich als verbesserungsbedürftig erwiesen haben. So hat Albert Einstein Newtons Lehre von Raum, Zeit und Gravitation korrigiert; so haben Genetiker, Molekularbiologen und Ökologen Darwins Theorie ergänzt und verbessert. Induktion als strenges Verfahren, zu wahren allgemeinen Aussagen oder gar zu Naturgesetzen aufzusteigen, gibt es nicht. Das gilt auch und besonders für *Prognosen.* Mit Prognosen versuchen wir, aus Erfahrungen in der Vergangenheit für die Zukunft zu lernen. Aber was bisher immer der Fall war, kann doch morgen anders sein. Sicheres Wissen über die Zukunft haben wir nicht.

Keiner der klassischen Vorschläge zur Fundierung unseres Wissens war erfolgreich. Was lernen wir daraus?

Fallibilismus – die Lehre von der Fehlbarkeit

Nach Hegel lehrt die Geschichte, dass die Menschen aus der Geschichte nichts lernen. Wollen wir uns das wirklich nachsagen lassen? Vielleicht können wir doch etwas lernen: Nach zweieinhalb Jahrtausenden vergeblicher Suche sollten wir die Hoffnung auf sicheres Wissen aufgeben. Wohlgemerkt: nicht die Hoffnung auf Wissen, sondern die Hoffnung auf sicheres Wissen. Wir bezweifeln nicht, dass wir viele *Wahrheiten* finden können, aber wir bezweifeln, dass wir ihrer sicher sein können. Tatsächlich gibt es viele Wege zur Wahrheit, aber keinen gangbaren Weg zur Sicherheit.

Dass es kein sicheres Wissen gibt, haben wir behauptet und plausibel gemacht; *bewiesen* haben wir es nicht. Das ist auch unmöglich: Denn wenn wir das beweisen könnten, dann *hätten* wir ja sicheres Wissen. Einen strengen Beweis, dass es kein sicheres Wissen gibt, kann es also nicht geben. Kein Wunder, dass ein solcher Beweis bisher nicht vorgelegt wurde!

Natürlich wäre uns sicheres Wissen willkommen. Dann könnten wir verlangen, dass echtes Wissen sicher sein soll; dann könnten wir Sicherheit oder Fundiertheit in den Wissensbegriff aufnehmen und unsere Überzeugungen in fundierte und nicht fundierte aufteilen, in Wissen und Meinen oder in Wissen und Glauben. Aber solches Wissen, solche fundierten Überzeugungen scheint es nicht zu geben!

Wir stehen damit vor einer Entscheidung. Wollen wir nur dann von Wissen sprechen, wenn es uns gelingt, die gewünschte Fundierung zu liefern? Dann müssen wir mit Faust verzweifelt feststellen, „dass wir nichts wissen können". Dann bleibt uns Wissen versagt. Dann gibt es auch keine Wissenschaft. Das wäre eine mögliche Konsequenz, widerspricht aber unserer Intuition.

Aber es gibt auch einen anderen Weg: Wir können unseren Wissensbegriff weniger anspruchsvoll fassen. Wir können auf die Fundiertheit verzichten und uns mit wahren Überzeugungen zufrieden geben. Wahre Überzeugungen kann es geben; wenn wir sie als Wissen gelten lassen, dann gibt es auch Wissen und Wissenschaft.

Aber es gibt eben auch falsche Überzeugungen; es gibt auch den Irrtum. Nicht nur können wir uns irren; oft irren wir uns tatsächlich. Wir geben das nicht gern zu; wir verdrängen es; wir lassen uns ungern eines Irrtums überführen. Vor allem in der Wissenschaft, die doch vor allem mit Wissen zu tun hat, sind uns Irrtümer peinlich. Wir halten sie für pathologisch, suchen sie durch besondere, durch besonders ungünstige Umstände zu erklären.

Das sollten wir nicht tun! Wir sollten einen anderen Weg gehen. Es ist der Weg, den der Philosoph Karl Raimund Popper (1903-1994) vorschlägt.

Die Methode von Versuch und Irrtumsbeseitigung

Popper geht aus von der Vorläufigkeit unseres Wissens: All unser Wissen, auch unser wissenschaftliches Wissen, ist vorläufig, fehlbar (fallibel), hypothetisch. Zwar ist es möglich, die Wahrheit zu finden; doch können wir ihrer nie sicher sein. Popper vertritt also einen konsequenten *Fallibilismus*, der die Wissenschaft einschließt. Aber auch wenn wir uns immer wieder irren, so ist es doch möglich, solche Irrtümer zu entdecken und zu beseitigen. Es gibt also zwar keinen Königsweg zur Wahrheit – etwa über strenge Beweise, wohl aber einen Fußweg – nämlich über die Beseitigung von Irrtümern.

Auch wissenschaftliche Theorien können wir nicht beweisen, selbst dann nicht, wenn sie wahr sind. Doch können wir entdecken, dass sie falsch sind (falls sie falsch sind): Wir können sie widerlegen, als falsch erweisen, *falsifizieren*. Zwar verrät uns eine solche Entdeckung nicht, welche andere Theorie denn nun richtig ist; aber immerhin regt uns die Aufdeckung unseres Irrtums an, nach einer besseren Theorie zu suchen. Neben interessanten Problemen liefern also solche Widerlegungen oder Falsifikationen die stärksten Motive, neue Theorien zu entwerfen. So bedauerlich es sein mag, dass wir immer wieder Fehler machen, so nützlich ist es dann doch, dass wir diese Fehler entdecken können. Deshalb verlangt Popper von einer guten erfahrungswissenschaftlichen Theorie, dass sie der Prüfung, insbesondere der Widerlegung, ausgesetzt werden kann. So formuliert er seine wichtigste Idee, das *Falsifikationsprinzip: Eine gute erfahrungswissenschaftliche Theorie muss an der Erfahrung scheitern können!* Man kann auch sagen: Sie muss sich dem Risiko der Widerlegung aussetzen; sie muss falsifizierbar sein; es müssen Erfahrungen denkbar sein, aufgrund deren wir die Theorie als falsch verwerfen würden; es muss potentielle Falsifikatoren geben.

Dieses Falsifikationsprinzip ist mir immer wie ein Zauberstab erschienen. Es war Poppers Glück, dass er diesen Zauberstab entdeckt hat; es war aber Genialität, dass er ihn zu einem so vielseitigen Werkzeug weiterentwickelt hat. Das Falsifikationsprinzip taugt zunächst einmal für die Erfahrungswissenschaften. Es dient dort als Abgrenzungskriterium gegenüber Metaphysik und gegenüber Pseudowissenschaften. Gegen ungewöhnliche Ideen, gegen kühne Vermutungen, gegen gewagte Spekulationen ist dabei überhaupt nichts einzuwenden. Im Gegenteil: Kühne Hypothesen bringen die Forschung voran. Doch müssen sie prüfbar sein und dieser strengen Prüfung auch tatsächlich unterzogen werden. „Versuch und Irrtum" oder deutlicher: „Versuch und Irrtumsbeseitigung" lautet also Poppers methodologische Devise.

Das Falsifikationsprinzip präzisiert die allgemeine Prüfbarkeitsforderung. Außerdem hat es wichtige forschungsstrategische Konsequenzen: Nach dem Falsifikationsprinzip sollten Wissenschaftler gar nicht erst versuchen, ihre Theorien zu beweisen, zu verifizieren (weil das nicht geht), sondern versuchen, sie zu widerlegen, zu falsifizieren. Sie sollten nicht einmal nach Bestätigungen suchen. (Die werden sie zwar immer finden; sie sagen jedoch wenig über die Wahrheit von Theorien.) Vielmehr sollten sie nach widerlegenden Instanzen suchen, ihre Theorien sogar immer dem *härtestmöglichen Test* aussetzen. Eine Forscherin mag dabei hoffen, dass die Theorie den Test besteht (weil es ihre Theorie ist) oder dass sie den Test nicht besteht (weil sie ihrem Kollegen den Erfolg neidet). Diese *psychologische* Haltung sollte *forschungslogisch* keine Rolle spielen.

Der Forderung oder dem Rezept „Suche den härtestmöglichen Test!" stehen freilich Schwierigkeiten entgegen: Erstens neigen wir dazu, solche Fakten zu registrieren, die unserer Erwartung entsprechen, und solche zu übersehen, die ihr widersprechen. Das hat schon Francis Bacon betont, und es ist auch ein typisches Problem der Pseudowissenschaften. Zweitens fällt es uns sehr schwer, unserer eigenen Theorie ein Bein zu stellen: Zwar leuchtet das Falsifikationsprinzip unserer Ratio, unserem wissenschaftstheoretischen Gewissen, durchaus ein; aber emotional können wir die Widerlegung unserer eigenen Theorie (oder einer Vermutung, die wir persönlich für wahr halten) natürlich nicht wünschen und deshalb auch kaum betreiben.

Verlangen wir also von unseren Wissenschaftlern zuviel? Machen deren allzu menschliche Wünsche jede wissenschaftliche Rationalität zunichte? Ganz allgemein: Können Menschen, die sich gelegentlich oder immer von Emotionen leiten lassen, ein dem Anspruch nach rationales Unternehmen verwirklichen? Ja, sie können! Was der einzelne nicht leistet, das schafft wenigstens die Gruppe, *die wissenschaftliche Gemeinschaft*, die scientific community. Entscheidendes Element dabei ist die *Intersubjektivität*. Wir müssen also unsere allgemeine Prüfbarkeitsforderung präzisieren zur *intersubjektiven* Prüfbarkeit. Man kann diese Präzisierung als eine Folge des Falsifikationsprinzips deuten: Wenn es von einer Einzelperson zuviel verlangt ist, ihre eigenen Überzeugungen fortwährend auf den Prüfstand zu stellen, so müssen eben andere diese Aufgabe übernehmen. Deshalb ist neuzeitliche Wissenschaft notwendig ein *soziales* Unternehmen.

Diese Antwort ist offenbar nicht nur für diesen speziellen Fall, sondern für Rationalitätsfragen ganz allgemein von Interesse: Dass auch Wissenschaftler sich gelegentlich irrational verhalten, macht Rationalität im Kollektiv noch nicht unmöglich.

(Das wäre ein schönes Thema für eine wissenschaftstheoretische Arbeit: Könnte Robinson – ohne seinen späteren Gefährten Freitag – Erfahrungswissenschaft im neuzeitlichen Sinne betreiben? Wie weit käme er dabei? Woran würde er scheitern? *Ein Argument haben wir gerade geliefert: Ein Forscher allein ist seinen eigenen Vermutungen gegenüber nicht kritisch genug.*)

Zur Reichweite des Falsifikationsprinzips

Offenbar ist das Falsifikationsprinzip forschungslogisch von großer Bedeutung. Doch darf man es nicht unkritisch verwenden:

▶ Auch Falsifikationen sind – wegen der Vorläufigkeit selbst der Beobachtungsaussagen – niemals endgültig. Unser Wissen ist fehlbar, auch unser Wissen darüber, was *nicht* der Fall ist.

▶ Wissenschaftliche Theorien enthalten auch Existenzaussagen („*Es gibt* mindestens zehn Planeten." „*Es gibt* außerirdisches Leben."), – und die sind eben *nicht* falsifizierbar, sondern nur verifizierbar.

▶ Viele wissenschaftliche Theorien enthalten Allaussagen, die nicht streng allgemein sind, sondern nur endlich viele Fälle umfassen (etwa die Kepler'schen Planetengesetze, die sich nur auf die damals bekannten Planeten bezogen). Solche lassen sich unter günstigen Umständen verifizieren.

▶ Wissenschaft macht, um überhaupt arbeiten zu können, Voraussetzungen, die nicht empirisch prüfbar sind. Popper nennt solche Voraussetzungen metaphysisch. Dann enthält auch die Erfahrungswissenschaft metaphysische Elemente. In einem naturalistischen Weltbild wird man zwar versuchen, den metaphysischen Anteil deutlich herauszuarbeiten und möglichst klein zu halten; ganz beseitigen kann man ihn aber nicht [7].

▶ Zwar kann eine faktische Aussage immer nur in endlich vielen Fällen nachgeprüft werden. Aber es macht eben doch einen Unterschied, ob sie in wenigen oder in vielen Fällen geprüft wurde und sich dabei bewährt hat, obwohl sie hätte scheitern können. Dieser Unterschied lässt sich quantitativ nur schwer präzisieren. Ein allgemein anerkanntes Bestätigungs- oder Bewährungsmaß gibt es bisher nicht.

Dass es so etwas nicht geben könne, ist jedoch ebenfalls nicht gezeigt worden.
- Nicht alle menschlichen Unternehmungen sind auf Wissenserwerb gerichtet, und nicht alle Wissenschaften sind Erfahrungswissenschaften. Dann kann das Falsifikationsprinzip nicht greifen. Es lässt sich aber verallgemeinern zu einem *Kritisierbarkeitsprinzip: Eine rationale Position muss kritisierbar sein!* Die entscheidende Frage an den Vertreter einer Position lautet also: Welche Argumente könnten dich bewegen, deine Auffassung zu ändern? In dieser Form gilt das Prinzip für alle Unternehmungen: kognitive, politische, religiöse, praktische, private. In dieser Form taugt es also auch für politische Fragen. Natürlich ist auch hier nicht gemeint, dass jedes rationale Unternehmen Kritik verdient; es soll sich aber der Kritik aussetzen, sich nicht gegen Kritik immunisieren, nicht dogmatisch werden.

Der wichtigste Gesichtspunkt ist die Tatsache, dass wir aus unseren Fehlern lernen können. Nicht nur, dass wir dieselben Fehler nicht wieder machen. Wenn wir mehr und mehr Fehler erkennen und ausräumen, dann können wir uns der Wahrheit annähern. In einem Bild vergleichen wir den Wissenschaftler, der die Wahrheit sucht, mit einem Künstler: Manchmal stellen wir uns vor, ein Wissenschaftler schaffe seine Theorie wie jemand, der aus Ton seine Figur formt. Dieses Bild ist irreführend. Wir vergleichen den Wissenschaftler lieber mit einem Bildhauer. Michelangelo wurde gefragt, wie er aus einem rohen Marmorblock seinen herrlichen David schaffen konnte. Darauf soll er geantwortet haben: „Ganz einfach, ich habe alles weggeschlagen, was überflüssig war; so ist der David übrig geblieben."

Obwohl wir uns immer wieder irren, können wir doch Fortschritte machen. Deshalb sprechen wir im Titel davon, dass wir uns „emporirren".

Die neue Toleranz gegenüber dem Irrtum

Neuerdings scheint das Interesse an Irrtümern zu wachsen. Damit wächst auch die Toleranz gegenüber Irrtümern, gegenüber fremden und gegenüber eigenen: Wir sollten andere für ihre Irrtümer nicht tadeln und uns unserer eigenen Irrtümer nicht schämen. Bernd Guggenberger spricht sogar von einem „Menschenrecht auf Irrtum" [1]. Wichtig ist allerdings, dass wir uns unserer Irrtumsanfälligkeit bewusst sind und versuchen, unsere Fehler zu erkennen und zu beseitigen. Dazu gibt es inzwischen auch genug Literatur.

Erstens gibt es viele Bücher, ja ganze Lexika, die Irrtümer *zusammenstellen* und korrigieren. Diese Bücher lehren zunächst, dass wir immer wieder Fehler machen. Das gilt nicht nur für die Vergangenheit; es gilt auch für die Zukunft. Sie lehren auch, dass dies nicht nur für den Alltag gilt, sondern auch für die *Wissenschaft*, für den wissenschaftlichen „Alltag" sozusagen.

Zweitens versucht man, die Einsicht in unsere Fehlbarkeit in der wissenschaftlichen Methodologie zu berücksichtigen. Sie fragen also, was wir *aus dem Irrtum lernen* können. Dieser Gedanke hat natürlich auch pädagogische und didaktische Aspekte. Tatsächlich heißt eines dieser Bücher „Lernen aus dem Irrtum" [2].

Drittens gibt es Versuche, den Quellen unserer Irrtümer nachzuspüren, also spezielle Irrtümer und unsere Irrtumsanfälligkeit im Allgemeinen zu *erklären*. Hier haben psychologische und evolutionsbiologische Ansätze schon zu erstaunlichen und vor allem zu lehrreichen Ergebnissen geführt.

Bücher und Aufsätze zu diesen Themen sind im Folgenden angegeben.

Lexika und andere Zusammenstellungen von Irrtümern

1 Bartens, W.: Lexikon der Medizin-Irrtümer. Vorurteile, Halbwahrheiten, fragwürdige Behandlungen. Eichborn, Frankfurt, 2004.
2 Bartens, W.: Neues Lexikon der Medizin-Irrtümer. Noch mehr Kunstfehler, Halbwahrheiten, Vorurteile. Eichborn, Frankfurt, 2007.
3 Brater, J: Bier auf Wein, das lass sein! Lexikon der unsinnigen Regeln und Ermahnungen. Eichborn, Frankfurt 2004; Piper, München, 2006.
4 Degen, R.: Lexikon der Psycho-Irrtümer. Eichborn, Frankfurt, 2000; Piper, München, 2002.
5 Hertzer, K., Wolfrum, C.: Lexikon der Irrtümer über Männer und Frauen. Eichborn, Frankfurt, 2000; Piper, München, 2003.
6 Kachelmann, J., Drösser, C.: Das Lexikon der Wetterirrtümer. Rowohlt, Reinbek, 2006.
7 Kämmer, F.: Kleines Lexikon der Wein-Irrtümer. Eichborn, Frankfurt, 2006.
8 Ketteler, G.: Zwei Nullen sind keine Acht. Falsche Zahlen in der Tagespresse. Birkhäuser, Basel, 1997.
9 Krämer, W.: Denkste! Trugschlüsse aus der Welt der Zahlen und des Zufalls. Campus, Frankfurt, 1996; Piper. München, 1998.
10 Krämer, W., Mackenthun, G.: Die Panikmacher. Piper, München, 2001.
11 Krämer, W., Sauer, W.: Lexikon der Sprachirrtümer. Eichborn, Frankfurt, 2001; Piper, München, 2004.
12 Krämer, W., Trenkler, G.: Lexikon der populären Irrtümer. Eichborn, Frankfurt, 1996; Piper, München, 1998.
13 Krämer, W., Trenkler, G., Krämer, D.: Das neue Lexikon der populären Irrtümer. Eichborn, Frankfurt, 1998; Piper, München, 2006.
14 Krieger, W. (Hrsg.): Und keine Schlacht bei Marathon. Große Ereignisse und Mythen der europäischen Geschichte. Klett-Cotta, Stuttgart, 2005.
15 Langbein, W.-J.: Lexikon der biblischen Irrtümer. Herbig, München, 2003; Aufbau, Berlin, 2006.
16 Lebe, R.: War Karl der Kahle wirklich kahl? Über historische Beinamen. Fischer, Frankfurt, 1976.
17 Malessa, A.: Kleines Lexikon religiöser Irrtümer. Von Abba bis Zölibat. Gütersloher Verlagshaus, Gütersloh, 2006.
18 Maxeiner, D., Miersch, M.: Lexikon der Öko-Irrtümer. Fakten statt Umweltmythen. Eichborn, Frankfurt, 1998; Piper; München, 2002.
19 Meidenbauer, J.: Lexikon der Geschichtsirrtümer. Von Alpenüberquerung bis Zonengrenze. Eichborn, Frankfurt, 2004.
20 Pollmer, U., Frank, G., Warmuth, S.: Lexikon der Fitness-Irrtümer. Eichborn, Frankfurt, 2003; Piper; München, 2005.
21 Pollmer, U., Warmuth, S.: Lexikon der populären Ernährungsirrtümer. Eichborn, Frankfurt, 2000; Piper; München, 2004.
22 Pöppelmann, C.: 1000 Irrtümer der allgemeinen Bildung. Compact, München, 2005.
23 Prause, G.: Niemand hat Kolumbus ausgelacht. Fälschungen und Legenden der Geschichte richtiggestellt. Econ, Düsseldorf, 1966; erweitert 1976; Ullstein *Frankfurt: Ullstein 1978
24 Randi, J.: Lexikon der übersinnlichen Phänomene. Die Wahrheit über die paranormale Welt. Heyne, München, 2001 (engl. 1997).
25 Waller, K.: Lexikon der klassischen Irrtümer. Eichborn, Frankfurt, 1999; Piper; München, 2002.
26 Wilson, R. A.: Das Lexikon der Verschwörungstheorien. Eichborn, Frankfurt, 2000; Piper; München, 2004; (englisch 1998)

Irrtümer in der Wissenschaft

1 Bürgin, L.: Irrtümer der Wissenschaft. Verkannte Genies, Erfinderpech und kapitale Fehlurteile. Herbig, München, 1997; Bastei-Lübbe 1999.

2 Czeschlik, D. (Hrsg.): Irrtümer in der Wissenschaft. Springer, Berlin, Heidelberg, 1987.
3 Kröning, P.: Auch Genies können irren. Glücksfälle und Fehlurteile der Wissenschaft. Langen-Müller, München, 2003.
4 Oepen, I. u.a. (Hrsg.): Lexikon der Parawissenschaften. Lit, Münster, 1999.
5 Prause, G., v. Randow, T.: Der Teufel in der Wissenschaft. Wehe, wenn Gelehrte irren: Vom Hexenwahn bis zum Waldsterben. Rasch und Röhring, Hamburg, 1985; Droemer Knaur, München 1989.
6 Skrabanek, P., McCormick, J.: Torheiten und Trugschlüsse in der Medizin. Kirchheim, Mainz, 1991.
7 di Trocchio, F.: Newtons Koffer. Querdenker und ihre Umwege in die Wissenschaft. Campus, Frankfurt, 1998; rororo 2001; (ital. 1997).
8 Zankl, H.: Der große Irrtum. Wo die Wissenschaft sich täuschte. Wissenschaftliche Buchgesellschaft/Primus Darmstadt, 2004.

Zum Umgang mit Irrtümern und was man aus ihnen lernen kann

1 Berkson, W. Wettersten, J.: Lernen aus dem Irrtum. Karl Poppers Lerntheorie. Hoffmann und Campe, Hamburg, 1982.
2 Bördlein, C.: Das sockenfressende Monster in der Waschmaschine. Eine Einführung ins skeptische Denken. Alibri, Aschaffenburg, 2002.
3 Beck-Bornholdt, H.-P., Dubben, H. H.: Der Hund, der Eier legt. Erkennen von Fehlinformation durch Querdenken. Rowohlt, Reinbek, 1997.
4 Boulanger, P. u.a.: Vorteile des Unvollkommenen. Spektrum der Wissenschaft, Juli 1994, 96-115 (mehrere kurze Aufsätze)
5 Dubben, H. H., Beck-Bornholdt, H.-P.: Mit an Wahrscheinlichkeit grenzender Sicherheit. Logisches Denken und Zufall. Rowohlt, Reinbek, 2005.
6 Gigerenzer, G.,: Das Einmaleins der Skepsis. Über den richtigen Umgang mit Zahlen und Risiken. Berlin Verlag, Berlin, 2002; BvT Taschenbuch, 2004 (englisch 2002).
7 Guggenberger, B.: Das Menschenrecht auf Irrtum. Anleitung zur Unvollkommenheit. Hanser, München 1987

8 Fehlerfreundliche Strukturen. Universitas April 1994, 343-355.
9 Hayes, B.: Gerüchte und Vehler. Spektrum der Wissenschaft, Dezember 2005, 116-121 (Was man aus Fehlern lernen kann).
10 Kahl, R.: Lob des Fehlers. Beltz, Weinheim, 1999.
11 Das Neue kommt als Fehler zur Welt. Universitas, August 2002, 831-842.
12 Kreutzer, K.: Angst vor Fehlern? Schwerer Fehler! Leykam, Graz, 2003.
13 Lehner, H.: Erkenntnis durch Irrtum als Lehrmethode. Kamp, Bochum, 1979.
14 Mittelstraß, J.: Die Wahrheit des Irrtums. In Czeschlik (s.o.), 48-69
15 Paulos, J. A.: Das einzig Gewisse ist das Ungewisse. Streifzüge durch die unberechenbare Welt der Mathematik. Campus, Frankfurt, 2004 (englisch 2003).
16 Rovelli, C.: Fluch und Segen spekulativer Theorien. Spektrum der Wissenschaft, März 2006, 108-112.
17 Schweitzer, B.: Der Erkenntniswert von Fehlleistungen. Königshausen und Neumann, Würzburg* 2008
18 Tillemans, A.: Der versteckte Selektionseffekt. Wissenschaft im Dilemma zwischen Zufall und Gesetzmäßigkeit. Peter Lang, Frankfurt, 1996.
19 Urban, M.: Missverständnisse. Spektrum der Wissenschaft, Mai 2004, 80-82.

Warum irren wir uns?

1 Bässler, U.: Irrtum und Erkenntnis. Fehlerquellen im Erkenntnisprozeß von Biologie und Medizin. Springer, Berlin, 1991.
2 Dörner, D.: Die Logik des Misslingens. Rowohlt, Reinbek, 1989; rororo 1992.
3 Frey, U.: Der blinde Fleck - Kognitive Fehler in der Wissenschaft und ihre evolutionsbiologischen Grundlagen. Ontos, Frankfurt, 2007.
4 Piatelli-Palmarini, M.: Die Illusion zu wissen. Was hinter unseren Irrtümern steckt. Rowohlt, Reinbek, 1997 (mit einem Kapitel "Die sieben Hauptsünden").
5 Popper, K. R.: Über die Quellen unseres Wissens und unserer Unwissenheit (englisch 1960). In: Vermutungen und Widerlegungen. Mohr, Tübingen, 1994 (englisch 1963).

6 Rescher, N.: Warum sind wir nicht klüger? Der evolutionäre Nutzen von Dummheit und Klugheit. Hirzel, Stuttgart, 1994 (englisch 1990).
7 Vollmer, G.: Evolutionäre Erkenntnistheorie. 8. Aufl.,Hirzel, Stuttgart. 2002.

Zitierte Literatur

1 Berkson W, Wettersten J. Lernen aus dem Irrtum. Karl Poppers Lerntheorie. Hoffmann und Campe, Hamburg, 1982.
2 Guggenberger B. Das Menschenrecht auf Irrtum. Anleitung zur Unvollkommenheit. Hanser, München, 1987
3 Rushdie S. Harun und das Meer der Geschichten. Kindler, München, 1991; (englisch "Harun and the sea of stories", 1990)
4 Rucker R. Der Ozean der Wahrheit oder Die fünf Arten zu denken. S. Fischer, Frankfurt, 1988; (englisch "Mind tools", 1987)
5 Turm der Sinne, Spittlertorgraben 45, 90429 Nürnberg, www.turmdersinne.de
6 Newton I. Mathematische Prinzipien der Naturphilosophie (englisch 1687), Drittes Buch, Abschnitt V
7 Zu dieser Frage vgl. Vollmer G.. Wie viel Metaphysik brauchen wir? In: von der Lühe A., Westerkamp D. (Hrsg.): Metaphysik und Moderne. Frommann-Holzboog, Stuttgart, 2007.

Prof. Dr. Dr. Gerhard Vollmer, geb. 1943 in Speyer, studierte Mathematik, Physik und Chemie in München, Berlin und Freiburg. Er war Praktikant bei DESY in Hamburg und schloss sein Physikstudium 1968 mit dem Diplom ab. Promotion in Physik bei Siegfried Flügge (Umkehrprobleme der Streutheorie). Wissenschaftlicher Assistent für Physik in Freiburg und Hinwendung zur Erkenntnistheorie. Promotion in Philosophie 1974; Akademischer Rat für Philosophie in Hannover, Professor für Philosophie in Gießen und seit 1991 Geschäftsführender Leiter des Seminars für Philosophie der Technischen Universität Braunschweig.

Publikationen u.a.: Evolutionäre Erkenntnistheorie (1975, 2002), Was können wir wissen? (1985-1986), Wissenschaftstheorie im Einsatz (1993), Auf der Suche nach der Ordnung (1995), Biophilosophie (1995), Wieso können wir die Welt erkennen (2003).

Prof. Dr. Dr. Gerhard Vollmer
Zaunkönigweg 5
D-30826 Garbsen

Berichte und Mitteilungen der Gesellschaft Deutscher Naturforscher und Ärzte

Allgemeiner Bericht über die 124. Versammlung

Jörg Stetter, Wuppertal

Anmerkungen zur 124. Versammlung

Zum dritten Mal in ihrer Historie nach 1844 und 1890 tagte die GDNÄ vom 16. bis 19. September 2006 in Bremen. Versammlungsort war das mitten im historischen Zentrum gelegene ausgesprochen attraktive Konzertgebäude „Die Glocke".

(Hockemeyer, Sandhoff, Roth)

Das Generalthema der 124. Versammlung der Gesellschaft Deutscher Naturforscher und Ärzte lautete „Vom Urknall zum Bewusstsein – Selbstorganisation der Materie." Herausragende Vertreter aus den Bereichen Biologie, Chemie, Medizin, Physik, Entwicklungsbiologie und Hirnforschung berichteten den 1483 angemeldeten Teilnehmern über den Stand der Wissenschaften in 22 Hauptvorträgen, sechs Mittagssymposien, einer Postersession und einem öffentlichen Abendvortrag. Eine Teilnehmerstatistik am Ende der Berichte und Mitteilungen schlüsselt diesen sehr erfreulichen Zuspruch zur Versammlung noch etwas weiter auf.

Vorsitzender der 124. Versammlung war Prof. Konrad Sandhoff, Präsident unserer Gesellschaft und Inhaber des Lehrstuhls für Organische Chemie und Biochemie der Universität Bonn. Er hatte das Generalthema vorgeschlagen und das wissenschaftliche Programm sowie den öffentlichen Abendvortrag gemeinsam mit den Vorsitzenden der naturwissenschaftlichen und medizinischen Gruppen geplant: Prof. Andreas K. Engel, Universitätsklinikum Hamburg-Eppendorf (Hirnforschung), Prof. Karl Eduard Linsenmair, Theodor-Boveri-Institut für Biowissenschaften, Universität Würzburg (Biologie), Prof. Christiane Nüsslein-Volhard, Max-Planck-Institut für Entwicklungsbiologie, Tübingen (Entwicklungsbiologie), Prof. Erich Sackmann, Institut für Biophysik, TU München (Physik), Prof. Martin E. Schwab, Institut für Hirnforschung, Universität Zürich (Medizin) und Prof. Gerhard Ertl, Fritz-Haber-Institut der Max-Planck-Gesellschaft, Berlin (Chemie), der zugleich Delegierter der Gesellschaft Deutscher Chemiker (GDCh) war. Die Mittagssymposien hatte der Vorsitzende zusammen mit Prof. Gerhard Roth, Universität Bremen/Hanse-Wissenschaftskolleg Delmenhorst (örtlicher Geschäftsführer Wissenschaft), geplant. Als örtlicher Geschäftsführer Wirtschaft war Herr Dipl.-Kfm. Bernd Hockemeyer, geschäftsführender Gesellschafter der Gebrüder Thiele KG, gewonnen worden.

Den beiden Bremer Verantwortlichen, zu denen sich auch Prof. Gotthilf Hempel als Berater gesellte, sowie ihren Mitarbeiterinnen ist für die ausgesprochen professionelle Vorbereitung der Tagung und des Rahmenprogramms zu danken. Sie erleichterten dadurch ganz wesentlich die Arbeit der Geschäftsstelle in Bad Honnef, wo Frau Brigitte Riehn und Frau Katja Diete einen Großteil der technischen Organisation abwickelten. Beide Damen betreuten während der Versammlung das Tagungsbüro und erledigten mit gewohnter Kompetenz, Umsicht und Freundlichkeit die anfallenden Arbeiten zur vollen Zufriedenheit der Teilnehmer.

Die Wahrnehmung und Würdigung der Versammlung vor allem in den lokalen Medien war recht gut. Kurz vor der 124. Versammlung, am 14. September hatte Reiner Korbmann, der Pressereferent der GDNÄ, im Rahmen einer Landespressekonferenz in Bremen Medienvertreter zu einer Information über die GDNÄ-Versammlung eingeladen. Den Pressevertretern standen seitens der örtlichen Geschäftsführung Dipl.-Kfm. Bernd Hockemeyer, Prof. Gerhard Roth und Prof. Gotthilf Hempel, seitens der GDNÄ Prof. Konrad Sandhoff und Prof. Jörg Stetter Rede und Antwort.

Während der Versammlungstage fanden in der Mittagszeit regelmäßige Pressegespräche unter Heranziehung ausgewählter Referenten statt.

Prof. Konrad Sandhoff hatte am Abend des 16. September die Gelegenheit, bei einem Interview im Bremer Rundfunk über die Versammlung zu informieren.

Mit eindrucksvoller Beteiligung fanden im Großen Saal der „Glocke" vom 16. September nachmittags bis einschließlich 19. September die Hauptvorträge des Wissenschaftlichen Programms statt. Insgesamt wurden in 22 Vorträgen neue Ergebnisse aus Naturwissenschaften und Medizin präsentiert und diskutiert. Der guten Tradition der GDNÄ Versammlungen folgend beleuchteten die Referenten ihre Themen so, dass die Verzahnung zwischen den Fachdisziplinen immer sichtbar wurde.

Das Programm war so aufgebaut, dass neben einer Konzentration von Vorträgen einer einzelnen Disziplin auch Halbtage mit einer Mischung von Vorträgen verschiedener Disziplinen gewählt wurden. Auch dies kam dem Anliegen der GDNÄ nach interdisziplinärer Diskussion entgegen und wurde erneut positiv aufgenommen.

Wie schon bei den vorangegangenen Versammlungen wurden auch in Bremen die eigentlichen Vortragsveranstaltungen um mehrere, parallel verlaufende Mittagssymposien und eine Posterausstellung von Jugend forscht-Preisträgern bereichert, die ebenfalls sehr gut angenommen wurden. Die sechs Mittagssymposien beinhalteten eine Aufführung von Kurzfilmen zum Thema „Die Formen des Ozeans" und fünf Diskussionsveranstaltungen zu den Themen „Einstellungen und Haltungen" (Leitung: Prof. Gunnar Berg, GDNÄ-Bildungskommission), „Geist und Gehirn" (Leitung: Prof. Gerhard Roth), „Gehirn und Bewusstsein" (Leitung: Prof. Andreas K. Engel), „Bremen – ein Zentrum der Meeresforschung" (Leitung: Prof. Gotthilf Hempel) und „Irrtum in der Wissenschaft – Fluch oder Segen" (Leitung: Dr. Klaus Rehfeld, Naturwissenschaftliche Rundschau).

Wichtige Anliegen der GDNÄ sind neben der fachübergreifenden Darstellung und Diskussion zum Stand der Wissenschaft auch die Aufklärung der Öffentlichkeit über aktuelle Entwicklungen auf den Gebieten der Naturwissenschaften und Medizin und damit die Förderung ihrer Akzeptanz sowie die Förderung des wissenschaftlichen Nachwuchses durch frühzeitiges Heranführen junger Menschen an Naturwissenschaften und Medizin. Mit 398 Schülern und Studenten war die Versammlung in Bremen auch in dieser Hinsicht besonders erfolgreich.

Wie bereits in den vorangegangenen Versammlungen war es auch diesmal dank der großzügigen Unterstützung der Wilhelm und Else Heraeus-Stiftung möglich, Reisestipendien an junge Wissenschaftlerinnen und Wissenschaftler für herausragende Leistungen zu vergeben. 57 Personen wurde auf diese Weise die Teilnahme an der 124. Versammlung ermöglicht. Erfreulicherweise konnten auch diesmal wieder, wie erstmals 2004 in Passau, eine große Anzahl sorgfältig nach Leistung selektierte Schülerinnen und Schüler der Oberstufe bremischer und niedersächsischer Gymnasien zur Versammlung eingeladen werden. Die notwendige finanzielle Unterstützung zur Deckung der Kosten für Fahrt und Unterbringung übernahm ebenfalls die Wilhelm und Else Heraeus-Stiftung. Frau Anja Krüger von der Koordinationsstelle Universität/Schule in Bremen wählte gemeinsam mit zwei Lehrerkollegen aus der Vielzahl der Vorschläge aufgrund strenger Leistungskriterien 102 Kollegiaten aus und betreute die Schülerinnen und Schüler während der Versammlung. Bei einer Diskussion der Kollegiaten mit Verantwortlichen der Wilhelm und Else Heraeus-Stiftung und der GDNÄ am Sonntagnachmittag zeigte sich, dass dieses Kollegiatenprojekt bei allen Beteiligten hervorragend ankommt. Die Schüler waren mit Begeisterung dabei und gaben ausgesprochen konstruktive Anregungen zur Fortführung des Projektes.

Hoher Akzeptanz erfreuten sich auch zwei Vorträge vor größeren Schülergruppen. Prof. Manfred Fahle von der Universität Bremen referierte im Theater Delmenhorst zum Thema „Was lernen wir von Wahrnehmungstäuschungen über die Gehirnfunktion?", Prof. Hans-Peter Zenner von der Universität Tübingen, ab 2007 Mitglied des Vorstands der GDNÄ, berichtete im Haus der Wissenschaft in Bremen zum Thema „Wie hört das Ohr?".

Insgesamt setzte sich also der erfreuliche Trend zur Teilnahme Jüngerer an den Versammlungen der Gesellschaft fort.

Erstmalig konnten mit der großzügigen Unterstützung der Robert Bosch Stiftung GmbH auch besonders engagierte und motivierte Lehrer der naturwissenschaftlichen Fächer mit einem Reisestipendium zum Besuch der Versammlung ausgezeichnet werden. Die Rückmeldungen der insgesamt 41 Stipendiaten waren durchweg positiv. Die Stipendiaten zeigten sich besonders beeindruckt vom interdisziplinären Charakter der Versammlung, der Qualität der Referenten und Themen und der hervorragenden Organisation.

Eröffnungssitzung

Die festliche Eröffnungssitzung, an der zahlreiche Ehrengäste aus Wissenschaft, Wirtschaft und Politik teilnahmen, fand am Vormittag des 16. September im Großen Saal der „Glocke" statt. Eingeleitet wurde die Eröffnungssitzung von einem Blechbläser-Ensemble der Deutschen Kammerphilharmonie Bremen mit Stücken von G. F. Händel und S. Scheidt.

Herr Dipl.-Kfm. Bernd Hockemeyer begrüßte die Teilnehmer und eröffnete als örtlicher Geschäftsführer Wirtschaft die 124. Versammlung der GDNÄ mit einer bemerkenswerten Ansprache (s. Geleitwort).

Der Bürgermeister und Präsident des Senats der Freien Hansestadt Bremen Jens Böhrnsen richtete die Grußworte der Stadt und des Landes Bremen aus und hieß die Teilnehmer herzlich willkommen. Er verwies unter anderem darauf, dass das historisch sehr kaufmännisch geprägte Bremen in den vergangenen Jahrzehnten intensiv Forschung und Wissenschaft gefördert habe. Die Wandlung der Bremer Universität zu einer anerkannten Spitzenuni, die Gründung der International University Bremen (IUB) und nicht zuletzt die Auszeichnung als Stadt der Wissenschaft 2005 sind hierfür besonders sichtbare Zeichen.

(Böhrnsen, Sandhoff)

Als weiterer Grußwortredner vertiefte Prof. Jens Müller, der amtierende Rektor der Universität Bremen, die besonderen Aspekte des Wissenschaftsstandorts Bremen.

Verleihung der Lorenz-Oken-Medaille

Nach den Dankesworten an seine Vorredner verlieh der Vorsitzende, Prof. Sandhoff, die Lorenz-Oken-Medaille 2006 an die Wissenschaftsjournalistin Dr. Barbara Hobom aus Freiburg, die er mit folgenden Worten würdigte:

(Sandhoff, Hobom)

„Die Gesellschaft Deutscher Naturforscher und Ärzte überreicht die Lorenz-Oken-Medaille 2006 an die Wissenschaftsjournalistin **Frau Dr. rer. nat. Barbara Hobom**. Sie ehrt damit ihre Vermittlung naturwissenschaftlicher Erkenntnisse und ihre Verdienste um den Wissenschaftsjournalismus.

Forschung in Medizin und Technik, in Natur- und Geisteswissenschaften ist auf Veröffentlichung ihrer Ergebnisse und Erkenntnisse angewiesen. Es geht um Informationen, Anerkennung, Wahrheit und um die Möglichkeit zur Überprüfung der gewonnenen neuen Einsichten. Es geht ebenso um die weitere Finanzierung von Forschungsvorhaben aus Mitteln, die letzten Endes aus der Gesellschaft, aus dieser zu informierenden Öffentlichkeit kommen. Politik und Gesellschaft müssen über komplexe Zusammenhänge informiert werden, damit sie sachgerechte Entscheidungen treffen und ihre Werteordnung weiter entwickeln können.

Täglich erscheinen mehr als 20.000 wissenschaftliche Veröffentlichungen, deren Inhalte oft nur dem Spezialisten verständlich sind. Diese für die Gesellschaft unübersichtliche Wissenschaftslandschaft ist das Arbeitsfeld der Wissenschaftsjournalisten. Ihre Aufgabe ist es, aus der Vielzahl der Fachpublikationen solche auszuwählen, die ihnen für die breite Öffentlichkeit relevant und interessant erscheinen. Sie müssen fachspezifisches, detailreiches Wissen in allgemeinverständliche Informationen umsetzen. Dabei verbreitet ein Wissenschaftsjournalist nicht nur Wissen, er weckt auch Hoffnungen auf verbesserte Lebensumstände, weist auf Risiken, übertriebene Erwartungen und ethische Probleme hin. Ein Wissenschaftsjournalist trägt hohe Mitverantwortung für Informiertheit, Gestimmtheit und Entscheidungsfähigkeit einer Gesellschaft.

Mit Barbara Hobom ehren wir eine Wissenschaftsjournalistin, die sich seit mehr als 30 Jahren dieser Verantwortung bewusst ist und ihr in vorbildlicher Weise gerecht wird. Seit 1973 ist sie freiberufliche Wissenschaftsjournalistin. Ihre Artikel beruhen nicht zuletzt auf eigener gründlicher Ausbildung in Genetik, Biochemie und Mikrobiologie an den Universitäten München und Berlin. Dass man zu Beginn der 60er Jahre Biologie noch ohne festgesetzten Fächerkanon studieren konnte, gab ihr die Freiheit, sich aus Biologie, Chemie und medizinischer Mikrobiologie das herauszusuchen, was sie wirklich interessierte, nämlich Lebensvorgänge auf der Basis chemischer Prozesse verstehen zu können.

Nach dem Examen widmete sie sich der molekularbiologischen Forschung über
- Replikationsmechanismen von Bakteriophagen
- Tumorviren und
- DNA

– am Max-Planck-Institut für Biochemie in München,
– an der Stanford University und
– an der Universität Freiburg.

Eine erfolgreiche Forscherkarriere zeichnete sich ab. Da zogen ihr klarer Verstand, ihre Tatkraft und ihr erfrischendes Temperament den Forscher Gerd Hobom in ihren Bann, und mit der Geburt des ersten Kindes 1973 begann die Wende in der Laufbahn.

Damals wie heute immer noch war es recht schwierig, als Mutter den eingeschlagenen Weg in der naturwissenschaftlichen Forschung fortzusetzen. Barbara Hobom nutze die Gunst der Stunde.

Gentechnik erregte zunehmend die Aufmerksamkeit der Öffentlichkeit. Darin kannte sie sich aus. Sie wurde freie Wissenschaftsjournalistin.

Mit ihren Artikeln in medizinischen und pharmazeutischen Fachzeitschriften und vor allem in der FAZ, mit Büchern wie „Erforschtes Leben", „Das Genom-Puzzle" und Broschüren wie „Gentechnik" und „Immunologie" lieferte sie fundiertes Orientierungswissen.

Der Name „Barbara Hobom" wurde zum Inbegriff für seriösen, verlässlichen Wissenschaftsjournalismus.

1995 erhielt sie den Holtzbrinck-Preis, von 1990 bis 1999 einen Lehrauftrag an der Universität Marburg für Wissenschaftsjournalismus mit Übungen zum verständlichen Schreiben.

Worin besteht diese Kunst des Schreibens?

Barbara Hobom versteht es, die Aufmerksamkeit des Lesers zu wecken.

In Titel und Untertitel verbindet sie Anschaulichkeit und sachliche Botschaft, wie erst kürzlich in dem Artikel „Ein molekulares Tandem gegen Krebs – Zwei Ribonukleinsäuren – eine Wirkung: Gezielte Vernichtung von Tumorzellen" (FAZ 12.07.06).

Doch dem reißerisch aufgemachten Sensationsjournalismus hat sich Barbara Hobom stets verweigert.

Ihre Artikel sind nicht geprägt von den Planvorstellungen mancher Forscher, die viel zu hochgesteckte, von Ergebnissen kaum gedeckte Erwartungen in der Öffentlichkeit wecken oder sich mit fremden Federn schmücken.

Ihre Artikel beruhen auf sorgfältiger Recherche in Fachzeitschriften sowie auf Kongressbesuchen und Gesprächen mit Wissenschaftlern, sie umreißen den Hintergrund einer neuen Erkenntnis, stellen den neuen Sachverhalt klar und verständlich dar und verweisen knapp und sachlich auf die Relevanz für die weitere Forschung oder die Behandlung von Patienten.

Barbara Hobom beherrscht die Kunst, von allzu vielen Details zu abstrahieren, ohne den konkreten Tatbestand zu verfälschen. Dabei ist ihre Ausdrucksweise durchaus bildhaft, wenn sie Fachbegriffe erläutert, aber immer stimmig. Möglichkeiten der Forschung werden vorsichtig und kritisch eingeschätzt, eben im Konjunktiv. Der Leser ist im Bilde, bleibt aber frei für eigene Bewertungen und Entscheidungen.

Beispielhaft ihr Artikel vom 08.06.05 (FAZ) über die Suche nach Waffen gegen gefährliche Vogelgrippeviren, ergänzt durch einen Kommentar „Verschenkt", in dem sie darauf verweist, welch geistiges Kapital Deutschland verschwendet hat, als man die auf dem Gebiet der Influenzaforschung führenden jungen Forscher in die USA oder nach Kanada gehen ließ, weil sie hierzulande keine ausreichenden Forschungsmöglichkeiten fanden.

Die GDNÄ ehrt Barbara Hobom mit der Lorenz-Oken-Medaille für aktuellen, kompetenten, seriösen, verantwortungsvollen Wissenschaftsjournalismus. Ihre Auszeichnung gilt als persönliche Anerkennung, aber auch als Dank und Ansporn für guten Wissenschaftsjournalismus in diesem Lande.

Herzlichen Glückwunsch."

Hieran schloss sich der Festvortrag von Prof. Konrad Sandhoff zum Thema „Vom Urknall zum Bewusstsein – Selbstorganisation in der Entwicklungsgeschichte der Natur" an (s. Verhandlungsband). Den musikalischen Ausklang der Eröffnungssitzung bildeten Kompositionen von S. Joplin und G. Gershwin.

Im Anschluss an die Eröffnungssitzung fand im Gewölbe des Ratskellers das traditionelle Festessen mit Ehrengästen statt, zu dem der örtliche Geschäftsführer Wirtschaft eingeladen hatte.

Öffentlicher Abendvortrag

Prof. Anton Zeilinger, Universität Wien, Lorenz-Oken-Preisträger 2004, referierte am Sonntagabend im Rahmen eines auch von Bremer Bürgerinnen und Bürgern sehr gut angenommenen Vortrags zum Thema „Von Einstein zum Quantencomputer – Wirklichkeit und Information in der Quantenwelt". Er wurde von Prof. Sandhoff mit folgenden Worten eingeführt:

(Zeilinger)

„Es ist mir eine große Freude, dass Professor Anton Zeilinger von der Universität Wien den öffentlichen Abendvortrag heute halten wird. Vor zwei Jahren wurde er in Passau auf der 123. Versammlung von Professor Fritzsch im Namen der GDNÄ mit der Lorenz-Oken-Medaille geehrt.

Anton Zeilinger hat in Wien Mathematik und Physik studiert und wurde 1971 mit einer Arbeit aus der Quantenphysik promoviert. Es folgten Forschungsaufenthalte am MIT (Cambridge, USA), an der LMU in München und an den Universitäten in Melbourne und Paris. 1990 ging er nach Innsbruck und kehrte 1999 als Ordinarius nach Wien zurück.

Anton Zeilinger ist ein bedeutender Quantenphysiker, der viele fundamentale Voraussagen der Quantentheorie experimentell bestätigt hat, Ergebnisse, die unserem Alltagsverständnis zuwider laufen, rätselhaft und paradox erscheinen. Ihn treibt, wie er in Passau sagte, die Neugier zu sehen, ob die Natur wirklich seltsame Voraussagen der Quantenphysik im Experiment bestätigt.

So hat er nachgewiesen, dass ein einzelnes Photon - aber auch ein Atom oder ein Molekül, das durch einen Doppelspalt fliegt – ein Interferenzmuster erzeugt, so als ob es durch beide Spalten gleichzeitig gegangen wäre. Quanteninterferenzen lassen sich also auch mit einzelnen Photonen nachweisen, eine Vorstellung, die Einstein so nicht akzeptieren wollte.

Professor Zeilinger hat grundlegende Voraussagen der Quantenmechanik experimentell nachgewiesen: So die Quantenteleportation 1994, die direkte Übertragung des Zustandes eines Lichtteilchens unter Überwindung von Zeit und Raum 1997. – 1999 gelang erstmals die Verschlüsselung einer Geheimnachricht durch die Quantenkryptographie und 2003 der Nachweis einer Verschränkung von Photonen über die Donau hinweg, ein wichtiger Schritt auf dem Weg zur Quantenkommunikation.

Die Ergebnisse der modernen Quantenphysik erscheinen uns oft merkwürdig und rätselhaft. So unterliegen quantenmechanische Experimente anscheinend dem reinen Zufall und haben als solche keine Ursachen.

Professor Zeilinger hat die Ergebnisse der modernen Quantenphysik in Vorträgen und Büchern – z. B. in „Einsteins Schleier. Die neue Welt der Quantenphysik" – einer breiten Öffentlichkeit vorgestellt. Er diskutiert die philosophischen Konsequenzen, die sich für unser Weltbild aus der fremdartigen Welt der Quantenmechanik ergeben. Die neuen Befunde erschüttern unsere Vorstellung von der Realität.

Einstein meinte schlicht: ‚Man muss die Welt nicht verstehen, man muss sich nur darin zurecht finden.' Wir hoffen, dass Professor Zeilinger uns in dieser Welt etwas besser zurecht finden lässt."

Empfang der Stadt Bremen und Rahmenprogramm

Ein weiterer Höhepunkt der Versammlung war der sehr stimmungsvolle Empfang des Bremer Bürgermeisters im prächtigen Rathaussaal, an dem der begrenzten räumlichen Möglichkeiten wegen nur ca. 500 Personen teilnehmen konnten. Bürgermeister Jens Böhrnsen berichtete in seiner Begrüßungsansprache über die Bremer Historie und die Geschichte des Rathauses. Prof. Sandhoff dankte dem Bürgermeister für die Gastfreundschaft der Freien Hansestadt Bre-

(Bremen - Rathaussaal)

men während der Versammlung und insbesondere für diesen herzlichen Empfang.

Am Montagabend erlebten die Teilnehmer einen für die meisten sicher unvergesslichen Musikgenuss. Das Ensemble der Weser-Renaissance bot Musik des 16. und 17. Jahrhunderts in der mit exzellenter Akustik ausgestatteten Kirche „Unser Lieben Frauen" dar.

Das unter Mitwirkung der Bremer Tourismus Zentrale entwickelte touristische Rahmenprogramm wurde ebenfalls sehr gut angenommen. Spitzenreiter waren Stadtrundgänge und -fahrten, Ausflüge ins Künstlerdorf Worpswede und nach Bremerhaven sowie die Besuche am ZARM-Institut der Universität Bremen.

Festsitzung der Gesellschaft Deutscher Chemiker

Am Montagvormittag fand die Festsitzung der GDCh statt. Da ihr Präsident, Prof. Gerhard Jahn, Ludwigshafen kurzfristig verhindert war, hielt der Vizepräsident der GDCh, Prof. Henning Hopf, Braunschweig den Festvortrag (s. Verhandlungsband) und begrüßte die Teilnehmer.

Nach einem Vortrag des wissenschaftlichen Programms der 124. Versammlung nahm der Vizepräsident der GDCh folgende Ehrungen vor:

Die Verleihung des **„Alfred-Stock-Gedächtnispreises"** an
Prof. Karl O. Christe, Loker Hydrocarbon Research Institute, Los Angeles, USA

die Vergabe von zwei **„Klaus-Grohe-Preisen für Medizinische Chemie"** der Klaus-Grohe-Stiftung an

Dr. Carl Friedrich Nising, Harvard Universität, Cambridge, MA/USA und Dr. Daniel B. Werz, ETH Zürich, Schweiz.

Laudatio Prof. Christe:

„Als Karl Otto Christe im Jahre 1936 an der Schwäbischen Weinstraße das Licht der Welt erblickte, war Professor Alfred Stock bereits 60 Jahre alt. So kam es natürlich zu keinem Treffen der beiden. Doch wäre dem so gewesen, so hätte Stock seine besondere Freude an Karl Christe gehabt. Denn Alfred Stock hatte in seinen jungen Jahren bei Henri Moissan bereits mit Fluor gearbeitet, jenem Element, das für Karl Christe eine so entscheidende Rolle spielen sollte. Erst später hat Stock dann seine berühmten Hochvakuumtechniken zur Handhabung von gasförmigen, an der Luft selbstentzündlichen Siliciumwasserstoffen, den Silanen, und Borwasserstoffen, den Boranen, entwickelt. Neben dem Fluor, dem unbestritten reaktivsten aller Elemente, wird auch die Hochvakuumtechnik im wissenschaftlichen Leben von Karl Christe eine große Bedeutung annehmen. Aber beginnen wir bei den Anfängen.

Karl Christe besuchte das Gymnasium in Bad Mergentheim, begann sein Chemiestudium an der Universität Stuttgart und schloß sich dort der Arbeitsgruppe von Professor Goubeau an. Innerhalb eines Jahres fertigte er 1961 seine Dissertation über Heteropolysäuren – ein Thema aus der Industrie – an. Anschließend reiste Dr. Christe, nur mit einem Rucksack als Gepäck, als 25-jähriger Postdoc in die USA und fuhr per Bus mit einem unbegrenzten Ticket von der Ost- zur Westküste und stellte sich bei verschiedenen Firmen vor. Schließlich nahm er eine Stelle bei Stauffer Chemicals in Richmond, Kalifornien, an. Dadurch war er nun in der Lage, seine Frau Brigitte - die gute Seele des Studentenwerks in Stuttgart – nachkommen zu lassen. Während seines Aufenthaltes bei Stauffer präparierten er und seine Kollegen das erste Tetrafluorammonium Salz $NF_4^+AsF_6^-$. Über die mögliche Existenz eines solchen Kations war schon in der Goubeau'schen Schule spekuliert worden. Bereits hier deutete sich an, was lebenslang ein roter Faden seiner wissenschaftlichen Tätigkeit werden sollte: die Chemie der Extreme, höchstes Oxidationsvermögen, aber auch höchste Brisanz der Materie. Dies gilt ebenfalls für die schon in dieser Zeit begonnenen Arbeiten über Interhalogen-Verbindungen und ihre Ionen. Diese erschloß er nicht nur durch Synthesen, sondern untersuchte sie auch in der Tradition der Goubeau'schen Schule mittels schwingungsspektroskopischer Methoden und deutete aus den Ergebnissen ihre Elektronenstruktur.

Nach fünf produktiven Jahren bei Stauffer wurde ihm eine attraktive Forschungsposition bei Rocketdyne angeboten – dem wichtigsten Produzenten von Raketentriebwerken in den USA. Glanzpunkte seiner Tätigkeit bei Rocketdyne sind ohne Zweifel die zahlreichen Halogen-Sauerstoff-Verbindungen. Diese sind häufig energiereiche, leicht zerfallende Moleküle und Ionen mit hoher Oxidationskraft. So synthetisierte er mit seiner kleinen Gruppe mutiger und qualifizierter Mitarbeiter neuartige Chlor-Verbindungen und Ionen mit positivem Chlor wie z. B. $ClOF_3$, $ClOF_2^+$, $ClOF_4^-$, ClO_2F_3, $ClO_2F_2^+$, $ClO_2F_4^-$ und ClF_6^+, sowie das protonierte Wasserstoffperoxid $H_3O_2^+$. Die vielleicht verwirrende Ähnlichkeit all dieser Chlor-Verbindungen sollte nicht darüber hinwegtäuschen, daß jede dieser Spezies individuelle Anstrengungen und Synthesestrategien erforderte, damit den Versuchen ein Erfolg beschieden war. So wie Alfred Stock für Silane und Borane seine aufwendigen gläsernen Stock-Apparaturen entwickelte, um diese Stoffe gefahrlos handhaben zu können, mußte auch Karl Christe zu unkonventionellen Geräten greifen. Wegen des allgegenwärtigen, das Glas zerstörenden Fluorwasserstoffes war er nämlich bei seiner Chemie gezwungen, auf Apparaturen aus Metall und insbesondere aus Fluorkunststoffen auszuweichen, also Materialien, wie sie auch in der Raumfahrt unverzichtbar geworden sind.

Zu einer Erfolgsstory sondergleichen entwickelte Karl Christe die Chemie der NF_4^+-Salze. Aus diesen kann nämlich durch einfaches Erwärmen freies Fluor generiert werden, ohne daß man den sonst üblichen Aufwand zu seiner Bereitstellung treiben müßte. Eine mögliche Anwendung können NF_4^+-Salze folglich für Fluorgeneratoren zum Betrieb von HF/DF-Lasersystemen finden. Aufsehen hat auch die rein chemische Synthese von Fluor erregt, die er anläßlich des hundertjährigen Jubiläums der Darstellung von Fluor durch Moissan in Paris 1986 vorstellte. Bis dahin hatte man geglaubt, Fluor nicht anders als elektrochemisch, nämlich jener Methode gewinnen zu können, für die Moissan vor genau 100 Jahren den Nobelpreis für Chemie erhielt.

Ein weiteres Highlight der Christe'schen Forschung war die Reindarstellung von Tetramethylammoniumfluorid und seine Anwendung für die Erzeugung zahlreicher Fluoroanionen von Nichtmetallen, wie z. B. ClF_6^-, PF_4^-, XeF_5^-.

Im Jahr 1994 erschütterten zwei Ereignisse Rocketdyne. Zunächst ein Erdbeben, das die Laboratorien, in denen Christe seine Forschung so erfolgreich vorangetrieben hatte, erheblich beschädigte. Nach ihrem Wiederaufbau kam es dann in einer Nachbarabteilung zu einer folgenschweren Explosion, bei der zwei Mitarbeiter getötet wurden. Daraufhin stellte man sämtliche chemischen Experimente bei Rocketdyne ein und entließ alle Chemiker.

Die renommierte Arbeitsgruppe Karl Christes fand bei der Edwards Air Force Base und beim Loker Hydrocarbon Research Institute an der University of Southern California in Los Angeles beim Nobelpreisträger George Olah neue Wirkungsstätten. Dr. Christe erhielt von dieser Universität den Status eines Adjunct Professors. Die Tätigkeit in den Air Force Research Laboratories hat er inzwischen aufgegeben.

In den letzten 10 Jahren hat Professor Christe sich weiter mit hypercoordinierten Hauptgruppen-Verbindungen, das sind solche mit einer über das Oktett hinaus aufgeweiteten Elektronenschale, beschäftigt und zunehmend den Synergismus zwischen Theorie und Synthese zu nutzen gewußt. So wurden zusammen mit Theoretikern erste quantitative Maße für Oxidationsstärken, Fluoridionenaffinitäten und Lewis Acidität entwickelt.

Ein Paukenschlag und das spektakulärste Ereignis der letzten Jahre war die Synthese des gewinkelt kettenförmigen N_5^+ Kations, von dem inzwischen eine größere Anzahl von Salzen erhalten werden konnte. Es stellt seit mehr als 100 Jahren die erste neue und stabile homoleptische, also nur aus einer Atomsorte aufgebaute Polystickstoff-Spezies dar.

Professor Christe und seine Arbeitsgruppe haben immer ihre Energie zielstrebig auf Probleme gerichtet, aus denen Meilensteine der Anorganischen Chemie wurden. So wie nach Alfred Stock die Kapitel über Silane und Borane in den Lehrbüchern der

Anorganischen Chemie neu, und bis zum heutigen Tage gültig, geschrieben werden mußten, so spiegelt sich das Werk von Karl Christe in den Kapiteln über Stickstoff und insbesondere über die Halogene wider. Ihn haben Vorbehalte wie ‚das läßt sich nicht machen' nicht von Versuchen abgehalten, das vermeintlich Unmögliche zu probieren. Daß er dabei so erfolgreich war, seine Fachkollegen so häufig mit seinen Erfolgen geschockt hat, ist sicher auch seinem Fleiß und günstigen Umständen zu verdanken. Viel stärker sind es jedoch innovative Ideen und solide wissenschaftliche Durchdringung, die seine Arbeiten prägen. Seine Ergebnisse stehen nicht nur für sich selbst, sondern haben einem ganzen Arbeitsgebiet zur Renaissance verholfen und zahlreiche junge Wissenschaftler weltweit stimuliert, seinen Wegen zu folgen.

Obwohl Karl Christe beruflich immer hoch engagiert war, hat dies ihn nicht gehindert, auch anderen Interessen nachzugehen. Neben seiner Sammelleidenschaft für Briefmarken und Münzen ist er sportlich sehr aktiv. Er spielt Tennis, taucht in der Karibik und betreibt Fechtsport auf höchstem Niveau. Er ist seit Jahren Trainer des Fechtclubs in Beverly Hills und auch des US-Weltmeisterteams. So ist es auch verständlich, daß Fair Play bei ihm in der Wissenschaft eine große Rolle spielt, und er hat kein Verständnis für hochschulpolitische Ränkespiele.

Karl Christe hat stets engen Kontakt mit vielen deutschen Wissenschaftlern gehalten, war für unzählige deutsche Besucher ein herzlicher Gastgeber in seinem offenen Haus, und er hat durch die Betreuung vieler deutscher Postdocs auch zur Fortentwicklung der Anorganischen Chemie in Deutschland erheblich beigetragen.

Die Arbeiten von Professor Christe sind mehrfach ausgezeichnet worden, z. B. im Jahr 1986 mit dem ACS Award for Creative Work in Fluorine Chemistry und im Jahr 2000 mit dem französischen Moissan Preis.

In logischer Folge wird nun der Alfred-Stock-Gedächtnispreis an Herrn Professor Karl Otto Christe vergeben. Er ist ohne Zweifel ein würdiger Träger dieser hohen Auszeichnung. Seine Experimentierkunst und die von seinen Arbeiten ausgehende Innovation stehen in bester Stock'scher Tradition."

Laudatio Dr. Nising:

„In diesem Jahr ist Herr Dr. Carl Friedrich Nising einer der Preisträger des Klaus-Grohe-Preises 2006.

Herr Carl Nising, gebürtiger Rheinländer, hat in Bonn Chemie studiert und 2003 sein Diplom mit Auszeichnung abgelegt. Schon zu dieser Zeit wurde er mehrfach ausgezeichnet und war Stipendiat der Studienstiftung.

Nach seiner Bonner Zeit wechselte Herr Dr. Nising an die Universität Karlsruhe, wo er kürzlich unter der Anleitung von Professor Dr. Stefan Bräse seine Promotion mit hervorragendem Ergebnis innerhalb von zweieinhalb Jahren abgeschlossen hat.

Nach Beendigung seiner Promotion arbeitet er gegenwärtig als Postdoktorand in der Arbeitsgruppe von Professor Andrew Myers an der Harvard University in den USA.

Im Rahmen seiner ausgezeichneten Dissertation gelang Herrn Nising die erste Totalsynthese des Pilzmetaboliten Diversonol. Bei Diversonol handelt es sich um einen Naturstoff mit interessanter biologischer Aktivität, die derzeit von mehreren Gruppen detailliert untersucht wird.

Die besondere Herausforderung bei diesem Molekül ist aus synthetischer Sicht das hochoxidierte Gerüst, bei dem mehrere stereogene Zentren in direkter Nachbarschaft stehen.

Insgesamt gelang Herrn Nising die erste Totalsynthese von racemischem Diversonol in 17 Stufen mit Hilfe eines konzeptionell neuen und eleganten Ansatzes. Durch Vergleich mit natürlichem Diversonol sollte die bislang unbekannte absolute Konfiguration des Naturstoffes in naher Zukunft feststellbar sein.

Unser Preisträger hat mit der vorgelegten Arbeit darüber hinaus auch die Grundlagen für eine enantioselektive Synthese gelegt.

Herr Nising ist ein talentierter und motivierter Nachwuchswissenschaftler. Sein 1999 aufgenommenes Chemistudium hat er bereits 2003 abgeschlossen und im April diesen Jahres schloß er auch seine Dissertation ab und dabei erzielte er durchweg hervorragende Noten – Vordiplom, Diplom und Promotion mit Auszeichnung.

Folgerichtig wurde Herr Nising bereits mit mehreren Stipendien und Preisen ausgezeichnet – angefangen mit dem Preis des Fonds der chemischen Industrie für das beste Abitur über ein Stipendium der Studienstiftung des Deutschen Volkes bis hin zum Wolff&Sohn-Preis für die beste Dissertation im Fachbereich organische Chemie an der Universität Karlsruhe. Ein Stipendium der Ernst-Schering-Stiftung ermöglicht Herrn Dr. Nising den aktuellen Aufenthalt an der Harvard-Universität in den USA. Meine Damen und Herren, diese Aufzählung ist unvollständig!

Der Reihe der Auszeichnungen von Herrn Dr. Nising fügen wir heute eine weitere hinzu und es ist leicht, sich vorzustellen, dass noch weitere folgen werden.

Mit dem Klaus-Grohe-Preis für Medizinische Chemie der Klaus-Grohe-Stiftung, die bei der Gesellschaft Deutscher Chemiker angesiedelt ist, würdigen wir die Erfolge von Herrn Dr. Carl Friedrich Nising in der Totalsynthese des Mykotoxins Diversonol".

Laudatio Dr. Werz:

„Die Arbeiten von Herrn Dr. Daniel B. Werz, die durch den Klaus-Grohe Preis ausgezeichnet werden, basieren auf Untersuchungen während seiner Zeit als Doktorand an der Universität Heidelberg und als Postdoktorand an der ETH Zürich. In Heidelberg beschäftigte sich Herr Werz hauptsächlich mit intermolekularen Wechselwirkungen ringförmiger Systeme, während in Zürich die Synthese komplexer Naturstoffe, speziell Oligosaccharide, im Vordergrund stehen. Diese Aufzählung zeigt ein sehr breites Interessenspektrum des Preisträgers.

Im Mittelpunkt seiner Dissertation standen zunächst die Synthese von Ringsystemen, die starre Kohlenstoffeinheiten mit Chalkogenzentren (d. h. Schwefel-, Selen- und Telluratomen) und flexible Kohlenwasserstoffbrücken enthielten. Herr Werz fand bei seinen Studien, daß diese Ringe im Festkörper sich übereinander so anordneten, daß röhrenförmige Strukturen entstanden. Diese faszinierende Beobachtung führte dazu, daß Herr Werz dieser unerwarteten Ordnung nachging. Dabei konnte er zeigen, daß die Chalkogenatome benachbarter Röhren Zick-Zack-Ketten bilden, die sich wie ein Reißverschluß ineinander verzahnten. Diese Resultate sind insofern von beträchtlichem Interesse, als bisher röhrenförmige Strukturen organischer Moleküle nur bei Bausteinen mit Wasserstoffbrückenbindungen, wie z. B. Peptiden oder Kohlenhydraten, auftraten.

Kohlenhydrate sind die Substanzen, mit deren Synthese sich Herr Werz im Rahmen seiner Postdoktorandenzeit seit 2004 intensiv beschäftigt. Ihr Vorkommen als Cellulose, Stärke oder in der Hülle von Bakterien oder der Zelloberfläche machen diese Substanzen zu einem hochaktuellen Forschungsobjekt der organischen und medizinischen Chemie.

Kurz nachdem die Struktur eines Tetrasaccharids, das auf der Oberfläche des Milzbrand-Erregers *Bacillus anthracis* vorkommt, bekannt wurde, gelang es Herrn Werz, diese Verbindung als erster gegen starke internationale Konkurrenz zu synthetisieren. Die daraus resultierende Veröffentlichung erregte weltweites Aufsehen und wurde in führenden Zeitschriften als eines der „Highlights" des Jahres 2005 bezeichnet.

Der synthetische Zugang zu diesem Oberflächenmolekül von Bacillus anthracis eröffnet neue Möglichkeiten, um die Detektion von Anthrax-Sporen zu erleichtern und mögliche Impfstoffe gegen Anthrax auf Zuckerbasis zu entwickeln.

Die bisherigen Arbeiten des Preisträgers zeigen in beeindruckender Weise, daß er ein hervorragender Wissenschaftler mit einem sehr breiten Interessensspektrum ist".

Den Abschluss dieses Vormittags bildete ein weiterer Vortrag im Rahmen des wissenschaftlichen Programms der 124. Versammlung.

Schlusswort und Einladung zur 125. Versammlung

Mit dem Schlusswort des örtlichen Geschäftsführers Wissenschaft, Prof. Gerhard Roth, ging am späten Nachmittag des 19. September 2006 die so erfolgreich verlaufene 124. Versammlung zu Ende. Prof. Roth dankte allen an der Vorbereitung und Durchführung Beteiligten und lud alle Teilnehmer herzlich zur nächsten, 125. Versammlung der GDNÄ vom 19. bis 22. September 2008 nach Tübingen unter dem Vorsitz von Prof. Christiane Nüsslein-Volhard, Max-Planck-Institut für Entwicklungsbiologie, Tübingen, ein. Das Generalthema der 125. Versammlung lautet: „Wachstum – Eskalation, Steuerung und Grenzen".

Schlusswort:

Professor Dr. Gerhard Roth, Bremen

„Vom Urknall zum Bewusstsein – und weiter?"

„Der Titel der nunmehr zu Ende gehenden Tagung „Vom Urknall zum Bewusstsein – Selbstorganisation der Materie" erstaunt durch seine Kühnheit. Sagt er doch nichts anderes als dass es vom kosmischen Geschehen bis hin zu Geistzuständen, wie wir Menschen sie bei uns erleben, gemeinsame Prinzipien gibt, vor allem solche der Selbstorganisation. Eine solche Vorstellung des zumindest partiellen Zusammenhangs allen Existierenden ist jedoch nichts Neues, ebenso wie die gegenteilige Auffassung, dass die Welt aus wesensmäßig verschiedenen Schichten aufgebaut ist.

Letztere Vorstellung kommt der vorwissenschaftlichen Erfahrung am nächsten. Wir erleben, dass es die unbelebte Materie gibt, zum Beispiel die Steine und Metalle, die sich von der lebenden oder beseelten Materie grundlegend unterscheidet. Diese belebte Materie wiederum gliedert sich seit der Antike in das Reich der Pflanzen, die eine rein „vegetative Seele" (vis vitalis oder anima vitalis) haben, in das Reich der Tiere, die eine „animalische Seele" (vis animalis, anima animalis) haben, sich bewegen können, komplexe Sinnes-, Lern- und Gedächtnisleistungen, und in das Reich des Menschen, der eine „rationale Seele" (vis rationalis, anima rationalis) besitzt, zu Verstand und Vernunft befähigt ist. Einen solche Stufenbau findet man bereits beim antiken Arzt Galenos, der im Übrigen ein materialistischer Monist war, für den die verschiedenen Seelen grundlegend unterschiedliche Seinszustände der Materie waren. Er ist auch in die Neurobiologie eingegangen, zum Beispiel bei der Unterscheidung der vegetativen Physiologie und der Tierphysiologie, oder bei Paul MacLeans berühmt-berüchtigter Unterscheidung der drei Gehirne in unserem Gehirn, das immer noch in fast jedem Neurobiologie- oder Psychologie-Lehrbuch steht.

Die Problematik, einen Monismus angesichts der offensichtlichen Unterschiedlichkeit der Seinszustände aufrechtzuerhalten, hat sich in der Neuzeit zur Wissenschaft der Gegenwart hin geändert oder besser verschoben. Noch vor über hundertvierzig Jahren konnte der große Physiologe Emil Dubois-Reymond vom Leben als einem der Welträtsel sprechen. Heute – und das ist hier in vielen Vorträgen deutlich geworden – sehen wir Leben als einen besonderen Organisationszustand des Materiellen an. Ein anderes Welträtsel waren für Dubois-Reymond bekanntlich Geist und Bewusstsein („ignoramus et ignorabimus – wir wissen es nicht und werden es nie wissen!" – heißt es bei ihm). Wenngleich die Mehrzahl der Nicht-Naturwissenschaftler und auch ein bedeutender Teil der Naturwissenschaftler immer noch Geist-Materie-Dualisten sind, gibt es doch eine rasch wachsende Zahl derer, die auch Geist und Bewusstsein für einen Zustand halten, der mit naturwissenschaftlichen Methoden untersucht werden kann und bei aller Eigengesetzlichkeit im Rahmen bekannter Naturgesetze abläuft. Allerdings gibt es bei dem Versuch, Geist und Bewusstsein sozusagen in die Natur einzugliedern, eine Menge Probleme, über die auf unserer Tagung diskutiert wurden. Ich glaube aber, dass der Geist-Materie- oder Geist-Gehirn-Dualismus in naher Zukunft zwar nicht faktisch überwunden, aber doch kein wissenschaftlich brisantes Thema mehr sein wird, so wie niemand heute mehr an einer Neuauflage des Vitalismus-Streits interessiert ist.

Virulent ist in der öffentlichen Diskussion ein ganz anderer Dualismus, der auf dieser Tagung aus naheliegenden Gründen überhaupt nicht zur Sprache kam, nämlich der zwischen einem naturwissenschaftlichen und einem gesellschaftswissenschaftlichen Verständnis des Menschen. Dies ist eine höchst interessante Veränderung. Niemand konnte bisher befriedigend erklären, was der konstitutive Gegensatz zwischen Natur und Geist ist, nachdem auch das Psychische in die Hände neurowissenschaftlicher Forschung geraten ist. Hingegen ist der vermeintliche Gegensatz zwischen dem Individuellen und dem Gesellschaftlichen überall mit den Händen zu greifen. In der Nachfolge des bedeutenden französischen Soziologen Emile Durkheim ist es bis heute der Glaubenssatz der Soziologie, dass menschliches Handeln nicht als individuelles, sondern nur als gesellschaftliches Handeln verstanden werden kann. Dies vertritt zum Beispiel vehement der bekannte Sozialphilosoph Jürgen Habermas, der davon ausgeht, dass die gesellschaftliche Natur des Menschen die biologische Natur „transzendiert". Entsprechend zieht er gegen einen vorgeblichen Reduktionismus einiger Neurobiologen zu Felde, die er verdächtigt, eine solche Transzendenz der gesellschaftlichen Natur des Menschen zu leugnen, zum Beispiel im Kontext der Debatte um die Willensfreiheit.

Besonders verhängnisvoll ist diese neue Spielart eines Dualismus auf einem Gebiet, dem eine hohe Brisanz zukommt, nämlich der Gewaltforschung. Die „soziologische Grundaussage" lautet hier: Gewalt kann nicht hinreichend als individuelle Handlung begriffen werden, da der subjektive Sinn von Gewalthandlungen auf sozial vorgefundenen Sinn und sozial zugemutete Lebensbedingungen verweist. Es herrscht hier das Bild des Homo sociologicus als eines instinktarmen und durch Umweltbedingungen, Gesellschaft und Kultur bestimmten Wesens vor, dessen biologische Natur für gesellschaftliches Verhalten irrelevant ist. Der in diesem Zusammenhang entwickelte Begriff der „strukturellen Gewalt" richtet sich gegen die „Individualisierung, Kriminalisierung und Psychotherapeutisierung von Gewaltaktionen" zugunsten einer Analyse der ökonomischen und politischen Bedingungen von Gewalt (R. Strobl/W. Kühnel). Entsprechend gibt es eine größere Anzahl von Büchern, die allen Ernstes davon ausgehen, unter bestimmten gesellschaftlichen Verhältnissen könne jeder von uns zum Massenmörder werden.

Eine solche Sichtweise verkennt meiner Meinung nach die fundamentale Tatsache, dass die gesellschaftliche Natur des Menschen sich aus seiner biologischen Natur ergibt, und zwar scheinbar paradox auch hinsichtlich der Tatsache, dass

uns die Gesellschaft über Familie, Schule, Beruf und öffentliches Leben stark verändert: der Mensch ist von Natur aus ein gesellschaftliches Wesen und deshalb durch Gesellschaft veränderbar. Diese Erkenntnis wird durch die moderne entwicklungsbiologische und entwicklungspsychologische Forschung, insbesondere die Säuglingsforschung, bestärkt. Diese zeigt, in welcher Weise die Interaktion zwischen Mutter und Säugling bzw. Kleinkind sehr früh dasjenige formt, was wir Persönlichkeit und Charakter nennen und das sich im späteren Kindesalter und während der Pubertät immer weiter verfestigt, so dass es spätere Einflüsse immer schwerer haben, diese Persönlichkeit noch zu verändern. Die Hirnforschung kann heute die Art, wie vorgeburtlich stattfindende Stresserlebnisse der Mutter und frühkindliche psychische Traumatisierungen wie Vernachlässigung, Misshandlung und Missbrauch ihre verhängnisvollen Spuren im Gehirn und damit der Psyche des Kindes hinterlassen, einwandfrei nachweisen.

Parallel dazu gibt es inzwischen eine wachsende Zahl von Untersuchungen, überwiegend mithilfe bildgebender Verfahren, zu psychischen Zuständen des Menschen (und auch gelegentlich von Tieren), die man als hochgradig gesellschaftlich vermittelt ansehen muss. Hierzu gehören die Erforschung der neurobiologischen Grundlagen psychischer Erkrankungen, aber auch „normaler" psychischer Zustände wie Neugier, Enttäuschung, Rache, Reue, Hoffnung, Handlungsplanung, Einsicht in Handlungsfehler, Vorurteile, Gewinnerwartungen bei Geldspielen oder Aktienkäufen bis hin zu Religiosität und Nahtoderfahrung und letztlich zum Drang des Menschen nach dem Lebenssinn. Dringlich ist die Untersuchung der menschlichen Gewaltbereitschaft, unter anderem auch der eklatante

Unterschied zwischen männlicher und weiblicher Gewaltbereitschaft.

All diese Untersuchungen stecken noch in den Anfängen, Sie zeigen aber, dass naturwissenschaftliches Denken stürmisch in die Bereiche vordringt, die sich bis heute vehement gegen ein solches Vordrängen wehren – man denke nur an den öffentlichen Aufschrei bei der Diskussion um Willensfreiheit, Schuld, Strafe und Verantwortung oder an das schwierige Verhältnis, das Offenbarungsreligionen mit einem naturwissenschaftlichen Weltbild haben. Damit dringen aber die Naturwissenschaften unweigerlich in die Bereiche von Recht, Ethik und Moral vor, wie das Beispiel der Diskussion um die Stammzellenforschung zeigt.

Diese Entwicklung ist in meinen Augen unausweichlich, aber die Naturwissenschaften selbst sind auf sie noch nicht vorbereitet, insbesondere weil ein krasser naturwissenschaftlicher Reduktionismus nirgendwo eine Lösung ist („Depressionen sind nichts anderes als ein Mangel an Serotonin", „Gewalt entsteht schlicht aus einem zu hohen Testosteron-Spiegel" usw.). Wir müssen verstehen, wie bei der Entstehung des Psychischen biologische, psychische und soziale Faktoren unauflöslich ineinander greifen. Dies ist – neben der Erforschung der Rätsel der Quantenphysik – wohl die größte Herausforderung der heutigen Naturwissenschaften. Sie geht über die Frage nach der Natur und dem Entstehen von Bewusstsein als bisher „größtem Rätsel" weit hinaus und wird uns alle im täglichen Leben betreffen.

Die GDNÄ-Tagung 2006 in Bremen ist hiermit an ihr Ende gekommen. Ich darf allen, die an der Vorbereitung und Durchführung direkt beteiligt waren, allen Sponsoren und ideellen Unterstützern, der Stadt und dem Land Bremen und seiner politischen Führung für ihre Leistungen herzlich danken. Selbstverständlich danke ich dem Präsidenten und dem Vorstand der GDNÄ für ihre Entscheidung, die diesjährige Tagung in Bremen stattfinden zu lassen. Ich danke dem örtlichen Leiter Wirtschaft, Herrn Hockemeyer, aber auch Prof. Hempel, Frau Anja Krüger von der Universität Bremen und Frau Beatrice Riewe vom Hanse-Wissenschaftskolleg, ohne die diese Tagung nicht so gut vorbereitet und durchgeführt worden wäre, wie sie es tatsächlich ist. Und ich danke allen Teilnehmerinnen und Teilnehmern der Tagung für die überaus rege Teilnahme, die diese Tagung zu einem großen Erfolg hat werden lassen.

Traditionsgemäß lädt der örtliche Geschäftsführer Wissenschaft die Teilnehmerinnen und Teilnehmer zur nächsten Tagung ein, nämlich zur 125. Jahrestagung vom 19. bis 22. September 2008 in Tübingen. Allen wünsche ich eine gute Heimreise, schöne Erinnerungen an die Tagung in Bremen und auf Wiedersehen in Tübingen".

Niederschrift der Mitgliederversammlung der Gesellschaft Deutscher Naturforscher und Ärzte e. V. am 19. September 2006 im Kleinen Saal der „Glocke", Bremen

Vorsitz: Sandhoff
Protokoll: Stetter
Teilnehmerzahl:
zu Anfang: 48   am Ende: 56
Beginn: 8:00 Uhr
Ende: 8:58 Uhr

Begrüßung

SANDHOFF begrüßt die Teilnehmer und stellt zu Beginn fest, dass die Mitgliederversammlung, zu der ordnungsgemäß im Mai 2006 eingeladen worden war, beschlussfähig ist. Die Tagesordnung wird ohne Anmerkungen genehmigt. Vor Eintritt in die Tagesordnung gedenkt SANDHOFF der seit der letzten Mitgliederversammlung am 21. September 2004 in Passau verstorbenen 117 Mitglieder. Er erwähnt besonders die beiden bedeutenden Chemiker LEOPOLD HORNER, Mainz, und HELMUT ZAHN, Aachen. Auf HORNER geht u.a. die äußerst vielseitig anwendbare Horner-Olefinierungsreaktion zurück, ZAHN gelang 1963 die erste chemische Synthese des Insulins.

1. Bericht des Vorstands (einschließlich Mitgliederbewegung und Finanzsituation)

Seit der letzten ordentlichen Mitgliederversammlung sind folgende Aktivitäten der Gesellschaft besonders zu erwähnen:

a) Die Nacharbeiten zur 123. Versammlung waren im wesentlichen die Herausgabe des Verhandlungsbandes und der „Berichte und Mitteilungen". Dieser Verhandlungsband, erstmalig wieder im handlicheren DIN A5-Format, erschien im Oktober 2005 als Sachbuch unter dem Titel „Materie in Raum und Zeit". Ca. 60 % der Mitglieder haben diesen Band bestellt und auch erhalten.

b) In der Berichtsperiode liefen intensive Vorbereitungen für die 124. Versammlung unter dem Generalthema „Vom Urknall zum Bewusstsein – Selbstorganisation der Materie". Sie bietet ein eindrucksvolles wissenschaftliches Programm, das von hervorragenden Referenten bestritten wird. Zusätzliche Aktivitäten wie sechs Mittagssymposien mit einem breiten Themenspektrum und eine Posterausstellung von „Jugend forscht" runden das Programm ab. Sehr erfreuliche Resonanz fanden auch Vorträge vor größeren Schülergruppen im Haus der Wissenschaft (ZENNER, Tübingen) und im Theater Delmenhorst (FAHLE, Bremen).

SANDHOFF dankt den beiden örtlichen Geschäftsführern, BERND HOCKEMEYER, Geschäftsführender Gesellschafter der Gebrüder Thiele KG, und GERHARD ROTH, Hanse-Wissenschaftskolleg Delmenhorst, für ihren hervorragenden Einsatz zur Vorbereitung und Durchführung der Versammlung. Großer Dank gebührt auch GOTTHILF HEMPEL, der Bremen als Versammlungsort ins Spiel gebracht hatte und sich vor allem in der Anfangsphase der Vorbereitung, aber auch bei der Gestaltung der Versammlung, intensiv eingebracht hat.

Großer Dank gebührt auch den sechs Gruppenvorsitzenden ANDREAS K. ENGEL (Hamburg), GERHARD ERTL (Berlin), EDU-

ARD LINSENMAIR (Würzburg), CHRISTIANE NÜSSLEIN-VOLHARD (Tübingen), ERICH SACKMANN (München), MARTIN E. SCHWAB (Zürich), ebenso allen Moderatoren und Mitwirkenden der Mittagssymposien und den Mitwirkenden an der Posterausstellung „Jugend forscht".

Schließlich gilt der Dank auch dem Schatzmeister, FRED ROBERT HEIKER, dem Generalsekretär, JÖRG STETTER, dem Pressereferenten, REINER KORBMANN, und den beiden Mitarbeiterinnen der GDNÄ in Bad Honnef, BRIGITTE RIEHN und KATJA DIETE. Insbesondere ist auch der Stadt Bremen und den Mitarbeiterinnen und Mitarbeitern der Glocke für die gastfreundliche Unterstützung dieser Versammlung zu danken. Weiterhin gilt der Dank auch REINER MARTENS und seinem Team für die vorzügliche Ton- und Projektionstechnik während der Versammlung.

Auch die finanzielle Unterstützung dieser Versammlung durch die Zuschüsse und Spenden zahlreicher Firmen und Zuwendungsgeber ist dankend hervorzuheben. Insbesondere werden hier genannt der Bremer Spendenpool mit der Bremer Landesbank, der Sparkasse Bremen, der EWE AG, der OHB System GmbH, der Siemens AG und der Bernd und Eva Hockemeyer Stiftung sowie die Deutsche Forschungsgemeinschaft. Die Namen aller Spender und Zuwendungsgeber werden im Berichtsband dieser Versammlung, der voraussichtlich Mitte 2007 erscheinen wird, aufgeführt.

c) Wie in der letzten Mitgliederversammlung angekündigt, wechselte das Amt des Generalsekretärs zum 1.1.2005 von WOLFGANG DONNER auf JÖRG STETTER. WOLFGANG DONNER war dankenswerterweise weiter beratend für die GDNÄ tätig.

d) Im Sommer des Jahres 2005 erschien erstmals ein Flyer, der das neu gestaltete „Wir über uns" mit der Vorschau auf die Bremer Versammlung verband. Dadurch entfiel das sonst übliche vorläufige Programm. Der Flyer wurde intensiv zur Mitgliederwerbung und zur Akquisition von Spenden genutzt. Es ist geplant einen derartigen Flyer auch wieder im Sommer 2007 mit der Vorschau auf die 125. Versammlung zu erstellen.

e) Das endgültige Programm für die Bremer Versammlung, das im Mai 2006 erschien, wurde diesmal graphisch besonders ansprechend gestaltet und hat eine sehr positive Resonanz erhalten.

f) Erstmals erschien im Januar 2006 ein GDNÄ-Newsletter unter dem Titel „GDNÄ aktuell". Er soll dazu dienen, die Mitglieder besser zu vernetzen und die Identifizierung mit der Gesellschaft zu verbessern. Für Ende 2006 ist der nächste Newsletter geplant, der dann auch schon einige Highlights der Versammlung kommentieren wird.

g) Mit der Briefwahl im Frühjahr 2006 wurden satzungsgemäß neue Mitglieder für den Vorstandsrat in der Amtsperiode 2007 bis 2010 gewählt. In diesem Jahr war je ein Vertreter für die Fachgruppen Physik, Mathematik/Informatik und Ingenieurwissenschaften zu wählen.

Wahlstichtag war der 26. Juni 2006. Die Auszählung der Stimmen erfolgte am 4. Juli 2006 in der Geschäftsstelle mit Unterstützung von HANS GÜNTER APPEL, WOLFGANG DONNER und ERNST TRUSCHEIT, denen wir an dieser Stelle für ihre Hilfe herzlich danken. Wieder war die Wahlbeteiligung der Mitglieder unserer Gesellschaft mit 41,3 % recht hoch. Weitere Einzelheiten zu dieser Wahl werden unter einem späteren Tagesordnungspunkt und in den „Berichten und Mitteilungen" genannt.

h) Besonders hervorzuheben sind die hervorragenden Beziehungen zur Else und Wilhelm Heraeus-Stiftung. Neben den schon etablierten Projekten mit Reisestipendien für „Jugend forscht-Preisträger" und Jungwissenschaftler wurden auch die Reisestipendien für in den Naturwissenschaften besonders herausragende Oberstufenschüler aus bremischen und niedersächsischen Gymnasien erneut bewilligt. Hierfür gebührt der Stiftung und ihrem Vorstand großer Dank. Ein besonderer Dank geht auch an ANJA KRÜGER, Kooperationsstelle Uni/Schule Bremen, die das gesamte Schulprogramm organisiert, die Auswahl der Kollegiaten in einem kleinen Team von Lehrern durchgeführt und die Schülerinnen und Schüler in Bremen hervorragend betreut hat.

Erwähnt werden sollte auch das Stipendiaten-Programm des Hanse-Wissenschaftskollegs (HWK). 17 Studenten haben ebenfalls ein Reisestipendium für die Versammlung erhalten.

Alle Stipendiaten und Kollegiaten sollen wieder für 2 Jahre eine kostenlose Gastmitgliedschaft erhalten. Sie können daher nicht nur an dieser Versammlung teilnehmen, sondern bekommen ebenfalls das Recht, den Verhandlungsband kostenlos zu beziehen – wie jedes andere Mitglied. Zum Jahresende 2007 werden wir sie dann fragen, ob sie weiterhin Mitglied der Gesellschaft bleiben wollen – dann allerdings zu den üblichen Bedingungen. Von den Kollegiaten und Stipendiaten der Passauer Versammlung sind immerhin zum Ende des vergangenen Jahres 24 als reguläre Mitglieder bei der Gesellschaft geblieben. Dieser zwar noch kleine Erfolg sollte die Mitglieder ermuntern, auch diesmal wieder dem Konzept der Gastmitgliedschaft zuzustimmen.

Auf Anregung und mit Unterstützung von CHRISTIANE NÜSSLEIN-VOLHARD ist in diesem Jahr auch eine sehr erfreuliche Kooperation mit der Robert Bosch Stiftung auf den Weg gebracht worden. Mit Unterstützung der Stiftung konnten 41 besonders engagierte Lehrerinnen und Lehrer aus den naturwissenschaftlichen Fächern mit entsprechenden Reisestipendien nach Bremen eingeladen werden. Mit einem herzlichen Dank an die Stiftung verbindet sich die Hoffnung auf eine Fortführung des Projektes bei der 125. Versammlung 2008 in Tübingen. – Lehrer sind zweifellos als Multiplikatoren für die GDNÄ eine besonders wichtige Klientel.

Die Mitgliederversammlung unterstützt die Gastmitgliedschaft für die Heraeus-Stipendiaten und -kollegiaten ohne Enthaltungen oder Gegenstimmen.

i) Auf Initiative von HANS-PETER ZENNER (Tübingen) sind erstmals einige medizinisch orientierte Vorträge des wissenschaftlichen Programms der Versammlung als Ärztefortbildung von der Ärztekammer Bremen anerkannt worden. Teilnehmende Ärzte konnten sich die entsprechenden Fortbildungspunkte vor Ort anerkennen lassen. 49 Ärzte haben dieses Angebot genutzt.

j) In den vergangenen 12 Monaten sind zwei Stellungnahmen veröffentlicht worden, bei denen die Gesellschaft entweder federführend oder als Mitunterzeichner verantwortlich war. Die erste Stellungnahme vom Juni 2005 befasste sich unter dem Titel „Uni's brauchen Spitzennachwuchs" mit der Situation ausländischer Studierender in Deutschland und forderte u.a. ein entsprechendes Stipendiensystem. Die zweite Stellungnahme vom Juli 2006 entstand unter Federführung der Bildungskommission der Gesellschaft (Vorsitz: GUNNAR BERG, Halle/S.). Sie enthält Leitlinien und Forderungen zum Naturwissenschaftlichen Unterricht in der Sekundarstufe 1. Mitunterzeichner bei beiden Stellungnahmen waren die Fachverbände Deutsche Physikalische Gesellschaft (DPG), Gesellschaft Deutscher Chemiker (GDCh) und der Verbund Biowissenschaftlicher und Biomedizinischer Gesellschaften (vbbm).

k) STETTER berichtet über die Entwicklung des Mitgliederstandes vom 1.1.2004 bis zum Zeitpunkt der 124. Versammlung (Stichtag 4.9.2006). Der Mitgliederstand gibt immer noch zur Sorge Anlass, auch wenn der Rückgang seit 2004 etwas gebremst worden ist. Wie aus der nachfolgenden **Tabelle 1** ersichtlich, liegt der Mitgliederstand derzeit bei 4.382:

Tab. 1 Mitgliederbewegung (Stand: 4.9.2006).

	1.1.–31.12.2004	1.1.–31.12.2005	1.1.–4.9.2006
Neubeitritte	298	89	291*
Sterbefälle	52	63	44
Austritte	168	163	158
Streichungen	28	31	166**
Veränderung	+ 50	– 166	– 77
Stand	4627	4459	4382

* incl. 173 Gesamtmitgliedschaften (Heraeus-Stipendiaten/Kollegiaten/HWK-Stipendiaten)
** incl. 136 Gastmitglieder 2004/2005

Insgesamt haben wir in diesem Jahr bisher 291 neue Mitglieder gewonnen, darunter 173 Stipendiaten und Kollegiaten. Die Zahl der Austritte ist mit 158 zwar niedriger als in den letzten vier Jahren, zusammen mit den 44 Todesfällen und den 166 Streichungen ergibt sich allerdings zum Stichtag ein Schwund von 77 Mitgliedern. Wir gehen aber davon aus, dass die Versammlung noch einen Anstieg der Mitgliederzahlen bis zum Jahresende mit sich bringt.

Bei den Neubeitritten zeigt sich eine erfreuliche Entwicklung. Selbst wenn man die Gastmitgliedschaften herausrechnet, haben wir 2006 bisher schon einen Zuwachs an 118 Mitgliedern. Das ist jetzt schon deutlich mehr als im vergangenen Jahr mit 89 Neubeitritten.

Wie in den vergangenen Jahren richten wir an jedes Mitglied, insbesondere natürlich auch an die Gremienmitglieder und die Vertrauensdozenten die Bitte, bei jeder Gelegenheit werbend auf die GDNÄ hinzuweisen und uns umgekehrt auch Anregungen zu geben, wie die GDNÄ wirkungsvoller neue Mitglieder an sich binden kann.

l) Der Schatzmeister, **HEIKER**, berichtet über die Geschäftsjahre 2004 und 2005, die auch Gegenstand der Kassenprüfung am 6. Juli 2006 waren.

Für das **Geschäftsjahr 2004** stehen den **Erträgen** aus der satzungsgemäßen Tätigkeit der Gesellschaft in Höhe von **252.818,66 €** **Aufwendungen** in Höhe von **253.067,28 €** gegenüber, was zu einem nahezu ausgeglichenen **Ergebnis** der satzungsgemäßen Tätigkeit von **–248,62 €** führt.

In diesem Zusammenhang ist die finanzielle Unterstützung zu erwähnen, die der Gesellschaft bei der Ausrichtung der 123. Versammlung von anderer Seite zuteil wurde, und die im Jahresabschluss üblicherweise nicht unter den Erträgen erscheint. In diesem Jahr waren dies die großzügige Zuwendung der Deutschen Forschungsgemeinschaft und eine finanzielle Unterstützung der 123. Versammlung durch den Freistaat Bayern. – Natürlich danken wir noch einmal an dieser Stelle für die finanzielle Unterstützung zur Ausrichtung der 123. Versammlung in Passau, die der Gesellschaft durch Spenden zuteil wurde. Neben den vielen Spenden aus dem Kreis unserer Mitglieder erhielten wir Spenden und Zuwendungen von zwölf Unternehmen und Verbänden, die im Verhandlungsband „Materie in Raum und Zeit" namentlich aufgeführt sind.

Für das **Geschäftsjahr 2005** weist der Jahresabschluss **Erträge** in Höhe von **221.114,43 €** auf, denen **Aufwendungen** in Höhe von **309.614,26 €** gegenüberstehen, was zu einem **negativen Ergebnis** von **–88.499,83 €** führt.

Wie auch in den vergangenen Jahren ist hier bei den Einnahmen ein Rückgang zu nennen, der gerade in den versammlungsfreien Jahren deutlicher erkennbar wird. Vor allem die sinkende Anzahl der beitragszahlenden Mitglieder und der starke Rückgang des Spendenaufkommens, das mit 16 T € noch einmal unter den Wert des Jahres 2003 gefallen ist, beeinflussten die Einnahmenseite stark negativ. – Bei den Aufwendungen sind vor allem die Kosten des Versammlungsbandes zu nennen, die deutlich höher ausfielen als im Jahr 2003. Nach Aussage des Verlages lag im Jahr 2003 eine Fehlkalkulation vor. Weiterhin fand in diesem Jahr 2005 der Wechsel in der Position des Generalsekretärs statt, der naturgemäß mit höheren Aufwendungen verbunden ist. Zugleich nimmt aber die Gesellschaft die mit der Herausgabe eines neuen Flyers verbundenen höheren Aufwendungen in Kauf, um die Sichtbarkeit der Gesellschaft zu verbessern. Ebenfalls beteiligte sich die GDNÄ an der Veranstaltung zum Einstein-Jahr in Bad Nauheim, bei der auf die Versammlung des Jahres 1921 Bezug genommen wurde.

Als außergewöhnliche Aufwendungen sind auch die Renovierung der Geschäftsräume und die Entschimmelung der für die Archivierung vorgesehenen Akten in diesem Jahr angefallen.

2. Bericht der Kassenprüfer

Die Kassenprüfung durch SIGRID PEYERIMHOFF und HANS J. BIERSACK fand am 6. Juli 2006 in der Geschäftsstelle der GDNÄ in Bad Honnef statt. Anwesend waren, außer den beiden Kassenprüfern, FRED ROBERT HEIKER, JÖRG STETTER und BRIGITTE RIEHN. Grundlage für die Kassenprüfung, die die Geschäftsjahre 2004 und 2005 umfasste, bildeten die beiden o. g. Jahresabschlüsse zum 31.12.2004 und zum 31.12.2005. Beide Berichte waren den Kassenprüfern mit Schreiben vom 28.03.2006 zur Einsichtnahme zugeschickt worden. Die darin enthaltenen Vermögens- und Ergebnisrechnungen wurden erläutert und eingehend diskutiert. Anschließend überzeugten sich die Kassenprüfer an Hand von Depot- und Kontoauszügen davon, dass die in den Jahresabschlüssen ausgewiesenen Wertpapierbestände des Anlagevermögens sowie die Bankguthaben zum 31.12.2004 bzw. 31.12.2005 tatsächlich vorhanden waren. Weiterhin verschafften sich die Kassenprüfer einen Eindruck von der korrekten Buchführung und überzeugten sich an Hand von Stichproben, dass die Einnahmen und Ausgaben, die den in den Jahresabschlüssen ausgewiesenen Erträgen und Aufwendungen zugrunde liegen, ordnungsgemäß belegt sind und die getätigten Ausgaben satzungsgemäß erfolgt waren. Insgesamt ergab die Kassenprüfung keinerlei Anlass zu Beanstandungen.

Dem im Jahr 2004 erzielten nahezu ausgeglichenen Ergebnis der satzungsgemäßen Tätigkeit stand am Ende des Jahres 2005 ein Fehlbetrag von ca. – 88T € gegenüber. Er konnte aus den zweckgebundenen Rücklagen gedeckt werden.

Um die Ergebnissituation vor allem der versammlungsfreien Jahre nachhaltig zu verbessern müssen erhebliche Anstrengungen auf der Einnahmen- und Ausgabenseite unternommen werden.

3. Entlastung des Vorstands

Auf Antrag von MARKUS SCHWOERER erteilt die Mitgliederversammlung bei Enthaltung der anwesenden Vorstandsmitglieder dem Vorstand die Entlastung.

4. Ergänzung der Gremien (Vorstand, Vorstandsrat)

An alle Teilnehmer der Mitgliederversammlung wurden Tischvorlagen mit den Vorschlägen von Vorstand und Vorstandsrat zur Zusammensetzung der Gremien ab 1.1.2007 verteilt.

a) Der Vorstandsrat schlägt vor, HANS-PETER ZENNER, Universitäts-Hals-Nasen-Ohren-Klinik, Tübingen ab 1.1.2007 als 2. Vizepräsidenten in den Vorstand der Gesellschaft zu berufen. Er wird damit zum 1.1.2009 für zwei Jahre Präsident der Gesellschaft und Vorsitzender der 126. Versammlung im Jahr 2010.

ZENNER ist seit 1.1.2005 für das Fach Medizin Mitglied des Vorstandsrats. Sein Lebenslauf weist ihn als hervorragenden Wissenschaftler mit zahlreichen Auszeichnungen aus. Hervorzuheben ist auch sein Engagement als Referent mit populärwissenschaftlichen Beiträgen, wie auch bei der Bremer Versammlung mit dem Schulvortrag „Wie hört das Ohr?".

ZENNER wurde anschließend einstimmig durch die Mitglieder berufen. ZENNER bedankt sich und nimmt die Berufung an.

b) Satzungsgemäß scheidet der 1. Vizepräsident zum Ablauf der Geschäftsperiode, also zum 31.12.2006 aus dem Vorstand aus. **SANDHOFF** dankt HARALD FRITZSCH sehr herzlich dafür, dass er sich trotz seines schweren Unfalls zu Beginn der Amtsperiode so engagiert für die Gesellschaft eingesetzt hat. Die 123. Versammlung in Passau unter seinem Vorsitz war ein voller Erfolg, sie hat ein großes Echo im Kreis unserer Mitglieder und darüber hinaus gefunden. - FRITZSCH wird dem Vorstandsrat der Gesellschaft auch zukünftig als ständiger Gast angehören.

c) Die Mitgliederversammlung bestätigt einstimmig den amtierenden Präsidenten KONRAD SANDHOFF als 1. Vizepräsidenten ab 1. 1.2007.

d) Aus dem Vorstandsrat scheiden satzungsgemäß die gewählten Vertreter für die Fächergruppen Physik – KARL-HEINZ GLAßMEIER, Mathematik/Informatik – ALBRECHT BEUTELSPACHER und Ingenieurwissenschaften - WOLFGANG MARQUARDT aus.

SANDHOFF dankt ihnen für ihren großen persönlichen Einsatz während ihrer Amtszeit, insbesondere für ihre Mitwirkung bei der Gestaltung des wissenschaftlichen Programms der 123. und 124. Versammlung.

SANDHOFF dankt ebenfalls den scheidenden Gruppenvorsitzenden der 124. Versammlung, die ex-officio dem Vorstandsrat für zwei Jahre angehörten, also CHRISTIANE NÜSSLEIN-VOLHARD, ANDREAS K. ENGEL, GERHARD ERTL, EDUARD LINSENMAIR, ERICH SACKMANN und MARTIN E. SCHWAB für ihren großen persönlichen Einsatz.

CHRISTIANE NÜSSLEIN-VOLHARD wird als zukünftige Präsidentin dem Vorstandsrat weiter angehören.

Ex-officio gehörten dem Vorstandsrat der GDNÄ auch die beiden örtlichen Geschäftsführer an, denen bereits für ihren großen Einsatz für diese Versammlung gedankt wurde.

e) Von den Mitgliedern der Gesellschaft wurden **neu in den Vorstandsrat** gewählt:

Als Vertreter
▸ der Fächergruppe Physik/Geowissenschaften - DIETER LÜST (Universität München)

Tab. 2 Wahlen zum Vorstand.

Anzahl der Aussendungen: 4151 Wahlstichtag: 26. Juni 2006 Tag der Stimmenauszählung: 4. Juli 2006	
a) insgesamt	
Zahl der bis zum Wahlstichtag eingegangenen Rückläufe	1716 (41,3 %)
Zahl der bis zum Wahlstichtag eingegangenen gültigen Rückläufe	1710
Zahl der bis zum Wahlstichtag eingegangenen ungültigen Rückläufe	6
b) pro Fächergruppe	
Physik/Geowissenschaften	
Zahl der abgegebenen Stimmen	1714
Zahl der ungültigen Stimmen	11
Zahl der gültigen Stimmen	1703
Zahl der Enthaltungen	29 (1,7 %)
davon entfallen auf:	
Prof. Dr. Dieter Lüst	916 (53,8 %)
Prof. Dr. Frank Scherbaum	758 (44,5 %)
Mathematik/Informatik	
Zahl der abgegebenen Stimmen	1713
Zahl der ungültigen Stimmen	11
Zahl der gültigen Stimmen	1702
Zahl der Enthaltungen	66 (3,9 %)
davon entfallen auf:	
Prof. Dr. Peter Gritzmann	757 (44,5 %)
Prof. Dr. Wolfgang Wahlster	879 (51,6 %)
Ingenieurwissenschaften	
Zahl der abgegebenen Stimmen	1716
Zahl der ungültigen Stimmen	11
Zahl der gültigen Stimmen	1705
Zahl der Enthaltungen	51 (3,0 %)
davon entfallen auf:	
Prof. Dr. Reinhard F. Hüttl	793 (46,5 %)
Prof. Dr. Klaus Lucas	492 (28,9 %)
Prof. Dr. Wolfgang Peukert	369 (21,6 %)

- der Fächergruppe Mathematik/Informatik - WOLFGANG WAHLSTER (Deutsches Forschungszentrum für Künstliche Intelligenz, Saarbrücken)
- der Ingenieurwissenschaften - REINHARD F. HÜTTL (Technische Universität Cottbus).

Die drei Genannten haben ihre Wahl angenommen und gehören dem Vorstandsrat von 2007 bis 2010 an.

Das Wahlergebnis ist der **Tabelle 2** zu entnehmen:

f) Beauftragung Pressereferent

Seit September 2003 ist REINER KORBMANN als Pressereferent für die GDNÄ tätig. Viele Mitglieder werden ihn als Veranstalter der Mittagssymposien „Forschung aktuell" in Berlin und Bonn kennen, die er als damaliger Chefredakteur von *Bild der Wissenschaft* veranstaltete. Der eine oder die andere unserer älteren Mitglieder erinnert sich noch an die Umschau, die er in früheren Jahren leitete. Inzwischen ist er selbständig und leitet

Science&Media, ein Unternehmen für Wissenschaftskommunikation.

KORBMANN hat für die GDNÄ hervorragende Arbeit geleistet. Viele Anregungen zur Verbesserung der Öffentlichkeitswirkung der GDNÄ gehen auf seine Initiative zurück. Dazu gehören u.a. der neu gestaltete Flyer, der Newsletter und das eindrucksvolle Bremer Programm.

Auch die sehr gute Medienarbeit vor Ort hier in Bremen basiert auf seinem Engagement.

Der Vorstand hat KORBMANN für die Jahre 2007/2008 erneut als Pressereferent beauftragt.

g) Beauftragung Archivar

Der Vorstand hat ferner WILHELM FÜßL, Deutsches Museum München und langjähriger Archivar der GDNÄ, ebenfalls für weitere zwei Jahre (2007/2008) mit der Leitung des Archivs beauftragt. Auch FÜßL ist mit großem Engagement für die GDNÄ aktiv.

5. 125. Versammlung

SANDHOFF teilt mit, dass die 125. Versammlung unter dem Vorsitz von CHRISTIANE NÜSSLEIN-VOLHARD vom 20. - 23. September 2008 in Tübingen stattfinden wird. Als vorläufiger Arbeitstitel wurde „Wachstum" gewählt.

Die Versammlung wird im Kupferbau der Universität in zentraler Lage in Tübingen stattfinden.

6. Gruppenvorsitzende der 125. Versammlung

STETTER teilt mit, dass der Vorstandsrat auf Vorschlag der Vorsitzenden dieser 125. Versammlung beschlossen hat, der Mitgliederversammlung die folgenden Gruppenvorsitzenden zur Berufung vorzuschlagen:

REINHARD F. HÜTTL Lehrstuhl für Bodenschutz und Rekultivierung, Technische Universität Cottbus (Themengruppe Ingenieurwissenschaften)

NICO MICHIELS, Evolutionsökologie der Tiere, Universität Tübingen (Themengruppe Evolution und Umwelt)

ALFRED NORDHEIM, Institut für Zellbiologie, Universität Tübingen (Themengruppe Zellbiologie und Entwicklung)

LUDWIG SCHULTZ, Institut für metallische Werkstoffe, IFW Dresden (Themengruppe Physik)

HANS-PETER ZENNER, Universitäts-Hals-Nasen-Ohren-Klinik, Tübingen (Themengruppe Medizin und Neurobiologie)

Die GDCh hat vereinbarungsgemäß

FERDI SCHÜTH, MPI für Kohlenforschung, Mülheim/Ruhr (Themengruppe Chemie) delegiert.

Die vorgeschlagenen Gruppenvorsitzenden wurden von der Mitgliederversammlung ohne Gegenstimmen bei zwei Enthaltungen berufen.

7. Bestellung der örtlichen Geschäftsführer der 125. Versammlung

Der Vorstandsrat schlägt der Mitgliederversammlung vor, als örtlichen Geschäftsführer Wissenschaft ALFRED NORDHEIM, Tübingen zu berufen. Unter 6. ist NORDHEIM soeben schon als Gruppenvorsitzender Zellbiologie und Entwicklung berufen worden. Er ist bereit, auch die Aufgabe des ÖGF Wissenschaft zu übernehmen.

Die Mitgliederversammlung beruft NORDHEIM ohne Gegenstimmen mit einer Enthaltung.

Der Vorstand bittet um Verständnis, dass er einen Vorschlag für den örtlichen Geschäftsführer Wirtschaft noch nicht abgeben kann. Die Gespräche zur Auswahl einer geeigneten Persönlichkeit sind noch nicht abgeschlossen. Wir schlagen daher vor, dem Vorstand die Vollmacht zu erteilen, zu gegebener Zeit eine geeignete Persönlichkeit zu berufen.

Die Mitgliederversammlung erteilt dem Vorstand einstimmig diese Vollmacht.

8. Bestellung der Kassenprüfer

STETTER dankt SIGRID PEYERIMHOFF und HANS J. BIERSACK für ihre bisherige Arbeit als Kassenprüfer und stellt fest, dass beide eine Wiederwahl als Kassenprüfer annehmen würden. Er schlägt daher im Namen des Vorstandsrats deren Wiederwahl vor.

Die Mitgliederversammlung wählt ohne Gegenstimmen mit zwei Enthaltungen PEYERIMHOFF und BIERSACK als Kassenprüfer für die Jahre 2007 und 2008.

9. Verschiedenes

Ein **MITGLIED** stellt die Frage, ob die Mitgliedschaft in der GDNÄ für alle Interessierten möglich ist. Hierauf antwortet STETTER, dass laut Satzung jeder die Mitgliedschaft beantragen kann, der sich für die Ziele der GDNÄ interessiert.

In der weiteren Diskussion wird angeregt, die Gesellschaft noch stärker in den Schulen und auch in den neuen Bundesländern bekannt zu machen und die Medizin und medizinische Fragestellungen wieder mehr in den Vordergrund zu stellen.

Neben einem ausdrücklichen Dank für die gelungene Versammlung moniert ein **MITGLIED**, dass wegen des wieder gewählten kleineren Formats des Verhandlungsbandes von Passau verschiedene Abbildungen nicht mehr verwendbar sind. Eine Lösung für die Zukunft ist sicher der Zugang zu den elektronischen Versionen der Vorträge. Laut ZENNER werden die Referenten der Bremer Versammlung auf Anfrage ihre Vorträge in der Regel gerne elektronisch zur Verfügung stellen. **KORBMANN** führt aus, dass er inzwischen einige Vorträge in elektronischer Form verfügbar hat. Nach Stetter sollen alle Vorträge baldmöglichst ins Internet gestellt werden und im geschützten Mitgliederbereich auf der GDNÄ Homepage abrufbar sein.

Von einem Mitglied wird angeregt, zukünftig der Historie der GDNÄ entsprechend das Weltbild aus der Sicht eines Naturforschers wieder mehr in den Vordergrund zu heben. Dadurch würde auch die Verständlichkeit der Vorträge für Nichtfachleute verbessert.

Zum Abschluss der lebhaften Diskussion dankt **SITTE** noch einmal herzlich SANDHOFF für die Ausführungen auf der Mitgliederversammlung und für die besonders gelungene Bremer Versammlung.

Der Generalsekretär und die Mitglieder des Vorstands stehen natürlich allen Mitgliedern der Gesellschaft zur Verfügung, wenn es um Fragen, Anregungen oder Probleme geht, die die GDNÄ betreffen.

Bonn und Wuppertal, im November 2006

Sandhoff
(Präsident)

Stetter
(Generalsekretär)

Zusammensetzung des Vorstands und des Vorstandsrats sowie Kassenprüfer ab 1. Januar 2007

Präsidium ab 2007:
Professoren Sandhoff,
Nüsslein-Volhard und Zenner

I. Vorstand

Präsidentin:

Prof. Dr. Christiane Nüsslein-Volhard
Max-Planck-Institut für Entwicklungsbiologie
Spemannstr. 35/III
72076 Tübingen

Tel.: 0 70 71/601 489/487
Fax: 0 70 71/601 384
e-Mail: christiane.nuesslein-volhard@tuebingen.mpg.de
(Sekr. Frau Hege-Baldwin)

1. Vizepräsident:

Prof. Dr. Konrad Sandhoff
Kekulé-Institut für Organische Chemie
und Biochemie der Rheinischen
Friedrich-Wilhelms-Universität Bonn
Gerhard-Domagk-Straße 1
53121 Bonn

Tel.: 02 28/73-53 46 und -58 34
Fax: 02 28/73-77 78
e-Mail: sandhoff@uni-bonn.de
(Sekr. Frau Sievert)

2. Vizepräsident:

Prof. Dr. med. H.-P. Zenner
Universitäts-Hals-Nasen-Ohren-Klinik
Elfriede-Aulhorn-Straße 5
72076 Tübingen

Tel.: 0 70 71/29 8 80 06
Fax: 0 70 71/29 5674
e-Mail: zenner@uni-tuebingen.de

Schatzmeister:

Prof. Dr. Fred Robert Heiker
Paul-Ehrlich-Str. 8
42113 Wuppertal

Tel.: 02 02/72 38 52
e-Mail: heiker.fredrobert@vdi.de

Generalsekretär (mit beratender Stimme):

Prof. Dr. Jörg Stetter
Gesellschaft Deutscher
Naturforscher und Ärzte e. V.
Hauptstraße 5
53604 Bad Honnef

Tel.: 0 22 24/98 07 13
Fax: 0 22 24/98 07 89
e-Mail: stetter@gdnae.de
e-Mail: gdnae@gdnae.de

II. Vorstandsrat
Alle Vorstandsmitglieder, ferner als berufene bzw. gewählte Mitglieder:

Ende 2008 ausscheidend:

Prof. Dr. rer. nat. Ferdinand Hucho
Freie Universität Berlin
Institut für Chemie/Biochemie
Thielallee 63
14195 Berlin

Tel.: 030/8385 5545
Fax: 030/8385 3753
e-Mail: hucho@chemie.fu-berlin.de

Prof. Dr. Barbara König
Universität Zürich
Zoologisches Institut
Winterthurerstr. 190
8057 Zürich
SCHWEIZ

Tel.: 0041/44/63 55270/71
Fax: 0041/44/63 55490
e-Mail: bkoenig@zool.unizh.ch

Prof. Dr. med. H.-P. Zenner
Universitäts-Hals-Nasen-Ohren-Klinik
Elfriede-Aulhorn-Straße 5
72076 Tübingen

Tel.: 0 70 71/29 8 80 06
Fax: 0 70 71/29 5674
e-Mail: zenner@uni-tuebingen.de

Ende 2010 ausscheidend:

Prof. Dr. Dr. h.c. Reinhard F. Hüttl
GeoForschungsZentrum Potsdam
Sprecher des Vorstandes
Telegrafenberg, Haus G
14473 Potsdam

Tel.: 0331/288 1000
Fax: 0331/288 1002
e-Mail: huettl@gfz-potsdam.de

Prof. Dr. Dieter Lüst
Department für Physik
Arnold Sommerfeld Center
Theresienstr. 37/IV
80333 München

Tel.: 089/2180 4372
Fax: 089/2180 4186
e-Mail: luest@theorie.physik.uni-muenchen.de

Prof. Dr. Wolfgang Wahlster
Deutsches Forschungszentrum für
Künstliche Intelligenz DFKI
Stuhlsatzenhausweg 3 (Geb. 43.8)
66123 Saarbrücken

Tel.: 0 681/3025251
Fax: 0 681/3025383
e-Mail: wahlster@dfki.de

Gruppenvorsitzende der 125. Versammlung:

Prof. Dr. Dr. h.c. Reinhard F. Hüttl
GeoForschungsZentrum Potsdam
Sprecher des Vorstandes
Telegrafenberg, Haus G
14473 Potsdam

Tel.: 0331/288 1000
Fax: 0331/288 1002
e-Mail: huettl@gfz-potsdam.de

Prof. Dr. Nico Michiels
Evolutionsökologie der Tiere
Universität Tübingen
Auf der Morgenstelle 28
72076 Tübingen

Tel.: 0 70 71/297 8876
Fax: 0 70 71/29 5634
e-Mail: nico.michiels@uni-tuebingen.de

Prof. Dr. rer. nat. Alfred Nordheim
Interfakultäres Institut für Zellbiologie
Abt. Molekularbiologie
Auf der Morgenstelle 15
72076 Tübingen

Tel.: 0 70 71/297 8897
Fax: 0 70 71/29 5359
e-Mail: alfred.nordheim@uni-tuebingen.de

Prof. Dr. Ferdi Schüth
MPI für Kohlenforschung
Kaiser-Wilhelm-Platz 1
45470 Mülheim/Ruhr

Tel.: 0 208/306 2373
Fax: 0 208/306 2995
e-Mail: schueth@mpi-muelheim.mpg.de

Prof. Dr. Ludwig Schultz
Institut für Metallische Werkstoffe
IFW Dresden
Helmholtzstr. 20
01069 Dresden

Tel.: 0 351/4659-321 /-460
Fax: 0 351/4659-541
e-Mail: l.schultz@ifw-dresden.de

Prof. Dr. med. H.-P. Zenner
Universitäts-Hals-Nasen-Ohren-Klinik
Elfriede-Aulhorn-Straße 5
72076 Tübingen

Tel.: 0 70 71/29 8 80 06
Fax: 0 70 71/29 5674
e-Mail: zenner@uni-tuebingen.de

Örtliche Geschäftsführer der 125. Versammlung:

N. N.

Prof. Dr. rer. nat. Alfred Nordheim
Interfakultäres Institut für Zellbiologie
Abt. Molekularbiologie
Auf der Morgenstelle 15
72076 Tübingen

Tel.: 0 70 71/297 8897
Fax: 0 70 71/29 5359
e-Mail: alfred.nordheim@uni-tuebingen.de

Generalsekretär:

Prof. Dr. Jörg Stetter
Gesellschaft Deutscher
Naturforscher und Ärzte e. V.
Hauptstraße 5
53604 Bad Honnef

Tel.: 0 22 24/98 07 13
Fax: 0 22 24/98 07 89
e-Mail: stetter@gdnae.de
e-Mail: gdnae@gdnae.de

Kooptierte Mitglieder:

Prof. Dr. Ludwig Schultz
Institut für Metallische Werkstoffe, IFW Dresden
Helmholtzstr. 20
01069 Dresden
Tel.: 0 351/4659-321 /-460
Fax: 0 351/4659-541
e-Mail: l.schultz@ifw-dresden.de

Gäste: Frühere Vorsitzende/Präsidenten der Gesellschaft:

Prof. Dr. Dr. h.c. Peter Sitte
Lerchengarten 1
79249 Merzhausen
Tel.: 07 61/40 34 54

Prof. Dr. Gustav Adolf Martini
Elbschloss Residenz, Elbchaussee 374
22609 Hamburg

Prof. Dr. Dr. Heinz A. Staab
Schloß-Wolfsbrunnenweg 43
69118 Heidelberg
Tel.: 0 62 21/80 33 30

Prof. Dr. Dr. h.c. Reimar Lüst
Max-Planck-Institut für Meteorologie
Bundesstraße 55
20146 Hamburg
Tel.: 0 40/4 11 73-0

Prof. Dr. Dr. h.c. Wolfgang Gerok
Horbener Straße 25
79100 Freiburg i. Br.
Tel.: 07 61/2 93 73
Fax: 07 61/2 70 36 10

Prof. Dr. Dr. h.c. Günther Wilke
Max-Planck-Institut für Kohlenforschung
Kaiser-Wilhelm-Platz 1
45470 Mülheim a. d. Ruhr
Tel.: 02 08/3 06 24 00/24 01
Fax: 02 08/3 06 29 84

Prof. Dr. Dr. h.c. Hubert Markl
Universität Konstanz
Fachbereich Biologie, Fach M 612
78457 Konstanz
Tel.: 0 75 31/88-27 25
Fax: 0 75 31/88-43 45
e-Mail: Hubert.Markl@uni-konstanz.de

Prof. Dr. Dr. h.c. Joachim Treusch
President, International University Bremen GmbH
Campus Ring 1
28759 Bremen
Tel.: 0421/200 4112
Fax: 0421/200 4113
e-Mail: j.treusch@iu-bremen.de
mussel@iu-bremen.de

Prof. Dr. Detlev Ganten
Vorstandsvorsitzender
Charité – Universitätsmedizin Berlin
Charitéplatz 1
10117 Berlin
Tel.: 030/450 570001/2
Fax: 030/450 550901
e-Mail: ganten@charite.de

Prof. Dr. Ernst-Ludwig Winnacker
European Commission, DG Research/ERC
Place Madou 1, MADO 06/16
1049 Brüssel – Belgien
Tel.: 00322/2987804

Prof. Dr. Rolf Emmermann
GeoForschungsZentrum Potsdam, Telegrafenberg, A 17
14473 Potsdam
Tel.: 03 31/288-18 24
Fax: 03 31/288-10 02
e-Mail: emmermann@gfz-potsdam.de

Prof. Dr. Harald Fritzsch
Lehrstuhl für Theoretische Physik, Teilchenphysik
Ludwig-Maximilians-Universität München
Theresienstraße 37A
80333 München
Tel.: 0 89/21 80-45 50
Fax: 0 89/21 80-40 31
e-Mail: fritzsch@mppmu.mpg.de

Archivar:

Dr. Wilhelm Füßl
Deutsches Museum, Leiter der Archive
Museumsinsel 1
80538 München

Tel.: 0 89/21 79-4 44/2 20
Fax: 0 89/21 79-4 65
e-Mail: w.fuessl@deutsches-museum.de

Pressereferent:

Reiner Korbmann
Pressereferat
Science&Media
Büro für Wissenschafts- und Technikkommunikation
Betastraße 9A
85774 München-Unterföhring

Tel.:0 89/20 80 57-00
Fax: 0 89/20 80 57-01
e-Mail:reiner.korbmann@scienceundmedia.de

Beauftragter für Bildungsfragen:

Prof. Dr. Gunnar Berg
Fachbereich Physik
Martin-Luther-Universität Halle-Wittenberg
06099 Halle/Saale

Tel.:03 45/55-2 55 20
Fax: 03 45/55-27 159
e-Mail:g.berg@physik.uni-halle.de

Frühere Generalsekretäre:

Dr. Ernst Truscheit
Horather Str. 160
42111 Wuppertal

Tel.: 02 02/7 74 87
Fax. 02 02/77 31 20

Dr. Wolfgang T. Donner
Ludwig-Aschoff-Str. 5
51061 Köln

Tel.: 02 21/66 16 63
Fax. 02 21/66 17 35
e-Mail: donner@gdnae.de

Vizepräsident des VBIO:

Prof. Dr. Reinhard Paulsen
Universität Karlsruhe (TH)
Zell- und Neurobiologie/Zool. Inst. (I)
Haid-und-Neu-Str. 9
76131 Karlsruhe

Tel.: 07 21/608 2218

III. Kassenprüfer:

Prof. Dr. Hans-J. Biersack
Klinik für Nuklearmedizin der Rheinischen Friedrich-Wilhelms-Universität Bonn
Sigmund-Freud-Straße 25
53127 Bonn

Tel.: 02 28/287-51 81/0
Fax: 02 28/287-66 15
e-Mail: hans-juergen.biersack@meb.uni-bonn.de

Prof. Dr. Sigrid Peyerimhoff
Lehrstuhl für Theoretische Chemie der Rheinischen Friedrich-Wilhelms-Universität Bonn
Wegelerstraße 12
53115 Bonn

Tel.: 02 28/73 23 51
Fax: 02 28/73 90 64
e-Mail: UNT000@uni-bonn.de

Statistiken

I. Auswertung der Struktur-Fragebogen der 124. Versammlung der Gesellschaft Deutscher Naturforscher und Ärzte in Bremen (Teilnehmerstatistik)

( ) = Vergleichszahlen zur 123. Versammlung 2004 in Passau				%	%
Versammlungsteilnehmer:		1483	(1030)		
eingegangene verwertbare Fragebögen		749	(574)	50,5	(55,7)
Teilnehmer	männlich	449	(339)	59,9	(59,1)
	weiblich	300	(235)	40,1	(40,9)
Verhältnis zur GDNÄ	Mitglied	381	(322)	50,9	(56,1)
	kein Mitglied	368	(252)	49,1	(43,9)
bisherige Teilnahme	keinmal	359	(236)	47,9	(41,1)
	einmal oder zweimal	136	(103)	18,2	(18,0)
	dreimal oder mehr	254	(235)	33,9	(40,9)
Alter	bis 20	96	(91)	12,8	(15,9)
	21 – 30	67	(34)	8,9	(5,9)
	31 – 40	32	(27)	4,3	(4,7)
	41 – 50	63	(37)	8,4	(6,4)
	51 – 60	106	(75)	14,2	(13,1)
	61 – 70	212	(169)	28,3	(29,4)
	über 70	173	(141)	23,1	(24,6)
Beruflicher Bereich	Naturwissenschaften	343	(283)	45,8	(49,3)
	Medizin	147	(90)	19,6	(15,7)
	beides	42	(32)	5,6	(5,6)
	anderes	217	(169)	29,0	(29,4)
Arbeitsplatz	Schüler/Student	147	(115)	19,6	(20,0)
	Hochschule	87	(75)	11,6	(13,1)
	Klinik	21	(18)	2,8	(3,1)
	andere Forschungseinrichtungen	18	(30)	2,4	(5,2)
	Industrie	14	(27)	1,9	(4,7)
	Schule	74	(13)	9,9	(2,3)
	freiberuflich	64	(7)	8,5	(1,2)
	Verwaltung	9	(41)	1,2	(7,2)
	anderes	32	(35)	4,3	(6,1)
	im Ruhestand	283	(213)	37,8	(37,1)

Wohnbereich der Teilnehmer ( ) =Vergleichszahlen zur 123. Versammlung 2004 in Passau			%	%
Baden-Württemberg	68	(44)	9,1	(7,6)
Bayern	64	(200)	8,5	(34,8)
Berlin	37	(27)	5,0	(4,7)
Brandenburg	6	(9)	0,8	(1,6)
Bremen	44	(4)	5,9	(0,7)
Hamburg	52	(13)	6,9	(2,3)
Hessen	43	(39)	5,7	(6,8)
Mecklenburg-Vorpommern	14	(4)	1,9	(0,7)
Niedersachsen	132	(36)	17,6	(6,3)
Nordrhein-Westfalen	149	(96)	19,9	(16,7)
Rheinland-Pfalz	26	(16)	3,5	(2,8)
Saarland	9	(4)	1,2	(0,7)
Sachsen	19	(17)	2,5	(3,0)
Sachsen-Anhalt	19	(16)	2,5	(2,8)
Schleswig-Holstein	37	(13)	5,0	(2,3)
Thüringen	18	(19)	2,4	(3,3)
Österreich	*6*	*(11)*	*0,8*	*(1,9)*
Schweiz	*4*	*(2)*	*0,5*	*(0,3)*
übriges Ausland	*2*	*(4)*	*0,3*	*(0,7)*

II. Mitgliederstatistik

Stichtag: 31. Dezember 2006 in der EDV vorhandene Datensätze
(= Zahl der Mitglieder, einschließlich 5 korporative): 4 468

persönliche Mitglieder*		männlich	%	weiblich	%	gesamt	%
bis 30 Jahre		153	(3,4)	120	(2,7)	273	(6,1)
31 – 35 Jahre		108	(2,4)	44	(1,0)	152	(3,4)
ab 36 Jahre		3359	(75,3)	571	(12,8)	3930	(88,1)
ohne Altersangabe		71	(1,6)	37	(0,8)	108	(2,4)
gesamt		**3691**	**(82,7)**	**772**	**(17,3)**	**4463**	**(100,0)**
korporative Mitglieder						5	
* einschließlich Ausland: 178 Mitglieder davon:	Österreich Schweiz übriges Europa USA + Kanada Restliche Welt **Gesamt**	47 55 43 25 8 **178**					
Durchschnittsalter	Männer Frauen **Gesamt**	62 Jahre 53,3 Jahre **60,5 Jahre**					

Fächerverteilung

Der Anteil der Datensätze mit Eintrag liegt bei 73,3 % und dürfte demnach bezüglich der unten aufgelisteten Verteilung auf die verschiedenen Fächer weitreichende Rückschlüsse auf die gesamte Mitgliedschaft zulassen.

Anzahl der Mitglieder ohne Eintrag: 1 192 (26,7 %)
Anzahl der Mitglieder mit Eintrag: 3 276 (73,3 %)
Gesamt **4 468**

Anzahl der Einträge unter Berücksichtigung von Mehrfacheinträgen
(= Bezugsgröße: 100 %) 4269

Fach	Anzahl der Einträge	%
Mathematik	124	2,9
Physik, Astrophysik	406	9,5
Geowissenschaften	78	1,8
Chemie	690	16,1
Pharmazie	135	3,2
Biowissenschaften	1026	24,0
Theoretische Medizin	392	9,2
Praktische Medizin	1123	26,3
Ingenieurwissenschaften	84	2,0
Anderes	211	5,0
Gesamt	**4269**	**100,0**

Aufschlüsselung

Anzahl der Datensätze mit Eintrag	Anzahl der Einträge pro Datensätze	Anzahl Einträge, gesamt
3276	1	3276
432	2	864
43	3	129
3751		4269

Arbeitsplatz bzw. Status

Der Anteil der Datensätze mit Eintrag liegt bei 76,6 % und dürfte demnach bezüglich der unten aufgelisteten Verteilung auf die verschiedenen Fächer weitreichende Rückschlüsse auf die gesamte Mitgliedschaft zulassen.

Anzahl der Mitglieder ohne Eintrag: 1 045   (23,4 %)
Anzahl der Mitglieder mit Eintrag: 3 423   (76,6 %)
Gesamt   **4 468**

Anzahl der Einträge unter Berücksichtigung von Mehrfacheinträgen
(= Bezugsgröße: 100 %)   4049

Arbeitsplatz bzw. Status	Anzahl der Einträge	%
Hochschule/Universität	1211	29,9
Andere Forschungseinrichtungen	261	6,4
Klinik	414	10,2
Schule	245	6,1
Industrie	288	7,1
Öffentliche Verwaltung	101	2,5
Bibliotheken	9	0,2
Freiberufliche Tätigkeit	441	10,9
Ausbildung (Schüler/Student)	282	7,0
Ruhestand	797	19,7
Gesamt	**4049**	**100,0**

Aufschlüsselung

Anzahl der Datensätze mit Eintrag	Anzahl der Einträge pro Datensätze	Anzahl Einträge, gesamt
3423	1	3423
313	2	626
3736		4049

Hinweise

Die 125. Versammlung findet vom 19. bis 22. September 2008 in Tübingen unter der Leitung von Professor Dr. Christiane Nüsslein-Volhard, Tübingen, statt. Das Generalthema lautet:

Wachstum – Eskalation, Steuerung und Grenzen

Weitere Informationen sind über den Generalsekretär der Gesellschaft, Professor Dr. Jörg Stetter, Gesellschaft Deutscher Naturforscher und Ärzte, Hauptstraße 5, 53604 Bad Honnef, oder im Internet unter www.gdnae.de zu erfahren. An diese Stelle sind auch Beitrittserklärungen zu richten.

Die Zeitschriften „Naturwissenschaften", „Deutsche Medizinische Wochenschrift (DMW)" und „Naturwissenschaftliche Rundschau" können von Mitgliedern unserer Gesellschaft zu Vorzugspreisen abonniert werden. Der derzeitige Mitglieder-Bezugspreis beträgt für „Naturwissenschaften" € 417,30, für die „Deutsche Medizinische Wochenschrift (DMW)" € 135,20 und für die „Naturwissenschaftliche Rundschau" € 103,20, jeweils zuzüglich Porto und Verpackung (Stand 2007).

Nähere Informationen und Probehefte sind erhältlich bei: Springer-Verlag GmbH & Co. KG, Tiergartenstraße 17, 69121 Heidelberg („Naturwissenschaften"), Georg Thieme Verlag, Rüdigerstraße 14, 70469 Stuttgart („Deutsche Medizinische Wochenschrift (DMW)") bzw. Wissenschaftliche Verlagsgesellschaft mbH, Birkenwaldstraße 44, 70191 Stuttgart („Naturwissenschaftliche Rundschau").

Sachregister

A
Aktivität
    abnorme neuronale   251ff.
    vernetzte   243
Alchemie, kosmische   20
Alfred-Wegener-Institut   12, **330f.**
Allgemeinsinn   291
Arbeitsgedächtnis   **303**, 305
    -aufgabe   238
Artenvielfalt   165ff.
    s.a. Biodiversität, Vielfalt, biologische
Attraktor   17, 231, 233
Aufmerksamkeit   303, 306ff., 316f., 319f.
Aussterberaten   153f.

B
Bewegungsgleichungen   101, **104f.**
Bewusstsein, phänomenales   **318**, 325f.
Bewusstseinsforschung, empirische   301f.
Bildung, naturwissenschaftliche   271ff.
Bildungskommission der GdNÄ   271ff.
Bildungsstandard   298
Biodiversität   151ff., 165ff.,
    s.a. Vielfalt, biologische
Biomineralisierung   38 f.
Biosphäre   26, 154f., 175
bottom-up-approach   111
Bremen   9f., 12f., 15, 329ff.
Brennstoffzelle   143f., 146f.

C
CBD (convention on biological diversity)   152, 166
Chemie   110ff.
Chemie, supramolekulare   110ff.
Contergan   345f.

D
Definition, irreführende   349, **351**
Detailinteresse   291
Diffusionstensor-Bildgebung   237, **246**
Direct Attitude Test   277

Drosophila
    siehe Taufliege
Dualismus, ontologischer   301

E
Effekt, hydrophober   23f.
Einstein, Albert   **33ff.**, 344
    Abiturzeugnis   347
Einstellung   271ff.,275ff., 281, 283, 297ff.
Elektroenzephalogramm (EEG)   238, 241, 244f.
Emergentismus   301
Erklärung, reduktive   321ff.
Erklärungslücke   301, **315**, 325
Erlebnisfähigkeit   225f., 231, 233
Evolution   17, 21f., 37
    biologische   244f
    Dünen   106
    Eukaryonten   26ff.
    Proteine   152, 159f.
    Tiere   209
    Vielzeller   28
    Wirbeltiere   207ff.
Exzellenzinitiative des Bundes   12 f.

F
Falsifikationsprinzip   361f.
Fehlbarkeit   358, **360**
Fehler   345
Fibroblast Growth Factor   198f.
Fischerei   329, 334f., 337
Fledertiere   166ff.
Fluiddynamik   101ff.
Fortschritt, evolutionärer   92
Freiheit   291

G
Galaxien   17, 18, 38, **41ff.**
Gast-Wirt-System, molekulares   118
Genialität   291
Geschlechtsausprägung   81ff.
Gesellschaft Deutscher Chemiker (GdCh)   16, 109, 113
Glianarbe   **261f.**, 265f.
Großrechnersimulation   43 f.

H

Haltung	271ff., 281ff. 297ff.
Hermaphroditismus	81ff.
HIP-/NIP-System	226
Hirnstrukturen, bewusstseinsrelevante	304f.

I

Industrie, chemische	111
Informationsverarbeitung	
bewusste	303f.
unbewusste	303f.
Innenperspektive	**226**, 232
Internationale Universität Bremen (IUB)	12, 330
Irrtum	341ff., 347ff., 357ff.
Irrtumstoleranz	363

J

Japan	112, 275ff., 283, 385f.

K

Kapseln, multifunktionelle	124f.
Katastrophenrisiken, ökologische	175ff.
Katastrophenvorsorge, ökologische	175ff.
Kindstod, plötzlicher	342f.
Kiunga-Reservat	333ff.
Klimawandel, globaler	165, 335f.
Kompartimente	**73ff.**, 129
Kompatibilismus	233
Komponente, affektive	281
Kopplung	
globale	144ff.
von Dünen	107
Kräfte, elektrostatische	118
Kristallisation	133ff.
Küstenmanagement	330f., 333ff.

L

Laser	48ff.
Lebenslüge	347
Lebensqualität	165f., 175
nach Tiefenstimulation	251
Lehrerbildung	297
Lehr-Lernkultur	294

M

Magnetresonanztomographie (MRT)	**237f.**, 254
funktionelle	373, 264
Grundlagen	237f.
Materie	16, 18, 19, 30, 37ff., 225ff.
dunkle	42ff., 56
lebende	115f.
normale	42ff.
unbelebte	115
ungeordnete	133ff
Systembildung	225
Meeresforschung	329ff.
Membranen, biologische	23ff.
Mensch-Umwelt-System	176f.
Metakognition	316, 318
Metamorphose der Tiere	207ff.
Mikroverkapslung	117ff.
Mikrowellenhintergrundstrahlung	42
Molekularbiologie	**116**, 73ff.
Morphogenese	28f., 37
Morphologie von Dünen	101ff.
Myelin	259, 261, 263, 266

N

Nachhaltigkeitswissenschaft	333
Nanoverkapslung	117ff.
Naturkonstante	17f.
Nervenzelle	23, 28, 258ff.
s.a. Neuron	
Wachstum	261ff.
Neuralleiste	216ff.
Neurochirurgie, stereotaktische	251
Neuromodulation	255
Neuron	29, 53, 55,
s.a. Nervenzelle	
Nogo-A	262ff.
Notwendigkeit	291

Nüchternheit	291
Nutzen der Wissenschaft	10

O
Objektivität	283ff., 291
Ökosystem	153f.
Funktion	165ff.
Leistungen	154f., 165, 178, 182ff.
Strukturbildung	180
Organbildung	193, 196
Oszillationen	136, 138, 140ff.
abnorme	251, 253
menschlicher Wahrnehmung	54f.
pathologische	253

P
Paarungsmechanismen	81ff.
Permeabilität	121ff.
Phasenübergänge	51
Phasenumwandlung	37, 57, 61, **64**
Phlogiston	343
PISA	275, 279, 287
Plakode	196, 198, 216ff.
Proteine	24f., 27, 76, 157f.
Domänenstruktur	160f.
Faltung	157ff.
Synthese	76
Transport	76ff.

Q
Quantenkryptographie	**34f.**
Quantentheorie	**33**, 45, 49
Querschnittlähmung	257ff.

R
Rafts	77ff.
Rationalität	286f., 291
Rätsel des Bewusstseins	315f.
Reduktionismus, neurobiologischer	301
Reynolds-Zahl	98
Risikobewertung	347
Röhrensysteme im Embryo	193ff.

S
Sachlichkeit	291
Saltation	103f.
Sanddünen	101ff.
Schildkröten	338f.
Schulbildung	271
Selbstassemblierung	133ff.
Selbstorganisation	15ff., 37ff., 47, 56, 115, 133f.
biologischer Materie	95
in der Zelle	79
in Embryonen	205
ökologischer Systeme	179ff.
soziale	112
technischer Werkstoffe	57ff.
Skalengesetze	98
Stahl, Ernst	343
Standort Deutschland	11, 13
Strukturbildung	37, **133ff.**
ökologisches System	180
Synergetik	49ff.
System	
aufsteigendes aktivierendes	306
elektrochemisches	139, 142, 144f.
explizites (=deklaratives)	303f.
geschlossenes	17, 48, 104, 115
implizites (=nicht-deklaratives)	303f.
materielles	225 ff.
metallisches	65
molekulares	117
offenes	17, **50ff.**, 115
physikalisches	225ff.
selbstorganisierendes	**50, 118f.**
sexuelles	92
verschränktes	33f.

T
Taufliege	194ff., 213f.
Wachstum	213
Teleportation	34f.
Theorien, falsche	349, 353
Tiefenstimulation	251ff.
Wirkprinzip	251ff.
Wirkung	253
neue Indikation	253f.
Tierstämme	209ff.
Tierversuche	267

Sachregister

TIMSS	275, 277, 279, 287,
Tracheenplakode	195
Tracheensystem	**193ff.**, 214f.
Trennblase	105f.
Tropen	169, 333f., 336ff.

U
Universum	16ff., 21, **41ff.**
Unterricht, naturwissenschaftlicher	277ff., 297ff.
Urknall	18, 42, 45
Ursprung des Lebens	157, 159

V
Vielfalt, biologische	165ff., 175ff., 207ff.,

 s.a. Biodiversität, Artenvielfalt

W
Wachstum	
Drosophila/Taufliege	213
Ecdysozoa	212
epitaktisches	37ff.
eutektisches	69ff.
eutektoides	69ff.
gerichtetes dendritisches	66f.
Nervenzelle	261ff.
Wahrheit, endgültige	348, **351**
Wandel in Forschung und Lehre	112ff.
Wasserstoffbrücke	96 f., 110
Weltbild, geozentrisches	341
Werkstoffverhalten	57
Wille, freier	225
Wissbegierde	290
Wissen	357ff.

Z
Zahlungsbereitschaft	155, 185ff.
Zebrafisch	293f., 217f.
Zelle	21, **73ff.**
Bestandteile	74f.
Eukaryonten	26f.
Selbstorganisation	79
Zukunftsfähigkeit	9, 11, 113
Zwitter	81ff.

fett: Hauptfundort

Autorenverzeichnis

A
a Campo, A.	297
Affolter, M.	193

B
Barkmann, J.	175
Berg, G.	271
Büchel, C.	237
Buchli, A.	257

C
Cruse, H.	225

E
Ertl, G.	115
v. Engelhardt, D.	289

F
Freund, H.-J.	251

H
Haken, H.	47
Hempel, G.	329
Hempel, G.	333
Herrmann, H. J.	101
Hockemeyer, B.	9
Hopf, H.	109

K
Kalko, E. K. V.	165
Kokemohr, R.	293
Krämer, W.	347
Kreft, O.	117
Krischer, K.	133
Kurz, W.	57

L
Langlet, J.	275
Linsenmair, K. E.	151
Lupas, A.	157

M
Marggraf, R.	175
Michiels, N. K.	81
Möhwald, H.	117

N
Nüsslein-Volhard, C.	207

R
Rehfeld, K.	341
Roth, G.	301

S
Sackmann, E.	37
Sackmann, E.	95
Sandhoff, K.	15
Schaefer, G.	281
Schumacher, R.	315
Schwab, M. E.	257
Simons, K.	73
Stetter, J.	367

V
Vollmer, G.	357

W
White, S. D.M.	41

Z
Zeilinger, A.	33